홀로공부

전기
기사·산업기사
필기 3권

박운서

예문사

차 례

차례

PART 5

전력공학

차 례

PART 6
한국전기 설비규정 (KEC)

기출 및 예상문제

PART 05

전력공학

ENGINEER & INDUSTRIAL ENGINEER ELECTRICITY

전력공학은 한 국가의 전력시스템을 배우는 과목입니다. 우리나라뿐만 아니라 어느 나라의 전력시스템이든 기본적인 전력시스템은 비슷합니다. 전기를 만드는 발전소에서 최종적으로 전기를 사용하는 수용가에 이르기까지 전기가 전송되는 과정은 다음과 같이 간략한 그림으로 설명할 수 있습니다.

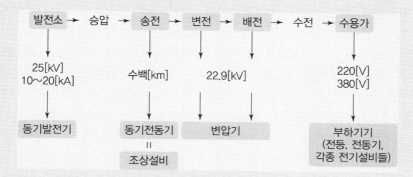

〚 전력시스템 흐름과 계통에 사용되는 전기설비 〛

본 전력공학 과목은 독자 여러분이 논리적으로 이해하는 데 좀 더 도움이 되고자, 내용 구성을 위와 같은 **전력시스템 흐름**에 맞춰 구성하였습니다.

그래서 전력을 이해하는 데 필요한 기본이론인 '1장 전선로'를 제외하고, 2장부터 발전계통(2~4장) → 송전계통(5~8장) → 송전 및 변전소(9장) → 배전계통과 수용가(10장, 11장) 순서로 진행됩니다.

- 발전계통은 우리나라 원자력, 화력, 수력발전의 구성과 간단한 계통에 대한 이해를 설명하고,
- 변전소는 송전계통으로부터 받은 전력을 배전계통으로 적절히 변환하여 넘겨주는 곳으로, 송전과 배전 사이에서 전력을 분배 · 제어 · 운영하는 전기시설 장소입니다.

'전력공학'과 '전기기기' 두 과목은 전기기사 · 산업기사 실기시험의 대부분을 차지하는 내용입니다(전기자기학, 회로이론, 제어공학 내용은 실기시험에 출제되지 않음).

본 과목은 실기시험과 직접적으로 관련된 과목이므로 각 단원의 개념을 잘 정리하고, 필기시험 합격 이후 실기시험에서도 유용하게 사용하길 바랍니다.

CHAPTER 01 전선로(전력이 이동하는 길)

✖ 절연
전선 이외의 곳에는 전기 또는 열을 통하지 않게 하는 것을 말한다.

차로 운전하거나 인도를 걸을 때 주변에서 '전주'를 쉽게 볼 수 있는데, 전주가 바로 전선로입니다. 전선(Wire)은 전기가 잘 흐를 수 있는 선이고, 전선로(Electric Line)는 전선이 안전하게 **절연**을 유지하며 발전소에서 수용가(부하)에 이르기까지 이동할 수 있는 모든 시설물을 말합니다.

전선로(Electric Line)는 **지상으로 이동하는 가공전선로**와 **지하로 이동하는 지중전선로**가 있습니다. 먼저 '가공전선로'에 대한 내용을 보고, 마지막에 '지중전선로'를 보겠습니다.

여기서 전선로와 관련하여 중요한 개념은, 발전기에서 생성된 전기를 전선을 통해 우리가 일상에서 사용하는 곳으로 가져올 수 있습니다. 하지만 안전의 이유로 전선을 땅 위, 도로 위, 산과 들에 늘어뜨린 상태로 가져올 수 없습니다. 발전기에서 만든 전기를 수백 km 떨어진 도시까지 전송하기 위해 전압(전기 압력)을 높이면, 그 전압의 크기 (22.9[kV], 154[kV], 345[kV], 765[kV])는 매우 높습니다. 고압전기는 사람과 동식물에게 위험할 뿐만 아니라 항상 폭발사고가 잠재돼 있습니다. 때문에 전선은 지지물을 통해 땅으로부터 적정한 높이로 절연되어 전력이 이동되어야 하므로 '전선로의 구성요소'를 다음과 같이 압축할 수 있습니다.

전선로의 구성요소
- 전선 : **전선로의 핵심**은 전선이다.
- 지지물 : 전선을 지지하는 **지지물**로 철근콘크리트주, 철탑, 나무 등이 있다.
- 애자 : 전선과 지지물 사이에 절연을 유지하기 위한 시설
- 지선 : 지지물의 강도나 안전을 향상하기 위한 시설

---

01 가공전선로의 구성요소 : 전선

1. 전선의 분류

전선을 분류하는 기준은 다음과 같습니다.

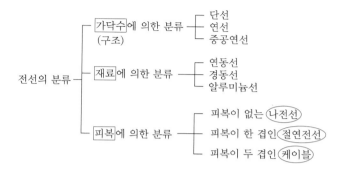

(1) 전선 가닥수에 의한 분류방법(전선 내부의 구조에 따른 전선 분류)

전선 내부는 금속재질의 전선 가닥들로 구성돼 있고, 전선은 내부의 가닥 구조(단선, 연선, 특수전선)에 따라 구분할 수 있습니다.

① 단선

전선 내부에 한 가닥[소선(素線) : 가는 선]으로만 구성된 전선이다. 한 가닥짜리 전선이 굵으면 구부리기 어렵고, 비싸고, 표피효과가 증가하며, 무게(중량)도 증가하기 때문에 단선은 특고압 송전용 전선(154[kV], 345[kV], 765[kV])으로 적합하지 않아서 송전용 전선으로 쓰지 않는다.

② 연선

전선 내부에 여러 가닥의 소선으로 구성된 전선이다.

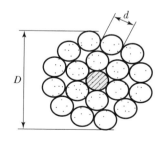

전선 중앙에 한 가닥 +6+12+18+24+⋯
1가닥은 송전계통에서 안 쓴다.

1층 – 7가닥
2층 – 19가닥
3층 – 37가닥   전선 중앙에 한 가닥 소선을
4층 – 61가닥   기준으로 소선을 둘러싼
5층 – 91가닥   것이 1층이다.

〚 동심연선의 단면 〛

㉠ 연선의 총 소선수 : $N = 1 + 3n(n+1)$ [가닥]

㉡ 연선의 바깥지름 : $D = (1 + 2n)d$ [mm]

핵심기출문제

19/1.8 경동연선의 바깥지름은 몇 [mm]인가?

① 34.2   ② 10.8
③ 9   ④ 5

해설
19(전선의 층수)/1.8(소선의 지름)
$D = (1 + 2n)d$ 에서 총 소선수가 19가닥이므로 층수 n은 2층이다.
∴ 소선의 지름이 1.8[mm] 이므로
　　$D = 5 \times 1.8 = 9$[mm]

정답 ③

© 연선의 공칭단면적 : $S = \pi r^2 N = \dfrac{\pi d^2}{4} N \, \left[\mathrm{mm}^2 \right]$

← 1가닥 지름×층수

여기서, d : 1가닥의 지름

n : 층수

③ 중공연선(특수전선)

중공연선은 연선이지만 특수목적으로 사용하는 연선이다.

송전선로는 초고압(154[kV], 345[kV], 765[kV])으로 전력을 전송한다. 초고압으로 전력을 전송하면, 코로나 방전현상과 표피효과로 인해 전력의 품질이 저하(전력손실, 왜형파 발생)된다. 이를 방지하기 위해 특수 제작된 중공전선은 전선의 중심이 비어 있고, 전선의 외각에만 소선들이 있는 형태의 연선이다.

(2) 전선의 재료(재질)에 따른 분류방법

- 동선
- 쌍금속선(동복강선)
- 합금선
- 강심 알루미늄연선(ACSR)

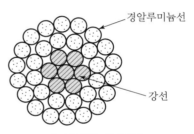

경알루미늄선

강선

〖 강심 알루미늄연선 〗

① 동선

동선은 구리(=동) 함유 비율에 따라 연동선, 경동선, 알루미늄선으로 나뉜다.

○ 연동선의 고유저항 : $\rho = \dfrac{1}{58} \, \left[\Omega \cdot \mathrm{mm}^2 / \mathrm{m} \right]$: 옥내용 전선으로 가요성이 좋은 동선(인장강도 $20 \sim 25 \, \left[\mathrm{kg/mm}^2 \right]$, 도전율 $k = 100 \, \left[\% \right]$. 만약 $\left[\mathrm{mm}^2 \right]$ 당 $25 \, \left[\mathrm{kg} \right]$ 이상의 힘으로 당기면 끊어진다)

○ 경동연선(경동선)의 고유저항 : $\rho = \dfrac{1}{55} \, \left[\Omega \cdot \mathrm{mm}^2 / \mathrm{m} \right]$: 옥외용 전선으로 경직성이 있는 동선(인장강도 $35 \sim 48 \, \left[\mathrm{kg/mm}^2 \right]$, 도전율 $k = 97 \, \left[\% \right]$. 만약 $\left[\mathrm{mm}^2 \right]$ 당 $48 \, \left[\mathrm{kg} \right]$ 이상의 힘으로 당기면 끊어진다)

○ 알루미늄연선의 고유저항 : $\rho = \dfrac{1}{35} \, \left[\Omega \cdot \mathrm{mm}^2 / \mathrm{m} \right]$: 송전용 전선의 무게를 줄이고, 강도를 높인 선(인장강도 $15 \sim 20 \, \left[\mathrm{kg/mm}^2 \right]$, 도전율 $k = 61 \, \left[\% \right]$. 만약 $\left[\mathrm{mm}^2 \right]$ 당 $20 \, \left[\mathrm{kg} \right]$ 이상의 힘으로 당기면 끊어진다)

전선의 고유저항과 도전율		
구분	고유저항 ρ	도전율[%]
연동선	1/58	100
경동선	1/55	97
알루미늄	1/35	61

- 도전율 $\sigma = \dfrac{1}{\rho}\,[\Omega \cdot mm^2/m]$
- 고유저항 $\rho\,[\Omega \cdot mm^2/m]$
- %도전율 $k = \dfrac{\sigma}{\sigma_s} \times 100\,[\%] = \dfrac{도선의 \ 전도도(\sigma)}{표준연동의 \ 도전도(\sigma_s)} \times 100\,[\%]$

② 합금선

둘 이상의 금속이 합금된 전선으로, 규동선 $[Cu + Si]$, 카드뮴 동선 $[Cu + Cd]$, 알루미늄 합금선 $[Al + Mg]$ 이 있다.

③ 쌍금속선(동복강선)

송전선로의 장경간 혹은 가공지선(낙뢰 방지)에 사용되는 전선이다.

④ ACSR(강심 알루미늄연선)

철심＋알루미늄으로 구성된 전선으로 송전선로의 장경간에 사용되거나 부식 가능성이 있는 지역에 사용하며, 코로나 방지 목적으로도 사용한다.

(3) 전선의 피복에 의한 분류방법

① **나전선** : 전선 도체 외부에 피복이 없는 전선(송전선은 대부분 나전선이다)
② **절연전선** : 전선 도체 외부에 피복이 한 겹인 전선
③ **케이블** : 지상이 아닌 지중에서 사용하며, 전선 도체 외부에 피복이 복잡한 형태로 여러 겹인 전선

2. 전선의 구비조건(전선이 갖춰야 할 특성)

전기를 잘 흐르게 할 수 있는 금속물질은 여럿 있지만, 전선으로서 반드시 다음과 같은 특성을 갖추어야만 전선이라고 할 수 있습니다.

- 도전율이 클 것 → 도전율($k = \dfrac{1}{\rho}$) 또는 전도율은 전류가 잘 흐르는 정도를 나타내는 용어이다. 도전율의 반대는 저항률(ρ)이다.
- 기계적 강도가 좋을 것
- 가요성이 클 것 → 잘 구부러져야 할 것[가요(可撓) : 잘 구부러지는 성질]
- 내구성이 클 것 → 튼튼할 것(내구성 = 견고함)
- 값이 싸고 대량생산이 가능할 것

TIP

구리선은 황에 부식이 잘되고, 알루미늄선은 염분에 부식이 잘된다.

핵심기출문제

ACSR은 동일한 길이와 동일한 전기저항을 갖는 경동연선(=경동선)에 비해서 어떤 특징이 있는가?
① 바깥지름과 중량이 모두 크다.
② 바깥지름은 크고 중량은 작다.
③ 바깥지름은 작고 중량은 크다.
④ 바깥지름과 중량이 모두 작다.

해설
ACSR은 경동선에 비해 바깥지름은 약 25% 크고, 중량은 약 48% 정도 가볍다.

정답 ②

핵심기출문제

가공전선의 구비조건으로 옳지 않은 것은?

① 도전율이 클 것
② 기계적 강도가 클 것
③ 비중이 클 것
④ 신장률이 클 것

해설

전선의 구비조건
• 도전율이 클 것
• 기계적 강도가 클 것
• 가요성이 클 것
• 내구성이 클 것
• 값이 싸고 대량생산이 가능할 것
• 신장률(팽창률)이 클 것
• 무게(비중)가 작을 것

정답 ③

핵심기출문제

옥내 배선의 전선 굵기를 결정할 때, 고려되는 사항이 아닌 것을 고르시오.

① 절연저항 ② 전압강하
③ 허용전류 ④ 기계적 강도

해설

전선 굵기를 선정할 때 고려사항
허용전류, 전압강하, 기계적 강도

정답 ①

핵심기출문제

다음 중 켈빈(Kelvin) 법칙이 적용되는 내용을 고르시오.

① 경제적인 송전전압을 결정하고자 할 때
② 일정한 부하에 대한 계통 손실을 최소화하고자 할 때
③ 경제적으로 송전선의 전선 굵기를 결정하고자 할 때
④ 화력발전소군의 총 연료비가 최소가 되도록 각 발전기의 경제부하 배분을 하고자 할 때

해설

켈빈의 법칙은 [전선 단위길이당 공사비에 대한 1년 동안의 이자와 감가삼각비]=[전선 단위길이당 1년 동안 전력손실량에 대한 환산전기요금]일 때, 전선의 굵기가 가장 경제적이라는 법칙이다.

정답 ③

• 신장률(팽창률)이 클 것
• 무게(비중)가 작을 것 → 중량이 가벼울 것

여기서 **비중**이란 어떤 상대적인 것을 기준으로 비교한 무게이다.

3. 전선 관련 이론

(1) 전선의 굵기를 결정하는 요소

전선은 기본적으로 구리인데 구리는 비쌉니다. 그래서 전선은 사용 목적에 맞는 적당한 굵기로 사용해야 하며 그 기준은 다음과 같습니다.

① 허용전류

사용할 전선에 흐를 수 있는 최대전류로 계산하여 전선을 써야 한다. 그렇지 않으면 전선에 열이 증가하여 결국 화재가 발생한다.(전선의 허용전류 : 전선에 전류가 흐르고 있을 때, 전선에 실용상 안전하게 전류를 흘릴 수 있는 전류 크기[A])

② 전압강하

전선에 전류가 흐르면 전선이 갖고 있는 고유저항(ρ)으로 전압강하($e = IR$)가 발생하고, 정격보다 저하된 전압으로 전원 공급을 하면 전기설비가 정상동작하지 않는다.

③ 기계적 강도

전선은 지지물에 가설되고 항상 전선 자체무게와 인장하중을 받는다. 하지만 전선은 쉽게 끊어지면 안 되므로, 적당한 인장강도를 가져야 한다.

(2) 가장 경제적인 전선의 굵기 선정방법 : 켈빈의 법칙

전선은 대부분 구리이며 매우 비쌉니다. 그래서 비용을 절감해야 하고, 최대한 적은 구리를 사용할 수 있는 전선 굵기를 찾아야 합니다.

그래서 스코틀랜드 과학자 윌리엄 톰슨(1824~1907)은 켈빈의 법칙(Kelvin's Law)을 만들어 가장 경제적인 방법으로 전선 굵기를 선정하는 방법을 제시했습니다.

> **켈빈의 법칙(Kelvin's Law)**
> 스코틀랜드 과학자 윌리엄 톰슨(William Thomson, 1824~1907)이 1881년에 발표한 전력시스템 공학서적에서 이 이론을 주장하며 경제적으로 송전선의 굵기를 선정하는 방법을 소개하였다. 송전선로를 건설할 때, A구간~B구간 선로의 [전선 단위길이당의 1년 동안 발생한 전력 손실량에 대한 전기요금] =[송전선로의 단위길이당 건설비(공사비)에 대한 1년 동안의 이자+그 단위길이당 선로의 1년 동안 발생한 감가삼각비] 관계일 때, 송전선로의 전선 굵기가 가장 경제적이라는 법칙이다.

(3) 표피효과(Skin effect)

전력선(특고압 송전선의 경우)에 교류전류가 흐를 때 전선이 굵을수록, 도전율과 투자율과 주파수가 높을수록 전류가 전선 단면적의 바깥쪽으로만 흐르려고 하는 전류밀도 현상을 부르는 용어입니다.

표피효과 수식 : $\delta = \dfrac{1}{\sqrt{\pi f \mu k}} \, [\mathrm{m}]$

(4) 이도(Dip)

전선 자체의 중량과 덥고 추운 날씨로 인해 그리고 전선이 수축·팽창을 반복하며 전선길이에 변화가 생깁니다. 이를 고려하여 전선을 가설할 때, 지지점과 지지점 사이에서 전선을 의도적으로 아래로 처지게 가설합니다. 이를 전문용어로 '이도'라고 하며 전선을 지지하는 두 지지점의 수평높이와 전선이 아래로 늘어졌을 때의 가장 하단점 사이의 수직거리를 말합니다.

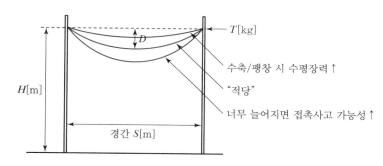

『 전선 가설 시 이도 적용 』

여기서, D : 이도[m]

    W : 전선의 중량[kg/m] (전선 자체무게 또는 수직하중)

    S : 경간[m]

    수평장력 T : 안전율을 제외한 장력(수평으로 당기는 힘) [kg]

    인장하중[kg/m] : 안전율을 포함한 장력으로, '인장하중＝수평장력
                          ×안전율'

- 이도 : $D = \dfrac{WS^2}{8T} \, [\mathrm{m}]$

- 전선의 실제 길이 : $L = S + \dfrac{8D^2}{3S} \, [\mathrm{m}]$

- 전선의 평균 높이 : $H_0 = H - \dfrac{2}{3}D \, [\mathrm{m}]$

  H : 대지에서 전선 지지점까지 높이[m]

🔍 **핵심기출문제**

전선의 표피효과에 관한 설명으로 옳은 것을 고르시오.

① 전선이 굵을수록, 주파수가 낮을수록 커진다.
② 전선이 굵을수록, 주파수가 높을수록 커진다.
③ 전선이 가늘수록, 주파수가 낮을수록 커진다.
④ 전선이 가늘수록, 주파수가 높을수록 커진다.

💬 **해설**

표피효과(Skin Effect)는 전선에 교류전류가 흐를 때 전선 내의 전류밀도의 분포가 전선의 중심부로 들어갈수록 작고 전선표면으로 갈수록 커지는 현상이다. 이 표피효과는 전선이 굵을수록, 도전율 및 투자율이 클수록 그리고 주파수가 높을수록 커진다.

🔒 **정답** ②

🔍 **핵심기출문제**

경간이 200[m]인 가공전선로가 있다. 사용 전선의 길이는 경간보다 약 몇 [m] 더 길어야 하는가? (단, 전선의 1[m]당 하중은 2[kg], 인장하중은 4000[kg]이고, 풍압하중은 무시하며, 전선의 안전율은 2라 한다.)

① 0.33   ② 0.5
③ 1.41   ④ 1.73

💬 **해설**

전선의 실제 길이

$L = S + \dfrac{8D^2}{3S}\,[\mathrm{m}]$ 이므로, 전선의 실제 길이는 경간 S보다 $\dfrac{8D^2}{3S}\,[\mathrm{m}]$ 만큼 길다. 그러므로 실제 전선길이는

$L - S = \dfrac{8D^2}{3S} = \dfrac{8 \times 5^2}{3 \times 200}$
$= 0.33\,[\mathrm{m}]$ 가

더 길어야 한다.

여기서, 이도 $D = \dfrac{WS^2}{8T}\,[\mathrm{m}]$

$\rightarrow D = \dfrac{2 \times 200^2}{8\left(\dfrac{4000}{2}\right)} = 5\,[\mathrm{m}]$

🔒 **정답** ①

전선의 지지점 높이가 31[m]이고, 전선의 이도가 9[m]라면 전선의 평균 높이[m]는 얼마인가?

① 31.0   ② 26.0
③ 25.5   ④ 25

해설

전선의 평균 높이

$$H_0 = H - \frac{2}{3}D\,[m]$$

여기서, H : 대지에서 전선 지지점까지 높이[m]

$$\therefore H_0 = H - \frac{2}{3}D$$
$$= 31 - \left(\frac{2}{3} \times 9\right)$$
$$= 25\,[m]$$

🔒 **정답** ④

가공전선을 200[m]의 경간에 가설하여 그 이도가 5[m]이었다. 이도를 6[m]로 하려면 이도를 5[m]로 하였을 때보다 전선이 몇 [cm] 더 필요하겠는가?

① 8   ② 10
③ 12   ④ 15

해설

경간(S)은 같고, 이도(D)의 변화에 대한 차이이므로,

$$\frac{8D^2_2}{3S} - \frac{8D^2_1}{3S}$$
$$= \frac{8 \times 6^2}{3 \times 200} - \frac{8 \times 5^2}{3 \times 200}$$
$$= 0.15\,[m] = 15\,[cm]$$

🔒 **정답** ④

보통 송전선용 표준철탑설계의 경우 가장 큰 하중은?

① 풍압하중
② 애자, 전선의 중량
③ 빙설하중
④ 전선의 인장강도

해설

철탑설계를 할 때, 가장 큰 하중은 풍압하중으로 계산하여 설계한다.

🔒 **정답** ①

- 전선 지지점의 전선장력 : $T_0 = T + WD\,[kg]$

  T : 수평장력

  WD : 전선 자체 무게 $[kg/m]$

- 수평장력 : $T = \dfrac{인장하중}{안전율}\,[kg/m]$

(5) 전선하중

① 수직하중 $W_0\,[kg/m]$

수직하중(전선하중)은 중력에 의해 전선이 밑으로 작용하는 전선 자체무게이다.

- 빙설하중 W_i : 눈이 오는 계절에 전선 주변에 두께 $6\,[mm]$, 비중 $0.9\,[g/cm^3]$의 빙설이 균일하게 부착된 상태일 때의 전선무게(하중) $[kg/m]$
- $W_i = 0.017\,(d + 6)\,[kg/m]$
- d : 전선의 바깥지름 $[mm]$

② 수평하중 $W_w\,[kg/m]$

수평하중(풍압하중)은 바람에 의해 전선이 좌우로 받는 하중으로, 전선이 받는 하중 중 가장 크다. 송전탑의 경간은 $500\,[m]$ 이상인데 이런 경간에서 전선이 좌우로 흔들리면 그 무게가 엄청나게 무겁다.

③ 합성하중 $W\,[kg/m]$

합성하중은 수직하중(W_i)과 수평하중(W_w)을 합성한 것이다.

- ㉠ 고온계(빙설이 적은 지역)에서 합성하중 : $w = \sqrt{w_0{}^2 + w_w{}^2}$

  (빙설이 없으므로 w_i도 없다)

- ㉡ 저온계(빙설이 많은 지역)에서 합성하중 : $w = \sqrt{(w_0{}^2 + w_w{}^2) + w_w{}^2}$

  (빙설이 있으므로 w_i를 고려한다)

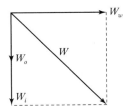

4. 전선 보호기구

(1) 댐퍼(Damper)

전선의 진동횟수가 잦고 반복되면 전선이 끊어질 수 있으므로 댐퍼(Damper)를 설치하여 전선의 진동을 억제하고 전선을 보호합니다.

① **스톡브릿지 댐퍼(Stock Bridge Damper)** : (태풍, 바람에 의한) 전선의 좌우 진동 방지

② **토리셔널 댐퍼(Torsional Damper)** : (눈, 빙설에 의한) 전선의 상하 진동 방지 (도약 방지)

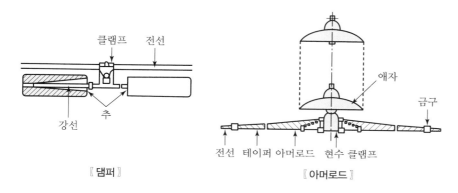

〚 댐퍼 〛　　　　　〚 아머로드 〛

(2) 아머로드(Armor rod)

전선이 지지되는 지지물의 지지점에서 발생할 수 있는 **단선**을 방지하기 위해서 설치합니다.

(3) 오프셋(Off‒set)

전선이 상하로 진동하여 선과 선이 맞닿는 단락사고를 방지하기 위한 지지물의 가설구조입니다.

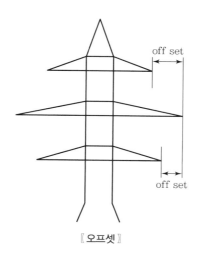

〚 오프셋 〛

핵심기출문제

송전선에 댐퍼(Damper)를 다는 이유는?
① 전선의 진동 방지
② 전자유도 감소
③ 코로나의 방지
④ 현수애자의 경사 방지

해설
바람이 불면 송전선로의 전선 주변에 소용돌이가 발생하여 전선의 수직방향으로 교번력(진동을 일으키는 힘)이 발생하는데, 이 힘이 전선의 고유진동수와 같아지면 공진상태가 되어 전선을 상하 진동하게 만든다. 그러므로 진동의 여파가 지지점에 영향을 미치지 못하게 하기 위해 댐퍼(Damper)를 설치한다.
🔒 **정답** ①

핵심기출문제

3상 수직 배치인 선로에서 오프셋(Off‒set)을 주는 이유는?
① 전선의 진동 억제
② 단락 방지
③ 철탑 중량 감소
④ 전선의 풍압 감소

해설
오프셋(off‒set)
전선 도약에 의한 단락사고 발생을 방지하기 위하여 전선의 배열을 위 아래 전선 간 수평으로 간격을 두어 설치하는 것을 말한다.
🔒 **정답** ②

PART 05

🄌 가공전선로의 구성요소 : 지지물

> **지지물의 종류**
> - 목주 : 섬 지역 혹은 동남아시아 지역에서는 600~1,000kg의 콘크리트주보다는 현지에서 조달하기 쉬운 목주(사각 목주)를 사용한다.
> - 철근콘크리트주 : 배전계통에서 사용하는 지지물이다.
> - 철주 : 철근으로만 구성된 지지물이다.
> - 철탑 : 송전계통에서 사용하는 지지물이다.

⚓ 말구
구형 지지물의 가장 윗부분 폭을 의미한다.

1. 지지물의 분류(재료에 따른 분류)

① **목주** : 말구지름 12cm 이상(목주 상단 지름이 12cm), 지름 증가율 $\dfrac{9}{1000}$ 이상

② **철근콘크리트주** : 말구지름 14cm 이상, 지름 증가율 $\dfrac{1}{75}$ 이상, 콘크리트 안에 철근을 넣어 만든 배전용 지지물이다.

③ **철주** : 강철을 주재료로 하여 만든 지지물로, 66[kV] 이하의 송전선로에 사용된다.

④ **철탑** : 아연도금을 한 철재(형강, 평강)들을 볼트・너트로 조립하여 만든 지지물이다.

2. 철탑 종류 I (형태에 따른 철탑 분류)

① **사각 철탑** : 4면이 동일한 모양으로, 평야에서 2회선용(154[kV], 345[kV]) 철탑으로 사용된다.

② **방형 철탑** : 2면이 동일한 직사각형 모양으로, 평야에서 1회선용 철탑으로 사용된다.

③ **우두형 철탑** : 산악지대에서 초고압용(765[kV]) 철탑으로 사용된다.

④ **문형 철탑** : 전기철로(지상철) 또는 도로, 하천 횡단 시에 사용된다.

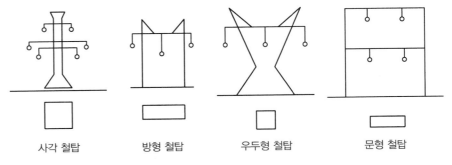

| 사각 철탑 | 방형 철탑 | 우두형 철탑 | 문형 철탑 |

〖 형태에 따른 철탑 분류 〗

3. 철탑 종류 Ⅱ (사용지역에 따른 철탑 분류)

① **A형(직선형) 철탑** : 평지를 기준, **수평각도 3° 이하**인 직선 전선로에 사용된다.
② **B형(경각도형) 철탑** : 평지를 기준, **수평각도 3°~20° 사이**의 전선로에 사용된다.
③ **C형(중각도형) 철탑** : 평지를 기준, **수평각도 20°를 초과**하는 전선로에 사용된다.

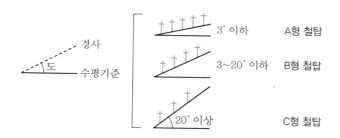

④ **D형(인류형) 철탑** : 전선로가 끝나는 부분에 사용하는 철탑으로, 수평각도 60°까지 적용 가능한 철탑이다.
⑤ **E형(내장형) 철탑** : 전선로 양쪽의 경간차가 클 때 E형 철탑을 사용한다. 직선형 철탑이 연속적으로 위치할 때, 10기 이하마다 1기의 내장형 철탑을 건설하여 전선로의 안전성을 보강한다.

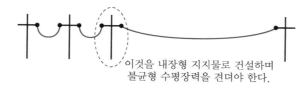

이것을 내장형 지지물로 건설하며 불균형 수평장력을 견뎌야 한다.

⑥ **보강형 철탑** : 전선로가 직선으로 전개되는 경우, 전선로의 튼튼함을 더 보강할 필요가 있을 때 사용하는 철탑이다.

4. 지지물의 기초 강도

① 가공전선 지지물의 기초 강도는 **안전율 2** 이상으로 한다.
② 지지물의 전장(지지물 전체 길이)이 15[m] 이하일 경우, **땅에 묻히는 깊이는 전장의 $\frac{1}{6}$ 이상**으로 해야 한다.

03 가공전선로의 구성요소 : 애자

1. 애자의 기능과 설치목적

① **애자의 기능** : 애자(Insulator)는 절연을 목적으로 전선과 지지물 사이에 사용된다.

② 애자의 재질 : 사기 + 폴리머 코팅(고체 합성수지)

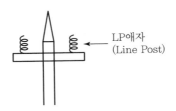

③ 애자의 설치목적
- 전선과 대지 또는 지지물 사이에 절연을 한다.
- 전선을 지지물에 고정시킨다.

2. 애자의 구비조건(애자가 갖춰야 할 성질)

① **충분한 절연내력을 가질 것**
- 절연내력 $[\mathrm{kV/cm}]$ 이 클 것
- 절연저항이 클 것 → $R = \infty\,[\Omega]$

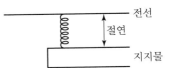

② **충분한 기계적 강도를 가질 것**
- 온도 변화에 잘 견디고, 습기를 흡수하지 말 것(습기에 강할 것)
- 누설전류(흐르지 말아야 할 곳으로 흐르는 전류)가 적을 것 : 저항이 무한대 ($\infty\,[\Omega]$)인 물질이 아니고서야 전류는 항상 셀 수밖에 없다.
- 가격이 싸고, 설치 및 이용하기 쉬울 것

3. 애자의 종류

① **LP애자** : 배전선로 철근콘크리트주의 완금에 많이 쓰이는 애자이다.
② **폴리머애자** : 보통 애자는 자기(Ceramics) 혹은 유리(Glass) 재질로 만들어지는 데 반해, 폴리머애자는 실리콘 고무(폴리머)를 사용한 애자로 애자 겉에 오염물 질 부착이 잘 안 되고, 빗물에 의한 세척효과가 좋은 애자이다.
③ **핀애자** : 핀(Pin) 모양으로 생긴 애자로, 직선으로 진행되는 배전선로(22.9[kV]) 의 배전선을 지지하는 완금에 수직으로 부착된다. 다른 애자와 달리 핀애자는 1 개의 전선만을 지지하는 용도로 사용되며, 기계적 강도가 약하고, 열화가 빠른 단점이 있다.
④ **장간애자** : 긴 경간의 전선로 혹은 해안지역에서 염분으로 인한 부식(염해)이나 코로나현상을 방지할 목적으로 사용한다.
⑤ **현수애자** : 송전선로에서 전선과 철탑의 지지대 사이의 절연을 위하여 전선이 아래로 늘어지게 지지하는 애자이다.

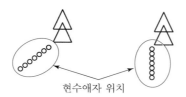

현수애자 위치

ㄱ. 현수애자의 종류

- 180[mm] 현수애자(중성선 지지용 애자) → 현수애자 1개 높이 : 18[cm]
- 250[mm] 현수애자(전력선 지지용 애자) → 현수애자 1개 높이 : 25[cm]
  (우리나라는 250[mm] 현수애자를 표준규격 사이즈로 정하고 있다)

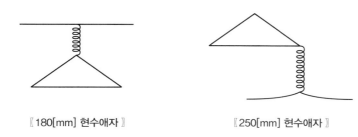

〖 180[mm] 현수애자 〗　　　　〖 250[mm] 현수애자 〗

- 현수애자 250[mm]의 전압에 따른 애자 개수

전압[kV]	22.9	66	154	345	765
애자 수[개]	2~3	4~5	9~11	18~23	40~45

ㄴ. 표준 250[mm] 현수애자의 전기적 내성 시험방법

- 건조섬락시험 : 애자가 건조한 상태에서 절연파괴전압 80[kV]에 견뎌야 하는 시험
- 주수섬락시험 : 애자가 젖은 상태에서 절연파괴전압 50[kV]에 견뎌야 하는 시험
- 유중섬락시험 : 애자를 절연유 속에 넣은 상태에서 절연파괴전압 140[kV]에 견뎌야 하는 시험
- 충격섬락시험 : 표준충격파형 $1.2 \times 50[\mu\mathrm{sec}]$과 함께 절연파괴전압 125[kV]에 견뎌야 하는 시험

ㄷ. 현수애자의 능률(현수애자련의 효율) : 하나의 현수애자 절연내력이 80[kV]이고, 이 현수애자가 4련(4개 1쌍)으로 구성됐다면, 이론적으로 총 절연내력은 80[kV] × 4[개]=320[kV]가 되어야 한다.

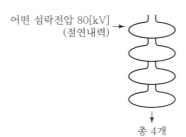

어떤 섬락전압 80[kV]
(절연내력)

총 4개

핵심기출문제

우리나라에서 가장 많이 사용하는 현수애자의 표준은 몇 [mm]인가?
① 160 　　② 250
③ 280 　　④ 320

해설
현수애자는 180[mm]와 250[mm] 두 가지가 있으며, 우리나라에서는 250[mm] 현수애자를 표준으로 사용한다.

🔒 **정답** ②

핵심기출문제

애자로 전기적 특성시험을 할 때 가장 높은 시험전압을 고르시오.
① 건조섬락전압
② 주수섬락전압
③ 충격섬락전압
④ 유중파괴전압

해설
표준 250[mm] 현수애자의 전기적 내성 시험방법
① 건조섬락시험 : 절연파괴전압 80 [kV]를 견뎌야 하는 시험
② 주수섬락시험 : 절연파괴전압 50 [kV]를 견뎌야 하는 시험
③ 충격섬락시험 : 절연파괴전압 125 [kV]를 견뎌야 하는 시험
④ 유중섬락시험 : 절연파괴전압 140 [kV]를 견뎌야 하는 시험

🔒 **정답** ④

💡 TIP

표준충격파형
낙뢰 혹은 번개를 가정한 충격 파전압으로 $1.2 \times 50[\mu\mathrm{sec}]$의 의미
- 충격전압파형의 상승시간 : $1.2[\mu\mathrm{s}]$
- 충격전압파형의 하강시간 : $50[\mu\mathrm{s}]$

250[mm] 현수애자 10개를 직렬로 접속한 애자련의 건조섬락전압이 590[kV]이고 연효율(String Efficiency)이 0.74이다. 현수애자 한 개의 건조섬락전압은 약 몇 [kV]인가?

① 80 ② 90
③ 100 ④ 120

💬 **해설**

먼저 애자련의 능률 공식을 이용하여 섬락전압을 구할 수 있다.
애자련의 능력

$\eta = \dfrac{V_n}{n\,V_1} \times 100\,[\%]$

$\to V_1 = \dfrac{V_n}{n\,\eta} = \dfrac{590}{10 \times 0.74}$

$\fallingdotseq 80\,[kV]$

🔒 **정답** ①

가공 송전선에 사용하는 애자련 중 전압분담이 가장 큰 것은?

① 전선에 가장 가까운 것
② 중앙에 있는 것
③ 철탑에 가장 가까운 것
④ 철탑에서 1/3 지점의 것

💬 **해설**

애자련의 전압분담
전선과 애자, 애자와 지지물 간의 정전용량은 애자의 그 위치에 따라 각각 다르게 나타나므로 각각의 전압분담도 달라진다.

• 전압분담이 가장 큰 애자(최대) : 전선에서 가장 작은 애자
• 전압분담이 가장 작은 애자(최소) : 지지물(철탑)로부터 $\dfrac{1}{3}$ 지점과 전선으로부터 $\dfrac{2}{3}$ 지점

🔒 **정답** ①

아킹 혼(Arcing Horn)의 설치목적은 무엇인가?

① 섬락사고에 대한 애자의 보호
② 전선의 진동 방지
③ 철탑 중량 감소
④ 전선의 풍압 감소

💬 **해설**

애자의 섬락사고를 방지하기 위해 설치하는 것은 소호환(=소호각)이다.

🔒 **정답** ①

하지만 현실적으로 애자련 수가 늘어날수록 애자의 절연능력은 점점 저하되기 때문에 이론적으로 계산된 320[kV]보다 수치가 더 저하됩니다.
그래서 현수애자 개수에 대한 절연내력은 다음과 같이 계산됩니다.

애자련의 능력 $\eta = \dfrac{\text{애자련의 섬락전압}\,[V_0]}{\text{애자 수}\,[n] \times \text{애자 1개의 섬락전압}\,[V]} \times 100$

$= \dfrac{V_n}{n\,V_1} \times 100\,[\%]$

• 이론상 애자련의 섬락전압 : $V_n = n\,V_1$ 관계
• 실제 애자련의 섬락전압 : $V_n < n\,V_1$ (정전용량 때문에 이런 관계가 성립함)

㉣ 현수애자의 전압분담 : 전선과 애자 또는 애자와 지지물 사이에 정전용량이 발생하며, 이 정전용량은 애자의 위치에 따라 서로 다른 정전용량값을 갖게 되고 또한 애자 위치에 따라 전력선으로부터 영향을 받는 전압분담도 서로 다르다. 그림은 현수애자가 전력선으로부터 받는 전압분담 비율을 나타낸다.

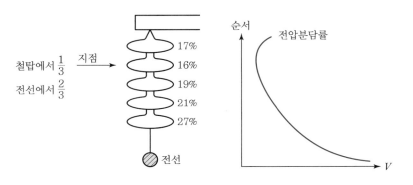

4. 애자련 보호장치

낙뢰의 섬락아크(Arc Flash)에 의한 애자손상 방지를 위해 애자련에 걸리는 전압 분포를 균일하게 하는 애자보호기구로 다음 두 가지가 있습니다.

• 초호환(또는 소호환, 아킹 링 : Arcing Ring)
• 초호각(또는 소호각, 아킹 혼 : Arcing Horn)

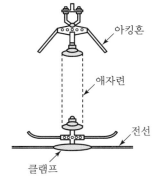

〖 아킹 혼(Arcing Horn) 〗

(1) **아킹링과 아킹혼의 역할**

- 낙뢰나 섬락이 발생할 때, 애자련을 보호한다.
- 전선로에서 발생하는 과전압과 같은 이상현상으로 인해 전선에 열이 발생할 때(역섬락), 그 영향으로 인해 애자가 파괴되는 것을 방지한다.
- 섬락 혹은 역섬락 발생 시, 애자련의 전압분담을 균등화하여 애자의 절연파괴를 방지한다.

(2) **계통에서 애자의 소손 방지대책**

① 애자를 과절연한다.(충분히 절연조치를 한다)
② 애자를 세척한다.
③ 애자에 실리콘 콤파운드를 도포한다.(절연능력이 향상되기 때문에)

04 가공전선로의 구성요소 : 지선

목주, 철근 콘크리트주, 철주는 지선을 사용하고, 철탑은 지선을 사용하지 않습니다.

1. 지선의 설치 목적

- 전선의 수평장력으로 인한 지지물에 넘어짐 방지
- 지지물의 강도 보강(철탑에 사용 안 함) 목적
- 전선로의 안전성 증대의 목적

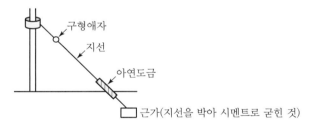

〚 지선 설치 〛

2. 지선의 종류

- 보통지선(인류형 지선)
- 수평지선
- 가공지선
- 공동지선
- Y지선
- 궁지선

📚 **핵심기출문제**

송전선로에서 **초호환**(Arcing Ring)을 설치하는 이유를 고르시오
① 전력손실 감소
② 송전전력 증대
③ 애자에 걸리는 전압분포의 균일
④ 누설전류에 의한 편열 방지

💬 **해설**
초호환(=아킹링)의 기능
- 자연현상에 의한 섬락 시 애자련 보호
- 전선로의 문제로 인한 역섬락 시 애자련 보호
- 애자련에 걸리는 전압분포를 균등하게 하여, 애자 절연파괴 방지

🔒 **정답** ③

📚 **핵심기출문제**

발 · 변전소(발전소와 변전소)에 설치되는 애자의 염해 대책 중 가장 경제적이고 용이한(쉬운) 방법을 고르시오.
① 애자를 세척한다.
② 과절연을 한다.
③ 발수성 시료를 애자에 바른다.
④ 설비를 옥내에 한다.

💬 **해설**
애자의 오염, 염해 방지대책
- 애자를 과절연(충분한 절연조치) 한다.
- 애자를 세척한다.
- 애자에 실리콘 콤파운드를 도포한다.

🔒 **정답** ①

✤ **지선(支線)**
안전율 2.5, 인장하중 4.31[kN], 소선 지름 2.6[mm] 3가닥을 1조로 꼬아 묶은 철선(아연도금강연선 2mm 이상)

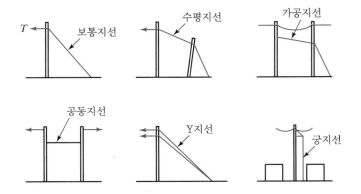

3. 지선의 구비조건

- 지선은 안전율 2.5 이상(목주 A목의 경우 안전율 1.5)을 유지할 것
- 지선 소선은 지름 2.6[mm] 이상의 금속선을 3가닥 이상 꼬아 1조로 만들 것
- 지선의 허용 인장하중은 최저 440[kg] 이상일 것
- 지선은 땅에서 지표상 30[cm]까지 **아연 도금**(부식 방지)을 할 것
- 지선이 도로를 횡단할 경우 지선높이는 5[m] 이상일 것

4. 지선이 받는 장력과 지선의 가닥수 계산법

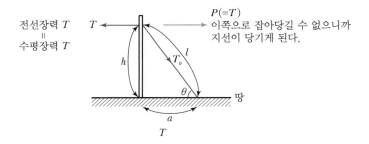

지선이 받는 장력 = 지선의 강도 계산

여기서, T (전선장력) : 전선에 수평방향으로 걸리는 장력 [kg]

T_0 (지선장력) : 지선이 받는 인장하중 [kg]

P : 지선 1가닥이 받는 인장하중 [kg]

N : 지선 가닥수 [개]

k : 안전율(여유계수)

- 지선장력 : $T_0 = \dfrac{T}{\cos\theta} = \dfrac{l}{a}T$ [kg]   ($\leftarrow \cos\theta = \dfrac{T}{T_0}$)

- 지선의 가닥수 : $N = T_0 \dfrac{k}{P} = \left(\dfrac{l}{a} T \right) \dfrac{k}{P}$ [개]

$$N = \left(\text{전선장력} \dfrac{\text{빗변}}{\text{밑변}} \right) \dfrac{\text{안전율}}{\text{소선당 인장하중}} \ [\text{개}]$$

- 전선장력(수평장력) : $T = T_0 \cos\theta = \dfrac{NP}{k} \dfrac{a}{\sqrt{h^2 + a^2}}$ [kg]

$$\text{※} \left[N = T_0 \dfrac{k}{P} \right] \rightarrow \left[T_0 = \dfrac{NP}{k} \right]$$

만약, 지선 가닥수 계산결과가 소수점일 경우 절상해야 합니다. 지선 가닥수뿐만 아니라 안전, 높이 관련 수치는 항상 절상합니다.

⑩ 5.1 → 6으로 절상

05 지중전선로

지중전선로는 가공전선로에서 사용하는 전선을 사용하지 않고, 케이블(Cable)이란 종류의 전선을 사용합니다. 주로 인구 수용밀도가 높은 도시지역에서 케이블을 이용하여 지중전선로를 건설합니다. 케이블(Cable)은 통신용 케이블도 있고, 전력용 케이블도 있는데, 전기에서 케이블이란 **전력용 케이블**을 의미합니다.

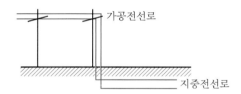

1. 지중전선로의 특징

- 전력구 안에서 모든 전선은 케이블로만 사용한다.
- 가공전선로와 반대로, 지중전선로의 L(인덕턴스)은 감소, C(커패시턴스)는 증가한다.

  $- L \propto \log \dfrac{D}{r}$ [mH/km] : L이 감소(↓)하면 등가선간거리 D도 감소(↓)

  $- C \propto \dfrac{1}{\log \dfrac{D}{r}}$ [μF/km] : C가 증가(↑)하면 등가선간거리 D는 감소(↓)

- 도시의 미관이 좋아진다.
- 전력계통이 낙뢰, 풍수와 같은 자연재해의 영향을 덜 받는다.
- 전선로가 땅속에 있으므로 통신선 유도장해가 작다.

- 전선로가 땅속에 있으므로, 사람이 감전에 노출될 우려가 적다.
- 지상은 전선로가 우회할 일이 많지만, 지중전선로는 그렇지 않아 경과지 확보가 쉽다.
- 지중전선로는 인구 수용밀도가 높은 지역에 가설한다.
- 지중전선로 건설비는 매우 비싸다(그래서 반드시 필요한 도시의 일부지역에만 적용한다).
- 보안상의 이유로 가공전선로 가설이 제한될 때, 대안으로 지중전선로를 가설한다.
- 고장점 발견이 어렵고, 발견하더라도 보수가 어렵다.

2. 지중전선로에서 고장점 검출방법

케이블은 지중으로 가설된 전선이기 때문에 만약 고장이 나면 고장지점을 찾기가 어렵습니다. 그래서 다음과 같은 방법들로 케이블의 고장구간을 찾을 수 있습니다.

(1) 머레이루프(Murray Loop)법
휘스톤브릿지회로를 이용하여 사고지점을 찾는 방법으로 주로 대전류가 흐르는 지중 전력선을 찾을 때 사용하는 방법(1선 지락사고, 2선 지락사고가 발생할 때 사용함)

(2) 펄스레이더(Pulse Radar)법
사고 케이블에 교류전압 펄스(Pulse)를 인가하여, 고장(단선)지점에서 반사되어 돌아오는 전파시간을 측정하여 고장점을 찾는 방법

(3) 수색코일법
케이블에 특정 주파수의 교류를 흘리고, 지상에서 '수색코일 증폭기'로 고장지점을 찾는 방법

① **정전용량법** : 케이블에서 발생하는 정전용량값을 가지고 비율식을 세워 고장점을 찾는 방법
② **음향검출법** : 음향을 이용하여 고장점을 찾는 방법은 케이블이 단선됐을 때, 전류가 케이블을 통해서 방전되고 있는 상태이다. 전류가 방전하며 내는 방전음을 초음파 측정기로 검출하는 것이다. 하지만 매설케이블의 경우, 토양 깊이에 따른 방전음 감쇄가 크므로 1[m] 이상 깊이로 매장된 케이블을 검출하기 어렵다.

(4) 그 밖에 고장점 검출방법과 관련한 도체의 저항 측정방법
① **캘빈더블브릿지** : 저(Low)저항 측정에 유용함(낮은 수치의 저항을 검출할 때 사용하는 방법)
② **휘스톤브릿지** : 중(Middle)저항 측정에 유용함(몇 십 [Ω]의 미지저항을 검출할 때 사용하는 방법)

③ **메거 절연저항 측정** : 고(High)저항 측정에 유용함

④ **콜라우시브릿지** : 전해액을 이용하여 접지저항을 측정하는 방법

⑤ **캠벨브릿지** : 정전용량 C값 또는 미지의 인덕턴스 L값을 측정할 때 사용하는 방법

3. 지중전선로의 가설

(1) 지중전선로 종류

① **직접매설식** : 콘크리트 트러프(Trouph)와 같은 재료를 이용하여 케이블을 직접 매설하는 방법

② **관로식** : 철근 콘크리트 관을 땅속에 매입(시설)한 후, 관과 관 사이에 맨홀을 통해 케이블을 인입하는 방식

③ **전력구(또는 암거식)** : 지하에 승용차 한 대가 지나다닐 수 있을 정도의 크기로 콘크리트 구조물 터널을 건설하고, 그 구조물에 다회선 케이블을 넣어 가설하는 방식이다. 이것을 전력구라고 하고, 전력구는 전력선뿐만 아니라 수도관, 가스관, 통신선도 같이 시설된다.

〖 전력구 단면 〗

(2) 지중전선로 시설원칙

① **직접 매설식에서 매설 깊이**

㉠ 차량과 같은 큰 압력을 받는 구간 : 1.2[m] 이상

㉡ 사람과 같은 비교적 가벼운 압력을 받는 구간 : 0.6[m] 이상

② **관로식에서 지중함 크기가 1[m³] 이상일 경우**

가스 환기용 통풍장치를 시설

③ **지중전선과 가공전선이 접속하는 환경**

지중전선의 노출방호범위는 지표상 2[m]에서 지중 20[cm] 이상일 것

4. 케이블의 특징

케이블은 다음과 같은 전선 도체 외부에 피복이 복잡한 형태로 여러 겹인 전선입니다.

✤ **직접 매설**
땅을 파서 케이블을 묻고 흙으로 덮는 방법이다.

✤ **노출방호범위**
노출되는 지중전선을 외부의 충격, 부식으로부터 보호하는 부분이다.

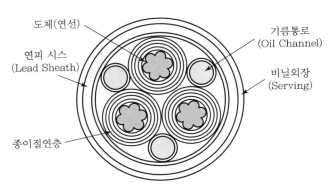

도체(연선)

기름통로
(Oil Channel)

연피 시스
(Lead Sheath)

비닐외장
(Serving)

종이절연층

《 Oil Field 케이블 구조 》

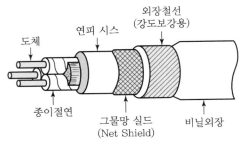

외장철선
(강도보강용)

연피 시스

도체

종이절연

그물망 실드
(Net Shield)

비닐외장

《 일반 케이블 구조 》

(1) 지중전선로의 케이블 검사

지중에 매입된 케이블을 보수하거나 이상 유무를 점검할 때 사용하는 방법들입니다.

① 케이블 유전체의 역률 측정

케이블의 유전체 손실($\tan\delta$)을 측정하는 것이다. 케이블 내에 절연체가 열화되면 케이블에 걸리는 전압이 일정값 이상일 때 유전체 역률각도가 급격히 커진다. 이것을 측정하여 이상 유무를 점검한다.

② 직류 누설전류 측정

케이블의 누설전류 유무를 확인하는 것으로, 케이블 속에 도체와 차폐층 사이(또는 도체 상호 간)에 직류전압을 가하여, 누설전류가 일정값 이상이 되거나 시간경과에 따라 누설전류의 크기가 증가하면 절연체의 절연능력이 감소했음을 추측할 수 있다. 이와 같은 방법으로 케이블 상태를 점검할 수 있다.

(2) 지중전선로에서 케이블 전선에 의한 전력손실 P_l[W/km]

① 도체에 의한 저항손

케이블에서 전력손실의 대부분을 차지하는 손실이다.

$$P_c = n\,I^2 R\,[\text{W/km}]$$

여기서, n은 케이블 내 도체수

② 유전체손

유전체손은 절연체에 의한 전력손실을 의미하며, 콘덴서처럼 절연물을 전극 사이에 끼우고 교류전압을 인가했을 때 발생하는 손실이다.

$$P_d = w\,C\,V^2 \tan\delta \,[\mathrm{W/km}]$$

여기서, 유전체 손실 P_d 의 d 는 변위전류(Displacement)를 의미함

③ 연피손, 시스(Sheath)손

케이블에 교류를 흘리면, 도체 회로로부터 전자유도작용으로 인한 연피(납 재질의 피복층)에 전압이 유기되고, 이 유기기전력은 도체 내에 와전류를 만들어 전력손실을 야기한다.

✥ 시스손
'시스'(Sheath)는 도체와 도체 외부 피복 중간에 절연을 보강하는 피복을 의미하고, '손'은 손실을 의미한다. 그러므로 시스손은 시스피복에 의한 손실이다.

1. 가공전선로의 구성요소 : 전선

① 전선의 분류

- 전선로의 구성요소 : 전선, 지지물, 애자, 지선
- 단선 : 전선 내부에 한 가닥 소선으로만 구성된 전선. 옥내배선에서만 사용하며 송·배전용 전선으로 사용하지 않음
- 연선 : 전선 내부에 여러 가닥의 소선으로 구성된 전선
- 중공연선(특수전선) : 특수 제작된 전선으로 전선의 중심은 빈 상태로, 전선의 외각부분에만 소선로 구성된 연선
- 동선 : 동선은 구리(동) 함유 비율에 따라 연동선, 경동선, 알루미늄선으로 나뉜다.
- 피복에 의한 전선 분류 : 나전선, 절연전선, 케이블

② 전선의 구비조건(전선이 갖춰야 할 특성)

- 도전율이 클 것
- 기계적 강도가 클 것
- 가요성이 클 것
- 내구성이 클 것
- 값이 싸고 대량생산이 가능할 것
- 신장률(팽창률)이 클 것
- 무게(비중)가 작을 것

③ 전선 관련 이론

- 전선의 굵기 선정 시 고려요소 : **허용전류, 전압강하, 기계적 강도**
- 가장 경제적인 전선의 굵기 선정방법 : 켈빈의 법칙
  ※ 켈빈의 법칙 : 임의 특정구간의 전선로에 대해, [1년 동안 발생한 전력손실량에 대한 전기요금]=[전선로 건설 시 구입한 단위길이당 전선비용에 대한 이자＋1년 동안 발생한 감가삼각비]
- 이도 $D = \dfrac{WS^2}{8T}$ [m]

- 전선의 실제 길이 $L = S + \dfrac{8D^2}{3S}$ [m]

- 수평장력 $T = \dfrac{인장하중}{안전율}$ [kg/m]

④ 전선 보호기구

- 댐퍼(Damper) : 전선의 진동을 억제하기 위해 설치
- 아머로드(Armor rod) : 전선 지지점에서 **단선을 방지**하기 위해서 설치
- 오프셋(Off−set) : 전선 상하 진동으로 인한 단락사고를 방지하기 위해 사용

2. 가공전선로의 구성요소 : 지지물

① **전선로의 지지물의 종류** : 목주, 철근콘크리트주, 철주, 철탑

② **철탑 종류 I (형태에 따른 철탑 분류)**

- 사각 철탑 : 4면이 동일한 모양으로, 평야에서 2회선용(154 [kV] , 345 [kV]) 철탑으로 사용
- 방형 철탑 : 2면이 동일한 직사각형 모양으로, 평야에서 1회선용 철탑으로 사용
- 우두형 철탑 : 산악지대에서 초고압용(765 [kV]) 철탑으로 사용
- 문형 철탑 : 전기철로(지상철) 또는 도로, 하천 횡단 시에 사용

③ **철탑 종류 II (사용지역에 따른 철탑 분류)**

- A형(직선형) 철탑 : **수평각도 3° 이하**인 직선 전선로에 사용
- B형(경각도형) 철탑 : **수평각도 3°~20° 사이**의 전선로에 사용
- C형(중각도형) 철탑 : **수평각도 20°를 초과**하는 전선로에 사용
- D형(인류형) 철탑 : 수평각도 60°의 전선로가 끝나는 부분에 사용
- E형(내장형) 철탑 : 전선로 양쪽의 경간차가 클 때 사용
- 보강형 철탑 : 전선로가 직선으로 전개되는 경우, 강도보강용

④ **지지물의 기초 강도**

- 가공전선 지지물의 기초 강도는 **안전율 2** 이상이다.
- 지지물의 전장(= 지지물 전체 길이)이 15[m] 이하일 경우, **땅에 묻히는 깊이는 전장의** $\frac{1}{6}$ **이상**이다.

3. 가공전선로의 구성요소 : 애자

① **애자의 종류**

- LP애자 : 배전선로 철근 콘크리트주의 완금에 많이 쓰이는 애자
- 폴리머애자 : 폴리머애자는 실리콘 고무(= 폴리머)를 사용한 애자로 애자 겉에 오염물질 부착이 잘 안 되고, 빗물에 의한 세척효과가 좋은 애자
- 핀애자 : 완금에 수직으로 부착되어, 직선 전선로의 배전계통(22.9 [kV])에 주로 사용
- 장간애자 : 긴 경간의 전선로 혹은 해안지역에서 염분으로 인한 부식이나 코로나현상을 방지할 목적으로 사용

- 현수애자 : 송전선로에서 전선과 철탑의 지지대 사이의 절연을 위하여 전선이 아래로 늘어지게 지지하는 애자

② **애자의 구비조건(애자가 갖춰야 할 성질)**
- 충분한 절연내력을 가질 것
- 절연내력$[kV/cm]$이 클 것
- 절연저항이 클 것($R = \infty\,[\Omega]$)
- 충분한 기계적 강도를 가질 것
- 온도 변화에 잘 견디고, 습기를 흡수하지 말 것
- 누설전류(흐르지 말아야 할 곳으로 흐르는 전류)가 적을 것
- 가격이 싸고, 설치하고 이용하기 쉬울 것

전선
절연
지지물

③ **애자련의 능력**
$$\eta = \frac{\text{애자련의 섬락전압}\,[V_0]}{\text{애자 수}\,[n] \times \text{애자 1개의 섬락전압}\,[V]} \times 100 = \frac{V_n}{n\,V_1} \times 100\,[\%]$$

④ **애자련 보호장치** : 낙뢰의 섬락아크(Arc flash)에 의한 애자손상 방지를 위해 애자련에 걸리는 전압 분포를 균일하게 하는 애자 보호기구
- 초호환(또는 소호환, 아킹 링 : Arcing ring)
- 초호각(또는 소호각, 아킹 혼 : Arcing horn)

⑤ **아킹 링과 아킹 혼의 역할**
- 자연현상의 섬락으로 인한 애자련 보호
- 전선로의 문제로 인한 역섬락으로부터 애자련 보호
- 애자련에 걸리는 전압분포를 균등하게 하여, 애자 절연파괴 방지

⑥ **애자의 소손 방지대책**
- 애자를 과절연한다.
- 애자를 세척한다.
- 애자에 실리콘 콤파운드 도포를 한다.

4. 가공전선로의 구성요소 : 지선

① **지선의 구비조건**
- 지선은 안전율 2.5 이상(목주 A목의 경우 안전율 1.5)을 유지할 것
- 지선 소선은 지름 2.6$[mm]$ 이상의 금속선을 3가닥 이상 꼬아 만들 것
- 지선의 허용 인장하중은 최저 440$[kg]$ 이상일 것

- 지선은 땅에서 지표상 30 [cm] 까지 **아연 도금**(부식 방지)을 할 것
- 지선이 도로를 행단할 경우 지선높이는 5 [m] 이상일 것

5. 지중전선로

① 지중전선로의 특징

- 지중전선로의 L (인덕턴스)은 감소, C (커패시턴스)는 증가한다.
- 도시의 미관이 좋아진다.
- 전력계통이 낙뢰, 풍수와 같은 자연재해의 영향을 덜 받는다.
- 전선로가 땅속에 있으므로, 통신선 유도장해가 작다.
- 전선로가 땅속에 있으므로, 사람이 감전에 노출될 우려가 적다.
- 지중전선로는 인구 수용밀도가 높은 지역에 가설한다.
- 고장점 발견이 어렵고, 발견하더라도 보수가 어렵다.

② 지중전선로 종류

직접매설식, 관로식, 전력구식(＝ 암거식)

CHAPTER 02 화력발전

발전계통을 설명하기 이전에 먼저 체감할 수 있는 우리나라의 발전상황에 대해서 대략적인 내용을 말하고, 그 다음 화력발전 본론을 보겠습니다.

1. 우리가 내는 전기세는 와트[W]인가, 와트시[Wh]인가?

우리가 사용하는 전기와 납부하는 전기요금에 대해 보면, 사용한 전력량을 나타내는 단위 와트[W]가 있습니다. 실제로 우리가 내는 전기세는 와트시[Wh](1시간 단위의 전력량)에 대해 총 사용한 전기량을 곱하여 전기세를 계산합니다. 다만, 와트시[Wh]를 편의상 와트[W]로 말할 뿐입니다. 그래서 TV, 헤어드라이기, 선풍기, 노트북 등의 생활 가전기기를 구입 후, 제품설명서에 소비전력 부분을 보면 1000[W]라고 적혀 있을 것입니다. 하지만 실제 의미는 1000[Wh]로 이해하는 것이 맞습니다. 전 세계에서 공통으로 전기영역은 MKS 단위계를 사용하기 때문에, 그냥 와트[W]라고 쓰면 이는 초당 사용한 전력이 됩니다. 그러므로 우리가 납부하는 전기세와 가전기기, 전기설비의 소비전력의 단위는 모두 와트시(Watt Hour)[Wh]인 것입니다.

만약 한 가정집에서 한 달 동안 사용한 총 전력량이 900[kWh]라면, 이 가정집의 하루 평균 사용전력량은 다음과 같이 계산할 수 있습니다.

$$\rightarrow \frac{900 \times 10^3}{30\text{일} \times 24\text{시간}} = 1250\,[\text{Wh}]$$ 이 가정에서 하루 평균 1250[Wh]의 전력을 사용하는 것을 알 수 있다.

발전소가 전기를 만드는 목적은 분명합니다. 발전소는 수용가(소비자)가 전기를 사용[Wh]할 수 있게 하기 위해 전기를 생산합니다.

2. 한국정부가 전기를 생산하는 생산원가는?

발전계통과 우리나라 전력에 대한 개념을 잡고자 장황하지 않게 다음과 같이 간략히 말할 수 있습니다. 2010년~2020년 평균, 우리나라 전기에너지의 소비자단가는 1[kWh]당 220원가량입니다. 이는 우리가 전기를(할증을 제외하고) 1[kWh]에 220원씩 납부하며 사용하고 있음을 말합니다. 그러면 반대로 한국 공기업인 한국전력은 소비자가격 1[kWh]당 220원보다 더 저렴하게 전기를 만들고 있어야 합니

> ✖ MKS 단위계
> 기본이 되는 단위로 길이는 [m], 무게는 [kg], 시간은 [sec]인 단위체계이다. 전기영역은 MKS 단위계를 사용하고, 물리영역은 CGS 단위계([cm], [g], [sec])를 사용한다.

다. 그래서 전기를 사용하는 소비자 입장이 아닌, 전기를 만드는 한국정부의 입장에서 전기를 생산하는 원가가 얼마인지 보겠습니다.

2010년~2020년 평균, 전기생산단가(원가)는 1 [kWh] 당 다음과 같은 원가가 발생합니다.

① 원자력발전 : 8 [원/kWh]
② (석탄)화력발전 : 40 [원/kWh]
③ (석유)화력발전 : 70~80 [원/kWh]
④ (LNG)화력발전 : 100~110 [원/kWh]
⑤ 수력발전 : 물의 유속을 이용할 뿐 에너지를 소비하지 않으므로 발전원가가 0원

3. 화력발전소 2기를 만드는 건설비용과 유지관리비

우리나라는 원자력, 화력, 수력, 풍력, 열병합발전, 태양광발전 등 다양한 방법으로 전력을 만듭니다. 그중에서 우리나라 전체가 소비하는 전력의 약 40%는 화력발전소가 생산하고 있습니다. 화력발전은 가장 큰 비중으로 우리나라가 의존하는 발전 방식입니다. 그 다음으로 원자력발전이 한국 총 전력의 30%를 담당합니다.

이러한 화력발전소의 건설비용과 유지관리비용을 보면, 동기발전기 두 대가 들어간 화력발전소 하나를 건설하는 데 드는 비용은 건설 시작부터 상용운전까지(총 6년 소요) 약 1조 5천억 원~2조 원입니다. 시운전과 발전소 준공이 끝나고 본격적으로 상용 운전하며, 발전기를 가동하기 위해 소비하는 원료(석탄, 천연가스, 석유) 값과 여러 가지 발전소를 운영하는 데 비용이 발생합니다. 만약 발전기 2기의 총 발전용량이 초당 1000 [MW] 이고, 24시간 발전소를 운영한다면, 이 발전소를 운영하는 데 드는 비용만 하루 평균 50억 원입니다.

이렇게 비싼 건설비와 비싼 운영비용으로 발전소가 유지되기 때문에 발전기에서, 변전소의 변압기에서, 배전선로의 배전용 변압기에서 수용가로 전력을 보낼 때 손실이 없도록, 손실을 최대한 줄이도록 노력하고, 발전소에서 만든 전력을 최대한 많이 공급하는 것은 매우 중요한 문제입니다.

✤ 전기공학박사(연세대) 오용택 교수 및 한국전력공사(Kepco)의 재무제표와 손익계산서를 참고하여 평균을 내었다.

4. 우리나라의 각 수용가에 따른 평균 소비전력량 비교

① 한 가정집이 사용하는 평균 최대전력량 : 3 [kWh]
② 한 대학이 사용하는 평균 최대전력량 : 700 [kWh]
③ 한 도시가 사용하는 평균 최대전력량 : 1000 [MWh]
④ 우리나라 전체가 사용하는 평균 최대전력량 : 66000 [MWh]

이 정도로 우리나라 발전현황(원료원가, 소비단가, 운용비용)과 우리나라 수용가가 사용하는 전력량 수치를 소개하면, 대략적으로 우리가 사는 한국의 전력사정이 어떤지 대략 짐작할 수 있습니다. 이런 정보는 국가기술자격시험 또는 공무원시험에

출제되는 내용은 아니지만, 책 지면에 검게 인쇄된 문자만을 통해서 전기를 학습하는 수험생들에게 발전과 전력에 대한 현실적인 감을 익히는 데 도움이 될 거라 생각합니다.

이제부터 화력, 원자력, 수력발전의 구성, 발전원리 등을 본격적으로 다루겠습니다.

01 화력발전의 원리와 종류

1. 화력발전의 원리

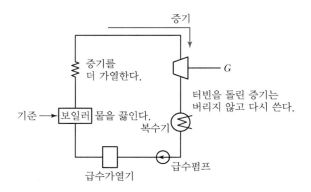

《 화력발전의 전체 흐름도 》

화력발전(또는 기력발전)은 석탄(미분탄)이나 등유를 연료로 하여, 대용량 보일러에 담긴 물을 가열하고 가열된 보일러에서 발생한 증기를 가압하여 고압의 증기로 만듭니다. 이런 증기압력을 순환시켜 발전기와 연결된 증기터빈을 회전시키고, 증기터빈의 회전축과 연결된 동기발전기의 회전자가 회전하며 전자유도현상에 의해 전기자에서 3상의 전기를 얻는 발전방식입니다.

실제 화력발전 계통은 복잡하지만, 한눈에 화력발전 원리를 볼 수 있도록 그 전체 흐름을 위 그림으로 표현했습니다. 무한히 순환하는 사이클 구조이기 때문에 흐름도의 어디가 시작이고, 어디가 끝인지 애매모호합니다. 하지만 이론적으로 '화력발전 전체 흐름도'에서 화력발전 순환 사이클은 '급수펌프'로부터 시작합니다.

2. 화력발전의 종류

(1) 발전 원동력(열원)에 따른 분류

① 기력발전소

석탄(미분탄), 천연가스, 중유(등유) 등의 연료를 연소시켜 발생한 화력으로 물을 끓이고 증기를 만들어 고압의 증기가 동기발전기를 돌림으로써 전기를 얻는 발전소이다. → 연료로부터 동력을 얻어 터빈을 돌린다.

② 내연력발전소

석유원료를 이용하여 내연기관으로부터 얻은 동력을 직접 동기발전기에 연결하여 전기를 얻는 발전소이다. 내연력 발전방식은 설비가 비교적 간단하여 전기 사용이 많은 첨두부하 시기에 기동성 있게 가동할 수 있고, 전력소비가 밀집한 지역에 전력을 공급하기 적합하다. → 내연기관에서 동력을 얻어 터빈을 돌린다.

(2) 발전소 운영방식에 따른 분류

① 첨두부하발전소

첨두부하(= 최대부하)가 발생하는 시간대에 짧은 시간 동안 전력을 공급하는 발전소이다. → 첨두부하에만 가동하는 발전소

② 기저부하발전소

기저부하(= 상시부하)를 담당하기 위해 1년 365일 전력을 공급하는 대용량 고효율의 발전소이며 건설비용 역시 고가이다. → 언제나, 항상, 늘 가동하는 발전소

02 화력발전 관련 기본 물리이론 : 열역학

국가기술자격시험에서 화력발전과 관련된 기본 물리이론 몇 가지를 언급합니다. 사실 화력발전소의 출력이 전기이지만, 출력이 나오기까지 화력발전을 이해하는 데 필요한 지식은 전기, 화학, 물리, 기계 등의 광범위하고 다양한 분야에 이론이 동원됩니다. 그래서 화력발전의 이론을 이해하기 쉽지 않습니다. 하지만 국가기술자격필기시험에 등장하는 용어, 정의, 수식은 정해져 있기 때문에 이해보다는 본서에 수록된 기출문제와 함께 내용을 단순 숙지하길 바랍니다.

① 화력 및 원자력발전과 관련된 기본 물리이론은 '열역학'이고,
② 수력발전과 관련된 물리이론은 '수력학'이다.

1. 열량

1[kcal]는 표준대기압에서 순수한 물 1[kg]을 1℃ 상승시키는 데 필요한 열입니다. 여기서 열량의 단위 [kcal]는 미국식 표기이고, 열량을 영국식으로 표기하면 [BTU]입니다. [kcal]를 [BTU]로 변환하면 다음과 같습니다.

$$1[\text{BTU}] = 0.252[\text{kcal}] \rightarrow \frac{1}{0.252}[\text{BTU}] = 1[\text{kcal}]$$

$$\rightarrow 3.968[\text{BTU}] = 1[\text{kcal}]$$

$$1[\text{cal}] = 4.186[\text{J}] \rightarrow \frac{1}{4.186}[\text{cal}] = 1[\text{J}]$$

$$\rightarrow 0.24[\text{cal}] = 1[\text{J}]$$

2. 기체의 일반적인 특성

(1) 증발열(잠열)
액체를 끓여서 증발시키는 데 필요한 열(물을 증기로 만드는 데 드는 열)이다.
1기압에서 100℃ 만드는 데 필요한 증발열은 539[kcal/kg]

(2) 발전을 위한 증기의 단계별 변화
[1단계] 포화증기 : 일정한 압력에서 물이 증발하기 시작하는 온도이다.
[2단계] 습포화증기 : 수분이 포함된 증기
[3단계] 건조포화증기 : 수분이 없는 완전한 증기
[4단계] 과열증기 : 건조포화증기를 계속 가열하여 증기의 온도와 체적만을 증가시
킨 증기이다. 이 증기가 최종적으로 터빈으로 이동하는 증기이다.

(3) 임계점
임계압력 225.4[kg/cm^2], 임계온도 374.1[℃]에서 물이 직접 증기가 된다. 이때의 온
도를 임계점이라 한다(포화증기는 포화증기일 때의 물과 사실상 같은 상태이므로
증발현상이 일어나지 않는다).

3. 엔탈피와 엔트로피

(1) 엔탈피(Enthalpy)
엔탈피란 (화력발전에서) 물 또는 증기 $1\left[\mathrm{cm}^3\right]$ 또는 $1\left[\mathrm{kg}\right]$ 이 보유하고 있는 총
열량을 말한다. → (물리적으로는) $1\left[\mathrm{cm}^3\right]$ 또는 $1\left[\mathrm{kg}\right]$ 물질의 원자 결합에너지
와 운동에너지 두 에너지를 모두 합한 상태를 말한다.

(2) 엔트로피(Entropy)
임의의 절대온도 $T\left[°\mathrm{K}\right]$ 에서 물 또는 증기의 엔탈피 증가분 $i\left[\mathrm{kcal}\right]$ 를 그 상태
의 절대온도로 나눈 값이다. → 엔트로피 $= \dfrac{\text{열량 }\left[\mathrm{kcal}\right]}{T\left[°\mathrm{K}\right]}$

자연계(지구와 우주)가 원자로 이뤄져 있고, 원자는 양성자와 전자 간에 전기력과
자기력을 갖고 있습니다. 그러므로 자연계의 모든 것을 '에너지'라고 말할 수 있습
니다. 자연상태의 에너지는 시간이 흐르면서 그 에너지상태가 점점 무질서한 상태
로 변화합니다(물리적 표현 : 무질서가 증가한다). 자연계의 모든 원자의 양성자는
분열하며 자연 방사능이 방출합니다. 원자의 양성자는 우리가 상상할 수 없을 정도
로 아주 천천히 분열됩니다. 이것을 '원자상태가 붕괴하고 있다' 또는 '무질서가 증
가한다'라고 표현합니다.

핵심기출문제

증기의 엔탈피가 의미하는 것은?
① 증기 1[kg]의 잠열
② 증기 1[kg]의 보유열량
③ 증기 1[kg]의 기화열량
④ 증기 1[kg]의 증발열을 그 온
도로 나눈 것

해설
엔탈피(Enthalpy)는 온도를 갖고
있는 물 또는 증기의 보유열량을 뜻
한다.

🔒 정답 ②

4. 증기선도

증기선도란 열을 이용한 발전계통에서 열 사이클(열의 이동, 열의 순환)을 **엔탈피와 엔트로피를 이용하여 열량에 대한 면적**으로, 다음의 선도로 표현한 것입니다.

(1) $T-S$ 선도

절대온도(T)를 세로축으로, 엔트로피(S)를 가로축으로 하여, 열량에 대한 면적을 나타낸 그림(＝선도)

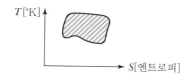

(2) $i-S$ 선도

엔탈피(i)를 세로축으로, 엔트로피(S)를 가로축으로 하여, 열량에 대한 면적을 나타낸 그림(＝선도)

03 화력발전소의 열 사이클

열 사이클이란 열을 가진 물질이 순환하는 구조를 흐름도(＝선도)로 나타낸 것입니다. 열 사이클을 쉽게 이해하기 위해서 먼저 등온, 등압의 개념을 알아야 합니다.

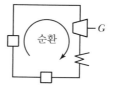

> **등온과 등압**
>
> 보일－샤를 두 과학자가 '온도'와 '압력' 사이의 관계를 실험을 통해 법칙으로 증명하였고, 이 실험을 진행하며, '등온'과 '등압'의 개념을 사용하였다.
> 불과 300년 전까지만 해도 전기와 열은 인간이 제어할 수 없는 신의 영역이었다. 보일－샤를의 법칙을 이해함으로써 인류는 열을 인위적으로 제어할 수 있게 되었다.
> ① 등온 : 어떤 계(System)의 온도를 일정하게 유지하는 것으로, 열이 이동하여도 온도가 변하지 않고 일정하게 유지되는 상태이다.
> ② 등압 : 어떤 계(System)의 공간 또는 부피 내에서 압력을 일정하게 유지하는 것이다.
> ③ 단열 : 어떤 계(System) 또는 환경(Surrounding)의 열 이동 및 전달이 없는 상태를 말한다.

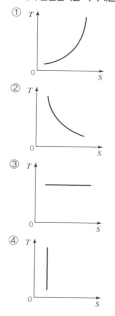

1. 카르노 사이클

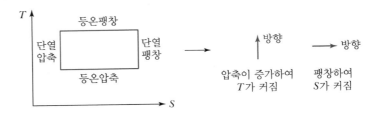

《 카르노 사이클의 $T-S$ 선도 》

2. 랭킨 사이클(열 사이클로서 가장 기본적인 사이클)

열 사이클로서 이론적으로 가장 기본이 되는 열 순환의 사이클 구조입니다. 그래서 화력발전소라면 최소한 그림과 같은 $T-S$ 선도를 그리는 구조로 순환되어야 한다는 것을 의미합니다. 랭킨 사이클은 기본적인 열 사이클이기 때문에 효율이 좋은 열 사이클이 아닙니다.

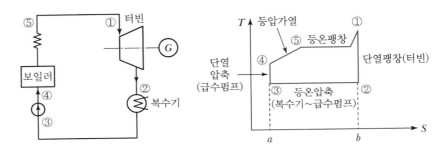

《 랭킨 사이클의 $T-S$ 선도 》

여기서,

123451 면적 : 발전소에서 발생하는 일들에 해당하는 열량

a451b 면적 : 보일러에서 공급하는 전체 열량

a32b 면적 : 복수기에서 버리는 열량

3. 재생 사이클

① 보일러의 물을 데우기 위한 설비인 '급수가열기'에서 열 손실이 발생한다. 급수가열기에서 발생하는 '열 손실'을 줄이고, 동시에 복수기에서 발생하는 '열 손실'도 줄이기 위하여, 터빈의 중도(중간)에서 뜨거운 증기 일부분을 추기하고, 이 추기한 증기를 다시 급수가열기로 보내는 방식의 열 사이클 발전방식이다.

• 터빈에서 나온 뜨거운 증기로 급수를 재가열한다.

- 재가열하기 위한 별도의 급수가열기 설비가 존재한다. 급수가열기는 보일러의 물을 재가열하기 위한 설비다.

② 복수기 및 저압 터빈의 소형화를 가능하게 하는 열 사이클 방식이다.

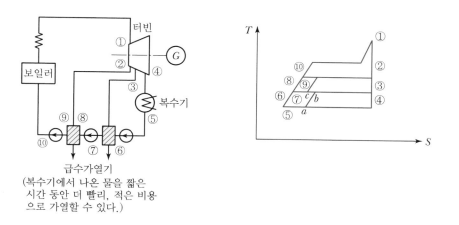

〖 재생 사이클의 $T-S$ 선도 〗

4. 재열 사이클

① 터빈을 돌려 배출된 가열증기를 다시 보일러로 되돌려 보내, 보일러에서 이제 막 새로 생성된 **증기의 재가열을 돕는 방식**의 순환 구조의 열 사이클이다.

② 터빈 날개(블레이드)의 부식 방지 및 열효율 향상에 도움이 되는 열 사이클 구조이다.

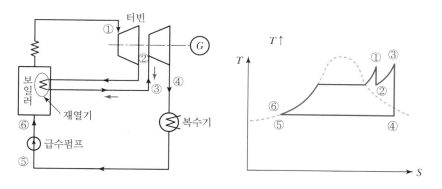

〖 재열 사이클의 $T-S$ 선도 〗

핵심기출문제

기력발전의 기본 열 사이클에서 단열압축과정에 해당하는 설비 명칭은 무엇인가?

① 보일러　　② 터빈
③ 복수기　　④ 급수펌프

정답 ④

핵심기출문제

증기터빈 내에서 팽창 도중에 있는 증기를 일부 추기하여 그것이 갖는 열을 급수가열에 이용하는 열 사이클은?

① 랭킨 사이클
② 카르노 사이클
③ 재생 사이클
④ 재열 사이클

정답 ③

PART 05

5. 재생 – 재열 사이클

① 재생 사이클과 재열 사이클을 혼합하여 이전의 열 사이클 효율을 향상한 발전방식이다.

- 터빈에서 추기하여 '급수 보일러'로 증기를 공급한다.
- 랭킨 사이클 + 재생 사이클 + 재열 사이클

② 재생 – 재열 사이클은 주로 고온 · 고압의 대용량 발전소에서 채택한다.

핵심기출문제

화력발전소에서 증기 및 급수가 순환하는 순서를 맞게 나열한 것을 찾으시오.

① 절탄기 → 보일러 → 과열기 → 터빈 → 복수기
② 보일러 → 절탄기 → 과열기 → 터빈 → 복수기
③ 보일러 → 과열기 → 절탄기 → 터빈 → 복수기
④ 절탄기 → 과열기 → 보일러 → 터빈 → 복수기

🔒 정답 ①

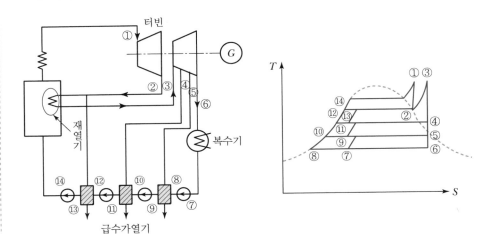

〚 재생 – 재열 사이클의 $T - S$ 선도 〛

③ 열 사이클 효율 향상방법

- 터빈의 증기온도 및 압력을 향상하기 위해 과열증기를 사용한다.
- 터빈에서 열 낙차를 향상하기 위해 진공도를 높게 유지한다.
- 터빈 출구의 배기압력을 낮게 유지한다.
- 재생 – 재열 사이클을 채용한다.

04 화력발전소의 주요 설비

1. 보일러 설비

(1) 화력발전에 쓰이는 연료(보일러 내의 물을 끓이는 연료)

- 석탄(미분탄)의 발열량 : 5000~5500 [kcal/kg]
- 중유(등유)의 발열량 : 10000~11000 [kcal/kg]

오래전부터 화력발전소에서는 석탄(미분탄)을 많이 사용해 왔습니다. 지금도 화력발전은 보일러의 물을 끓이기 위해 미분탄을 원료로 하여 보일러에 열을 가합니다. 미분탄 외에도 부하변동에 대한 적응성이 좋고, 대응성이 빠른 중유도 사용합니다.

단, 중유는 아황산가스를 발생시키는 문제가 있습니다.

(2) 연소

물이 담긴 보일러를 가열할 때, 연료는 공기(＝산소)와 결합하여 빛을 내며 불(＝열)이 일어납니다. 이것이 연소작용입니다. 연료가 공기와 결합하지 않으면 가열에 필요한 열도 일어나지 않습니다.

$$공기 과잉률 = \frac{실제 공급 공기량}{이론적 소요 공기량}$$

여기서, '공기과잉률'이란 연소할 때 필요한 공기량이다.
- 미분탄의 공기과잉률 : 1.2~1.4
- 중유의 공기과잉률 : 1.1~1.2

(3) 보일러 설비

① **과열기** : 증기터빈에 과열증기를 공급하기 위해 **포화증기**를 **과열증기**로 만드는 설비이다.
② **재열기** : 재열 사이클에서 사용하는 설비로, 고압 터빈 내에서 팽창된 증기를 추출(＝추기)하여 재가열하는 설비이다.
③ **절탄기** : 배기가스의 여열(＝남은 열)을 이용하여 '열효율'을 높이기 위해, 보일러 급수를 예열하는 장치이다.
④ **공기예열기** : 연소가스의 여열(＝남은 열)을 이용하여 연소공기를 예열하는 설비이다.
⑤ **노(Furnace)** : 연료와 공기를 혼합시키는 설비로 연료를 완전히 연소시키기 위한 장치이다.
⑥ **집진장치** : 발전소의 굴뚝으로 배출되는 배기가스 중에 포함된 잿가루, 이산화탄소, 이산화황 등을 여과 혹은 제거하는 설비이다.
⑦ **통풍설비** : 보일러에서 연료를 완전히 연소시킬 목적으로, '노(Furnace)' 안에서 연료와 함께 공기를 공급하는데, 이때 가스가 발생한다. 이 가스를 굴뚝으로 배출하는 설비이다.

(4) 보일러 효율

보일러의 효율은 공급된 열량(입력)에 대해 증기에 흡수된 열량(출력) 사이의 비율로 나타낸다.

$$보일러의 효율 \ \eta = \frac{G_s(i-i_0)}{WH} \times 100 \ [\%]$$

$$\left\{ \eta = \frac{출력}{입력} = \frac{증기}{연료} = \frac{실제 증발량}{보일러의 입력} = \frac{G_s(i-i_0)}{WH} \times 100 \ [\%] \right\}$$

여기서, 보일러의 입력 : 연료

보일러의 출력 : 증기

G_s : 실제 증발량(규정된 압력과 온도에서 증발량)$[kg/h]$

W : 공급연료량$[kg/h]$

H : 연료발열량$[kcal/kg]$

보일러 용량 : 보일러의 단위시간당 증기발생능력을 $[kg/h]$ 또는 $[ton/h]$ 로 나타냄

2. 증기터빈

(1) 증기터빈의 구조

① **차실(Cylinder)** : 터빈의 안내날개를 수용(탑재)하는 설비이다.

② **노즐(Nozzle)** : 증기를 안내날개에 유입시키는 설비이다.

③ **회전날개(Blade)** : 회전하며 동력을 발생시키는 설비이다.

④ **누설방지장치** : 차실에서 고압의 증기가 회전날개를 회전시키며 동력을 발생시킬 때, 기계적으로 회전축과 러너 사이의 틈으로 증기가 유출(새어 나감)될 수 있다. 증기가 새면 동력이 감소하므로 이(증기유출)를 방지하기 위한 설비이다. 대표적으로 래버린스 패킹, 물 패킹, 탄소 패킹이 있다.

(2) 증기터빈의 분류

① 터빈 동작방식에 따른 분류

㉠ 충동터빈 : 노즐(Nozzle)에서 분사한 증기가 러너와 충돌하며 회전한다. 이때 증기와 러너의 충돌로 동력이 발생하는 터빈을 말한다.

㉡ 반동터빈 : 분사된 증기에 맞서서 생기는 충동력과 증기가 팽창할 때 생기는 반동력을 이용한 터빈을 말한다.

㉢ 혼식(혼합)터빈 : 충동터빈＋반동터빈

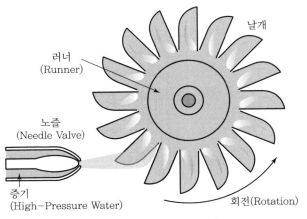

〖 **충동터빈(Impulse Turbine)** 〗

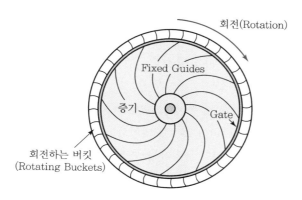

〚 반동터빈(Reaction Turbine) 〛

② **터빈의 배기가스 처리방식에 따른 분류** : 과열증기가 터빈을 돌리고 남은 증기를 어떻게 처리하는지에 따라 다음과 같이 분류할 수 있습니다.

    ㉠ 복수터빈 : 터빈의 배기가스 전부를 복수기로 보내는 방식(복수 : 증기를 물로 되돌리는 것)

    ㉡ 추기터빈 : 터빈의 배기가스 일부를 '복수기'로 보내고, 나머지 배기가스는 추기하여 '재열기' 혹은 '급수기'로 보내는 방식

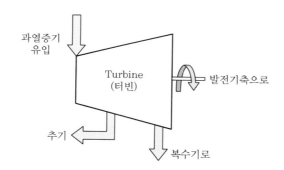

〚 추기터빈 구조 〛

③ **배압터빈** : 터빈의 배기가스 전부를 열효율 목적이 아닌 다른 목적으로 동력용이나 공업용으로 이용하는 방식 → 대표적으로 열병합발전이나 지역난방발전의 경우, 터빈의 배기가스를 난방공급용 목적으로 일반 가정집, 아파트로 보내거나 산업용 동력을 목적으로 공장으로 보낸다.

⑶ 조속장치

조속장치는 **터빈의 회전속도를 일정한 속도로 조절하는 장치**이다. 구체적으로는, 회전체(Fly Wheel)의 원심력을 이용하여 직·간접적으로 접속된 기구에 의해 증기의 유입량을 조절함으로써 터빈의 회전속도를 일정하게 해주는 장치이다.

PART 05

단, 터빈발전기의 조속기와 수차발전기의 조속기는 '비상 조속기'라는 것이 있고 없고의 차이가 있다. 터빈발전기에는 별도의 '비상 조속기'가 달려 있어서, 만약 정격 속도의 10%(평소보다 1.1배)를 넘는 속도변동이 생기면, '비상 조속기'는 터빈에 유입되는 증기량을 차단시킨다.

① **노즐 조속법** : 증기실마다 각각 1개씩의 증기가감 밸브(Valve)를 설치하고, 증기 분사량을 조절하여 터빈의 속도를 조절하는 방식이다.
② **스로틀 조속법** : 증기실에 들어가는 주 밸브(Main Valve)의 열림 정도를 조절하여 터빈 속도를 조절하는 방식이다.

3. 복수기와 급수장치

(1) 복수기(Steam Condenser)

터빈에서 배기되는 과열증기를 순환 사이클 내에서 **열 낙차**가 발생하도록 한데로 모으는 설비이다. 구체적으로, 증기를 한 용기 안으로 끌어모아 물로 냉각하면 증기는 응결됨(증기가 물로 되돌아감)과 동시에 용기 내부의 증기가 팽창하며 용기(복수기) 안은 진공상태가 된다. 이때 '열 낙차'가 증가되므로 증기터빈의 열효율을 높이는 역할을 하게 된다. 이것이 복수기이다(우리나라 기력발전소에서는 '표면복수기' 종류를 주로 사용한다).

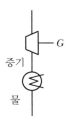

(2) 복수기의 방열손실 50~55[%]

터빈에서 나온 과열증기가 물로 바뀌기 때문에 방열손실이 생길 수밖에 없다. 평균적으로 화력발전소의 전체 효율은 입력된 연료량 대비 약 30~40[%]이다. 반대로, 화력발전 시스템은 입력된 연료량 대비 총 손실이 최대 60~70[%]나 발생한다. 전체 손실의 50[%]는 복수기에서 발생하므로 증기를 물로 바꾸고 다시 보일러에서 물을 가열하는 구조에서는 복수기에 의한 효율 저하를 피할 수 없다.

(3) 복수기용 펌프

① **추기펌프** : 고진공 상태를 유지하기 위해 복수기 내부에 유입되는 공기를 추출하기 위한 펌프이다[여기서 '추기'는 터빈에서 '추기(증기추출)'가 아니라 복수기의 진공을 유지하기 위한 '공기를 추출한다'는 의미이다].
② **순환펌프** : 화력발전의 순환 사이클에서 열 낙차를 만들기 위해 복수기에 유입된 증기를 냉각한다. 이때 냉각수로 바닷물을 이용하므로, 바닷물을 복수기로 끌어올리기 위한 펌프를 말한다.
③ **복수펌프** : 복수기에서 응축된 물을 보일러로 순환시키기 위한 펌프이다.

4. 급수장치

(1) 급수설비
보일러에 담길 용수를 공급하기 위한 설비이다.

(2) 급수가열기
증기터빈의 중도에서 추기한 과열증기의 여열을 이용하여 보일러에 담길 급수를 예열하기 위한 설비이다.

(3) 보일러 급수 내부의 불순물 제거방법
① **기계적 처리방법** : 보일러에 공급되는 물에 섞인 불순물(산소, 이산화탄소 등)을 제거할 수 있는 설비가 '탈기기'이다. 보일러에는 탈기기를 설치해야 한다.
② **화학적 처리방법** : 보일러 급수에 염소성분이 포함된 경우, 보일러를 가열하여 물이 증발함에 따라 염분의 농도만 증가하여 보일러 용기 내벽에 염분만 부착될 수 있다. 이것을 '스케일(Scale)'이라고 하고, 이런 경우는 스케일을 제어하는 약품처리방법을 이용하여 제거한다.

05 화력발전소의 효율

1. 증기터빈의 효율

$$증기터빈 \ 효율 \ \eta = \frac{860\,W}{G_e\,(i_1 - i_2)} \times 100 = \frac{860\,W}{w\,(i_1 - i_2)} \times 100\,[\%]$$

$$\left\{ \eta = \frac{출력}{입력} = \frac{전기}{증기} = \frac{860\,W}{G_e\,(i_1 - i_2)} \times 100 = \frac{860\,W}{w\,(i_1 - i_2)} \times 100 \right\}$$

여기서, $w\,(i_1 - i_2)$: 유효증기량, 과열기의 과열증기 $w\,[\text{kg/h}]$ 또는 $G_e\,[\text{kg/h}]$

W : 터빈출력 $[\text{kWh}]$

G_e : 상당증발량(표준대기압에서 $100℃$의 포화수를 $100℃$의 건조포화증기로 만드는 증발량) $[\text{kg/h}]$

w : 과열증기 사용량 $[\text{kg/h}]$

i_1 : 터빈 입구에서 증기엔탈피 $[\text{kcal/kg}]$

i_2 : 복수기 입구에서 증기엔탈피 $[\text{kcal/kg}]$

$i_1 - i_2$: 열 낙차로 열팽창에 의해 기계적인 일로 변화되는 열량

2. 화력발전소의 전체 효율

$$전체 \ 효율 \ \eta = \eta_b \ \eta_t = \frac{860\,W}{mH} \times 100\,[\%]$$

$$\left\{\eta = \frac{출력}{입력} = \frac{전기}{연료} = \frac{터빈의\ 출력\ 전기량}{보일러에\ 들어간\ 연료량} = \frac{860\,W}{mH} \times 100\right\}$$

여기서, W : 어떤 일정 시간 동안 발생한 총 전력량 $[\mathrm{MWh}]$

m : 어떤 일정 시간 동안 소비한 총 연료량 $[\mathrm{kg}]$

H : 소비된 총 연료에 의한 발열량 $[\mathrm{kcal/kg}]$

$$\eta = \frac{860\,W}{mH}100 = \frac{\mathrm{kcal}}{\mathrm{kg} \cdot \left[\frac{\mathrm{kcal}}{\mathrm{kg}}\right]}100 = \frac{\mathrm{kcal}}{\mathrm{kcal}}100 = 100\ [\%]$$

η_b $[\%]$: 보일러 효율

η_t $[\%]$: 터빈 효율

[기타 특수 화력발전의 종류]

• 내연력발전

• 가스터빈발전

• 유체역학발전

참고 ✓ **발전설비 가격**

실제 발전소 건설비용은 2015년~2020년 기준 약 2조 원 정도이다. 여기서 발전설비 가격은 발전소 건설비용이 1조 원이라고 가정했을 때를 기준으로 다음과 같다.

• 1조원의 $\frac{1}{4}$은 발전기설비 구입 및 설치비용

• 1조원의 $\frac{1}{4}$은 터빈설비 구입 및 설치비용

• 1조원의 $\frac{1}{4}$은 보일러설비 구입 및 설치비용

• 1조원의 $\frac{1}{4}$은 제어실 및 그 밖에 발전소 시설비용

발전설비와 터빈설비에만 건설비용의 절반인 약 5000억 원의 비용이 발생하는 것을 알 수 있다. 원자력의 발전설비와 터빈설비는 화력발전보다 약 2배 이상 비싸고, 수력발전은 화력발전의 경우보다 $\frac{1}{2}$ 이하로 저렴하다.

지금까지 우리는 원자력발전설비를 기준으로,

• 전기자기학에서 1조 원인 발전기의 유기기전력 발생 원리를 배웠고,

• 전기기기에서 1조 원인 동기발전기의 기계적인 기본구조와 기본 작동원리를 배웠으며,

• 회로이론에서 1조 원인 동기발전기가 만드는 3상 교류전력 이론을 배웠고,

• 전력공학에서 1조 원인 동기발전기가 생산한 전력이 전선로에서 나타나는 전력현상을 배우고 있습니다.

핵심기출문제

"화력발전소의(㉠)은 발생(㉡)을 열량으로 환산한 값과 이것이 발생하기 위하여 소비된(㉢)의 보유열량 (㉣)를 말한다."에서 빈칸에 알맞은 말은?

① ㉠ : 손실률 ㉡ : 발열량
　㉢ : 물 ㉣ : 차

② ㉠ : 열효율 ㉡ : 전력량
　㉢ : 연료 ㉣ : 비

③ ㉠ : 발전량 ㉡ : 증기량
　㉢ : 연료 ㉣ : 결과

④ ㉠ : 연료소비율 ㉡ : 증기량
　㉢ : 물 ㉣ : 차

🔒 **정답 ②**

핵심기출문제

최대출력 5000[kW], 일부하율 60[%]로 운전하는 화력발전소가 있다. 5000[kcal/kg]의 석탄 4300[ton]을 사용하여 50일간 운전하면 발전소의 종합 효율은 몇 [%]인가?

① 14.4　　② 40.4
③ 20.4　　④ 30.4

💬 **해설**

여기서, 일부하율은 발전소가 공급하는 전력량[kWh]을 100%라고 했을 때, 이 전력을 공급받는 전체 수용가의 일일(하루) 전력 사용비율을 의미한다.

발전소 전체 효율은

$\eta = \frac{860\,W}{mH} \times 100\ [\%]$ 이므로,

$\eta = \frac{860\,W}{mH} \times 100$

$= \frac{860 \times 5000 \times 0.6 \times 24}{4300 \times 10^3 \times 5000}$
$\times 100 = 14.4\ [\%]$

🔒 **정답 ①**

CHAPTER 03 원자력발전

01 원자력발전의 원리

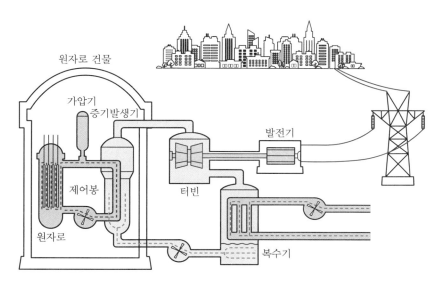

〚 원자력발전의 원리 〛

우리나라는 아래 4개 지역에서 원자력발전을 운영하고 있습니다.

① 고리원자력(부산광역시 기장군, 울산광역시 울주군)
② 경북 경주시의 월성원자력
③ 경북 울진군의 울진원자력
④ 전남 영광군 홍농읍 영광원자력

1. 원자력의 에너지 발생 원리

원소주기율표의 92번째 원소인 **우라늄**(U_{92})을 인위적으로 핵분열($E = mc^2$)시켜 얻은 열에너지를 에너지원으로 하여 보일러에 물을 끓이고, 그 끓은 물로부터 얻은 증기를 압축하여 발전기 회전자축을 회전시켜 전기를 발전하는 방식입니다.

원자력의 원리는 '핵분열'이 핵심인데, 기본적으로 한 개의 원자핵(우라늄)이 분열할 때 방출되는 중성자가 두 개 이상이면, '연쇄반응'이 급격하게 진행되어 일시에

✿ 우라늄
원소주기율표의 92번째 원소 우라늄 기호는 U_{92}인데, 여기서 U는 우라늄의 영문 첫 글자이고, 92는 우라늄이란 원자의 원자핵 속에 양성자가 92개임을 의미한다. 그리고 모든 원자들의 양성자 수는 불변이다.

막대한 원자분열로 인한 열과 빛에너지가 방출됩니다. 이것을 **핵분열 중성자에너지**라고 합니다. 원자력발전소는 이 에너지 방출을 기술적으로 제어하여 매우 느린 속도로 진행시키는 발전시설입니다.

원자력발전의 핵심인 핵에너지는 $\begin{vmatrix} - \ 핵 \ 분열 \\ - \ 핵 \ 융합 \end{vmatrix}$으로 나뉩니다. 본 전력공학 과목에서는 '핵분열'에 의한 발전 이론만을 다루며 '핵융합'은 다루지 않습니다. '핵분열' 이론은 사실 매우 높은 현대 물리학 지식을 필요로 하는 어려운 이론입니다. 하지만 전기기술자격 혹은 전기직 공무원에서 요하는 '핵분열' 이론에서는 간단한 몇몇 개념과 용어만을 다룹니다.

(1) 핵분열

중성자(원자핵 내부에 전기적으로 중성인 물질)를 이용해 원자핵이 깨질 정도의 속도로 가속시켜서 원자핵에 충돌하면, 중성자가 원자핵 내에 흡수되며 원자핵의 [중성자＋양성자] 평형상태가 파괴되고, 원자핵에 분열을 시작합니다. 이때 원자핵의 분열로 인해 원자핵 밖으로 튀어나온 중성자는 다른 원자핵에 충돌하여 연속적인 분열현상을 반복하게 됩니다. 이것을 '연쇄반응'이라고 부릅니다. 핵분열로부터 나온 방대한 '열에너지'를 이용하여 발전소 보일러설비의 물을 끓이고, 증기압력을 만듭니다. 여기서 핵분열로 인해 '연쇄반응'이 일어날 때 방사능(＝감마선)도 함께 분출됩니다.

연쇄반응의 방사능

• 핵분열 : 방사능(감마선) 발생
• 핵 방사능의 유해 정도 : 적외선＜X－ray선＜자외선＜우주선＜감마선(연쇄반응)

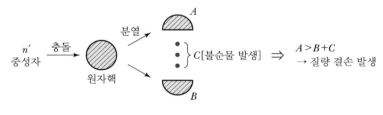

〚 **핵분열** 〛

• 핵분열로 인한 질량 결손 관계 : $A > B + C$
• 질량 결손에너지 : $W = m c^2$ [J]
• 우라늄 U_{92}^{235}의 원자핵 1개 분열 시 발생하는 질량 결손
  $0.215 \, [\text{amu}] = 200 \, [\text{MeV}]$

- 우라늄 U_{92}^{235} 1[g]이 핵분열하여 발생하는 열량 : 6,600[kcal/kg]의 석탄 3.3[ton]과 같다(우라늄 1[g]이 내는 열량은 석탄 3.3톤을 태울 때 내는 열량과 같다).

여기서, U_{92}^{235}의 '92'는 우라늄 양성자 수, '235'는 우라늄의 원자핵 무게, 무게 단위는 [amu]이다.

2. 원자력발전과 기력(화력)발전 비교

원자력발전은 원자로 내부에 삽입한 쉽게 분열되는 분열성 물질(우라늄)을 이용하여 핵분열로 인해 발생하는 열을 원자로 내부에 설치된 냉각재를 통해 느린 속도로 열에너지가 발산되도록 제어합니다. 냉각재를 이용하여 노(Furnace) 밖으로 빼내어 그 열로 물을 데워서 증기를 만들고, 다시 높은 압력의 증기로 가열·포화시킨 다음 최종적으로 동기발전기의 터빈을 돌리게 됩니다.

- 화력발전에서는 등유, 석탄 또는 천연가스를 이용하여 물을 데우고,
- 원자력발전에서는 우라늄 또는 플루토늄을 이용하여 물을 데운다.

화력발전과 원자력발전은 열에너지를 얻는 원료가 다를 뿐 물을 끓이는 보일러설비의 시작인 보일러 급수가열(원자력발전은 원자로, 화력발전은 보일러)부터 발전기 터빈에 이르기까지 동일한 발전구조를 갖고 있습니다. 그래서 원자력과 화력은 비슷한 발전시스템이므로 하나만 이해하면 다른 하나는 덩달아 이해할 수 있습니다.

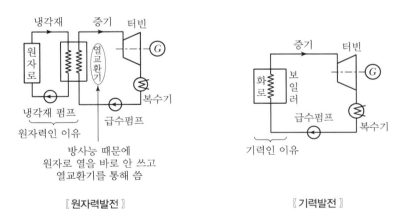

《 원자력발전 》　　　　　　《 기력발전 》

3. 원자력발전용 핵연료인 우라늄(U_{92})

(1) 우라늄 금속의 특징

비중 18.7, 융점 1500℃로 외관은 흑갈색의 산화피막으로 덮여 있고, 은백색의 광택이 나며, 경도는 연동(구리)보다 조금 크다. 가공성이 나쁘므로 가공재료로 사용되지 않으며, 유일하게 원료로 사용되지만 그것도 농축한 우라늄상태로 사용한다.

(2) 우라늄의 농축

천연 우라늄은 대부분 핵분열이 잘 일어나지 않는 우라늄(U_{92})이다. 그래서 천연 우라늄(U_{92})을 그대로 핵연료로 사용할 수 없다. 천연 우라늄 중에서 그나마 핵분열이 잘 일어나는 우라늄이 U_{92}^{235}(우라늄 235)이고, 이 천연 우라늄 235(U_{92}^{235})의 천연상태의 우라늄 농도가 $0.714[\%]$ 이다. 천연 우라늄 U_{92}^{235}을 핵연료로 사용하려면 U_{92}^{235}을 농축하여 우라늄 농도 $0.72[\%]$ 이상이 되도록 만들어야 한다. 그래서 우라늄 농도 $0.72[\%]$ 이상의 우라늄 U_{92}^{235}을 **농축 우라늄**이라 부른다.

일반적으로 원자력발전소에서 채택하여 상용 중인 가압수형(PWR) 중성로, 비등수형(BWR) 중성로는 우라늄 농도가 $0.72\sim2[\%]$ 인 저농축 우라늄을 사용한다.

① **저농축 우라늄** : U_{92}^{235}(우라늄 235)의 농도 $0.72\sim2[\%]$, 발전소의 핵연료용

② **중농축 우라늄** : U_{92}^{235}(우라늄 235)의 농도 $2\sim75[\%]$, 발전소의 핵연료용

③ **고농축 우라늄** : U_{92}^{235}(우라늄 235)의 농도 $75\sim93[\%]$, 핵폭탄용

02 원자로의 구성과 원자력발전소의 주요 설비

화력 · 원자력발전소는 궁극적으로, 전기를 생산하기 위해 각각의 연료를 이용하여 물을 끓이고, 그 끓인 물로 증기를 압축하여 압축증기로 터빈을 돌려 동기발전기에 의해 전기를 만듭니다. 화력 · 원자력발전은 증기를 만들기 위해 물을 끓여야만 하므로 항상 물이 필요하고 뜨거운 증기를 냉각하는 데 또다시 엄청난 양의 물이 필요합니다. 그래서 화력 · 원자력발전소는 물을 수월하게 얻을 수 있는 바닷가에 위치합니다.

1. 원자로의 구성

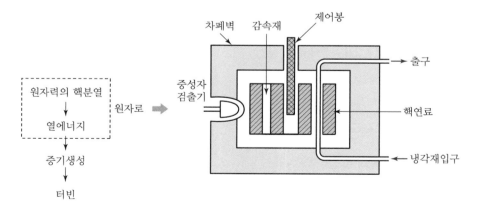

〚 **원자로의 구성** 〛

(1) 핵연료 봉

원자로 내에 핵연료인 우라늄을 싸고 가두는 4[m] 길이의 원통형 막대모양 봉(= 관)으로, 연료봉이라고도 부른다.

(2) 열 중성자로

농축 우라늄이 핵분열하면 평균 2[M eV] 의 열에너지로 연쇄반응이 일어난다. 이런 2[M eV] 의 열에너지 상태를 '고속중성자'라고 한다. 핵분열 2[M eV] 의 열에너지를 그냥 방치하면 두꺼운 철 덩어리인 '원자로'가 바로 녹아버린다. 그러므로 연쇄반응이 느리게 일어나도록 속도를 제어해야 하며 2[M eV] 의 열에너지를 내는 '고속중성자'를 0.025[eV] 의 열에너지로 연쇄반응을 감속시키는 역할을 **열 중성자로**가 한다.

다시 말하면, 핵분열에 의한 2[M eV] 의 고속중성자 상태를 0.025[eV] 정도의 열 중성자(열에너지) 단계로 저하시켜 핵반응을 지속하게 하는 원자로가 '열 중성자로'이다.

(3) 감속재

① 정의

중성자를 흡수시켜 중성자 반응속도를 감소시키는 역할(중성자 수를 줄이는 역할)을 한다. 여기서 중성자 흡수가 클수록 좋은 감속재이다. 다시 말해, 감속재는 고속중성자로를 열 중성자로가 되도록 저속시키는 역할을 하는 것이다.

② 종류

H_2O (경수 : 가벼운 물), D_2O (중수 : 무거운 물로 감속 정도가 크다), Be(산화베릴륨) 등이 있다.

(4) 냉각재

① 정의

원자로 내에서 발생하는 열을 외부로 빼내는 역할을 하는 설비이다. 구체적으로, 노심을 통함으로써 열에너지를 빼는 동시에 노(Furnace) 내의 온도를 적당한 값으로 유지시켜주는 역할을 한다.

② 종류

CO_2, He, H_2O (경수), D_2O (중수), Na(중성자를 흡수하면 안 됨)

③ 좋은 냉각재의 특성

- 냉각재는 감속재 역할도 한다.
- 중성자 흡수가 적어야 한다.
- 비열, 열전도율이 커야 한다.
- 유도(증식) 방사능이 적어야 한다.

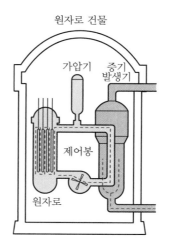

핵심기출문제

원자로의 중성자 수를 적당히 유지하고 노의 출력을 제어하기 위한 제어재로 적합하지 않은 것을 고르시오.

① 하프늄   ② 카드뮴
③ 붕소   ④ 플루토늄

해설 _____
제어봉은 카드뮴(Cd), 붕소(B), 하프늄(Hf)의 제어재가 쓰인다.

🔒 **정답** ④

핵심기출문제

원자로에서 **카드뮴(Cd)** 막대가 하는 역할은 무엇인가?

① 생체차폐를 한다.
② 핵융합을 시킨다.
③ 중성자의 수를 조절한다.
④ 핵분열을 일으킨다.

해설 _____
제어재[카드뮴(Cd), 붕소(B), 하프늄(Hf) 등과 같은 중성자 흡수 단면적이 큰 재료]는 원자로의 중성자 수를 적당히 유지하고 노의 출력을 제어하기 위해 사용된다.

🔒 **정답** ③

---

(5) 제어봉

① 정의

원자로 내에서 일어나는 '핵분열'의 연쇄반응을 중성자 수를 조절함으로써 제어한다. 여기서 제어는 연쇄반응을 감소(중성자 수를 줄이는 것)시키는 제어이지 증가시키는 제어가 아니다. 그리고 제어봉은 중성자를 잘 흡수하는 물질이어야 한다.

② 종류

하프늄(Hf), **카**드뮴(Cd), **붕**소(B)

(6) 반사재

① 정의

원자로 밖으로 나오려는 중성자를 반사시켜 노(Furnace) 내로 다시 되돌려 보내는 역할을 한다.

② 종류

H_2O (경수), D_2O (중수), 흑연, Be(산화베릴륨)

(7) 차폐재

① 정의

방사능을 차폐하는 설비로, 원자로 내에서 핵분열 중 발생하는 γ선, β선의 중성자를 차단하는 역할을 한다.

② 종류

납, 물, 콘크리트

③ 차폐재의 조건

원자로의 차폐재는 밀도가 매우 높은 물질을 사용해야 한다. 그래서 원자력발전소의 원자로 외부는 6[m] 두께의 콘크리트로 덮여 있다.

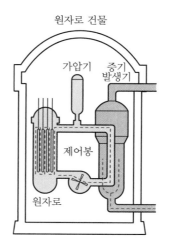

2. 원자로 외 원자력발전소의 주요 설비들

(1) 터빈설비, 급수설비, 복수설비

원자로 및 증기발생기에서 발생한 증기는 주증기 배관, 주증기 스톱밸브, 증기가감밸브를 통하여 고압터빈에 공급된다. 고압터빈을 나온 증기는 습기분리기에서 습기를 분리하여 저압터빈에 공급되고 복수기에서 복수한다.

(2) 제어를 위한 계측시설

원자로 출력을 제어하는 방법으로 제어봉을 조정하는 방법을 사용한다. 또한 노(Furnace) 내의 핵분열 작동에 상당하는 중성자 수나 방사능을 측정하는 핵 계장과 온도 · 압력 · 유량 · 수위 등을 측정하는 프로세스 계장 등이 있다.

(3) 연료 취급 및 저장시설

연료 요소의 치환 및 수송을 위한 설비와 원자로에서 빼낸 연료를 사용한 후 남은 연료를 수개월 동안 냉각하는 연료 냉각장치를 설치한다.

(4) 원자로 독작용

핵분열 작용에 의한 불순물과 같은 생성물질이 있는데, 이 물질이 원자로 내의 중성자를 흡수하여 원자로 반응도를 저하시키는 작용을 한다. 원자로 입장에서 원자로 기능을 저해하는 유해물질이며 이것을 원자로 독작용이라 부른다.

03 원자력발전소의 핵심시설인 원자로 종류

원자력발전소의 종류는 곧 '원자로의 종류'를 의미합니다.

1. 비등수형 원자로(BWR)

(1) 정의

원자로 내에서는 '핵분열'이 일어나며 엄청난 열과 함께 높은 방사능 수치로 방사능이 분출된다. 비등수형 원자로는 이런 고온의 원자로 내에서 직접 물을 가열하여 고온의 증기를 만들고, 그 **증기가 동기발전기 터빈으로 직접 공급되는 방식**이다. 원자로 열이 직접 보일러 물을 가열하기 때문에 발전소의 열효율이 매우 높은 장점이 있다.

(2) 원료

저농축 우라늄과 경수를 사용한다.

✤ 원자로의 종류
- 비등수형 원자로(BWR : Boiling Water Reactor)
- 가압수형 원자로(PWR : Pressurized Water Reactor)
- 가압중수형 원자로(PHWR : Pressurized Heavy Water Reactor)
- 고속증식 원자로(FBR : Fast Breeder Reactor)

(3) 단점

비등수형 원자로는 원자로와 급수(＝물) 사이에 '열교환기'를 사용하지 않는다. 위에서 언급한 대로 원자로에서 직접 물을 가열하여 증기를 만들고, 이 증기가 직접 터빈에 공급되는 방식은 발전소의 전체 계통에 방사능이 순환하게 되는 구조이므로 사고가 날 경우 매우 위험하다.

비등수로의 단점 때문에 한국에서는 비등수형 원자로를 사용하지 않는다(한국은 경수로형 원자로를 사용함). 반대로 일본은 발전효율이 높다는 이유로 많은 원자력발전소들이 비등수형 원자로 방식을 사용한다. 이러한 국가 간의 차이로 2011년 후쿠시마 원전사고가 났을 때 일본은 엄청난 양의 방사능이 유출되는 사건이 발생했다.

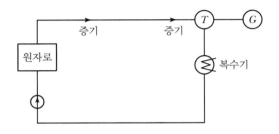

〖 비등수형 원자로 〗

2. 가압수형 원자로(또는 가압경수형 원자로, PWR)

(1) 정의

원자로 내에 냉각을 위한 물이 있는데, 바로 '경수(H_2O)'이다. 원자로를 엎고 있는 경수에 압력을 매우 높여서 물의 비등을 억제하고, 원자로의 2차 측에 설치된 증기발생기(＝열교환기)를 통해 물을 끓여 증기가 발생하는 구조의 원자로이다. 가압수형 원자로의 이러한 구조는 원자로의 핵분열에 의한 열이 직접적으로 보일러 급수를 가열하지 않고, '열교환기'를 통해서만 물을 가열하여 증기가 만들어져 터빈으로 공급되는 방식이다. 때문에 열효율 측면에서 가압수형 원자로는 비등수형 원자로보다 $\frac{1}{6}$ 수준으로 효율이 떨어지는 원자로방식이다. 반면 원전사고가 나더라도 방사능 유출이 원자로 밖으로 유출되지 않는 매우 안전한 원자로 방식이다. 이를 줄여서 '경수로형 원자로'라고도 한다.

한국의 모든 원전은 가압경수형(PWR) 또는 가압중수형(PHWR) 원자로 방식으로 건설하여 운영 중이다.

(2) 원료

저농축 우라늄을 사용한다.

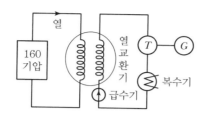

〚 가압수형 원자로 〛

3. 가압중수형 원자로(PHWR)

(1) 정의

원자로의 핵분열 속도를 감속시키는 감속재로 **중수**를 사용하는 '열 중성자로'이다. 이를 줄여서 '중수로형 원자로'라고도 한다.

(2) 원료

천연 우라늄을 사용한다.

4. 고속증식 원자로(또는 고속중성자 원자로, FBR)

(1) 정의

고속중성자를 통해 플루토늄을 증식시켜 핵분열과 연쇄반응을 일으키는 원자로이다. 이를 '고속중성자'로 또는 '고속 증식로'라고 부른다. 고속중성자로는 감속재가 필요하지 않아 한번 핵분열이 일어나면 연쇄반응을 제어할 수 없다. 또한 소량의 원료로도 높은 출력을 낼 수 있다.

이러한 고속증식 원자로(고속중성자로)는 일반 민간발전이 아닌 군사용으로 군함, 핵잠수함에 쓰인다.

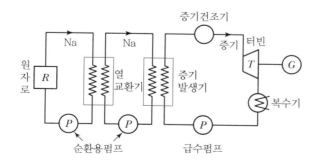

〚 고속증식 원자로를 이용한 발전계통 〛

📝 **핵심기출문제**

다음 중 가압수형(PWR) 원자력발전소에서 사용하는 연료, 감속재, 냉각재로 적당한 것을 고르시오.

① 천연 우라늄, 흑연 감속, 이산화탄소 냉각
② 농축 우라늄, 중수 감속, 경수 냉각
③ 저농축 우라늄, 경수 감속, 경수 냉각
④ 저농축 우라늄, 흑연 감속, 경수 냉각

🔒 정답 ③

✵ 중수

중수는 무거운 물이란 뜻인데, 구체적으로 알코올이 섞인 물이라고 볼 수 있다. 실제로 중수는 위스키에 가까운 물이다. 물론 원자로의 중수는 방사능에 오염됐기 때문에 마시면 안 된다.

✵ 증식

원자로는 우라늄에 의한 핵분열로 인해서 연쇄반응이 일어난다. 그래서 핵연료를 소비한다고 말할 수 있다. 하지만 증식원자로는 원자로가 소비하는 핵연료보다 원자로에서 새로 생성되어 소비되는 핵연료가 더 많은 방식의 원자로이다. 원료로는 고농축 우라늄을 사용하고, 고농축 우라늄은 군사용, 핵폭탄용이라 할 수 있다.

증식비가 1보다 큰 원자로는 무엇인가?

① 경수로
② 고속중성자로
③ 중수로
④ 흑연로

해설
고속중성자로의 증식비는 1.1~1.4이다.

정답 ②

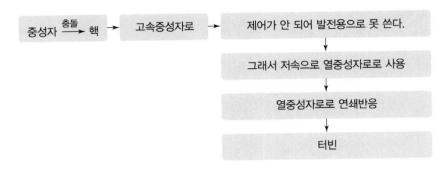

《 고속증식 원자로의 핵분열 작용과정 》

(2) 원료

고농축 우라늄(증식비율은 1.1~1.4)을 사용하거나 플루토늄을 사용한다.

CHAPTER 04 수력발전

어떤 발전계통(화력, 원자력, 수력, 태양열, 조력, 풍력, 열병합 등)이든 그 발전구조와 발전 관련 이론이 어렵습니다. 그래서 본 수력발전 본론에 앞서 수력발전에 대해 체감할 수 있는 쉬운 내용을 먼저 언급하고 본론으로 들어가겠습니다.

우리나라의 수력발전은 양수식(수력발전의 한 종류) 수력발전입니다(양수식 수력발전이 무엇인지는 본론에서 더 다루겠습니다). 국내에는 총 7개의 양수발전소가 있습니다. 그중 가장 큰 출력을 내는 발전소가 양양 양수발전소입니다.

강원도 양양에 위치한 양수발전소(한국의 수력발전소)는 250[MW]의 출력(매초당 250[MW]의 전기를 만듦)을 내는 동기발전기 4대(4호기)를 보유하고 있습니다. 4호기 모두를 가동할 경우 생산 가능한 총 전력은 1000[MW]입니다. 1000[MW]는 가정집 33만 가구(소규모 도시 하나)에 전력을 공급할 수 있는 전력용량입니다.

수력발전은 화력발전(500[MW])이나 원자력발전(1000[MW])에 비하면 발전용량이 상대적으로 작습니다. 그럼에도 수력발전은 다음과 같은 장점이 있어서 발전소를 운영하고 있습니다.

- 수력발전은 '한국전력'으로부터 전력가동 지시를 받고, **가동** 시작부터 **정상전력**을 출력하는 데 걸리는 시간이 5분이다. 반면
- 화력발전은 **가동** 시작부터 **정상전력**을 출력하는 데 빨라도 3~4시간이 걸리고,
- 원자력발전은 **가동** 시작부터 **정상전력**을 출력하는 데 보통 하루가 걸린다.

이는 수력발전은 예비전력용 발전으로서 아주 좋다는 것을 의미합니다.

예비전력용 발전은 전력사용이 많은 여름철, 만약 우리나라의 총 발전용량이 비유적으로 100이라고 했을 때 소비전력이 짧은 시간이더라도 101이 된다면, 대규모 정전사태를 피할 수 없습니다. 이는 수조 원의 국가예산을 들여서라도 우리나라 최대소비전력을 감당할 수 있는 총 발전용량을 높여야 한다는 것을 의미하므로 신규 발전소를 건설해야 합니다. 왜냐하면 우리나라 발전소가 감당하는 전력이 100인데 소비전력이 101이 됐다고 1만큼의 발전시설을 갖추는 것이 아니라 여유분을 감안하여 5~10만큼에 해당하는 발전시설을 추가해야 하기 때문입니다. 하지만 우리나라는 양양의 양수발전과 같은 예비용 수력발전이 총 7개가 있으므로 전기사용이 많은 여름철에도 원활하게 전력을 공급할 수 있습니다.

01 수력발전의 구조와 특징

1. 수력발전의 구조

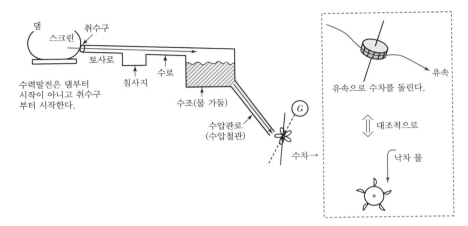

《 수력발전소의 전체 흐름도 》

수력발전은 물의 위치에너지를 이용하여 터빈을 돌리고 터빈축과 연결된 동기발전기가 회전하므로 전기가 발생하는 발전방식입니다. 물의 위치에너지(＝물의 낙차)를 얻는 방법은 크기 두 가지 방식이 있습니다.

① 물이 높은 위치에서 낮은 위치로 떨어져 터빈을 돌리는 물 낙차 방식
② 흐르는 물의 유속을 이용하여 터빈을 돌리는 물 낙차 방식

우리나라의 수력발전소는 물의 유속을 이용하여 물 낙차를 얻어 터빈을 돌리는 방식을 채택하고 있습니다.

물에 유속을 만들려면 어느 정도 고도의 높이에 물이 있고, 그 물이 1~2[km] 흐르며 발전에 필요한 유속이 만들어집니다. 때문에 1차 에너지인 물을 확보하기 위해 하천, 호수, 저수지 등과 같은 방법으로 **취수**하여 **도수로**를 통해 인공적으로 유속을 만듭니다.

> **한국의 수력발전**
> 물의 위치에너지를 이용하여 **유속**을 만들고 → 유속에 의해 발전기 터빈과 연결된 수차를 돌려 (회전)기계에너지로 바꾸고 → (회전)기계에너지는 동기발전기 내에서 전기에너지로 변환되는 발전방식이다.

2. 한국 수력발전의 특징

* 발전소 가동과 정지 운전이 화력·원자력에 비해서 쉽고 빠르다. → 화력·원자력발전은 '기동 – 정지 – 기동' 과정에서 발생하는 시간손실, 경제적 손실, 전력손실이 커서 기동 – 정지에 많은 시간과 비용이 발생한다.

✱ 취수
물을 한 곳에 가둠

✱ 도수로
물의 위치에너지를 얻기 위해 기울기를 만들어 물이 위에서 아래로 흐를 수 있게 만든 길이다.

- 연료비용이 지속적으로 발생하지 않는다. → 수력발전은 발전의 연료가 되는 물을 가두기 위해 댐을 건설하거나 저수지를 조성하여 물을 저장할 수 있다. 이는 화력, 원자력과 다르게 연료공급이 자유롭고, 경제적이며, 전력 수요변화에 대해 대응이 빠르고, 운영이 효율적이며, 융통성 있는 전력공급이 가능한 장점이 있다.
- 수자원 이용률이 높고, 홍수조절 역할이 가능하다.
- 수력발전소를 건설할 때, 수몰지역이 발생하고, 환경문제가 뒤따르므로 수력발전을 할 수 있는 지역이 제한적이다.
- 한국의 수력발전은 유속을 이용한 물 낙차(한국은 유속에 의한 수력발전으로 물이 떨어지는 낙차에 의해 발전하는 발전소가 없음)를 발생시키기 위해서 산간지역에 건설된다. 때문에 발전소와 전력소비자 사이에 거리가 멀고, 초기 투자비용이 많이 든다(765[kV] 송전이 가능한 수력발전소 1기를 건설하는 데 드는 비용은 2020년 기준 약 5000억 원이다).

02 수력발전의 종류

수력발전소와 관련하여 대게 가장 먼저 떠올리는 그림은 댐(Dam)일 것입니다. 댐이 수력발전과 연관되어 건설된 물 저장시설은 맞지만, 댐 주변에는 발전시설이 없습니다. 댐은 유속을 얻기 위해 물을 저장하는 공간일 뿐이고, 댐의 물을 이용하여 발전하는 수력발전소는 댐으로부터 1~1.5[km] 떨어진 지역에 위치하여 유속에 의한 발전이 이뤄집니다.

1. 수력발전이 낙차를 얻는 방식(취수방식에 따른 종류)

한국에는 물이 낙하하며 수차를 돌림으로써 발전하는 방식의 수력발전이 없습니다. 한국의 수력발전에서 낙차(Drop)는 물이 떨어지는 낙차가 아닌 물이 흐르는 유속에 의한 위치에너지에 의한 낙차입니다.

(1) 수로식 수력발전
하천 상류에 물을 구배가 있는 취수구와 수로를 통해 수차에 이르게 하여 낙차(위치에너지)를 얻어 발전하는 방식

(2) 댐식 수력발전
흐르는 하천의 중·하류지역에서 댐을 쌓아 하천을 막고 댐 전후 물의 높이 차이로 낙차(=위치에너지)를 얻어 발전하는 방식

✖ 구배
물 낙차(취수한 물 높이에서 수조까지의 기울기)를 얻기 위해 설계된 경사진 수로로, 보통 1km당 1m 경사가 발생한다.

(3) 댐 · 수로식 수력발전

댐식과 수로식의 기능을 혼합한 것으로, 물을 가둔 댐에서 수로를 통해 위치에너지가 낮은 곳으로 물이 흐르며 낙차(위치에너지)를 얻어 발전하는 방식

(4) 유역 변경식 수력발전

댐 · 수로식과 같은 방식의 발전으로, 댐이 A라는 유역에 있고, 수력발전소는 A보다 높이가 낮은 B라는 하천유역에 건설하여, 낙차(위치에너지)를 얻어 발전하는 방식

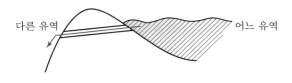

다른 유역　　　　어느 유역

〚 유역 변경식의 예 〛

2. 수력발전이 유량을 얻는 방식(발전소 운영방식에 따른 종류)

(1) 자류식

자연적으로 형성된 하천유량을 인위적인 개발이나 조절 없이 자연 그대로 용수로 수력발전에 이용하는 방식

(2) 저수지식

댐식 발전소나 댐 · 수로식 발전소가 사용하는 방식(1의 (2)와 (3)에서 이미 설명함)

(3) 조정지식

큰 취수댐을 건설하거나 수로 도중에 조정지를 건설하여 저수용량을 확보한다. 그리고 자연적으로 얻을 수 있는 유량이 적거나, 발전소의 사용유량이 부족한 시기이거나, 부하 전력량이 많을 때에 저수된 물을 이용하여 발전하는 방식이다.

(4) 양수식

댐에 저장된 상부 저수지와 댐에서 방출된 아래쪽의 하부 저수지 두 저수지가 있다. 댐의 상부 저수지에 유량을 사용하여 수력발전을 하고, 여러 대의 대형 양수기를 가동하여 하부 저수지의 물을 다시 상부 저수지로 끌어올려 발전을 되풀이하는 발전방식이다. 여기서, 하부 저수지의 물을 상부 저수지로 옮길 때는 부하의 전력수요가 적은 밤(심야)시간을 이용하여 화력 · 원자력발전의 남는 전력을 가지고 수력발전소의 양수기를 가동한다.

이러한 양수식 발전은 갈수기 또는 여름철 전력사용이 많은 첨두부하 시에 가장 적합한 발전방식이다.

3. 수력발전의 낙차(위치에너지) 개념과 종류

(1) 총 낙차

취수구의 수면 수위와 방수구의 수면 수위 사이의 고저 차

(2) 정 낙차

발전기가 **정지상태**일 때, 수조수면 수위와 방수구수면 수위 사이의 고저 차

(3) 겉보기 낙차

발전기가 **운전상태**일 때, 수조수면 수위와 방수구수면 수위 사이의 고저 차

(4) 유효 낙차

총 낙차에서 수로, 수압관로, 방수로 등에 의한 전체 손실 낙차를 제외한 나머지 고저 차

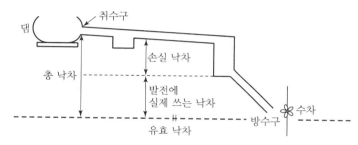

(5) 손실 낙차

① 취수구 손실

취수구의 입구 전·후로 관로 폭에 차이가 존재하는데, 취수구 입구 이전은 물이 흐르는 폭이 넓은 하천이고, 취수구 입구 이후로는 상대적으로 폭이 좁은 관이기 때문이다. 이런 취수구 입구의 전·후 물이 흐르는 단면적 차이로 발생하는 손실이 손실 낙차이다.

② 수로 손실

수로에 물이 흐를 때 발생하는 마찰손실과 수로의 기울기에 의해 발생하는 손실이다(예를 들어, 수로의 기울기가 90°일 때와 3°일 때를 놓고 비교하면, 서로 다른 위치에너지가 존재하므로 물 낙차 역시 다르게 되고, 상대적인 손실이 발생한다).
수로기울기가 완만할수록 수로 손실이 줄지만 너무 완만하면 유속이 발생하지 않아 발전효율이 떨어지므로 적당해야 한다.

③ 수압철관 손실

수압철관 설비의 관 지름은 4~5[m]이다. 관의 표면적이 크기 때문에 마찰로 인한 상대적인 손실이 발생하고 관의 굴곡으로 인한 손실도 발생한다. 이것이 수압철관에서 발생하는 손실이다.

4. 댐(Dam)의 종류

댐은 댐이 가둔 엄청난 양과 무게의 물을 어떻게 안전하게 지지하고 견디는지에 따라 다음과 같이 분류합니다.

(1) 중력 댐(Gravity Dam)

댐 내부 구조를 철과 시멘트로 채워, 댐 자체 무게로 물의 압력을 견디도록 설계한 댐이다. 한국은 중력 댐을 주로 사용한다(**댐 중량으로 물의 압력을 견디는 구조**).

(2) 중공 댐(Hollow Dam)

중력 댐과 외형상 같다. 하지만 공사비를 절약하기 위해 댐 내부를 부분적으로 비운 구조의 댐이다. 단, 중공 댐은 댐 기초가 견고한 경우에 한해서 건설한다(**댐의 속을 비운 구조**).

(3) 아치 댐(Arch Dam)

물의 압력을 막는 댐 구조가 활처럼 휜 아치(Arch)모양으로 된 댐 구조물이다. 단, 아치 댐은 계곡 양쪽이 반드시 암벽으로 된 환경이어야 한다. 그렇지 않으면 아치 구조는 물의 압력을 견디지 못하고 터져버린다(**암반으로 된 계곡 양쪽을 막아서 물의 압력을 견디는 구조**).

(4) 부벽 댐(Buttress Dam)

부벽이란 일종의 지지대를 의미한다. 물의 수압을 막기 위한 완만한 콘크리트 경사면을 여러 지지대로 막도록 설계된 댐 형태이다(**지지대로 물의 압력을 견디는 구조**).

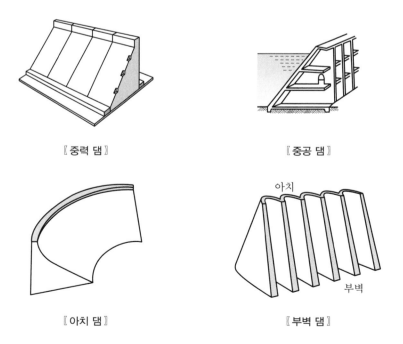

〖 중력 댐 〗　　　　　　　　　　〖 중공 댐 〗

〖 아치 댐 〗　　　　　　　　　　〖 부벽 댐 〗

5. 댐(Dam) 관련 부속 설비

(1) 여수로

개폐(Open - close) 가능한 수문(가동 문비)을 설치하여 물을 저수할 때는 문을 닫고, 상류로부터 많은 물이 내려와 위험수위가 될 때는 문을 열어 댐의 수위 상승으로 인한 피해가 없도록 하는 장치이다.

(2) 에이프런

'에이프런'(Apron)은 앞치마, 턱받이를 뜻한다. 댐에서 물이 빠져나가는 제일 아래 하류부에 에이프런을 설치하여 댐으로부터 유출되는 물의 유속을 감소시키고 유수로 인해 하천 바닥이 파이는 것을 방지한다.

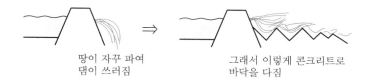

땅이 자꾸 파여
댐이 쓰러짐

그래서 이렇게 콘크리트로
바닥을 다짐

(3) 수문

댐의 수위와 유량을 조절하고, 토사 등을 제거하기 위해 댐의 상부에 설치하는 구조물이다. 수문의 종류는 다음과 같다

① 슬라이딩 게이트   ② 롤러 게이트

③ 롤링 게이트   ④ 스토니 게이트   ⑤ 테인 게이트

(4) 어도

물속 생태계환경 보존을 위한 최소한의 장치로서 물이 흐르고 어류가 이동할 수 있게 만든 수로이다. 하지만 현실에서는 발전소 준공통과를 위해 형식적으로만 설치할 뿐 제 기능을 못하는 어도설비가 대부분이다.

03 수력발전 관련 이론

1. 수력학

화력과 원자력발전과 관련된 기본 물리이론이 '열역학'이고, 이번 수력발전과 관련된 기본 물리이론은 '수력학'입니다.

① 물의 압력과 무게 관련 이론

- 물의 단위체적당 중량 : $w = 1000 \left[\mathrm{kg/m^3} \right]$

- 물의 (전체)압력 : $p = wH = \dfrac{P_0}{S} \left[\mathrm{kg/m^3} \right]$

수압관 어느 지점에서 흐르는 물의 압력을 측정한 결과는 7[kg/cm²]이다. 같은 지점의 유속을 측정한 결과는 49[m/sec]이다. 같은 지점에서의 압력수두는 몇 [m]인가?

① 30   ② 50
③ 70   ④ 90

💬 해설

물의 단위체적당 중량
$w = 1000 \, [\text{kg/m}^3]$ 이고,
압력수두 $p = 7 \, [\text{kg/cm}^2]$

• 단위변환

$$\left[\text{kg} \times \frac{1}{\text{cm}^2} \right]$$

$$= \left[\text{kg} \times \frac{1}{\text{m}^2 \times 10^{-4}} \right]$$

• $p = 70000 \, [\text{kg/m}^2]$

• 위치수두

$$H = \frac{p}{w} = \frac{70000 \, [\text{kg/m}^2]}{1000 \, [\text{kg/m}^2]}$$
$$= 70 \, [\text{m}]$$

🔘 정답 ③

유효낙차 500[m]인 충동수차의 노즐에서 분출되는 유수의 이론적 분출속도는 약 몇 [m/sec]인가?

① 50   ② 70
③ 80   ④ 100

💬 해설

물의 이론적 분출속도
$v = \sqrt{2gH} \, [\text{m/sec}]$ 이므로,
$v = \sqrt{2gH} = \sqrt{2 \times 9.8 \times 500}$
$\quad = 100 \, [\text{m/sec}]$

🔘 정답 ④

✤ 베르누이(Bernoulli, 1700 ~1782)
스위스 출신의 물리학자로, 스위스 Basel 대학의 물리학과 수학과 교수였다. 기체의 운동, 열의 특성에 대해서 연구하였고, 많은 사람이 물리학과 관련하여 알고 있고 들어본 "에너지 보존 법칙"의 초석을 놓은 사람이다.

여기서, $w \, [\text{kg/m}^3] \times H \, [\text{m}] = [\text{kg/m}^2] = [\text{kg}] \times \left[\frac{1}{\text{m}^2} \right]$

$[\text{kg}] \times \left[\frac{1}{\text{m}^2} \right] = P_0 \, [\text{kg}] \times \frac{1}{\text{면적} \, S} \left[\frac{1}{\text{m}^2} \right] = \frac{P_0}{S} \, [\text{kg/m}^2]$

② 수두 관련 이론

물의 위치에너지(물 낙차)와 관련하여 가장 중요한 개념이 '수두'이다. 수두란 물이 갖고 있는 **위치·압력·속도에너지** 모두를 수학적으로 계산 가능한 에너지 단위로 환산하기 위해 만든 용어이다(우리가 에너지를 이용하려면 계산할 수 있어야 하기 때문이다).

ㄱ 위치수두 : $H \, [\text{m}]$ (물의 위치에너지를 [m]로 나타냄)

ㄴ 압력수두 $H = \dfrac{p}{w} = \dfrac{[\text{kg/m}^2]}{1000 \, [\text{kg/m}^2]} = \dfrac{1}{1000} \, [\text{m}]$

  • 압력 $p \, [\text{kg/m}^2]$: 물의 압력을 $[\text{kg/m}^2]$로 나타냄

  • 압력 $p = wH$

ㄷ 속도수두 $h = \dfrac{v^2}{2g} \, [\text{m}]$, 물의 이론적 분출속도 $v = \sqrt{2gH} \, [\text{m/sec}]$

  • 속도 $v \, [\text{m/sec}]$: 물의 운동에너지를 $[\text{m/sec}]$로 나타냄

  • 물의 운동에너지 $\dfrac{1}{2}mv^2 = $ 물의 위치에너지 $mgh \Rightarrow \left[\dfrac{1}{2}mv^2 = mgh \right]$

③ 베르누이의 정리

베르누이의 정리는 한마디로 '물이 흐르는 어떤 구간의 총 수두의 합은 항상 같다.'는 이론이다.

구체적으로, 베르누이의 정리는 '물에너지 불변의 법칙'으로, 유체(흐르는 물체)가 갖고 있는 3가지 에너지(운동에너지, 위치에너지, 압력에너지)의 총합은 항상 일정하다는 이론이다.

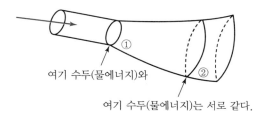

①의 H_1, P_1, v_1가 있고
②의 H_2, P_2, v_2가 있다.

①의 수두 $= H_1 + \dfrac{P_1}{w} + \dfrac{v_1^2}{2g}$

②의 수두 $= H_2 + \dfrac{P_2}{w} + \dfrac{v_2^2}{2g}$

여기 수두(물에너지)와
여기 수두(물에너지)는 서로 같다.

유체 구간 ①과 ②의 그림을 베르누이의 정리로 표현하면 다음의 수식이다.

베르누이의 정리 : $H_1 + \dfrac{P_1}{w} + \dfrac{v_1^2}{2g} = H_2 + \dfrac{P_2}{w} + \dfrac{v_2^2}{2g}$

(수두의 총합은 어느 구간에서나 같다)

④ 유량의 연속성 원리

베르누이의 정리의 연장선에서 **유량 연속의 정리**는 '어떤 구간을 지나는 유량$[\mathrm{m^3/sec}]$은 항상 일정하다는 법칙'이다.

    ㉠ 유량의 개념 Q = 수관의 단면적 × 물의 속도

$$= A\,[\mathrm{m^2}] \times v\,[\mathrm{m/sec}] = [\mathrm{m^3/sec}]$$

    ㉡ $Q\,[\mathrm{m^3/sec}]$: 단위시간당 흐르는 물의 양

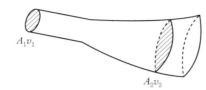

그러므로 어느 단면적의 단위시간당 흐르는 물의 양은 항상 일정하므로 유량$[\mathrm{m^3/sec}]$은 다음과 같이 나타낼 수 있다.

    유량 : $Q = A_1\,v_1 = A_2\,v_2\,[\mathrm{m^3/sec}]$

2. 하천유량 계산과 유량 측정

(1) 하천유량 단위와 평균 유량 계산

① 하천유량의 단위는 $[\mathrm{m^3/sec}]$을 사용한다.

② 연평균 유량

$$Q = \frac{1년간\ 강수량\,[\mathrm{m^3}]}{1년의\ 초단위\,[\mathrm{sec}]} = \frac{\left(\dfrac{a}{1000}\right)b\,k}{365 \times 24 \times 60 \times 60} = 3.17\,a\,b\,k\,[\mathrm{m^3/sec}]$$

    여기서, 연 강수량 $a\,[\mathrm{mm}]$: $a \times 10^{-3}\,[\mathrm{m}]$ (유량단위가 $[\mathrm{m^3}]$이므로 단위$[\mathrm{m}]$로 환산)

    유역면적 $b\,[\mathrm{km^2}]$: $b \times 1000^2\,[\mathrm{m^2}]$

    유출계수 k : 땅속으로 스며든 물의 양 또는 증발된 수분을 수치로 나타냄

(2) 하천유량 그래프

① 유량도

하천의 유량$[\mathrm{m^3/sec}]$을 시간 흐름에 따라 나타낸 것이다. 유량도의 세로축은 유량의 크기, 가로축은 날짜 순서이다.

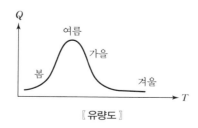

〖 유량도 〗

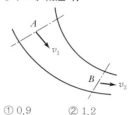

핵심기출문제

수력발전소의 운영과 관련하여 유역의 갈수량은 무엇을 의미하는가?

① 1년(365일간) 중 355일간은 이보다 낮아지지 않는 유량
② 1년(365일간) 중 275일간은 이보다 낮아지지 않는 유량
③ 1년(365일간) 중 185일간은 이보다 낮아지지 않는 유량
④ 1년(365일간) 중 95일간은 이보다 낮아지지 않는 유량

🔒 정답 ①

핵심기출문제

수력발전소의 댐(Dam)의 설계 및 저수지용량 등을 결정하는 데 사용되는 가장 적합한 것은?

① 유량도
② 유황곡선
③ 수위-유량곡선
④ 적산유량곡선

📖 해설

적산유량곡선이란 1년 365일 매일 측정한 유량을 누적시킨 것으로 저수지용량을 선정할 때 사용된다.

🔒 정답 ④

② **유황곡선**

유황곡선은 유량도의 시간축을 유량이 큰 순서대로 재배열한 곡선이다. 유황곡선의 세로축은 유량의 크기, 가로축은 매일 발생한 유량을 수치가 큰 순서대로 배열했기 때문에 그림과 같이 직선 하강하는 곡선을 그리게 된다.

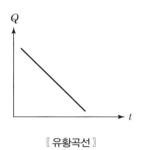

〚 유황곡선 〛

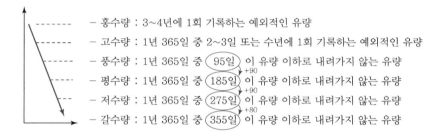

– 홍수량 : 3~4년에 1회 기록하는 예외적인 유량
– 고수량 : 1년 365일 중 2~3일 또는 수년에 1회 기록하는 예외적인 유량
– 풍수량 : 1년 365일 중 95일 이 유량 이하로 내려가지 않는 유량
– 평수량 : 1년 365일 중 185일 이 유량 이하로 내려가지 않는 유량
– 저수량 : 1년 365일 중 275일 이 유량 이하로 내려가지 않는 유량
– 갈수량 : 1년 365일 중 355일 이 유량 이하로 내려가지 않는 유량

③ **적산유량곡선**

댐을 설계할 때 댐에 담을 저수용량을 결정하기 위해서, 물이 많아지는 풍수량~홍수량의 유량을 그래프에 적산한 곡선이다. 그래서 적산유량곡선의 세로축은 매일 발생한 유량, 가로축은 날짜 순으로 기록하기 때문에 직선 상승하는 곡선을 그리게 된다.

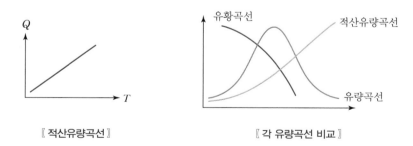

〚 적산유량곡선 〛　　　　　〚 각 유량곡선 비교 〛

3. 수력발전의 출력

- 이론출력 : $P = 9.8QH$ [kW]
- 실제출력 : $P = 9.8QH\,\eta_t\,\eta_g\,\eta = 9.8QH\eta$ [kW]
- 발생 전력량 : $W = Pt = 9.8QH\eta\,t$ [kWh]

여기서, t : 시간$[\text{h}]$

H : 유효낙차$[\text{m}]$

Q : 사용한 유량$[\text{m}^3/\sec]$

η_t : 수력발전 수차의 효율$[\%]$

η_g : 동기발전기 자체 효율$[\%]$

η : 발전소 총 효율$[\%]$

- 양수발전기의 출력 : $P = \dfrac{9.8QH}{\eta_p\,\eta_m}$ $[\text{kW}]$ (유량 Q가 $[\text{m}^3/\sec]$일 때)

- 양수발전기의 출력 : $P = \dfrac{QH}{6.12\,\eta_p\,\eta_m}$ $[\text{kW}]$ (유량 Q가 $[\text{m}^3/\min]$일 때)

여기서, Q : 사용 유량$[\text{m}^3/\sec]$ $\Leftrightarrow$ Q : 펌프의 양수량$[\text{m}^3/\min]$

$$\left\{ [\text{m}^3/\sec] = \frac{[m^3/\min]}{60} \rightarrow \frac{9.8}{60} = \frac{1}{6.12} \right\}$$

H : 양정$[\text{m}]$

η_p : 펌프효율$[\%]$

η_m : 전동기효율$[\%]$

04 수력발전소의 주요 설비

1. 도수 관련 설비

도수설비는 댐 상부에 위치한 취수구에서부터 수차에 이르기까지 물이 이동하는 것과 관련된 모든 설비입니다.

(1) 취수구

댐이 수용하고 있는 물을 수로에 도입하기 위한 댐 상부에 있는 설비이다.

① **제수문** : 수로에 유입하는 취수량을 조절하는 문이다.

② **제진설비** : 제진설비(Dust Removing Screen)는 약어로 '스크린'이라고도 부른다. 수로에 유입하는 불순물을 제어하는 설비이다.

(2) 구배

유속에 의한 물의 위치에너지를 얻기 위해, 공학적으로 계산된 기울기를 만들어 수력발전소 댐에서 취수한 물을 수조까지 이동하게 하는 역할을 한다.

📖 **핵심기출문제**

수차발전기의 출력 P, 수두 H, 수량 Q 및 회전수 N 사이에 성립하는 관계는?

① $P \propto QN$
② $P \propto QH$
③ $P \propto QH^2$
④ $P \propto QHN$

💬 **해설**

출력 $P = 9.8QH\eta$ $[\text{kW}]$ 에서 비례관계를 보면 $P \propto QH$ 이다.

🔒 **정답** ②

📖 **핵심기출문제**

취수구에 제수문을 설치하는 목적은 무엇인가?

① 모래를 걸러낸다.
② 낙차를 높인다.
③ 홍수위를 낮춘다.
④ 유량을 조절한다.

💬 **해설**

취수구에 제수문을 설치하는 주된 목적은 취수량을 조절하는 것이다. 또한 수로 또는 수압관을 수리할 때 물의 유입을 차단하는 역할도 한다.

🔒 **정답** ④

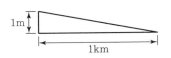

〖 구배의 기울기 비율 〗

(3) 수로
취수구에서 취수한 물을 수조까지 이동시키는 설비이다.

✷ 개거식
수로가 공개되어 눈에 보이는 형태

✷ 암거식
수로가 발전소 구조물 내부로 설치되어 눈에 보이지 않는 형태

① **수로의 종류** : 개거식, 터널식, 암거식
② **무압수로(수로식)** : 구배가 $1/1000 \sim 1/1500$, 유속 $2 \sim 4[\mathrm{m/sec}]$인 수로
③ **유압수로(댐식, 수로식)** : 구배가 $1/300 \sim 1/400$, 유속 $3 \sim 5[\mathrm{m/sec}]$인 수로

(4) 역사이펀(Inversed Siphon)
댐 상부에 저수된 물을 취수하여 수로를 따라 이동하는 도중에 폭이 넓은 도로나 철도 또는 다른 하천을 통과해야 할 경우, 수로를 땅 밑으로 묻어서 물이 계속 이동할 수 있게 한 설비이다.

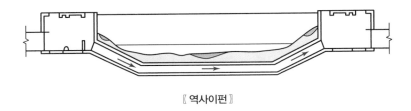

〖 역사이펀 〗

(5) 침사
수로로 유입된 물에 토사 등의 큰 이물질이 섞인 것을 여과하기 위해, 유속을 줄여 이물질을 바닥으로 침전시키는 공간이다. 이때 침사지의 유속은 $0.2 \sim 0.3[\mathrm{m/sec}]$ 이하여야 한다.

(6) 수조
수조는 수로에 유입되고 섞인 부유물, 이물질을 최종적으로 제거하고 수로에 물이 끊기더라도 최대 1~2분 정도 수압철관에 흘릴 수 있는 수량을 저장하여 유량조절을 하는 설비이다. 수조의 중요한 역할은 '수로'로부터 물공급이 일시적으로 중단되더라도 이에 대비하여 일정량의 물을 저장하는 것이다.

① 상수조(무압수조)
부하변동에 융통성 있게 대비하기 위해 수차에 유입될 **유량조절** 기능을 한다(**상수조 = 유량조절**).

📚 **핵심기출문제**

조압수조 중 서징(Surging) 주기가 가장 빠른 것은 무엇인가?
① 제수공조압수조
② 수실조압수조
③ 차동조압수조
④ 단동조압수조

📖 **해설**
차동조압수조는 서징(Surging)이 빨리 사라지는 장점이 있는 반면, 서징의 주기가 빨라서 수차조속기 동작에 무리를 주는 결점이 있다.

🔒 **점답** ③

② 조압수조(유압수조)

부하급변에 대비한 **유량조절**과 부하가 급변할 때 발생하는 **수격작용**을 완화 또는 흡수하여 수압철관을 보호한다(**조압수조 = 수압조절기능**).

③ **조압수조의 종류**

　㉠ 단동조압수조 : (수조의 기본이 되는 수조로) 수압철관이 물로부터 받는 압력이 높지 않으면, 수조의 수위를 증가시킨다(물 높이를 높인다).

　㉡ 차동조압수조 : 이 수조에는 수조에 압력을 높여주는 상승관(Riser)이라는 설비가 있어서 수조에 **서징**이 발생하면, 차동조압수조는 서징이 가장 빨리 사라지는 장점이 있는 반면, 서징 주기가 가장 빠르기 때문에 수차의 조속기 동작에 부담을 줄 수 있는 결점이 있다.

　㉢ 수실조압수조 : 수조의 보유수량을 충분히 확보하기 위해, 수조의 수심을 깊게 만든 수조이다. 이런 이유로 수실조압수조는 상부와 하부 측면에 별개의 수실이 따로 있는 구조이다.

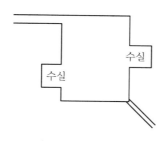

〖 수실조압수조 〗

(7) **수압철관(= 수압관로)**

상수조에서 수압이 높은 물을 수차에 도수하기 위한 관이다.

　수압관의 유량 : $Q = A v = \dfrac{\pi D^2}{4} v \ [\mathrm{m^3/sec}]$

$$\left\{ A v = \pi r^2 v = \dfrac{\pi D^2}{4} v \right\}$$

수압철관 직경 4~5[m]

PART 05

2. 수차 관련 설비

수차의 종류는 크게 '충동수차'와 '반동수차'로 나뉩니다.

- 충동수차는 높은 곳에서 물이 직접적으로 낙하하여 수차를 타격하여 수차가 회전하는 방식이고,
- 반동수차는 물이 낙하하는 것이 아닌, 구배를 만들어 유속에 의해 수차를 회전시키는 방식이다.

한국 지형 특성상 물이 낙하하여 발전하는 수력은 어렵기 때문에 **반동수차** 방식을 채택하여 유속에 의한 수력발전을 합니다. 반면 유럽이나 미국과 같은 지역은 충동수차를 이용합니다.

- 충동수차 : 고낙차용(펠턴 수차)
- 반동수차 : 저낙차용(프로펠러 수차, 카플란 수차), 중낙차용(프란시스 수차, 사류 수차)

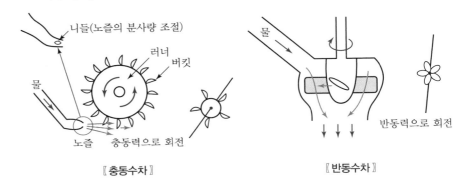

《 충동수차 》 　　　《 반동수차 》

(1) 펠턴 수차의 특징과 핵심 구조

① 특징

노즐(Nozzle)에서 분사되는 물이 수차의 버킷에 충돌하여 그 충동력으로 러너(Runner)를 회전시키는 구조이다.

② 펠턴 수차의 부속장치

ㄱ) 노즐(Nozzle) : 수차에 유입되는 유량을 조절하는 노즐은 단면이 원형인 관으로 되어 있다. 이 노즐 관의 내부 중앙에 앞뒤로 움직이는 니들(바늘)이 있다. 이 니들이 움직이며 노즐에서 분사되는 유량을 조절한다. 니들은 유압으로 동작하는 서버모터에 의해 전후 동작을 한다.

ㄴ) 니들밸브(존슨밸브) : 니들의 내부에서 밸브를 움직여 수차의 회전속도를 조절할 수 있다. 고낙차 · 대수량의 수차에 적용한다.

전후 이동하며 분사량 조절

ⓒ **충동수차 러너(Runner)** : 러너는 수차의 주축 역할을 하며, 러너의 디스크 (Disk) 바깥 둘레에 버킷(Bucket)이 있고, 버킷은 바가지 모양처럼 물을 받을 수 있는 구조로 되어 있다. 버킷은 노즐에서 나오는 분사수와 큰 충돌마찰을 일으켜 러너가 잘 회전하는 구조이다.

ⓓ **전향장치(Deflector)** : 수압관(수압철관) 내에서 수압이 급변할 때 발생하는 '수 격작용'을 방지하는 장치이다.

(2) 프로펠러 수차의 특징과 핵심 구조

비행기의 프로펠러처럼 가늘고 길게 생긴 수차구조이며, 경우에 따라 날개 수를 줄이거나 늘릴 수 있다. 날개 수 증감이 가능하므로 어느 정도 발전효율 향상에 도움이 된다. 주로 $40\,[\mathrm{m}]$ 이하의 저낙차용으로 사용된다.

(3) 카플란 수차의 특징과 핵심 구조

① 특징

• 수로에서 공급받는 유량에 따라 유선형 날개(Vane)의 경사각도를 조절할 수 있다. 그러므로 어떤 부하용량에도 수차가 대응하여 고효율로 발전소 운전이 가능한 수차이다.

• 오래전에는 낙차 $30\,[\mathrm{m}]$ 이하에서 카플란 수차를 사용했고, $30\,[\mathrm{m}]$ 이상에서 프란시스 수차를 사용했다. 하지만 현재는 $700\,[\mathrm{m}]$ 이상에서도 카플란 수차를 사용한다.

• 카플란 수차는 '무구속 속도', '특유 속도'가 크다.

② 프란시스 수차와 카플란 수차 비교

• 카플란 수차는 고속회전에서 사용하기 때문에 동기발전기의 계자 수가 적게 설계된다. 발전기 가격이 비교적 싸고 소형이다. 또한 카플란 수차는 프란시스 수차보다 효율이 좋아 발전소 건설비용이 상대적으로 적게 든다.

• 카플란 수차는 수차에 유입되는 유량변동이나 낙차변동에 따라 날개각(Vane Angle)을 바꾸어 대응할 수 있어서 발전기를 고효율로 운전할 수 있다.

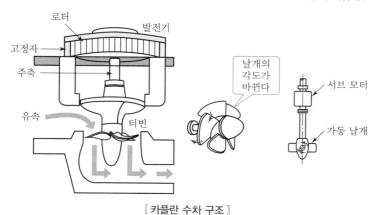

〖 **카플란 수차 구조** 〗

(4) 프란시스 수차의 특징과 핵심 구조

① **특징** : 반동수차에 속하는 수차이며, 중낙차(40~350[m])에서 사용한다.

② **프란시스 수차의 부속장치**

　ㄱ 반동수차 러너(Runner) : 러너는 주축과 날개가 볼트 혹은 용접에 의해 연결돼 있고, 날개(Vane)는 비스듬하게 경사져서 러너에 물이 유입되면 유속에 따라 일정 방향으로 회전하는 구조이다.

　ㄴ 케이싱(Casing) : 수로로부터 수차 내부(러너)에 기포, 공기, 기타 이물질이 들어가는 것을 방지하기 위한 커버 또는 피복이다. 기포가 수차 내부로 들어가면 러너와 날개의 부식과 진동을 유발하여 고장 가능성이 높다.

　ㄷ 안내날개(Turning Vane) : 러너의 바깥 둘레에 스피드 링이 연결돼 있고, 러너에 유입된 유속을 적당한 회전으로 유도하기 위한 유선형 날개모양을 하고 있다.

(5) 사류수차의 특징

사류수차는 **프란시스 수차**와 **프로펠러 수차**의 중간 형식의 수차로, 회전날개(Turning Vane)의 축이 경사진 반동수차이다. 효율이 좋지 않아 잘 쓰지 않는다.

(6) 수차의 특유속도

각 수차마다 갖고 있는 기계적인 특징으로 인해 각각의 수차만이 회전할 수 있는 고유의 속도가 정해져 있는데 이것을 수차의 특유속도라고 한다.

- 특유속도 정의 : 실제 수차와 기하학적으로 비례하는 수차를 만들어, 낙차 1 [m] 높이에서 수차에 물을 낙하(충동 혹은 반동)시킨다. 이때 발전기 출력 1 [kW] 발생에 해당하는 수차의 회전속도가 몇 [rpm]인지 시험한 속도이다. 만약 특유속도(N_s) 수치가 높으면, 수차로 유입되는 유속에 대한 러너(Runner)의 상대적 속도가 높다는 것을 의미한다.

- 특유속도 : $N_s = NP^{\frac{1}{2}}H^{-\frac{5}{4}} = \dfrac{NP^{\frac{1}{2}}}{H^{\frac{5}{4}}} = \dfrac{N}{H}\sqrt{\dfrac{P}{\sqrt{H}}}$ [rpm]

여기서, N : 수차의 정격 회전수[rpm]

　　　　P : 출력[W]

　　　　H : 낙차[m]

$$\left\{ NP^{\frac{1}{2}}H^{-\frac{5}{4}} = \dfrac{NP^{\frac{1}{2}}}{H^{\frac{5}{4}}} = \dfrac{N\sqrt{P}}{\sqrt[4]{H^5}} = \dfrac{N\sqrt{P}}{\sqrt[4]{H^4 H}} = \dfrac{N\sqrt{P}}{H\sqrt[4]{H}} = \dfrac{N}{H}\sqrt{\dfrac{P}{\sqrt{H}}} \right\}$$

▶ 수차별 **특유속도[rpm]와 특유속도에 적용된 낙차[m]**

종류	특유속도[rpm]	적용낙차[m]
펠턴 수차	$12 \leq N_s \leq 21$	300 이상
프란시스 수차	$N_s \leq \dfrac{13000}{H+20}+50$	40~350
카플란 수차	$N_s \leq \dfrac{20000}{H+20}+50$	5~30

(7) 수차의 무구속 속도

수차의 무구속 속도란, 말 그대로 구속시키지 않은 속도이며, 구체적으로 수차를 정격출력으로 운전 중 갑자기 발전기의 부하가 무부하상태가 됐을 때 수차의 속도가 몇 [rpm] 까지 상승하는지를 의미한다.

이를 수차별로 비교하면 다음과 같은 대소관계가 성립한다.

  수차별 무구속 속도일 때의 대소관계 : **[카플란 〉프로펠러 〉프란시스 〉펠턴]**

(8) 수차의 낙차 변화에 따른 수력발전의 특성 변화

수력발전의 특성이란 회전수(N), 유량(Q), 출력(P) 특성을 의미한다.

① Q, P 가 일정할 때, 낙차 변화에 따른 회전수(N) 변화 : $\dfrac{N_2}{N_1} = \left(\dfrac{H_2}{H_1}\right)^{\frac{1}{2}}$

  여기서, 낙차(H_2)를 감소시키면, 기존의 회전수(N_1)를 증가시킬 수 있다.

② N, P 가 일정할 때, 낙차 변화에 따른 유량(Q) 변화 : $\dfrac{Q_2}{Q_1} = \left(\dfrac{H_2}{H_1}\right)^{\frac{1}{2}}$

  여기서, 낙차(H_2)를 감소시키면, 기존의 유량(Q_1)을 증가시킬 수 있다.

③ N, Q가 일정할 때, 낙차 변화에 따른 출력(P) 변화 : $\dfrac{P_2}{P_1} = \left(\dfrac{H_2}{H_1}\right)^{\frac{3}{2}}$

  여기서, 낙차(H_2)를 감소시키면, 기존의 출력(P_1)을 증가시킬 수 있다.

3. 기타 설비

(1) 입구밸브

① 정의

수차의 고장(또는 사고)이 발생했을 때, 수차의 내부를 점검하기 위해 수차에 유입되어 유량을 차단하는 밸브장치이다.

② 입구밸브의 종류

나비형 밸브, 슬루스밸브, 회전밸브, 존슨밸브, 측로밸브(Bypass Valve)

핵심기출문제

동기발전기 회전자의 속도 변화를 항상 감지하고 있고, 만약 속도 변화가 생기면, 자동적으로 수차에 유입되는 유량을 증감하는 장치 이름은 무엇인가?

① 공기예열기 ② 과열기
③ 여자기   ④ 조속기

해설

조속기는 발전기 회전속도 변화에 따라 수차에 유입되는 유량을 가감하는 장치로 다음 순서로 동작한다.
[평속기－배압밸브－서보모터－복원장치]

정답 ④

---

(2) 조속기

① 정의

부하전력의 변동이 있으면(여기서 변동은 전력을 적게 소비하는 것이 아니라 평소보다 급작스럽게 전력을 많이 소비하는 변동이다) 자동적으로 발전기가 더 많은 전력을 생산하기 위해 동기발전기의 회전자 속도가 자연적으로 증가하게 된다. 하지만 동기발전기의 회전자는 절대로 회전속도에 변동이 생겨서는 안 되는 설비이다. 그래서 '부하전력에 변동이 생기더라도, 조속기는 평소 발전기 속도 변화를 항상 감지하여 정격속도가 일정하게 유지되도록 수차에 유입되는 유량을 조절해주는 장치이다.' 조속장치의 수차에 유입되는 유량 조절은 서보모터로 노즐 내부의 니들(Needle Device)을 조정함으로써 유량을 조절할 수 있다.

> **참고 ⊘ 조속기**
>
> 조속기는 발전기의 회전속도만 제어할 뿐, 발전기의 출력을 조절하지 못한다. 발전기의 출력은 중앙통제실에서 무효전력량을 조절함으로써 조절된다.
> [부하변동 발생 → 발전기 회전속도와 발전기 출력량 증가 → 조속기가 수차에 유입되는 유량조절 → 수차 회전수를 원래대로 복구]

② 조속기의 부속장치

ㄱ. 스피더 : 조속기를 구성하는 설비로 수차의 회전수 변동을 검출한다. → 부하에 급격한 변동이 발생하면 조속기는 유량을 조절함으로써 수차의 회전수를 변화시켜야 하는데, 스피더는 이 회전수를 감지하는 장치이다.

ㄴ. 배압밸브 : 수차에 유입되는 유량의 조절은 노즐(Nozzle)의 역할이다. 노즐은 노즐관의 중앙에서 니들(Needle)을 앞뒤로 움직이며 노즐에서 분사되는 유량을 조절한다. 여기서 니들의 유압동작은 서버모터에 의해 제어되고, 서보모터에 공급되는 유압은 배압밸브가 조절한다.

ㄷ. 서보모터 : 서보모터는 큰 힘을 갖는 안내날개(펠턴 수차의 경우) 또는 니들밸브(반동수차의 경우)를 움직이는 역할을 한다. 서보모터는 배압밸브에 의해 제어된다.

ㄹ. 복원기구 : 부하의 급격한 변동이 발생하면 조속기가 작동한다. 이때 안내날개에 진동이 발생하는데, 이 진동을 방지하고 빠른 시간 내에 안정상태로 되돌아오게 하는 장치이다.

③ 조속기의 부동시간과 폐쇄시간

ㄱ. 부동시간 : 부하에 급작스런 변동이 생기고 나서부터 조속기의 서보모터 오일 피스톤이 움직이기 전까지의 시간이다. 이 시간은 조속기의 부동시간으로 짧을수록 좋으며 보통 0.2~0.5초이다.

ㄴ. 폐쇄시간 : 안내날개 또는 니들밸브가 동작하기 시작한 시간부터 유량이 전폐(완전히 폐쇄)될 때까지 걸리는 시간으로 보통 2~5초이다.

(3) 흡출관

흡출관은 반동수차에만 있고, 충동수차에는 없는 설비이다. 그래서 흡출관은 수차에 유입된 물이 러너(Runner)를 돌린 후, 물이 러너로부터 잘 **빠져나가기** 위한 **연결관**이다. 그리고 러너를 빠져나간 물이 배수되는 곳이 **방수구**이다. 간단히 다시 말하면, 반동수차의 러너(Runner) 출구로부터 방수로까지의 연결된 일종의 배수관을 흡출관이라고 한다. 흡출관의 존재 목적은 수력발전의 위치에너지 측면에서 유효 낙차를 높일 수 있다.

(4) 제압장치

부하가 급변할 때 발생하는 수압관(= 수압철관)의 수압 상승을 억제하기 위해 수압관의 수압조절장치와 조속기를 연동시키는 장치이다.

(5) 수차의 고장

① 수차의 고장원인

- 캐비테이션 현상에 의한 수차부식
- 물에 토사, 점토 등의 이물질이 섞여 발생되는 침식
- 수차로 유입되는 물에 산(Acid)이 포함되어 발생하는 침식
- 수차의 기계적인 진동으로 인해 발생하는 구조적·물질적인 피로누적

> **캐비케이션 현상(= 공동현상)**
>
> 주로 잠수함의 프로펠러 혹은 수력발전의 수차에서 나타나는 현상으로, 유속에 의해서 수차를 돌릴 때 물(유체)이 빠른 속도로 수차에 유입되면, 러너(Runner)와 날개(Vane)의 표면에 기포 및 낮은 압력이 생겨 부식과 진동을 만든다. 이는 시간이 지나 러너와 날개에 부식과 진동을 일으켜 고장의 원인이 되며 공동현상으로 이어진다.
> 원인으로는 수압철관에서 수차로 이동하는 유량이 일정하면서 부드럽게 수차로 물이 흘러 들어가야 하는데, 부하변동 또는 물의 서지(Surge : 충격와 소용돌이)로 인해 수차에 많은 기포, 공기방울을 만들고 이는 수차의 부식과 진동을 초래한다.

② 수차 고장 중 공동현상의 악영향

- 수차의 금속부분을 부식시킨다.
- 진동과 소음을 발생시킨다.
- 발전기출력과 발전기효율을 저하시킨다.

③ 공동현상 방지대책

- 수차의 특유속도를 너무 높게 취하지 말아야 한다.
- 흡출관을 사용하지 말아야 한다.
- 러너와 날개를 침식에 강한 재료로 제작해야 한다.
- 부하가 급변하는 원인을 줄이거나 부하가 급변했을 때 발전기 운전을 피한다.

핵 / 심 / 기 / 출 / 문 / 제

01 유역면적 $365[\text{km}^2]$의 발전 지점에서 연 강수량이 $2400[\text{mm}]$일 때 강수량의 $\dfrac{1}{3}$ 이 이용된다면 연평균 수량 $[\text{m}^3/\text{s}]$은?

① 5.26   ② 7.26

③ 9.26   ④ 11.26

해설 **연평균 유량**

$$Q = \frac{1년간 강수량\,[\text{m}^3]}{1년의 초단위\,[\text{sec}]} = \frac{(a \times 10^{-3})\,bk}{365 \times 24 \times 60 \times 60}\,[\text{m}^3/\text{sec}]$$

- 연 강수량

  $a\,[\text{mm}] \rightarrow a \times 10^{-3}\,[\text{m}]$

- 유역면적

  $b\,[\text{km}^2] \rightarrow b \times 1000^2\,[\text{m}^2]$

- 유출계수 k

  그러므로, 연평균 유량

  $$Q = \frac{(2400 \times 10^{-3}) \times (365 \times 1000^2) \times \dfrac{1}{3}}{365 \times 24 \times 60 \times 60} = 9.25\,[\text{m}^3/\text{sec}]$$

🔒정답 **01** ③

CHAPTER 05 선로정수와 코로나현상

1장에서 전력공학의 기본 큰 틀인 '전선로'에 대해서 다뤘고, 2장~4장에서는 전기를 만들어내는 발전계통을 다뤘습니다.

5장~8장에서는 송전계통에 대한 이론을 다루고, 9장~11장에서는 배전계통에 대한 이론을 다루게 됩니다.

본 5장 「선로정수와 코로나현상」은 전선로에 교류전기(＝교류전력)이 흐를 때 나타나는 현상에 대한 이론입니다. 특히 철탑 또는 철근 콘크리트주 지지물에 교류전력이 흐를 때 생기는 전기적 특성에 대한 이론입니다.

전선의 종류는 연동선, 경동선, 알루미늄(Al) 전선이 있습니다. 이들은 각각 $\frac{1}{58}$, $\frac{1}{55}$, $\frac{1}{35}$의 고유저항을 갖고 있습니다.

고유저항이 존재하는 전선에 교류전류가 흐르면, 인덕턴스(L)에 의한 자기장과 유도기전력이 발생하고, 또 전선과 대지(땅) 사이의 공기라는 매질을 통해 전하를 충전하는 커패시턴스(C)가 발생합니다.

이러한 C성분은 전선과 대지(땅)뿐만이 아니라 전선과 전선 사이에도 발생합니다.

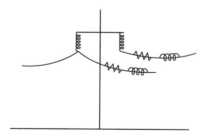

C성분은 전하가 충전되는 전선과 전선, 전선과 대지(땅) 사이에서 병렬회로로 발생합니다. 여기서 더하여 통전되고 있는 지지물(철탑 또는 철근 콘크리트주)에 전선과 대지(땅) 사이에 컨덕턴스(G) 성분도 발생합니다.

원래 전력선과 지지물은 절연되게 설계돼 있고, 전선과 대지(땅) 사이도 절연되게 설계돼 있습니다. 하지만 현실에서 무한대의 절대저항[Ω]은 존재하지 않기 때문에, 원래는 흐르지 않아야 할 전선과 대지(땅) 사이로 지지물을 통해 전류가 미세하게 흐르는 현상이 나타납니다. 이것이 누설전류 I_g[Ω]입니다.

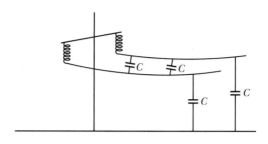

- 컨덕턴스 G [℧] : 흐르지 않아야 할 곳으로 전류가 흐르는 정도를 수치로 나타냄
- 누설전류 I_g [Ω] : 흐르지 않아야 할 곳으로 흐르는 전류의 크기

  − 절연체(애자, 지지물)에 흐르는 미소전류 $I_g = \dfrac{V}{R} = \dfrac{22.9\,[\mathrm{kV}]}{[\Omega]}$ [A]

  − 절연체(애자, 지지물)에 흐르는 누설전류 $I_g = \dfrac{V}{R} = V \cdot \dfrac{1}{R} = VG$ [A]

전선로의 길이가 수 km, 수백 km로 길어지면, 애자와 지지물에서 누설전류가 미미하게 발생하여 축적되는데, 그 누설전류 크기를 무시할 수 없습니다. 때문에 **전선로**에 교류전류가 흐르면 저항(R), 인덕턴스(L), 커패시턴스(C), 컨덕턴스(G)의 4가지 전기적 요소가 나타납니다. 그리고 전선로의 이 4가지 요소(R, L, C, G)를 전력공학에서는 **선로정수**로 정의합니다.

✖ 전선로
송전선로의 철탑과 배전선로의
철근콘크리트주

선로정수

전력공학에서 선로정수(R, L, C, G)와 회로이론에서 R, L, C, G는 다음과 같은 차이가 있습니다. 전력공학에서 R, L, C, G는 수백 km의 긴 전선로(철탑, 철근 콘크리트주)에서 고전압·대전류가 걸리며 나타나는 거시적인 전기현상이고, 회로이론의 R, L, C, G는 미시적인 수십 m 이내의 회로, 수용가의 전기설비, 가전제품 속에 단일 소자에서 나타나는 전기현상입니다. 때문에 전기현상을 해석하는 이론과 방법에 차이가 있습니다.

회로이론의 R, L, C, G는 전압, 전류, 역률, 전력과 직접적으로 연관되어 회로를 해석하지만, 전력공학에서 선로정수(R, L, C, G)는 그와 무관하게 전선로의 선로길이, 전선 굵기, 전선재료, 전선과 대지 사이의 거리의 요소들과 연관되어 회로를 해석합니다. 그래서 전력공학은 회로이론과 다르게 R, L, C, G를 선로와 관련하여 '선로정수'로 정의합니다. 이러한 전력계통의 선로정수를 해석하기 위한 이론을 살펴보 겠습니다.

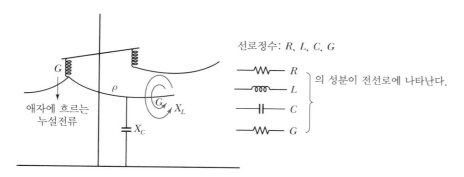

선로정수: R, L, C, G

R
L
C
G

의 성분이 전선로에 나타난다.

애자에 흐르는 누설전류

01 복도체

교류전력을 전송하는 송전계통 및 배전계통에서 L_1, L_2, L_3 3상을 1회선으로 부릅니 다. 그래서 2회선이면 두 개의 3상 전력이 공급되는 전선로를 의미합니다.

1회선 3상 전력(L_1, L_2, L_3)이 하나의 전선으로만 전력을 전송하면 복잡할 것이 없습 니다. 하지만 현실은 한 상(Phase)의 전력선은 여러 가닥의 전선으로 분배되어 전송하 게 됩니다. 이것이 송전선로에서 **복도체**에 의한 전력공급입니다. 전력을 복도체 방식 으로 전송하기 때문에 따지게 된 것이 '등가선간거리(D)'와 '등가반지름(r)'입니다.

전선   전선

1. 복도체(= 다도체)

앞에서 설명한 대로 송전선로는 하나의 활선을 여러 도체로 나눈 복도체를 통해 전력 을 공급합니다. 단도체로 전력을 공급할 때에 비해서, 복도체로 전력을 공급하면 전 선의 반지름이 더 길어지게 됩니다. 여러 가닥으로 나뉜 복도체 전력선의 반지름을 단도체 전선의 반지름처럼 계산하려면 **등가반지름**(r 또는 d) 계산을 해야 합니다.

〖 2복도체 〗   〖 4복도체 〗

PART 05

송전선로에 복도체(=다도체)를 사용하는 주된 목적은 무엇인가?

① 뇌해 방지
② 건설비 절감
③ 진동 방지
④ 코로나 방지

해설
복도체를 사용하면 코로나 임계전압을 증가시킬 수 있고, 전계의 세기를 경감하여 코로나현상을 방지할 수 있다.

🔒 **정답** ④

2복도체를 사용하는 전선로에 전선과 전선 간에 충돌을 방지하기 위해 전선 사이에 일정한 간격을 유지시킬 목적으로 설치하는 것은 무엇인가?

① 아머로드   ② 댐퍼
③ 아킹 혼   ④ 스페이서

해설
스페이서
전선 간 전자흡인력으로 충돌이 발생할 수 있어서, 전선 간 충돌을 방지하기 위해 전선의 소도체 간 간격을 일정하게 유지하기 위한 절연기구이다.

🔒 **정답** ④

다음 중 송전선로에서 복도체 방식을 사용하기 가장 적당한 선로를 고르시오.

① 저전압 송전선로
② 고전압 송전선로
③ 특별고압 송전선로
④ 초고압 송전선로

해설
전선가설과 관련하여 복도체 방식을 사용하면 인덕턴스가 감소하고, 정전용량이 증가되어
• 송전용량이 증가하고,
• 안정도도 증가하고,
• 전선 주변의 전계의 세기(= 전위의 기울기, 전위의 경우)가 줄고,
• 코로나 임계전압이 높아져 코로나로 인한 전력손실이 감소하므로, 초고압 송전선로에 적용하는 것이 가장 좋은 효과를 본다.

🔒 **정답** ④

복도체 전선은 단도체 전선과 비교하여, 전체 전선의 단면적 반지름이 증가한 반면, 복도체를 구성하는 1선의 전선 반지름은 줄어들었습니다. 이런 복도체로 전력을 공급할 때 다음과 같은 장점들이 있습니다.

(1) 복도체 사용으로 전선지름 증가 시 특징

• 전력전송의 안정도가 증가하고, 코로나현상을 감소시킬 수 있다.
• 복도체로 전력을 전송하면 선과 선 그리고 선과 대지(땅) 사이에 정전용량이 기존보다 더 증가한다. 때문에
   – 증가한 정전용량(C)으로 인해 선로의 충전전류가 증가하여, 페란티 현상이 발생할 가능성이 높아진다.
   – 증가한 정전용량(C)으로 인해, C와 $180°$ 위상차를 갖는 선로의 인덕턴스(L)가 감소한다. 그 감소하는 정도가 선로 전체 구간에 존재하는 인덕턴스(L)의 $20[\%]$를 감소시키고, 반대로 정전용량(C)은 $20[\%]$ 증가한다.
   – 이처럼 인덕턴스(L)는 감소하고, 정전용량(C)은 증가했으므로, 선로의 전체 리액턴스(X)는 감소하며, 감소한 리액턴스로 인해 송전선로의 송전용량(P)이 증대된다.

$$\text{(송전선로의 전력용량)} \ P = \frac{V_s \cdot V_r}{X} \sin\delta \, [\text{VA}] \rightarrow P \propto \frac{1}{X} \ \text{관계}$$

복도체의 각 소도체들은 같은 방향의 전류이므로 송전선로에서 단락사고가 일어난다면, 같은 방향의 대전류로 인한 소도체 사이에 흡인력이 발생하고, 전선 간의 충돌과 마찰로 전선 수명이 단축된다.

(2) 스페이서(Spacer)

스페이서는 복도체 충돌방지 기구로 전선로에서 다음과 같은 기능을 한다.

• 복도체의 소도체 간에 충돌을 방지하고 일정한 간격을 유지시켜 준다.
• 송전계통에서 단락사고 발생 시 전선에 대전류가 흐르므로 전선 간에 전자흡인력으로 인해 전선이 서로 붙게 되어 마찰이 일어날 수 있다. 스페이서는 이러한 전선 마찰 또는 충돌로부터 전선을 보호해 준다.

2. 복도체의 등가선간거리

송전선로에서 하나의 전력선은 단도체(하나의 전선)로 전력이 전송되지 않고, 여러 개의 전선가닥으로 분배되어 전력전송이 이뤄집니다. 이것이 복도체입니다. 만약 3상 중 한 상(Phase)의 전력선이 2도체(1선을 두 가닥 전선으로 분배하여 전송)라면, 2도체의 전선과 전선 간 거리는 직선거리 몇 cm 혹은 몇 m로 분명합니다. 하지만 복도체는 2도체, 3도체, 4도체, 5도체, 6도체, ... n 도체로 다양합니다. 복도체가 n 도체이면, 전선과 전선 사이의 거리 계산은 쉽지 않습니다. 이것을 계산하는 것이

'등가선간거리' 계산입니다.

(1) 등가선간거리의 정의

기하학적으로 배치된 전선 간의 평균거리이다.

등가선간거리(일반식) : $D_0 = \sqrt[n]{D_1 D_2 D_3 \cdots D_n}$ [m]

① **직선 배열** : $D_0 = \sqrt[3]{D \times D \times 2D} = \sqrt[3]{2}\,D$ [m]

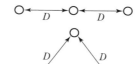

② **정삼각형 배열** : $D_0 = \sqrt[3]{D \times D \times D} = D$ [m]

③ **정사각형 배열** : $D_0 = \sqrt[6]{D \times D \times D \times D \times \sqrt{2}\,D \times \sqrt{2}\,D} = \sqrt[6]{2}\,D$ [m]

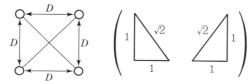

3. 복도체 전선의 등가반지름

등가반지름의 다른 말은 '합성반지름'입니다. 등가선간거리(D)와 등가반지름(d)은 서로 무관합니다. 별개의 계산이므로 서로 영향을 주지 않습니다. 그리고 복도체의 등가반지름(d)을 계산해야만 송전선로에서 발생하는 저항(R) 계산, 인덕턴스(L) 계산, 정전용량(C) 계산, 코로나 임계전압(E_0) 계산이 가능해집니다. 그러므로 복도체의 등가반지름을 계산해야 합니다.

전선의 등가반지름 : $r_e = r^{\frac{1}{n}} \cdot S^{\frac{n-1}{n}} = \sqrt[n]{r \cdot S^{n-1}}$ [m]

여기서, r : 소도체의 반지름 [m]

S : 소도체 간의 간격 [m]

n : 소도체의 수 [개]

$$\left(\begin{array}{l} 2\,복도체 : n = 2 \rightarrow r_e = \sqrt[2]{r S^{2-1}} = \sqrt{r S} \\ 4\,복도체 : n = 4 \rightarrow r_e = \sqrt[4]{r S^{4-1}} = \sqrt[4]{r S^3} \end{array} \right)$$

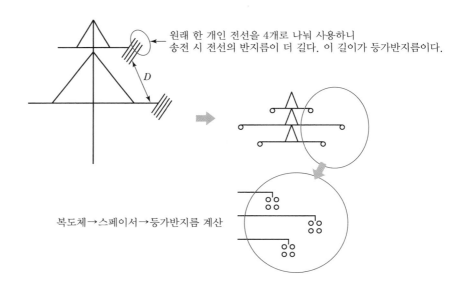

원래 한 개인 전선을 4개로 나눠 사용하니
송전 시 전선의 반지름이 더 길다. 이 길이가 등가반지름이다.

복도체→스페이서→등가반지름 계산

02 연가

송전선로에서 3상 교류전력을 공급하는 방식은 다음 두 가지입니다.

- $3\phi 3w$ 선로(3상 3선식 선로)
- $3\phi 4w$ 선로(3상 4선식 선로)

어느 방식으로 3상 교류를 전송하든 전선로의 3개 상(Phase) 각각은 산과 땅으로부터 높게, 전선과 전선 간 거리가 다르게 되며, 이는 상(Phase)마다 작용하는 인덕턴스(L) 와 정전용량(C)이 편중되게 만듭니다. 이는 곧 3상 선로의 전압 불평형을 야기하고, 전압 불평형은 송전효율을 떨어뜨립니다. 특히, 정전용량(C) 편중에 따른 전압 불평형은 유독 심하게 나타납니다. 전선로에서 나타나는 이러한 L과 C 편중현상을 방지하기 위해 **연가**를 합니다(여기서, '연가'는 저항(R), 컨덕턴스(G)와 무관하다).

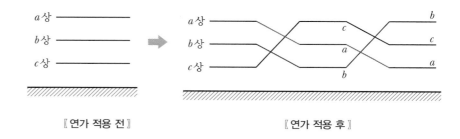

《 연가 적용 전 》 　　　　　　　　　　　　《 연가 적용 후 》

연가(Transposion)는 송전선로의 전체 구간을 3의 배수로 나눠서 각 구간마다 주기적으로 L_1, L_2, L_3 각 상의 배치를 뒤바꿔 주는 가설방식입니다. 특정 전선에만 L과 C 편중현상을 막아 3상 선로의 불평형(불평형 전압)을 방지하기 위한 전선배치방식입니다.

- 연가 : 선로정수(R, L, C, G)를 평형시키는 전선배치방식
- 선로가 완전히 연가됐을 경우 : $C_a = C_b = C_c$ 관계(또는 $C_{L1} = C_{L2} = C_{L3}$ 관계)
- 연가의 효과
  - 송전선로의 3상 전력선의 정전용량, 충전전류가 균등해진다.
  - 송전선로에서 단선사고가 발생했을 때, 직렬공진에서 전류크기가 최대가 되는 특성을 이용하여 계통에 발생하는 통신선 유도장해를 감소 내지는 방지할 수 있다.

03 선로정수

교류전력을 전송하는 송전선로에서 저항(R), 인덕턴스(L), 정전용량(C), 컨덕턴스(G)를 아울러 '선로정수'로 정의합니다.

선로정수는 ① 전선의 종류, ② 전선의 굵기, ③ 전선의 배치 간격으로부터 영향을 받습니다. 하지만 전압(V), 전류(I), 주파수(f), 역률($\cos\theta$)의 영향을 받지 않습니다. 유도성 리액턴스(X_L)와 용량성 리액턴스(X_C) 역시 주파수(ω)에 영향을 받으므로 선로정수는 리액턴스에 영향을 받지 않습니다.

선로정수 R, L, C, G의 구체적인 계산방법은 다음과 같습니다.

1. 전선의 저항(R)

저항 R 값은 선로길이에 따라 그 값이 결정됩니다.

① **저항(구조식)** $R = \rho \dfrac{l}{A}$ $[\Omega]$

② **고유저항** $\rho = R\dfrac{A}{l}$ $[\Omega \cdot \mathrm{m}] = R\dfrac{A}{l} \times 10^6$ $[\Omega \cdot \mathrm{mm}^2/\mathrm{m}]$

여기서, $\rho\,[\Omega \cdot \mathrm{mm}^2/\mathrm{m}]$: 고유저항($\frac{1}{k}$), 표준 연동선의 고유저항 $\rho = \dfrac{1}{58}$

$l\,[\mathrm{m}]$: 선로길이

$A\,[\mathrm{m}^2]$: 단면적

2. 전선의 인덕턴스(L)

3상 교류전력선의 1선에서 발생하는 인덕턴스(L)는 자기 인덕턴스(L_i)값과 다른 한 회선의 다른 전선으로부터 영향을 받는 상호 인덕턴스(L_m)값이 있습니다. 그래서 선로정수에서 다루는 전선의 인덕턴스는 자기(L_i)와 상호(L_m)에 의한 작용 인덕턴스(L)입니다.

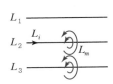

$$\begin{pmatrix} L_i \\ + \\ L_m \\ = \\ L \end{pmatrix}$$: 자기자신의 L성분
: 옆 선의 영향으로 생기는 L성분
: 전선 1가닥의 작용 인덕턴스

그러므로 송전선로에서 1선당 작용하는 작용 인덕턴스값은 $L = L_i + L_m$을 이용해 다음과 같이 나타낼 수 있습니다.

① **단도체 1선의 작용 인덕턴스**

$$L = L_i + L_m = 0.05 + 0.4605 \log \frac{D}{r_e} \ [\text{mH/km}]$$

여기서, r_e : 전선의 등가반지름

D : 전선의 등가선간거리

② **복도체 n 선의 작용 인덕턴스**

$$L = \frac{0.05}{n} + 0.4605 \log \frac{D}{\sqrt[n]{r \cdot S^{n-1}}} \ [\text{mH/km}]$$

여기서, 복도체는 단도체를 n 도체로 나눈 경우이다.

$$r_e = \sqrt[n]{r S^{n-1}} \ [\text{m}]$$

S : 소도체 간 간격 $[\text{m}]$

n : 복도체의 수(복도체 : n 도체)

복도체에서 인덕턴스(L)는 $L \propto \dfrac{1}{r_e}$ 관계이므로 복도체반지름이 증가하면 인덕턴스(L)는 감소합니다.

3. 전선의 정전용량(C)

송전선로는 긴 수백 km의 구간을 초고압으로 송전하므로, 전체 선로에 걸쳐서 전선 상호 간 정전용량(C_m)과 전선-땅 상호 간 정전용량(C_s)이 나타납니다.

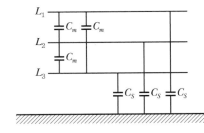

$$\begin{pmatrix} C_m \\ + \\ C_s \\ = \\ C \end{pmatrix}$$: 상호 정전용량
: 대지 정전용량
: 3상 1회선의 정전용량

(1) 단상과 3상의 작용 정전용량($C[\mathrm{F}]$값이 주어졌을 경우)

① 단상 송전선로

단상 송전선로에서 1선당 작용하는 정전용량 계산은 **직·병렬 접속** 개념을 이용하여 단상의 정전용량을 해석합니다.

단상 중 1선의 작용 정전용량 : $C = C_s + 2C_m = \dfrac{0.02413}{\log\dfrac{D}{r_e}}\,[\mu\mathrm{F/km}]$

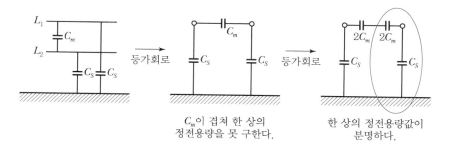

② 3상 송전선로

3상 송전선로에서 1선당 작용하는 정전용량 계산은 $\triangle-\mathrm{Y}$ **결선** 개념을 이용하여 3상의 정전용량을 해석합니다.

3상 중 1선의 작용 정전용량 : $C = C_s + 3C_m = \dfrac{0.02413}{\log\dfrac{D}{r_e}}\,[\mu\mathrm{F/km}]$

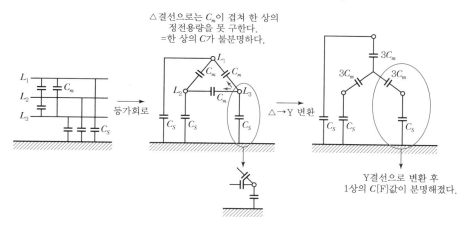

$$※\ [X_\triangle = 3X_Y] \rightarrow \left[\frac{1}{\omega C_\triangle} = \frac{1}{3\omega C_Y}\right] \rightarrow [C_\triangle = 3C_Y]$$

어떤 선로에서 상용주파수 $f = 60[\text{Hz}]$인 상전압 $E = 37[\text{kV}]$이 있다. 이 선로의 정전용량 $C = 0.008[uF/\text{km}]$이고, 선로의 길이 $L = 100[\text{km}]$일 때, 선로 각 선에 충전되는 충전전류 [A]는 얼마인가?

① 8.7   ② 11.1
③ 13.7   ④ 14.7

💬 해설 _____

단상의 1선에 흐르는 전류 = 충전전류(단상)

$$I_c = \frac{V_p}{X_C} = \omega C V_p [\text{A/km}]$$
$$= \omega C V_p l [\text{A}]$$

이므로,

$$I_c = w C V_p l = (2\pi f) C V_p l$$
$$= (2\pi \times 60) \times (0.008 \times 10^{-6})$$
$$\times 37000 \times 100$$
$$= 11.16 [\text{A}]$$
$$(E는 상전압으로, \; E = V_p)$$

🔒 정답 ②

대지 정전용량 $0.007[uF/\text{km}]$, 상호 정전용량 $0.001[uF/\text{km}]$ 선로의 길이 100[km]인 3상 송전선이 있다. 여기에 154[kV], 60[Hz]를 가했을 때 1선에 흐르는 충전전류는 몇 [A]인가?

① 33.5   ② 58.0
③ 73.4   ④ 100.5

💬 해설 _____

3상의 1선에 흐르는 전류 = 충전전류(3상)

$$I_c = \frac{V_p}{X_C} = \omega C V_p [\text{A/km}]$$
$$= \omega C V_p l [\text{A}]$$

이고, 정전용량
$C = C_s + 3 C_m [\mu F/\text{km}]$ 이다.
그러므로 충전전류
$$I_c = \omega(C_s + 3 C_m) V_p l [\text{A}]$$
$$\rightarrow I_c = 2\pi f(C_s + 3 C_m) V_p l$$
$$= 2\pi \times [(0.007 + 3 \times 0.001)$$
$$\times 10^{-6}] \times \frac{154000}{\sqrt{3}} \times 100$$
$$= 33.5 [\text{A}]$$

🔒 정답 ①

---

(2) 단상(단도체와 n 도체)의 작용 정전용량(복도체의 D, r_e 값이 주어졌을 경우)

- 단도체(1선)의 작용 정전용량 : $C = \dfrac{0.02413}{\log \dfrac{D}{r_e}} [\mu F/\text{km}]$

- 복도체의 작용 정전용량 : $C = \dfrac{0.02413}{\log \dfrac{D}{\sqrt{r \cdot S^{n-1}}}} [\mu F/\text{km}]$

(3) 3상 중 1선에 작용하는 대지 정전용량

3상 중 1선 정전용량 : $C = \dfrac{0.02413}{\log \dfrac{8 h^2}{r D^2}} [\mu F/\text{km}]$

여기서, 복도체의 정전용량 : $C \propto r_e$ 관계
$\quad\quad\quad h$: 전선과 대지(땅) 사이의 거리 $[\text{m}]$

4. 충전전류(I_c)와 충전용량(Q_c)

- 단상의 1선에 흐르는 전류(= 단상 충전전류)
$$I_c = \frac{V_p}{X_C} = \omega C V_p [\text{A/km}] = \omega C V_p l [\text{A}]$$

- 3상의 1선에 흐르는 전류(= 3상 충전전류)
$$I_c = \frac{V_p}{X_C} = \omega C V_p [\text{A/km}] = \omega C V_p l [\text{A}]$$

여기서, 정전용량은 $C = C_s + 2 C_m [\mu F/\text{km}]$ 혹은 $C = C_s + 3 C_m [\mu F/\text{km}]$

- △ 선로에서 충전용량
$$Q_c = 3 V_p I_c = 3 V_p(\omega C V_p) = 3 \omega C V_p^2 [\text{VA}]$$

- Y 선로에서 충전용량
$$Q_c = 3 V_p I_c = 3 V_p(\omega C V_p) = 3 \omega C V_p^2 = 3 \omega C \left(\frac{V_l}{\sqrt{3}}\right)^2 = \omega C V_l^2 [\text{VA}]$$

여기서, △ − Y 결선 사이의 용량은 $Q_\triangle = Q_Y$ 관계가 성립한다.

5. 누설 컨덕턴스(G)

컨덕턴스 : $G = \dfrac{1}{R_{(애자, 지지물의 절연저항)}} [\text{℧}]$

🄳 코로나(Corona)현상

초고압이 흐르는 송전계통의 철탑(지지물) 그리고 특고압이 흐르는 배전계통의 철근 콘크리트주(지지물)는 전선과 전선이 접속되는 말단이 존재합니다. 그리고 그 전력선 말단에서 발생하는 높은 전계로 인해 전력선 말단의 주변 혹은 애자 주위의 공기절연 이 파괴되는 현상이 발생합니다. 이것이 '코로나 방전현상'입니다. 전력선 말단에서 발 생하는 공기의 절연이 파괴되는 현상은 일종의 전기방전현상입니다. 이런 '코로나 방 전현상'은 습도가 높은 날씨, 눈이나 비 오는 날씨에 발생 가능성이 높아집니다. 그래서 절연파괴전압과 코로나 방전현상에 대한 이론을 다음과 같이 정리할 수 있습니다.

✼ 높은 전계
전위의 경도(기울기), 전기력선 의 밀도, 전기력선의 세기의 의 미와 같고, 단위는 $E_p\,[\text{V/m}]$ 를 사용한다.

1. 공기의 절연파괴전압

절연은 전기가 통하지 않아야 할 곳에 전기가 통하지 않도록 하는 것입니다. 만약 공기의 절연이 어느 정도인지 알고 있으면 다음과 같이 실험할 수 있습니다.

두 전극을 $1\,[\text{cm}]$ 간격을 유지하고 공기 중에서 직류(DC) 혹은 교류(AC)를 각각 인가합니다. 그리고 인가전압을 점진적으로 증가시켜 두 전극이 도통될 때(단락될 때)의 전압이 공기의 절연파괴전압입니다.

- 직류 : $30\,[\text{kV/cm}]$

  (실효값 기준 $V = V_m = V_{rms}$)

  직류는 두 전극을 $1\,[\text{cm}]$ 간격의 전극 양단에 $30\,[\text{kV}]$ 를 인가하면 공기의 절연이 파괴되어 도통된다.

- 교류 : $21\,[\text{kV/cm}]$

  (실효값 기준 $V_m = \sqrt{3}\,V = \sqrt{3} \times 21\,[\text{kV}] \fallingdotseq 30\,[\text{kV/cm}]$)

  교류는 같은 조건에서 전극 양단에 $21\,[\text{kV}]$ 를 인가하면 공기의 절연이 파괴 되어 도통된다.

만약 공기가 아닌 다른 매질 중에서 절연내력시험을 하면, 절연내력 전압값은 달라 집니다.

2. 코로나로 인한 전력손실과 코로나 임계전압

(1) 3상의 1선당 발생하는 코로나 전력손실(Peek 공식)

$$\text{Peek(피크) 공식} : P_c = \frac{241}{\delta}(f+25)\sqrt{\frac{r}{2D}}\,(E-E_0)^2 \times 10^{-5}\,[\text{kW/cm/1상}]$$

여기서, δ : 상대공기밀도 $\rightarrow \delta \propto \dfrac{\text{기압}}{\text{온도}}$

E : 대지전압(전선 1선과 땅 사이의 전압)

E_0 : 코로나 임계전압(코로나 방전현상이 발전하는 전압)

D : 등가선간거리 $[\text{cm}]$ r : 전선지름 $[\text{m}]$

✼ Peek 공식
윌리엄 피크(Frank William Peek, 1881~1933)는 20세 기 초 General Electric(GE) 사의 초고압 시험실에서 일했던 미국의 전기공학자이다. 그가 고안한 코로나 관련 공식이 피 크(Peek) 공식이다.

코로나로 인한 전력손실(Peek 공식)을 외우는 것은 중요하지 않습니다. 중요한 것은 전력손실과 수식 안 요소들과의 관계입니다. → $P_c \propto \dfrac{1}{\delta} \propto (E-E_0)^2$ 관계

대지전압(E)이 임계전압(E_0)보다 높으면 $P_c \uparrow \propto (E \uparrow)$관계가 되므로, 코로나로 인한 전력손실($P_c$) 발생 가능성이 높아지고,

대지전압(E)이 임계전압(E_0)보다 낮으면 $P_c \uparrow \propto (-E_0 \uparrow)$관계가 되므로, 코로나로 인한 전력손실($P_c$) 발생 가능성이 낮아집니다.

날씨의 기압이 높거나, 온도가 낮으면 코로나 발생 가능성이 낮아져 코로나로 인한 전력손실(P_c)이 줄어듭니다. 어쨌든 코로나 방전현상은 전선로에 악영향을 끼치므로 이를 줄이기 위해서 임계전압(E_0)을 높여야 합니다.

(2) 코로나 임계전압(E_0)

코로나 임계전압(E_0)은 코로나 방전현상이 발생할 수 있는 최소전압을 의미합니다.

코로나 임계전압 : $E_0 = 24.3\,m_0\,m_1\,\delta\,d \log \dfrac{D}{r}\;[\text{kV}]$

여기서, m_o : 전선표면계수

→ 단선표면계수 : 1, 연선과 ACSR의 표면계수 : 0.8

(m_o 수치가 작을수록 전선의 곡률이 작아 전하가 더 잘 모이게 되어 전하밀도가 크다. 그러므로 코로나 방전이 일어나기 쉬운 전선표면임을 의미한다.)

m_1 : 날씨계수 → 습하고 우천일수록 수치가 내려간다.

(청명 : 1, 비 : 0.8)

d : 전선의 직경 $[\text{m}]$

(3) 코로나 발생으로 인한 악영향

- 소음 및 제3고조파 전류가 발생하며, 제3고조파 전류발생은 정현파를 일그러뜨리는 왜형파를 만들고, 통신선 유도장해도 일으킨다.
- 전선 표면에 초산(질산 : NHO_3)이 생성된다. 초산은 전선과 전선 주변의 금속을 부식시킨다.

  → 전선의 말단에서 코로나 방전현상이 일어날 수 있는 환경을 살펴보면, 전선 말단의 높은 전계(E_p)로 인해 오존(O_3)과 산화질소(NO)가 생기고, 여기에 습기(H_2O)까지 더해지면 화학반응에 의해 질산(NHO_3)이 된다. 질산(초산)은 전선 피복과 전선 부속금구를 부식시킬 수 있다.

- 전력손실이 발생한다.

3. 코로나현상 방지대책

- 전력선을 가설할 때 사용하는 금속 기구류(전선의 피복을 벗기거나 전선을 자르고 가공할 때 쓰는 기구)를 개선하여, 전선 표면을 거칠지 않도록 작업한다. → 전선표면계수(m_o) 수치를 높인다.
- 복도체를 사용한다.
- 오래되고 낡은 전선을 교체한다.
- 코로나 임계전압(E_0)을 높인다.

참고 ✔ **코로나 임계전압(E_0)과 복도체의 관계**

코로나로 인한 전력손실(P_c)을 줄이기 위해서는 임계전압(E_0)을 높여야 코로나 발생 가능성이 줄어든다. → $P_c \propto (E - E_0)^2$

임계전압(E_0)을 증가시키려면, 임계전압 공식($E_0 = 24.3 m_0 m_1 \delta d \log \frac{D}{r}$) 중에서 m_0, m_1, δ의 요소들은 사람이 인위적으로 조작할 수 없는 요소들이기 때문에 사람이 조작할 수 있는 요소들만 추리면 d, r, D 요소들만 남게 된다. → $E_0 \propto d \propto \frac{1}{r} \propto D$ 관계

코로나 임계전압을 줄이기 위해 사람이 제어 가능한 d, r, D 요소들 중에서 등가반지름(r)과 등가선간거리(D)은 로그(log)로 표현된다.(→ $\log \frac{D}{r}$)

로그수학의 특성상, 로그 안의 수는 아무리 커도 그 결과값은 매우 작다(→ $\log 100000 = 5$). 때문에 등가반지름(r)과 등가선간거리(D)값을 조절하여 코로나 임계전압(E_0)을 높이더라도 코로나 전력손실을 감소시키는 효과는 매우 미미하다는 것을 의미한다.

결국 임계전압(E_0)을 높이는 유일한 요소는 전선의 직경(d)뿐이다. 결과적으로, 코로나 방전에 의한 전력손실(P_c)을 줄이기 위해서 임계전압(E_0)을 높여야 하고, 그러려면 전선의 직경(d)을 높여야 한다. → ($E_0 \uparrow \propto d \uparrow$) 전선의 직경을 높이는 가장 좋은 방법은 **복도체**를 사용하는 것이다.

그 밖에 전선의 직경 증가방법으로는 '중공연선'이나 '강선알루미늄 연선'을 사용하는 방법도 있다.

1. 복도체

① **복도체 사용으로 전선지름 증가 시 특징(장점)**

- 전력전송의 안정도가 증가하고, 코로나현상을 감소시킬 수 있다.
- 복도체를 사용하면 선로에 존재하는 인덕턴스(L)의 20[%]를 감소시키고, 정전용량(C)은 20[%] 증가한다.

② **스페이서(Spacer)** : 복도체 충돌방지 기구

- 스페이서는 복도체의 소도체 간에 충돌을 방지하고 일정한 간격을 유지시켜 준다.
- 송전계통에서 단락사고 발생 시 전선에 대전류가 흐르므로 전선 간에 전자흡인력으로 인해 전선이 서로 붙게 되어 마찰이 일어날 수 있다. 스페이서는 이러한 전선 마찰 또는 충돌로부터 전선을 보호해 준다.

③ **복도체의 등가선간거리(기하학적으로 배치된 전선 간의 평균거리)**

- 등가선간거리(일반식) : $D_0 = \sqrt[n]{D_1 D_2 D_3 \cdots D_n}$ [m]
- 직선 배열 : $D_0 = \sqrt[3]{D \times D \times 2D} = \sqrt[3]{2}\,D$ [m]
- 정삼각형 배열 : $D_0 = \sqrt[3]{D \times D \times D} = D$ [m]
- 정사각형 배열 : $D_0 = \sqrt[6]{D \times D \times D \times D \times \sqrt{2}\,D \times \sqrt{2}\,D} = \sqrt[6]{2}\,D$ [m]

④ **전선의 등가반지름** : $r_e = r^{\frac{1}{n}} \cdot S^{\frac{n-1}{n}} = \sqrt[n]{r \cdot S^{n-1}}$ [m]

2. 연가

① 연가는 송전선로에서 발생하는 L과 C 편중현상을 방지하기 위해 전선 배치를 일정한 간격으로 맞바꿔 선로정수를 평형시키는 전선배치방법(단, 연가는 R과 G와는 무관함)

② **연가** : 선로정수(R, L, C, G)를 평형시키는 전선배치방식

③ **선로가 완전히 연가됐을 경우** : $C_a = C_b = C_c$ 관계(또는 $C_{L1} = C_{L2} = C_{L3}$ 관계)

3. 선로정수

① **선로정수** : 송전선로의 저항(R), 인덕턴스(L), 정전용량(C), 컨덕턴스(G)

② 선로정수는 [① 전선의 종류, ② 전선의 굵기, ③ 전선의 배치 간격]으로부터 영향을 받는다. 하지만, 전압(V), 전류(I), 주파수(f), 역률($\cos\theta$)의 영향을 받지 않는다.

③ **저항(구조식)** : $R = \rho \dfrac{l}{A}$ [Ω]

④ **고유저항** : $\rho = R\dfrac{A}{l}\ [\Omega\cdot\mathrm{m}] = R\dfrac{A}{l}\times 10^6\ [\Omega\cdot\mathrm{mm}^2/\mathrm{m}]$

⑤ **단도체 1선의 작용 인덕턴스** : $L = L_i + L_m = 0.05 + 0.4605\log\dfrac{D}{r_e}\ [\mathrm{mH/km}]$

⑥ **복도체의 작용 인덕턴스** : $L = \dfrac{0.05}{n} + 0.4605\log\dfrac{D}{\sqrt[n]{r\cdot S^{n-1}}}\ [\mathrm{mH/km}]$

⑦ **단상 중 1선의 작용 정전용량** : $C = C_s + 2C_m = \dfrac{0.02413}{\log\dfrac{D}{r_e}}\ [\mu\mathrm{F/km}]$

⑧ **3상 중 1선의 작용 정전용량** : $C = C_s + 3C_m = \dfrac{0.02413}{\log\dfrac{D}{r_e}}\ [\mu\mathrm{F/km}]$

⑨ **단도체(1선)의 작용 정전용량** : $C = \dfrac{0.02413}{\log\dfrac{D}{r_e}}\ [\mu\mathrm{F/km}]$

⑩ **복도체의 작용 정전용량** : $C = \dfrac{0.02413}{\log\dfrac{D}{\sqrt{r\cdot S^{n-1}}}}\ [\mu\mathrm{F/km}]$

⑪ **3상 중 1선 정전용량** : $C = \dfrac{0.02413}{\log\dfrac{8h^2}{rD^2}}\ [\mu\mathrm{F/km}]$

⑫ **단상 충전전류** : $I_c = \dfrac{V_p}{X_C} = \omega C V_p\ [\mathrm{A/km}] = \omega C V_p l\ [\mathrm{A}]$

⑬ **3상 충전전류** : $I_c = \dfrac{V_p}{X_C} = \omega C V_p\ [\mathrm{A/km}] = \omega C V_p l\ [\mathrm{A}]$

　여기서, 정전용량은 $C = C_s + 2C_m\ [\mu\mathrm{F/km}]$ 혹은 $C = C_s + 3C_m\ [\mu\mathrm{F/km}]$

⑭ $\triangle$ **선로에서 충전용량** : $Q_c = 3V_p I_c = 3V_p(\omega C V_p) = 3\omega C V_p{}^2\ [\mathrm{VA}]$

⑮ Y **선로에서 충전용량** : $Q_c = 3V_p I_c = 3V_p(\omega C V_p) = 3\omega C V_p{}^2 = 3\omega C\left(\dfrac{V_l}{\sqrt{3}}\right)^2 = \omega C V_l{}^2\ [\mathrm{VA}]$

　여기서, $\triangle - \mathrm{Y}$ 결선 사이의 용량은 $Q_\triangle = Q_Y$ 관계 성립

4. 코로나(Corona)현상

초고압이 걸린 송전계통과 특고압이 걸린 배전계통에서 전력선 말단의 높은 전계($E_p[\text{V/m}]$)로 인해 전선 말단 주변 혹은 애자 주위에 공기 절연이 파괴되는 현상(= 일종의 전기방전현상)

- 공기의 절연파괴전압
  - 직류 : $30\,[\text{kV/cm}]$
  - 교류 : $21\,[\text{kV/cm}]$
- 전력선의 1선당 발생하는 코로나 전력손실(Peek 식)

$$P_c = \frac{241}{\delta}(f+25)\sqrt{\frac{r}{2D}}\,(E-E_0)^2 \times 10^{-5}\,[\text{kW/cm/1상}]$$

- 코로나 임계전압 $E_0 = 24.3\,m_0\,m_1\,\delta\,d\log\frac{D}{r}\,[\text{kV}]$

① 코로나 발생으로 인한 악영향

- 소음 및 제3고조파 전류가 발생한다.
- 통신선 유도장해를 일으킨다.
- 전선 표면에 초산(질산 : $N\,HO_3$)이 생성된다. 초산은 전선과 전선 주변의 금속을 부식시킨다.
- 전력손실이 발생한다.

② 코로나 발생 방지대책

- 전력선을 가설할 때 사용하는 금속 기구류를 개선하여, 전선 표면을 거칠지 않도록 작업한다.
  → 전선표면계수(m_o) 수치를 높인다.
- 복도체를 사용한다.
- 오래되고 낡은 전선을 교체한다.

핵 / 심 / 기 / 출 / 문 / 제

01 송전선 선로에서 작용하는 정전용량은 무엇을 계산하는 데 사용되는가?

① 비접지 계통의 1선 지락 고장 시 지락고장전류 계산
② 정상 운전 시 선로의 충전전류 계산
③ 선간 단락 고장 시 고장전류 계산
④ 인접 통신선의 정전유도전압 계산

해설
단상이든 3상이든 1선당 작용하는 정전용량을 기준으로 선로에 충전되는 충전전류를 계산할 때 유용하다.

02 송전선로에서 코로나 임계전압이 높아지는 경우는 다음 중 어떤 경우인가?

① 온도가 높아지는 경우
② 상대 공기밀도가 작을 경우
③ 전선의 직경이 큰 경우
④ 기압이 낮은 경우

해설 코로나 임계전압
코로나 방전현상이 발생하기 시작하는 하한선 전압

$$E_o = 24.3 m_o m_1 \delta d \log_{10} \frac{D}{r} [\text{kV}]$$

여기서, m_o : 전선표면계수(단선 1, ACSR 0.8)
m_1 : 기상(날씨)계수 → (청명 1, 비 0.8)
δ : 상대공기밀도($\delta \propto \frac{기압}{온도}$)
d : 전선의 직경

03 3상 3선식 소호 리액터 접지방식에서 1선의 대지 정전용량을 $C[\mu\text{F}]$, 상전압 $E[\text{kV}]$, 주파수 $f[\text{Hz}]$라 하면, 소호 리액터의 용량은 몇 [kVA]인가?

① $\pi f C E^2 \times 10^{-3}$
② $2\pi f C E^2 \times 10^{-3}$
③ $3\pi f C E^2 \times 10^{-3}$
④ $6\pi f C E^2 \times 10^{-3}$

해설
[소호 리액터의 용량=충전용량] 이므로, 3상에서 충전용량
$Q_c = 3 V_p I_c = 3 V_p(\omega C V_p) = 3\omega C V_p^2 [\text{VA}]$ 가 된다.
단위를 바꾸면,
$Q_c = 3 \times 2\pi f C V_p^2 \times 10^{-3} [\text{kVA}]$
또는
$Q_c = 3 \times 2\pi f C E^2 \times 10^{-3} [\text{kVA}]$

정답 01 ② 02 ③ 03 ④

CHAPTER 06 송전특성 및 송전선로 해석

본 6장에서는 송전계통에 대한 해석과 송전전력 관련 이론에 대해서 다룹니다. 여기서 해석과 이론의 내용은 다음과 같습니다.

- 송전선로에서 발생하는 전압강하는 얼마인가?
- 송전선로에서 발생하는 전력손실은 얼마인가?
- 송전선로에서 고장이 발생하면 고장 내용은 무엇인가?
- 그리고 전압강하, 전력손실을 줄이기 위해 어떻게 해야 하는가?

선로(송전선로, 배전선로)의 전압강하, 전력손실을 계산하려면 선로정수(R, L, C, G)값을 알아야 합니다. 송전선로의 길이(단거리, 중거리, 장거리)에 따라 선로정수값 그리고 전압강하와 전력손실 계산이 달라집니다.

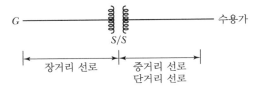

01 전력계통 해석([km] 단위의 긴 선로 해석)

전력계통 해석은 발전소에서 초고압으로 승압한 이후부터 배전선로까지 선로에서 발생하는 전압강하와 전력손실에 대해서 계산하는 내용입니다. 발전소에서 수용가가 밀집한 먼 곳까지 전력을 보내려면, 전력손실을 줄여야 합니다. 전력손실을 줄이기 위해 전압(비유적으로 수도관의 수압)을 초고압으로 승압합니다.

- 초고압(345[kV], 765[kV])의 전선로 구간을 송전계통 또는 송전선로로 부르고,
- 특고압(22.9[kV])의 전선로 구간을 배전계통 또는 배전선로로 부른다.

선로길이에 따라 고려되는 선로정수(R, L, C, G)가 다르며 전력공학은 선로길이를 3단계로 나누어 각각 다르게 해석합니다.

- 단거리 선로 : 한 도시에 상당하는 거리로 50[km] 이하 선로
- 중거리 선로 : 도시에서 도시를 이동하는 대략 50~100[km] 거리의 선로
- 장거리 선로 : 해안가에서 내륙으로 이동하는 대략 100[km]를 넘는 선로

이러한 긴 선로를 해석하는 이론은 이미 회로이론 과목에서 2단자 회로망 해석(단거리 선로), 4단자 회로망 해석(중거리 선로), 분포정수회로(장거리 선로)로 다뤘습니다. 해당 부분은 전력공학과 회로이론 내용이 동일하지만, 전력공학에서 선로 해석을 전압강하와 전력손실 계산까지 해석을 확대하는 내용이 더해집니다.

덤으로 송전선로 건설비용을 잠깐 보면,

- 154[kV]는 2회선 선로 기준으로 1[km]당 약 10억 원이 들고,
- 345[kV]는 2회선 선로 기준으로 1[km]당 약 15억 원이 들고,
- 765[kV]는 1회선 선로 기준으로 1[km]당 약 20억 원이 든다.

그리고 회선이 추가될 때마다 약 2배의 비용이 더 소요됩니다. 같은 지지물에 회선수만 늘어나는데 왜 2배의 비용이 드는지 의아할 수도 있습니다. 한국전력은 송전선로 건설에 안전이 가장 중요하므로 가장 고가의 자재를 수량도 여유 있게 구입하며, 인건비도 높게 책정되기 때문에 그렇습니다.

1. 단거리 선로 해석 : 2단자 회로망

회로이론 과목의 2단자 회로망은 선로의 입출력 전압, 전류 혹은 R, L, C 값을 구하는 것이 핵심인 반면, 본 전력공학 과목에서 2단자 회로망은 단거리 직렬선로의 손실(전압강하와 전력손실)을 계산하는 것이 핵심입니다.

높은 교류전압이 인가된 단거리 선로는 선로의 직렬축으로 나타나는 저항(R)과 인덕턴스(L)만을 고려하여 선로의 손실을 계산합니다. 병렬축으로 나타나는 정전용량(C)과 컨덕턴스(G)는 고려하지 않습니다.

→ 단거리 선로는 병렬 요소 무시 : 단거리 선로는 누설전류의 누설 컨덕턴스(G) 그리고 전선－대지 사이의 정전용량(C) 크기가 매우 작기 때문에 무시할 수 있다.

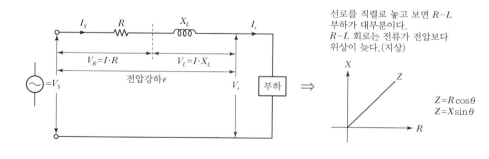

〖 단거리 송전선로 등가회로 〗

(1) 선로의 전압강하(e)

단거리 선로는 키르히호프의 법칙에 의해 $\begin{bmatrix} I_s = I_r \\ V_s \neq V_r \end{bmatrix}$ 관계가 성립합니다. 선로가

직렬이므로 전류는 일정하고, 선로길이에 비례하여 전압강하(e)에 의해 계통전압이 분배되어 송전전압과 수전전압은 같지 않습니다. 전압강하(e)를 고려하여 송전전압(V_s)과 수전전압(V_r)을 나타내면 다음과 같습니다.

- 송전전압 $V_s = V_r + e$ [V]
- 수전전압 $V_r = V_s - e$ [V]

여기서, 전압강하(e)는 저항에 의한 전압강하(e_R)와 인덕턴스에 의한 전압강하(e_L) 모두를 포함하므로, 단거리 선로의 전압강하는 전류가 전압보다 뒤지는 지상성분을 갖습니다.

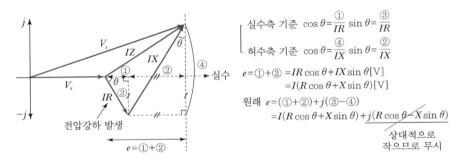

실수축 기준 $\cos\theta = \dfrac{①}{IR}$ $\sin\theta = \dfrac{③}{IR}$

허수축 기준 $\cos\theta = \dfrac{④}{IX}$ $\sin\theta = \dfrac{②}{IX}$

$e = ① + ② = IR\cos\theta + IX\sin\theta$ [V]
$\qquad = I(R\cos\theta + X\sin\theta)$ [V]

원래 $e = (① + ②) + j(③ - ④)$
$\qquad = I(R\cos\theta + X\sin\theta) + j(R\cos\theta - X\sin\theta)$

상대적으로 작으므로 무시

〖 $V_s = V_r + e$ [V] **의 백터도**〗

위 단거리 선로의 e_R와 e_L를 고려한 전압강하 벡터도를 통해 단거리 선로의 단상과 3상에서 전압강하(e)를 수식으로 나타내면 다음과 같습니다.

$$V_s = V_r + [(IR\cos\theta + IX\sin\theta) + j(IX\cos\theta - IR\sin\theta)] \text{ [V]}$$

여기서, 전압강하 허수값은 매우 작아 무시할 수 있다.

$$= V_r + (IR\cos\theta + IX\sin\theta) \text{[V]}$$
$$= V_r + I(R\cos\theta + X\sin\theta) \text{[V]}$$

전압강하를 고려한 단상과 3상에서 송전전압은 다음과 같습니다.

① 단거리 선로(단상)

단거리 선로에서 전압강하(단상)는 선간전압 기준, 2선 전체에 대한 전압강하이다.

- 송전전압(단상) : $V_{s(1\phi)} = V_r + I(R\cos\theta + X\sin\theta)$ [V]
- 전압강하(단상) : $e_{1\phi} = V_s - V_r = [V_r + I(R\cos\theta + X\sin\theta)] - V_r$
$$= I(R\cos\theta + X\sin\theta) \text{[V]}$$

② 단거리 선로(3상)

단거리 선로에서 전압강하(3상)는 선과 대지 간 전압(대지전압) 기준으로 3상 중 1선에 대한 전압강하이다.

- 송전전압(3상) : $V_{s(3\phi)} = V_r + \sqrt{3}\,I(R\cos\theta + X\sin\theta)\,[\text{V}]$
- 전압강하(3상) : $e_{3\phi} = V_s - V_r = \left[V_r + \sqrt{3}\,I(R\cos\theta + X\sin\theta)\right] - V_r$
$$= \sqrt{3}\,I(R\cos\theta + X\sin\theta)\,[\text{V}]$$

③ 단거리 선로의 전압강하(전압, 전류, 전력으로 나타낸 전압강하)

전류로 나타낸 전압강하(e) 수식은 단상의 경우와 3상의 경우 서로 다른 수식이지만, 전류 대신 전압과 전력으로 수식을 나타내면 단상의 경우와 3상의 경우 모두 동일한 전압강하 수식으로 나타낼 수 있다.

- 전력(단상) : $P = VI\cos\theta\,[\text{W}] \rightarrow I = \dfrac{P}{V\cos\theta}\,[\text{A}]$
- 전력(3상) : $P = \sqrt{3}\,VI\cos\theta\,[\text{W}] \rightarrow I = \dfrac{P}{\sqrt{3}\,V\cos\theta}\,[\text{A}]$

  − 전압강하(단상)
  $$e_{1\phi} = I(R\cos\theta + X\sin\theta)$$
  $$= \frac{P}{V\cos\theta}(R\cos\theta + X\sin\theta) = \frac{P}{V}(R + X\tan\theta)\,[\text{V}]$$

  − 전압강하(3상)
  $$e_{3\phi} = \sqrt{3}\,I(R\cos\theta + X\sin\theta)$$
  $$= \sqrt{3}\,\frac{P}{\sqrt{3}\,V\cos\theta}(R\cos\theta + X\sin\theta) = \frac{P}{V}(R + X\tan\theta)\,[\text{V}]$$

- 전압강하(단상/3상) : $e = \dfrac{P}{V}(R + X\tan\theta)\,[\text{V}]$

(2) 전압강하율(ε)

전압강하율은 송전단에서 보낸 전압을 기준으로 수전단에서 받은 전압이 얼마나 떨어졌는지 그 비율을 백분율로 나타냅니다.

$$\text{전압강하율}\ \varepsilon = \frac{\text{전압강하}}{\text{수전단 전압}} \times 100 = \frac{P}{V^2}(R + X\tan\theta) \times 100\,[\%]$$

$$\left\{ \varepsilon = \frac{V_s - V_r}{V_r} \times 100 = \frac{e}{V_r} \times 100 = \frac{\frac{P}{V}(R + X\tan\theta)}{V} \times 100 = \frac{P}{V}(R + X\tan\theta) \times 100 \right\}$$

수전단전압 3.3[kV], 역률 0.85 (뒤짐)인 부하 300[kW]에 공급하는 선로가 있다. 이때 선로 임피던스 R=4[Ω], X=3[Ω]인 경우 송전단전압은 몇 [V]인가?

① 2930   ② 3230
③ 3530   ④ 3830

💬 해설

단상이든 3상이든 교류선로의 전압강하
$$e = V_s - V_r$$
$$= \frac{P}{V}(R + X\tan\theta)\,[\text{V}]$$

- 송전단전압 $V_s = V_r + \dfrac{P}{V}$
  $(R + X\tan\theta)\,[\text{V}]$ 이므로,

- $V_s = V_r + \dfrac{P}{V}(R + X\tan\theta)$
  $$= 3300 + \frac{300 \times 10^3}{3300}$$
  $$\left(4 + 3 \times \frac{\sqrt{1 - 0.85^2}}{0.85}\right)$$
  $$\fallingdotseq 3830\,[\text{V}]$$

🔒 정답 ④

핵심기출문제

송전단전압 66[kV], 수전단전압 61[kV] 송전선로에서 수전단의 부하를 끊는 경우의 수전단전압이 63[kV]라 하면 전압강하율과 전압변동률[%]은?

① 3.28, 8.2　② 8.2, 3.28
③ 4.14, 6.8　④ 6.8, 4.14

해설

• 전압강하율

$$\varepsilon = \frac{V_s - V_r}{V_r} \times 100 \,[\%]$$

$$= \frac{6600 - 6100}{6100} \times 100$$

$$= 8.2 \,[\%]$$

• 전압변동률

$$\varepsilon = \frac{V_0 - V_n}{V_n} \times 100 \,[\%]$$

$$= \frac{6300 - 6100}{6100} \times 100$$

$$= 3.28 \,[\%]$$

정답 ②

핵심기출문제

송전선의 전압변동률은 다음 식으로 표시된다.

$$\frac{V_{R1} - V_{R2}}{V_{R2}} \times 100 [\%]$$에서 V_{R1}
은 무엇인가?

① 무부하 시 송전단전압
② 부하 시 송전단전압
③ 무부하 시 수전단전압
④ 부하 시 수전단전압

해설

전압변동률

$$\varepsilon = \frac{V_0 - V_n}{V_n} \times 100 \,[\%]$$

$$= \frac{\text{무부하 시 송전단 전압}}{\text{부하 시 수전단 전압}} \times 100 \,[\%]$$

정답 ①

(3) 전압변동률(ε)

전압강하율(ε)과 전압변동률(ε)은 동일한 개념입니다.

- 전압변동 = 무부하 시 수전단의 전압 − 정격부하 시 수전전압
- 전압변동률 $\varepsilon = \dfrac{\text{전압변동}}{\text{수전단 전압}} \times 100 = \dfrac{V_0 - V_n}{V_n} \times 100 \,[\%]$

(4) 선로의 전력손실(P_l)

단거리 선로에서 단상과 3상의 전력손실(P_l) 계산은 동일합니다.

- 전력손실(단상) : $P_{l(1\phi)} = I^2 R = \left(\dfrac{P}{V\cos\theta}\right)^2 R = \dfrac{P^2}{V^2\cos^2\theta} R \,[\text{W}]$
- 전력손실(3상) : $P_{l(3\phi)} = 3I^2 R = 3\left(\dfrac{P}{\sqrt{3}\,V\cos\theta}\right)^2 R = \dfrac{P^2}{V^2\cos^2\theta} R \,[\text{W}]$
- 전력손실(단상/3상) : $P_l = \dfrac{P^2}{V^2\cos^2\theta} R \,[\text{W}]$

(5) 전력손실률(K)

전력손실률 : $K = \dfrac{\text{전력손실}}{\text{정격전력}} \times 100 = \dfrac{PR}{V^2\cos^2\theta} \times 100 \,[\%]$

$$\left\{ K = \frac{P_s - P_r}{P_r} \times 100 = \frac{P_l}{P_n} \times 100 = \frac{\left(\dfrac{P^2 R}{V^2\cos^2\theta}\right)}{P_n} \times 100 = \frac{PR}{V^2\cos^2\theta} \times 100 \right\}$$

앞에서 본 대로 단거리 선로와 관련한 여러 가지 수식이 등장합니다. 하지만 단거리 선로 관련 수식들의 가장 핵심은 전압강하(e)로부터 시작합니다. 때문에 단상과 3상에 따른 전압강하 계산을 통해, 단거리 선로에서 발생하는 전압강하율, 전압변동률, 전력손실, 전력손실률을 계산할 수 있습니다.

2. 중거리 선로 해석 : 4단자 회로망(집중정수 회로)

높은 교류전압이 인가된 중거리 선로는 선로의 직렬축으로 나타나는 저항(R)과 인덕턴스(L) 그리고 선로의 병렬축으로 나타나는 정전용량(C)과 컨덕턴스(G) 모두를 고려하여 선로의 손실을 계산합니다.

→ 중거리 선로는 선로정수(R, L, C, G) 모두를 고려하여 선로를 해석한다.

※ 4단자 회로망에 대해서는 회로이론 과목 12장에서 전력공학에서보다 더 자세하게 기술하고 있으니, 참고하기 바랍니다.

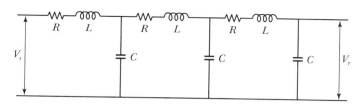

《 중거리 송전선로의 등가회로 》

(1) Z 파라미터

Z 파라미터 : $\begin{bmatrix} z_{11} & z_{12} \\ z_{21} & z_{22} \end{bmatrix} = \begin{bmatrix} 1 & z \\ 0 & 1 \end{bmatrix}$

(2) Y 파라미터

Y 파라미터 : $\begin{bmatrix} y_{11} & y_{12} \\ y_{21} & y_{22} \end{bmatrix} = \begin{bmatrix} 1 & 0 \\ \dfrac{1}{z} & 1 \end{bmatrix}$

(3) 전송($ABCD$)파라미터

① 전송($ABCD$) 파라미터 관계식

$$V_1 = A\,V_2 + B\,I_2$$
$$I_1 = C\,V_2 + D\,I_2$$

② 전송 파라미터 관계식에 대한 행렬식

$$\begin{bmatrix} V_1 \\ I_1 \end{bmatrix} = \begin{bmatrix} A & B \\ C & D \end{bmatrix} \begin{bmatrix} V_2 \\ I_2 \end{bmatrix}$$

③ 4단자 정수($ABCD$)의 의미

- 출력(I_2) 개방, 입력전압(V_1), 입출력 관계 $A = \left[\dfrac{V_1}{V_2} \right]_{I_2 = 0}$: 전압이득(전압비)

- 출력(V_2) 단락, 입력전압(V_1), 입출력 관계 $B = \left[\dfrac{V_1}{I_2} \right]_{V_2 = 0}$: 임피던스

- 출력(I_2) 개방, 입력전류(I_1), 입출력 관계 $C = \left[\dfrac{I_1}{V_2} \right]_{I_2 = 0}$: 어드미턴스

- 출력(V_2) 단락, 입력전류(I_1), 입출력 관계 $D = \left[\dfrac{I_1}{V_2} \right]_{V_2 = 0}$: 전류이득(전류비)

🔖 **핵심기출문제**

장거리 송전선로의 특성은 무슨 회로로 해석할 수 있는가?

① 특성 임피던스 회로
② 집중정수 회로
③ 분포정수 회로
④ 분산부하 회로

💬 **해설**

- 단거리 선로 → 집중정수 회로 취급
- 중거리 선로 → 집중정수 회로 취급
- 장거리 선로 → 분포정수 회로 취급

🔒 **정답** ③

PART 05

🔖 **핵심기출문제**

T형 중거리 회로의 4단자 정수에서 C가 의미하는 것은 무엇인가?

① 저항   ② 리액턴스
③ 임피던스   ④ 어드미턴스

💬 **해설**

- 4단자 정수 : $\begin{bmatrix} A & B \\ C & D \end{bmatrix}$

  여기서, A : 전압이득

  B : 임피던스

  C : 어드미턴스

  D : 전류이득

- T형 회로망 :

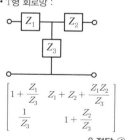

$$\begin{bmatrix} 1 + \dfrac{Z_1}{Z_3} & Z_1 + Z_2 + \dfrac{Z_1 Z_2}{Z_3} \\ \dfrac{1}{Z_3} & 1 + \dfrac{Z_2}{Z_3} \end{bmatrix}$$

🔒 **정답** ④

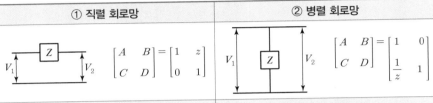

2×2 행렬 계산방법

$$\begin{bmatrix} a & b \\ c & d \end{bmatrix}\begin{bmatrix} e & f \\ g & h \end{bmatrix} = \begin{bmatrix} ae+bg & af+bh \\ ce+dg & cf+dh \end{bmatrix}$$

(4) 전송($ABCD$)파라미터의 유형별 4단자 정수 행렬 결과

① 직렬 회로망	② 병렬 회로망

$$\begin{bmatrix} A & B \\ C & D \end{bmatrix} = \begin{bmatrix} 1 & z \\ 0 & 1 \end{bmatrix}$$

$$\begin{bmatrix} A & B \\ C & D \end{bmatrix} = \begin{bmatrix} 1 & 0 \\ \dfrac{1}{z} & 1 \end{bmatrix}$$

③ 직병렬 I 회로망	④ 직병렬 II 회로망

$$\begin{bmatrix} 1 & z_1 \\ 0 & 1 \end{bmatrix}\begin{bmatrix} 1 & 0 \\ \dfrac{1}{z_2} & 1 \end{bmatrix} = \begin{bmatrix} 1+\dfrac{z_1}{z_2} & z_1 \\ \dfrac{1}{z_2} & 1 \end{bmatrix}$$

$$\begin{bmatrix} 1 & 0 \\ \dfrac{1}{z_2} & 1 \end{bmatrix}\begin{bmatrix} 1 & z_1 \\ 0 & 1 \end{bmatrix} = \begin{bmatrix} 1 & z_1 \\ \dfrac{1}{z_2} & 1+\dfrac{z_1}{z_2} \end{bmatrix}$$

⑤ π형 회로망

$$\begin{bmatrix} 1 & 0 \\ \dfrac{1}{z_1} & 1 \end{bmatrix}\begin{bmatrix} 1 & z_3 \\ 0 & 1 \end{bmatrix}\begin{bmatrix} 1 & 0 \\ \dfrac{1}{z_2} & 1 \end{bmatrix} = \begin{bmatrix} 1+\dfrac{z_3}{z_2} & z_3 \\ \dfrac{z_1+z_2+z_3}{z_1 z_2} & 1+\dfrac{z_3}{z_1} \end{bmatrix}$$

⑥ T형 회로망

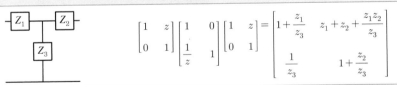

$$\begin{bmatrix} 1 & z \\ 0 & 1 \end{bmatrix}\begin{bmatrix} 1 & 0 \\ \dfrac{1}{z} & 1 \end{bmatrix}\begin{bmatrix} 1 & z \\ 0 & 1 \end{bmatrix} = \begin{bmatrix} 1+\dfrac{z_1}{z_3} & z_1+z_2+\dfrac{z_1 z_2}{z_3} \\ \dfrac{1}{z_3} & 1+\dfrac{z_2}{z_3} \end{bmatrix}$$

⑦ 분기된 직렬 회로망	⑧ 지로 2개의 병렬 회로망

$$\begin{bmatrix} A & B \\ C & D \end{bmatrix} = \begin{bmatrix} 1 & \dfrac{1}{2}z \\ 0 & 1 \end{bmatrix}$$

$$\begin{bmatrix} A & B \\ C & D \end{bmatrix} = \begin{bmatrix} 1 & 0 \\ 2\dfrac{1}{z} & 1 \end{bmatrix}$$

핵심기출문제

π형 회로의 4단자 정수에서 B가 의미하는 값은 무엇인가?

① $1+\dfrac{\dot{Z}\dot{Y}}{2}$

② $Y\left(1+\dfrac{\dot{Z}\dot{Y}}{4}\right)$

③ $\dot{Y}$

④ $\dot{Z}$

해설

π형 중거리 회로에 대한 4단자 정수를 구하면 다음과 같다.

$$\begin{bmatrix} A\ B \\ C\ D \end{bmatrix} = \begin{bmatrix} 1 & 0 \\ \dfrac{Y}{2} & 0 \end{bmatrix}\begin{bmatrix} 1\ Z \\ 0\ 1 \end{bmatrix}$$

$$\begin{bmatrix} 1 & 0 \\ \dfrac{Y}{2} & 0 \end{bmatrix}$$

$$= \begin{bmatrix} 1+\dfrac{ZY}{2} & \dot{Z} \\ Y\left(1+\dfrac{ZY}{4}\right) & 1+\dfrac{ZY}{2} \end{bmatrix}$$

정답 ④

핵심기출문제

2회선 송전선로가 있다. 사정에 따라 그중 1회선을 정지하였다고 하면 이 송전선로의 일반 회로 정수(4단자 정수) 중 $\dot{B}$의 크기는?

① 변화 없다.　② $\dfrac{1}{2}$로 된다.

③ 2배로 된다.　④ 4배로 된다.

해설

4단자 정수 회로의 유형 ⑦에 해당하는 경우로, 정수가 서로 같은 직렬 평행 2회선 송전선로는 고장 후 기존 선로의 2배 임피던스를 부담한다.

1회선 고장

기존의 2배를 분담

정답 ③

(5) 4단자 정수($ABCD$)의 특성

① A : 전압이득 B : 임피던스

   C : 어드미턴 D : 전류이득

② $AD - BC = 1$ 관계 성립

(6) 영상 파라미터

① 영상 파라미터의 영상 임피던스

- 4단자 정수로 나타낸 (입력측) 영상 임피던스 $Z_{01} = \sqrt{\dfrac{AB}{CD}}$ [Ω]

- 4단자 정수로 나타낸 (출력측) 영상 임피던스 $Z_{02} = \sqrt{\dfrac{DB}{CA}}$ [Ω]

② 4단자 정수가 대칭($A = D$)일 때 영상 임피던스

- $Z_{01} Z_{02} = \dfrac{B}{C}$

- $\dfrac{Z_{01}}{Z_{02}} = \dfrac{A}{D}$

(7) 영상전달정수(θ)

- $\theta = \alpha + j\beta = \log_e (\sqrt{AD} + \sqrt{BC})$

- $\theta = \cos h^{-1} \sqrt{AD} = \sin h^{-1} \sqrt{BC} = \tan h^{-1} \sqrt{\dfrac{BC}{AD}}$

(8) 이상변압기의 4단자 정수 표현

4단자 정수 : $\begin{bmatrix} A & B \\ C & D \end{bmatrix} = \begin{bmatrix} n & 0 \\ 0 & \dfrac{1}{n} \end{bmatrix}$

(9) 영상 파라미터에 의한 4단자 회로망의 기초 방정식

- $A = \sqrt{\dfrac{Z_{01}}{Z_{02}}} \cos h\theta$

- $B = \sqrt{Z_{01} Z_{02}} \sin h\theta$

- $C = \dfrac{1}{\sqrt{Z_{01} Z_{02}}} \sin h\theta$

- $D = \sqrt{\dfrac{Z_{02}}{Z_{01}}} \cos h\theta$

3. 장거리 선로 해석 : 분포정수 회로

높은 교류전압이 인가된 장거리 선로는 보낸 전력(입력)과 받은 전력(출력)의 양 그리고 손실을 전자파 방정식을 통해 4단자 정수로 나타내어 해석합니다. 송전선로로 흐르는 교류전력과 전자기학의 빛과 같은 전자파현상은 동일한 현상이기 때문에 이러한 해석이 가능합니다.

※ 분포정수 회로에 대해서는 회로이론 과목 13장에서 더 자세하게 기술하고 있으니, 참고하기 바랍니다.

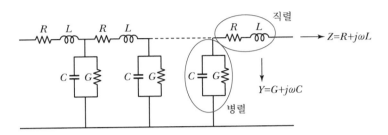

《 장거리 송전선로의 등가회로 》

(1) 장거리 선로의 전자파 방정식과 4단자 정수 표현

① 장거리 선로의 입 · 출력 관계식과 전자파 방정식

$$\begin{bmatrix} \overrightarrow{V_s} = A\,\overrightarrow{V_r} + B\,\overrightarrow{I_r} \\ \overrightarrow{I_s} = C\,\overrightarrow{V_r} + D\,\overrightarrow{I_r} \end{bmatrix} = \begin{bmatrix} \overrightarrow{V_s} = \cosh\alpha l\,\overrightarrow{V_r} + Z_0\sinh\alpha l\,\overrightarrow{I_r} \\ \overrightarrow{I_s} = \dfrac{1}{Z_0}sinh\alpha l\,\overrightarrow{V_r} + \cosh\alpha l\,\overrightarrow{I_r} \end{bmatrix}$$

② 전파방정식의 4단자 정수 A, B, C, D의 의미

* $A = \cosh\alpha l$ (또는 $A = \cosh\gamma l$)
* $B = Z_0\sinh\alpha l$ (또는 $B = Z_0\sinh\gamma l$)
* $C = \dfrac{1}{Z_0}\sinh\alpha l$ (또는 $C = \dfrac{1}{Z_0}sinh\gamma l$)
* $D = \cosh\alpha l$ (또는 $D = \cosh\gamma l$)

  여기서, α (또는 γ) : 감쇠정수, Z_0 : 특성 임피던스

(2) 장거리 선로의 특성 임피던스(Z_0)

특성 임피던스(Z_0)는 선로길이와 무관하게 변화 없이 일정한 값을 갖는다. 임피던스 값이 변하지 않기 때문에 특성 또는 고유 임피던스로 불린다.

$$\text{특성 임피던스 } Z_0 = \sqrt{\frac{Z}{Y}} = \sqrt{\frac{R + j\omega L}{G + j\omega C}}\,[\Omega]\ \text{(선로 길이와 무관함)}$$

✥ 4단자 정수 A, B, C, D
긴 선로의 입력(송전)에 대한 출력(수전)의 관계를 행렬식으로 나타냈을 때, 2×2 매트릭스 행렬이 4단자 정수이고, 각 정수 위치를 임의문자 A, B, C, D로 정했다.

(3) 장거리 선로의 전파정수(γ)

전파정수(전달정수) $\gamma = \sqrt{ZY} = \sqrt{(R+j\omega L)(G+j\omega C)} = \alpha + j\beta$

(정수이므로 단위가 없음)

여기서, 감쇠정수 $\alpha = \sqrt{RG}$: 손실의 감쇠 정도

위상정수 $\beta = j\omega\sqrt{LC}$: 위상차 정도

(4) 무손실 장거리 선로의 특성

① 무손실 선로 조건 : $[\, R = G = 0 \,]$ (선로에 저항과 누설전류가 없음)

② (무손실) 특성 임피던스 : $Z_0 = \sqrt{\dfrac{0+j\omega L}{0+j\omega C}} = \sqrt{\dfrac{L}{C}}\ [\,\Omega\,]$

③ (무손실) 전파정수 : $\gamma = j\beta = j\omega\sqrt{LC}$

$$\begin{cases} \gamma = \sqrt{(0+j\omega L)(0+j\omega C)} = \sqrt{(j\omega L)(j\omega C)} = \sqrt{-\omega^2 LC} = j\omega\sqrt{LC} \\ \gamma = \alpha + j\beta = 0 + j\beta = j\beta \end{cases}$$

(5) 무왜형 장거리 선로의 조건

① 무왜형 선로 조건 : $[\, RC = LG \,]$

② (무왜형) 특성 임피던스 : $Z_0 = \sqrt{\dfrac{L}{C}}\ [\,\Omega\,]$

③ (무왜형) 전파정수 : $\gamma = \sqrt{ZY} = \alpha + j\beta = \sqrt{RG} + j\omega\sqrt{LC}$

(6) 무손실, 무왜형 장거리 선로의 위상속도와 파장

① 전파속도(위상의 속도) : $v = \lambda f\,[\mathrm{m/sec}]$

$$\begin{cases} v = \dfrac{\text{전기 각속도}}{\text{위상정수}} = \dfrac{\omega}{\beta} = \dfrac{\omega}{\omega\sqrt{LC}} = \dfrac{f}{f\sqrt{LC}} = \dfrac{1}{\sqrt{LC}} = \lambda f\,[\mathrm{m/s}] \\ v = \lambda f = \dfrac{1}{\sqrt{LC}} = \dfrac{1}{\sqrt{\mu_0\varepsilon_0}}\dfrac{1}{\sqrt{\mu_s\varepsilon_s}} = 3\times 10^8\,[\mathrm{m/s}] \end{cases}$$

② 파장 : $\lambda = \dfrac{v}{f} = \dfrac{3\times 10^8}{f}\,[\mathrm{m}]$ (전파의 한 주기 길이)

$$\left\{ \lambda = \dfrac{v}{f} = \dfrac{\left(\dfrac{f}{f\sqrt{LC}}\right)}{f} = \dfrac{1}{f\sqrt{LC}} = \dfrac{1}{f}\dfrac{1}{\sqrt{LC}} = \dfrac{2\pi}{\beta}\,[\mathrm{m}] \right\}$$

(7) 무손실, 무왜형 선로에서 특성 임피던스 계산

특성 임피던스 $Z_0 = \sqrt{\dfrac{Z}{Y}} = \sqrt{\dfrac{L}{C}} = 138\log_{10}\dfrac{D}{r}\ [\,\Omega\,]$

가공 송전선의 정전용량이 0.008 [μF/km]이고, 인덕턴스가 1.1 [mH/km]일 때 파동 임피던스는 약 몇 [Ω]이 되겠는가?[단, 기타 정수(선로의 손실과 왜형률)는 무시한다]

① 350   ② 370
③ 390   ④ 410

📝 해설
무손실, 무왜형 장거리 선로의 특성 임피던스(=파동 임피던스)

$$Z_0 = \sqrt{\frac{Z}{Y}} = \sqrt{\frac{L}{C}}$$

$$= \sqrt{\frac{1.1 \times 10^{-3}}{0.008 \times 10^{-6}}}$$

$$\fallingdotseq 370 \, [\Omega]$$

🔒 정답 ②

파동 임피던스가 500[Ω]인 가공 송전선 1[km]당의 인덕턴스 L과 정전용량 C는 얼마인가?

① L=1.67[mH/km],
   C=0.0067[μF/km]
② L=2.12[mH/km],
   C=0.0167[μF/km]
③ L=1.67[mH/km],
   C=0.0067[μF/km]
④ L=0.0067[mH/km],
   C=1.67[μF/km]

📝 해설
선로의 인덕턴스와 정전용량 크기
• 선로의 인덕턴스

$$L = 0.05 + 0.4605 \log_{10}\frac{D}{r}$$

$$\fallingdotseq 0.4605 \frac{Z_0}{138}$$

$$= 0.4605 \frac{500}{138}$$

$$= 1.67 \, [\text{mH/km}]$$

• 선로의 정전용량

$$C = \frac{0.02413}{\log_{10}\frac{D}{r}} = \frac{0.02413}{\left(\frac{Z_0}{138}\right)}$$

$$= \frac{0.02413}{\left(\frac{500}{138}\right)}$$

$$= 0.0067 \, [\mu\text{F/km}]$$

🔒 정답 ①

$$\left\{ Z_0 = \sqrt{\frac{Z}{Y}} = \sqrt{\frac{L}{C}} = \sqrt{\frac{0.05 + 0.4605 \log_{10}\frac{D}{r}\,[mH]}{\left(\frac{0.02413}{\log_{10}\frac{D}{r}}\right)[\mu F]}} = 138 \log_{10}\frac{D}{r} \right\}$$

여기서, 전선의 인덕턴스

$$Z_0 = 0.05 + 0.4605 \log_{10}\frac{D}{r} = 0.05 + 0.4605 \frac{Z_0}{138} \, [\text{mH/km}]$$

전선의 정전용량 $C = \dfrac{0.02413}{\log_{10}\dfrac{D}{r}} = \dfrac{138}{0.02413 \, Z_0} \, [\mu\text{F/km}]$

단, 전선 내부의 L 값(0.05)은 외부 L 값(0.4605)보다 약 10배 정도로 상당히 작아 무시할 수 있다. → $L \fallingdotseq 0.4605 \dfrac{Z_0}{138} \, [\text{mH/km}]$

4. 전원 종류에 따른 송전방식의 특징

전원의 종류는 크게 교류방식과 직류방식으로 나뉩니다.

① **교류(AC) 송전** : 테슬라 방식
② **직류(DC) 송전** : 에디슨 방식

참고 ⊘ 테슬라와 에디슨
• 니콜라 테슬라(Nikola Tesla, 1856~1943) : 크로아티아 출신의 미국인 전기공학자이다. 20대에 미국으로 건너가 GE(제너럴 일렉트릭)에서 1년간 일했다. 1880년대 당시 에디슨 회사에 의해 직류 송·배전 전력공급이 자리 잡고 있는 가운데, 테슬라(Tesla)와 조지 웨스팅하우스(George Westinghouse)가 교류 송·배전 전력공급을 공동 연구하고 사업하였다. 테슬라는 전자유도 원리를 이용한 교류전기기기(변압기, 교류송전방식, 고효율 3상 교류발전기, 3상 유도전동기, 무선통신, 무선 전력전송장치 등)를 발명하였다. 하지만 당시에는 주목받지 못했다.

• 토마스 에디슨(Thomas Alva Edison, 1847~1931) : 미국 출신의 전기발명가이자 사업가로, 많은 전력기기 및 기구를 발명하였다. 고출력을 내는 상업용 대형 발전기도 그가 만든 전력기기이다. 에디슨은 오늘날 미국의 GE를 세운 창업자 5명 중한 명이다.

(1) **교류 송·배전방식의 특징**
① **전자유도원리에 의한 변압설비를 이용하여 전압 크기 변경이 쉽다.**
발전기에서 부하에 이르기까지 전력전송을 합리적·경제적으로 운영하기 위해 전압을 쉽게 변화(승압-강압)시켜야 한다. 이런 점에서 교류는 쉽게 변압할 수 있다(반면 직류전력은 변압이 불가능하다).

② 회전자계를 쉽게 얻을 수 있다.

오늘날 특수한 경우를 제외하고 모든 발전기는 교류출력을 내는 3상 동기발전기이다. 3상 동기발전기는 3상 전원 자체만으로 회전하는 자기장(＝회전자계) 특성을 갖고 있어 회전교류기기를 운전하는 데 편리하다(반면 직류는 회전기 운전이 불리하다).

③ 일관된 전력운영이 가능하다.

교류 동기발전기에서 만들어진 주파수(f)와 파형(sin파) 등 대부분의 전기적 요소들이 송·배전을 거쳐 부하단(＝수전단)의 수용가까지 그대로 유지된다. 수용가 대부분이 교류전원을 이용한 전기설비(전등설비, 동력설비, 가전기기 등)이므로, 발전소에서부터 부하 말단에 이르기까지 전원교체 없이 하나의 전원방식으로 운영되기 때문에 경제적이고 통합적인 전력운영이 가능하다(만약 직류 송·배전을 상용한다면, 교류에서 직류 또는 직류에서 교류로 전원방식을 수회에 걸쳐 바꿔야 하므로 비효율적이다).

④ 교류전력의 개폐는 직류전력의 개폐보다 쉽다.

(2) 직류 송·배전방식의 특징

우리나라 제주도에서는 해남~제주 구간에서 해저(바다 밑으로) 직류송전으로 전력공급을 하고 있습니다.

① 송전효율이 좋다.

교류전력 전송은 근본적으로 주파수(f)가 존재하므로 선로에 L과 C로 인한 리액턴스(X) 저항이 존재하고, 리액턴스(X) 성분으로 인해 무효전력(P_r)이 발생하므로, 100%의 역률을 유지할 수 없다. 또한 교류 송전은 표피효과로 인한 송전 손실이 발생한다. 이에 반해 직류전력 전송은 항상 100%의 역률을 유지할 수 있고, 무효전력, 표피효과가 존재하지 않으므로 송전효율도 좋다.

② 선로의 절연을 낮출 수 있다.

직류 송·배전방식은 절연강도를 낮출 수 있으므로 교류 송·배전방식보다 건설비가 적게 든다. 이에 대해 실효값 22.9[kV]로 직류 송전과 교류 송전을 비교하면 다음과 같다.

- 교류 22.9[kV]의 최대값은 $V_{최대값} = V_{실효값} \times \sqrt{3} = 39.6$ [kV]이다. 그러므로 교류 송전선로는 약 40[kV]에 대한 절연강도로 전선로를 공사해야 한다.
- 직류 22.9[kV]의 최대값은 $V_{최대값} = V_{실효값} = V_{평균값} = 22.9$ [kV]이다. 그러므로 직류 송전선로는 실효값 22.9[kV]에 대한 절연강도로 전선로를 공사하면 된다. 이처럼 실제의 전압값은 항상 직류보다 교류가 높기 때문에, 절연에 대해서 직류 전력공급은 교류 전력공급보다 낮은 수준으로 절연공사를 할 수 있어서 전선로 건설비가 적게 든다.

③ 안정도가 좋다.

교류 송전전력 수식은 $P = \dfrac{E_s E_r}{X} \sin\delta \, [\text{kW}]$ 이다. 반면 직류전력은 리액턴스 (X)와 위상차(δ)가 없으므로, $P \propto E_s E_r \, [\text{kW}]$ 관계가 된다. 이처럼 교류전력에서는 안정도의 좋고, 나쁨이 발생하지만 직류는 안정도가 항상 좋다.

④ **전력을 변환하려면 고가의 역변환장치가 필요하므로 설비가 복잡해진다.**

직류 전력공급도 선로의 저항(도체의 고유저항)으로 인해 전압강하가 발생한다. 사실 직류의 전압강하가 교류보다 훨씬 심하다. 그러므로 직류전력을 승압할 필요가 있다. 하지만 직류는 근본적으로 변압이 안 되는 전기이므로, 승압과 강압을 하기 위해서 인버터와 컨버터 전력변환장치가 필요하다. 송·배전선로에 사용되는 전력변환설비는 매우 고가이다.

⑤ **직류전력은 개폐가 어렵다.**

고전압·대전류의 직류전력은 전자력이 강하여 개폐가 어렵다. 때문에 직류용 전력기기 역시 교류용보다 비싸다.

02 송전특성(교류 송전의 특성)

대형발전소의 발전기에서 만들어진 최초의 전기는 대략 15000[A]/25000[A]입니다. 상당히 높은 고압에 큰 전류이지만, 수백 km를 이동해야 할 전압은 훨씬 더 높아야 합니다. 발전기에서 최초로 만든 25[kV]를 송전용으로 높게 승압합니다.

여기서, 공칭전압이란 한국전력(한국 정부)에서 송전전압, 배전전압, 특고압, 고압, 저압의 크기를 일괄적으로 지정한 전압을 말합니다(공칭전압 : 220[V], 22.9[kV], 154[kV], 345[kV], 765[kV]). 때문에 발전기 출력전압을 거리에 따라 알맞은 공칭전압으로 승압합니다.

여기에서는 송전선로의 송전특성에 따라 합리적인 송전용량, 송전전압은 어떻게 계산되는지 보겠습니다.

1. 송전용량

송전용량이란, 송전선로에 실을 수 있는 최대전력용량으로

- 화력발전소의 발전기는 대략 $1000\,[\text{A}]/15000 \sim 25000\,[\text{V}]$ 의 전기를 생산하므로 송전선로에 $20\,[\text{MVA}]$ 의 용량을 실을 수 있고,
- 원자력발전소의 발전기는 대략 $5000\,[\text{A}]/20000 \sim 25000\,[\text{V}]$ 의 전기를 생산하므로 송전선로에 $1000\,[\text{MVA}]$ 의 용량을 실을 수 있다.

이러한 송전용량을 얼마로 하고, 몇 회선(1회선, 2회선, 3회선, 4회선)으로 보낼지 다음의 사항들을 고려해야 한다.

(1) 단거리 · 중거리 송전선로에서 송전용량 결정 시 고려사항
- 전선의 허용전류
- 선로의 전압강하

(2) 장거리 송전선로에서 송전용량 결정 시 고려사항
- 송 · 수전단 전압의 위상차가 적당해야 함
- 송전 효율이 적당해야 함
- 조상기 용량이 적당해야 함

2. 경제적인 송전전압 계산

미국 전기공학자 알프레드 스틸(Alfred Still)이 제시한 경제적인 송전전압 계산방법입니다. 실제로 우리나라 송전선로의 계통전압(공칭전압) $345\,[\mathrm{kV}]$, $765\,[\mathrm{kV}]$는 스틸(Still)식으로 계산하였습니다.

(1) 스틸공식에 의한 송전전압

$$V = 5.5\sqrt{0.6L + 0.01P}\,[\mathrm{kV}]$$

여기서 $\begin{cases} V: \text{경제적인 송전전압}\,[\mathrm{kV}] \\ L: \text{송전거리}\,[\mathrm{km}] \\ P: \text{송전전력}\,[\mathrm{kW}] \end{cases}$

(2) 스틸공식에 의한 송전용량

송전용량(송전전력)을 계산할 때, 스틸식의 '송전용량(P)을 선로의 리액턴스(X)와의 관계'로 나타내 '송전용량'을 계산합니다. 송전용량을 3상 중 1상 기준으로 다음과 같습니다.

$$\text{송전전력 } P = \frac{E_s E_r}{X}\sin\delta\,[\mathrm{kW}]$$

여기서, E_s : 송전단 전압 $[\mathrm{kV}]$

$\quad\quad E_r$: 수전단 전압 $[\mathrm{kV}]$

$\quad\quad X$: 선로의 리액턴스 $[\Omega]$

$\quad\quad \delta$: 송전전압과 수전전압 간의 위상차

송전선로는 복도체로 가설되므로 선로의 인덕턴스(L)가 감소하고, $L \propto X$ 관계로 인해 리액턴스(X) 역시 감소하여 송전용량은 증가할 수 있습니다.

$$\rightarrow P(\uparrow) \propto \frac{1}{X(\downarrow)}$$

📖 핵심기출문제

전송전력이 400[MW], 송전거리가 200[km]인 경우의 경제적인 송전전압은 몇 [kV]인가?(단, 스틸식으로 산정할 것)

① 645 ② 353
③ 173 ④ 57

▥ 해설
경제적인 송전전압 계산방법
- 스틸(Still) 공식
$V = 5.5\sqrt{0.6L + 0.01P}\,[\mathrm{kV}]$
여기서,
$\begin{bmatrix} V: \text{경제적인 송전전압}\,[\mathrm{kV}] \\ L: \text{송전거리}\,[\mathrm{km}] \\ P: \text{송전전력}\,[\mathrm{kW}] \end{bmatrix}$
- 만약 송전전력이 $400\,[\mathrm{MW}]$일 경우
$V = 5.5\sqrt{\dfrac{(0.6 \times 200) +}{(0.01 \times 400000)}}$
$\doteqdot 354\,[\mathrm{kV}]$

🔒 **정답 ②**

다음 보기는 송전전압을 높일 때 발생하는 경제적 문제들이다. 이 중 옳지 않은 사항을 고르시오.

① 송전전력과 전선의 단면적이 일정하면 선로의 전력손실이 감소한다.
② 절연애자의 개수가 증가한다.
③ 변전소에서 시설할 기기의 값이 고가로 된다.
④ 보수 유지에 필요한 비용이 적어진다.

□ 해설
보수나 유지에 따른 비용이 더 많아진다.

🔒 정답 ④

345[kV] 2회선 선로의 길이가 220[km]이다. 송전용량 계수법에 의하면 송전용량은 약 몇 [MW]인가?(단, 345[kV]의 송전용량 계수는 1200이다.)

① 525
② 650
③ 1050
④ 1300

□ 해설
송전전력 $P = k\dfrac{E_r^2}{l}$[kW]

공식을 이용한다.

$P = k\dfrac{E_r^2}{l}$

$= 1200\dfrac{345^2}{220} \times 2$회선

$\fallingdotseq 1300$ [MW]

🔒 정답 ④

(3) 스틸공식에 의한 송전용량 계수법

송전용량(송전전력)을 계산할 때, 스틸식의 '송전용량(P)을 선로의 길이 l[km]와의 관계'로 나타내면 '송전용량 계수'로 부르는 송전전력 계산이 됩니다.

$$\text{송전전력}\ P = k\frac{V_r^2}{l}\ [\text{kW}]$$

$$\text{여기서}\begin{bmatrix} k: \text{송전용량 계수} \\ \quad \to 60\,[\text{kV}] : 600 \\ \quad \to 100\,[\text{kV}] : 800 \\ \quad \to 140\,[\text{kV}] : 1200 \\ l: \text{송전거리}\,[\text{km}] \end{bmatrix}$$

그러므로 송전길이가 줄어야 송전용량이 증가한다.

$$\to P(\uparrow) = \frac{1}{l(\downarrow)}$$

(4) 스틸공식에 의한 고유부하법

송전용량(송전전력)을 계산할 때, 스틸식의 '송전용량(P)를 특성 임피던스(Z_0)와의 관계'로 나타내면 '고유부하법'으로 부르는 송전전력 계산이 됩니다.

$$\text{송전전력}\ P = \frac{E_r^2}{Z_0} = \frac{E_r^2}{\sqrt{\dfrac{L}{C}}}\ [\text{kW/회선}]$$

$$\text{여기서,}\begin{bmatrix} E_r: \text{수전단 전압}\,[\text{kV}] \\ Z_0: \text{특성 임피던스}\,[\Omega] \end{bmatrix}$$

(5) 스틸공식에 의한 송전선로의 건설비와 송전전압 관계

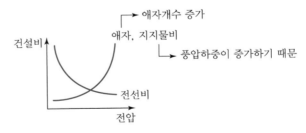

3. 페란티현상(Ferranti Phenomenon)

(1) 정의

교류 송전계통에서 수전단의 부하전력량이 줄어들었을 때, 혹은 부하측이 무부하 상태일 때, 선로의 충전전류(I_c)와 충전용량(Q_c)에 의해서 수전단전압(V_r)이 송

전단전압(V_s)보다 높아지는 현상이 발생할 수 있습니다. 이때 운전 정지상태인 발전기의 전기자 권선으로 충전전류(I_c)가 유입되어 전기사고를 유발할 수 있습니다. 이러한 현상을 '페란티현상'으로 부릅니다.

(2) 페란티현상 방지대책

- 유도성 리액턴스 L 성분을 지닌 전력설비(분로리액터)를 선로에 계획적으로 배치한다.
- 조상설비를 부족여자 운전상태로 만들어 선로에 지상전류를 공급한다.
- 수전단에 직렬리액터를 설치하여 인위적으로 전압강하를 일으킨다.

4. 송전계통의 주파수(f)와 전압(V) 제어

(1) 조속기 조정

발전기 측에 설치된 조속기를 조정하여 송전계통의 주파수(f), 유효전력(P)을 제어한다. 구체적으로, 조속기(동기발전기의 동기속도 자동복원설비)를 통해 발전기 회전속도를 제어하면, [$N_s = \dfrac{120f}{P} \rightarrow N_s \propto f$, $N_s \propto \dfrac{1}{P}$] 관계에 의해서 주파수(f)와 발전기 출력(P) 모두를 제어할 수 있다.

(2) 계자전류 조정

발전기의 계자전류(I_f)를 조정하여 송전계통의 전압(V), 무효전력(P_r)을 제어한다. 구체적으로, 동기발전기의 계자전류(I_f)를 제어(증가·감소)함으로써 자속(ϕ) 크기가 조절되고, 자속(ϕ) 크기의 변화는 전기자 도체가 만드는 유기기전력(E)을 변화시키고, 유기기전력(E) 크기의 변화는 결국 발전기 출력전압(V)을 조절하게 된다.

> [I_f [A] 조절 $\rightarrow$ ϕ [Wb] 조절 $\rightarrow$ E [V] 조절 $\rightarrow$ 전압 V [V]]
> 여기서, 발전기의 계자전류(I_f)를 조절하면 역률(pf)도 함께 조절된다.

- 발전기의 계자전류(I_f)가 증가하면, 전기자 도체에 지상전류가 공급되고,
- 발전기의 계자전류(I_f)가 감소하면, 전기자 도체에 진상전류가 공급된다.

그러므로 계자전류(I_f)를 조절함으로써 발전기의 출력전압(V)과 무효전력(P_r) 모두가 제어된다.

5. 전력계통의 연계

(1) 전력계통의 연계방법과 특징

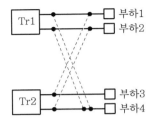

Tr1은 부하1, 부하2를 부담하고, Tr2는 부하3, 부하4를 부담한다.
만약 Tr1 또는 Tr2 고장 시 Tr1과 Tr2가 연계된 상태라면 일시적 정전 없이 수용가의 원활한 전력공급이 가능한 것이 전력계통의 연계이다.

전력계통을 연계하면, 계통을 병렬연결한 것과 같다. 때문에 병렬접속의 특성상 부하가 늘어날수록 전체 합성저항은 감소하게 된다.

$$Z_0(\text{합성 저항} \downarrow) = \frac{Z_1}{n\,(\text{부하 수 증가} \uparrow)}$$

계통의 전체 임피던스(Z)가 감소하면,

- 단락전류가 증가하고 → $I_s = \dfrac{100}{\%Z\,(\text{감소} \downarrow)} I_n$

- 단락용량도 증가한다. → $P_s = \dfrac{100}{\%Z\,(\text{감소} \downarrow)} P_n$

(2) 전력계통 연계의 장단점

① 장점
- 불필요한 전원공급설비(변압기, 발전기)를 줄일 수 있어 전통의 전체 설비용량이 절감된다.
- 예비 발전기를 위한 건설비, 인력 유지·관리비용을 줄일 수 있어 경제적인 급전이 가능하다.
- 무정전 전력운영 가능성이 증가하므로, 전력계통의 신뢰도가 향상된다.
- 피크부하, 부하급변(전력사용이 급증하는 여름철)에 대한 전력계통의 부담이 줄어든다.

② 단점
- 전력을 연계하기 위한 설치 및 설비비용이 든다.
- 전력계통에 사고가 발생하면, 그 사고의 여파가 파급될 우려가 있다.
- 전력계통 연계는 병렬연결상태이므로 단락전류(I_s), 단락용량(P_s)이 상승할 가능성이 있고, 그럴 경우 배전선로에서 통신선 유도장해가 커질 수 있다.

6. 전력조류 계산

전력조류는 단순한 의미로 '전력망 내에서 전력의 흐름상태'을 말합니다.

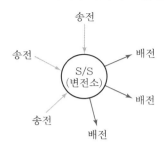

전력조류 계산은 전력시스템이 **다중 입력 → 다중 출력** 조건일 때 적용하여 전력시스템을 해석하는 방법입니다. 실제 우리나라의 전력시스템(전력계통)은 그물망처럼 서로 연결된 **다중 입력 → 다중 출력**의 교류 전력망입니다.

수많은 발전소에서 만든 전력이 그물망처럼 얽히고설킨 전력망에 유입되면, 전력은 어떤 모선(=선로)으로 어떻게 분포시킬지 그리고 전체 전력망의 흐름이 어떠한지 파악할 필요가 있습니다. 이것이 전력조류 계산의 목적입니다. 그물망처럼 서로 복잡하게 연결된 '전력 흐름 계산'은 사람이 하는 것이 아니라 컴퓨터를 이용하여 운영합니다.

(1) 전력조류의 계산목적(→ 예방과 계획)
- 계통의 사고예방 제어
- 계통의 운용계획 입안
- 계통의 확충계획 입안

(2) 전력조류 계산을 통해 알 수 있는 운전상태
- 각 모선의 전압 분포
- 각 모선의 전력
- 각 선로의 전력 조류
- 각 선로의 송전 손실
- 각 모선의 위상차

(3) 전력조류 계산에서 기지량과 미지량

▶ **모선에 따른 기지량과 미지량 비교**

모선의 종류	기지량		미지량	
발전기모선	• 유효전력	• 전압의 크기	• 무효전력	• 전압의 위상각
부하모선	• 유효전력	• 무효전력	• 전압의 크기	• 전압의 위상각
중간모선	• 유출/유입 전력 • 유출/유입 무효전력		• 전압의 크기 • 전압의 위상각	

✥ 기지량, 미지량
- 기지량 : 알 수 있는 양
- 미지량 : 알 수 없는 양

7. 전력원선도

전력원선도는 전력시스템이 **단일 입력** → **단일 출력** 조건일 때에만 적용할 수 있는 전력시스템 해석입니다. 다시 말해, 송전단과 수전단이 '일대일'로 대응하는 단일계통일 때, 송전단과 수전단의 양단 전압이 일정하게 유지된다는 전제(정전압 송전방식)에서만 적용할 수 있는 전력시스템 해석법입니다.

하지만 현실적으로 우리나라 전력망은 단일한 입출력의 전력계통이 없습니다. 그러므로 전력원선도는 현실에서 그물망처럼 연결된 교류 전력망에 적용할 수 없는 해석방법입니다. 때문에 간략한 전력원선도의 특징만을 살펴보겠습니다.

(1) 전력원선도의 이론적 특징

① 전력망이 단일계통의 정전압 송전방식이라는 전제를 전력원선도로 표현하면, '원선도 원의 반지름(ρ)이 일정하고, 송·수전단 전력은 언제나 원선도의 원주 상에만 존재한다.'라고 표현할 수 있다. → (원선도 원의 반지름 $\rho = \dfrac{V_s V_r}{B}$)

② 단일계통의 정전압 송전방식 전력망에 대해서 원선도로 나타내려면, 반드시 다음 3가지가 필요하다.
- 송전단 전압(V_s)
- 수전단 전압(V_r)
- 4단자 정수(A, B, C, D)

③ 실제의 다중계통의 송·수전단 전력은 전력 계산식으로 계산하지만, 전력 원선도 해석은 지면에 원선도를 그려 원의 크기를 통해 전력의 크기를 시각적으로 파악할 수 있다.

(2) 전력원선도에서 구할 수 있는 요소들
- 유효전력, 무효전력, 피상전력
- 수전단의 역률
- 조상설비의 용량
- 전력손실과 송전효율
- 송·수전전력의 위상차
- 송·수전 가능한 최대전력의 크기

(3) 전력원선도에서 구할 수 없는 요소들

- 과도안정 극한전력(계통이 과도상태일 때, 안정적으로 보낼 수 있는 최대전력의 크기)
- 코로나 손실(코로나 방전현상으로 인한 손실전력의 크기)

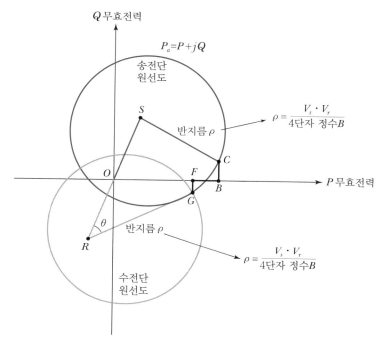

〖 전력원선도 〗

03 조상설비

조상설비는 다양한 전기설비 중 하나로, 송전계통에서 역률(전력의 유효분과 무효분의 비율 또는 전압과 전류의 위상차)을 조절하는 역률 조정설비입니다.

예 $\cos\theta = 0.8 \rightarrow 0.9$

- 부하측에서 조상설비는 역률을 조절하는 용도로 사용하고,
- 발전측에서 조상설비는 송전계통에 일정한 전압을 유지시키기 위해 무효전력을 공급하는 용도로 사용한다.

이러한 조상설비는 목적에 따라 3가지가 있습니다.

- 동기조상기
- 분로 리액터(X_L, X_C)
- 전력용 콘덴서

[역률(Power Factor) 개선의 필요성]

역률이 개선된다는 말은 전력의 효율(역률)을 더 좋은 효율의 전력으로 향상시키는 것을 의미합니다. 가장 좋은 상태의 전력효율(역률)은 1 혹은 역률 100[%]입니다. 이를 수식으로 나타내면, $\cos\theta = 1$로 표현합니다. 낮은 품질의 전력은 1에서 낮은 수치로 내려갑니다.(◉ $\cos\theta = 0.8 \rightarrow 0.9$)

구체적으로 역률(pf)이 증가하면, 전력손실(P_l), 전압강하(e)가 감소하고, 변압기 효율(η)이 증가하며, 전기세도 절감할 수 있습니다. 이에 대한 구체적인 수식은 다음과 같습니다.

① 역률이 증가하면 전력손실이 감소된다.

- 전력손실 수식 : $P_l = I^2R = \left(\dfrac{P}{V\cos\theta}\right)^2 R = \dfrac{P^2R}{V^2\cos^2\theta}$

$$\rightarrow P_l \downarrow \propto \frac{1}{\cos^2\theta \uparrow}$$

- 수식에서 역률($\cos\theta$)이 증가하면 전력손실(P_l)이 감소하는 관계를 확인할 수 있다.

② 역률이 증가하면 전압강하가 감소된다.

- 전압강하(단상/3상) : $e = \dfrac{P}{V}(R + X\tan\theta) \rightarrow e \downarrow \propto \dfrac{1}{\cos\theta \uparrow}$

- 수식에서 역률($\cos\theta$)이 증가하면 전압강하(e)가 감소하는 관계를 확인할 수 있다.

③ 역률이 증가하면 변압기효율이 더 좋아진다.

수용가(또는 전력소비자)가 사용하는 전력은, 일반 가정집은 길거리의 주상변압기로부터 전력을 공급받고, 아파트, 공장, 빌딩은 건물 전기실의 수·변전설비로부터 전력을 공급받는다. 만약 수용가의 역률이 안 좋으면(부하측에 무효전력량이 크면) 실제 수용가가 사용하는 전력량보다 더 많은 전력을 변압기가 공급해야 한다. 그래서 수용가의 소비전력은 동일하지만 역률이 안 좋으면 소비자도 모르게 실제 사용한 전력량보다 더 많은 전기를 사용한 것으로 한국전력은 판단하게 된다. 때문에 소비자는 전기세를 더 내게 된다.

그뿐만 아니라 한 도시의 역률이 전반적으로 안 좋으면, 한국전력은 실제 그 도시가 소비하는 전력량보다 더 많은 전력을 공급해야 하므로(새는 전력이 많아서), 한국전력이 전력계통을 운영하는 데 안정도가 떨어지고 전력을 운영하는 데 경제적인 비용이 더 발생하게 된다. 이 모든 것이 역률이 개선(증가)됨으로써 전력계통의 안정도가 나아지고, 소비자도 전기요금을 절약할 수 있다(역률개선은 전기안전관리자가 하는 역할이지 한 개인이 할 수 있는 일이 아니다).

$$\text{변압기용량 } P_a = \frac{P}{\cos\theta} \, [\mathrm{kVA}]$$

역률을 개선해야 할 충분할 이유를 알았으므로 역률개선을 위한 3가지 방법(동기조상기, 전력용 콘덴서, 분로 리액터)에 대해서 각각 알아보겠습니다.

1. 동기조상기

역률을 조절하는 동기조상기는 동기(Synchronous)전동기를 역률조정용으로 사용하는 전기설비입니다.

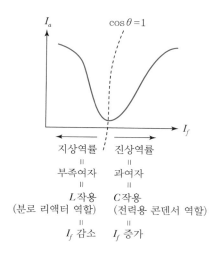

《 조상설비의 $I_a - I_f$ 곡선 》

역률개선용으로 사용하는 동기조상기는 기본적으로 전동기 구조이지만, 동기전동기의 출력(회전부)에 기계적인 부하가 걸려 있지 않습니다(무부하로 운전하는 전동기이기 때문에). 이런 동기조상기의 계자전류(I_f)에 유입되는 전류 크기를 조절함으로써 동기조상기의 전기자 권선과 병렬로 연결된 3상 송전선로에 진상 또는 지상전류를 공급합니다. 이렇게 송전선로에 역률을 인위적으로 조절할 수 있습니다.

앞의 그림은 동기전동기 계자권선의 계자전류를 증가·감소시켜 전기자권선에 흐르는 전기자전류(I_a)의 변화를 보여줍니다. 그리고 전기자 전류값에 따라 역률 변화가 만들어집니다.

동기조상기는 주로 송전선로에서 역률개선용으로만 사용하는데, 배전계통과 부하 측에서는 동기조상기를 사용하지 않습니다. 동기조상기의 부피가 매우 크고 가격 또한 비싸기 때문입니다.

PART 05

2. 전력용 콘덴서

수용가는 항상 지상역률 상태입니다. 때문에 배전계통으로부터 전력을 수급받는
수용가는 지상역률을 개선하기 위해 전력용 콘덴서를 설치합니다.

구체적으로 공장을 제외하면 대부분의 수용가는 $3\phi\,4w$으로 전력을 공급받는데,
$3\phi\,4w$ 수전설비의 3상 전력선과 병렬로 $\triangle$ 결선된 전력용 콘덴서를 설치합니다.
전력용 콘덴서는 '병렬 콘덴서(SC : Shunt Capacitor)'로도 불립니다.

(1) 콘덴서 구조

① 단상 전력선과 병렬 연결된 전력용 콘덴서(SC)

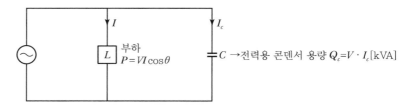

단상의 경우, 단상 전력선과 전력용 콘덴서를 위 그림처럼 병렬로 연결하면 설치가
끝납니다. 하지만 대부분의 수용가에 설치하는 전력용 콘덴서는 수·변전실(전기
실) 분전반의 간선에서 3상 전력선과 병렬로 연결하는 '전력용 콘덴서'입니다.

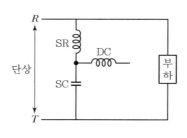

SC, DC, SR이 설치되며
SC와 SR은 직렬 연결된다.

〖 단상 전력용 콘덴서의 구조 〗

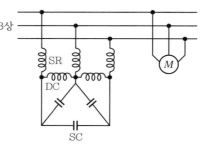

SC, DC, SR이 설치되며
SC와 SR은 병렬(△) 연결된다.

〖 3상 전력용 콘덴서의 구조 〗

여기서, SR : 직렬 리액터(Series Reactor)
DC : 방전코일(Discharge Coil)
SC : 전력용 콘덴서(Shunt Capacitor)

전력용 콘덴서를 구성하는 요소 중에서 전력용 콘덴서(SC) 다음으로 중요한 것이
직렬 리액터(SR)입니다. 3상 전력선에 전력용 콘덴서가 연결되면, 전력용 콘덴서를
지난 전류(I)는 자연적으로 제3고조파 전류가 섞인 교류가 됩니다. 그래서 정현파
가 아닌 왜형파 교류를 만들게 됩니다. 여기서 직렬 리액터(SR)는 제3고조파를 제
거하는 역할을 합니다.

② 직렬 리액터(SR)의 역할

- 단상에서 직렬 리액터(SR)는 제3고조파를 제거한다.
- 3상에서 직렬 리액터(SR)는 제5고조파를 제거한다.

단상과 3상 각각에 설치할 직렬 리액터(SR)의 용량 계산은 다음과 같습니다.

단상에서 직렬 리액터(SR) 용량	3상에서 직렬 리액터(SR) 용량
SC와 SR의 주파수 관계 : $3\omega L = \dfrac{1}{3\omega C}$	SC와 SR의 주파수 관계 : $5\omega L = \dfrac{1}{5\omega C}$
만약 전력용 콘덴서로 인해 제3고조파가 발생하면, 이를 제거할 직렬 리액터 용량은, $\rightarrow \omega L = \dfrac{1}{3 \times 3\omega C} = 0.11\dfrac{1}{\omega C}$	만약 전력용 콘덴서로 인해 제5고조파가 발생하면, 이를 제거할 직렬 리액터 용량은, $\rightarrow \omega L = \dfrac{1}{5 \times 5\omega C} = 0.04\dfrac{1}{\omega C}$
그러므로 설치할 SR 용량은, SC 용량의 11~13[%] 되는 용량으로 설치	그러므로 설치할 SR 용량은, SC 용량의 4[%] (이론상) 되는 용량, SC 용량의 5~6[%] (실제) 되는 용량

③ 직렬 리액터(SR)의 종류

- ⊙ 분로(병렬) 리액터 : 페란티현상을 억제하고, C 부하에 의한 역률 저하를 개선함
- ⊙ 직렬 리액터 : 단상에서 제3고조파 제거, 3상에서 제5고조파 제거 역할
- ⊙ 한류 리액터 : 단락사고가 날 경우, 단락에 의한 대전류를 억제함
- ⊙ 소호 리액터 : 지락사고가 날 경우, 지락에 의한 대전류를 제한함(지락 아크를 소호)

④ 방전 코일(DC)의 역할

수용가에 전력용 콘덴서를 설치한 후 수용가가 공장, 학교, 사무 빌딩이라면 출퇴근 시간이 있으므로 건물의 전원을 OFF하게 된다. 이때 전력용 콘덴서에 저장된 충전된 전류가 존재하므로 전력용 콘덴서와 연결된 라인에 사람이 접촉하게 되면 '감전사고'로 이어질 수 있다. 이런 전력용 콘덴서의 충전전류로 인한 사고를 방지하기 위해서 전력용 콘덴서 내부에는 충전된 전류를 방전하기 위해 방전 코일(DC)도 함께 설치된다.

(2) 전력용 콘덴서의 용량(Q_c) 계산

수량으로 봤을 때 수용가의 가장 많은 부하는 전등설비이고, 용량으로 봤을 때 수용가의 가장 많은 용량을 차지하는 것은 전동기와 변압기입니다. 전동기와 변압기는 일종의 인덕턴스(L) 덩어리입니다.

반면 수용가에서 콘덴서(C)가 차지하는 수는 많지만, 용량 측면에서 보면 콘덴서(C)는 주로 가전제품과 전자기기 내부 PCB기판에 작은 소형 콘덴서 형태로 존재합니다. 때문에 인덕턴스(L) 부하와 콘덴서(C) 부하의 용량을 비교하면 인덕턴스(L)가 압도적으로 큽니다.

이런 배경에서, 수용가는 항상 지상역률상태입니다. 수용가의 지상역률(낮은 역률)을 개선하기 위해 필요한 콘덴서 용량은 다음과 같이 전개하여 계산할 수 있습니다.

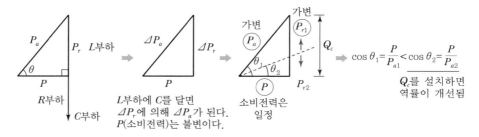

《 역률개선을 보여주는 전력 삼각형 》

수용가의 L 부하에 의해 전력선에는 전류가 전압보다 느린 지상전류가 흐릅니다. 지상전류를 상쇄시키기 위해 지상과 반대인 C부하(전력용 콘덴서)에 의한 진상전류를 만들어줌으로써 무효전력을 상쇄시킬 수 있고 역률은 1에 가깝게 개선될 수 있습니다.

이 과정을 위 그림 속 전력의 속성을 보여주는 '전력 삼각형'을 통해서 다시 설명하면, (제일 오른쪽 삼각형에서) 낮은 역률($\theta_1 = 60$)을 $\theta_1 = 0$에 가깝게 만드는 것이 역률개선입니다. 역률을 개선하려면 θ_1 각도를 줄여야 합니다. 수용가의 **사용전력**(=유효전력)은 일정한 상태에서 무효분이 줄면(θ_1 각도가 줄면), 변압기가 공급하는 피상전력이 줄어들어 결국 소비자가 부담할 전기요금이 줄어들 수 있습니다.

[변압기용량=수전설비 용량]

역률 개선용 콘덴서의 용량

$$Q_c = P_{r1} - P_{r2} = P\tan\theta_1 - P\tan\theta_2$$

$$= P\left(\frac{\sin\theta_1}{\cos\theta_1} - \frac{\sin\theta_2}{\cos\theta_2}\right) = P\left(\frac{\sqrt{1-\cos^2\theta_1}}{\cos\theta_1} - \frac{\sqrt{1-\cos^2\theta_2}}{\cos\theta_2}\right)[\text{kVA}]$$

(3) 전력용 콘덴서의 충전전류(I_c)와 충전용량(Q) 계산

전력용 콘덴서(SC)는 역률개선용 조상설비이기 이전에, 근본적으로 전하를 저장하는 축전기입니다. 전력용 콘덴서에 충전된 '충전전류' 계산에 대해서 정리해 보겠습니다.

• 충전전류(I_c) : 전력용 콘덴서가 방전할 때 콘덴서 외부로 흐르는 전류
• 충전용량(Q) : 전력용 콘덴서의 충전전류가 있으면 전압도 있기 마련이므로, SC의 충전전류와 SC의 단자전압을 곱한 값이 충전용량이다.

$$\rightarrow Q = I_c \times V \ [\text{VA}]$$

단상과 3상에 대한 전력용 콘덴서의 충전전류(I_c)와 충전용량(Q) 계산은 다음과 같습니다.

① **단상 전력용 콘덴서의 충전전류(I_c), 충전용량(Q)**

  ㉠ 충전전류 : $I_c = \omega C E \,[\mathrm{A}]$

$$\left\{ I_c = \frac{E}{X_c} = \frac{E}{\left(\dfrac{1}{\omega C}\right)} = \omega C E \right\}$$

  여기서, $E\,[\mathrm{kV}]$: 상전압

  ㉡ 충전용량 : $Q = \omega C E^2 \,[\mathrm{VA}]$

$$\left\{ Q = \frac{E^2}{X_c} = \frac{E^2}{\left(\dfrac{1}{\omega C}\right)} = \omega C E^2 \right\}$$

  3상이 아닌 단상의 SC

  $E \,(\sim)$ C

  여기서, $C = C_s + 3\,C_m \,[\mu\mathrm{F}]$

$$X_c = \frac{1}{\omega C} = \frac{1}{2\pi f \left(C_s + 3\,C_m\right)}\,[\,\Omega\,]$$

② **3상 전력용 콘덴서의 충전용량(Q)**

〘 SC 병렬(△)결선 〙

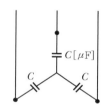

〘 SC 직렬(Y)결선 〙

  ㉠ △ 결선한 SC의 충전용량 : $Q = 6\pi f C E^2 \,[\mathrm{VA}]$

$$\left\{ Q = 3\frac{E^2}{X_c} = 3\frac{E^2}{\left(\dfrac{1}{\omega C}\right)} = 3\omega C E^2 = 6\pi f C E^2 \right\}$$

  여기서, $E\,[\mathrm{kV}]$: 상전압, △ 결선이므로 $E = V_p = V_l$ 관계

  ㉡ Y 결선한 SC의 충전용량 : $Q = 2\pi f C V_l^{\,2} \,[\mathrm{VA}]$

$$\left\{ Q = 3\frac{E^2}{X_c} = 3\frac{E^2}{\left(\dfrac{1}{\omega C}\right)} = 3\omega C E^2 = 3\omega C \left(\frac{V_l}{\sqrt{3}}\right)^2 = \omega C V_l^{\,2} = 2\pi f C V_l^{\,2} \right\}$$

  여기서, $E\,[\mathrm{kV}]$: 상전압, Y 결선이므로 $E = V_p = \dfrac{V_l}{\sqrt{3}}$ 관계

③ 병렬콘덴서(SC)를 △ 결선하는 이유

전력용 콘덴서(SC)를 Y 결선할 때의 용량보다 △ 결선할 때의 콘덴서 용량이 3배 더 많다. 그래서 Y 결선의 SC 용량은 △ 결선의 SC 용량보다 적은 비용으로 큰 역률 개선효과를 볼 수 있기 때문에 수용가의 전력용 콘덴서(SC)는 항상 병렬연결(△ 결선)을 한다.

$$\frac{Q_\triangle}{Q_Y} = \frac{6\pi f C (V_p)^2}{2\pi f C (V_l)^2} = 3 \text{이므로} \quad Q_\triangle = 3Q_Y \text{ 관계가 성립한다.}$$

△ 결선값은 Y 결선값보다 항상 3배 더 크다.

$$R_\triangle = 3R_Y, \ Z_\triangle = 3Z_Y, \ I_\triangle = 3I_Y, \ P_\triangle = 3P_Y, \ Q_\triangle = 3Q_Y$$

④ 전력용 콘덴서와 동기조상기의 장단점 비교

전력용 콘덴서	동기조상기
• 진상전류만 공급 가능하다.	• 진상, 지상전류 모두 공급 가능하다.
• 전류를 단계적으로만 조정 가능하다.	• 지상과 지상의 전류를 연속적으로 조정 가능하다.
• 설비 크기가 작고, 가벼우며 경제적이다.	• 설비 크기가 크고 무겁고 비싸다.
• 콘덴서만 추가하면 되므로 용량 변경이 쉽다.	• 선로의 시충전 운전이 가능하다.
• 설치가 쉽고 설비의 전원이 필요 없다.	• 설치가 어렵고, 별도의 설비전원이 필요하다.

- **시충전** : 전선로 시공 후, 전선로에 바로 계통전압을 가하지 않는다. 우선 선로의 특성을 시험하고 선로를 길들이기 위해(특성을 입히기 위해) 선로에 시험전압을 가한다. 이것을 '선로에 전압을 충전해보다' 또는 '선로를 시험 충전하다' 또는 '시험 송전해보다'의 의미로 '시충전'이라고 부른다.
- **시송전** : 계통에 사고가 나면, 송전선을 복구하는 방법 중 하나로, 송전선에 저전압(Low Voltage)을 가하여 충전한 후 전압을 점진적으로 높여 공칭전압까지 상승시킨다. 이것이 '시송전'이다. 송전선로에 공칭전압을 바로 강행하기가 적당하지 않거나 불가능한 경우에만 시송전 방법을 사용한다.

그러므로 '동기조상기는 선로에서 시충전 운전이 가능하다'라는 말은, 전선로를 건설할 때 상용계통상태가 아니므로 부하의 진상 및 지상 특성을 정확하게 알기 어렵다. 그뿐만 아니라 신설된 전선로는 부하측에 연결될 수용설비용량을 정확히 할 수 없으므로 어떤 용량의 진상분을 선로에 흘려야 할지 모르는 상태이다. 이런 경우 선로에 '전력용 콘덴서'보다는 진상분과 지상분을 조절할 수 있는 '동기조상기'를 설치하여 유동성 있게 선로 시운전용으로 사용한다는 의미가 된다.

3. 분로 리액터(병렬 리액터)

(1) 병렬 리액터

역률개선과 관련하여, 리액터(솔레노이드 코일 L)는 유도성 리액턴스(X_L)를 만드는 전력설비입니다. 배전선로에 리액터를 선로와 병렬로 접속시켜 인위적으로 전압강하를 만들어 이상전압(과전압)을 억제하고, 진상전류(I_c)가 흐르는 부하(수용가)에 병렬로 리액터(X_L)를 설치하여 역률을 개선합니다. 리액터는 부하측 선로와 병렬로 접속되므로 분로 리액터(혹은 병렬 리액터, 전력용 리액터)로 부릅니다.

하지만 현실적으로 수용가는 지상부하(L 부하)가 대부분이므로, 부하측에 전력용 리액터(X_L)를 설치하여 역률을 개선하는 경우보다는 전력용 콘덴서(X_C)를 설치하여 역률을 개선합니다. 때문에 현실적으로 분로 리액터의 역할은,

- 부하에서는 전동설비를 기동할 때 전압강하를 이용한 기동법으로 사용하고,
- 선로에서는 송전단전압보다 수전단전압이 높아지는 페란티현상을 방지하는 용도로 사용한다.

L ┌ 병렬 리액터 : 페란티 방지, 역률개선
　 └ 직렬 리액터 : 제5고조파 제거
C ┌ 병렬 콘덴서 : 역률개선
　 └ 직렬 콘덴서 : 전압강하 보상

앞선전류의 무효분 공급 ⇒ 지상전류를 흘려 역률개선

(2) 직렬 콘덴서

직렬 콘덴서는 전압강하가 발생한 부하측에 '부하와 직렬로 설치하여 전압강하를 보상하는 용도'로 사용합니다. 직렬 콘덴서는 역률개선과 무관합니다.

① 전력용 콘덴서와 직렬 콘덴서의 차이

ㄱ 전력용 콘덴서 : 역률(pf)개선 용도로 사용하며, 3상 부하의 경우 △결선된 콘덴서[kVA]를 부하와 병렬로 접속한다.

ㄴ 직렬 콘덴서 : 전압강하가 발생한 선로에서 전압을 보상하기 위해 콘덴서를 부하와 직렬로 접속한다(3상 부하의 경우 Y결선된 콘덴서를 접속한다). 콘덴서를 부하와 직렬로 연결하면 전력공급의 안정도가 증가하고, 부하의 역률이 나쁠수록 전압강하를 보상하는 효과가 더 크다. 하지만 직렬 콘덴서는 역률(pf)개선과 무관하다.

② 직렬 콘덴서의 장점

- 유도성 리액턴스에 의한 전압강하를 줄여 전압을 보상한다.
- 수전단(수용가, 부하)에서의 전압변동, 전압강하를 줄인다.

- 안정도가 증진하여 최대전력전송이 증가한다.
- 직렬 콘덴서는 부하의 역률이 나쁠수록 그 설치효과가 크다.

$$e = \frac{P}{V}(R + X\tan\theta) \rightarrow e(\downarrow) \propto X(\downarrow)$$

③ 직렬 콘덴서의 전압강하 보상효과 증명

[증명 1]

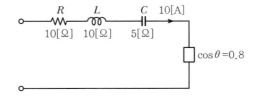

- 직렬 콘덴서 설치 전의 전압강하
  $$e = I(R\cos\theta + X\sin\theta) = 10([10 \times 0.8] + [10 \times 0.6]) = 140\,[\text{V}]$$
- 직렬 콘덴서 설치 후의 전압강하
  $$e = I(R\cos\theta + X\sin\theta) = 10([10 \times 0.8] + [5 \times 0.6]) = 110\,[\text{V}]$$
- 선로의 전압강하가 $140\,[\text{V}] \rightarrow 110\,[\text{V}]$ 로 줄었으므로, $30\,[\text{V}]$ 가 보상됐다.

[증명 2]

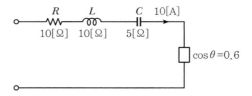

- 직렬 콘덴서 설치 전의 전압강하
  $$e = I(R\cos\theta + X\sin\theta) = 10([10 \times 0.6] + [10 \times 0.8]) = 140\,[\text{V}]$$
- 직렬 콘덴서 설치 후의 전압강하
  $$e = I(R\cos\theta + X\sin\theta) = 10([10 \times 0.6] + [5 \times 0.8]) = 100\,[\text{V}]$$
- 선로의 전압강하가 $140\,[\text{V}] \rightarrow 100\,[\text{V}]$ 로 줄었으므로, $40\,[\text{V}]$ 가 보상됐다.

1. 전력계통 해석

① 단거리 선로 해석 : 2단자 회로망

- 전압강하(단상/3상) : $e = \dfrac{P}{V}(R + X\tan\theta)\,[\mathrm{V}]$

- 전압강하율 : $\varepsilon = \dfrac{P}{V^2}(R + X\tan\theta) \times 100\,[\%]$

- 전압변동률 : $\varepsilon = \dfrac{V_0 - V_n}{V_n} \times 100\,[\%]$

- 전력손실(단상/3상) : $P_l = \dfrac{P^2}{V^2\cos^2\theta}R\,[\mathrm{W}]$

- 전력손실률 : $K = \dfrac{PR}{V^2\cos^2\theta} \times 100\,[\%]$

② 중거리 선로 해석 : 4단자 회로망

- $ABCD$ 파라미터 관계식

$$V_1 = A\,V_2 + B\,I_2$$
$$I_1 = C\,V_2 + D\,I_2$$

- $ABCD$ 파라미터 행렬식

$$\begin{bmatrix} V_1 \\ I_1 \end{bmatrix} = \begin{bmatrix} A & B \\ C & D \end{bmatrix} \begin{bmatrix} V_2 \\ I_2 \end{bmatrix}$$

- 4단자 정수($ABCD$)의 특성 I

  A : 전압이득
  B : 임피던스
  C : 어드미턴스
  D : 전류이득

- 4단자 정수($ABCD$)의 특성 II

  $$AD - BC = 1$$

- 4단자 정수로 나타낸 (입력측) 영상 임피던스 $Z_{01} = \sqrt{\dfrac{AB}{CD}}\,[\Omega]$

- 4단자 정수로 나타낸 (출력측) 영상 임피던스 $Z_{02} = \sqrt{\dfrac{DB}{CA}}\,[\Omega]$

- 4단자 정수가 대칭($A = D$)일 때 영상 임피던스 : $Z_{01}Z_{02} = \dfrac{B}{C}$, $\dfrac{Z_{01}}{Z_{02}} = \dfrac{A}{D}$

- 영상전달정수(θ)

  $$\theta = \alpha + j\beta = \log_e\left(\sqrt{AD} + \sqrt{BC}\right)$$

  $$\theta = \cos h^{-1}\sqrt{AD} = \sin h^{-1}\sqrt{BC} = \tan h^{-1}\sqrt{\dfrac{BC}{AD}}$$

- 이상변압기의 4단자 정수 : $\begin{bmatrix} A & B \\ C & D \end{bmatrix} = \begin{bmatrix} n & 0 \\ 0 & \dfrac{1}{n} \end{bmatrix}$

- 영상 파라미터에 의한 4단자 회로망의 기초방정식

$$A = \sqrt{\dfrac{Z_{01}}{Z_{02}}} \cos h\theta \ , \ B = \sqrt{Z_{01}\,Z_{02}} \sin h\theta \ , \ C = \dfrac{1}{\sqrt{Z_{01}\,Z_{02}}} \sin h\theta \ , \ D = \sqrt{\dfrac{Z_{02}}{Z_{01}}} \cos h\theta$$

③ 장거리 선로 해석 : 분포정수 회로

- 장거리 선로의 입출력 관계식과 전자파 방정식

$$\begin{bmatrix} \vec{V_s} = A \, \vec{V_r} + B \, \vec{I_r} \\ \vec{I_s} = C \, \vec{V_r} + D \, \vec{I_r} \end{bmatrix} = \begin{bmatrix} \vec{V_s} = \cos h\,\alpha\,l \, \vec{V_r} + Z_0 \sin h\,\alpha\,l \, \vec{I_r} \\ \vec{I_s} = \dfrac{1}{Z_0} sinh\,\alpha\,l \, \vec{V_r} + \cos h\,\alpha\,l \, \vec{I_r} \end{bmatrix}$$

- 전파방정식의 4단자 정수 A, B, C, D 의미

$$\dot{A} = \cosh\gamma\,l \ , \ \dot{B} = \dot{Z_0}\sinh\gamma\,l \ , \ \dot{C} = \dfrac{1}{Z_0}\sinh\gamma\,l \ , \ \dot{D} = \cosh\gamma\,l$$

- 특성 임피던스(=파동 임피던스) $Z_0 = \sqrt{\dfrac{Z}{Y}} = \sqrt{\dfrac{R + j\omega\,L}{G + j\omega\,C}}$ $[\Omega]$

- 전파정수(전달정수) $\gamma = \sqrt{Z\,Y} = \sqrt{(R + j\omega L)(G + j\omega C)} = \alpha + j\beta$

- 감쇠정수 : $\alpha = \sqrt{RG}$

- 위상정수 : $\beta = \omega\sqrt{LC}$

㉠ 무손실 장거리 선로의 특성

- 특성 임피던스 : $Z_0 = \sqrt{\dfrac{L}{C}}$ $[\Omega]$, $= 138\log\dfrac{D}{r}$ $[\Omega]$

- 전파정수 : $\gamma = j\beta = j\omega\sqrt{LC}$

㉡ 무왜형 장거리 선로의 특성

- 특성 임피던스 : $Z_0 = \sqrt{\dfrac{L}{C}}$ $[\Omega]$

- 전파정수 : $\gamma = \sqrt{Z\,Y} = \alpha + j\beta = \sqrt{RG} + j\omega\sqrt{LC}$

㉢ (무손실, 무왜형일 때) 장거리 선로의 위상속도와 파장

- 전파속도 : $v = \lambda f = \dfrac{\omega}{\beta} = \dfrac{1}{\sqrt{\mu_s\,\varepsilon_s}} = 3\times10^8\,[\mathrm{m/sec}]$

- 파장 : $\lambda = \dfrac{v}{f} = \dfrac{3\times10^8}{f}\,[\mathrm{m}]$ (전파의 한 주기 길이)

ㄹ (무손실, 무왜형일 때) 특성 임피던스의 Z_0, L, C 계산

- 특성 임피던스 : $Z_0 = 138 \log_{10} \dfrac{D}{r}$ [Ω] 또는 $\log_{10} \dfrac{D}{r} = \dfrac{Z_0}{138}$

- 선로의 인덕턴스 : $L = 0.05 + 0.4605 \log_{10} \dfrac{D}{r} = 0.05 + 0.4605 \dfrac{Z_0}{138}$ [mH/km]

- 선로의 정전용량 : $C = \dfrac{0.02413}{\log_{10} \dfrac{D}{r}} = \dfrac{0.02413}{\left(\dfrac{Z_0}{138}\right)}$ [μF/km]

2. 송전특성(교류 송전의 특성)

① 스틸공식에 의한 송전전압 계산

$$V = 5.5 \sqrt{0.6\,L + 0.01\,P} \text{ [kV]}$$

② 페란티현상

교류 송전계통에서 수전단의 부하가 작아졌을 때(혹은 무부하상태일 때), 수전단전압이 송전단전압보다 높아지는 현상으로, 선로의 충전전류와 충전용량에 의해서 발생한다. 페란티현상으로 인해 정지상태의 발전기의 전기자권선으로 충전전류가 유입되어 고장을 유발할 수 있다.

③ 페란티현상 방지대책

- L 성분(유도성 리액턴스)의 전력기기를 선로에 배치한다.
- 조상설비를 부족여자 운전을 하여 지상전류를 선로에 공급한다.
- 수전단에 직렬 리액터를 설치하여 전압강하를 일으킨다.

④ 전력계통 연계의 장단점

ㄱ 장점

- 계통에 불필요한 전원공급설비를 줄일 수 있다.
- 예비 발전기를 위한 건설비, 인력 유지·관리비용을 줄일 수 있어 경제적인 급전이 가능하다.
- 무정전 전력운영 가능성이 증가하므로, 전력계통의 신뢰도가 향상된다.
- 부하변동(전력사용이 급증하는 여름철)이 심할 때, 전력계통의 부담이 줄어든다.

ㄴ 단점

- 전력을 연계하기 위한 설비비용이 든다.
- 전력계통에 사고가 발생하면, 사고가 파급될 우려가 있다.
- 전력계통 연계는 병렬 연결되므로, 단락전류(I_s), 단락용량(P_s)이 상승할 가능성이 있고, 그럴 경우 배전선로에서 통신선 유도장해의 영향이 커질 수 있다.

⑤ 전력조류의 계산 목적(→ 예방과 계획)

- 계통의 사고 예방 제어
- 계통의 운용 계획 입안
- 계통의 확충 계획 입안

⑥ **전력원선도에서 구할 수 있는 요소들**
- 유효전력, 무효전력, 피상전력
- 조상설비의 용량
- 송·수전 전력의 위상차
- 수전단의 역률
- 전력손실과 송전효율
- 송·수전 가능한 최대전력의 크기

⑦ **전력원선도에서 구할 수 없는 요소들**
- 과도안정 극한전력(안정적으로 보낼 수 있는 최대전력의 크기)
- 코로나 손실(코로나현상으로 인한 손실전력의 크기)

3. 조상설비

① **동기조상기**

동기조상기(동기전동기)의 계자전류(I_f)를 조절하여 선로에 지상 또는 진상의 전류를 공급한다.

② **전력용 콘덴서**

- 역률개선용 콘덴서의 용량 : $Q_c = P\left(\dfrac{\sqrt{1-\cos^2\theta_1}}{\cos\theta_1} - \dfrac{\sqrt{1-\cos^2\theta_2}}{\cos\theta_2} \right) [\mathrm{kVA}]$

- 충전전류(단상) : $I_c = \omega CE \, [\mathrm{A}]$

- 충전용량(3상) : $Q = \omega CE^2 \, [\mathrm{VA}]$

- $\triangle$ 결선 3상의 충전용량 : $Q = 3\omega CE^2 = 6\pi f CE^2 \, [\mathrm{VA}]$

- Y 결선 3상 충전용량 : $Q = 3\omega CE^2 = 2\pi f C V_l^{\,2} \, [\mathrm{VA}]$

③ **분로 리액터(병렬 리액터)**

- 병렬(분로) 리액터 : 페란티 방지, 역률개선
- 직렬 리액터 : 5고조파 제거
- 직렬 콘덴서의 장점
  - 인덕턴스를 보상하여 전압강하를 줄인다.
  - 수전단(부하, 수용가)에서 발생한 전압변동(＝전압강하)을 줄인다.
  - 안정도가 증진하여 최대송전전력이 증가한다.
  - 직렬 콘덴서는 부하의 역률이 나쁠수록 그 설치효과가 크다.

L ┌ 병렬 리액터 : 페란티 방지, 역률개선
   └ 직렬 리액터 : 제5고조파 제거
C ┌ 병렬 콘덴서 : 역률개선
   └ 직렬 콘덴서 : 전압강하 보상

핵 / 심 / 기 / 출 / 문 / 제

01 3300[V] 배전선로의 전압을 6600[V]로 승압하고 같은 손실률로 송전하는 경우 송전전력은 승압 전의 몇 배인가?

① $\sqrt{3}$ 　　　　② 2

③ 3 　　　　④ 4

해설

전력손실률 $K = \dfrac{PR}{V^2\cos^2\theta} \times 100$ [%] $\xrightarrow{\text{이항}}$ $V^2\cos^2\theta = PR\dfrac{1}{K}$ 이므로

$P \propto V^2$ 관계임을 알 수 있다. 그러므로 $P \propto \left(\dfrac{6600}{3300}\right)^2 = 4$

02 송전전력, 송전거리, 전선의 비중 및 전력손실률이 일정하다고 할 때, 전선의 단면적 A[mm²]은 다음의 어느 것에 비례하는가?(단, 여기서 V는 송전전압이다.)

① V 　　　　② $\sqrt{V}$

③ $1/V^2$ 　　　　④ V^2

해설

전력손실률 $K = \dfrac{PR}{V^2\cos^2\theta} \times 100$ [%]

여기서 저항(R)의 구조식은 $R = \rho\dfrac{l}{A}$ [Ω] 이므로,

$K = \dfrac{PR}{V^2\cos^2\theta} \times \rho\dfrac{l}{A}$ 전력손실률을 단면적 A에 대해 전개하면,

$A = \rho\dfrac{l}{K}\dfrac{PR}{V^2\cos^2\theta}$ 이다.

여기서 단면적과 전압은 제곱에 반비례함을 알 수 있다. → $A \propto \dfrac{1}{V^2}$

03 교류 송전에서 송전거리가 멀어질수록 동일 전압에서의 가능전력이 적어진다. 그 이유는?

① 선로의 어드미턴스가 커지기 때문이다.
② 선로의 유도성 리액턴스가 커지기 때문이다.
③ 코로나 손실이 증가하기 때문이다.
④ 저항 손실이 커지기 때문이다.

해설

송전용량 $P = \dfrac{E_s E_r}{X}\sin\delta$ [kW] 공식에서 알 수 있듯이 선로가 길어지면, 선로의 유도성 리액턴스가 커지게 되면, 송전용량은 줄어듦으로써, 교류 송전선로의 송전거리가 멀어질수록 선로정수는 증가한다.

04 송전선로의 송전용량을 결정할 때, 송전용량 계수법에 의한 수전전력을 나타낸 식은?

① 수전전력 $= \dfrac{\text{송전용량계수} \times (\text{수전단선간전압})^2}{\text{송전거리}}$

② 수전전력 $= \dfrac{\text{송전용량계수} \times \text{수전단선간전압}}{\text{송전거리}}$

③ 수전전력 $= \dfrac{\text{송전용량계수} \times (\text{송전거리})^2}{\text{수전단선간전압}}$

④ 수전전력 $= \dfrac{\text{송전용량계수} \times (\text{수전단전류})^2}{\text{송전거리}}$

해설

스틸(Still) 공식의 '송전전력(송전용량)' P를 선로의 길이 l [km]와의 관계'로 나타내면 '송전용량 계수법'이 된다.

송전전력 $P = k\dfrac{E_r^2}{l}$ [kW] 　여기서 $\begin{bmatrix} k: \text{송전용량 계수} \\ \quad \to 60\,[\text{kV}] : 600 \\ \quad \to 100\,[\text{kV}] : 800 \\ \quad \to 140\,[\text{kV}] : 1200 \\ l: \text{송전거리 [km]} \end{bmatrix}$

🔒정답 　**01** ④ 　**02** ③ 　**03** ② 　**04** ①

PART 05

전력계통의 고장 해석

01 전력계통의 고장 해석 이유

'고장 해석' 내용은 새로운 내용이 아니라 이미 회로이론 과목에서 다뤘던 내용입니다. 본 7장은 회로이론 과목 9장(3상 교류전력의 고장 해석) 내용과 상당부분 겹칩니다. 하지만 전기고장 및 사고에 대해 전력공학은 회로이론 과목보다 더 상세한 내용(3상 중 1선 고장, 2선 고장, 3선 고장에 대한 내용)을 기술합니다. 다시 말해, 회로이론의 '고장 해석'은 전기고장에 대한 수학적인 해석을 다뤘고, 전력공학의 '고장 해석'은 전기고장에 대한 이론을 응용하여 실질적인 해석을 합니다.

우리나라의 전력계통 운영은 정부가 운영하는 공기업인 '한국전력'이 하고 있습니다. 전력계통을 운영하다 보면 전기고장이 빈번하게 일어납니다. 전력계통의 전기고장은 전자기기의 고장과 규모와 해석에 있어서 매우 다릅니다.

• 전기분야가 다루는 전기의 크기 → 수백 [A], 수십~수백 [kV]
• 전자분야가 다루는 전기의 크기 → 수 [mA], 수 [V]

'전력계통의 고장 해석'은 교류 3상 송전선로에서 전력사고가 났을 때, 그 고장의 내용이 무엇이고, 어떻게 해석하는지에 대한 내용을 담고 있습니다. 전기, 전력은 눈에 보이지 않습니다. 때문에 우리나라 수백 km 구간의 서로 복잡하게 얽히고설킨 전력계통에서 전기사고가 발생하면 어디서 고장이 생겼는지, 고장 내용은 무엇인지 알기 어렵습니다. 이런 전기사고를 보호계전기(Protection Relay)를 통해 우리가 인지할 수 있습니다.

발전소, 송전계통, 변전소에는 수많은 보호계전기(Protection Relay)가 설치됩니다. 보호계전기는 대칭좌표법에 의한 3상의 교류파형을 디지털 방식으로 기록합니다. 이런 보호계전기(Protection Relay)의 종류와 역할 그리고 기능에 대해서는 전력공학 9장에서 더 자세히 다루고, 본 7장에서는 보호계전기가 기록한 3상 교류전력을 해석하는 방법을 다룹니다.

실제로 우리나라 수력, 화력, 원자력의 대형 발전소 **소내**의 전력 각 구간마다 100~300개의 보호계전기(Protection Relay)가 설치됩니다. 그뿐만 아니라 도시 대부분의 건물(수용가)에도 보호계전기가 설치되어 전력을 기록하고 감시(차단・경보)하며 전기사고가 발생하면 전력용 차단기를 동작시키거나 경보장치를 작동시키는 역할을 합니다.

※ 소내
'발전소 구역 안'을 줄여서 부르는 전기용어이다.

전력계통의 고장을 해석하는 이유는 다음과 같이 크게 세 가지로 정리할 수 있습니다.

• 첫째, 차단기 동작과 차단기 용량 설정

전력계통은 전기를 만드는 발전소에서부터 전기를 최종적으로 사용하는 수용가까지 전선으로 연결되어 있습니다. 그래서 계통의 어딘가에서 사고가 발생했을 때, 이를 차단하지 않으면 사고의 여파가 전체로 확대됩니다. 이런 전력사고로부터 발전소, 변전소, 전선로, 수용가, 각종 전기설비를 보호할 수 있는 유일한 방법이 전력의 흐름을 중간에서 끊어주는 **차단기**입니다. 그래서 발전소에서부터 수용가까지 구간에 따라 다양한 용량과 종류의 차단기들이 설치돼 있습니다. 여기서 집에서 쓰는 1만 원짜리 배선용 차단기를 발전소에 설치하면 안 되고, 반대로 발전소에 사용해야 할 300만 원, 500만 원짜리 차단기를 가정집에 설치할 수 없습니다.

다시 말해, 전력구간마다 고장이 발생했을 때 흐를 수 있는 전력용량을 계산하여 적당한 용량의 차단기를 선정하고 설치하기 위해서는 고장 해석이 필요합니다.

• 둘째, 보호계전기의 정정값 설정

차단기(Circuit Breaker)를 설치한 후 차단기가 동작할 수 있는 상한선과 하한선을 정해줘야 합니다. 위험하지 않은 고장에 대해서 차단기가 잦은 동작을 해서는 안 되고, 반대로 전력사고 구간이 확대된 다음 차단기가 늦게 동작해도 안 되기 때문입니다.

여기서 차단기는 전류를 끊기만 할 뿐, 스스로 전기고장의 내용을 판단하지 못합니다. 전력을 감시하고 차단 여부를 판단하는 것은 보호계전기(Protection Relay)의 역할입니다. 그러므로 차단기가 어떤 전압, 전류, 파형에 동작해야 할지를 **보호계전기 정정값 설정**을 통해 차단기에 명령신호를 보냅니다. 이 역시 고장 해석을 통해 보호계전기에 입력할 정정값이 정해집니다.

• 셋째, 통신선 유도장해 경감

전기가 흐르는 길이 '전선로'입니다. 가공전선로의 경우 송전선로, 배전선로, **옥내**배선(건축전기의 내선공사)이 있습니다. 하지만 전선로는 전력선만 지나다니지 않습니다. 전선로는 전력선과 함께 통신선이 병가(서로 같이 가설됨)됩니다. 때문에 전력계통에서 전기사고가 발생하면, 사고 내용은 기본적으로 고전압, 대전류이므로 이에 따른 (전자유도작용에 의한) 통신선 유도장해가 발생합니다.

이러한 **통신선 유도장해**를 전력선으로부터 차단하기 위해서도 고장 시 발생하는 전압, 전류가 어느 정도 크기인지 알기 위해 고장 해석이 필요합니다.

✚ 옥내
가정집 혹은 수용가 건물 내부를 말한다(반대로 '옥외'는 집 바깥, 건물 외부를 말한다).

02 전력계통의 고장 종류

발전소에서 수용가에 이르기까지 전체 전력계통에서 전기사고는 크게 다음 3가지로 구분할 수 있습니다. 고장 종류를 먼저 파악하고, 그 고장 종류에 따른 해석과 대응을 해야 합니다.

1. 단선사고

전력선이 끊어지는 사고로, 전체 전력계통 사고의 약 1%를 차지하는 사고이다. 한국전력의 전력복구팀이 현장으로 출동하여 케이블 교체를 하면 해결된다.

2. 단락사고

전체 전력계통 사고의 약 20%를 차지한다.

[단락사고 해석방법] 대칭좌표법, Ohm법, % Z법, PU법
- 3상 단락 : 3상 중 3선이 서로 붙음
- 선간 단락 : 3상 중 2선이 서로 붙음
- 1선 단락(단락은 두 선 이상이 서로 붙는 것으로 1선 단락은 없다)

3. 지락사고

전체 전력계통 사고의 약 80%를 차지한다.

① **지락사고 해석방법** : 대칭좌표법
② **지락** : 선(전선)과 땅(대지)은 반드시 분리되고 절연돼야 한다. 하지만 선에 흐르는 전류가 땅으로 일정 크기 이상의 전류가 흐르는 현상이 지락이다.

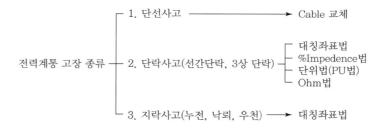

핵심기출문제

송전선로에서 가장 많이 발생하는 사고는 어떤 종류의 사고인가?
① 단선사고
② 단락사고
③ 지지물 전도사고
④ 지락사고

해설
발생빈도로 볼 때, 선전선로의 사고는 1선 지락사고가 가장 빈번하다.
정답 ④

03 단락사고 해석방법

대칭 3상 교류전력에서 단락사고가 발생했을 때, 이를 해석하는 다음과 같은 네 가지 해석 방법이 있습니다.

1. 옴 해석(Ohm법)

전류와 전압의 관계를 나타내는 옴의 법칙($I = \dfrac{V}{Z}$)을 이용하여 단락사고 시 발생하는 고장의 크기를 계산합니다.

$$단락전류\ I_s = \frac{E}{Z_s} = \frac{E}{Z_g + Z_{Tr} + Z_l}\ [A]\ (\Rightarrow 발전소에\ 적용)$$

$$단락용량\ P_s = \sqrt{3}\ V_n I_s\ [VA]\ (\Rightarrow V_n : 공칭전압)$$

$$차단용량\ P_s = \sqrt{3}\ V_n I_s\ [VA]\ (\Rightarrow V_n : 정격전압)$$

$$정격용량\ P_s = \sqrt{3}\ V_n I_n\ [VA]\ (\Rightarrow V_n : 공칭전압)$$

2. 퍼센트 임피던스법 해석(%Z법, % Impedence법)

(1) %Z법 해석 I

전선로와 각 전기설비에서 발생하는 전압강하(e)를 전체 전압(V)에 대한 전압강하(e)의 퍼센트비율(%Z)로 나타내어 발전기, 변압기, 송·배전선 등 전력계통에서 발생하는 단락에 대한 크기를 쉽게 계산할 수 있습니다.

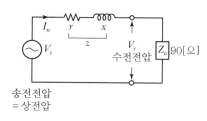

송전전압
= 상전압

$Z = r + jx = 10\ [\Omega]$
I_n : 정격전류
Z_0 : 부하 $90\ [\Omega]$
V_s : 상전압 $1000\ [V]$

• 정상상태일 때 정격전류(정상전류)

$$I_n = \frac{V_s}{Z + Z_0} = \frac{1000}{10 + 90} = 10\ [A]$$

〖정상상태(단락사고 발생 전) 〗

단락사고 시 선로에 흐르는 전류는

$$단락전류 : I_s = \frac{V_s}{Z_s} = \frac{1000}{10} = 100[A] \quad (이상전류)$$

고장으로 평소 정격전류 $10\,[A]$보다 10배인 $100\,[A]$가 선로에 흐른다.
이때 기기는 고장 나며 전선 피복이 타고, 도체저항은 증가한다.
이런 위험한 단락전류를 차단하려면, 차단기와 보호계전기가 필요하다.

〖단락사고 발생 후 〗

[%Z (퍼센트 임피던스)를 이용한 단락전류와 단락용량 계산]

$$I_s = \frac{100}{\%Z} I_n\ [A], \quad P_s = \frac{100}{\%Z} P_n\ [VA]$$

다음처럼 %Z에 의한 단락전류 계산결과를 보호계전기의 정정값으로 사용할 수 있다.

핵심기출문제

정격용량 20000[kVA], %임피던스 8[%]인 3상 변압기가 2차측에서 3상 단락되었을 때 단락용량은 몇 [MVA]인가?

① 160　　② 200
③ 250　　④ 320

해설

$$P_s = \frac{100}{\%Z} P_n$$
$$= \frac{100}{8} \times 20$$
$$= 250\,[MVA]$$

정답 ③

핵심기출문제

그림과 같은 3상 3선식 전선로가 있다. X 표시된 점이 단락점일 경우, 단락점에서 3상 단락전류[A]는?(단, 22[kV]에 대한 %리액턴스는 4[%], 저항분은 무시한다.)

① 5560　　② 6560
③ 7560　　④ 8560

해설

3상 선로의 단락전류

$$I_s = \frac{100}{\%Z} I_n = \frac{100}{\%Z} \left(\frac{P_n}{\sqrt{3}\ V_l} \right)$$
$$= \frac{100}{4}\frac{10000}{\sqrt{3} \times 22\,[kV]}$$
$$= 6560.79\,[A]$$

정답 ②

정격전류 $I_n = 20\,[\mathrm{A}]$, $\%Z = 5\,[\%]$ 라면,

단락전류 $I_s = \dfrac{100}{\%Z}\,I_n = \dfrac{100}{5} \times 20 = 400\,[\mathrm{A}]$

퍼센트 임피던스에 의한 단락전류 계산으로, 정상전류($20\,[\mathrm{A}]$)일 때보다 단락사고 후 선로에 1선당 $400\,[\mathrm{A}]$가 흐른다는 것을 파악할 수 있다.

(2) %Z법 해석 Ⅱ

퍼센트 임피던스($\%Z$)는 전압강하의 의미를 갖고 있고, 저항 종류(Z, R, X)에 따라 다음과 같이 전압강하의 종류를 분류할 수 있습니다.

① **전압강하** $e = V_s - V_r = V_0 - V_n\,[\mathrm{V}]$

② **전압강하율** $e = \dfrac{V_0 - V_n}{V_n} \times 100 = \dfrac{e}{V_n} \times 100\,[\%]$

전압강하율은 전체 수전전압(정격전압)을 기준으로 전압강하의 정도를 백분율로 나타냅니다. 이런 전압강하율을 전개하면,

$$e = \frac{e}{V_n} \times 100 = \frac{I_n\,Z}{V_n} \times 100 = \frac{I(R+jX)}{V_n} \times 100$$

$$= \frac{I_n\,R}{V_n} \times 100 + j\frac{I_n\,X}{V_n} \times 100 = p\cos\theta + q\sin\theta$$

㉠ 퍼센트 임피던스강하율 : $\%Z = \dfrac{I_n\,Z}{V_n} \times 100\,[\%]$

㉡ 퍼센트 저항강하율 : $\%R = \dfrac{I_n\,R}{V_n} \times 100\,[\%]$

㉢ 퍼센트 리액턴스강하율 : $\%X = \dfrac{I_n\,X}{V_n} \times 100\,[\%]$

(3) %Z법 해석 Ⅲ

① %Z 공식 변형

퍼센트 임피던스($\%Z$) 공식을 전력계통에 쉽게 적용하기 위해 다음과 같이 변형합니다.

- $\%Z_{(1\phi)} = \dfrac{PZ}{10\,V_p{}^2} = \dfrac{PZ}{10\,E^2}\,[\%]$　　　　　　　(여기서, V_p, E : 상전압)

$$\left\{ \begin{aligned} \%Z_{(1\phi)} &= \frac{I_n\,Z}{전체전압\,V_p\,[\mathrm{kV}]} \times 100 \\ &= \frac{I_n\,Z}{1000\,V_p\,[\mathrm{V}]} \times 100 \times \left(\frac{V_p}{V_p}\right) = \frac{PZ}{10\,V_p{}^2} \end{aligned} \right\}$$

- $\%Z_{(3\phi)} = \dfrac{PZ}{10\,V_l^{\,2}} = \dfrac{PZ}{10\,V^2}\,[\%]$ (여기서, V_l, V : 선간전압)

$$\begin{cases} \%Z_{(3\phi)} = \dfrac{I_n\,Z}{\text{전체 전압 }V_p\,[\text{kV}]} \times 100 \\[4mm] \qquad = \dfrac{I_n\,Z \times 100}{1000\,V_p\,[\text{V}]} \times \left(\dfrac{V_p}{V_p}\right) = \dfrac{\left(\frac{1}{3}P\right)Z}{10\left(\dfrac{V_l}{\sqrt{3}}\right)^2} = \dfrac{PZ}{10\,V_l^{\,2}} \end{cases}$$

$\left(\dfrac{1}{3}P\ :\ \text{3상 중 1상의 전력}\right)$

전체 전압은 선간전압(혹은 수전단전압)이므로, 위 $\%Z$와 같이 $\%R$, $\%X$에 대해 3상 중 1상의 전압강하율을 선간전압에 대해 전개하면 다음과 같습니다.

단상의 전압강하 백분율(E : 상전압)

- $\%Z_{(1\phi)} = \dfrac{PZ}{10\,E^2}\,[\%]$

- $\%R_{(1\phi)} = \dfrac{PR}{10\,E^2}\,[\%]$

- $\%X_{(1\phi)} = \dfrac{PX}{10\,E^2}\,[\%]$

3상의 전압강하 백분율(V : 선간전압)

- $\%Z_{(3\phi)} = \dfrac{PZ}{10\,V^2}\,[\%]$

- $\%R_{(3\phi)} = \dfrac{PR}{10\,V^2}\,[\%]$

- $\%X_{(3\phi)} = \dfrac{PX}{10\,V^2}\,[\%]$

② **%Z 해석법을 통한 단락전류, 단락용량 계산**

이러한 퍼센트 임피던스($\%Z$) 해석법을 통해서 단락사고가 났을 때 발생하는 단락 전류와 단락용량을 구할 수 있습니다.

- 단상 선로의 단락전류 : $I_s = \dfrac{100}{\%Z}\,I_n\,[\text{A}]$

$$\begin{cases} I_s = \dfrac{V_p}{Z} = \dfrac{V_p}{\left(\dfrac{\%Z}{100}\dfrac{V_p}{I_n}\right)} = \dfrac{100}{\%Z}\,I_n\,[\text{A}] \\[5mm] Z_{(1\phi)} = \dfrac{V_p}{I_n}\,[\Omega] \rightarrow \%Z = \dfrac{I_n\,Z}{V_p} \times 100\,[\%] \rightarrow Z = \dfrac{\%Z}{100}\dfrac{V_p}{I_n}\,[\Omega] \end{cases}$$

- 3상 선로의 단락전류 : $I_s = \dfrac{100\,P_n}{\sqrt{3}\,V_l\,\%Z}\,[\text{A}]$ (3상 중 1선의 단락전류)

$$\begin{cases} I_s = \dfrac{100}{\%Z}\,I_n = \dfrac{100}{\%Z}\left(\dfrac{P_n}{\sqrt{3}\,V_l}\right) = \dfrac{100\,P_n}{\sqrt{3}\,V_l\,\%Z}\,[\text{A}] \\[5mm] P_n = \sqrt{3}\,V_l\,I_l\,[\text{W}] \rightarrow I_l = I_n = \dfrac{P_n}{\sqrt{3}\,V_l}\,[\text{A}] \end{cases}$$

(4) 전력계통의 단락용량 계산 : P_s [kVA]

① 단락용량(차단용량) 계산의 필요성

전기회로 또는 전력계통에 전류 없는 전압 없고, 전압 없는 전류는 있을 수 없습니다. 그러므로 전력은 $P = VI$ [W] 입니다. 수용가의 설비 혹은 선로의 전력선 문제로 단락사고가 발생하면, 단락으로 인한 사고용량(＝단락용량)을 계산해야 합니다. 단락사고로 인한 전류는 평소 흐르던 정격전류의 10~20배의 전류이므로 차단기 폭발이나 선로의 화재를 유발합니다. 이를 방지하기 위해서 전력의 흐름을 끊을 수 있는 차단기가 동작해야 하는데, 차단기의 차단동작 신호는 보호계전기로부터 받습니다. 이는 보호계전기가 이상 유무를 계산할 수 있게 운영자가 정정값(계전기 Setting 값)을 입력해야 함을 의미합니다. 이런 의미에서 단락용량(또는 차단용량)을 계산해야 합니다.

② 단락용량(차단용량) 관련 수식

차단기 용량이란 차단기가 허용할 수 있는 전력용량으로, 정확히 말해 단락용량보다 차단용량의 크기가 조금 더 큽니다. 그래서 차단기가 동작하는 정정값을 단락용량(P_s)에 맞춰 놓으면, 실제 차단기 동작은 단락용량값 이상에서 차단동작을 하게 됩니다. 단락용량, 차단용량 관련 수식을 정리하면 아래와 같습니다.

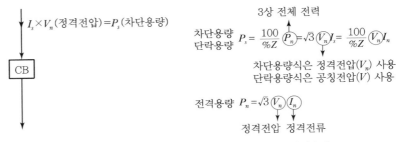

[차단기 용량 > 단락용량] : 차단기 동작은 단락용량까지 견디고 단락용량 이상에서 차단해야 한다.

[정격전압 < 공칭전압] : 전류 종류와 전압 종류에 따라서 계통의 용량 계산이 달라진다.

- 충전용량 : $P_c = \sqrt{3}\, V_n I_c$ [VA] (여기서 V_n : 공칭전압, I_c : 충전전류)
- 차단용량 : $P_s = \sqrt{3}\, V_n I_s$ [VA] (여기서 V_n : 정격전압, I_s : 단락전류)
- 단락용량 : $P_s = \sqrt{3}\, V_n I_s$ [VA] (여기서 V_n : 공칭전압, I_s : 단락전류)
- 정격용량 : $P_n = \sqrt{3}\, V_n I_n$ [VA] (여기서 V_n : 공칭전압, I_n : 정격전류)

[차단기용량 계산의 예]

전력계통 임의의 구간에 설치할 차단기의 차단기용량 계산을 예로 들면, 다음과 같다. 다음 전력계통 그림에서 CB(차단기) 위치에 적당한 차단기용량을 계산하려면, 세 가지 사항을 고려하여 설치할 차단기의 용량을 계산할 수 있다.

핵심기출문제

전력회로에 사용되는 차단기의 용량(Interrupting Capacity)은 다음 중 어느 것에 의하여 결정되어야 하는가?

① 예상 최대단락전류
② 회로에 접속되는 전부하전류
③ 계통의 최고전압
④ 회로를 구성하는 전선의 최대 허용전류

해설

3상의 차단용량

$P_s = \sqrt{3}\, V_n I_s$ [VA]

($\Rightarrow V_n$: 정격전압,

I_s : 단락전류)

$= \sqrt{3} \times$ 정격전압

$\times$ 단락전류 [VA]

정답 ①

핵심기출문제

정격전압 7.2[kV], 정격차단용량 250[MVA]인 3상용 차단기의 정격차단전류[A]는?

① 약 10000
② 약 20000
③ 약 30000
④ 약 35000

해설

3상의 차단용량

$P_s = \sqrt{3}\, V_n I_s$ [VA]

($\Rightarrow V_n$: 정격전압,

I_s : 단락전류)

이므로,

$P_s = \sqrt{3}\, V_n I_s$

$\rightarrow I_s = \dfrac{P_s}{\sqrt{3}\, V_n}$

$= \dfrac{250 \times 10^3}{\sqrt{3} \times 7.2}$

$\fallingdotseq 20000$ [A]

정답 ②

① 기준용량을 정한다(각 구간의 설비용량이 서로 다르므로 같은 용량 기준으로 $\%Z$ 값을 변환해야 한다).

→ $\%Z$ 기준용량 변환 : $\%Z_{(기준)} = \%Z_{(해당)} \dfrac{\text{기준용량}}{\text{해당용량}}$

② 설치할 차단기 위치를 기준으로 합성 $\%Z$를 구한다(직·병렬 합성저항 계산과 동일하다).

③ 차단용량 공식을 이용하여 차단용량을 구한다.

→ 차단용량 $P_s = \dfrac{100}{\%Z} P_n \,[\mathrm{VA}]$

(그림 속 계통은 $10\,[\mathrm{MVA}]$를 기준 용량으로 함)

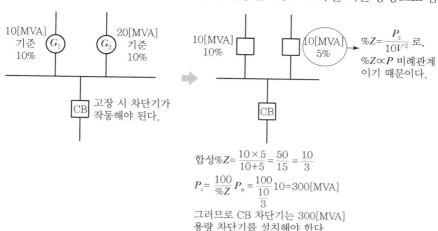

합성 $\%Z = \dfrac{10 \times 5}{10+5} = \dfrac{50}{15} = \dfrac{10}{3}$

$P_s = \dfrac{100}{\%Z} P_n = \dfrac{100}{\dfrac{10}{3}} 10 = 300\,[\mathrm{MVA}]$

그러므로 CB 차단기는 300[MVA] 용량 차단기를 설치해야 한다.

3. PU법 해석(PU법 = Percent Unit법 = 단위법)

어떤 전체에 대한 일부분의 비율(퍼센트가 아님)로 전기계통에서 손실이나 고장의 크기를 계산합니다. → $Z_{pu} = \dfrac{IZ}{E}\,[\mathrm{pu}]$ ($\%Z$를 100으로 나눈 값)

4. 대칭좌표법

다음에서 구체적으로 다루겠습니다.

04 대칭좌표법(3상 비대칭교류 해석)

대칭좌표법 이론의 핵심은 **벡터연산자**입니다. 벡터연산자($a = 1 \angle 120°$)를 이용하여 평형 교류전력(정상상태)과 불평형 교류전력(고장상태)을 나타내고 계산할 수 있습니다.

1. 대칭좌표법 이론

벡터연산자	벡터연산자에 의한 3상 표현	벡터연산자에 의한 각 불평형분의 크기
$a = 1 \angle 120°$	$V_a = V \angle 0° \, [\mathrm{V}]$	$V_0 = \frac{1}{3}(V_a + V_b + V_c) \, [\mathrm{V}]$
$a^2 = 1 \angle 240°$	$V_b = V \angle 240° \, [\mathrm{V}]$	$V_1 = \frac{1}{3}(V_a + a V_b + a^2 V_c) \, [\mathrm{V}]$
$a^3 = 1 = 1 \angle 0°$	$V_c = V \angle 120° \, [\mathrm{V}]$	$V_2 = \frac{1}{3}(V_a + a^2 V_b + a V_c) \, [\mathrm{V}]$

단락사고나 지락사고는 비대칭 불평형 교류를 만들고, 불평형 교류는 3상 대칭평형 교류의 벡터모양을 대칭이 아닌 일그러진 모양으로 만듭니다. 단락사고는 역상분에 의한 비대칭 벡터를 만들고, 지락사고는 영상분에 의한 비대칭 벡터를 만듭니다. 이를 전압 기준으로 나타내면 다음과 같습니다.

- 3상 불평형 교류전압 : 정상분 V_1, 역상분 V_2, 영상분 V_0
- 3상 불평형 교류전류 : 정상분 I_1, 역상분 I_2, 영상분 I_0

(1) 정상분(V_1)

3상 교류 V_a, V_b, V_c 각 상(Phase)의 위상관계가 서로 120° 각도로 평형을 이룬 교류를 말한다. 이런 상태가 정상상태의 교류이고, 다른 말로는 평형대칭 교류 또는 정상분이다. 정상분의 3상 교류는 회전자계가 존재하므로 3상 정상분 교류가 3상 유도전동기의 전원으로 유입되면 회전토크를 발생시켜 전동기는 회전하게 된다.

(2) 역상분(V_2)

3상의 교류 V_a, V_b, V_c 각 상(Phase)의 위상관계가 비대칭이며, 비대칭의 내용은 각 상이 정상분을 기준으로 서로 반대의 상회전을 한다. 다른 말로는 역상분 불평형 교류이다. 이런 역상분의 3상 교류는 타원자계를 만들고, 역상분 교류가 3상 유도전동기에 유입되면 전동기의 회전력과 회전속도를 감소시킨다.

(3) 영상분(V_0)

3상의 교류 V_a, V_b, V_c 각 상(Phase)의 위상관계가 비대칭이며, 비대칭의 내용은 각 상의 위상이 동상이다. 다른 말로는 영상분 불평형 교류이다. 이런 영상분의 3상 교류는 회전자계가 만들어지지 않으므로 영상분 교류가 3상 유도전동기에 유입되면 회전력이 발생하지 않아 회전하지 않는다. 영상분의 불평형 교류는 선로에서 지락사고로 인해 발생하며 영상분은 통신선 유도장해를 일으킨다.

2. 발전계통에서 고장 계산

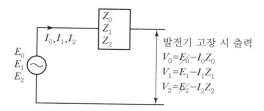

발전기 고장 시 출력
$V_0 = \cancel{E_0} - I_0 Z_0$
$V_1 = E_1 - I_1 Z_1$
$V_2 = \cancel{E_2} - I_2 Z_2$

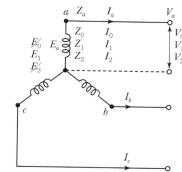

• 선로고장 시 불평형 요소

$$V_0 = \frac{1}{3}\left(V_a + V_b + V_c\right) \, [\mathrm{V}]$$

$$V_1 = \frac{1}{3}\left(V_a + a V_b + a^2 V_c\right) \, [\mathrm{V}]$$

$$V_2 = \frac{1}{3}\left(V_a + a^2 V_b + a V_c\right) \, [\mathrm{V}]$$

• 발전기고장 시 불평형 요소

$V_0 = -I_0 \cancel{Z_0} \, [\mathrm{V}]$

$V_1 = E_1 - I_1 Z_1 \, [\mathrm{V}]$

$V_2 = -I_2 Z_2 \, [\mathrm{V}]$

선로와 발전기의 고장 시 관계식으로 지락사고, 단락사고
를 계산할 수 있다.

• 위와 같은 발전기에서 발생할 수 있는 전기사고
① 1선 지락사고 시 '지락고장'
② 선간 단락사고 시 '선간 단락고장'
③ 3상 단락사고 시 '3상 단락고장'
④ 선로에서 '불평형분'과 '임피던스' 관계

〖 발전기 3상 중 1상에 대한 등가회로 〗   〖 3상 발전기 등가회로 〗

(1) 1선 지락사고 고장 해석

무부하상태에서 3상 동기발전기의 a상에 지락사고가 발생했다면, 나머지 두 개 상
(b상과 c상)은 개방상태가 된다.

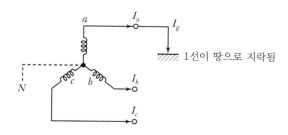

1선이 땅으로 지락됨

아래 그림과 같이 중성점을 접지한 3상 교류발전기의 a상이 지락되었을 때 해당하는 수식으로 맞는 것을 고르시오.

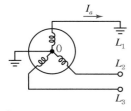

① $I_0 = I_1 = I_2$
② $V_0 = V_1 = V_2$
③ $I_0 = -I_2$, $I_0 = 0$
④ $V_0 = -V_2$, $V_0 = 0$

해설

1선 지락 발생 후, 지락된 1선에 성립되는 조건
• $I_0 = I_1 = I_2$
• $I_a = I_0 = I_1 = I_2$

여기서 $I_a = I_c = 0$ 조건을

$$I_0 = I_1 = I_2 = \frac{1}{3}(I_a + I_b + I_c)$$

에 대입하면,

$$\therefore I_0 = I_1 = I_2 = \frac{1}{3}I_a$$

점답 ①

---

① **1선 지락 발생 조건**

• a상 지락 후, E_a상이 대지와 닿으므로

$$E_a = 0$$

• a상 지락 후, 전류는 저항이 작은 I_a으로만 흐르고, I_b, I_c으로 전류가 흐르지 않는다.

$$I_b = I_c = 0$$

② **1선 지락 발생 후, 지락 1선에 성립되는 조건**

• $I_0 = I_1 = I_2$
• $I_a = I_0 = I_1 = I_2$

1선 지락전류 : $I_a = I_g = 3I_0 = 3\dfrac{E_a}{Z_0 + Z_1 + Z_2}$ [A]

1선 지락전류 공식 증명과정

만약 1선 지락 발생이 a상에 생겼을 때, 이를 수식으로 표현하면 $I_b = I_c = 0$

$I_b = I_c = 0 \rightarrow I_b - I_c = 0$ 이를 발전계통 고장 시의 대칭좌표 공식에 대입한다.

$$\begin{cases} I_a = I_0 + I_1 + I_2 \\ I_b = I_0 + a^2 I_1 + a I_2 = 0 \\ I_c = I_0 + a I_1 + a^2 I_2 = 0 \end{cases} \rightarrow \begin{cases} I_b - I_c = (I_0 + a^2 I_1 + a I_2) - (I_0 + a I_1 + a^2 I_2) = 0 \\ \quad = I_1(a^2 - a) + I_2(a - a^2) = 0 \\ \quad = I_1(a^2 - a) - I_2(a^2 - a) = 0 \\ \quad = (a^2 - a)(I_1 - I_2) = 0 \end{cases}$$

$$\begin{aligned} &\rightarrow I_1 - I_2 = 0 \rightarrow \\ &\rightarrow I_1 = I_2 \end{aligned} \begin{cases} I_b = I_0 + a^2 I_1 + a I_2 = 0 \text{ 여기서 } I_1 = I_2 \text{이므로,} \\ \quad = I_0 + a^2 I_1 + a I_1 = 0 \\ \quad = I_0 + I_1(a^2 + a) = 0 \text{ 여기서 } a^2 + a + 1 = 0 \rightarrow a^2 + a = -1 \text{ 이므로,} \\ \quad = I_0 - I_1 = 0 \rightarrow I_0 = I_1 \end{cases}$$

이와 같으므로, 결론적으로 $I_0 = I_1 = I_2$ 관계가 성립된다.

a상 1선이 지락됐으므로 $E_a = 0$이 되고, a상 전류는 영상분(I_0), 정상분(I_1), 역상분(I_2) 모두 포함된다. 그러므로 $I_a = I_0 = I_1 = I_2$ 수식이 성립된다.

이때 발전기 내부 a상의 임피던스(Z_a)도 영상분(Z_0), 정상분(Z_1), 역상분(Z_2)이 발생하므로, a상에 흐르는 전류 $I_a = \dfrac{E_a}{Z_a} = \dfrac{E_a}{Z_0 + Z_1 + Z_2}$ [A]이 된다.

E_a상 지락으로 인한 $I_b = I_c = 0$ 관계를 영상전류 수식 $I_0 = \dfrac{1}{3}(I_a + I_b + I_c)$ 에 적용하면,

$$\rightarrow I_0 = \frac{1}{3}I_a \text{ 이 된다.}$$

이를 다시 a상 전류로 정리하면 $I_a = I_g = 3I_0 = 3\dfrac{E_a}{Z_0 + Z_1 + Z_2}$ [A]가 된다.

③ a상의 1선 지락을 발전기 a상 단자전압으로 표현하기

a상에 1선 지락이 발생한 후, 1선 지락을 발전기 a상 단자전압으로 표현하면 다음과 같다.

$$a상의 영상전류 : I_0 = I_g = \frac{E_a - V_a}{Z_0 + Z_1 + Z_2}\,[\text{A}]$$

---

a상의 영상전류 공식 증명과정

$E_a = 0$는 곧 $V_a = 0$이다.

그리고 불평형분이 발생한 a상의 단자전압은 $V_a = V_0 + V_1 + V_2 = 0$ 이다.

$\rightarrow\ V_a = V_0 + V_1 + V_2 = (-Z_0 I_0) + (E_a - Z_1 I_1) + (-Z_2 I_2) = E_a + (-Z_0 I_0 - Z_1 I_1 - Z_2 I_2)$

여기서, $I_0 = I_1 = I_2$ 관계를 a상 불평형분에 적용하면,

$\rightarrow\ V_a = E_a + (-Z_0 I_0 - Z_1 I_0 - Z_2 I_0) = E_a + I_0(-Z_0 - Z_1 - Z_2)$

$$= E_a - I_0(Z_0 + Z_1 + Z_2)\,[\text{V}]$$

그러므로 발전기의 a상에 발생한 영상전류(I_0)는 $I_0 = I_g = \dfrac{E_a - V_a}{Z_0 + Z_1 + Z_2}\,[\text{A}]$

---

(2) 2선 지락사고 고장 해석

무부하상태에서 발전기의 두 상(b상, c상) 단자에 '지락사고'가 발생했다고 가정하면, a상은 개방상태가 된다.

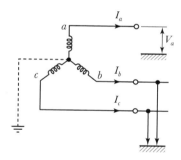

① 2선 지락 발생 조건

- V_b, V_c 두 상이 땅에 접지됐으므로, 두 상의 전위는 0이다.

  $V_b = V_c = 0$

- I_b, I_c가 지락이면 b상과 c상의 저항은 매우 작아지므로, 3상의 전류는 대부분 I_b, I_c로 흐른다. 이때 a상에 흐르는 전류도 $0\,[\text{A}]$가 된다.

  $I_a = 0$

② 2선 지락 발생 후, 2선에 성립되는 조건

$V_0 = V_1 = V_2$(2선 지락이 되면, 지락된 2상의 전압은 정상분, 역상분, 영상분이 모두 같게 된다)

(3) 2선 단락사고 고장 해석

무부하상태에서 발전기의 두 상(b, c 상)의 단자에 '2선 단락사고'(혹은 선간 단락사고) 사고가 발생했다고 가정하면, b상, c상은 단락이고, a상은 개방상태가 된다.

여기서 단락사고는 전류가 땅으로 흐르는 전류가 아니므로, 단락사고에서 영상전류(I_0)는 없다.

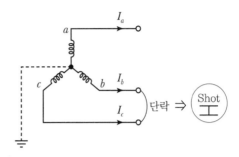

① 2선 단락 발생 조건

$$\begin{bmatrix} I_a = 0 \\ I_b = -I_c \end{bmatrix} , \begin{bmatrix} V_a = 값이 존재 \\ V_b = V_c = 0 \end{bmatrix}$$

② 2선 단락 발생 후, 2선에 성립되는 조건

- $I_0 = 0$ (발전기에 영상전류는 없다)
- 발전기에 정상전류(I_1)와 역상전류(I_2) 값이 존재한다.
- $I_1 = -I_2$ 관계 성립
- 단락전류 : $I_s = (a^2 - a) \dfrac{E_a}{Z_1 + Z_2}$ [A] (단락된 두 선의 1선당 단락전류)

(4) 3선 단락사고 고장 해석

발전기 단자의 3상 모두가 단락되면 영상분, 역상분은 없고, 각 상에 정상분 전류만 흐르게 된다.

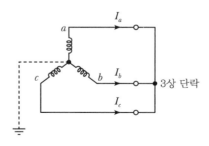

① 3선 단락 발생 조건

- 영상전류 $I_0 = 0$

3상 단락사고가 발생한 경우 다음 중 옳지 않은 것은?(단, V_0 : 영상전압, V_1 : 정상전압, V_2 : 역상전압, I_0 : 영상전류, I_1 : 정상전류, I_2 : 역상전류이다.)

① $V_2 = V_0 = 0$
② $V_2 = I_2 = 0$
③ $I_2 = I_0 = 0$
④ $I_1 = I_2 = 0$

해설
3상 단락 시 영상분, 역상분은 없고, 정상분만 유일하게 존재한다.
3선 단락 발생 조건
- 영상전류 $I_0 = 0$
- 역상전류 $I_2 = 0$
- 정상전류(I_1)는 각 상의 전류 (I_a, I_b, I_c) 값이 존재한다.
그러므로 정상전류(I_1)가 0이라고 한 보기 4번이 틀렸다.

정답 ④

- 역상전류 $I_2 = 0$
- 정상전류(I_1)는 각 상의 전류(I_a, I_b, I_c) 값이 존재한다.

$$\left(I_a = \frac{E_a}{Z_1}, \ I_b = \frac{a^2 E_a}{Z_1}, \ I_c = \frac{a E_a}{Z_1} \right)$$

(5) 전기사고에 따른 불평형 요소 결과

위 (1)~(4)번 지락사고와 단락사고 결과를 정리하면 다음 표와 같습니다.

구분	1선 지락	선간 단락	3선 단락
영상분	○	×	×
정상분	○	○	○
역상분	○	○	×

3. 송전선로의 비대칭 불평형 요소와 임피던스 관계

송전선로에서 불평형분은 임피던스와 함께 나타납니다.

- 영상회로와 영상 임피던스
- 정상회로와 정상 임피던스
- 역상회로와 역상 임피던스

각 불평형분(정상분, 영상분, 역상분)에 의한 정상회로, 영상회로, 역상회로에서 임피던스가 어떻게 나타나는지 알아봅니다.

(1) 영상회로와 영상 임피던스

계통의 영상회로는 [그림 b]처럼, Y 결선된 불평형 3상 교류의 중성선(n)을 하나로 묶어서 대지(땅)로 연결한 것과 같습니다. 각 중성선은 대지(땅)와 병렬연결된 것과 같습니다. 그리고 각 상(Phase)별로 각각의 영상교류전압을 인가하면 이것이 영상회로입니다. 이때 3상의 영상회로 중 1상에 대한 임피던스를 **영상 임피던스**라고 합니다.

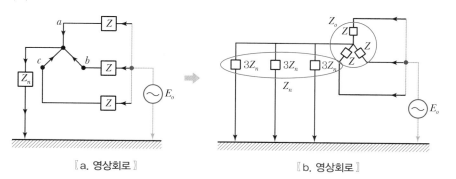

〖 a. 영상회로 〗　　　〖 b. 영상회로 〗

핵심기출문제

송전선로의 고장전류 계산에서 영상 임피던스가 사용되는 경우는 어떤 전기사고인가?
① 3상 단락　② 3선 단선
③ 1선 지락　④ 선간 단락

해설
전기사고에 따른 불평형 요소 결과

구분	1선 지락	선간 단락	3선 단락
영상분	○	×	×
정상분	○	○	○
역상분	○	○	×

🔒 정답 ③

핵심기출문제

선간 단락고장을 대칭좌표법으로 해석할 경우 필요한 것은 무엇인가?
① 정상 임피던스도 및 역상 임피던스도
② 정상 임피던스도 및 영상 임피던스도
③ 역상 임피던스도 및 영상 임피던스도
④ 정상 임피던스도

해설
전기사고에 따른 불평형 요소 결과

구분	1선 지락	선간 단락	3선 단락
영상분	○	×	×
정상분	○	○	○
역상분	○	○	×

🔒 정답 ①

- **[그림 a]** : Y결선된 3상의 한 선을 모아 하나로 묶고 그 공통선(N선)에 부하 (Z_n)를 연결 후 공통선(N선)과 대지 사이에 교류전압을 인가하면, [A] 회로의 전류는 모두 땅속으로 흐르게 된다. 이런 회로를 불평형 선로의 '영상회로'라고 한다.
- **[그림 b]** : '영상회로'가 됐을 때, 임피던스(Z_n) 부분의 상태를 보면, Y결선의 a, b, c상 전류 모두가 임피던스(Z_n)에 공통으로 흐르므로 병렬회로가 된다. 이에 대한 등가회로 그림이다.

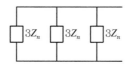

값이 모두 동일한 병렬회로의 합성 임피던스(Z_n)는 다음과 같습니다.

- (영상회로의) 합성 임피던스 : $Z_n = \dfrac{3\,Z_n}{3} = Z_n$
- (Y결선에 전류가 흐를 때) 합성 임피던스 : $Z_0 + Z_n$
- (Y결선 1상의) 영상 임피던스 : $Z + 3\,Z_n$

'영상 임피던스 회로'에 '대지 정전용량'을 추가하여 등가회로를 다시 그리면 다음과 같습니다.

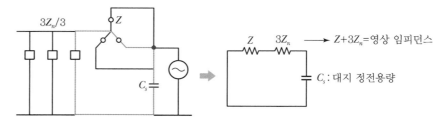

《 한 상당 작용하는 영상 임피던스 회로 》

한 상당 작용하는 영상 임피던스(대지 정전용량 포함)

$$Z = \frac{Z + 3\,Z_n}{1 + j\omega C\left(Z + 3\,Z_n\right)}\ [\Omega]$$

$$\left\{
\begin{aligned}
&\frac{1}{Z} = \frac{1}{Z + 3\,Z_n} + \frac{1}{\dfrac{1}{j\omega C}} = \frac{1}{Z + 3\,Z_n} + j\omega C \\
&\to Z = \frac{1}{\left(\dfrac{1}{Z + 3\,Z_n} + j\omega C\right)} \times \frac{\left(Z + 3\,Z_n\right)}{\left(Z + 3\,Z_n\right)} = \frac{Z + 3\,Z_n}{1 + j\omega C\left(Z + 3\,Z_n\right)}
\end{aligned}
\right\}$$

그러므로 정리하면,

- (대지 정전용량이 없는) 1선에 작용하는 **영상 임피던스**

$$Z_0 = Z + 3Z_n \ [\Omega]$$

- (대지 정전용량이 있는) 1선에 작용하는 **영상 임피던스**

$$Z_0 = \frac{Z + 3Z_n}{1 + j\omega C(Z + 3Z_n)} \ [\Omega]$$

(2) 정상회로와 정상 임피던스

3상 Y결선된 회로에 정상분 전압을 가하고 정상분의 전류가 흐르면, 이를 '정상회로'라고 한다. 이때 한 상의 임피던스를 **정상 임피던스**라고 한다.

(정상회로 한 상의) **정상 임피던스** : $Z_1 = Z \ [\Omega]$

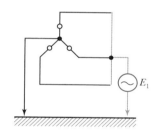

《 정상회로 》

(3) 역상회로와 역상 임피던스

3상 Y회로된 회로에 역상분 전압을 가하고 역상분의 전류가 흐르면, 이를 '역상회로'라고 한다. 이때 한 상의 임피던스를 **역상 임피던스**라고 한다.

(역상회로 한 상의) **역상 임피던스** : $Z_2 = Z \ [\Omega]$

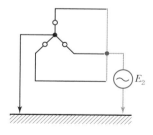

《 역상회로 》

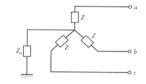

요약정리

1. 단락사고 해석방법

① 퍼센트 임피던스법 해석($\%Z$법)

[$\%Z$법을 이용한 단락전류, 단락용량]

- 단락전류 $I_s = \dfrac{100}{\%Z} I_n \, [\mathrm{A}]$

- 단락용량 $P_s = \dfrac{100}{\%Z} P_n \, [\mathrm{VA}]$

[$\%Z$법을 이용한 전압강하]

- $\%Z = \dfrac{I_n Z}{V_n} \times 100 \, [\%]$ (임피던스 강하율)

- $\%R = \dfrac{I_n R}{V_n} \times 100 \, [\%]$ (저항 강하율)

- $\%X = \dfrac{I_n X}{V_n} \times 100 \, [\%]$ (리액턴스 강하율)

② 전압과 전력으로 나타낸 퍼센트 임피던스($\%Z$법)

- $\%Z_{(1\phi)} = \dfrac{PZ}{10\,V_p^{\,2}} = \dfrac{PZ}{10\,E^{\,2}} \, [\%]$ (여기서, V_p, E : 상전압)

- $\%Z_{(3\phi)} = \dfrac{PZ}{10\,V_l^{\,2}} = \dfrac{PZ}{10\,V^{\,2}} \, [\%]$ (여기서, V_l, V : 선간전압)

③ 전압강하 종류에 따른 $\%Z$법

[단상의 전압강하 백분율(E : 상전압)]

- $\%Z_{(1\phi)} = \dfrac{PZ}{10\,E^{\,2}} \, [\%]$

- $\%R_{(1\phi)} = \dfrac{PR}{10\,E^{\,2}} \, [\%]$

- $\%X_{(1\phi)} = \dfrac{PX}{10\,E^{\,2}} \, [\%]$

[3상의 전압강하 백분율(V : 선간전압)]

- $\%Z_{(3\phi)} = \dfrac{PZ}{10\,V^{\,2}} \, [\%]$

- $\%R_{(3\phi)} = \dfrac{PR}{10\,V^{\,2}} \, [\%]$

- $\%X_{(3\phi)} = \dfrac{PX}{10\,V^{\,2}} \, [\%]$

④ 전력계통의 단락용량 계산

- 충전용량 : $P_c = \sqrt{3}\,V_n I_c \, [\mathrm{VA}]$ (여기서, V_n : 공칭전압, I_c : 충전전류)
- 차단용량 : $P_s = \sqrt{3}\,V_n I_s \, [\mathrm{VA}]$ (여기서, V_n : 정격전압, I_s : 단락전류)
- 단락용량 : $P_s = \sqrt{3}\,V_n I_s \, [\mathrm{VA}]$ (여기서, V_n : 공칭전압, I_s : 단락전류)
- 정격용량 : $P_n = \sqrt{3}\,V_n I_n \, [\mathrm{VA}]$ (여기서, V_n : 공칭전압, I_n : 정격전류)

⑤ PU법(＝ Percent Unit법 ＝ 단위법)

$$Z_{pu} = \frac{IZ}{E} \, [\text{pu}] \, (\% Z를 \ 100으로 \ 나눈 \ 값)$$

2. 발전계통에서 고장계산

① 1선 지락사고 고장 해석

[1선 지락 발생 조건]

$$E_a = 0$$

$$I_b = I_c = 0$$

[1선 지락 발생 후, 1선에 성립되는 조건]

$$I_0 = I_1 = I_2$$

$$I_a = I_0 = I_1 = I_2$$

$$I_a = I_g = 3I_0 = 3\frac{E_a}{Z_0 + Z_1 + Z_2} \, [\text{A}]$$

② 2선 지락사고 고장 해석

[2선 지락 발생 조건]

$$V_b = V_c = 0$$

$$I_a = 0$$

[2선 지락 발생 후, 2선에 성립되는 조건]

$$V_0 = V_1 = V_2$$

③ 2선 단락사고 고장 해석

[2선 단락 발생 조건]

$$I_a = 0$$

$$I_b = -I_c$$

$$V_a = 값이 \ 존재$$

$$V_b = V_c = 0$$

[2선 단락 발생 후, 2선에 성립되는 조건]

$$I_0 = 0$$

$$I_1 = -I_2$$

$$I_s = (a^2 - a)\frac{E_a}{Z_1 + Z_2}$$

④ 3선 단락사고 고장 해석

3선 단락 발생 조건 : 3상 단락 시 영상분, 역상분은 없고, 정상분만 유일하게 존재한다.

• 영상전류 $I_0 = 0$

• 역상전류 $I_2 = 0$

• 정상전류(I_1) 값 존재

⑤ 전기사고에 따른 불평형 요소 결과

구분	1선 지락	선간 단락	3선 단락
영상분	○	×	×
정상분	○	○	○
역상분	○	○	×

3. 송전선로의 비대칭 불평형 요소와 임피던스 관계

① (대지 정전용량이 없는) 1선당 작용하는 영상 임피던스 : $Z_0 = Z + 3Z_n \, [\Omega]$

② (대지 정전용량이 있는) 1선당 작용하는 영상 임피던스 : $Z_0 = \dfrac{Z + 3Z_n}{1 + j\omega C(Z + 3Z_n)} \, [\Omega]$

③ 정상회로 1선의 정상 임피던스 : $Z_1 = Z \, [\Omega]$

④ 역상회로 1선의 역상 임피던스 : $Z_2 = Z \, [\Omega]$

CHAPTER 08 중성점 접지방식과 통신선 유도장해

본 8장은 앞서 다룬 7장(전력계통의 고장 해석) 내용의 전기사고 중에서 지락사고와 관련하여 접지에 대한 이론을 다룹니다.

구체적으로, 송·배전 계통의 전기사고 또는 전기고장 중 약 80% 이상을 차지하는 사고가 지락사고입니다. 이런 지락사고를 방지하기 위해 계통에 **중성점 접지**를 하게 됩니다. '중성점 접지'는 많은 장점이 있지만, 단점도 존재합니다. '중성점 접지방식'에서 파생하는 문제가 **통신선 유도장해**입니다. 그래서 본 8장에서는 지락사고를 방지하기 위한 '중성점 접지방식'과 중성점을 접지함으로써 생기는 '통신선의 유도장해'에 대한 이론을 다룹니다.

01 계통의 접지목적과 종류

1. 계통의 중성점 접지

중성점 접지에서 '중성점'은 Y결선 선로의 n상을 말하고, 중성점 접지의 '접지'는 특정 목적으로 도체 선을 땅에 접속시킨 상태를 말합니다. 중성점 접지는 선로에 중성점(n 선)이 있어야만 중성선을 접지할 수 있는데, Y – Y선로는 n상이 존재하므로 중성점 접지공사가 가능하고, △ – △선로(비접지선로)는 중성선이 존재하지 않아 중성점 접지공사가 불가능합니다.

① **접지선로** : 접지가 가능한 선로로 Y – Y선로, 일명 'Y결선'을 말함
② **비접지선로** : 접지가 불가능한 선로로 △ – △선로, 일명 '△ 결선'을 말함
③ **접지종류** : 계통측의 접지(= 중성점 접지 : 선로와 전력기구 보호)
  • 비접지
  • 직접접비
  • 저항접지
  • 코일접지(소호 리액터 코일 접지)
④ **접지목적**
  • 선로측에서 접지는 선로접지를 말하며, 발·변전소 및 전력설비를 이상전압으로부터 보호하기 위해 접지한다.

송전선로의 중성점을 접지하는 목적은 무엇인가?

① 동량(전선 구리량)의 절약
② 송전용량의 증가
③ 전압강하의 감소
④ 이상전압의 방지

💬 해설

계통의 중성점 접지(직접접지, 저항접지, 코일접지)를 하는 목적
• 계통의 이상전압(=높은 전압)을 억제한다(직접 접지).
• 전선로 전력기기의 절연레벨을 낮출 수 있다(직접 접지).
• 전력보호계전기의 동작이 확실하다(직접 접지).
• 1선 지락사고 때 발생하는 아크(Arc)를 소멸시킨다(소호 리액터 코일 접지).

🔒 정답 ④

• 부하측에서 접지는 기기접지를 말하며, 전기설비 및 사람·동물을 누설전류로부터 보호를 위해 접지한다(전력공학 과목은 선로측의 접지만을 다루며, 부하측 접지는 KEC 과목에서 다룬다).

참고 ✅ 중성점 접지와 상접지

국가기술자격시험 내용과 무관하게, 현실에서는 △결선(비접지선로)도 접지를 한다.
△결선(비접지선로)에서 3상 중 임의의 1상을 접지하는 경우가 있다. 하지만 이는 중성점 접지가 아닌 상(Phase)을 접지한다고 해서 '상접지'라고 한다.
※ 상접지 : 특고압 선로(22.9kV)에서 저압 선로(220V/380V/440V)로 변압하는 변전설비 내에서 큰 자속으로 인한 1·2차측 간 혼촉 가능성 때문에, 혼촉을 방지하기 위해서 저압측 1선을 접지한다.

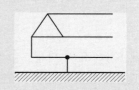

---

2. 계통의 접지 종류(송·배전 선로의 접지 종류)

① **비접지 방식** : △ − △ 결선(비접지선로) 선로는 접지가 불가능하다. 이러한 계통의 영상 임피던스는 매우 크다. → $Z_n = \infty \, [\Omega]$

② **직접접지 방식** : Y − Y 결선 선로의 중성선을 직접적으로 땅으로 접지하는 방식이다. 이러한 계통의 영상 임피던스는 매우 작다. → $Z_n = 0 \, [\Omega]$

여기서 직접적으로 접지한다는 말은 접지될 Y결선의 중성선에 아무것도 설치되지 않은 상태로 땅에 접속되는 것을 말한다.

③ **저항접지 방식** : Y − Y 결선 선로의 중성선을 접지하되, 중성선에 저항(R)을 삽입한 상태로 접지하는 방식이다. 이러한 계통의 영상 임피던스는 $Z_n = R$ 관계이다.

④ **코일접지 방식** : Y − Y 결선 선로의 중성선을 접지하되, 중성선에 '소호 리액터 코일(L)'을 삽입한 상태로 접지하는 방식이다. 이러한 계통의 영상 임피던스는 $Z_n = j X_L$ 관계이다.

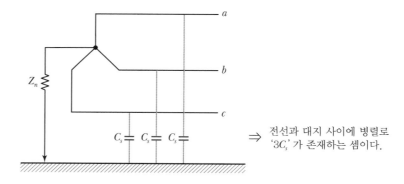

⟹ 전선과 대지 사이에 병렬로 '$3C_s$'가 존재하는 셈이다.

〚 영상 임피던스가 들어간 중성점 접지(직접접지/저항접지/코일접지) 〛

02 계통의 접지방식과 비접지방식

1. 비접지방식(△결선된 변압기에 의해 전력이 공급되는 선로)

(1) 정의

△ − △ 결선 선로이든, Y − Y 결선 선로이든 결과적으로 접지하지 않으면 비접지 선로가 됩니다. 하지만 이론적으로 Y − Y 결선 선로는 접지하므로 접지선로이고, △ − △ 결선 선로는 접지하지 않으므로 비접지선로입니다.

△ − △ 결선 선로(비접지선로)에서 지락사고가 발생하면 계통에 두 개의 병렬 폐회로가 생깁니다. 3상의 각 전력선과 대지(땅) 사이에서 공기 중에 전하가 축적됩니다. 이런 축적에 의한 정전용량이 대지 정전용량(C_s [F])입니다. 그리고 대지 정전용량(C_s)에 의해서 폐회로가 된 선로에 지락전류(I_g)가 순환하며 흐릅니다.

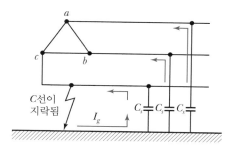

C_s : 대지 정전용량
$3C_s$: 병렬 합성 정전용량

〖 비접지선로에서 지락사고 발생 시 등가회로 〗

(2) 비접지선로에 지락 발생 시 이론적 특징

① 3상 비접지선로의 3개 전력선에 '대지 정전용량(C_s)'이 발생하고, 각 대지 정전용량은 선로와 병렬로 연결된 상태와 같아서, 선로의 합성 정전용량은 $C_0 = 3C_s$ [F]가 된다.

② 비접지선로에 흐르는 지락전류는 다음과 같다.

지락전류 $I_g = 3\omega C_s V_p = 3\omega C_s V_p l$ [A] (여기서 C_s [μF/km] , l [m])

$$\left\{ I_g = \frac{V_p}{Z} = \frac{V_p}{X_C} = \frac{V_p}{\left(\dfrac{1}{3\omega C_s}\right)} = 3\omega C_s V_p = 3\omega C_s V_p l \text{ [A]} \right\}$$

지락전류와 선로길이는 $I_g \propto l$ 비례관계이다. 그래서 선로길이가 길어질수록 지락사고 발생 후 흐르는 지락전류(I_g)의 크기가 커진다. 지락전류는 선로의 역률상태를 저역률로 만들기 때문에 비접지선로에 발생할 지락전류 상승을 억제하고자 비접지선로는 단거리 또는 낮은 저압계통의 선로로만 운영된다. 또한 비접지선로는 지락사고가 발생하면 지락전류를 1 [A] 미만이 되도록 설계해야 한다.

③ △ − △ 결선 선로는 △ 결선된 변압기 내에서 제3고조파 전류($3I_0$)가 순환하여 상쇄되므로, 선로에 $3I_0$가 흐르지 않는다. 선로에 제3고조파 전류가 흐르지 않으므로 통신선 유도장해가 없다.

④ △ − △ 결선 3상 선로 중 1선에 지락사고가 발생하면, (이론적으로) **건전상 전압**이 $\sqrt{3}$ 배 상승한다. (실제로는) 선로의 선과 땅 사이의 정전용량을 고려하면, 3상 중 1선 지락사고 발생 후, 상승전압은 상전압의 6배이다. 상전압의 6배 전압이 선로에 걸리면, 선로에 설치되거나 연결된 전력기기들은 절연이 파괴되어 수명이 단축되고 고장 날 수 있다. 이같은 이유로 비접지선로는 지락사고에 대비하여 높은 절연수준으로 전선로를 건설해야 한다(지락사고 시 대지전압이 적게는 $\sqrt{3}$ 배, 많게는 6배 상승하는 것이 최대단점이다).

참고 ✓ **비접지선로의 대지전압 개념**

《 △결선 벡터도 》

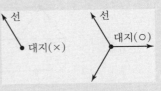

(△결선 벡터도에서)
V_a 상은 상전압이자 선과 땅 사이의 전압인 대지전압이다. 그리고 접지된 중성점은 0[V]이며, 땅도 0[V]이다.

△결선 벡터도 그림처럼, 정상상태의 비접지선로의 전압은 [대지 − V_a], [대지 − V_b], [대지 − V_c]이다. 여기서 만약 C상 1선이 지락되면, [대지 − V_c] 상전압은 $V_a - V_c$ 선간전압이 되므로 지락사고 후, C상 전압은 최소 $\sqrt{3}$ 배, 정전용량을 고려하면 최대 6배 이상으로 상승하게 된다.

• Y결선에서 선간전압 : 380[V], 상전압 : 220[V], 대지전압 : $V = \dfrac{V_l}{\sqrt{3}} = 220$[V]

• △결선에서 선간전압 : 220[V], 상전압 : 220[V], 대지전압 : 220[V]

대지전압은 선로가 접지됐을 경우에만 따지는 전압인 반면, 상전압은 선로의 접지 유무와 무관하게 △결선, Y결선 모두 사용하는 전압 개념이다.

⑤ △ − △ 결선의 비접지선로는 1상(변압기)이 고장 나더라도, V − V 결선 상태로 3상 전력을 공급할 수 있다(반면 Y − Y 결선의 접지선로에서 1상(변압기)에 고장이 생기면 3상 변압기의 불평형률(부하분담 불평형)이 높아져 V − V 결선 운전이 불가능하다).

㉠ (V 결선의) 변압기 출력 : $P_V = \sqrt{3}\, P_1$ [VA]

㉡ (V 결선의) 출력비 : $\dfrac{\text{고장 후 출력}}{\text{고장 전 용량}} = \dfrac{\sqrt{3}\, P_a}{3\, P_a} = 57.7$ [%]

㉢ (V 결선의) 이용률 : $\dfrac{\sqrt{3}\, P_a}{2\, P_a} = 86.6$ [%]

⑥ 선로에 지락사고가 발생하면, 대지 정전용량(C_s)에 의해 회로에 흐르는 지락전류의 위상은 전압위상보다 $90°$ 빠른 진상전류이다.

2. 중성점 접지방식(Y 결선된 변압기에 의해 전력이 공급되는 선로)

송전선로에서 중성점을 접지(직접접지, 저항접지, 코일접지)하는 목적은 다음과 같습니다.

- 선로에 이상전압(높은 전압)의 경감 또는 발생을 방지한다(직접접지).
- 전선로(전선, 지지물, 전력기기 등)의 절연레벨을 낮출 수 있다(직접접지).
- 보호계전기의 동작이 확실하다(직접접지).
- 1선 지락사고 때 발생하는 아크(Arc)를 잘 소멸시킨다(소호리액터 코일접지).

결선은 변압기에서 이루어지고, 선로가 Y 결선(또는 △ 결선)이란 말은 선로 양단에 Y 결선(또는 △ 결선)된 변압기가 있기 때문입니다. 그래서 Y − Y 결선(또는 Y − Y 결선) 선로라고 표현합니다.

(1) 직접접지방식(중성점 접지방식의 종류)
① 정의
직접접지방식은 Y − Y 결선 선로의 중성선(저항이나 코일 연결을 하지 않는 중성선)을 직접 땅으로 접지하는 접지방식이다. 그래서 중성선의 저항은 항상 $R = 0$ $[\Omega]$이다. 이러한 직접접지방식에서 지락이 발생하면, 지락된 해당 1선만 0전위이고, 건전상 대지전압 상승은 없거나 있어도 매우 적다.

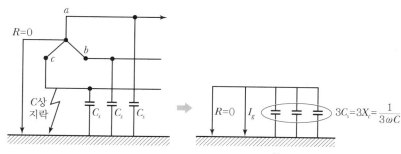

지락사고 시 지락전류 $I_g = \dfrac{V_p}{Z} = 3\omega C_s V_p l$ [A]이지만, 직접접지에서 성립되지 않는다.

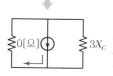

직접접지의 경우, 중성선의 도체저항이 작아서 I_g가 중성선으로만 흐른다. 그래서 I_g값이 크다.

〖 **직접접지선로의** C**상에 지락사고 발생 시** 〗

직접접지 방식의 선로에서 지락사고가 발생하면, 지락전류(I_g)의 크기는 단락사고에서 발생하는 단락전류(I_s)처럼 매우 크다. → $I_g = I_s$ 때문에 계통에 위험하다. 구체적으로 직접접지 방식에서 지락사고 때 발생하는 지락전류(I_g)가 큰 이유는 중성선(그리고 접지선)의 저항값은 작고, 선로와 대지는 절연되어 저항이 무한대($Z = \infty$)이므로, 지락전류(I_g)가 중성선으로만 흐르기 때문이다. 때문에 직접접지 방식에서는 대지 정전용량(C_s)에 의해 흐르는 지락전류가 없으므로 지락전류 수식($I_g = 3\omega C_s V_p\,[\mathrm{A}]$)은 성립되지 않는다.

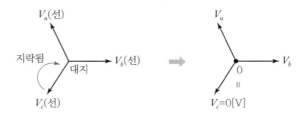

『 Y결선의 직접접지선로 벡터도 』

② **직접접지선로에 지락 발생 시 이론적 특징**

• 지락사고가 발생하더라도 건전상 대지전압 상승이 거의 없다. 사고가 생겨도 전압 상승이 없으므로 154[kV], 345[kV], 765[kV] 초고압 송전에 적합하다.

• 계통의 건전상 대지전압 상승은 거의 없지만, 지락전류 자체가 매우 크기 때문에 중성선에 보호계전기(지락전류 검출장치)를 설치하여 확실하게 지락전류를 검출할 수 있다. 다만, 지락사고의 빈도가 전기사고 중 가장 많으므로 보호계전기(ZCT : 지락전류를 검출하는 계전기)의 잦은 동작으로 기기에 부담과 충격을 주어 수명을 단축시킨다.

• 지락사고가 발생하면 대지(땅)로 흐르는 영상전류(＝지락전류)가 크기 때문에, 지지물에 전력선과 같이 병가된 통신선에 유도장해를 일으킨다. 지락전류의 크기가 큰 만큼 통신선 유도장해 영향도 크다.

• 지락전류는 진상의 저역률, 대전류이므로 계통의 과도안정도를 나쁘게 만든다.

• 직접접지 방식은 중성선(n 선)을 항상 0전위로 유지할 수 있으므로 **단절연** 변압기 사용이 가능하다.

• 직접접지 방식은 유효접지가 가능하다. '유효접지'란 만약 154[kV] 계통에서 1선 지락사고가 발생했을 때, 건전상 전압이 대지전압의 1.3배를 넘지 않도록 중성점의 영상 임피던스(Z_n)를 조절할 수 있는 접지방식이다.

• 경제적인 이유로, 대부분 Y − Y선로는 직접접지 방식을 채택하는 경우가 많다.

(2) 저항접지 방식(중성점 접지방식의 종류)

① 정의

저항접지 방식은 $Y-Y$ 결선된 선로의 중성선을 접지하되, 중성선에 저항기(R)를 삽입한 접지방식입니다. 이때 계통의 영상 임피던스는 $Z_n = R$으로, 저항값에 의해 영상 임피던스가 결정됩니다.

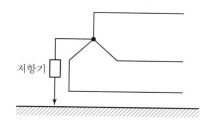

〖 저항접지방식의 선로 〗

저항접지 방식에서 주의할 것은,

- 저항값이 너무 크면, 고저항 접지방식이 되므로 결국 비접지선로($\triangle-\triangle$)가 되고,
- 저항값이 너무 작으면, 저저항 접지방식이 되므로 결국 직접접지선로($Y-Y$)가 된다.
- 저항접지 방식의 저항기 종류
  - 고저항 접지방식 : $100\sim1000\,[\,\Omega\,]$
  - 저저항 접지방식 : $30\,[\,\Omega\,]$

② 저항접지선로에 지락 발생 시 이론적 특징

- 접지저항 R값이 너무 작으면, 지락사고가 발생할 경우 직접접지 방식과 같아져 '통신선 유도장해'가 발생하고, 반대로 접지저항 R값이 너무 크면, 비접지 방식과 같아져 지락사고가 발생할 경우 전력보호장치(지락보호 계전기)가 지락전류를 검출하기 어렵다. 지락사고를 검출하지 못해 사고에 대응하지 않으면, 건전상 대지전압이 상승하여 사고의 여파가 커질 수 있다.
- (3상 중) 1선에 지락사고가 발생하면, 지락이 발생한 상의 전위는 0전위이고, 남은 두 상의 전압 벡터는 고장 난 상의 지락전류에 대해 $180°$ 위상차를 갖는다. 이는 곧 제3고조파 영상전압($3V_0$)이 발생한다는 것을 의미한다.

(3) 코일접지 방식(중성점 접지방식의 종류)

① 정의

코일접지 방식은 '소호리액터 접지방식' 또는 PC접지방식(Petersen Coil 접지방식)으로도 불립니다. 코일접지 방식은 접지선로, 비접지선로 모두에 적용할 수 있습니다.

✤ PC접지방식

이 접지는 1916년 윌리엄 피터슨(W. Petersen)이 개발하였고, 피터코일 접지 또는 소호 리액터 접지라고 불리는 접지방식이다. PC접지방식은 3상 전력계통에서 지락사고가 발생했을 때, 지락에 의한 아크전류를 제한하기 위해 사용한다. 하지만 21세기 현재의 PC접지는 20세기 초에 개발된 PC접지보다 훨씬 개선된 PC접지방식을 사용하고 있다. 옛날의 PC접지방식은 오늘날의 전력시스템과 맞지 않다.

직접접지 방식은 Y − Y 선로에서 지락사고가 발생하면 중성선에 흐르는 지락전류 (I_g)의 크기가 매우 크고(대전류), 선로를 진상의 저역률로 만들며 통신선 유도장해를 일으킵니다. 이런 문제를 보완하기 위해 대안으로 나온 접지방식이 코일접지방식입니다.

코일접지방식은 Y − Y 선로 양단에 위치한 변압기의 중성점(n선)에 리액터(L)를 설치합니다. 이 리액터(L)는 지락사고 후 선로의 대지 정전용량(C_s)과 '$L − C$ 병렬공진'을 일으켜 지락전류를 감소 또는 최소화하는 원리를 이용한 접지방식입니다.

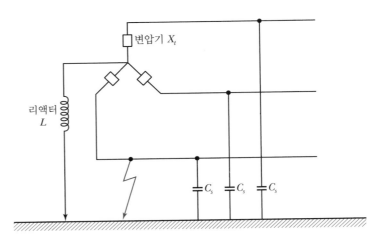

〖 소호 리액터 접지방식 〗

② 코일접지방식에 지락사고가 발생 시, 지락전류가 최소인 이유
지락전류가 최소가 되는 이유는, 회로이론(5장)의 $L − C$ 병렬공진 이론에 의하면 병렬공진 시 회로에 흐르는 전류는 최소가 되기 때문입니다. Y − Y 선로에 지락이 발생하면 회로에 흐르는 전류는 지락전류이므로 코일접지방식은 지락전류를 최소로 만들게 됩니다.

③ 변압기의 리액턴스와 중성선의 리액터(L)
변압기는 큰 용량의 솔레노이드 코일이 감긴 인덕턴스(L) 덩어리입니다. 이런 변압기 자체의 인덕턴스로 인한 변압기 유도성 리액턴스를 '변압기의 리액턴스(X_t)'로 부릅니다.

$$L[H] \rightarrow X_L[\Omega] \rightarrow X_t[\Omega]$$

그리고 '중성선에 직렬로 설치하는 리액터(L)는 지락을 없앤다. 지락을 소호한다.'는 의미에서 '소호 리액터'로도 부릅니다.

④ 코일접지선로에 지락이 발생 시 이론적 특징

　㉠ 변압기의 지락 소호용 리액터(L)와 선로상의 대지 정전용량(C_s)에 의해 계통은 $L-C$ 병렬공진 회로가 되고, 결국 지락전류(I_g)가 감소된다. 여기서 $L-C$ 병렬공진 회로를 이용해 지락전류를 줄이는 방식을 'PC접지'라고 부르고 또는 변압기에 지락 소호용 리액터를 설치한다 하여 '소호리액터 접지(또는 코일접지)'라고 부른다.

　㉡ 코일접지 방식의 Y－Y선로의 합성 정전용량 : $X_C = 3X_C$　($3C_s$는 없음)

　㉢ 코일접지방식의 장점

　　• 코일접지 방식의 리액터 설치목적은 지락전류 소호이다.

　　　－설치할 소호 리액터(L) 크기 : $L = \dfrac{1}{3\omega^2 C_s} - \dfrac{X_t}{3}$ [H]

　　　－설치할 소호 리액터(L) 용량 : $Q_L = \dfrac{E^2}{X_c} = 3\omega C_s E^2$ [VA]

　　　－Y－Y선로 양단의 3상 변압기의 전체 합성 리액턴스 : $X_{t0} = \dfrac{X_t}{3}$ [Ω]

　　• 코일접지 방식의 Y－Y선로는 지락사고에 대해 안전하므로 지속적인 정상의 전력공급이 가능하므로 과도안정도가 좋다. 또한 지락전류가 감소하므로 통신선 유도장해도 감소한다.

　㉣ 코일접지방식의 단점

　　• 코일접지 방식은 지락전류(I_g)를 소호시키므로, 실제 지락사고가 발생하더라도 중성선에 설치한 전력보호계전기에서 지락전류 검출 여부가 불확실하다. 이로 인한 다른 사고의 가능성이 있다(보호계전기는 전력계통의 고전압/대전류를 110[V]/0-5[A]로 낮춘 값을 가지고 고장분석을 하므로, 중성선에 지락전류가 미약하면 보호계전기가 지락전류를 검출하지 못할 수 있다).

　　• 1선 지락사고가 발생하면, 지락된 상의 지락전류는 0이지만($I_g = 0$ [A]), 만약 단선사고가 발생하면 리액터(L)와 대지 정전용량(C_s)은 '$L-C$ 직렬공진' 상태가 되므로, $L-C$ 직렬공진 이론에 의해 단선되지 않은 두 상의 대전류/고전압(이상전압)이 중선성에 인가되므로 선로고장상태가 된다.

　　• 코일접지 방식은 시공비용이 비싸다(경제적이지 않다).

합조도가 (+)일 때 옳은 것은?

① $\omega L > \dfrac{1}{3\omega C_s}$

② $\omega L < \dfrac{1}{3\omega C_s}$

③ $\omega L = \dfrac{1}{3\omega C_s}$

④ 부족 보상이다.

📖 해설

• 합조도 $P = 0$값인 경우, 완전공진을 의미 → $\omega L = \dfrac{1}{3\omega C}$

• 합조도 $P = -$값인 경우, 부족보상을 의미 → $\omega L > \dfrac{1}{3\omega C}$

• 합조도 $P = +$값인 경우, 과보상을 의미 → $\omega L < \dfrac{1}{3\omega C}$

🔒 정답 ②

소호 리액터 접지계통에서 리액터의 탭을 완전 공진상태에서 약간 벗어나도록 하는 이유로 타당한 것을 고르시오.
① 전력손실을 줄이기 위하여
② 선로의 리액턴스분을 감소시키기 위하여
③ 접지계전기의 동작을 확실하게 하기 위하여
④ 직렬공진에 의한 이상전압의 발생을 방지하기 위하여

📖 해설

소호 리액터 접지방식에서 단선사고가 발생하면, 이상전압이 발생하는 단점이 있다. 이를 보완하기 위해, 직렬공진이 발생되지 않도록 일부러 $L - C$ 병렬공진의 오차를 만든다. 오차를 주는 방법은 중성선(또는 접지선)에 설치할 리액터 L값에 $\pm 10\,[\%]$ 여유를 주는 것이다.

🔒 정답 ④

참고 ⊘ 중성선에 설치할 소호 리액터(L)의 크기 계산

① $L - C$ 병렬공진 조건에서 L과 C의 관계

$$\omega L = \frac{1}{3\omega C_s} \xrightarrow{\text{재전개}} L = \frac{1}{3w^2 C_s} = \frac{1}{3(2\pi f)^2 C_s}\,[\mathrm{H}]$$

② 3상 변압기의 합성 리액턴스 : $X_{t0} = \dfrac{X_t}{3}\,[\Omega]$

①－②를 하면 $L - C$ 병렬공진을 이용한 중성선에 설치할 소호 리액터(L)값이 된다.

$\therefore$ 소호 리액터 크기 : $L = \dfrac{1}{3\omega^2 C_s} - \dfrac{X_t}{3}\,[\mathrm{H}]$

⑤ 합조도

소호리액터 접지방식의 핵심 두 가지는,

• 장점 : 지락사고가 발생하면, 계통은 $L - C$ 병렬공진(임피던스 최대, 전류 최소)이 되어 지락전류(I_g)가 감소할 수 있다.

• 단점 : 단선사고가 발생하면, 계통은 $L - C$ 직렬공진(임피던스 최소, 전류 최대)이 되어 지락전류(I_g)가 크고, 이상전압이 발생한다.

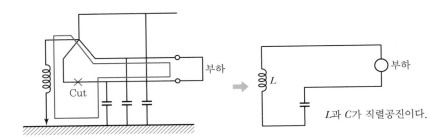

〖 단선사고 시 선로 〗　　　　　〖 단선사고 시 사고 선의 등가회로 〗

소호리액터 접지방식의 단선사고로 인한 단점을 보완하기 위해, 직렬공진이 발생하지 않도록 $L - C$ 병렬공진에 오차를 만든다. 여기서 오차란 중성선(또는 접지선)에 설치할 리액터(L)값에 $\pm 10\,[\%]$ 여유를 주는 것이다.

구체적으로, 단선사고가 발생할 때 직렬공진을 과보상 상태($L < C$)(C 값이 L 값보다 약 10[%] 크도록)로 만들어야 한다. 과보상에서 중요한 것은 L과 C의 전류 비율이 중요하다. 이를 계산하는 수식이 '합조도'이다.

$$\text{합조도 } P = \frac{I_L - I_c}{I_c} \times 100\,[\%]$$

$$\text{여기서, 소호리액터의 전류 : } I_L = \frac{E}{\omega L}\,[\mathrm{A}]$$

$$\text{대지의 충전전류 : } I_C = \frac{E}{3X_C} = 3\omega CE\,[\mathrm{A}]$$

$$\left\{ I_C = \frac{E}{3X_C} = \frac{E}{\left(\dfrac{1}{3\omega C}\right)} = 3\omega CE \right\}$$

- 합조도값이 $P = 0$인 경우, $\omega L = \dfrac{1}{3\omega C}$ → **완전공진**을 의미함

- 합조도값이 $P = -$(음)인 경우, $\omega L > \dfrac{1}{3\omega C}$ → **부족보상**을 의미함

- 합조도값이 $P = +$(양)인 경우, $\omega L < \dfrac{1}{3\omega C}$ → **과보상**을 의미함

3. 접지방식에 따른 특성 비교

구분	비접지 방식	직접접지 방식	코일접지 방식
1선 지락사고 시 전압 상승 정도	$\sqrt{3}$ 배(가장 큼)	(상승 없음)	$\sqrt{3}$ 배
1선 지락사고시 지락전류 크기	지락전류가 없다.	가장 높다.	지락전류가 없다.
유도장해 피해	피해가 없다.	크다.	피해가 없다.
계통의 절연수준	가장 높다.	가장 낮다.	낮다.
과도 안정도	나쁘다.	가장 나쁘다.	가장 좋다.

03 중성점 접지로 인한 통신선 유도장해

송전용 전력선이 가설되는 지지물에는 통신선(가공 약전류 전선으로 전력감시 신호선이다)도 같이 가설됩니다. 그리고 전력선에 의해 정전유도와 전자유도의 영향을 받아 통신선은 통신기능에 장해를 일으키는 통신선 유도장해가 발생합니다.

송전선 ─────────────
　　↓전자파 영향

통신선 ───────────── 송전선에 의해 유도장해를 받음

[유도장해의 종류]
① **정전유도장해** : 선로정수 중 하나인 정전용량(C)에 의한 영상전압 그리고 전력선과 통신선 상호 간의 정전용량으로 인해 통신선에 유도되는 전압을 말한다.
② **전자유도장해** : 송전선로의 1선에 지락사고가 발생하면, 상호 인덕턴스(M)에 의해 통신선에 영상전류(영상유도전압, 영상유도전류)가 흘러 통신선과 통신용 기기에 장해를 일으키고 인체에는 유해하다.

PART 05

③ **고주파유도장해** : 선로에 연결된 전력기기 중 '변압기 여자전류, 전력변환장치, 송전선로의 전선 말단에서 발생하는 코로나 방전현상'으로 인해 제3고조파가 발생한다. 제3고조파는 $3\phi 4w$ 선로의 중성선을 과열시키고, 통신선 유도장해를 일으키며, 전력보호기기의 과열과 전력보호계전기에 오동작 또는 부동작을 야기한다.

1. 정전유도장해 현상

(전기사고와 무관하게) 통신선과 전력선이 병가되는 전선로에서는 항상 정전유도장해가 존재합니다. 하지만 정전유도의 영향은 전자유도의 영향보다 매우 작아 '장해'라고 할 만큼의 특별한 통신선 피해가 있지 않습니다.

(1) 단상 선로에서 통신선에 걸리는 정전유도전압

단상 선로에서, (대지와 통신선 사이에서 발생하는 정전용량에 의해) 통신선에 발생하는 정전유도전압은 다음과 같다.

$$\text{정전유도전압} : V_s = \frac{C_m}{C_m + C_s} V \ [\text{V}]$$

$$\text{여기서, 대지전압} \ V = \frac{Q}{C_s} = \frac{1}{C_s}\left(C_0 \, V\right) [\text{V}]$$

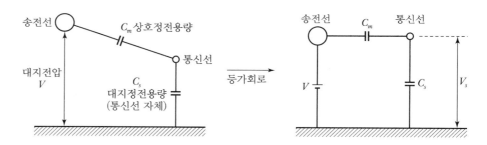

〚 단상 선로에서 정전유도 영향 〛

(2) 3상 선로에서 통신선에 걸리는 정전유도전압

3상 선로에서, (대지와 통신선 사이에서 발생하는 정전용량에 의해) 통신선에 걸리는 정전유도전압은 다음과 같다.

• 정전유도전압

$$E_s = \frac{3C_m}{3C_m + C_s} V$$

$$= \frac{\sqrt{C_a[C_a - C_b] + C_b[C_b - C_c] + C_c[C_c - C_a]}}{C_a + C_b + C_c + C_s} V [\text{V}]$$

- (선간전압) 정전유도전압

$$E_s = \frac{\sqrt{C_a[C_a - C_b] + C_b[C_b - C_c] + C_c[C_c - C_a]}}{C_a + C_b + C_c + C_s} \times \frac{V_l}{\sqrt{3}} \ [\text{V}]$$

- 중성점 잔류전압

$$E_n = \frac{C_m}{C_m + C_s} \ V \ [\text{V}]$$

여기서, V : 대지전압(V_p)

- 정전유도전압(E_s)=중성점 잔류전압(E_n)

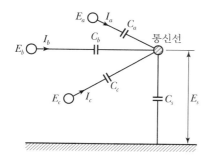

〖 3상 선로에서 정전유도 영향 〗

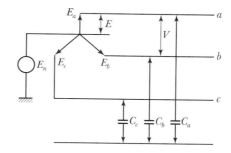

〖 3상 선로의 정전유도 관련 중성선 잔류전압 〗

(3) 정전유도전압 경감(연가)

정전유도전압(E_s)은 통신선 유도장해를 일으키는 전압으로, 정전유도전압(E_s)이 통신선에 걸리지 않아야 통신선 유도장해가 없는 것을 의미한다. 그래서 3상 선로에서 정전유도장해를 없애려면, $E_s = 0$ 이 되도록 하면 된다. 그러려면 통신선에 걸리는 정전유도전압(E_s) 수식의 분자가 0이 되어야 한다.

$$\sqrt{C_a[C_a - C_b] + C_b[C_b - C_c] + C_c[C_c - C_a]} = 0$$

이를 만족하는 조건은 $C_a = C_b = C_c$이고, 이는 3상 선로의 각 상의 대지 정전용량이 서로 모두 같아야 함을 의미한다. $C_a = C_b = C_c$는 「5장 선로정수와 코로나현상」에서 이미 다룬 **연가**와 일치한다. 그래서 결국, 연가를 하면 정전유도전압(E_s) 또는 중성선 잔류전압(E_n) 수식에서 $C_a = C_b = C_c$ 조건이 성립하므로 $E_s = E_n = 0$ (정전유도전압이 없으니 정전유도장해가 없다)이 된다.

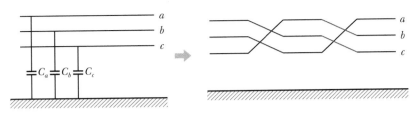

각 상의 대지로부터의 높이가 달라, 정전용량값이 다를 수밖에 없다. 이것을 연가하면

선로정수 혹은 대지 정전용량 C가 평형이 된다.

[중요] 연가의 효과

우리나라는 송전선로는 $3\phi\,3w$방식 혹은 $3\phi\,4w$방식을 주로 사용하는데, 송전선로는 복도체를 사용하므로 각 전선의 배치와 땅으로부터 높이가 모두 다르게 된다. 때문에 긴 송전선로에서 선로정수(R, L, C, G) 중에서 C는 편중된다. 이러한 선로정수가 편중되는 것을 방지하기 위해, 송전선로 전체 구간을 3배수로 나눠 각 구간별로 전선 배치를 골고루 섞는다. 그러면 3상의 각 선의 정전용량(대지 정전용량, 상호 정전용량)은 평형($C_a = C_b = C_c$)을 이루게 된다. 이것이 '연가'이다.

중성선 접지방식을 채택한 선로에서,
• 지락사고가 발생하면, 선로는 병렬공진 상태가 되어 선로에 흐르는 지락전류가 최소가 되고,
• 단선사고가 발생하면, 선로는 직렬공진 상태가 되어 선로에 흐르는 지락전류가 최대가 된다.
단선사고가 발생하면, 큰 지락전류로 전선로에 전력선과 병가된 통신선에 유도장해가 일어나므로 이를 방지하기 위해 '연가'를 한다.

---

① **송전선로를 연가할 때의 장점**
   • 정전유도전압을 감소시켜 통신선 유도장해를 줄인다.
   • 송전효율이 좋아진다.

② **정전유도장해 방지대책**
   • 송전선로를 완전히 연가를 한다. → 연가 : $C_a = C_b = C_c$
   • 송전선로의 선간 간격을 넓힌다. → 정전용량이 감소한다.
   • 중성선 잔류전압(E_n) 또는 정전유도전압(E_s)을 0으로 만든다.
      → $E_n = E_s = 0$

2. 전자유도장해 현상

정전유도장해 현상은 선로에 사고가 있든 없든 항상 존재하는 장해현상입니다. 하지만 전자유도장해 현상은 선로에 1선 지락사고가 발생했을 때만 발생하는 장해현상입니다. 송전선 1선에 지락사고가 발생하면, 선로정수 중 하나인 상호 인덕턴스(M)의 영향으로 통신선에 영상전류가 흐르게 됩니다. 이런 영상전류로 인해 다음과 같은 피해가 발생합니다.

① 통신장해   ② 인체에 유해
③ 전력기기의 오동작

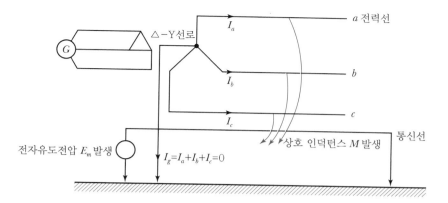

『 선로의 통신선에 미치는 전자유도 현상 』

핵심기출문제

전력선에 의한 통신선로의 전자유
도장해의 발생요인은 주로 어느
것인가?
① 영상전류가 흘러서
② 전력선의 전압이 통신선로보
　다 높기 때문에
③ 전력선의 연가가 충분하여
④ 전력선과 통신선로 사이의 차
　폐효과가 충분할 때

해설
지락사고가 발생하면, 선로정수 중
하나인 상호 인덕턴스(M)의 영향
으로 통신선에 영상전류가 흐르게
된다. 이런 영상전류로 인한 피해는
① 통신장해, ② 인체에 유해, ③
전력기기 오동작이 있다.

정답 ①

(1) 평상시(지락사고가 없을 때) 통신선의 전자유도전압(E_m)

전력선의 자기 인덕턴스(L)에 의해 전력선 자신에게 발생하는 유도전압은 $V = X_L\,I$
이다.

전력선에 의해 통신선에 유기되는 유도전압은 전력선으로부터 영향을 받은 상호
인덕턴스(M)에 의한 전압이므로,

$$V = X_M\,I = (j\omega M)I \times l = j\omega M\,(I_a + I_b + I_c)\,l\,[\mathrm{V}]$$

여기서, a, b, c 3개 상의 중성선에 흐르는 전류는 평형 3상 교류이므로 전류 벡
터합이 0이다. $I_a + I_b + I_c = 0$

그러므로 통신선에 유도되는 전압은 없다. $V = j\omega M \times 0 \times l = 0\,[\mathrm{V}]$

평상시 전력선과 통신선 사이에 상호 인덕턴스에 의해 통신선에 걸리는 전압은 0
$[\mathrm{V}]$이다. 이 전압이 위 그림에서 통신선의 전자유도전압(E_m)이다.

(2) 사고 시(1선 지락사고 발생 때) 통신선의 전자유도전압(E_m)

선로의 3상 중 1선에 지락사고가 발생하면 통신선에 걸리는 전자유도전압(E_m)은
다음과 같다.

$$E_m = X_M\,I = (j\omega M)I \times l = j\omega M\,(I_a + I_b + I_c)\,l\,[\mathrm{V}]$$

여기서, 평형 3상 교류 a상 1선이 지락되면, $I_a = I_g = 3I_0$가 된다. 그러므로
전자유도전압은,

$$E_m = j\omega M\,(I_a)\,l = j\omega M\,(3I_0)\,l\,[\mathrm{V}]$$

여기서, M : 상호 인덕턴스$[\mathrm{mH/km}]$

$I_g,\,3I_0$: 기유도전류, 지락전류, 영상전류$[\mathrm{A}]$

✿ 기유도전류
'기'는 '일으키다'라는 뜻으로 유
도전류를 일으키는 전류를 뜻함

통신선과 평행인 주파수 60[Hz]의 3상 1회선 송전선에서 1선 지락으로 영상전류가 100[A] 흐르고 있을 때 통신선에 유기되는 전자유도전압[V]은?(단, 영상전류는 송전선 전체에 걸쳐 같으며 통신선과 송전선의 상호 인덕턴스는 0.05[mH/km]이고 그 평행 길이는 50[km]이다.)

① 162 ② 192
③ 242 ④ 283

해설

3상 선로의 1선 지락사고 발생 시 통신선에 걸리는 전자유도전압은.

$E_m = X_M I = (j\omega M) I \times l$
$\quad = j\omega M(I_a + I_b + I_c) \, l \, [\mathrm{V}]$

여기서 평형 3상 교류 a상 1선이 지락된다면, $I_a = I_g = 3I_0$이므로

$E_m = j\omega M(I_a) \times l$
$\quad = j\omega M(3I_0) \times l$
$\quad = 2\pi \times 60 \times 0.05 \times 3$
$\qquad \times 100 \times 50 = 283\,[\mathrm{V}]$

정답 ④

핵심기출문제

통신선의 유도장해를 방지하기 위한 대책으로 차폐선을 설치하면, 유도전압을 몇 [%] 정도로 줄일 수 있는가?

① 30~50 ② 60~70
③ 80~90 ④ 90~100

해설

차폐선을 설치하면 유도전압을 30~50[%]로 줄일 수 있다.

정답 ①

통신선에 유도되는 전자유도전압(E_m)은 전력선의 전압방향과 반대이므로 전자유도전압에 $(-)$가 붙는다. 그러므로 1선 지락사고 때 영상전류(또는 기유도전류)에 의한 전자유도전압(E_m)은 최종적으로 다음과 같다.

(지락사고 후) 전자유도전압 : $E_m = -j\omega M(3I_0)\,l\,[\mathrm{V}]$

(3) 전력선측에서 전자유도장해 방지대책

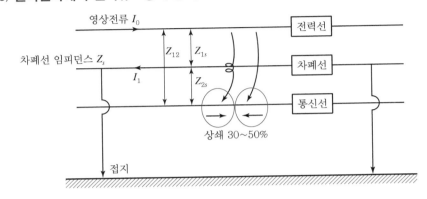

① 전력선과 통신선 사이의 이격거리를 넓혀 전자유도전압(E_m)에 영향을 주는 상호 인덕턴스(M)를 감소시킨다.

② 중성점 접지방식을 코일접지 방식으로 채택할 경우, $L-C$ 병렬공진에 의해 기유도전류(I_0) 발생을 억제할 수 있다.

③ 중성선에 고속도 지락보호계전기(지락전류를 신속히 감지하는 계전기)를 설치하여 지락사고가 난 구간을 신속히 차단한다.

④ 차폐선을 설치한다.

> **차폐선 설치 시 장점**
> 전력선 측에서 통신선에 작용하는 전자유도장해를 방지할 수 있는 보편적이고 대표적인 대책은 '차폐선 설치'이다. 차폐선은 전력선과 통신선 사이에 가설하는 또 다른 선으로, 전선이 아니며 대지와 단락시킨 0전위의 선이다.
> • 차폐선 설치로 전력선에 의한 전자유도장해를 30~50[%] 감소시킬 수 있다.
> • 차폐계수 $\lambda = 1 - \dfrac{Z_{1s} \cdot Z_{2s}}{Z_s \cdot Z_{12}}$ (차폐능력의 정도를 수치로 나타낼 수 있다.)

(4) 통신선측에서 전자유도장해 방지대책

① 통신선의 중간을 중계코일(절연변압기)을 넣어 전기적으로 구간을 분리한다. '절연변압기' 설치 시 전력선과 통신선의 병행길이를 단축시키는 효과가 있다.
→ 전자유도전압 수식 $E_m = 3\omega M(I_0)\,l\,[\mathrm{V}]$에서 유도전압은 길이에 비례($E_m \propto l$)하므로 길이가 줄어들면 통신선 전자유도전압도 감소한다.

② 연피(납 피복) 통신케이블을 사용한다. 납으로 피복된 케이블을 사용하면 전자파 차단효과가 뛰어나므로 전자유도장해로부터 통신선을 보호할 수 있다.

③ 송전선로에 성능이 우수한 피뢰기를 설치한다. → 피뢰기는 지락전류를 흡수하여 소멸시킨다.

04 안정도

'안정도'란 전력계통에서 전력전송의 안정한 정도를 의미합니다. 만약 전력이 끊어지지 않고 높은 역률과 전압변동 없이 지속적으로 공급된다면 '안정도'가 좋은 것이고, 그렇지 않다면 안정도가 낮은 것입니다. 또한 지락사고 시 지락전류가 작을수록 전력계통의 안정도는 향상됩니다.

> 안정도의 종류
> ① 정태안정도 　　　　　　　　② 과도안정도
> ③ 동태안정도

1. 정태안정도

(1) 정태안정도
'정상상태의 전력계통에서 얼마나 안정적으로 부하에 많은 전력을 보낼 수 있는지' 정도를 나타내는 안정도로, 송전계통이 불변하는 부하 또는 아주 서서히 증가하는 부하에 대해서 계속적으로 송전할 수 있는지 그 계통의 능력을 의미한다.

(2) 극한전력
정상상태에서 보낼 수 있는 최대전력을 의미한다.

(3) 정태안정 극한전력
정상상태에서 안정도를 유지하며 최대전력을 보낼 수 있는 계통의 능력을 의미한다.

2. 과도안정도

(1) 과도안정도
'계통에 전기사고가 발생하더라도 지속적으로 부하측으로 전력공급이 가능한지 그 정도'를 나타내는 안정도로, 송전계통에서 갑자기 외란(지락, 단락, 단선의 전기사고 또는 부하의 급변 등)이 발생하더라도 발전소의 동기발전기가 탈조하지 않고 평형상태를 신속히 회복하여 지속적으로 전력을 전송할 수 있는지 그 능력을 의미한다.

📖 핵심기출문제

송전선로의 중성점을 직접 접지할 경우 관계가 없는 것을 고르시오.
① 과도안정도 증진
② 기기의 절연 수준 저감
③ 계전기 동작 확실
④ 단절연 변압기 사용 가능

💬 해설
직접접지 방식은 1선 지락사고 시에 선로에 흐르는 지락전류가 크다. 그래서 전력보호기기의 지락전류 검출이 확실하여 선로를 지락사고로부터 보호할 수 있지만, 지락전류는 진상의 저역률 대전류이므로, 단락전류와 같이 과도안정도가 가장 나쁘다. 안정도는 지락전류가 작아야 향상된다.
🔒 정답 ①

① 부하가 서서히 감소할 때의 극한전력
② 부하가 서서히 증가할 때의 극한전력
③ 부하가 갑자기 사고가 났을 때의 극한전력
④ 부하가 변하지 않을 때의 극한전력

해설

㉠ 정태안정도 : 송전계통이 불변하는 부하 또는 아주 서서히 증가하는 부하에 대해서 계속적으로 송전할 수 있는지 그 능력을 말한다.

㉡ 과도안정도 : 계통에 갑자기 외란(지락, 단락, 단선의 전기사고나 부하의 급변 등)이 발생하더라도 발전소의 동기발전기가 탈조하지 않고 평형상태를 빨리 회복하여 계속 전력을 공급(=송전)할 수 있는 능력을 의미한다.

㉢ 동태안정도
• '전력 전송 중 전압에 변동이 생길 때, 이를 제어해서 정상적인 전력공급(=송전)을 할 수 있는 정도'를 의미한다.
• 고속 AVR(고속자동전압조정기) 혹은 강력한 속응여자장치를 이용하여 전력을 만드는 동기발전기에 계자전류를 증가시켜 발전기 출력을 높인다. 이로써 계통의 전압변동, 전압강하를 방지하여 정태안정도를 유지할 수 있다.

🔒 정답 ③

---

(2) **과도안정 극한전력**

과도안정도를 유지한 상태로 최대로 보낼 수 있는 전력을 의미한다.

3. 동태안정도

동태안정도란 '전력 전송 중 전압변동이 생길 때, 이를 제어해서 정상적인 전력공급을 할 수 있는지 그 정도'를 나타내는 안정도입니다.

전력 전송 중 전압변동이 생기면, 발전기측에서 고속 AVR(고속자동전압조정기) 혹은 강력한 속응여자장치를 이용하여 동기발전기의 계자전류(I_f)를 증가시켜 발전기 전압출력을 높입니다. 이로써 계통의 전압변동, 전압강하에 신속히 대응하여 정태안정도를 유지할 수 있습니다.

4. 안정도 향상대책

계통의 안정도를 높일 수 있는 대표적인 방법은 다음과 같습니다.

① 계통의 직렬 리액턴스를 감소시킨다.

- 송전전력 공식 $P = \dfrac{E_s E_r}{X} \sin\delta \, [\text{kW}]$에서 선로의 리액턴스와 송전전력은 반비례 $P(\uparrow) \propto \dfrac{1}{X(\downarrow)}$ 관계이므로, 전력운영 시 리액턴스(X_L)가 작은 전기설비(발전기, 변압기)를 채용하고, 선로측에서는 복도체 및 병행 다회선방식을 채용한다.

- 계통의 각 전력기기에 직렬 콘덴서를 삽입하여 리액턴스(X_L)를 감소시킨다. 또한 전기설비, 전력기기는 가능하면 단락비가 큰 기기들로 설치한다.
  → 단락비(K_s)가 크면 선로 리액턴스(X_s)가 감소한다.

  (단락비 $K_s \propto \dfrac{1}{Z_s} \propto \dfrac{1}{X}$)

② 계통에 전압변동을 감소하도록 운영한다. 전압변동이 적으면 수용가의 정전도 줄어든다.

- 속응여자방식(계통의 전압변동에 대해 동기발전기의 빠른 대응)을 사용한다. 발전소의 발전기를 속응여자방식으로 사용하면 부하변동에 대한 발전기 출력 응답이 빠르기 때문에 정전을 줄일 수 있다.
- 배전계통의 전원설비, 변압기를 서로 연계한다.
- 중간조상방식을 채용한다. 중간조상방식은 '조상기' 역할을 하므로 계통의 역률을 조절할 수 있다. 역률이 조절되면 유효전력을 변화시켜 전압강하를 감소시킬 수 있고, 전압변동도 자연적으로 감소하게 된다.

③ 계통에 주는 충격을 감소시킨다.

- 고장전류(지락전류)를 감소시킨다는 의미이다. 고장전류를 감소시키는 가장 효과적인 방법은 송전선로에 소호 리액터 접지방식을 채용한다.
- 신속히 차단한다. → 계통에 고속재폐방식(혹은 고속차단기)를 사용하여 전기사고가 발생하면 고장구간을 계통으로부터 신속히 차단할 수 있다.

④ 3상 동기발전기의 불평형을 감소시킨다(조속기 성능의 개선, 제동 저항기 설치). 발전기 계통에서 고장이 발생하면 3상 동기발전기의 전기자권선에 불평형 전류가 흐르게 된다. 이 역시 계통의 안정도를 떨어뜨리는 요인이 되므로, 3상 동기발전기의 회전속도(동기속도)를 제어하는 **조속기의 성능을 개선**하거나 발전기 전기자권선에 **제동저항기**를 설치한다.

PART 05

1. 계통의 접지목적과 종류

① 계통의 중성점 접지목적
- 선로측에서 접지는 선로접지를 말하며, 발·변전소 및 전력설비 보호를 위해 접지한다.
- 부하측에서 접지는 기기접지를 말하며, 전기설비 및 사람·동물 보호를 위해 접지한다.

② 계통의 접지 종류
- 비접지 방식 : $\triangle - \triangle$ 결선(비접지선로)는 접지가 불가능하다. → 영상 임피던스 $Z_n = \infty\,[\Omega]$
- 직접접지 방식 : $Y - Y$ 결선 선로의 중성선을 직접적으로 땅으로 접지한다. → $Z_n = 0\,[\Omega]$
- 저항접지 방식 : $Y - Y$ 결선 선로의 중성선을 접지하되, 중성선에 저항(R)을 삽입한 상태로 접지한다. 영상 임피던스 $Z_n = R$ 이다.
- 코일접지 방식 : $Y - Y$ 결선 선로의 중성선을 접지하되, 중성선에 '소호 리액터 코일(L)'을 삽입한 상태로 접지한다. 영상 임피던스 $Z_n = jX_L$ 이다.

2. 계통의 접지방식과 비접지방식

① 비접지 방식
- 비접지선로의 합성 정전용량 : $C_0 = 3C_s\,[\text{F}]$
- 비접지선로의 지락전류 : $I_g = 3\omega C_s V_p = 3\omega C_s V_p\, l\,[\text{A}]$ (여기서, $C_s\,[\mu\text{F/km}]$, $l\,[\text{m}]$)
- $\triangle - \triangle$ 결선 선로는 제3고조파 전류($3I_0$)가 없다. 그러므로 통신선 유도장해가 없다.
- $\triangle - \triangle$ 결선 3상 선로 중 1선에 지락사고가 발생하면, (이론적으로) 건전상 전압이 $\sqrt{3}$ 배 상승한다. (실제로는) 선로의 선과 땅 사이의 정전용량에 의해 1선의 상승전압은 상전압의 6배이다.
- $\triangle - \triangle$ 결선의 비접지선로는 1상(변압기)이 고장 나더라도, $V - V$ 결선 상태로 3상 전력을 공급할 수 있다.
  - (V 결선의) 변압기 출력 : $P_V = \sqrt{3}\, P_1\,[\text{VA}]$
  - (V 결선의) 출력비 : 57.7 [%]
  - (V 결선의) 이용률 : 86.6 [%]
- 지락사고가 발생하면, 선로에 흐르는 지락전류는 전압 위상 90°가 빠른 진상전류이다.

② 중성점 접지방식
㉠ 계통의 중성점 접지(직접접지, 저항접지, 코일접지)를 하는 목적
- 선로의 이상전압(높은 전압)을 경감 또는 발생을 방지한다(직접접지).

- 전선로(전선, 지지물, 전력기기 등)의 절연레벨을 낮출 수 있다(직접접지).
- 보호계전기의 동작이 확실하다(직접접지).
- 1선 지락사고 때 발생하는 아크(Arc)를 잘 소멸시킨다(소호 리액터 코일 접지).

ⓛ 직접접지 방식
- 지락사고가 발생하더라도 건전상 대지전압 상승이 거의 없다. 때문에 초고압 송전에 적합하다.
- 지락전류 자체가 매우 크기 때문에 중성선에서 보호계전기가 확실하게 지락전류를 검출할 수 있다.
- 지락사고가 발생하면 대지로 흐르는 영상전류(지락전류)에 의해 통신선에 유도장해를 일으킨다.
- 지락전류는 진상의 저역률, 대전류이므로, 계통의 과도안정도를 나쁘게 만든다.
- 직접접지 방식은 중성선(n 선)을 항상 0전위로 유지할 수 있으므로 단절연이 가능하다.
- 직접접지 방식은 유효접지가 가능하다.

ⓒ 저항접지 방식
- 접지저항 R 값이 너무 작으면, 지락사고가 발생할 경우 직접접지 방식과 같아져 '통신선 유도장해'가 발생하고, 반대로 접지저항 R 값이 너무 크면, 비접지 방식과 같아져 지락사고가 발생할 경우 전력보호장치(지락보호 계전기)가 지락전류를 검출하기 어렵다.
- 지락사고가 발생하면, 선로에 제3고조파 영상전압($3V_0$)이 발생한다.

ⓔ 코일접지 방식(＝PC접지＝소호리액터 접지)
- 변압기의 지락 소호용 리액터(L)와 선로상의 대지 정전용량(C_s)에 의해 계통은 $L-C$ 병렬공진 회로가 되고, 결국 지락전류(I_g)가 감소된다.
- 장점
  - 코일접지 방식의 리액터 설치목적은 지락전류 소호이다.
  - 사고가 나더라도 지속적인 정상의 전력공급이 가능하므로 과도안정도가 좋고, 통신선 유도장해도 적다.
- 단점
  - 지락전류(I_g)를 소호시키므로, 실제 지락사고가 발생하더라도 중성선에 설치한 전력보호계전기에서 지락전류 검출 여부가 불확실하다.
  - 1선 지락사고가 발생하면, 지락된 상의 지락전류는 0이지만, 만약 단선사고가 발생하면 '$L-C$ 직렬공진' 상태가 되므로, 단선되지 않은 두 상의 대전류/고전압(이상전압)이 중선성에 인가된다.
  - 코일접지 방식은 시공비용이 비싸다(경제적이지 않다).
- 합조도 $P = \dfrac{I_L - I_c}{I_c} \times 100\,[\%]$: 소호리액터 접지방식의 단선사고로 인한 단점을 보완하기 위해, 직렬공진이 발생하지 않도록 $L-C$ 병렬공진의 리액터(L) 값에 $\pm 10\,[\%]$ 여유를 준다.

③ 접지방식에 따른 특성 비교

구분	비접지 방식	직접접지 방식	코일접지 방식
1선 지락사고 시 전압 상승 정도	$\sqrt{3}$ 배(가장 큼)	(상승 없음)	$\sqrt{3}$ 배
1선 지락사고 시 지락전류 크기	지락전류가 없다.	가장 높다.	지락전류가 없다.
유도장해 피해	피해가 없다.	크다.	피해가 없다.
계통의 절연수준	가장 높다.	가장 낮다.	낮다.
과도 안정도	나쁘다.	가장 나쁘다.	가장 좋다.

3. 중성점 접지로 인한 통신선 유도장해

① **정전유도장해 현상**

- 정전유도전압(단상) $V_s = \dfrac{C_m}{C_m + C_s} V \,[\mathrm{V}]$

- 정전유도전압(3상) $E_s = \dfrac{3 C_m}{3 C_m + C_s} V = \dfrac{\sqrt{C_a[C_a - C_b] + C_b[C_b - C_c] + C_c[C_c - C_a]}}{C_a + C_b + C_c + C_s} E \,[\mathrm{V}]$

㉠ 송전선로를 '연가'할 때의 장점
- 정전유도전압을 감소시켜 통신선 유도장해를 줄인다.
- 송전효율이 좋아진다.

㉡ 정전유도장해 방지대책
- 송전선로를 완전히 연가를 한다. → 연가 : $C_a = C_b = C_c$
- 송전선로의 선간 간격을 넓힌다. → 정전용량이 감소한다.
- 중성선 잔류전압(E_n) 또는 정전유도전압(E_s)을 0으로 만든다. → $E_n = E_s = 0$

② **전자유도장해 현상**

송전선 1선에 지락사고가 발생하면, 선로정수 중 하나인 상호 인덕턴스(M)의 영향으로 통신선에 영상전류가 흐른다. 이런 영상전류로 인한 피해는 세 가지다. → 통신장해, 인체에 유해, 전력기기 오동작

㉠ 평상시(사고가 없을 때) 전자유도전압 : $E_m = 0 \,[\mathrm{V}]$

㉡ (지락사고 후) 전자유도전압 : $E_m = -j\omega M (3I_0) l \,[\mathrm{V}]$

㉢ 전력선측에서 전자유도장해 방지대책
- 전력선과 통신선 사이의 이격거리를 넓혀 상호 인덕턴스(M)를 감소시킨다.
- 중성점 접지방식을 코일접지 방식으로 채택하여 $L-C$ 병렬공진으로 기유도전류(I_0)를 억제한다.
- 중성선에 고속도 지락보호계전기를 설치하여 고장구간을 신속히 차단한다.

- 차폐선을 설치하면 전력선에 의한 전자유도장해를 30~50% 감소시킬 수 있다.

  ⓔ 통신선측에서 전자유도장해 방지대책

- 통신선의 중간을 중계코일(절연 변압기)을 넣어 전기적으로 구간을 분리한다.
- 연피(납 피복) 통신케이블을 사용한다.
- 송전선로에 성능이 우수한 피뢰기를 설치한다.

4. 안정도

① **안정도의 종류** : 정태안정도, 과도안정도, 동태안정도

② **안정도 향상대책** : 계통의 안정도를 높일 수 있는 대표적인 방법은 다음과 같다.

- 계통의 직렬 리액턴스를 감소시킨다.
- 계통에 전압변동을 감소하도록 운영한다. 전압변동이 적으면 수용가의 정전도 줄어든다.
- 계통에 주는 충격을 감소시킨다.
- 3상 동기발전기의 불평형을 감소시킨다(조속기 성능의 개선, 제동저항기 설치).

CHAPTER 09 선로의 이상전압과 전력보호기기

9장에서는 송전계통과 배전계통에서 발생하는 **이상전압**을 알아보고 전력시스템을 보호할 수 있는 **전력보호기기**에 대해서 다룹니다. 9장 내용이 길기 때문에 내용을 보다 보면 발전계통인지, 송전계통인지, 배전계통인지 헷갈릴 수 있어서 9장에서 다룰 내용을 다음과 같이 간단히 정리합니다.

1. 이상전압

송전계통, 배전계통에서 다양한 이유로 비정상적인 높은 전압이 발생한다.
① 이상전압 관련 이론
② 이상전압 방지 설비 및 방법 : 피뢰기, 가공지선, 매설지선, 서지흡수기, 개폐저항기

2. 절연협조

송전계통에서 전기설비 또는 전력기기 사이에 절연수준이 조화되어야 한다.

3. 변전소

송전에서 배전으로 바뀌는 곳이 변전소이다. 변전소는 50[kV] 이하의 전압을 제어·분배한다.
① 변전소 구성
② 변전소 설비(피뢰기, 중성점접지, 접지장치, 배전반, 서지흡수기, 소내설비, 전력감시장치)

4. 전력보호기기

전기, 전력을 실제로 제어할 수 있는 것은 전력보호기기뿐이다.
① 계전기
② 차단기
③ 개폐기

01 이상전압

'이상전압'은 송전계통, 배전계통에서 다양한 이유(낙뢰, 페란티현상, 단락사고, 지락사고 등)로 발생하는 높은 전압을 의미합니다.

전력계통(발전계통, 송전선로, 배전선로)에서 운영자에 따라 다양한 전압이 공존하는 것이 아닙니다. 우리나라의 전력계통은 전국의 선로들이 서로 연계되어 있기 때문에, 각 지역 발전소에서 만들어진 계통의 전압들은 서로 통일되어야 합니다. 이 통일된 전압을 정부(한국전력)에서 공칭전압으로 정하였습니다. 그래서 '이상전압'이란 기준전압(공칭전압)보다 높은 전압을 의미합니다.

만약 어떠한 이유에서 이상전압이 발생했을 때, 이상전압을 낮추지 않으면 전력계통에 연결된 수많은 전력기기들이 정상동작하지 않을 수 있고, 고장을 초래할 수 있습니다. 반대로 공칭전압보다 낮은 전압 역시도 이상전압이지만 높은 이상전압만큼 위험하지 않습니다.

> **공칭전압**
> - 송전선로 공칭전압 : 154[kV], 345[kV], 765[kV]
>   발전소에서 송전을 위해 초고압으로 승압(154, 345, 765[kV])하면 그 공칭전압에 맞게 승압을 하고, 변전소까지 유지한다.
> - 배전선로 공칭전압 : 22.9[kV]
> - 공칭 소비자 상용전압 : 220[V], 380[V], 440[V]

1. 이상전압의 원인

(1) 이상전압이 발생하는 전선로(계통)의 내부적 요인

① **개폐서지** : 개폐서지(Switch Surge)는 계통에 설치된 차단기로 선로를 개(Open)회로 또는 폐(Close)회로 할 때 나타나는 과도전압(이상전압)으로, 과도전압은 해당 선로에서 대지전압의 4배에 달한다.

② **방지대책** : 개폐저항기를 달아 개폐서지로 인한 이상전압 발생을 억제할 수 있다.

(2) 이상전압이 발생하는 전선로(계통)의 외부적 요인

① **낙뢰** : 낙뢰(Lightning)는 번개를 말한다. 이상전압이 발생하는 대표적인 계통 외부원인은 뇌(번개, 벼락, 낙뢰)이다. 번개는 크게 직격뢰와 유도뢰로 나뉜다.

ㄱ. 직격뢰 : 번개가 계통(송전선, 가공지선)을 직접 타격함으로써 발생하는 이상전압이다.

ㄴ. 유도뢰 : 대기 중 전하밀도가 높은 날씨에서, 전선로에 유도된 대기 중의 구속전하가 뇌운과 대지(땅) 사이에 높은 자유전자 밀도를 형성하고, 결국 밀도가 높은 자유전자들이 송전선로의 진행파가 되어 선로로 전파되는 이상전압이다(쉽게 말해, 전선로의 유도작용으로 인해 계통에 발생하는 높은 전압이다).

핵심기출문제

송배전 선로의 이상전압의 내부적 원인이 아닌 것은?
① 선로의 개폐서지
② 아크 접지
③ 선로의 이상 상태
④ 유도뢰

해설
ㄱ. 전선로 내부의 이상전압
- 3상 선로에서 1선 지락사고가 발생하면 전위가 상승한다.
- 무부하 선로의 충전전류를 개폐할 때, 충격파에 의한 전위 상승은 대지전압의 최대 6배이지만, 보통 4배 이하의 이상전압이다.
- 페란티현상에 의해서 발전기 측 전위가 상승한다(발전기의 자기여자현상).
- 중성점 잔류전압에 의해 전위가 상승한다.
ㄴ. 전선로 외부의 이상전압 : 직격뢰, 유도뢰

🔒 **정답** ④

② **방지대책** : 서지흡수기(SA : Surge Absorber)를 설치한다. → 직격뢰, 유도뢰로부터 발전기, 변전소를 보호하기 위해 발전기나 변전소 단자 부근에 설치하는 전압 흡수 및 분배용 콘덴서이다.

2. 이상전압 관련 이론

(1) 이상전압의 충격파(서지파)

직격뢰로 인한 이상전압의 서지파(Surge Wave)는 극히 짧은 시간 동안 파고값에 도달한 후 소멸해 버리는 파(Wave)입니다. 이러한 직격뢰로 인한 이상전압 파형을 분석하면 다음 그래프와 같습니다.

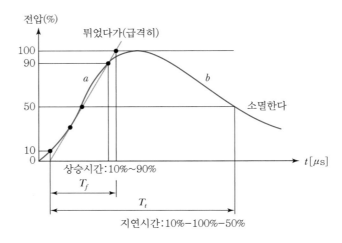

《 직격뢰에 의한 이상전압 파형 》

① **파두장** T_f : 상승시간의 $10\% \sim 90\%$에 해당하는 구간

② **파미장** T_t : 지연시간의 $10\% - 90\% - 50\%$로 진행하는 구간

③ 파두장(T_f)은 짧고, 파미장(T_t)은 길다.

④ **국제표준 충격파**
    ㉠ 한국 : $1.2 \times 50\,[\mu\sec]$
    ㉡ 유럽 : $1.2 \times 40\,[\mu\sec]$
      여기서, $1.2 \times 50\,[\mu\sec]$의 의미 : $1.2 \rightarrow T_f = 1.2\,[\mu\sec]$
                                  $50 \rightarrow T_t = 50\,[\mu\sec]$

그러므로 이상전압(직격뢰, 개폐서지)의 파형은 파두장(T_f)보다 파미장(T_t)이 항상 길다.

(2) 이상전압의 진행파

전기는 전압파동과 전류파동이 동시에 존재하며, 기본적으로 전기는 빛과 같은 파동이기 때문에 전선(도체)을 통해 이동할 때 전자파 형태로도 나타납니다. 그래서 이상전압이 발생한 후, 정상전압에서 나타나지 않던 파(Wave)가 선로의 임피던스에 따라 다음과 같이 나타납니다.

선로에 사용한 전선의 종류가 달라지거나 어떤 이유로 임피던스가 다르면 그 지점에서 반사파가 생긴다.

〖 시냇물에 비유한 반사파 발생 원인 〗 　　　 〖 이상전압의 진행파 〗

$$투과파 전압\ e_3 = \frac{2Z_2}{Z_1 + Z_2}e_1, \quad 투과계수\ \rho = \frac{2Z_2}{Z_1 + Z_2}$$

$$반사파 전압\ e_2 = \frac{Z_2 - Z_1}{Z_2 + Z_1}e_1, \quad 반사계수\ \beta = \frac{Z_2 - Z_1}{Z_2 + Z_1}$$

① $Z_1 = Z_2$ 경우, 진행파는 모두 투과되므로 무반사된다.

투과 : $\dfrac{2Z_2}{Z_1 + Z_2} = \dfrac{2Z}{2Z} = 1$ (모두 투과)

반사 : $\dfrac{Z_2 - Z_1}{Z_2 + Z_1} = \dfrac{0}{2Z} = 0$ (무반사)

② $Z_2 = \infty$ 경우, 진행파는 투과되지 않고 반사된다.

투과 : 0 (투과 안 됨)

반사 : 1 (반사)

③ $Z_2 = 0$ 경우, 진행파는 투과되지 않고 반사된다.

투과 : 0 (투과 안 됨)

반사 : -1

3. 이상전압 방지대책

이상전압을 방지하려면 다음과 같은 '전력보호설비'가 필요합니다.

① 피뢰기(LA : Lightning Arrester)
② 서지흡수기(SA : Surge Absorber)
③ 개폐저항기(SOV : Switching Over Voltage)
④ 가공지선
⑤ 매설지선

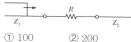
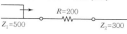

4. 이상전압 방지를 위한 보호설비

(1) 피뢰기(LA : Lightning Arrester)

피뢰기는 전력계통에서 발생하는 이상전압의 파고값을 **저감**시켜 선로와 전력기기(애자, 전력기기)를 보호한다. 피뢰기의 이상전압을 저감하는 방법은 피뢰기에 유입(=내습)하는 정상전압에는 동작하지 않고, 선로에 이상전압 발생하면 그 이상전압을 대지(땅)으로 방전시킨다. 피뢰기는 대개 전력기기 1차측에 설치된다.

〔 피뢰기의 외관 〕   〔 피뢰기의 기호 〕

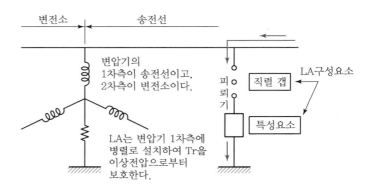

〔 피뢰기 연결위치 〕

① 피뢰기 설치위치

피뢰기(LA)는 변압기의 1차측에 반드시 병렬회로로 연결하여 설치한다.

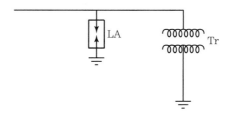

〔 피뢰기 연결 〕

✠ 저감
낮추거나 감소시키다.

✠ 내습
'습격하여 들어온다.'라는 뜻으로. 이상전압을 갑작스럽게 그리고 충격파 형태로 발생하기 때문에 '유입'이라는 표현보다 '내습'이라는 표현을 사용한다.

② 피뢰기 구조

피뢰기(LA)의 구성요소 : 직렬갭, 특성요소, 실드링(Shielding Ring)

- ㉠ **직렬갭(Series Gap)** : 직렬갭은 피뢰기의 방습애관 내에 밀봉된 평면(또는 구면) 전극을 계통전압에 따라 직렬로 접속한 다극 구조를 갖고 있다. 이런 직렬갭은 속류를 차단하고, 충격파를 소호하는 역할을 한다. 그리고 충격파를 소호할 때 되도록 낮은 전압에서 방전한다.
- ㉡ **특성요소** : 낙뢰에 의한 대 전류를 방전할 때, 피뢰기(LA) 자신의 전위상승을 억제하여, 절연파괴를 방지하는 역할을 한다.
- ㉢ **실드링** : 대지 정전용량(C_s)의 불균형 완화와 피뢰기(LA) 방전 개시시간이 저하되는 것을 방지한다.

③ 피뢰기가 갖춰야 할 특성

- 피뢰기(LA)는 소형이며 경량이다.
- 피뢰기(LA)는 속류 없이 잦은 작동에 강해야 한다.
- 피뢰기(LA)는 속류에 대한 특성요소 변화가 작아야 한다.

④ 피뢰기의 전압

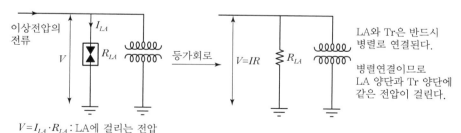

$V = I_{LA} \cdot R_{LA}$: LA에 걸리는 전압

〖 피뢰기의 등가회로 〗

만약 $100\,[\mathrm{kV}]$ 용 변압기(최대 $300\,[\mathrm{kV}]$ 까지 견디는 내압용 변압기)의 정격전압이 $220\,[\mathrm{V}]$ 라면, 변압기와 병렬로 연결된 피뢰기가 동작해야 할 양단 전압($V = IR$)

도 220［V］가 되게 피뢰기를 설정해야만, 변압기 1차측에 220［V］이상의 전압이 발생할 경우 피뢰기는 220［V］를 초과하는 전압을 대지로 방전할 수 있다.

ㄱ) 피뢰기의 정격전압 : 속류를 끊을 수 있는 교류전압의 최대치를 말한다. 피뢰기의 기능이 가장 잘 수행돼야 할 영역의 전압을 말한다.

ㄴ) 피뢰기의 제한전압(변압기 보호전압＝LA에 걸리는 전압) : 이상전압의 충격파 전류가 선로에 흐르고 있을 때, 피뢰기의 양쪽 단자에 걸리는 전압이다. 이런 '제한전압'은 낮을수록 좋다. 아울러 '제한전압'은 피뢰기가 이상전압을 처리한 뒤, 피뢰기 양단에 남은 전압으로 대지로 모두 방전해야 할 전압이다.

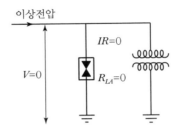

［ 이상적인 피뢰기의 등가회로 ］

ㄷ) (피뢰기의) 충격방전개시전압 : 피뢰기 양쪽 단자에 충격전압(＝이상전압)이 인가될 때, 방전을 시작하는 전압을 말한다.

좋은 피뢰기의 조건
변압기 1차측에 인가되는 정격전압이 220[V]라고 가정하자. 만약 변압기 1차측 선로에 1000[V]의 파두장을 갖는 이상전압이 생겼다면, 피뢰기가 220[V]를 넘는 충격전압파형을 신속히 감지하여 방전하는 것이 좋은 피뢰기의 성능이 된다. 그러지 않고, 피뢰기가 400[V]에서 이상전압을 방전하면 이미 변압기는 절연내력이 파괴되어 고장 날 것이다. 그래서 피뢰기의 충격방전 개시전압은 가장 낮은 이상전압에서 방전을 개시할수록 좋은 피뢰기라고 할 수 있다.

ㄹ) (피뢰기의) 상용주파 방전개시전압 : 상용주파수의 방전개시 실효전압을 말한다. 쉽게 말해, 피뢰기가 방전을 시작해야 할 전압은 정격전압(상용주파전압)의 1.5배 이상에서 방전을 시작하고, 1.5배 미만의 전압에서는 방전을 하지 않아야 한다. 정상상태에서 송·배전 계통에 전압은 규정된 전압변동률 범위 이내에서 기준 전압보다 약간 높을 수도 또는 약간 낮을 수도 있기 때문이다 (우리나라 전압변동률 범위는 3.3% 이내이다). 그래서 전압변동률 범위를 초과하는 높은 이상전압이 발생했을 때는 피뢰기가 이상전압을 방전해야 하지만, 전압변동 범위 이내에서 피뢰기가 동작하면, 전력계통의 안정도를 떨어뜨리게 된다. 그래서 송·배전 계통에서 피뢰기가 동작할 전압의 범위를 상용주파전압의 1.5배 이상에서 방전 개시하도록 규정하였다.

핵심기출문제

유효접지계통에서 피뢰기의 정격전압을 결정하는 데 가장 중요한 요소는?
① 선로 애자련의 충격섬락전압
② 내부 이상전압 중 과도이상전압의 크기
③ 유도뢰의 전압의 크기
④ 1선 지락고장 발생 때 건전상의 대지전위, 즉 지속성 이상전압

해설
피뢰기의 정격전압
속류를 끊을 수 있는 교류전압의 최대치를 말한다. 피뢰기가 가장 잘 동작할 수 있는 영역의 전압을 말한다.
🔒 정답 ④

⑤ **피뢰기와 피뢰침**

피뢰기와 피뢰침은 다르다.

   ㉠ 피뢰기 : 발전소, 변전소, 주상변압기, 수변전설비의 접속지점에 설치하여 이
      상전압을 대지로 방전한다. 피뢰기(LA)는 주로 변압설비를 보호한다.
   ㉡ 피뢰침 : 낙뢰(벼락, 번개, 뇌)를 유도하여 땅속으로 방전시키기 위해 건물 상
      부에 설치한 금속 침이다.

⑥ **피뢰기의 절연강도**

[변압기의 절연강도] > [피뢰기의 제한전압 + 접지저항의 전압강하]

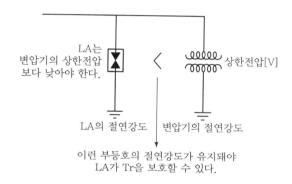

⑦ **피뢰기의 구비조건**
   • 속류를 차단할 동작책무가 있을 것
   • 제한전압이 변압기내압보다 낮을 것
   • 충격방전 개시전압이 낮을 것
   • 상용주파방전 개시전압이 높을 것(상용주파전압의 1.5배까지 무동작, 1.5배
     초과 시 동작)
   • 이상전압 방전이 잦더라도 장시간, 여러 횟수에 견딜 것
   • 방전내량이 클 것 → 방전하며 피뢰기 내부에 걸리는 큰 내압($V = IR$)에 견
     뎌야 함
   • 내구성 및 경제성이 좋을 것

⑧ **피뢰기의 설치장소**
   • 발·변전소 또는 이에 준하는 장소의 가공지선 인입구와 인출구(→ 접속점)
   • 고압 및 특별고압 가공전선로로부터 공급받는 수용장소의 인입구(→ 접속점)
   • 가공전선로와 지중전선로가 접속되는 곳(→ 접속점)

(2) **서지흡수기(SA : Surge Absorber)**

직격뢰, 유도뢰로부터 발전기, 변전소를 보호할 목적으로 발전기나 변전소 단자 부
근에서 선로와 대지 사이에 설치하는 콘덴서이다. 이 콘덴서(서지흡수기)는 이상전
압을 흡수·분배하여 이상전압을 억제한다.

핵심기출문제

차단기의 개폐에 의한 이상전압은 송전선의 Y전압의 몇 배 정도가 최고인가?

① 2배 　　② 3배
③ 6배 　　④ 10배

💬 해설
무부하 송전선로의 충전전류를 차단할 때 이상전압이 발생하고, 최대 대지전압의 6배까지 상승한다.

🔒 정답 ③

(3) 개폐저항기(SOV : Switching Over Voltage)

무부하 선로에는 전력계통 때 선로에 충전됐던 충전전류가 존재한다. 이런 충전전류가 존재하는 선로를 차단기(CB) 혹은 개폐기(Switch)가 개폐할 때 발생하는 서지(Surge), 이상전압은 건전상 대지전압의 약 4배(최대 6배)에 해당하는 전압이다. 이를 억제하기 위해 '차단기 내에 저항기(서지억제 저항기)를 설치'한다.

(4) 가공지선(가공전선로에 가설되는 지선)

직격뢰, 유도뢰에 의한 통신선의 전자유도장해를 경감시킬 목적으로, 전선로 지지물의 최상단에 나전선을 설치하여 뇌(Lightning)로부터 전선로를 보호하기 위한 선이다.

① 가공지선 설치목적

- 직격뇌에 대한 차폐효과가 있다.
- 유도뇌에 대한 정전차폐효과가 있다.
- 인근 통신선에 대한 전자유도장해를 낮추는 효과가 있다.

송전탑이든, 콘크리트 지지물이든 직격뢰(낙뢰)가 전선로를 타격하면 가공지선이 먼저 맞아 전선로를 보호하는 나전선

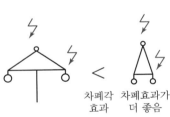

차폐각 효과 　 차폐효과가 더 좋음

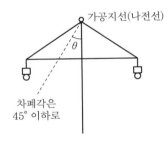

가공지선(나전선)

θ

차폐각은 45° 이하로

〖 가공지선과 차폐각 〗

핵심기출문제

송전선로에서 가공지선을 설치하는 목적이 아닌 것을 고르시오.

① 뇌의 직격을 받을 경우 송전선 보호
② 유도에 의한 송전선의 고전위 방지
③ 통신선에 대한 차폐효과 증진
④ 철탑의 접지저항 경감

💬 해설
통신선에 대한 차폐효과는 차폐선이며, 가공지선은 뇌에 대한 차폐이지 통신선에 대한 차폐가 아니다.

🔒 정답 ③

② 차폐각의 특징

가공지선의 '차폐각도'는 작을수록 낙뢰로부터 전선로 보호율이 높다. 하지만 건설비가 비싸다. 차폐각을 45° 이내로 설치할 때, 보호율은 최대 97%(뇌가 100번 치면, 97번 보호 가능)이다.

- 철탑의 수직선을 기준으로 전선로가 차폐각(차폐각도 θ) 이내에 있으면 낙뢰로부터 안전할 가능성이 높다.
- 차폐각(차폐각도 θ) 수치가 작다는 의미는, 철탑의 머리부분이 긴 것(전선과 가공지선 간의 거리가 먼 것)으로 전선로 보호를 잘 한다는 의미이다. 다만 이러한 철탑 구조는 자연적으로 건설비가 증가한다.

(5) 매설지선(철탑 아래에 묻는 특정 저항값을 가진 지선)

직격뢰에 의한 전류는 대단히 크다. 이런 낙뢰의 전류가 철탑에 직격할 때 철탑의 접지저항이 크면, $V \propto R$ 관계에 의해 철탑의 위아래 간 전위도 높아서 '역섬락'을 야기하게 된다. 역섬락은 선로의 절연을 떨어뜨리고 선로고장을 유발할 수 있으므로 역섬락을 억제해야 한다. 역섬락을 방지하기 위해서 매설지선을 설치하여 철탑의 접지저항을 낮출 수 있다.

① 역섬락과 매설지선

탑각(철탑의 기초 부분 또는 다리 부분)의 접지저항이 클 경우, 철탑 위아래 양단의 전위가 상승하여 철탑으로부터 전선방향으로 섬락이 발생한다. 이로 인해 애자련과 주변 전력기기가 파괴되는 현상을 초래하는 것이 역섬락이다.

현수애자 1개당 80[kV] 절연내력(건조섬락전압)을 갖는다. 이런 현수애자가 5개면 이론적으로 400[kV]까지 절연내역을 유지해야만 한다.

이때 만약 철탑의 접지저항이 5[Ω]이면 전력선과 대지(땅) 사이에 500[kV] 전압이 걸리므로, 현수애자는 애자 양단에 걸리는 500[kV]를 견디지 못하고 절연이 파괴된다. 절연이 파괴된 애자의 저항은 거의 0[Ω]에 가깝게 된다.

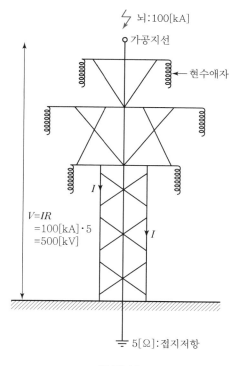

〖 역섬락 〗

핵심기출문제

송전선로에 매설지선을 설치하는 목적은 무엇인가?

① 직격뢰로부터 송전선을 차폐, 보호하기 위하여
② 철탑 기초의 강도를 보강하기 위하여
③ 현수애자 1련의 전압분담을 균일화하기 위하여
④ 철탑으로부터 송전선로로 역섬락을 방지하기 위하여

💬 **해설**
매설지선 설치목적
철탑으로부터 송전선로(전선로)에 영향을 주는 역섬락을 방지하기 위해

🔒 **정답 ④**

전류는 저항이 낮은 곳으로 흐르는 성질이 있으므로 낙뢰의 대전류(약 100[kA])는 접지저항 5[Ω]의 철탑보다는 0[Ω]의 애자로 흐르게 될 것이다. 결국 낙뢰에 의해 철탑에 흐르는 전류가 대부분 애자를 타고 전력선으로 흐르게 된다. 이 현상이 '역섬락'현상이다.

$$역섬락\ 전압[kV]=뇌\ 전류[kA]×접지저항[Ω]$$

낙뢰에 의한 이상전압은 대전류·저역률이므로 역섬락현상 역시 선로의 안정도를 떨어뜨린다.

'역섬락'을 억제하는 조치는 접지저항값을 낮추는 것($5[Ω] → 3[Ω]$)이다. 접지저항값을 낮추면 역섬락전압이 낮아지므로 전선로를 보호할 수 있다.

참고 ✓ **역섬락전압**

역섬락전압을 줄이기 위해, 이미 건설된 철탑상태에서 400[kV] 절연내력을 갖는 현수애자의 절연수준을 바꿀 수는 없다.
- (역섬락전압) 500[kV]=(뇌 전류) 100[kV]×(접지저항) 5[Ω] > (애자) 400[kV]
- (역섬락전압) 300[kV]=(뇌 전류) 100[kV]×(접지저항) 3[Ω] < (애자) 400[kV]

---

② 매설지선 설치목적
매설지선은 철탑의 접지저항을 작게 하여 직격뢰가 전선로에 내습했을 때, 역섬락을 방지하는 장치이다.

③ 매설지선에 의한 탑각의 접지저항 저감방법
철탑의 접지저항을 낮추면 역섬락을 방지할 수 있다. 접지저항을 낮추는 방법은 병렬접속의 원리를 이용한다. 병렬접속은 연결 저항회로수가 증가할수록 합성저항은 낮아진다.

$$R_0(↓)=\frac{R_1}{n(↑)}[Ω]$$

철탑의 원래 접지저항값과 임의의 저항(매설지선)을 병렬로 연결하여 철탑 기초의 땅에 시설하면 철탑의 합성저항은 낮아지므로 $5[Ω] → 3[Ω] → 2[Ω] → 1[Ω]$ 역섬락을 방지할 수 있다.

$$(역섬락을\ 억제하는)\ 탑각\ 접지저항\ R_g=\frac{애자\ 1련의\ 섬락전압[V]}{뇌\ 전류[A]}[Ω]$$

핵심기출문제

154[kV] 송전선로의 철탑에 45[kA]의 직격전류가 흘렀을 때 역섬락을 일으키지 않는 탑각 접지저항값[Ω]의 최고값은?(단, 154[kV]의 송전선에서 1련의 애자수를 9개 사용하였다고 하며 이때의 애자의 섬락전압은 860[kV]이다.)

① 약 9   ② 약 19
③ 약 29   ④ 약 39

💬 **해설**
역섬락이 일어나지 않는 탑각 접지저항

$R_g=\dfrac{애자\ 1련의\ 섬락전압[V]}{뇌\ 전류[A]}$

$=\dfrac{860}{45} ≒ 19[Ω]$

※ 탑각 : 철탑의 기초와 몸체 사이의 다리 부분

🔒 **정답 ②**

02 절연협조

절연협조의 예로 변압설비를 들겠습니다. 변압기의 절연강도(또는 절연내력)를 높이면 높일수록 이상전압으로부터 변압기를 보호하는 데 유리합니다. 만약 절연강도가 높은 변압기를 구매하여 현장에 설치하고 변압기 1차측에 피뢰기까지 설치하면, 이상

전압이 발생했을 때 변압기의 절연강도와 피뢰기가 이중으로 변압기를 보호하기 때문에 아무런 문제가 없습니다. 하지만 절연강도(= 절연수준 = 절연레벨)가 높으면 기기의 가격도 비싸지므로 전선로의 절연수준은 곧 건설비용의 증가로 이어집니다(전기분야에서 비용이 비싼 것은 단점이다).

1. 절연협조의 정의

발전 · 송전 · 배전계통에서 모든 전기설비, 전력기기, 전선은 서로 전기적으로 연결돼 있습니다. 그리고 도체 내부와 도체 외부는 전기적으로 통하지 않게 절연되어 있습니다. 여기서 수많은 기기들의 절연강도(또는 절연수준)는 일방적으로 결정되거나 일괄적으로 통일하는 것이 아니라 각 기기마다의 절연내력을 고려하고 다른 기기와 적절하게 협조해야 합니다. 이것이 계통에서 '절연협조'입니다. 조금 더 구체적으로, 절연협조는 '계통의 절연설계를 합리적 · 경제적으로 하는 것'입니다. 만약 절연협조를 하지 않고 전선로를 설계하면, 계통 전체의 신뢰도가 낮아지고 결국 계통의 안정도는 저하됩니다. 다음은 절연협조를 나타내는 그림입니다.

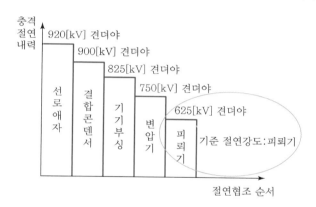

〖 154[kV] 송전계통의 절연협조 〗

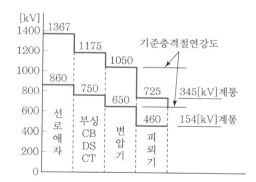

〖 계통 전체의 절연협조 〗

📖 **핵심기출문제**

송전계통에서 절연협조의 기본이 되는 것은?
① 애자의 섬락전압
② 권선의 절연내력
③ 피뢰기의 제한전압
④ 변압기 부싱의 섬락전압

📖 **해설**
절연협조는 피뢰기의 제한전압을 기준으로 하여, 선로계통에 연결된 전력기기들의 BIL(기준충격 절연강도)과 협조하는 것을 말한다. 이러한 피뢰기의 제한전압은 전력기기들의 BIL보다 낮아야 한다.
🔒 **정답** ③

2. 기기 간 절연협조의 특징

- 애자, 결합콘덴서, 부싱, 변압기, 피뢰기 등의 전력기기들은 '피뢰기의 절연내력'을 기준으로 절연강도(＝절연수준＝절연레벨)가 정해진다.
- 피뢰기가 보호해야 할 가장 제1의 대상은 '변압기'이다.
- **결합콘덴서**는 '전력선 반송설비'에 사용하는 콘덴서이다. → 전력선 반송설비는 발전소와 변전소 간에 송·수신 통신을 송전선로를 통해 통신한다. 여기서 통신선을 직접 고압의 송전선에 접속할 수 없으므로 고압의 전류는 차단하고 통신용 고주파수(Carrier Wave)만 통과시키는 역할을 결합콘덴서(＝전류차단 반송파 통과 여과기)가 한다. 결합콘덴서는 통신설비와 송전선 사이에 설치한다.

3. 기준충격 절연강도

송전계통에 시설하는 전력기기(선로애자, 개폐기, 지지애자, 변압기 등)에 요구되는 최소절연기준값을 의미합니다. 여기서 최소절연기준은 '피뢰기의 제한전압'을 기준으로 합니다. 이유는 피뢰기의 제한전압은 다른 전력기기 중에서 가장 낮은 기준충격 절연강도를 갖고 있습니다.

※ 절연강도의 기준 : 154[kV] 계통의 '피뢰기의 제한전압 625[kV]'를 기준으로 한다.

4. 기기의 여유도(절연강도의 여유)

$$절연 강도의 여유도 = \frac{기기류의 기준충격 절연강도 - 피뢰기의 제한전압}{피뢰기의 제한전압}$$

03 변전소

1. 변전소의 역할

변전소는 송전선로에서 배전선로로 바뀌는 지점에 위치하며, (배전계통에 공급할) 50[kV] 이하의 전압을 제어 및 분배하는 역할을 합니다. 변전소의 위치는 다음과 같습니다.

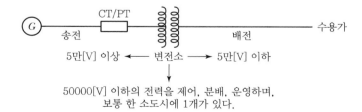

계통에는 두 개의 변전소가 있습니다. 하나는 1차 변전소(발전소측에서 송전하기 위한 변전소)와 또 하나는 2차 변전소(초고압의 송전전압을 강압하여 배전전압으로 공급하기 위한 변전소)입니다. 본 단원에서 다루는 변전소는 2차 변전소를 말하며, 초고압(154, 345, 765[kV])의 송전전압을 22.9[kV]의 배전전압으로 낮춥니다. 1차 변전소는 다루지 않습니다.

(1) 전압의 크기 조정

경제적으로 전력을 전송하기 위해서는 전압의 크기를 변성(승압 또는 강압)해야 한다. 전압을 승압 또는 강압함으로써 다음과 같은 제어를 할 수 있다.

- 전력 수송능력을 확보한다.
- 전력을 수송하는 설비를 경감시킨다.
- 전력 손실을 감소시킨다.

(2) 전력의 집중과 배분

변전소는 경제적이고 안정된 전력을 배전선로로 공급하기 위해 여러 모선에서 도착한 전력을 집중시키고 다시 배분한다. 이러한 변전소는 변전소 1차측 모선에 송전선로가 연결되고, 2차측 모선에 배전선로가 연결된다. 그리고 한국전기설비규정(KEC)에 따라 변전소의 인입구와 인출구에 반드시 차단기, 단로기, 피뢰기를 설치해야 한다.

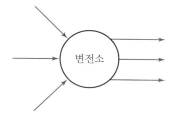

계통의 전력을 집중하고 분배한다.

(3) 전력조류의 제어

① 유효전력 제어

발전소 동기발전기의 계자전류를 조절하여 역률과 유효전력(발전소 출력)을 조정한다. 발전소 이후 변전소에서는 전력망의 접속 변경, 계통의 과부하 방지, 계통에서 발생한 전기사고의 파급범위 확대방지 등의 적절한 전력조류를 제어한다.

② 무효전력 제어

계통의 전압 제어는 무효전력을 통해 조절한다. 무효전력을 조절할 때 발전소측에서 무효전력을 조정하는 것보다 수용가측에서 가까운 변전소에서 무효전력을 조정하는 것이 효율적이기 때문에 변전소에 설치된 조상설비를 통해 무효전력을 조정한다.

📚 핵심기출문제

조상설비가 있는 1차 변전소에서 주 변압기로 주로 사용되는 변압기는?

① 승압용 변압기
② 중권변압기
③ 3권선 변압기
④ 단상변압기

💬 해설

3권선 변압기는 변압기 결선이 Y–Y이면 제3고조파 전압이 생겨서 파형이 변형하기 때문에 소용량 제3의 권선을 별도로 설치하여 이것을 △결선으로 하여 변형을 방지하는 것이 목적이다.

🔒 정답 ③

PART 05

(4) 송 · 배전선로와 변전소 보호

전력설비(변전소 포함)는 계통에 광범위하게 분포되어 항상 자연재해에 노출돼 있다. 또한 전력설비는 과부하에 의해서 설비가 위험상태에 빠지기 쉽기 때문에 설비에도 사고가 일어날 가능성이 많다. 이같은 사태에 대비하여 송 · 배전선로 및 변전소를 보호하기 위한 보호장치가 시설돼 있다.

2. 변전소 설비

변전소를 구성하는 주요설비(전기설비 및 전력기기)는 변압기, 조상설비, 차단기, 피뢰기, 단로기, 계기용 변성기(MOF) 등입니다. 변전소의 주요설비는 전력을 수급받는 수용가측 수 · 변전설비의 주요설비와 동일합니다.

※ 변전소 설비에는 변압기, 조상설비, 차단기, 피뢰기, 단로기, 계기용 변성기(MOF), 접지장치, 배전반, 서지흡수기, 소내설비, 전력감시장치 등이 있다.

(1) 모선(Bus Line)

모선이란 부하에 연결되지 않은 전력공급선을 의미합니다. 모선이란 용어는 발전계통, 변전소, 배전계통에서 폭넓게 사용합니다. 다만, 변전소에서 모선은 '주 회선'으로도 불리며, 전력을 분배하는 전력선입니다.

① 단일모선

모선이 하나(단일)이기 때문에 경제적이지만, 만약 모선을 보호하는 차단기가 고장나거나 보수 · 점검을 해야 한다면 변전소 전체가 정전되어야 하는 단점이 있다.

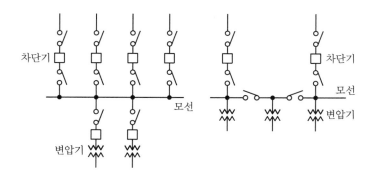

〖 단일모선 〗

② 복모선(이중모선)

모선이 두 개(이중)인 경우이다. 단모선보다 모선에 연결된 차단기, 단로기 수가 많고, 모선 도체가 차지하는 면적도 커진다. 하지만 두 모선 중 한 모선에 고장이 발생하거나 모선을 보수 · 점검해야 한다면 단모선보다 융통성 있게 운영할 수 있으므로, 계통운영이 안정적이고 효율적인 장점이 있다.

✤ 모선
주 변압기, 조상설비, 송전선, 배전선 및 부하, 기타 부속설비가 접속되는 공동의 나전선 도체이다.

③ 환상모선

모선이 환상(둥그런 루프(Loop)모양)모양으로 되어 있다. 환상모선은 모선이 고장나거나 모선에 연결된 차단기를 보수·점검할 때, 배전계통을 정전하지 않아도 되는 장점이 있다. 하지만 환상모선을 보호하기 위한 보호방식과 선로 구성 자체가 복잡한 단점이 있다.

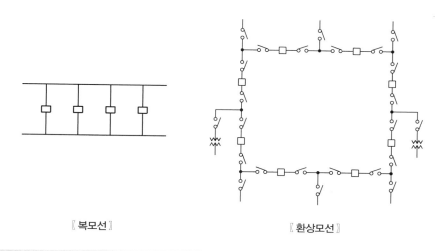

〖 복모선 〗　　　　　　　　〖 환상모선 〗

> **참고 ⊘ 모선**
>
> 모선은 3중, 4중, 5중 등의 다중모선이 존재할 필요가 없다. 단일모선, 복모선, 환상모선으로 전력을 공급하기에 충분하기 때문이다.

(2) 변전소 주 변압기

변전소 설비 중에서 가장 중요하고 핵심이 되는 설비는 변압설비 또는 주 변압기입니다. 주 변압기(Main Transformer)의 역할은 다음과 같습니다.

① 전압의 크기를 변화시키는 설비이다. 주로 강압용 변압기로 사용한다.(송전선로

전압 $[kV]$ $\xrightarrow{\text{강압}}$ 22.9 $[kV]$)

② 탭 절환(Tap Change) 변압방식을 사용하여, 부하에 공급되는 전압 제어와 무효전력 제어를 한다.

③ '전력조류 제어'를 하기 위해 '전압위상 조정장치'를 사용한다.

(3) 조상설비, 피뢰기, 서지흡수기(SA), 계전기, 차단기

① **조상설비** : 본 과목의 「제6장 ③ 조상설비」에서 기술함

　　㉠ **역률 조정을 하는 조상설비의 특징**

　　　• 송·수전단 전압이 일정하게 유지되도록 역률을 조정하는 역할을 한다.

　　　• 저역률로부터 역률을 개선하여 송전 손실을 경감한다.

- 역률개선을 통해 전력시스템의 안정도를 향상시킨다.
- 선로에 인덕턴스(L)와 수용가의 L 부하로 인해 지상역률의 중부하(과부하)일 때는 '진상무효전력'을 공급하고, 선로에 정전용량(C)이 증가하는 경부하일 때는 '지상무효전력'을 공급한다.

② **피뢰기(LA)** : 본 장의 「① 4.(1) 피뢰기」에서 기술함

③ **서지흡수기(SA)** : 본 장의 「① 4.(2)」에서 기술함

④ **계전기** : 본 장의 「④ 1. 계전기」에서 기술함

⑤ **차단기** : 본 장의 「④ 2. 차단기기」에서 기술함

(4) 중성점 접지기기와 접지장치

① **중성점 접지** : 본 과목 「제8장 ② 2. 중성점 접지방식」에서 기술함(중성점 접지기기는 변압기의 중성점을 접지하기 위한 접지방법을 말한다. 접지방법으로 접지용 저항기, 소호 리액터, 보상 리액터 등을 이용한다)

② **접지장치** : 본 장의 「① 4.(4) 가공지선」에서 기술함(지락사고로 인한 이상전압 또는 낙뢰로 인한 이상전압을 억제하기 위해 가공지선, 매설지선 등의 접지방법을 사용한다)

(5) 배전반

배전반은 전력 계측기들을 모아 놓은 패널(Panel)이다. 변전소는 배전반을 통해 송전선로로부터 전력을 받고, 수용가는 배전반을 통해 배전선로로부터 전력을 받는다. 한국전력 직원은 계통의 전력상태와 수용가에서 수전반의 전력상태를 배전반을 통해 감시하고, 전압·전류를 계측한다. 계통이나 수용가에서 전기사고나 전기고장은 배전반 내에 설치된 보호계전기가 이상상태를 검출하고 필요하면 차단기를 동작시켜 고장구간을 전력계통으로부터 분리한다. 이 과정이 배전반 패널(Panel)에서 이루어진다.

(6) 소내설비

소내는 발전소나 변전소 내부를 의미한다. 소내설비란 변전소를 운영하며 필요한 전원설비, 전력기기를 점검할 설비, 변전소 내의 청소할 설비, 소화설비, 냉각설비 등을 말한다.

(7) 원방감시장치(SCADA)

① 원방감시장치의 용어를 하나하나 보면, '원방'은 먼 거리, '감시'는 통제하다, '장치'는 시스템을 뜻한다.

② 원방감시장치의 영어 약자는 SCADA(스카다)이다.

③ 원방감시장치는 자동제어설비, 원격통신(전자통신, 컴퓨터 등)설비를 이용하여 전력값 계측, 전력설비제어, 변전소 감시를 중앙제어실에서 효율적이고 통합적으로 운영한다.

④ **SCADA의 기능**
- 원방감시
- 원격제어
- 원격측정
- 자동기록
- 정보발생(event)
- 내부 및 외부의 다른 시스템과 연계

3. 발전소에서부터 수용가에 이르는 전력계통 구성

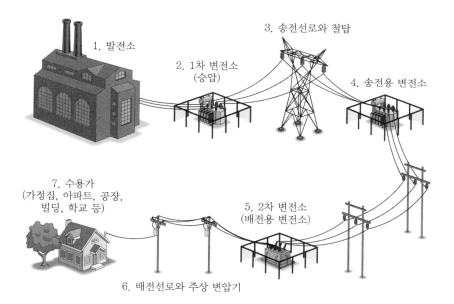

04 전력보호기기

전력(발전계통, 송·배전계통)을 보호할 수 있는 전력보호기기는 세 가지로 간추릴 수 있습니다.

- 계전기
- 차단기
- 개폐기

이 중 계전기는 다른 전력보호기기와 비교하여 복잡하므로 간략히 소개합니다. 보호계전기는(Protection Relay) 한 발전소(수력·화력·원자력)에만 수백 개가 설치되고, 송전계통 – 변전소 – 배전계통 전체에 걸쳐 수천, 수만여 개가 설치됩니다. 보호계전기는 3상 전력의 크기와 위상, 파형, 주파수 등의 3상 전력 속성에 대한 모든 정보를 측정하고 기록합니다. 이런 보호계전기의 종류와 역할 그리고 기능에 대해서는 본 절에서 다루고, 보호계전기가 3상 전력을 분석할 때 사용하는 대칭좌표법 이론은 회로이론(9장)에서 다뤘습니다.

수용가 중 모든 현대식 건물, 공장, 아파트, 사무형 빌딩 등에도 수많은 보호계전기가 설치되어 사람이 감각으로 인지할 수 없는 전력을 기록하고 감시하며, 만약 전력에 문제가 발생할 경우 전력을 직·간접적으로 차단하거나 관리자에게 경보신호를 보내는 기능을 수행합니다.

그래서 보호계전기의 핵심 역할과 전력계통에서 고장이 발생할 경우를 대비하여 보호계전기를 반드시 사용해야만 하는 이유를 다음과 같은 세 가지 이유로 요약할 수 있습니다.

① 차단기동작과 차단기용량 설정

전력계통은 전기를 만드는 발전소에서부터 전기를 최종적으로 사용하는 수용가(사용자)까지 전선으로 연결되어 있다. 그래서 계통의 어딘가에서 사고가 발생했을 때 이를 차단하지 않으면 사고의 여파가 크고 사고구간이 확대된다.

전력사고가 발생했을 때, 사고의 여파를 막고 사고구간을 제한할 수 있는 유일한 방법은 전력의 흐름을 끊는 '차단기'를 설치하는 것이다. 그래서 발전소에서부터 수용가까지 용량에 따른 무수히 많은 차단기들이 곳곳에 설치된다. 이때 가정집에 필요한 1만 원 상당의 배선용 차단기를 발전소에 설치하면 안 되고, 발전소에 필요한 300~500만 원 상당의 차단기 기능을 가정집에 설치하는 것은 매우 부적당하다. 그러므로 전력구간마다 고장이 발생했을 때 흐를 수 있는 전력용량을 알고 적당한 차단기를 선정하기 위해 고장 해석하고 검출하는 보호계전기가 필요하다.

② 보호계전기의 정정값 설정

차단기(Circuit Breaker)를 설치한 후, 차단기가 동작할 수 있는 상한선과 하한선을 정해줘야 한다. 위험하지 않은 고장에 대해서 차단기가 잦은 동작을 해서는 안 되고, 반대로 전력사고 구간이 확대된 다음 늦게 차단기가 동작해도 안 되기 때문이다.

여기서 차단기는 전류를 끊기만 할 뿐, 차단기 스스로 전력고장의 내용을 판단하지는 못한다. 전력을 감시하고 차단 여부를 판단하는 것은 보호계전기(Protection Relay)이므로 차단기에 어떤 전압, 어떤 전류가 흐를 때 어떻게 동작해야 하는지에 대해서 차단기에 명령을 내리는 **보호계전기 정정값 설정**을 해야 한다. 때문에 발전계통과 전력계통에 보호계전기를 충분히 설치하여 사고에 대비해야 한다.

③ **통신선 유도장해 경감**

전기가 흘러 다닐 수 있는 길을 '전선로'라고 한다. 전선로에는 송전선로, 배전선로, 옥내 배선(건축전기의 내선공사)이 있다. 전선로에는 전력선만 다니지 않는다. 송·배전 선로의 지지물은 전력선과 통신선이 병가(서로 같이 가설됨)된다. 때문에 전력계통에 전력사고가 발생하면, 이상전압 또는 영상전류로 인한 (전자유도작용에 의해) 통신선 유도장해가 생길 수 있다. 통신선에 작용하는 '유도장해'를 전력선으로부터 차단하기 위해서도 역시 고장을 해석하고 조치명령을 내릴 보호계전기가 필요하다.

✛ 옥내
가정집 혹은 수용가 건물 내부를 말한다(반대로 옥외는 집 바깥, 건물 외부면을 말한다).

1. 계전기(Relay)

계통에 이상(이상전압, 단락사고, 지락사고 등)이 생기면 이를 감지하고 신속히 사고구간을 정상구간과 분리함으로써 고장구간의 사고여파로부터 선로와 전력기기를 보호할 수 있습니다. 사고구간을 계통으로부터 분리하는 유일한 방법은 전력을 차단하는 것입니다. **보호계전기**(Protection Relay)는 차단시스템을 구성하는 하나의 요소입니다.

✛ 보호계전기
한 발전소에만 약 150~300개 보호계전기가 곳곳에 설치되어 전력을 감시하고, 변전소에는 수십 개의 보호계전기가 설치된다. 보호계전기 한 대의 가격은 설치비용을 제외하고 적게는 수십 만원에서 많게는 3000~4000천만 원(동기발전기 보호용 계전기의 경우) 정도이다.

> **보호계전기 기능 예시**
> • 계통의 어느 구간에서 [단락사고 발생] → [사고전류] → [계전기가 감지] → [계통차단]
> • 계통의 어느 구간에서 [지락사고 발생] → [전위상승] → [계전기가 감지] → [계통차단]

(1) 보호계전기의 사용목적

지락, 단락, 과전류(OCR), 과전압(OVR), 부족전압(UVR), 결선(단선) 등의 고장종류와 고장의 크기(전류 혹은 전압)를 분석 및 검출해서 고장구간을 분리하기 위해 차단기에 차단동작 신호를 보내는 전력기기이다(차단장치와 보호계전기는 서로 분리되어 있어서 차단은 차단기가, 차단 신호는 보호계전기가 한다).

(2) 보호계전기의 구비조건

- 고장의 정도와 고장위치를 정확히 파악할 것
- 동작이 예민하고, 오동작이 없을 것
- 소비전력이 적고, 경제적일 것
- 적당한 후비(2차 보호) 보호능력이 있을 것 → 주 보호기의 오동작을 대비하여 2차(차선책)로 보호할 수 있는 기능이 있어야 함

(3) 보호계전방식의 구성

① **주 보호계전방식** : 사고(고장)의 범위와 사고의 여파를 줄이기 위해 고장지점의 가장 가까운 차단기를 동작시켜 전력의 흐름을 차단하는 방식이다.

② **후비 보호계전방식** : 사고구간을 확실히 차단하고 사고의 파급을 확실히 방지하기 위해, 주 보호계전기와 연계되어 설치된 연계 보호시스템이다. → 후비 보호계전기는 단독으로 설치될 수 없다.

후비 보호계전방식을 사용하는 이유는 다음과 같다.
- 주 보호계전기로 보호할 수 없을 것을 대비하기 위해,
- 주 보호계전기의 결함으로 주 보호계전기가 정상 동작하지 않을 것을 대비하기 위해, 사고지점 근처에서 2차적으로 사고구간을 분리하여 전력계통을 보호한다.

(4) 보호계전기의 종류

① 계전기의 동작 원리에 따른 분류
ⓐ 유도형 계전기 : 전자유도작용에 의해 원판에 생기는 회전력(Torque)을 이용하여 차단접점을 개폐하는 계전기이며 외형이 크다.
ⓑ 전력계형 계전기 : 고정코일과 가동코일에 전류를 흘리면 그 사이에서 작용하는 회전력(Torque)을 이용하여 차단기를 동작시키는 구조이다. 고속도 동작이 가능하다.
ⓒ 가동 철심형 계전기 : 솔레노이드 코일에 의한 전자력으로 철심을 움직여 차단접점을 개폐하는 계전기이다.

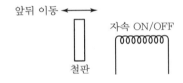

ⓓ 가동 코일형 계전기 : 솔레노이드 코일에 직류전원을 인가하여 철심을 여자시키고 전자력에 의한 차단접점을 개폐하는 계전기이다. 계전기 중에서 가장 민감한 접점동작을 한다.

② 동작시한(시간)에 따른 분류
보호계전기가 전력계통의 이상을 감지할 때, 주로 전류의 대칭·비대칭상태 또는 전류의 크기를 분석하여 사고를 감지한다.
ⓐ 순한시계전기 : 고장 검출 후, 즉시(바로) 차단기에 차단동작신호를 보내는 고속도 계전방식
ⓑ 정한시계전기 : 고장 검출 후, 일정시간이 지나 차단기에 차단동작신호를 보내는 계전방식(고장의 종류가 무엇이든 계전기가 이상을 감지하고 바로 차단기로 차단동작신호를 보내는 것이 아닌 일정 시간이 지난 후에 동작신호를 보낸다)

✤ 여자
솔레노이드 코일에 전류를 흘려 전자석의 자력을 갖게 되는 것

📖 **핵심기출문제**

보호계전기의 한시특성 중 정한시에 관한 설명을 바르게 설명한 것을 고르시오.
① 입력 크기에 관계없이 정해진 시간에 동작한다.
② 입력이 커질수록 정비례하여 동작한다.
③ 입력 150%에서 0.2초 이내에 동작한다.
④ 입력 200%에서 0.04초 이내에 동작한다.
🔒 **정답** ①

ⓒ 반한시계전기 : 고장전류가 클수록 차단동작신호 전송시간이 짧고, 고장전류
가 작을수록 차단동작신호 전송시간이 긴 특성의 계전방식

ⓔ 반한시 정한시성 계전기 : 고장전류의 크기가 일정 범위 이내에서는 '반한시계
전방식'으로 차단기에 차단동작신호를 보내지만, 고장전류의 크기가 설정한
일정값 이상에서는 '정한시계전방식'으로 동작하는 계전방식

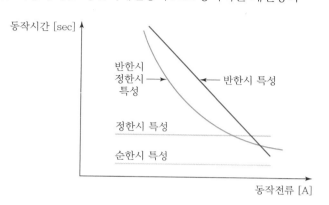

『 계전기의 동작시간특성 』

③ **기능(용도)에 따른 계전요소**

　ⓐ **단락보호 목적의 계전기 종류**
- 과전류계전기(OCR) : 설정한 전류값 이상의 전류를 검출하는 계전기
- 과전압계전기(OVR) : 설정한 전압값 이상의 전압을 검출하는 계전기
- 부족전압계전기(UCR) : 설정한 전압값 이하의 전압을 검출하는 계전기
- 방향단락계전기(DSR) : 선로에서 특정방향으로 설정한 전류값 이상이 흐
　르면 그 방향과 사고전류의 크기를 검출하는 계전기
- 선택단락계전기(SSR) : 2회선 송전선로에서 한 회선에 단락고장이 발생했
　을 때, 고장이 발생한 특정 회선만을 선택적으로 차단하도록 하는 계전기
- 임피던스 거리계전기(DR) : 송전선로에서 사고가 발생했을 때, 계전기가
　설치된 지점에서 바라 본 송전선로의 임피던스($Z = \dfrac{V}{I}$)가 일정값 이하이면,
　그 거리에 비례하여 한시동작에 의한 동작신호를 하는 계전기
- 방향성 거리계전기(DZ) : 거리계전기 기능에 방향성을 더하여 차단기에
　동작신호를 보내는 계전기

　ⓑ **지락보호 목적의 계전기 종류**
- 지락과전류계전기(OCGR) : 접지선로(Y 선로)에서, 지락에 의한 과전류를
　검출하여 차단기에 차단신호를 보내는 계전기이다. 지락전류(I_f)는 단락
　전류(I_s)보다 작기 때문에 계전기의 정정값(Setting Value)을 단락전류에
　의한 과전류계전기보다 낮은 값으로 설정하여 사고전류를 검출한다.

핵심기출문제

송전선로를 지락사고로부터 보호하기 위해 변전소에 설치되어 영상전류(= 지락전류)를 검출하는 계전기는 어떤 계전기인가?

① 차동계전기
② 전류계전기
③ 방향계전기
④ 접지계전기

해설
영상변류기(ZCT)는 영상전류(= 지락전류)를 검출하여 지락계전기 또는 접지계전기(GR)를 동작시킨다.

🔒 **정답 ④**

핵심기출문제

중성점 저항접지방식의 병행 2회선 송전선로의 지락사고 차단에 사용되는 계전기는?

① 선택접지계전기
② 과전류계전기
③ 거리계전기
④ 역상계전기

해설
송전선로 병행 2회선 계통에서 지락사고를 감지하기 위해 선택접지계전기를 사용한다.

🔒 **정답 ①**

• 지락과전압계전기(OVGR) : 비접지선로(△ 선로)에서 지락사고가 발생했을 때, 지락에 의한 과전압(= 영상전압)을 검출하는 계전기이다. OVGR에 의한 동작은 주로 전력감시자에게 경보하기 위한 용도로 사용된다.

• 방향지락계전기(DGR) : 지락전류와 지락에 의한 과전류 크기를 검출하는 계전기이다.

• 선택지락계전기(SGR) : 2회선(다회선) 송전선로에서 한 회선에 지락전류(I_f)가 흐를 경우, 이를 검출하여 해당 회선만을 선택적으로 차단하도록 하는 계전기이다(선택접지계전기라고도 한다).

• 지락계전기(GR) : 선로에 지락전류(I_f)를 검출하는 계전기이다.

(5) 계통에 따른 보호계전방식

① 송전선로의 보호계전방식

송전선로는 선로길이가 길고 선로가 넓은 지역에 걸쳐 뻗어 있기 때문에, 낙뢰와 같은 이상전압이 생길 가능성이 높고, 부하와 선로정수의 영향으로 전압변동이 수시로 발생한다. 이런 선로의 이상을 감지하는 계전방식은 다음과 같다.

• 전류 차(전류비율 차이)를 이용한 방식
• 전류위상비교 방식
• 방향비교 방식
• 거리측정 방식

② 방사상선로의 단락보호방식

㉠ 전원이 1단(단일 라인)에만 있을 경우 : 표시선(신호선) 계전방식을 사용하여 계전기 간에 고장신호만을 주고받으며 설정(Setting)한 조건에 맞으면 계전기가 동작한다.

> **표시선 계전방식(Pilot Wire Relay System)**
>
> 송전선로에서 약 수십 km 이하의 송전선로 구간을 보호할 수 있는 계전방식으로, 보호해야 할 선로 양단에 계기용 전류기(CT)를 각각 설치하고, 그 두 개 CT의 전류를 본 표시선계전기 기준으로 통신하며 전류의 크기를 비교하여 설정(Setting)한 비율에 맞지 않으면 동작하는 시스템이다. 이 보호시스템이 선로 양단을 비교하는 방식은 **방향비교방식**, **전압반향방식**, **전류순환방식** 세 가지이다.

㉡ 전원이 **양단**(2개 라인)으로 있을 경우 : 방향단락계전기(DSR)와 과전류계전기(OCR)를 조합시켜 단락으로부터 선로를 보호한다.

③ 환상선로의 단락보호방식

㉠ 전원이 1단일 경우 : 방향단락계전기를 사용함
㉡ 전원이 2단일 경우 : 방향성 거리계전기를 사용함

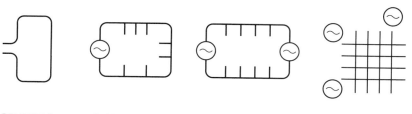

〔환상선로〕 〔전원 1단 선로〕 〔전원 2단 선로〕 〔방사상선로〕

④ **모선보호 계전방식(모선 : 부하에 연결되지 않은 전력공급선)**

발전계통, 변전소 소내에는 전력선의 모태가 되는 모선이 있다. 모선으로부터 수많은 전력선들이 분기되므로 모선에 사고가 발생하면 피해가 크지만 모선의 사고율은 극히 낮다. 이런 모선을 보호하기 위한 계전요소는 다음과 같다.

   ㉠ 모선보호 계전방식의 종류

- 전압차동 계전방식
- 전류차동 계전방식
- 위상비교 계전방식
- 방향비교 계전방식
- 환상모선 보호방식

   ㉡ 발전기의 보호계전방식

- 발전기 내부 고장의 경우 : '전류차동 계전방식'으로 고장 검출
- 발전기 외부 고장의 경우 : '반한시 과전류계전방식'으로 고장 검출

⑤ **변압기의 보호계전방식**

   ㉠ 차동계전기 : 변압기 고·저압측에 설치한 CT 2차 전류 사이의 차(전류 벡터차)를 이용하여 변압기 내부의 전기적 고장을 검출하는 계전방식이다.

   ㉡ 비율차동계전기 : 변압기의 내부에 전기적인 고장이 발생할 경우, 고·저압측에 설치한 CT의 2차측 억제코일에 흐르는 **전류차가 설정(Setting)한 일정비율[%] 이상**이 됐을 때, 이를 검출하는 계전방식이다.

   ㉢ 부흐홀츠 계전기 : 변압기에 내부고장이 발생할 경우 주원인은 높은 전압, 높은 전류, 혼촉사고, 전류차로 인한 과열 정도이다. 전기적인 사고는 필연적으로 열을 발생시킨다. 변압기 내부에서 발생하는 열은 변압기의 절연유(광유) 온도를 상승시키며 가스와 유증기가 발생한다.

     '부흐홀츠 계전기'는 이런 가스나 유증기로 인한 압력을 검출(물리적 검출)하여 경보신호 또는 차단신호를 외부로 보내는 계전기이다(Tr 고장 → 열 발생 → 가스 및 증기 → 압력상승 → 부흐홀츠 계전기가 압력측정 → 경보 및 차단신호 전송).

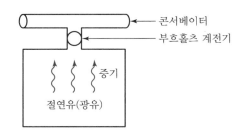

콘서베이터
부흐홀츠 계전기
증기
절연유(광유)

2. 차단기기

전력의 흐름은 곧 전류의 흐름이다. 전압은 압력이므로 흐르는 실체가 아니다. 실제로 선로에서 흐르고 안 흐르고는 전류로 나타낸다. 이와 같이 계통에 흐르는 '전류'(I)를 끊거나 흐르게 할 수 있는 전력기기가 차단기기이며, 종류는 **개폐기**와 **차단기** 두 가지가 있다.

(1) 개폐기(SW : Switch)

개폐기는 우리가 아는 영어단어 '스위치(Switch)'이다. 그냥 스위치가 아니라 '전력용 스위치'이므로 우리가 생각하는 것보다 부피가 크고, 기계적 강도가 매우 단단하다. 개폐기의 종류는 여럿 있지만, 가장 대표적인 전력용 스위치가 단로기이다.

① 단로기(Disconnecting Switch)

단로기는 차단기가 큰 전류(=부하전류)를 차단하고 난 뒤, 선로에 남아 있는 작은 전류(=충전전류) 또는 변압기에 남아 있는 여자전류를 차단한다.

구체적으로, 단로기는 차단기와 다르게 선로에 흐르는 전류를 차단할 목적으로 사용하는 전력기기가 아니다. 단로기의 역할은 사람이 선로를 보수·점검하거나, 고압의 전력기기(변압기, 피뢰기, 애자 등)를 보수·점검할 때 사람이 감전되지 않도록 전력을 차단한 후, 한 번 더 확실히 안전하게 작업하기 위해서 무부하상태에서 선로를 개폐(open – close)하는 용도로 사용된다.

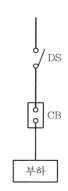

DS
CB
부하

(→ 부하전류를 차단하지 못하여 차단기의 보조기능을 함)

개폐기는 차단기에 비해 매우 단순한 구조와 기능을 수행하므로 단로기를 포함한 대표적인 개폐기 종류에 대해서만 간단히 나열한다.

　㉠ 단로기(DS : Disconnecting Switch) : 배전선로와 수전설비에 설치됨

　㉡ 선로개폐기(LS : Line Switch) : 수전설비 패널 내에 설치됨

　㉢ 부하개폐기(LBS : Load Break Switch) : 배전계통 가공전선로에서 전주 주변에 설치됨

　㉣ 자동고장구분개폐기(ASS) : 수전설비 패널 내에 설치됨

ⓜ COS(Cut-Out Switch) : 배전선로와 수전설비에 설치됨

ⓗ 섹셔널라이저(Sectionalizer) : 수전설비 패널 내에 설치됨

ⓢ 유입개폐기(OS) : 전류 차단능력이 없고, 무부하일 때의 회로만을 개폐함

ⓞ 가스절연개폐기(GAS : Gas Insulated Load Break Switch) : 수전설비 패널 내에 설치됨

(2) 차단기(CB : Circuit Breaker)

차단기의 동작은 보호계전기가 판단하고, 차단기는 회로를 끊고 재폐로하는 동작만을 수행합니다. 본 내용에서는 차단기의 종류와 기능에 대해서 설명합니다.

① 차단기의 역할

차단기(CB)는 선로에 흐르는 전류(부하전류)를 개폐(Open-Close)하는 전기설비이다. 또한 전기사고가 발생할 때 단락전류와 지락전류를 차단한다.

계통에서 차단기의 역할은 계통에서 전기사고가 발생했을 때, 고장구간을 계통으로부터 분리하여 사고의 파급을 막는 개폐설비이다.

② 가정용 차단기와 전력용 차단기의 차이점

가정집에서 사용하는 차단기는 NFB(과전류 차단기), ELCB(=ELB, 누전 및 과전류 차단기)로 비교적 소용량 차단기이고, 전력계통에서 사용하는 차단기는 고전압, 대전류를 차단할 수 있는 OCB, MBB, ACB, ABB, VCB, GCB 등의 대용량 차단기이다. 선로에서 흐르는 전류를 끊거나 전력을 투입할 때마다 아크(Arc)가 발생한다. 가정집의 경우는 사용전력이 작기 때문에(220[V], 최대 20[A]) 스위치를 동작할 때 스위치 내부에서 발생하는 아크가 매우 작다. 하지만 송·배전 선로에서 사용하는 전력은 매우 크기 때문에(수십 [kV], 최대 수 [kA]) 선로를 개폐할 때 발생하는 아크도 대단히 크다. 더욱이 개폐할 때의 아크는 상용전압을 초과한다. 이같은 이유로 전력계통에서 아크는 화재와 폭발로 이어진다. 그래서 전력용으로 사용하는 차단기는 개폐할 때 발생하는 아크를 반드시 소호(Arc Extinguishing)하는 기능을 갖춰야 한다. 이것이 차단기(CB)이며 아크를 없애는 방법에 따라 다음과 같이 차단기를 분류한다.

③ 차단기의 종류

ⓐ 유입차단기(OCB)-(고압용 차단기) : 차단기 소호실의 절연유(그리고 개폐할 때 발생하는 고압의 가스)를 통해 아크를 소호하는 차단기이다.

• 가격이 저렴하여 넓은 전압 범위에서 채택되어 사용된다.

• 광유(공업용 기름)를 소호물질로 사용하므로 화재 우려가 조금 있다.

• 보수·점검하기 번거롭지만, 소음이 적어 방음설비를 설치할 필요가 없다.

• 부싱 변류기(BCT)를 사용할 수 있다.

자기차단기의 특징 중 옳지 않은
것을 고르시오.

① 화재의 위험이 적다.
② 보수, 점검이 비교적 쉽다.
③ 전류 절단에 의한 와전류가
   발생되지 않는다.
④ 회로의 고유 주파수에 차단
   성능이 좌우된다.

해설
자기차단기(MBB, 저압용 차단기)
소호실 내에서 전자력을 이용하여
개폐 시 발생하는 아크를 소호실로
유도하고, 냉각작용으로 아크를 소
호하는 차단기이다.

• 소호능력이 대단하지 않아 고압,
  특고압용으로 적당하지 않다.
• 화재 위험이 없고, 보수 · 점검이
  쉽다.
• 차단성능이 고유주파수에 영향을
  받지 않는다.
※ 물질은 원자로 되어 있고 진동한
  다. 교류회로도 파형에 대한 주파
  수가 존재한다. 물질이나 회로가
  가진 자연 그대로의 주파수를 고
  유주파수라고 한다. 그래서 어떤
  기기에 진동하는 바람, 액체, 전
  기신호가 유입되면 작동에 영향
  을 받을 수 있다.
🔒 **정답** ④

소호실에서 압축된 공기를 아크
(Arc)에 불어 넣어 차단동작을 하
는 차단기는?

① ABB   ② MBB
③ VCB   ④ ACB

해설
**공기차단기(ABB, 고압용 · 특고압
용 차단기)**
소호실에 10기압 이상의 압축공기
를 불어 넣어 개폐시 발생하는 아크
를 소호시킨다.

🔒 **정답** ①

✷ **재점호(Restriking)**
차단기가 아크를 소멸시켜 폐로
(Open)한 후, 무부하 선로에
남아 있던 충전전류로 인해 쉽
게 다시 아크가 발생할 수 있다.
이런 경우가 재점호이다. 차단
용량이 큰 선로일수록 재점호가
일어날 확률이 높다.

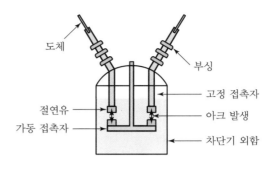

도체
부싱
절연유
고정 접촉자
가동 접촉자
아크 발생
차단기 외함

《 유입차단기 》

ⓛ 자기차단기(MBB) – (저압용 차단기) : 전자력을 이용하여 개폐할 때 발생하는
   아크를 차단기 소호실로 유도하고, 아크를 유도 후에 냉각작용으로 아크를
   소호하는 차단기이다.

   • 소호능력이 뛰어나지는 않아서 저압용으로 사용하고 고압 이상에서는 사
     용하지 않는다.
   • 화재 위험이 적고, 보수 · 점검이 쉽다.
   • 차단성능이 고유주파수에 영향을 받지 않는다.

고유주파수
물질은 원자로 되어 있고 원자는 진동하므로 고유한 파동, 주파수가 존재한다. 교류회로도 파형에 대한
주파수가 존재한다. 물질이나 회로가 가진 자연적인 진동(주파수)을 고유주파수라고 한다. 그리고 두
주파수가 일치하는 조건이 조성되면 공진현상이 일어난다. 그래서 고유주파수를 가진 바람, 액체, 전기
는 공진현상에 의해 기계가 정상적인 동작에 악영향을 준다.

ⓒ 기중차단기(ACB, 저압용 차단기) : 천연공기(대기 중의 자연공기)를 매개로 개
   폐할 때 발생하는 아크를 소호실에서 소호한다.
ⓔ 공기차단기(ABB, 고압용 · 특고압용 차단기) : 소호실에 10기압 이상의 압축공기
   를 불어 넣어 개폐할 때 발생하는 아크를 소호시킨다.
   • 압축공기를 만들기 위해 에어컴프레서 등의 부대설비가 필요하므로 차단
     기가 크다.
   • 10기압 이상의 압축공기는 약 $10 \sim 30 \, [\mathrm{kg/cm^2 \cdot g}]$ 이다.
   • 선로의 충전전류에 의한 **재점호**가 거의 없다.
ⓗ 진공차단기(VCB) – (고압용 차단기) : 소호실을 진공상태로 만들어 높은 절연내
   력을 갖게 한 차단기이다. 진공상태의 빠른 확산성을 이용하여 개폐할 때 발
   생하는 아크를 소호시킨다. 아크를 소호하는 과정에서 진공뿐만 아니라 자
   기차단기의 전자력도 이용하여 아크를 소호한다.

- 개폐서지(Surge)전압이 가장 높다(개폐할 때 발생하는 서지전압을 억제하는 능력이 가장 좋은 차단기이다).
- 절연내력이 높다.
- 화재 위험이 없다.
- 충전전류에 의한 재점호가 거의 없다.
- 소형(작고), 경량(가볍고), 소음이 적다.

ⓑ 가스차단기(GCB) – (고압용 차단기) : GCB는 절연내력과 소호능력이 우수한 육불화황가스(SF_6)를 압축시켜 아크를 소호한다. 차단능력이 매우 좋고 가스를 배출하지 않는 구조이므로 소음이 적다.

SF_6(육불화황가스)의 특징

- 불연성 · 비폭발성이며, 무색무취 · 무독성 가스이다. 인체에는 무해하지만, 환경에 매우 유해하다. 환경에 유해한 이유는 SF_6가스는 이산화탄소(CO_2)보다 약 2만 3천 배의 온실가스를 발생시켜 지구온난화를 가속시킨다.
- 열전도율이 뛰어나다(공기의 열전도율보다 1.6배 좋다).
- 절연내력이 뛰어나다(공기의 절연내력보다 약 3배 절연내력(103[kV/cm])을 갖는다).
- 아크 소호능력이 공기 소호능력의 100배이다.

ⓐ 가스절연개폐기(GIS) : GIS는 아크를 소호시키는 장치가 없지만, GCB와 마찬가지로 SF_6(육불화황가스)를 사용하여 개폐기 전체를 밀폐시킨다. 그래서 차단기와 같은 효과를 낼 수 있다. 이러한 아크를 소호시키는 소호실이 없으므로 GIS 구조를 차단기라고 하지 않고 개폐기(Switch)라고 한다.
- GIS를 구성하는 구성품은 '차단기, 단로기, 계기용 변압기, 계기용 변류기'이다.
- 충전부가 외부로 노출되지 않아, 안정성과 신뢰성이 높다.
- 대지와 접촉하지 않으므로 전기회로가 성립되지 않기 때문에 감전사고 위험이 없다.
- 밀폐형이므로 소음이 없다.
- 소형화가 가능하며, 보수 · 점검이 쉽다.

ⓞ 리클로저(Recloser) : 계통을 차단하고 이어서 일정시간 후 자동적으로 폐로(Close)하여 전력을 투입하는 특성을 가진 기기이다[재폐로 : 계통의 안정도를 향상시킬 목적으로, 차단기가 계통을 차단하고, 일정시간 후 자동적으로 폐로(Close)하여 전력을 투입하는 일련의 동작].

ⓩ 전력퓨즈(PF : Power Fuse) : 전력퓨즈(전력용 퓨즈)는 가정용 소형의 퓨즈크기보다 훨씬 크고, 기계적 강도 역시 매우 단단하다. 전력퓨즈도 차단기에 속하는 전력기기이다. 다만, 차단기와 전력퓨즈가 다른 점은 차단기는 선로에서 전류를 반복적으로 개폐(투입 – 차단)할 수 있지만, 전력퓨즈는 일회성으

로 한번 전력을 차단하면 두 번 다시 재활용할 수 없다. 또한 차단기는 부하전류, 단락전류, 지락전류, 임의의 설정된 전류값에 대해 동작하지만, 전류퓨즈는 단락전류에 대해서만 차단동작을 한다.

- 전력퓨즈의 기능 : 단락 보호용으로 사용되는 일회성 과전류 차단장치이다. 주로 배전선로, 수·변전설비에서 사용된다. 하지만 송전계통에서 사용되지는 않는다.

▶ **전력퓨즈의 장단점**

장점	단점
• 고속도 차단이 가능하다.	• 한번 동작 후, 재투입이 불가능하다.
• 차단기보다 소형이며 경량이다.	• 차단할 때 과전압(충격파 전압)이 발생한다.
• 큰 차단용량을 가진다.	• 과전류에 의해 쉽게 용단된다.
• 차단 동작할 때 소음이 없다.	• 3상의 경우, 결상될 가능성이 있다.
• 가격이 차단기보다 싸다.	• 동작시간 조정이 불가능하다.

- 퓨즈 선정 시 고려사항
  - 과부하전류에 동작하지 않을 것
  - 변압기의 여자돌입전류에 동작하지 말 것
  - 보호기기 동작에 방해되지 않게 협조할 것
- 퓨즈 특성(시간 경과에 따른 퓨즈의 전압 − 전류 특성)
  - 용단 특성
  - 단시간 허용 특성
  - 전차단 특성(= 완전 차단 특성)

④ 차단기의 특성

전력계통의 사고 또는 고장의 대부분은 배전계통에서 일어나며 송전계통의 사고는 드물다. 배전계통에서 일어나는 사고 빈도의 90%는 나뭇가지와 배전선로가 일시적으로 닿아 발생하는 1회성 지락사고이다. 여기서 1회성이란 잠깐·순간 고장을 뜻한다. 이러한 1회성 고장으로 계통의 차단기가 전력을 차단하면 정전과 함께 수용가의 피해가 크다. 1회성 고장은 말 그대로 일시적인 고장이므로 일정시간 후 사라지므로 차단기는 이러한 1회성 전기사고를 걸러낼 필요가 있다. 그래서 차단기는 1회성 고장을 적당히 무시하거나 신속히 자동 복구해야 한다. '차단기는 차단동작 할때 동작에 대해 **조심성**을 가져야 한다.' 여기서, '차단기의 차단동작에 조심성'을 전기법규에서 '차단기 특성'이란 이름으로 다음과 같이 규정하였다.

'차단기의 조심성 있는 동작'을 '차단기 특성'이라고 하며, 이것이 전기법규에서 말하는 **차단기 동작책무** 또는 줄여서 **재폐로 책무**라고 한다.

차단기 특성 : [이상감지] → [차단기 open] → $\begin{bmatrix} t초후 \\ 자동\,close \end{bmatrix}$ → $\begin{bmatrix} (이상상태 유지) \\ open \end{bmatrix}$ → $\begin{bmatrix} t초후 \\ 자동\,close \end{bmatrix}$

→ $\begin{bmatrix} (이상상태 유지) \\ open \end{bmatrix}$ → $\begin{bmatrix} t초후 \\ 자동\,close \end{bmatrix}$

㉠ 차단기 표준 동작 책무에 의한 차단기 분류
- 일반 A형(일반형) : [O]−[1분]−[CO]−[3분]−[CO]
- 일반 B형 : [O]−[15초]−[CO]
- 고속형 : [O]−[t 초(임의 설정)]−[CO]−[1분]−[CO]

여기서, O : Open(개로), C : Close(폐로)

㉡ 차단기의 정격
- 차단기의 정격전압 : 규정된 조건에 따라 차단기에 부과하는 사용전압의 상한값
- 차단기의 정격전류 : 정격전압 이하에서 규정된 표준동작책무 및 동작상태에 따라 차단할 수 있는 차단전류의 한도(실효값 전류 : $I_s = \dfrac{100}{\%Z} I_n \,[\text{A}]$)

㉢ 차단기의 정격차단용량(3상 기준)

$$P_s = \sqrt{3}\, V_n I_n = \dfrac{100}{\%Z} P_n \,[\text{MVA}]\,(V_n : 정격전압,\ I_n : 정격전류)$$

㉣ 차단기의 정격차단시간 : 정격전압 이하에서 규정된 표준동작책무 및 동작상태에 따라 차단할 때의 차단시간의 한도를 말한다. 이 시간은 보호계전기가 트립신호(Trip Signal)를 차단기의 트립코일(Trip Coil)에 보낸 후, [트립코일이 여자되는 순간부터 차단동작에 의해 아크가 소호될 때까지의 시간]이다.
→ 차단기의 정격차단시간=[개극시간]+[아크소호시간]

㉤ 차단기의 정격차단시간의 종류 : 3[Hz], 5[Hz], 8[Hz]
계전기가 차단기에 차단신호를 주면, 트립코일이 여자되는 시점부터 아크가 소호되는 시점까지 3[Hz], 5[Hz], 8[Hz]의 세 종류 차단시간이 걸린다.

→ $T(시간) = \dfrac{1}{f\,(주파수)}$

㉥ 차단기의 동작 원리(트립 원리) : 정상상태에서 계전기의 CT에 최대 5[A]가 흐른다면, 고장상태 또는 이상상태에서는 계전기의 CT에 20[A] 이상이 흐를 수 있다. 과전류 계전요소는 이를 검출하여(A접점 → B접점) 차단기로 트립신호를 보낸다. 그리고 차단기의 트립코일(TC)이 동작하면 차단기(CB)가 차단동작을 한다.

PART 05

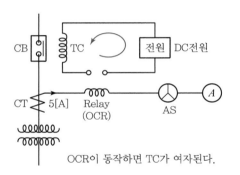

OCR이 동작하면 TC가 여자된다.

ⓐ 차단기의 트립방식

- CT 2차측 전류에 의한 트립방식
- DC 전원방식
- CTD방식(콘덴서에 의한 직류 트립 : condenser trip DC)

ⓞ 차단기(CB), 단로기(DS)의 전원 투입 및 차단 순서

차단기와 단로기는 인터록으로 연결되어 있다. 때문에 차단기가 열려 있을 때만 단로기는 개폐동작이 가능하다.

- 전원 차단 시(정전 시) : CB_{off}(먼저) → DS_{off}(나중)
- 전원 투입 시(급전 시) : DS_{on}(먼저) → CB_{on}(나중)

DS는 부하전류 개폐능력이 없어서 무부하일 때만 계통을 개폐할 수 있다. 여기서 인터록(Interlock)은 단로기가 아크 소호능력이 없기 때문에 차단기와 단로기 간 CB가 개로상태일 때만 DS가 개방(open) 및 투입(close)을 할 수 있도록 연동장치가 설치돼 있다.

핵 / 심 / 기 / 출 / 문 / 제

01 진공차단기(Vacuum Circuit Breaker)의 특징에 속하지 않는 것은?

① 소형 경량이고 조작기구가 간편하다.

② 화재 위험이 전혀 없다.

③ 동작 시 소음은 크지만 소호실의 보수가 거의 필요치 않다.

④ 차단시간이 짧고 차단성능이 회로주파수의 영향을 받지 않는다.

해설 진공차단기(VCB)

• 고압용 차단기로, 소호실을 진공으로 만들어 높은 절연내력을 갖는 차단기이다. 진공의 빠른 확산성을 이용하여 아크를 소호시킨다.

• 개폐서지(Surge)전압이 가장 높다. 다시 말해, 개폐할 때 발생하는 서지전압을 억제하는 능력이 가장 좋은 차단기이다.

• 절연내력이 높다.

• 화재 위험이 없다.

• 충전전류에 의한 재점호가 거의 없다.

• 소형(작고), 경량(가볍고), 소음이 적다.

02 차단기의 개방 시 재점호를 일으키기 가장 쉬운 경우는?

① 1선 지락전류인 경우

② 무부하 충전전류인 경우

③ 무부하 변압기의 여자전류인 경우

④ 3상 단락전류인 경우

해설 재점호(Restricking)

차단기가 아크를 소멸시켜 폐로(Open)한 후, 무부하 선로에 남아 있던 충전전류로 인해 쉽게 다시 아크가 발생한다.

정답 **01** ③ **02** ②

CHAPTER 10 배전선로의 구성과 전기공급방식

01 배전선로의 구성

본 장에서는 앞의 변전소(9장) 내용의 연장선에서, 변전소에서 배전선로로 공급되는 22.9[kV]의 전력을 어떤 방식으로 수용가(도시, 도외지)에 공급할 것인지에 대한 내용을 다룹니다.

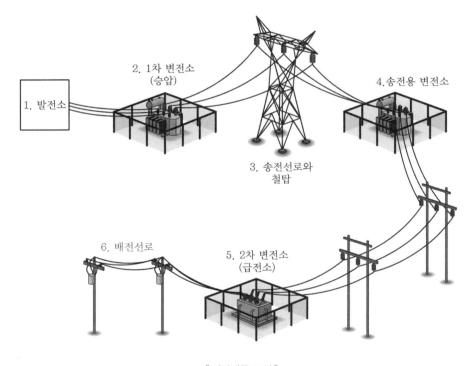

〖 전력계통 구성 〗

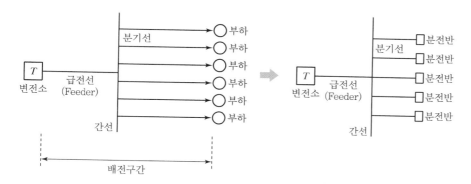

〚 배전계통을 싱글라인(Single Line)으로 설명하는 구성도 〛

1. 배전선로의 용어

① **배전선로(Distribution Line)** : 배전용 변전소로부터 직접 수용장소에 이르는 전선로

② **급전선(Feeder)** : 배전용 변전소로부터 간선에 이르기까지 도중에 부하가 접속되지 않은 선로로, 여기서 '급'은 공급을 의미한다(유사한 개념으로 발전소와 변전소 내에 '모선'이 있다).

③ **간선(Main Line)** : 급전선으로부터 부하 분포 상태에 따른 분기선을 분배해 주는 선

④ **분기선(Branch Line)** : 간선으로부터 분기한 분기선들의 가지선들이며, 이 가지선들의 수용가로 직접 연결된다.

2. 간선의 종류(배전하는 방식)

- 가지식(＝수지식) 배전방식
- 환상식 배전방식
- 뱅킹 방식 배전방식
- 망상식 배전방식

02 배전선로의 배전방식

1. 가지식, 수지식 배전(Tree System)

(1) 정의

간선을 나뭇가지가 뻗는 구조처럼 한쪽 방향으로 갈래갈래 뻗으며 전력을 공급하는 방식이다. 주로 도외지의 농촌, 시골에서 적용되는 배전방식이다.

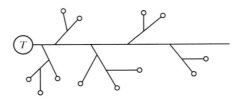

핵심기출문제

환상식(Loop System) 배전방식
에 대한 설명으로 틀린 것은?

① 증설이 용이하다.
② 전압 변동이 적다.
③ 변압기의 부하 배분이 균일하
게 된다.
④ 부하 증가에 대한 융통성이
크다.

해설

환상식 배전방식은 전선로 구성과
설치되는 설비가 복잡하므로, 최초
공급전력이 정해져서 건설이 되면,
정해진 전력까지만 전력공급이 가
능하고 그 이상은 대응이 안 된다.
때문에 부하 증설이 어렵다.

정답 ①

(2) 가지식 배전의 특징

• 시설방법이 간단하다.
• 전력공급에 대한 신뢰도가 낮다(전압강하가 크고, 정전 발생 시 정전 범위가 넓기 때문에).
• 인가가 드물고 수용가와 수용가 간 거리가 넓은 도외지(농촌지역)에 적합하다.

2. 환상식 배전(Loop System)

(1) 정의

간선을 둥그렇게 둘러싼 루프(Loop) 모양으로 구성하여 전력을 공급하는 방식이다. 이 경우는 양방향에서 전력을 공급할 수 있다. 주로 소도시(Small City), 시가지(Town)에서 사용되는 배전방식이다.

(2) 환상식 배전의 특징

• 환상식 배전선로는 결합개폐기가 존재하고, 이 결합개폐기를 기준으로 2회선이 부하에 전력을 공급하는 방식이다.
 ※ 결합개폐기의 역할 : 2회선 중 1회선이 고장 났을 때, 자동적으로 폐로(Close)하여 융통성 있게 전력을 공급한다.
• 가지식 배전방식보다 선로고장에 대한 융통성이 좋고 전력공급 신뢰도가 좋다.
• 가지식 배전방식보다 전압강하(전압변동) 및 전력손실이 적다.
• 소도시나 시가지(Town)와 같은 부하밀집지역에 적용하기 적합하다.
• 그 전선로 구성과 설치되는 설비들이 복잡하여 최초에 정해진 공급전력으로 전선로가 건설되면, 정해진 전력용량 이외에 추가적인 부하 증설이 어렵다. (단점)

핵심기출문제

저압 뱅킹(Banking) 방식에 대한
설명으로 옳은 것은 무엇인가?

① 깜빡임(Light Flicker)현상이
심하게 나타난다.
② 저압간선의 전압강하는 줄여지
나 전력손실은 줄일 수 없다.
③ 캐스케이딩(Cascading)현상의
염려가 있다.
④ 부하의 증가에 대한 융통성이
없다.

해설

뱅킹 방식
• 전압강하(= 전압변동) 및 전력손
실을 낮출 수 있다.
• 전력퓨즈(PF_1, PF_2, PF_3, PF_n)
가 용단되더라도 '구분퓨즈'를 통
해 전력을 지속적으로 공급할 수
있다.
• 캐스케이딩(Cascading)현상으로
인해 정전범위가 확대될 가능성이
있다.
• 플리커(Flicker)현상(공급측의
전력량 부족으로 부하측에 설비
가 깜빡깜빡하는 현상)이 적다.
• 전력공급에 대한 신뢰도가 좋다.

정답 ③

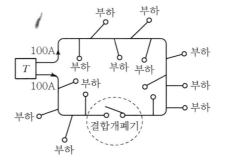

3. (저압) 뱅킹 배전(Banking System)

(1) 정의

하나의 간선에 여러 대의 변압기 1차측을 병렬로 접속시키고, 변압기의 2차측 역시 부하측 간선끼리 서로 병렬 접속하여 부하에 융통성 있는 전력을 공급하는 배전방식이다. 주로 대도시, 광역시 규모의 도시(City)에서 사용되는 배전방식이다.

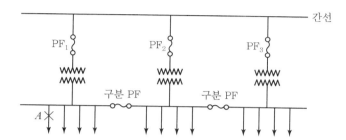

(2) (저압) 뱅킹 배전의 특징

- 전압강하(= 전압변동) 및 전력손실을 낮출 수 있다.
- 뱅킹 배전방식은 전력퓨즈(PF_1, PF_2, PF_3, PF_n)가 용단되더라도 '구분퓨즈'를 통해 전력을 지속적으로 공급할 수 있다.
- 구분퓨즈로 인해 뱅킹 배전방식은 **캐스케이딩현상**(Cascading 현상)으로 인한 정전범위가 확산될 가능성이 있다.
- **플리커**(Flicker)**현상**이 일어날 수 있다.
- 전력공급에 대한 신뢰도가 배전방식 중에서 가장 좋다.
- 대도시(City)와 같은 부하밀집지역에 적합하다.

4. (저압) 망상식 배전(네트워크 배전 : Network System)

(1) 정의

변전소의 한 모선에서 2회선 이상의 급전선으로 무정전 공급이 되도록 네트워크망을 구성[배전계통의 주상 변압기(1차측 22.9[kV])와 모선을 접속시키고, 변압기 2차측(저압 220/380[V])은 계통 내에서 네트워크망으로 서로 연계되어 여러 방향에서 부하에 전원을 공급한다]한 배전방식 중 전력공급 신뢰도가 가장 우수한 배전방식이다.

(2) (저압) 네트워크 배전의 특징

- 전압강하(= 전압변동) 및 전력손실이 적다.
- 무정전 전력공급이 가능하다.
- 배전방식 중 전원공급 신뢰도가 가장 좋다.
- 언제든 부하증설이 쉽다.

✤ 캐스케이딩현상
변압기 2차측의 저압선 일부(본문 그림의 A점)가 고장 나면, PF_1 퓨즈만 용단돼야 한다. 하지만 PF_1 퓨즈와 연결된 PF_2, PF_3를 통해 사고의 여파가 선로를 타고 다른 지역으로 확대되는 현상이다. 이런 캐스케이딩현상으로 연결된 모든 변압기가 차단될 수도 있다.

✤ 플리커현상
공급측(변전소, 주상변압기)의 전력공급 부족으로 부하측에 전원이 불안정하여 전원이 들어왔다가 나갔다가를 반복하며 깜빡깜빡하는 현상이다.

- 대도시(대형 빌딩 등 고밀도 부하밀집지역)에 적합하다.
- 네트워크망이 복잡하게 얽히고설켜 있기 때문에 인축(인간과 동물)의 감전 위험 가능성이 높다.
- 네트워크 배전방식은 선로에 네트워크 변압기와 네트워크 프로젝터가 설치되기 때문에 설치비용이 비싸다.

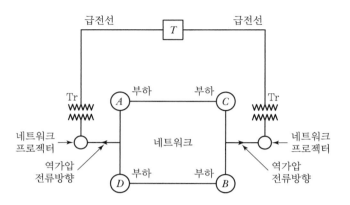

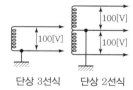
03 배전선로의 전기공급방식

1. 배전방식에 따른 1선당 전력공급비(전압·전류가 일정할 경우 1선당 전력공급비)

전기공급 결선방식	공급전력	1선당 공급전력	단상 2선식 기준, 1선당 공급 전력비 (=전선중량비, 전력손실비)
$1\phi\,2w$ 결선	전체 $P=VI$ $(V_p=V_l)$	1선당 $P=\dfrac{1}{2}VI$ (2선 중 1선당 전력)	기준 비율 : 100[%] (전력선이 최소 2선 이상이므로, $1\phi\,2w$이 기준이 된다.)
$1\phi\,3w$ 결선	전체 $P=2V_pI$	1선당 $P=\dfrac{2}{3}V_pI=0.67V_pI$	비 : $\dfrac{\frac{2}{3}VI}{\frac{1}{2}VI}=\dfrac{4}{3}=1.33$배 (단상 대비 133[%])

전기공급 결선방식	공급전력	1선당 공급전력	단상 2선식 기준, 1선당 공급 전력비 (= 전선중량비, 전력손실비)
 $3\phi\,3w$ 결선 ($V_p = V_l$)	전체 $P = 3VI$ $(V_p = V_l)$	1선당 $P = \dfrac{\sqrt{3}}{3}VI = 0.57VI$ (3선 중 1선당 $\sqrt{3}\,VI$ 이므로)	비 : $\dfrac{\frac{\sqrt{3}}{3}VI}{\frac{1}{2}VI} = \dfrac{2\sqrt{3}}{3} = 1.15$배 (단상 대비 115[%])
 $3\phi\,4w$ 결선	전체 $P = 3V_l I$ $\left(V_p = \dfrac{V_l}{\sqrt{3}}\right)$	1선당 $P = \dfrac{\sqrt{3}}{4}V_l I = 0.43VI$ (4선 중 1선당 $\sqrt{3}\,VI$ 이므로)	비 : $\dfrac{\frac{\sqrt{3}}{4}VI}{\frac{1}{2}VI} = \dfrac{2\sqrt{3}}{4} = 0.866$배 (단상 대비 86.6[%])

여기서,

- 선간전압(V_l)을 기준으로, 단상전력과 비교한 3상($3\phi\,4w$)전력의 전력비는 86.6[%]이다. 만약 상전압(V_p) 기준으로 비교한다면 전력비는 단상 대비 150[%]이다. → $\left(\left(\dfrac{3}{4}VI\right)\middle/\left(\dfrac{1}{2}VI\right)\right) = \dfrac{6}{4} = 1.5$）

- 선간전압(V_l) 기준으로, 공급전력이 가장 큰 전기공급 결선 : $3\phi\,3w$

- 상전압(V_p) 기준으로, 공급전력이 가장 큰 전기공급 결선 : $3\phi\,4w$

- 110[V] 전기공급보다 220[V] 전기공급이 효율도 좋고, 전기요금도 싸다.

2. 사용전압 · 전력 · 전력손실이 일정할 경우 전력손실비(= 전선중량비)

- 전선중량비 : 전력손실과 역률, 전압은 제곱에 반비례한다.

$$P_l \propto \dfrac{1}{\cos^2\theta \cdot V^2} \quad (\text{전력손실 공식 : } P_l = \dfrac{P^2}{V^2\cos^2\theta}R\,[\text{W}])$$

- $1\phi\,2w$을 기준(100[%])으로 하여

  $-1\phi\,3w$의 손실비와 중량비 : $\dfrac{3}{8}$배($=37.5\%$)

  $-3\phi\,3w$의 손실비와 중량비 : $\dfrac{3}{4}$배($=75\%$)

  $-3\phi\,4w$의 손실비와 중량비 : $\dfrac{1}{3}$배($=33.3\%$)

핵심기출문제

전력, 역률, 거리가 같을 때, 사용전선량이 같다면 3상 3선식과 3상 4선식의 전력손실비는 얼마인가?(단, 4선식의 중성선의 굵기는 외선과 같고, 외선과 중성선 간의 전압은 3선식의 선간 전압과 같고, 3상 평형 부하이다.)

① $\dfrac{1}{3}$ ② $\dfrac{1}{2}$

③ $\dfrac{3}{4}$ ④ $\dfrac{4}{9}$

해설

$1\phi\,2w$을 기준 100[%] 대비

$\dfrac{3\phi\,4w}{3\phi\,3w}$ 전력손실비는

→ $3\phi\,3w$의 손실비 $\dfrac{3}{4}$ 배,

$3\phi\,4w$의 손실비 $\dfrac{1}{3}$ 배 이므로,

$\dfrac{3\phi\,4w}{3\phi\,3w} = \left(\dfrac{1}{3}\right)\middle/\left(\dfrac{3}{4}\right) = \dfrac{4}{9}$

정답 ④

핵심기출문제

단상 2선식 배전선의 소요전선 총량을 100[%]라 할 때 3상 3선식과 단상 3선식(중성선의 굵기는 외선과 같다.)의 소요전선 총량은 각각 몇 [%]인가?(단, 선간전압, 공급전력, 전력손실 및 배전거리는 같다.)

① 75, 37.5   ② 5, 75
③ 100, 37.5   ④ 37.5, 75

해설

사용전압, 전력, 전력손실 모두가 일정할 경우 전력손실비(=전선중량비)

- 전선 중량비 : 전력손실과 역률, 전압은 제곱에 반비례한다.

  → $P_l \propto \dfrac{1}{\cos^2\theta \cdot V^2}$

  (전력손실 공식 :

  $P_l = \dfrac{P^2}{V^2\cos^2\theta}R\,[\text{W}]$)

- $1\phi\,2w$을 기준(100[%])으로 하여,

  $-1\phi\,3w$의 손실비와 중량비 : $\dfrac{3}{8}$ 배($=37.5\%$)

  $-3\phi\,3w$의 손실비와 중량비 : $\dfrac{3}{4}$ 배($=75\%$)

  $-3\phi\,4w$의 손실비와 중량비 : $\dfrac{1}{3}$ 배($=33.3\%$)

정답 ①

3. $1\phi\,3w$ 전기공급방식의 장단점($1\phi\,2w$ 기준 대비)

배전선로의 주상변압기(단상)는 2차측에서 두 종류의 전압(220/440[V])을 사용할 수 있는 $1\phi\,3w$ 전기공급방식을 사용한다(주상변압기 1차측은 $1\phi\,2w$으로 결선됨).

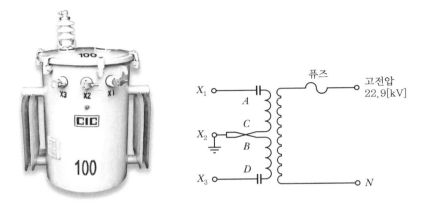

《 배전선로의 단상 주상변압기 》

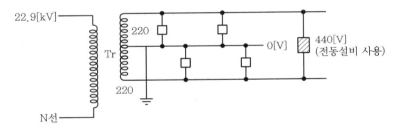

《 주상변압기 2차측 전원공급 》

① $1\phi\,3w$ **전기공급방식의 장점**
- 두 종류의 전압을 얻을 수 있어 융통성이 있다.
- 전압, 전류가 일정할 경우 1선당 공급전력이 1.33배 증가한다.
- 전압변동과 전력손실이 일정할 경우 소요되는 전선량은 $\dfrac{3}{8}$ 배 감소한다.
- 전압변동과 전력손실이 감소하므로 전력공급 신뢰도와 효율이 좋다.

② $1\phi\,3w$ **전기공급방식의 단점**
- 부하가 불평형상태일 때, 변압기의 부하분담 역시 불평형상태가 되어 과열 가능성이 있다.

핵심기출문제

교류 저압 배전방식에서 밸런서를 필요로 하는 방식은?

① 단상 2선식   ② 단상 3선식
③ 3상 3선식   ④ 3상 4선식

해설
밸런서는 $1\phi\,3w$ 전기공급방식에서 부하측의 전압불평형 또는 중성선이 단선될 경우 변압기 고장을 예방하기 위해 부하측에 설치하는 단권변압기이다.

정답 ②

핵심기출문제

단상 3선식에 대한 설명 중 옳지 않은 것은?

① 불평형 부하 시 중성선 단선 사고가 나면 전압상승이 일어난다.
② 불평형 부하 시 중성선에 전류가 흐르므로 중성선에 퓨즈를 삽입한다.
③ 선간전압 및 선로전류가 같을 때 1선당 공급전력은 단상 2선식의 133[%]이다.
④ 전력 손실이 동일할 경우 전선 총 중량은 단상 2선식의 37.5[%]이다.

해설
단상 3선식에서 중성선이 단선되면 전압불평형이 되므로, 어떠한 경우라도 중성선에 퓨즈를 삽입·설치하면 안 된다.

정답 ②

- 변압기가 전압불평형상태이거나 $1\phi 3w$ 결선의 중선선이 단선될 경우 변압기 내부의 권선이 소손될 가능성이 있다. 이런 변압기의 불평형상태로 인한 부작용을 줄이기 위해 변압기 저압선 말단에 **밸런서**를 설치하고, $1\phi 3w$ 결선의 중성선에는 절대로 전력퓨즈(PF)를 넣지 않는다.

※ **설비불평형률** : 단상 3선식은 불평형률 40%를 넘지 않고, 3상(3상 3선식, 3상 4선식) 배선은 불평형률 30%를 넘지 않아야 한다.

③ **설비불평형률(또는 중성선 단선으로 전압불평형) 계산**

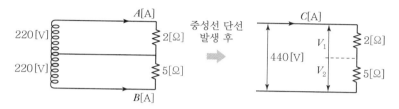

㉠ 주상 변압기 2차측 $1\phi 3w$의 단상 전압 : $220[\mathrm{V}]$

㉡ 주상 변압기 2차측에 연결된 부하 : $R_1 = 2\,[\Omega]$, $R_2 = 5\,[\Omega]$

- 중성선이 단선되지 않았을 경우 : $V_1 = 220[\mathrm{V}]$, $V_2 = 220[\mathrm{V}]$
- 중성선이 단선됐을 경우

$$V_1 = \frac{R_1}{R_1 + R_2}\,V = \frac{2}{2+5} \times 440 = 125.7\,[\mathrm{V}]$$

$$V_2 = \frac{R_2}{R_1 + R_2}\,V = \frac{5}{2+5} \times 440 = 314.2\,[\mathrm{V}]$$

[결론] 중성선이 단선되면 분리됐던 두 회로가 직렬접속 상태가 되어,
- 정격 $220[\mathrm{V}]$의 전원(V_1)을 공급받아야 할 부하에 정격보다 낮은 $125[\mathrm{V}]$가 공급되고,
- 정격 $220[\mathrm{V}]$의 전원(V_2)을 공급받아야 할 부하에 정격보다 높은 $314[\mathrm{V}]$가 걸린다.

그러므로 V_2 전원을 공급받는 부하의 기기는 정상작동을 안 하거나 고장 나게 된다. 이것이 $1\phi 3w$에서 중성선이 단선될 경우의 문제이다. 때문에 $1\phi 3w$의 중성선에는 절대로 전력퓨즈(PF)를 설치하지 않는다.

04 전압을 n배 승압할 때의 장점

우리나라 공칭전압은 220[V], 380[V], 22.9[kV], 154[kV], 345[kV], 765[kV]입니다. 이를 최소 전기를 만드는 발전기의 전압부터 수용가의 전압까지 순차적으로 나열하면 다음과 같습니다.

- 원자력발전소의 발전기 1기 최대출력은 1000[MW]이므로, 약 40[kA]/25[kV]
- 화력발전소의 발전기 1기 최대출력은 500[MW]이므로, 약 20[kA]/25[kV]
- 수력발전소의 발전기 1기 최대출력은 250[MW]이므로, 약 15[kA]/20[kV]

그러므로 발전소 발전기 1기의 전압은 평균적으로 약 20[kV]라고 볼 수 있습니다.

발전소 20[kV] → 송전 345[kV] → 배전 22.9[kV] → 수용가 220/380[V]

여기서, 알 수 있는 전력계통의 특징은 발전기에서 만든 최초 전압을 한번 승압시킨 이후로 수용가까지 지속적으로 강압하게 됩니다. 한 국가에 전선로를 구축하는 건설공사와 계통전압에 맞춰 절연공사를 하는 사업은 수천조 원 이상의 비용과 수십 년의 시간이 필요한 대규모 국책사업입니다(2021년 한국의 1년 국가예산은 약 560조 원). 때문에 한 국가의 수용가전압(110[V], 220[V])을 바꾸는 일은 단순한 일이 아닙니다. 다행히도 한국은 세계에서 가장 효율적인 수용가전압 220[V]를 상용전압으로 사용합니다. 이러한 수용가전압을 얼마로 정해야 할지 결정하는 것은 매우 합리적이고 타당한 이유가 있어야 합니다.

다음은 사용전압을 '승압'할 때 발생하는 장단점에 대한 내용입니다.

1. 승압의 단점

- 22.9[kV] 1회선 배전선로 1[km]당 건설비용은 약 4억 원,
- 154[kV] 2회선 송전선로 1[km]당 건설비용은 약 8억 원,
- 345[kV] 2회선 송전선로 1[km]당 건설비용은 약 15억 원,
- 765[kV] 1회선 송전선로 1[km]당 건설비용은 약 20억 원이다.

만약 765[kV] 1회선 송전선로 100[km]를 건설한다면, 발생하는 비용은 2000억 원이다. 다시 말해, 승압전압이 높을수록 건설비용이 많이 든다는 단점이 있다.

2. 승압의 장점

① **전압강하(승압을 하면 전압강하가 감소한다)**

전압강하(단상/3상) $e = \dfrac{P}{V}(R + X\tan\theta)\,[\mathrm{V}]\ \rightarrow\ e \propto \dfrac{1}{V}$ 관계

② **전압강하율(승압을 하면 전압변동률이 감소한다)**

전압강하율 $\varepsilon = \dfrac{P}{V^2}(R + X\tan\theta)\ \rightarrow\ e \propto \dfrac{1}{V^2}$ 관계

- 전압을 2배 승압하면 $e \propto \dfrac{1}{2V}$ 이므로 전압강하는 $\dfrac{1}{2}$ 배 감소하고,

- 전압을 2배 승압하면 $e \propto \dfrac{1}{(2V)^2} = \dfrac{1}{4V}$ 이므로 전압강하율은 $\dfrac{1}{4}$ 배 감소한다.

③ **전력손실(승압을 하면 전력손실이 감소한다)**

전력손실(단상/3상) $P_l = \dfrac{P^2}{V^2\cos^2\theta}R\,[\mathrm{W}] \rightarrow P_l \propto \dfrac{1}{V^2} \propto \dfrac{1}{\cos^2\theta}$ 관계

④ **전력손실률(승압을 하면 전력공급량이 증가한다)**

$$K = \frac{P\,R}{V^2\cos^2\theta}\times 100\,[\%] \rightarrow K \propto \frac{1}{V^2} \propto \frac{1}{\cos^2\theta}\ \text{관계}$$

- 전압을 2배 승압하면 $P_l \propto \dfrac{1}{(2V)^2} = \dfrac{1}{4V}$ 이므로 전력손실은 $\dfrac{1}{4}$ 배 감소하고,

- 전압을 2배 승압하면 $P \propto (2V)^2 = 4V$ 이므로, 전력공급은 4배 증가한다.

⑤ **전선의 단면적(승압을 하면 전선굵기가 줄기 때문에 경제적이다)**

$A \propto \dfrac{1}{V^2}$: 전압을 2배로 상승하면, 전선의 굵기는 $\dfrac{1}{4}$ 배 줄어든다. 그러므로

구리량과 전선가격을 줄일 수 있다.

$$\left\{ \begin{array}{l} K = \dfrac{P\,R}{V^2\cos^2\theta} = \dfrac{P\left(\rho\dfrac{l}{A}\right)}{V^2\cos^2\theta} = \dfrac{P}{V^2\cos^2\theta}\times\dfrac{\rho\,l}{A} \\[3mm] \rightarrow A = \dfrac{P}{V^2\cos^2\theta}\dfrac{\rho\,l}{K}\,[\mathrm{mm}^2] \end{array} \right\}$$

⑥ **전력공급거리(승압을 하면 전력공급이 가능한 거리가 증가한다)**

$l \propto V^2$: 전압을 2배로 상승하면, 전력을 공급할 수 있는 거리는 4배로 증가한다.

$$\left\{ \begin{array}{l} K = \dfrac{P\,R}{V^2\cos^2\theta} = \dfrac{P\left(\rho\dfrac{l}{A}\right)}{V^2\cos^2\theta} = \dfrac{P}{V^2\cos^2\theta}\times\dfrac{\rho\,l}{A} \\[3mm] \rightarrow l = \dfrac{V^2\cos^2\theta}{P}\times\dfrac{A\,K}{\rho}\,[\mathrm{m}] \end{array} \right\}$$

- V^2 에 비례하는 요소 : P, l
- V^2 에 비례하는 요소 : P_l, K, A, ε
- V 에 비례하는 요소 : e (전압강하)

CHAPTER 11 배전선로의 전기적 특성과 수 · 변전설비

송전선로는 긴 선로길이로 인해 선로정수[R(전선의 고유저항), L(전선 자체 인덕턴스와 전선 간 작용하는 인덕턴스), C(전선과 대지 사이의 정전용량), G(지지물의 절연상태가 무한대 저항이 아니므로 지지물을 통해 새는 누설전류)]가 존재했습니다.

하지만 배전선로는 송전선로에 비하면 짧은 단거리 선로입니다. 때문에 배전선로에서 고려할 선로정수는 선로길이에 비례하는 전선 저항(R)과 전선에 작용하는 인덕턴스(L) 둘뿐입니다.

01 배전선로의 선로정수(R, L)

선로길이에 따른 선로특성을 장거리, 중거리, 단거리로 나눴을 때, 배전선로는 단거리 선로에 해당합니다. 그래서 배전선로는 저항(R)과 인덕턴스(L)만을 고려합니다(정전용량 C와 누설 컨덕턴스 G는 무시한다).

① **저항** $R = \rho \dfrac{l}{A}$ [Ω] 또는 $R = \dfrac{l}{\sigma A}$ [Ω] (σ : 도전율)

② **인덕턴스** $L = 0.05 + 0.4605 \log \dfrac{D}{r}$ [mH/km]

여기서, D : 등가선간거리

r : 등가반지름

02 배전선로에서 발생하는 전압강하와 전력손실

배전선로의 저항(R)으로 인해 전압강하(e), 전력손실(P_l)이 발생합니다. 전압강하, 전력손실은 선로에 연결된 부하의 상태에 따라 다음과 같이 계산에 차이가 생깁니다.

1. 선로에 연결된 부하가 집중부하인 경우

집중부하는 부하가 선로 말단에 집중된 상태를 의미한다.

① **전압강하(단상 : $1\phi\,2w$)**

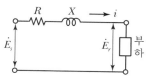

$$e = V_s - V_r = I\,(R\cos\theta + X\sin\theta)\,[\Omega]$$

여기서 e, R, X는 2선 전체에 대한 값

② **전압강하(3상 : $3\phi\,3w$, $3\phi\,4w$)**

$$e = V_s - V_r = \sqrt{3}\,I\,(R\cos\theta + X\sin\theta)\,[\mathrm{V}]$$

여기서 e, R, X는 3선 중 1선에 대한 값

③ **전력손실(단상 : $1\phi\,2w$)**

$$P_l = 2\,I^2 R\,[\mathrm{W}]\,(\text{여기서, 전력손실은 2선 전체에 대한 손실})$$

④ **전력손실(3상 : $3\phi\,3w$, $3\phi\,4w$)**

$$P_l = 3\,I^2 R\,[\mathrm{W}]\,(\text{여기서, 전력손실은 3선 전체에 대한 손실})$$

2. 선로에 연결된 부하가 분포부하인 경우

배전선로의 부하 및 선로 임피던스가 균등하지 않고 불균일하게 분포된 경우의 전압강하와 전력손실이다.

(1) 단상($1\phi\,2w$) 배전선로의 분포부하

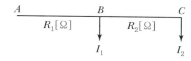

① **2선 중 1선당 작용하는 전압강하(직류 · 교류 모두 포함)**

　㉠ A점의 전위 : A지점은 전원공급이 시작되는 지점이므로 전압강하와 전력손실이 없다.

　㉡ B점의 전위 : $V_B = V_A - e_{(B-C\,구간)}$
$$= V_A - I_{bc}R_{bc} = V_A - (I_1 + I_2)R_1\,[\mathrm{V}]$$

　㉢ C점의 전위 : $V_C = V_B - e_{(C\,구간)} = V_B - I_c R_c = V_B - I_2 R_2\,[\mathrm{V}]$

② **전력손실(직류 단상) :** $P_l = I^2 R\,[\mathrm{W}]$

③ **2선 전체에 작용하는 전압강하(직류 · 교류 모두 포함)**

　㉠ A점의 전위 : A지점은 전원공급이 시작되는 지점이므로 전압강하와 전력손실이 없다.

　㉡ B점의 전위 : $V_B = V_A - e_{(B-C\,구간)}$
$$= V_A - 2I_{bc}R_{bc} = V_A - 2\big[(I_1 + I_2)R_1\big]\,[\mathrm{V}]$$

　㉢ C점의 전위 : $V_C = V_B - e_{(C\,구간)} = V_B - 2I_c R_c = V_B - 2(I_2 R_2)\,[\mathrm{V}]$

④ **전력손실** : $P_l = 2I_n^2 R_n\,[\text{W}]$

(2) 3상($3\phi\,3w$, $3\phi\,4w$) 배전선로의 분포부하

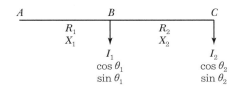

① 전압강하

　㉠ A점의 전위 : A지점은 전원공급이 시작되는 지점이므로 전압강하와 전력손실이 없다.

　㉡ B점의 전위

$$V_B = V_A - \sqrt{3}\left[\left(I_1\cos\theta_1 + I_2\cos\theta_2\right)R_1 + \left(I_1\sin\theta_1 + I_2\sin\theta_2\right)X_1\right]\,[\text{V}]$$

　㉢ C점의 전위 : $V_C = V_B - \sqrt{3}\,I_2\left(R_2\cos\theta_2 + X_2\sin\theta_2\right)[\text{V}]$

② 전력손실

$$P_l = 3I^2 R = \frac{P^2}{V^2\cos^2\theta_n}R_n\,[\text{W}] \rightarrow P_l \propto \frac{1}{V^2}\ \text{관계 성립}$$

3. 선로에 연결된 부하가 균등하게 분산시킨 분산부하인 경우

배전선로의 부하 및 선로 임피던스가 균등하게 분산된 부하에서 전압강하와 전력손실이다. 다음 그림은 균등하게 분산된 분산부하와 등가회로를 나타낸다.

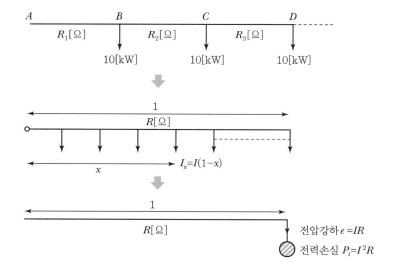

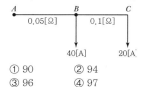

① 전압강하($1\phi\,2w$)

$$e = \int_1^0 I_X R\,dx = \frac{1}{2}IR\,[\text{V}]$$

② 전력손실($1\phi\,2w$)

$$P_l = \int_1^0 (I_X)^2 R\,dx = \frac{1}{3}I^2 R\,[\text{W}]$$

그래서 부하를 균등하게 분산시킨 분산부하는 선로 말단에 부하가 집중된 집중부하보다 전압강하는 $\frac{1}{2}$ 배로 감소, 전력손실은 $\frac{1}{3}$ 배로 감소된다.

③ 부하의 분포상태에 따른 전압강하와 전력손실의 관계

구분	전압강하	전력손실
말단 집중부하	$e = IR\,[\text{V}]$	$P_l = I^2 R\,[\text{W}]$
균등 분산부하	$e = \frac{1}{2}IR\,[\text{V}]$	$P_l = \frac{1}{3}I^2 R\,[\text{W}]$

참고 ◎ 분포부하의 적분 계산과정

• 전압강하 : ($1\phi\,2w$) $e = \int_1^0 I_X R\,dx = R\int_1^0 I(1-x)\,dx = IR\int_1^0 (1-x)\,dx = \frac{1}{2}IR\,[\text{V}]$

$$\left(\left| \int_1^0 (1-x)\,dx \right| = \left[x - \frac{1}{2}x^2 \right]_1^0 = \left[0 - \frac{1}{2}0^2 \right] - \left[1 - \frac{1}{2}1^2 \right] = \left| -\frac{1}{2} \right| \right)$$

• 전력손실 : ($1\phi\,2w$) $P_l = \int_1^0 (I_X)^2 R\,dx$

$$= \int_1^0 [I(1-x)]^2 R\,dx = R\int_1^0 I^2(1-x)^2\,dx = I^2 R\int_1^0 (1-x)^2\,dx$$

여기서 $(1-x)^2 = 1 - 2x + x^2$

$$= I^2 R\int_1^0 (1-2x+x^2)\,dx = \frac{1}{3}I^2 R$$

$$\left(\int_1^0 (1-2x+x^2)\,dx = \left[x - x^2 + \frac{1}{3}x^3 \right]_1^0 = \left[0 - 0^2 + \frac{1}{3}0^3 \right] - \left[1 - 1^2 + \frac{1}{3}1^3 \right] = \left| -\frac{1}{3} \right| \right)$$

PART 05

03 배전선로의 보호기구(개폐장치)

1. 부하개폐기(IS, GS)

배전선로의 주상변압기 부근에서 흔하게 볼 수 있는 보호기구이다. 22.9[kV]의 특별고압선로에서 정상 부하전류를 수동으로 개폐하여, 사고구간의 분리 및 정상구간의 절체나 정전작업구간을 분리할 때 사용된다. 하지만 고장전류는 차단할 수 없다.

2. 리클로저(Recloser)

- 배전선로의 고장은 90% 이상이 일시적(순간적) 고장이다. 그래서 일정시간이 경과하면 정상으로 회복된다. 리클로저는 배전계통에서 지락고장이나 단락고장사고가 발생하였을 때, 계통을 일단 차단하고 일정시간 경과 후 자동적으로 재투입 동작(=재폐로)을 반복함으로써 순간고장에 대응할 수 있다.
- 영구고장일 경우에는 정해진 재투입 동작을 몇 차례 반복한 후, 사고구간만을 계통에서 분리하여 선로에 파급되는 정전 범위를 최소로 억제한다.

3. 자동선로구분개폐기(Sectionalizer)

섹셔널라이저는 개폐기 자체에 부하전류 차단능력이 없다. 그래서 배전선로에 고장이 발생하면, 타 보호기기(후비보호장치인 리클로저나 재폐로 계전기가 장치된 차단기)와 협조(후비보호장치와 조합하여 설치)하여 고장구간을 계통에서 분리하는 개폐기이다.

4. 컷아웃스위치(COS : Cut-Out Switch)

COS는 주상변압기 또는 수용가 변전설비의 1차측에 설치되고, 변전설비나 선로를 보수·점검 작업할 때, 무부하 선로를 수동조작으로 개회로 또는 폐회로한다. COS는 부하전류를 차단하는 기능을 수행하지 못한다. 만약 계통(배전선로)에서 사고가 나면 1차적으로 차단기가 차단을 한 후, COS는 고장이 파급되는 것을 방지하거나 변압기의 과부하고장을 예방하기 위해 사용되는 수동보호장치이다. 단상 배전선로에서는 선로용 개폐기 및 선로 보호용 차단기 역할을 한다.

(1) 변압기 1차측
컷아웃스위치 설치 → 배전선로와 변압기를 보호하기 위해 전력퓨즈(PF)와 같은 역할을 한다.

(2) 변압기 2차측
캐치홀더(Catch Holder) → 수용가측과 변압기를 보호하기 위해 전력퓨즈(PF)와 같은 역할을 한다.

※ 재폐로
계통의 안정도를 향상시킬 목적으로 차단기가 계통을 차단하고 이어서 일정시간 후 자동적으로 폐로(Close)하여 전력을 투입하는 일련의 동작을 말한다.

핵심기출문제
선로고장 발생 시 타 보호기기와 협조에 의해 고장구간을 신속히 개방하는 자동구간개폐기로서 고장전류를 차단할 수 없어 차단기 능이 있는 후비보호장치와 직렬로 설치되어야 하는 배전용 개폐기는?
① 배전용 차단기
② 부하개폐기
③ 컷아웃스위치
④ 섹셔널라이저

🔒 **정답** ④

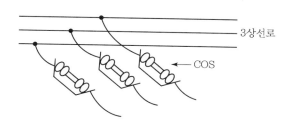

3상선로

COS

04 배전선로 전압조정 및 이상현상

배전선로의 주 선로정수인 저항(R)에 의해서 어떤 수용가의 전압강하(e)가 크게 발생했을 경우, 수용가에서는 전기를 쓰기 위해 콘센트에 가전제품 플러그를 꼽으면, 220[V]보다 부족한 전압이 뜰 것입니다. 이런 경우 기기가 정상 동작하지 않거나 동작하더라도 기기의 수명이 단축될 수 있습니다. 전압강하, 전압변동이 발생하는 선로는 전기품질이 좋다고 말할 수 없습니다. 그래서 우리나라는 전압강하에 의해 수용가의 수전전압이 저하되는 것을 보상하기 위해 한국전력에서 다음과 같은 조치를 취합니다.

1. 전선로의 전압 유지

배전선로에 전압을 조정하는 목적은 전압의 정격을 유지하고 전력효율 및 역률 감소를 방지하며, 전력기기 및 수용가의 사용기기의 수명을 안정적으로 유지하기 위해서이다.

(1) 전압 및 주파수 유지 범위

공칭전압 및 주파수	유지 범위
전압 220[V]	220[V] ± 13[V]
전압 380[V]	380[V] ± 38[V]
주파수 60[Hz]	60[Hz] ± 0.2[Hz]

(2) 전압조정의 장점

① **수용가측** : 기기사용에 적정한 전압(전압강하되지 않은 전압)을 공급받으면, 기기의 운전효율이 증대되고, 생산성이 향상되며, 기기의 수명을 정격대로 사용 가능하다.

② **전력공급자측** : 전력손실을 줄일 수 있고, 전력기기를 과전압으로부터 보호 가능하며, 기기의 효율 저하를 방지할 수 있다.

(3) 전압조정방법

- 주상변압기 1차측 탭 변환·조정
- 선로 중간에 단권변압기 설치
- 부하측에 유도전압조정기 사용

① 주상변압기의 1차측 탭(Tap) 변환

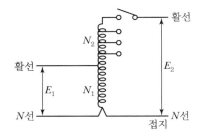

$$권수비\ a = \frac{N_1}{N_2} = \frac{E_1}{E_2} \rightarrow E_2 N_1 = E_1 N_2$$

여기서, N_1, E_1 : 고정된 값

N_2, E_2 : 조정 가능한 값

🧾 핵심기출문제

단상승압기 1대를 사용하여 승압할 경우, 승압 전의 전압을 E_1 이라고 하면, 승압 후의 전압 E_2는 어떻게 되는가?(단, 승압기의 변압기는 $\frac{e_1}{e_2}$ 이다.)

① $E_2 = E_1 + \frac{e_1}{e_2} E_1$

② $E_2 = E_1 + e_2$

③ $E_2 = E_1 + \frac{e_2}{e_1} E_1$

④ $E_2 = E_1 + e_1$

📖 해설

$1\phi\, 2w$, $3\phi\, 4w$ 전기공급방식일 경우, 승압 후 전압

$E_2 = E_1 + \frac{e_1}{e_2} E_1$

$= E_1 + \frac{n_1}{n_2} E_1 [\mathrm{V}]$

🔒 정답 ③

② 승압기(단권변압기)

배전선로에서 전압강하를 보상하기 위해 선로 중간에 승압기를 설치한다. 3상으로 결선된 주상변압기 중 1개 단상변압기와 단권변압기를 비교하면 구조와 원리가 같기 때문에 차이가 없다. 이런 승압기(단권변압기)는 다음 그림처럼 1차측의 전압을 승압하여 2차측으로 출력한다.

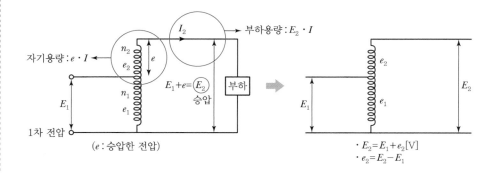

단권변압기(＝승압기)의 승압 후 2차 전압 : ($1\phi\, 2w$, $3\phi\, 4w$ 전기방식)

$$E_2 = E_1 + e = E_1 + \left(\frac{e_1}{e_2} E_1\right) = E_1 + \left(\frac{n_1}{n_2} E_1\right) [\mathrm{V}]$$

⊙ $1\phi\,2w$, $3\phi\,4w$의 전기공급방식일 경우

단권변압기 용량 : $\dfrac{\text{자기용량}\,[\text{kW}]}{\text{부하용량}\,[\text{kW}]} = \dfrac{e \times I_2}{E_2 \times I_2} = \dfrac{e}{E_2}$ 이므로,

- $1\phi\,2w$, $3\phi\,4w$의 단권변압기 용량 : $\dfrac{w\,_{(\text{자기용량})}}{W\,_{(\text{부하용량})}} = \dfrac{e\,_{(\text{승압된 전압})}}{E_2\,_{(\text{고압측 전압})}}$

- 승압기의 자기용량 : $w = \dfrac{e}{E_2}W\,[\text{kW}]$

⊙ $3\phi\,3w$의 전기공급방식일 경우

- $3\phi\,3w$의 단권변압기 용량 : $\dfrac{w\,_{(\text{자기용량})}}{W\,_{(\text{부하용량})}} = \dfrac{1}{\sqrt{3}}\left(\dfrac{E_2{}^2 - E_1{}^2}{E_2 E_1}\right)$

- 승압기의 자기용량 : $w = \dfrac{1}{\sqrt{3}}\left(\dfrac{E_2{}^2 - E_1{}^2}{E_2 E_1}\right)W\,[\text{kW}]$

⊙ 3상 V결선의 전기공급방식일 경우

- V결선의 단권변압기 용량 : $\dfrac{w\,_{(\text{자기용량})}}{W\,_{(\text{부하용량})}} = \dfrac{2}{\sqrt{3}}\left(\dfrac{E_2 - E_1}{E_2}\right)$

- 승압기의 자기용량 : $w = \dfrac{2}{\sqrt{3}}\left(\dfrac{E_2 - E_1}{E_2}\right)W\,[\text{kW}]$

③ 유도전압조정기

유도전압조정기는 기본 구조가 단권변압기와 같지만 전자유도원리를 이용하여 전압을 순차적으로 승압·강하할 수 있다. 종류로는 단상유도전압조정기와 3상유도전압조정기 두 가지가 있다(본 단원에서는 이 정도로만 다루며, 유도전압조정기에 대한 자세한 내용은 전기기기 과목 4장에서 이미 다뤘다).

2. 배전선로의 이상현상

(1) 플리커현상(Flicker 현상)

변전소, 급전소, 주상변압기, 수전설비와 같은 전력공급측에서 전력공급 부족으로 부하측의 전력이 불안정하여 전기가 깜빡깜빡하는 현상이다.

① 전력공급측의 플리커 방지대책

- 전용계통으로 전력을 공급한다.
- 단락용량이 큰 계통으로 전력을 공급한다. → 단락용량이 증가하면 선로의 임피던스 강하가 줄어들기 때문에 전압강하도 줄일 수 있다.

$$I_s\,(\uparrow) = \dfrac{100}{\%Z\,(\downarrow)}I_n$$

- 수용가마다 전용변압기로 공급한다.
- 공급전압을 승압한다.

PART 05

🔖 핵심기출문제

다음 중 배전선로의 손실을 경감하기 위한 대책으로 적절하지 않은 것은?
① 전력용 콘덴서 설치
② 배전전압의 승압
③ 전류밀도의 감소와 평형
④ 누전차단기 설치
🔒 정답 ④

② **수용가측의 플리커 방지대책**

- 전원 쪽에 리액턴스(X)로 인한 전압강하를 없애기(줄이기) 위해서, 전원측에 **직렬 콘덴서**를 설치하거나 전원공급용 변압기로서 **3권선 변압기**를 설치하여 공급한다.
- 수용가에서 겪는 전압강하 문제를 보상하기 위해서 전원에 부스터설비를 설치하거나 또는 유도성 리액턴스를 줄이기 위해 상호 보상 리액터 방식을 적용한다.
- 부하측의 무효전력으로 인한 전압변동을 흡수하기 위해서 조상설비를 사용하거나 역률개선이 가능한 **병렬 리액터**를 부하와 병렬로 설치한다.
- 제5고조파로 인한 전원의 불안정을 없애기 위해 제5고조파 제거가 가능한 **직렬 리액터**를 부하측에 설치한다.

(2) 배전선로와 수용가 수전설비에서 발생하는 고조파 문제

① 고조파 전류가 발생하는 곳

고조파의 종류는 많지만 그중 특별히 전력품질과 전기설비에 악영향을 주는 고조파는 제3고조파 전류이다. 다음과 같은 곳에서 제3고조파 전류가 발생한다.

- 전력용 변압기 1차측의 여자전류(I_ϕ)
- 전력계통의 동기조상기 여자전류(I_f)
- Y 결선된 발전기 전기자 권선의 유기기전력(E) 또는 Y − Y 결선 조합의 3상 변압기 유기기전력(E)
- 수용가의 3상 교류전력과 병렬로 연결된 전력용 콘덴서를 거치고 나가는 전류
- 전력변환장치(Converter, Inverter, Chopper) 또는 비선형 소자를 거치고 나가는 전류
- 변위전류(J_d)가 흐르는 곳(콘덴서, 전동기, 발전기)
- 단락전류(I_s) 및 지락전류(I_g)가 흐르는 곳
- 계통에서 코로나현상(전선 말단 또는 표면이 날카로운 곳에서 공기절연파괴로 인한 방전현상)이 일어나는 곳

② 고조파 경감대책

이와 같이 선로와 수용가 곳곳에서 발생하는 제3고조파 전류를 줄이기 위한 대책은 다음과 같다.

- 수용가의 전원에 직렬 리액터를 삽입하거나 이미 설치됐다면, 직렬 리액터의 용량을 증가시킨다.
- 고조파 제거를 위한 교류 필터를 설치한다.
- 기기 자체를 고조파에 잘 견디도록 설계한다.

05 수 · 변전설비(부하특성)

발전소에서 전기를 만드는 목적은 오로지 수용가가 전력을 소비하기 위한 것입니다. 수용가에서 사용하는 전기기기, 전력기기, 가전기기의 종류는 매우 다양합니다. 여기서 소비자가 사용할 수 있는 전압은 220/380[V]이므로, 배전선로의 공칭전압 22.9[kV]를 소비자 공칭전압 220/380[V]로 바꿔야 합니다. 그 역할을 하는 설비가 바로 본 단원의 주체인 '수 · 변전설비'입니다. 그리고 수 · 변전설비(혹은 수전설비)는 계통의 수많은 변전설비 중 가장 마지막 변전설비이자 최종적으로 수용가(소비자)에 전원을 공급하는 '변압설비'입니다.

본 단원에서는 수용가(아파트, 빌딩, 호텔, 학교, 공장 등)가 갖추어야 할 또는 수용가가에게 필요한 '변압설비(수 · 변전설비) 용량'을 어떻게 선정하고 선정하기 위한 관련 수식, 계산방법, 관련 용어에 대해서 다룹니다(단, 수용가 중 단독주택, 소형 다세대 가구는 수 · 변전설비가 아닌 한국전력에서 제공하는 '주상변압기'를 통해 220[V] 상용전압과 전력을 사용합니다).

1. 변전설비용량 계산

(1) 변압기용량 선정

① 합성최대전력(변압기용량)

$$\mathrm{Tr} = \frac{\sum(설비용량[kW] \times 수용률[\%])}{부등률 \times 역률 \times 효율} \times 여유율[kVA]$$

- '변압기용량', '합성최대전력', '최대수전설비용량' 모두는 같은 의미로 사용할 수 있다.
- '변압기용량'은 합성최대전력[kVA] 계산을 통해 구하고, 계산결과 수치 값보다 높은 변압기 표준용량표의 변압기용량을 선정하여 사용한다.
- 변압기표준용량 : 변압기용량은 수식을 통해 도출된 이론적인 용량이 있고, 실제 시중에서 유통되는 실물 변압기의 용량이 있다. 이론식을 통해 계산된 다양한 수치에 해당하는 실물 변압기용량이 존재하는 것이 아니라, 표준화된 변압기용량 중에서 선택을 해야 한다. 그러므로 합성최대전력으로 계산한 변압기 용량값을 포함하는 변압기용량을 변압기표준용량 표에서 골라 사용하게 된다.

> **변압기 표준용량[kVA]**
>
> 5, 10, 15, 20, 25, 50, 75, 100, 150, 200, 250, 500, 750, 1000, 1500, 2000, 3000, 5000, 10000, 20000 등

핵심기출문제

시설용량 900[kW], 부등률 1.2, 수용률 50[%]일 때 합성최대전력은 몇 [kW]인가?

① 375 ② 400
③ 500 ④ 720

해설

합성최대전력

$= \dfrac{\sum(설비용량[kW] \times 수용률[\%])}{부등률 \times 역률 \times 효율}$
$\times 여유율[kVA]$

여기서 역률, 효율, 여유율이 주어지지 않았으므로 주어진 조건만으로 합성최대전력을 계산한다.

$\rightarrow$ 합성최대전력

$= \dfrac{\sum(설비용량[kW] \times 수용률[\%])}{부등률}$

$= \dfrac{(900[kW] \times 0.5)}{1.2}$

$= 375[kW]$

정답 ①

② **수용률** : 한 수용가의 총 설비용량[kW]에 대한 동시 사용하는 최대사용전력의 비율

$$수용률 = \frac{한\ 수용가의\ 최대사용전력[kW]}{한\ 수용가의\ 총\ 설비용량[kW]} \times 100[\%]$$

③ **부하율** : 한 수용가의 총 설비들에 대한 이용률(어느 정도로 유효하게 가동하는지)이 높은지 낮은지를 일(Day)/월(Month)/연(Year) 단위로 나타낸다.

✖ '부하율이 크다'의 의미
공급된 설비에 대해 설비이용률이 높고, 전력변동은 작다는 것을 의미한다.

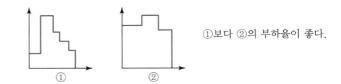

①보다 ②의 부하율이 좋다.

㉠ 일 부하율 $= \dfrac{한\ 수용가의\ 하루\ 평균\ 전력량}{한\ 수용가의\ 하루\ 최대\ 전력량} \times 100[\%]$

$\qquad\quad = \dfrac{하루\ 평균\ 전력량[kWh]}{24h \times 최대\ 전력량[kWh]} \times 100[\%]$

㉡ 월 부하율 $= \dfrac{한\ 수용가의\ 월\ 평균\ 전력량}{한\ 수용가의\ 월\ 최대\ 전력량} \times 100[\%]$

$\qquad\quad = \dfrac{월\ 평균\ 전력량[kWh]}{24h \times 30 \times 최대\ 전력량[kWh]} \times 100[\%]$

㉢ 연 부하율 $= \dfrac{한\ 수용가의\ 1년\ 평균\ 전력량}{한\ 수용가의\ 1년\ 최대\ 전력량} \times 100[\%]$

$\qquad\quad = \dfrac{연\ 평균\ 전력량[kWh]}{24h \times 365 \times 최대\ 전력량[kWh]} \times 100[\%]$

④ **부등률** : 여러 수용가가 밀집한 어느 한 지역에 공용변압기를 선정하려고 할 때, 여러 수용가가 동시에 사용하는 전력량이 어느 정도인지를 수치(지수)로 나타낸 것이다. 부등률은 1과 같거나 1보다 커야 한다(부등률 ≥ 1).

㉠ 부등률 $= \dfrac{\sum 각\ 수용가의\ 최대수용전력[kW]}{합성\ 최대\ 전력[kW]} \geq 1$

㉡ 부등률 수치가 클수록 수용가마다 최대전력을 소비하는 시간대가 서로 다르다는 의미이고,

㉢ 부등률 수치가 낮을수록 수용가마다 최대전력을 소비하는 시간대가 서로 겹치는 것을 의미한다.

🔋 핵심기출문제

연간 최대수용전력이 70[kW], 75[kW], 85[kW], 100[kW]인 4개의 수용가를 합성한 연간 최대수용전력이 250[kW]이다. 이 수용가의 부등률은 얼마인가?

① 1.11 ② 1.32
③ 1.38 ④ 1.43

💬 해설

부등률

$= \dfrac{\sum 각\ 수용가의\ 최대수용전력[kW]}{합성\ 최대\ 전력[kW]}$

$= \dfrac{(70 + 75 + 85 + 100)}{250}$

$= 1.32$

🔒 정답 ②

	00~08시	08~16시	16~24시
A	100[kW]	500	300
B	200	(700)	500
C	(500)	300	(600) → 소비전력이 최대일 때는 1800[kW]이고,
	800[kW]	1500[kW]	1400[kW] → 시간대별로 전력의 합은 1500[kW]이다.

〖부등률 예시〗

여기서, 부등률 $= \dfrac{\sum 각\,수용가의\,최대수용전력\,[\mathrm{kW}]}{합성\,최대\,전력\,[\mathrm{kW}]} = \dfrac{1800}{1500} = 1.2$

다수의 수용가에 공통으로 전력을 공급하는 공용변압기의 용량은 '동시에 일어나는 전력의 합'과 '각 수용가의 가장 큰 전력의 합'의 비율인 부등률을 고려하여 변압기용량을 계산한다.

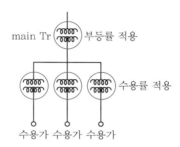

main Tr 부등률 적용
수용률 적용
수용가 수용가 수용가

(2) 손실계수

손실계수는 임의의 기간 중에 최대손실전력에 대한 평균손실전력의 비율이다.

① 손실계수

$$손실계수\ H = \alpha F + (1 - \alpha)F^2 = \dfrac{평균\,손실\,전력}{최대\,손실\,전력}$$

② 부하율(F)과 손실계수(H)의 관계

$$1 \geq F \geq H \geq F^2 \geq 0$$

(여기서, α : 부하율에 따른 계수로 배전선로는 0.1~0.4를 적용한다.)

2. 수 · 변전설비 구성

수 · 변전설비의 주요설비에는 변압기, 계기용 변성기(MOF), 차단기, 개폐기, 피뢰기, 단로기, 접지장치, 서지흡수기, 전력감시장치 등이 있습니다.

(1) 계기용 변압기(PT)

① 정의

계기용 변성기(MOF) 내에 설치되는 계기용 변압기(PT)는 배전선로에서 수 · 변전설비로 유입되는 전압을 측정할 목적으로 설치되며, PT는 고전압을 저전압으로 강압하여 배전반의 측정계기와 보호계전기의 전원을 공급한다(계기용 변압기는 부하에 전력을 공급하는 목적의 변압기가 아니다). 그래서 계기용 변압기(PT)는 1차측 전압을 2차측 저압(실효값의 상전압 기준으로 110[V])으로 낮추고, 2차측에 설치된

🏆 **핵심기출문제**

단일부하의 선로에서 부하율 50[%], 선로전류의 변화 곡선의 모양에 따라 달라지는 계수 $\alpha = 0.2$인 배전선의 손실계수는 얼마인가?

① 0.05　　② 0.15
③ 0.25　　④ 0.30

💬 **해설**

손실계수
$H = \alpha F + (1 - \alpha)F^2$
$= 0.2 \times 0.5 + [(1 - 0.2) \times 0.5^2]$
$= 0.3$

🔒 **정답 ④**

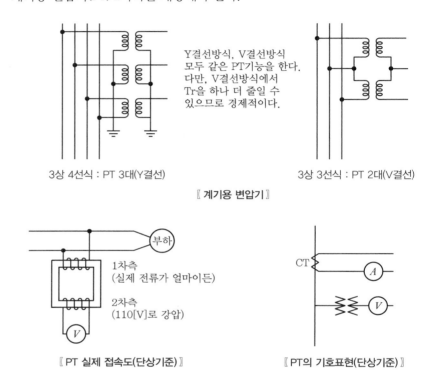

전압측정기와 보호계전기에 전원을 공급한다. 그리고 전압계와 계전기는 1차측의 전압의 크기와 전압 이상 유무를 화면으로 보여준다.

계기용 변압기(PT) 2차측을 저압으로 낮추는 이유는 수·변전설비에 들어오는 1차측 전압 22.9[kV]와 수백 [A]를 직접 계측하기 어렵기 때문이다. 그러한 계측기와 계전기를 만든다 하더라도 그 기기의 부피와 가격을 전기실이 감당할 수 없다.

② 계기용 변압기 보수·점검 시 주의사항

계기용 변압기(PT) 2차측을 개방해야 한다.

Y결선방식, V결선방식 모두 같은 PT기능을 한다. 다만, V결선방식에서 Tr을 하나 더 줄일 수 있으므로 경제적이다.

3상 4선식 : PT 3대(Y결선)　　　　3상 3선식 : PT 2대(V결선)

〖 계기용 변압기 〗

1차측 (실제 전류가 얼마이든)

2차측 (110[V]로 강압)

CT

〖 PT 실제 접속도(단상기준) 〗　　　　〖 PT의 기호표현(단상기준) 〗

(2) 계기용 변류기(CT)

① 정의

계기용 변성기(MOF) 내에 설치되는 계기용 변류기(CT)는 배전선로에서 수·변전설비로 유입되는 전류를 측정할 목적으로 설치되며, CT의 역할은 대전류를 소전류로 낮춰 배전반에 설치된 계측기에 전원을 공급한다(계기용 변류기는 부하에 부하전류를 공급하는 목적의 변압기가 아니다). 그래서 계기용 변류기(CT)는 1차측 전류를 2차측 낮은 전류(정격전류 대비 실효값의 상전류 기준으로 5[A])로 낮추고, 2차측에 설치된 전류측정기에 전원을 공급하며, 전류계와 계전기는 1차측에 흐르는 부하전류의 크기와 전류 이상 유무를 화면으로 보여준다.

② 계기용 변류기 보수 · 점검 시 주의사항

계기용 변류기(CT) 2차측을 단락해야 한다.

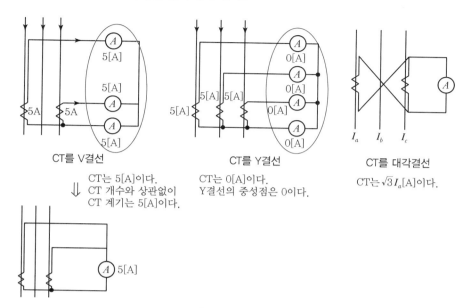

《 계기용 변류기 》

ⓐ 3상 V결선 변류기(CT)의 전류계 지시값 [A] 계산

- 가동접속 : [A] = CT의 전류값×CT 비율
- 차동접속 : [A] = CT의 전류값×CT 비율 × $\sqrt{3}$

ⓑ V결선 변류기(CT)를 통한 부하전류 [A] 계산

- 가동접속 : [A] = CT의 전류값×CT 비율
- 차동접속 : [A] = CT의 전류값×CT 비율× $\dfrac{1}{\sqrt{3}}$

(3) 계기용 변성기(MOF)

전기요금을 부과하기 위해서는 수용가(소비자)가 사용하는 전력량을 알아야 한다. 전력량은 [상용전압×사용전류×사용시간]으로 계산할 수 있다. 여기서 전압은 PT가 측정하고 전류는 CT가 측정하므로 수용가가 사용하는 전력량을 계산할 수 있다. 계기용 변성기(MOF)는 계기용 변압기(PT)와 계기용 전류기(CT)를 담는 일종의 탱크이다. 계기용 변성기(MOF)의 2차측에는 전력량을 측정·기록하기 위한 적산전력량계가 설치된다.

MOF 설비는 PT와 CT가 기록한 전력량에 승률(PT비와 CT비를 곱한 배수)을 곱하여 실제 수용가가 사용한 전력량을 계산할 수 있다. 그리고 한국전력은 MOF 설비가 기록된 적산전력량[kWh]을 근거로 전기사용료를 소비자에게 부과한다. 수용가마다 한국전력과 사용계약을 한 전력량이 다르므로, 적산전력량에 곱할 승률($\times$ 1200, $\times$2400, $\times$3600 등)도 수용가의 MOF 설비마다 다르다.

- 전력 : $[V] \times [A] = [VA]$
- 전력량 : $[V] \times [A] \times [시간] = [kWh]$
- 승률 : [PT의 변압비] $\times$ [CT의 변류]

(4) 영상변류기(ZCT)

접지계통(수용가를 포함한 배전선로에서 3상 4선식 전기방식을 채용한 계통)에서, 지락이 발생했을 때 영상전류($I_a + I_b + I_c = 3I_0$)를 검출하는 변류기(지락전류 검출용 변류기)가 '영상변류기'이다.

영상변류기(ZCT)는 배전선로나 지중케이블 등에 사용되며, 고감도 지락계전기와 함께 연결된다. 선로에 흐르는 정상전류 혹은 역상전류는 변압기의 철심 내에서 자속을 만들지 않는다. 오직 영상전류만이 철심 내부에 자속을 만들기 때문에 이러한 특성을 이용하여 접지계전기 (또는 지락계전기) 동작에 사용한다.

(5) 접지계기용 변압기(GPT)

비접지계통(수용가를 포함한 배전선로에서 3상 3선식 전기방식을 채용한 계통)에서, 단상 계기용 변압기 3대를 이용하여 영상전압을 검출하는 변압기이다.

(6) 선택배류기

지중 전력 케이블이나 수도관 등에 설치하여 전기적 부식(전식)을 막기 위해 전류를 다른 곳으로 빼는 전기설비이다.

(7) 전력퓨즈(PF : Power Fuse)

본 과목 9장(변전소)에서 이미 전력퓨즈를 다뤘다. 변전소뿐만 아니라 수용가의 수·변전설비에도 전력퓨즈가 사용된다. 가정용 가전제품에 사용되는 퓨즈와 다르게 전력용 퓨즈이므로 외형상 크기와 기계적 강도가 크고 매우 단단하다.

전력퓨즈도 차단기에 속하는 전력기기이다. 다만 차단기와 전력퓨즈가 다른 점은 차단기는 선로에 전류를 반복적으로 개폐(투입 – 차단)할 수 있지만, 전력퓨즈는 일회성으로 한번 전력을 차단하면 두 번 다시 재활용할 수 없다.

또한 차단기는 부하전류, 단락전류, 지락전류, 임의의 설정된 전류값에 대해 차단동작을 하지만, 전력퓨즈는 단락전류에 대해서만 차단동작을 한다.

[전력퓨즈의 기능]

단락 보호용으로 사용되는 일회성 과전류 차단장치이다. 주로 배전선로, 수·변전설비, 가정의 가전제품 등 다양한 영역에서 사용된다(송전계통에서 사용되지 않는다).

⑻ 수ㆍ변전설비에 사용되는 개폐기(Switch) 종류

개폐기는 우리가 아는 영어단어 '스위치(Switch)'이다. 그냥 스위치가 아니라 '전력용 스위치'이므로 우리가 생각하는 것보다 부피가 크고, 기계적 강도가 매우 단단하다. 개폐기의 종류는 여럿 있지만, 가장 대표적인 전력용 스위치가 '단로기'이다.
다음은 배전계통에서 사용하는 개폐기 종류이다.

① **단로기**(DS : Disconnecting Switch) : 배전선로와 수전설비에 설치됨
② **선로개폐기**(LS : Line Switch) : 수전설비 패널 내에 설치됨
③ **부하개폐기**(LBS : Load Break Switch) : 배전선로의 주상변압기 부근에 설치됨
④ **자동고장구분개폐기**(ASS) : 배전선로에서 분기된 수ㆍ변전설비를 갖춘 수용가의 입구에 설치되며(수전설비 패널 내에 설치됨), 후비보호장치(리클로저나 재폐로가 가능한 차단기)와 협조하여 고장구간을 자동으로 개폐한다.
⑤ **COS**(Cut-Out Switch) : 배전선로 또는 수전설비에 설치됨
⑥ **섹셔널라이저**(Sectionalizer) : 수전설비 패널 내에 설치됨
⑦ **가스절연개폐기**(GIS : Gas Insulated Switchgear) : 수전설비 인입구에 설치되어 부하ㆍ무부하 시에 선로를 개폐하는 부하개폐장치이다.

1. 배전선로의 선로정수(R, L)

① 저항 $R = \rho \dfrac{l}{A}$ $[\Omega]$ 또는 $R = \dfrac{l}{\sigma A}$ $[\Omega]$ (σ : 도전율)

② 인덕턴스 $L = 0.05 + 0.4605 \log \dfrac{D}{r}$ $[\mathrm{mH/km}]$ (D : 등가선간거리, r : 등가반지름)

2. 배전선로에서 발생하는 전압강하와 전력손실

① 선로에 연결된 부하가 집중부하인 경우

- 전압강하(단상 $1\phi\,2w$) : $e = I(R\cos\theta + X\sin\theta)$ $[\mathrm{V}]$
- 전압강하(3상 $3\phi\,3w$, $3\phi\,4w$) : $e = \sqrt{3}\,I(R\cos\theta + X\sin\theta)$ $[\mathrm{V}]$
- 전력손실(단상 $1\phi\,2w$) : $P_l = 2I^2R$ $[\mathrm{W}]$
- 전력손실(3상 $3\phi\,3w$, $3\phi\,4w$) : $P_l = 3I^2R$ $[\mathrm{W}]$

② 선로에 연결된 부하가 분포부하인 경우

㉠ 단상($1\phi\,2w$) 배전선로의 분포부하인 경우, 1선당 전압강하
- A점의 전위 : 전압강하와 전력손실 없음
- B점의 전위 : $V_B = V_A - (I_1 + I_2)R_1$ $[\mathrm{V}]$
- C점의 전위 : $V_C = V_B - I_2R_2$ $[\mathrm{V}]$

㉡ 3상($3\phi\,3w$, $3\phi\,4w$) 배전선로의 분포부하인 경우, 1선당 전압강하
- A점의 전위 : 전압강하와 전력손실 없음
- B점의 전위 : $V_B = V_A - \sqrt{3}\left[(I_1\cos\theta_1 + I_2\cos\theta_2)R_1 + (I_1\sin\theta_1 + I_2\sin\theta_2)X_1\right]$ $[\mathrm{V}]$
- C점의 전위 : $V_C = V_B - \sqrt{3}\,I_2(R_2\cos\theta_2 + X_2\sin\theta_2)$ $[\mathrm{V}]$

③ 선로에 연결된 부하가 균등하게 분산시킨 분산부하인 경우

전압강하($1\phi\,2w$)	전력손실($1\phi\,2w$)
$e = \displaystyle\int_1^0 I_X R\,dx = \dfrac{1}{2}IR$ $[\mathrm{V}]$	$P_l = \displaystyle\int_1^0 (I_X)^2 R\,dx = \dfrac{1}{3}I^2R$ $[\mathrm{W}]$

> 부하의 분포상태에 따른 전압강하와 전력손실의 관계

구분	전압강하	전력손실
말단 집중부하	$e = IR\,[\mathrm{V}]$	$P_l = I^2R\,[\mathrm{W}]$
균등 분산부하	$e = \dfrac{1}{2}IR\,[\mathrm{V}]$	$P_l = \dfrac{1}{3}I^2R\,[\mathrm{W}]$

3. 배전선로의 보호기구(개폐장치)

① 부하개폐기(IS, GS)

② 리클로저(Recloser)

③ 자동선로구분개폐기(Sectionalizer)

④ 컷아웃스위치(COS : Cut－Out Switch)

4. 배전선로 전압조정 및 이상현상

① **전선로의 전압 유지**

• 수용가측 : 기기 사용에 적정한 전압(전압강하되지 않은 전압)을 공급받으면, 기기의 운전효율이 증대되고, 생산성이 향상되며, 기기의 수명을 정격대로 사용 가능하다.

• 전력공급자측 : 전력손실을 줄일 수 있고, 전력기기를 과전압으로부터 보호 가능하며, 기기의 효율 저하를 방지할 수 있다.

② **전압조정방법** : 주상 변압기 1차측 탭 변환·조정, 선로 중간에 단권변압기 설치, 부하측에 유도전압조정기 사용

㉠ 주상 변압기의 1차측 탭(Tap) 변환

㉡ 승압기(단권변압기)

• 단권변압기(＝승압기) 승압 후 전압 $E_2 = E_1 + e = E_1 + \left(\dfrac{e_1}{e_2}E_1\right) = E_1 + \left(\dfrac{n_1}{n_2}E_1\right)[\mathrm{V}]$

• $(1\phi\,2w, 3\phi\,4w)$ 단권변압기 용량 : $\dfrac{w_{(\text{자기용량})}}{W_{(\text{부하용량})}} = \dfrac{e_{(\text{승압된 전압})}}{E_{2\,(\text{고압측 전압})}}$

• $(3\phi\,3w)$ 단권변압기 용량 : $\dfrac{w_{(\text{자기용량})}}{W_{(\text{부하용량})}} = \dfrac{1}{\sqrt{3}}\left(\dfrac{E_2{}^2 - E_1{}^2}{E_2E_1}\right)$

• (V결선) 단권변압기 용량 : $\dfrac{w_{(\text{자기용량})}}{W_{(\text{부하용량})}} = \dfrac{2}{\sqrt{3}}\left(\dfrac{E_2 - E_1}{E_2}\right)$

㉢ 유도전압조정기

② 배전선로의 이상현상

  ㉠ 플리커현상(Flicker 현상) : 변전소, 급전소, 주상 변압기, 수전설비와 같은 전력공급측에서 전력공급 부족으로 부하측의 전력이 불안정하여 전기가 깜빡깜빡하는 현상이다.

   • 전력공급측의 플리커 방지대책
     - 전용계통으로 전력을 공급한다.
     - 단락용량이 큰 계통으로 전력을 공급한다.
     - 수용가마다 전용변압기로 공급한다.
     - 공급전압을 승압한다.

   • 수용가측의 플리커 방지대책
     - 전원측에 '직렬 콘덴서'를 설치하거나 전원공급용 변압기로 '3권선 변압기'를 설치해 공급한다.
     - 전원에 부스터설비를 설치하거나 상호 보상 리액터 방식을 적용한다.
     - 조상설비를 사용하거나 역률개선이 가능한 '병렬 리액터'를 부하와 병렬로 설치한다.
     - 제5고조파 제거가 가능한 '직렬 리액터'를 부하측에 설치한다.

  ㉡ 배전선로와 수용가 수전설비에서 발생하는 '고조파 문제' 경감 대책

   • 수용가의 전원에 직렬 리액터를 삽입하거나 이미 설치됐다면, 직렬 리액터의 용량을 증가시킨다.
   • 고조파 제거를 위한 교류 필터를 설치한다.
   • 기기 자체를 고조파에 잘 견디도록 설계한다.

5. 수 · 변전설비(부하특성)

① 변전설비 용량 계산

  ㉠ 변압기용량 선정

   • 합성최대전력(변압기용량) : $\mathrm{Tr} = \dfrac{\sum(\text{설비용량}[\mathrm{kW}] \times \text{수용률}[\%])}{\text{부등률} \times \text{역률} \times \text{효율}} \times \text{여유율}[\mathrm{kVA}]$

   • 수용률 : 한 수용가의 총 설비용량[kW]에 대한 동시 사용하는 최대사용전력의 비율

   $$\text{수용률} = \frac{\text{한 수용가의 최대사용전력}[\mathrm{kW}]}{\text{한 수용가의 총 설비용량}[\mathrm{kW}]} \times 100[\%]$$

   • 부하율 : 한 수용가의 총 설비들에 대한 이용률(어느 정도로 유효하게 가동하는지)이 높은지 낮은지를 일(day)/월(month)/연(year) 단위로 나타낸다.

   $$\text{일 부하율} = \frac{\text{한 수용가의 하루 평균 전력량}}{\text{한 수용가의 하루 최대 전력량}} \times 100[\%]$$
   $$= \frac{\text{하루 평균 전력량}[\mathrm{kWh}]}{24\mathrm{h} \times \text{최대전력량}[\mathrm{kWh}]} \times 100[\%]$$

- 부등률 : 여러 수용가가 밀집한 어느 한 지역에 공용변압기를 선정하려고 할 때, 여러 수용가가 동시에 사용하는 전력량이 어느 정도인지를 수치(지수)로 나타낸 것이다. 부등률은 1과 같거나 1보다 커야 한다. (부등률 ≥ 1)

$$부등률 = \frac{\sum 각\,수용가의\,최대수용전력\,[\text{kW}]}{합성\,최대\,전력\,[\text{kW}]} \geq 1$$

ⓒ 손실계수

- 손실계수 : $H = \alpha F + (1 - \alpha)F^2 = \dfrac{평균\,손실전력}{최대\,손실전력}$

- 부하율(F)과 손실계수(H)의 관계 : $1 \geq F \geq H \geq F^2 \geq 0$

② **수 · 변전설비 구성**

변압기, 계기용 변성기(MOF), 차단기, 개폐기, 피뢰기, 단로기, 접지장치, 서지흡수기, 전력감시장치 등

- 계기용 변압기(PT) : 고전압을 저전압으로 강압하여 배전반의 측정계기와 보호계전기의 전원을 공급한다. 1차측 전압을 실효값 110[V]의 2차측 저압으로 낮춘다.
- 계기용 변류기(CT) : 대전류를 소전류로 낮춰 배전반의 측정계기와 보호계전기의 전원을 공급한다. 1차측 전류를 정격전류 기준 실효값 5[A]의 2차측 전류로 낮춘다.
- 계기용 변성기(MOF) : 전력량을 계산하고 적산하기 위해 계기용 변압기(PT)와 계기용 전류기(CT)가 한 탱크 내에 설치되어 한 조를 이룬 전력설비이다.
- 영상변류기(ZCT) : 접지계통에서 지락이 발생하면 영상전류를 검출하는 변류기(= 지락전류 검출용 변류기)이다.
- 접지계기용 변압기(GPT) : 비접지계통에서 단상 계기용 변압기 3대를 이용하여 영상전압을 검출하는 변압기이다.
- 수 · 변전설비에 사용되는 개폐기(Switch) 종류
  단로기(DS), 선로개폐기(LS), 부하개폐기(LBS), 자동고자구분개폐기(ASS), COS(Cut – Out Switch), 섹셔널라이저(Sectionalizer), 가스절연개폐기(GIS)

핵 / 심 / 기 / 출 / 문 / 제

01 그림과 같은 수용설비용량과 수용률을 갖는 부하의 부등률이 1.5이다. 평균부하역률을 75[%]라 하면 변압기 용량은 약 몇[kVA]인가?

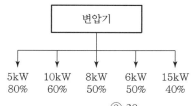

5kW	10kW	8kW	6kW	15kW
80%	60%	50%	50%	40%

① 45
② 30
③ 20
④ 15

해설

변압기 용량 $= \dfrac{\sum(\text{설비용량}[\text{kW}] \times \text{수용률}[\%])}{\text{부등률} \times \text{역률} \times \text{효율}} \times \text{여유율}\,[\text{kVA}]$ 이므로,

최대수용전력의 합
$= (5 \times 0.6) + (10 \times 0.6) + (8 \times 0.5) + (6 \times 0.5) + (15 \times 0.4)$
$= 22[\text{kW}]$

∴ 변압기 용량
$= \dfrac{\sum(\text{설비용량}[\text{kW}] \times \text{수용률}[\%])}{\text{부등률} \times \text{역률}} = \dfrac{22[\text{kW}]}{1.5 \times 0.75} = 20[\text{kVA}]$

02 정격 10[kVA]의 주상 변압기가 있다. 이것의 2차측 일부하 곡선이 다음 그림과 같을 때 1일의 부하율은 몇 [%]인가?

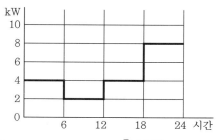

① 52.25
② 54.25
③ 56.25
④ 58.25

해설

일부하율 $= \dfrac{\text{한 수용가의 하루평균 전력량}[\text{kWh}]}{\text{한 수용가의 하루최대 전력량}[\text{kWh}]} \times 100[\%]$

$= \dfrac{(6 \times 4[\text{kWh}]) + (6 \times 2[\text{kWh}]) + (6 \times 4[\text{kWh}]) + (6 \times 8[\text{kWh}])}{8[\text{kWh}]} \times 100$

$= 56.25[\%]$

03 그림처럼 변류비 200/5인 변류기 1차측에 흐르는 전류가 150[A]이다. 3상 평형전류가 이와 같이 흐를 때 전류계 A_3에 흐르는 전류는 몇 [A]인가?

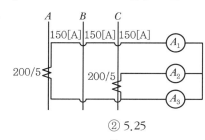

① 3.75
② 5.25
③ 6.75
④ 7.25

해설

그림은 3상 선로의 변류기(CT)가 가동접속된 경우이다.
그러므로 전류계 지시값

$A_1 = A_2 = CT[\text{A}] \times CT\text{비} = 150 \times \dfrac{5}{200} = 3.75[\text{A}]$

여기서 구하려는 A_3는,

$\dot{A}_3 = \dot{A}_1 + \dot{A}_2$
$= \sqrt{A_1{}^2 + A_2{}^2 + 2A_1 A_2 \cos\theta}\,[\text{A}]$
$= \sqrt{3.75^2 + 3.75^2 + (2 \times 3.75 \times 3.75 \times \cos 120°)} = 3.75[\text{A}]$

🔒정답 **01** ③ **02** ③ **03** ①

PART 06

한국전기설비규정

본 과목은 2021년까지 과목명이 「전기설비기술기준 및 판단기준」이었습니다. 「전기설비기술기준 및 판단기준」이란 과목명의 의미는 전기분야에서 사용하는 '전기설비'에 대한 표준(기술기준)과 '전기설비' 시설에 대한 옳고 그름을 판단하는 기준이며, 산업통상자원부가 공표한 법적 효력이 있는 규정내용입니다. 2022년부터 규정명이 한국전기설비규정(KEC)으로 바뀌었습니다. 국가기술자격시험뿐만 아니라 산업현장(공공시설, 민간시설 모두)에서도 동일하게 한국전기설비규정(KEC)를 사용하게 됩니다.

과목명이 길지만 본 과목의 핵심내용은 '전기설비'에 대한 법규입니다. 전기설비를 어떤 곳에 설치하고 어떤 전기설비가 필요한지 그리고 전기설비를 시설한다면 시설(공사)과 관련하여 지켜야 할 사항은 무엇인지를 구체적으로 명시하고 있습니다. 때문에 본 과목은 원리, 이론보다는 정해진 규정을 외우는 것이 대부분입니다. 전기공사(또는 전기설비를 시설했던) 경험을 가진 사람에게는 본 과목내용이 비교적 쉬울 수 있고, 전기설비에 대한 시공과 전기안전공사로부터 승인을 받아본 경험이 없는 사람에게는 어려운 내용이 될 수도 있습니다. 여기서 말하는 '전기설비'는 전기기기 과목과 전력공학 과목에서 다뤘던 모든 기기들(전선로를 구성하는 기기들, 회전기, 고정기, 조상기 등)을 다루고, 그 밖에 일반 가정용 기기와 공장에서 사용하는 산업용 전기설비 모두를 포함합니다.

산업분야가 확장되고, 한 사회의 기술수준이 높아짐에 따라 기술기준 혹은 기술규정의 기준과 규정은 과거부터 지금까지 지속적으로 개정(수정·삭제 및 추가)을 반복해 왔습니다. 대게 2년 주기로 개정되어 왔고, 그동안 국제기술기준과 한국기술기준이 혼합된 상태로 기술규정을 사용해 왔습니다. 이제 한국의 전기 관련 기술기준은 법령에 따라 2022년부터 전면적으로 한국기술기준만을 사용하게 됐습니다. 그 규정이 한국전기설비규정(KEC)입니다. 이에 맞춰 전기 국가기술자격시험이 출제됩니다. 기존에 사용하던 「전기설비기술기준 및 판단기준」 명은 더 이상 사용하지 않습니다.

1. 「전기설비기술기준 및 판단기준」또는 KEC 규정은 어디에 있는가?

전기규정을 어디서 만들고 어디서 가져오는지 알 필요가 있다고 생각합니다. '대한전기협회'에서 여러 고문위원이 매번 구성되어 한국전기설비규정(구 '전기설비기술기준 및 판단기준')을 제정합니다. '대한전기협회'에서 만들어진 기술규정 내용을 한국정부 '산업통상자원부'로 보내고, 산업통상자원부는 「전기사업법 시행령」으로 공고하여 누구나 정부 홈페이지에서 확인할 수 있습니다.

① **기술기준 및 판단기준 전문 확인**

　　대한전기협회 홈페이지 접속 > 전기설비기술기준 > 판단기준 > 판단기준 전문

② **KEC(한국전기설비규정) 전문 확인**

　　대한전기협회 홈페이지 접속 > 공지사항 > 기술고시 및 공고 : KEC 검색

③ 산업통상자원부 홈페이지 접속 > 예산·법령 > 법령 > '법령' 검색 : 전기사업법

　　산업통상자원부에 공고된 전기법령은 기술적인 설명보다 법적인 시행사항 주위로 기술되어 있다. 그러므로 한 번쯤은 참고해 볼 만하지만, 국가기술자격시험 공부에는 도움이 되지 않을 것이다. 오히려 '대한전기협회'에서 KEC규정 원문을 확인하는 것이 공부에 도움이 될 수 있다.

2. 대한전기협회에서 원문(전문) 내용 확인

① 대한전기협회 홈페이지 접속 > 전기설비기술기준
② 대한전기협회 홈페이지 접속 > 알림광장 > 공지사항 > 기술고시 및 공고 : KEC 검색

3. 산업통상자원부에서 전기사업법(전기법령) 확인

① 산업통상자원부 홈페이지 접속 > 예산 · 법령

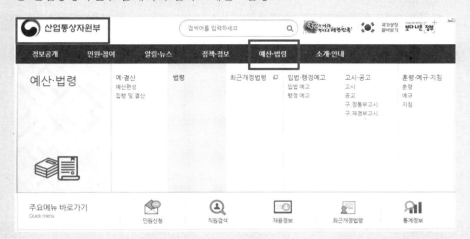

② 예산 · 법령 > 법령 > '법령' 검색 : 전기사업법

③ '법령' 검색 : 전기사업법 > 검색결과 : 전기사업법 시행령 선택

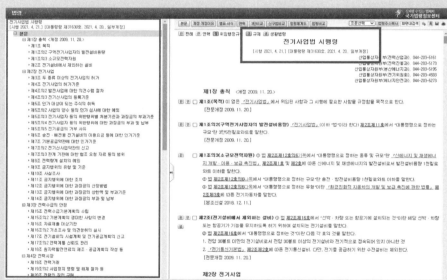

4. 본 교재에 적용한 법령 근거

본 교재에 적용한 전기설비규정(KEC)은 산업통상자원부 장관이 2021년 7월 1일 KEC 개정 발표 이후 몇 차례(2022년 10, 11월, 2023년 4월) 개정을 거쳐 2023년 7월 11일까지 공시한 법령 및 공고를 기준으로 이론 내용 및 문제를 구성하였습니다. (본 교재가 사용한 산업통상자원부의 공고문 및 KEC 전문은 대한전기협회 인터넷 홈페이지의 '기술 고시 및 공고'로부터 가져왔습니다.)

여기서 중요한 것은 국가기술자격시험에서 사용하는 전기법은 KEC의 전체내용이 아닙니다. 1000페이지가 넘는 KEC 규정 중에서 국가기술자격시험 범위는 KEC

규정의 50[%] 분량이고, 50[%] 내용 중에서 '중요도'를 따졌을 때 불필요한 내용을 제외하면 130장에 불과합니다. 그래서 본 KEC(한국전기설비규정) 과목은 앞서 말한 130장과 기출문제 및 예상문제를 더해 총 200장 전후의 분량이 됩니다. 마지막으로, 본 과목에 한국전기설비규정(KEC) 내용을 간추려서 그대로의 내용을 실었고, 비전공자 내지는 전기에 대해 답답함이 많았던 분들을 위해 기출문제의 해설을 최대한 쉽게 풀어서 기술하였습니다. 학원 강의나 동영상 강의가 아니더라도 책만으로 공부할 수 있게 기술하였음을 강조드리며, 본 교재가 전기공부와 국가기술자격시험에 도움이 되길 바랍니다.

5. 한국전기설비규정 중에서 국가기술자격시험의 범위

1000페이지가 넘는 한국전기설비규정(KEC 규정) 전문 중에서 전기기사·전기산업기사 자격시험과 관련된 범위는 다음과 같습니다.(총 7개 장 중 제1장~제5장)

한국전기설비규정
제1장 공통사항

1. 총칙
2. 일반사항
3. 전선
4. 전로의 절연
5. 접지시스템
6. 피뢰시스템

제2장 저압 전기설비

1. 통칙
2. 안전을 위한 보호
3. 전선로
4. 배선 및 조명설비 등
5. 특수설비

제3장 고압·특고압 전기설비

1. 통칙
2. 안전을 위한 보호
3. 접지설비
4. 전선로
5. 기계·기구 시설 및 옥내배선
6. 발전소, 변전소, 개폐소 등의 전기설비
7. 전력보안통신설비

제4장 전기철도설비

1. 통칙
2. 전기철도의 전기방식
3. 전기철도의 변전방식
4. 전기철도의 전차선로
5. 전기철도의 전기철도차량 설비
6. 전기철도의 설비를 위한 보호
7. 전기철도의 안전을 위한 보호

제5장 분산형전원설비

1. 통칙
2. 전기저장장치
3. 태양광발전설비
4. 풍력발전설비
5. 연료전지설비

다음은 한국산업인력공단(Q-NET)에서 공지한 2022년 한국전기설비규정 과목에 대한 시험출제 범위입니다.

- Q-NET접속 > 자격정보 > 시행종목명 : '전기기사, 전기산업기사' > 시험정보
  (전기기사 · 전기산업기사 공통)

단원	세부 주제	내용구성
1장 총칙	1. 기술기준 총칙 및 KEC 총칙에 관한 사항	1. 목적　　　　2. 안전원칙 3. 정의
	2. 일반사항	1. 통칙　　　　2. 안전을 위한 보호
	3. 전선	1. 전선의 선정 및 식별 2. 전선의 종류 3. 전선의 접속
	4. 전로의 절연	1. 전로의 절연 2. 전로의 절연저항 및 절연내력 3. 회전기, 정류기의 절연내력 4. 연료전지 및 태양전지 모듈의 절연내력 5. 변압기 전로의 절연내력 6. 기구 등의 전로의 절연내력
	5. 접지시스템	1. 접지시스템의 구분 및 종류 2. 접지시스템의 시설 3. 감전보호용 등전위본딩
	6. 피뢰시스템	1. 피뢰시스템의 적용범위 및 구성 2. 외부피뢰시스템 3. 내부피뢰시스템
2장 저압전기설비	1. 통칙	1. 적용범위　　　2. 배전방식 3. 계통접지의 방식
	2. 안전을 위한 보호	1. 감전에 대한 보호 2. 과전류에 대한 보호 3. 과도과전압에 대한 보호 4. 열 영향에 대한 보호
	3. 전선로	1. 구내, 옥측, 옥상, 옥내 전선로의 시설 2. 저압 가공전선로 3. 지중전선로 4. 특수장소의 전선로
	4. 배선 및 조명설비	1. 일반사항　　　2. 배선설비 3. 전기기기　　　4. 조명설비 5. 옥측, 옥외설비　6. 비상용 예비전원설비
	5. 특수설비	1. 특수 시설　　　2. 특수 장소 3. 저압 옥내 직류전기설비

단원	세부 주제	내용구성
3장 고압, 특고압 전기설비	1. 통칙	1. 적용범위　　　2. 기본원칙
	2. 안전을 위한 보호	1. 안전보호
	3. 접지설비	1. 고압, 특고압 접지계통 2. 혼촉에 의한 위험방지시설
	4. 전선로	1. 전선로 일반 및 구내,옥측, 옥상 전선로 2. 가공전선로 3. 특고압 가공전선로 4. 지중전선로 5. 특수장소의 전선로
	5. 기계, 기구 시설 및 옥내배선	1. 기계 및 기구 2. 고압, 특고압 옥내설비의 시설
	6. 발전소, 변전소, 개폐소 등의 전기설비	1. 발전소, 변전소, 개폐소 등의 전기설비
	7. 전력보안통신설비	1. 전력보안통신설비의 일반사항 2. 전력보안통신설비의 시설 3. 지중통신선로 설비 4. 무선용 안테나 5. 통신설비의 식별
4장 전기철도설비	1. 통칙	1. 전기철도의 일반사항 2. 용어 정의
	2. 전기철도의 전기방식	1. 전기방식의 일반사항
	3. 전기철도의 변전방식	1. 변전방식의 일반사항
	4. 전기철도의 전차선로	1. 전차선로의 일반사항 2. 전기철도의 원격감시제어설비
	5. 전기철도의 전기철도차량 설비	1. 전기철도차량 설비의 일반사항
	6. 전기철도의 설비를 위한 보호	1. 설비보호의 일반사항
	7. 전기철도의 안전을 위한 보호	1. 전기안전의 일반사항
5장 분산형 전원설비	1. 통칙	1. 일반사항　　　2. 용어 정의 3. 분산형전원 계통 연계설비의 시설
	2. 전기저장장치	1. 일반사항　　　2. 전기저장장치의 시설
	3. 태양광발전설비	1. 일반사항　　　2. 태양광설비의 시설
	4. 풍력발전설비	1. 일반사항　　　2. 풍력설비의 시설
	5. 연료전지설비	1. 일반사항　　　2. 연료전지설비의 시설

CHAPTER 01 공통사항

01 (100) 총칙 – 한국전기설비규정(KEC)

101. KEC 목적

한국전기설비규정(KEC : Korea Electro–technical Code)은 전기설비기술기준(=기술기준)에서 정하는 **전기설비**의 안전성능과 기술적 요구사항을 구체적으로 정하는 것을 목적으로 한다.

02 (110) 일반사항

111. KEC 적용범위

1. 이 규정은 인축의 감전에 대한 보호와 전기설비 계통, 시설물 등의 안전에 필요한 성능과 기술적인 요구사항에 대하여 적용한다.
2. 이 규정에서 적용하는 전압의 구분은 다음과 같다.

전압 범위 \ 전기 종류	교류(AC)	직류(DC)
저압	1[kV] 이하	1.5[kV] 이하
고압	1[kV] 초과~7[kV] 이하	1.5[kV] 초과~7[kV] 이하
특고압	7[kV] 초과	

112. KEC 용어 정의

• 가공인입선 : 가공전선로의 지지물로부터 다른 지지물을 거치지 아니하고 수용장소의 붙임점에 이르는 가공전선을 말한다.

핵심기출문제

"전기설비 기술기준에 관한 규정은 발전, 송전, 변전, 배전 또는 전기 사용을 위하여 시설하는 기계, 기구, ( ), ( ), 기타 시설물의 기술 기준을 규정한 것이다."에서 ( )에 맞는 내용은?
① 급전소, 개폐소
② 전선로, 보안통신선로
③ 궤전선로, 약전류전선로
④ 옥내배선, 옥외배선
🔒 정답 ②

핵심기출문제

특고압의 기준으로 옳은 것은?
① 3[kV]를 넘는 것
② 5[kV]를 넘는 것
③ 7[kV]를 넘는 것
④ 10[kV]를 넘는 것

📖 해설
KEC 적용범위
특고압 : 7[kV]를 초과하는 전압
🔒 정답 ③

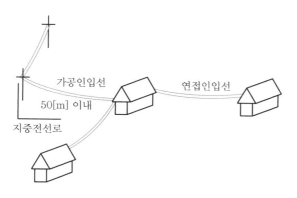

・가섭선 : 지지물에 가설되는 모든 선류를 말한다.

・계통연계 : 계통연계(또는 계통연락)는 둘 이상의 전력계통 사이를 전력이 상호 융통될 수 있도록 선로를 통하여 연결하는 것으로 전력계통 상호간을 송전선, 변압기 또는 직류–교류변환설비 등에 연결하는 것을 말한다.

・계통외도전부(Extraneous Conductive Part) : 전기설비의 일부는 아니지만 지면에 전위 등을 전해줄 위험이 있는 도전성 부분을 말한다.

・계통접지(System Earthing) : 전력계통에서 돌발적으로 발생하는 이상현상에 대비하여 대지와 계통을 연결하는 것으로, 중성점을 대지에 접속하는 것을 말한다.

・고장보호(간접접촉에 대한 보호, Protection Against Indirect Contact) : 고장 시 기기의 노출도전부에 간접 접촉함으로써 발생할 수 있는 위험으로부터 인축을 보호하는 것을 말한다.

・관등회로 : 방전등용 안정기 또는 방전등용 변압기로부터 방전관까지의 전로를 말한다.

・기본보호(직접접촉에 대한 보호, Protection Against Direct Contact) : 정상운전 시 기기의 충전부에 직접 접촉함으로써 발생할 수 있는 위험으로부터 인축을 보호하는 것을 말한다.

・내부 피뢰시스템(Internal Lightning Protection System) : 등전위본딩 및/또는 외부피뢰시스템의 전기적 절연으로 구성된 피뢰시스템의 일부를 말한다.

・노출도전부(Exposed Conductive Part) : 충전부는 아니지만 고장 시에 충전될 위험이 있고, 사람이 쉽게 접촉할 수 있는 기기의 도전성 부분을 말한다.

・단독운전 : 전력계통의 일부가 전력계통의 전원과 전기적으로 분리된 상태에서 분산형전원에 의해서만 운전되는 상태를 말한다.

・단순 병렬운전 : 자가용 발전설비 또는 저압 소용량 일반용 발전설비를 배전계통에 연계하여 운전하되, 생산한 전력의 전부를 자체적으로 소비하기 위한 것으로서 생산한 전력이 연계계통으로 송전되지 않는 병렬 형태를 말한다.

・등전위본딩(Equipotential Bonding) : 등전위를 형성하기 위해 도전부 상호 간을 전기적으로 연결하는 것을 말한다.

"리플프리(Ripple – free)직류"
란 교류를 직류로 변환할 때 리플
성분의 실효값이 몇 [%] 이하로 포
함된 직류를 말하는가?

① 3   ② 5
③ 10   ④ 15

🔒 정답 ③

- 등전위본딩망(Equipotential Bonding Network) : 구조물의 모든 도전부와 충전도체를 제외한 내부설비를 접지극에 상호 접속하는 망을 말한다.
- 리플프리(Ripple – free)직류 : 교류를 직류로 변환할 때 리플성분의 실효값이 10[%] 이하로 포함된 직류를 말한다.
- 보호도체(PE, Protective Conductor) : 감전에 대한 보호 등 안전을 위해 제공되는 도체를 말한다.
- 보호등전위본딩(Protective Equipotential Bonding) : 감전에 대한 보호 등과 같이 안전을 목적으로 하는 등전위본딩을 말한다.
- 보호본딩도체(Protective Bonding Conductor) : 보호등전위본딩을 제공하는 보호도체를 말한다.
- 보호접지(Protective Earthing) : 고장 시 감전에 대한 보호를 목적으로 기기의 한 점 또는 여러 점을 접지하는 것을 말한다.
- 분산형전원 : 중앙급전 전원과 구분되는 것으로서 전력소비지역 부근에 분산하여 배치 가능한 전원을 말한다. 상용전원의 정전 시에만 사용하는 비상용 예비전원은 제외하며, 신·재생에너지 발전설비, 전기저장장치 등을 포함한다.
- 서지보호장치(SPD, Surge Protective Device) : 과도 과전압을 제한하고 서지전류를 분류하기 위한 장치를 말한다.
- 수뢰부시스템(Air – termination System) : 낙뢰를 포착할 목적으로 돌침, 수평도체, 메시도체 등과 같은 금속 물체를 이용한 외부피뢰시스템의 일부를 말한다.
- 스트레스전압(Stress Voltage) : 지락고장 중에 접지부분 또는 기기나 장치의 외함과 기기나 장치의 다른 부분 사이에 나타나는 전압을 말한다.
- 옥내배선 : 건축물 내부의 전기사용장소에 고정시켜 시설하는 전선을 말한다.
- 옥외배선 : 건축물 외부의 전기사용장소에서 그 전기사용장소에서의 전기사용을 목적으로 고정시켜 시설하는 전선을 말한다.
- 옥측배선 : 건축물 외부의 전기사용장소에서 그 전기사용장소에서의 전기사용을 목적으로 조영물에 고정시켜 시설하는 전선을 말한다.
- 외부피뢰시스템(External Lightning Protection System) : 수뢰부시스템, 인하도선시스템, 접지극시스템으로 구성된 피뢰시스템의 일종을 말한다.
- 이격거리 : 떨어져야 할 물체의 표면 간의 최단거리를 말한다.
- 인하도선시스템(Down – conductor System) : 뇌전류를 수뢰부시스템에서 접지극으로 흘리기 위한 외부피뢰시스템의 일부를 말한다.
- 임펄스내전압(Impulse Withstand Voltage) : 지정된 조건하에서 절연파괴를 일으키지 않는 규정된 파형 및 극성의 임펄스전압의 최대파고값 또는 충격내전압을 말한다.
- 전기철도용 급전선 : 전기철도용 변전소로부터 다른 전기철도용 변전소 또는 전차선에 이르는 전선을 말한다.

- 전기철도용 급전선로 : 전기철도용 급전선 및 이를 지지하거나 수용하는 시설물을 말한다.
- 접근상태 : 제1차 접근상태 및 제2차 접근상태를 말한다.
  (1) "제1차 접근상태"란 가공전선이 다른 시설물과 접근하는 경우에 가공전선이 다른 시설물의 위쪽 또는 옆쪽에서 수평거리로 가공전선로의 지지물의 지표상의 높이에 상당하는 거리 안에 시설됨으로써 가공전선로의 전선의 절단, 지지물의 도괴 등의 경우에 그 전선이 다른 시설물에 접촉할 우려가 있는 상태를 말한다.
  (2) "제2차 접근상태"란 가공전선이 다른 시설물과 접근하는 경우에 그 가공전선이 다른 시설물의 위쪽 또는 옆쪽에서 수평 거리로 3[m] 미만인 곳에 시설되는 상태를 말한다.

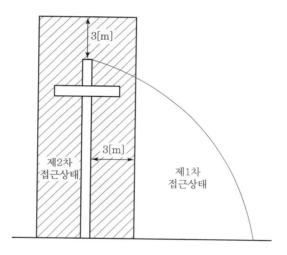

- 접속설비 : 공용 전력계통으로부터 특정 분산형전원 전기설비에 이르기까지의 전선로와 이에 부속하는 개폐장치, 모선 및 기타 관련 설비를 말한다.
- 접지도체 : 계통, 설비 또는 기기의 한 점과 접지극 사이의 도전성 경로 또는 그 경로의 일부가 되는 도체를 말한다.
- 접지시스템(Earthing System) : 기기나 계통을 개별적 또는 공통으로 접지하기 위하여 필요한 접속 및 장치로 구성된 설비를 말한다.
- 대지전위상승(EPR, Earth Potential Rise) : 접지계통과 기준대지 사이의 전위차를 말한다.
- 접촉범위(Arm's Reach) : 사람이 통상적으로 서 있거나 움직일 수 있는 바닥면상의 어떤 점에서라도 보조장치의 도움 없이 손을 뻗어서 접촉이 가능한 접근구역을 말한다.
- 중성선 다중접지 방식 : 전력계통의 중성선을 대지에 다중으로 접속하고, 변압기의 중성점을 그 중성선에 연결하는 계통접지 방식을 말한다.

✥ 접근
여기서 접근이란 가공전선이 다른 시설물과 접근 또는 병행하는 경우이다. 하지만 가공전선끼리 교차하는 경우나 동일 지지물에 시설하는 경우는 제외한다.

📚 **핵심기출문제**

다음 중 "제2차 접근상태"를 바르게 설명한 것은 어느 것인가?
① 가공전선이 전선의 절단 또는 지지물의 도괴 등이 되는 경우에 당해 전선이 다른 시설물에 접속될 우려가 있는 상태를 말한다.
② 가공전선이 다른 시설물과 접근하는 경우에 당해 가공전선이 다른 시설물의 위쪽 또는 옆쪽에서 수평거리로 3미터 미만인 곳에 시설되는 상태를 말한다.
③ 가공전선이 다른 시설물과 접근하는 경우에 가공전선이 다른 시설물과 수평되게 시설되는 상태
④ 가공선로 중 제1차 접근 시설로 접근할 수 없는 시설로서 제2차 보호조치나 안전시설을 하여야 접근할 수 있는 상태의 시설을 말한다.

💬 해설
- 제1차 접근상태 : 가공전선이 다른 시설물과 접근하는 경우에 가공전선이 다른 시설물의 위쪽 또는 옆쪽에서 수평거리로 가공전선로의 지지물 지표상에 높이에 상당하는 거리 안에 시설되는 상태 → (건물 높이만큼 수평거리로 가공전선이 접근한 경우)
- 제2차 접근상태 : 가공전선이 다른 시설물과 접근하는 경우에 가공전선이 다른 시설물의 위쪽 또는 옆쪽에서 수평거리로 3[m] 미만인 곳에 시설되는 상태 → (건물에 3[m] 이내로 가공전선이 접근한 경우)

🔒 **정답** ②

- 지락전류(Earth Fault Current) : 충전부에서 대지 또는 고장점(지락점)의 접지된 부분으로 흐르는 전류를 말하며, 지락에 의하여 전로의 외부로 유출되어 화재, 사람이나 동물의 감전 또는 전로나 기기의 손상 등 사고를 일으킬 우려가 있는 전류를 말한다.

- 지중관로 : 지중전선로 · 지중 약전류 전선로 · 지중 광섬유 케이블 선로 · 지중에 시설하는 수관 및 가스관과 이와 유사한 것 및 이들에 부속하는 지중함 등을 말한다.

- 지진력 : 지진이 발생될 경우 지진에 의해 구조물에 작용하는 힘을 말한다.

- 충전부(Live Part) : 통상적인 운전 상태에서 전압이 걸리도록 되어 있는 도체 또는 도전부를 말한다. 중성선을 포함하나 PEN 도체, PEM 도체 및 PEL 도체는 포함하지 않는다.

- PEN 도체(protective earthing conductor and neutral conductor) : 교류회로에서 중성선 겸용 보호도체를 말한다.

- PEM 도체(protective earthing conductor and amid-point conductor) : 직류회로에서 중간선 겸용 보호도체를 말한다.

- PEL 도체(protective earthing conductor and a line conductor) : 직류회로에서 선도체 겸용 보호도체를 말한다.

- 특별저압(ELV, Extra Low Voltage) : 인체에 위험을 초래하지 않을 정도의 저압을 말한다. 여기서 SELV(Safety Extra Low Voltage)는 비접지회로에 해당되며, PELV(Protective Extra Low Voltage)는 접지회로에 해당된다.

- 피뢰등전위본딩(Lightning Equipotential Bonding) : 뇌전류에 의한 전위차를 줄이기 위해 직접적인 도전접속 또는 서지보호장치를 통하여 분리된 금속부를 피뢰시스템에 본딩하는 것을 말한다.

- 피뢰레벨(LPL, Lightning Protection Level) : 자연적으로 발생하는 뇌방전을 초과하지 않는 최대 그리고 최소설계값에 대한 확률과 관련된 일련의 뇌격전류 매개변수(파라미터)로 정해지는 레벨을 말한다.

- 피뢰시스템(LPS, Lightning Protection System) : 구조물 뇌격으로 인한 물리적 손상을 줄이기 위해 사용되는 전체시스템을 말하며, 외부피뢰시스템과 내부피뢰시스템으로 구성된다.

- 피뢰시스템의 자연적 구성부재(Natural Component of LPS) : 피뢰의 목적으로 특별히 설치하지는 않았으나 추가로 피뢰시스템으로 사용될 수 있거나, 피뢰시스템의 하나 이상의 기능을 제공하는 도전성 구성부재

- 하중 : 구조물 또는 부재에 응력 및 변형을 발생시키는 일체의 작용을 말한다.

- 활동 : 흙에서 전단파괴가 일어나서 어떤 연결된 면을 따라서 엇갈림이 생기는 현상을 말한다.

113. KEC에 따른 안전을 위한 보호

113.1. 안전보호의 목적

"안전을 위한 보호"는 전기설비를 적절히 사용할 때 발생할 수 있는 위험과 장애로부터 인축 및 재산을 안전하게 보호함을 목적으로 하고 있다.

113.2. 감전에 대한 보호

1. 기본보호

   기본보호는 일반적으로 직접접촉을 방지하는 것으로, 전기설비의 충전부에 인축이 접촉하여 일어날 수 있는 위험으로부터 보호되어야 한다. 기본보호는 다음 중 어느 하나에 적합하여야 한다.

   가. 인축의 몸을 통해 전류가 흐르는 것을 방지

   나. 인축의 몸에 흐르는 전류를 위험하지 않는 값 이하로 제한

2. 고장보호

   고장보호는 일반적으로 기본절연의 고장에 의한 간접접촉을 방지하는 것이다.

   가. 노출도전부에 인축이 접촉하여 일어날 수 있는 위험으로부터 보호되어야 한다.

   나. 고장보호는 다음 중 어느 하나에 적합하여야 한다.

   　(1) 인축의 몸을 통해 고장전류가 흐르는 것을 방지

   　(2) 인축의 몸에 흐르는 고장전류를 위험하지 않는 값 이하로 제한

   　(3) 인축의 몸에 흐르는 고장전류의 지속시간을 위험하지 않은 시간까지로 제한

113.3. 열 영향에 대한 보호

고온 또는 전기 아크로 인해 가연물이 발화 또는 손상되지 않도록 전기설비를 설치하여야 한다. 또한 정상적으로 전기기기가 작동할 때 인축이 화상을 입지 않도록 하여야 한다.

113.4. 과전류에 대한 보호

1. 도체에서 발생할 수 있는 과전류에 의한 과열 또는 전기·기계적 응력에 의한 위험으로부터 인축의 상해를 방지하고 재산을 보호하여야 한다.

2. 과전류에 대한 보호는 과전류가 흐르는 것을 방지하거나 과전류의 지속시간을 위험하지 않는 시간까지로 제한함으로써 보호할 수 있다.

113.5. 고장전류에 대한 보호

1. 고장전류가 흐르는 도체 및 다른 부분은 고장전류로 인해 허용온도 상승 한계에 도달하지 않도록 하여야 한다. 도체를 포함한 전기설비는 인축의 상해 또는 재산의 손실을 방지하기 위하여 보호장치가 구비되어야 한다.

2. 도체는 고장으로 인해 발생하는 과전류에 대하여 보호되어야 한다.

113.6. 전압외란 및 전자기 장애에 대한 대책

1. 회로의 충전부 사이의 결함으로 발생한 전압에 의한 고장으로 인한 인축의 상해가 없도록 보호하여야 하며, 유해한 영향으로부터 재산을 보호하여야 한다.
2. 저전압과 뒤이은 전압 회복의 영향으로 발생하는 상해로부터 인축을 보호하여야 하며, 손상에 대해 재산을 보호하여야 한다.
3. 설비는 규정된 환경에서 그 기능을 제대로 수행하기 위해 전자기 장애로부터 적절한 수준의 내성을 가져야 한다. 설비를 설계할 때는 설비 또는 설치 기기에서 발생되는 전자기 방사량이 설비 내의 전기사용기기와 상호 연결 기기들이 함께 사용되는 데 적합한지를 고려하여야 한다.

113.7. 전원공급 중단에 대한 보호

전원공급 중단으로 인해 위험과 피해가 예상되면, 설비 또는 설치기기에 적절한 보호장치를 구비하여야 한다.

03 (120) KEC에 따른 전선에 대한 규정

121. 전선의 선정 및 식별

121.1. 전선 선정에 요구되는 사항

1. 전선은 통상 사용 상태에서의 온도에 견디는 것이어야 한다.
2. 전선은 설치장소의 환경조건에 적절하고 발생할 수 있는 전기·기계적 응력에 견디는 능력이 있는 것을 선정하여야 한다.
3. 전선은 「전기용품 및 생활용품 안전관리법」 또는 한국산업표준("KS")에 적합하거나 동등 이상의 성능의 것을 사용하여야 한다.

121.2. 전선의 식별

1. 전선의 식별을 위한 색상표기

▶ 전선식별

상(문자)	색상	상(문자)	색상
L1	갈색	N	청색
L2	흑색	보호도체	녹색 – 노란색
L3	회색		

2. 색상 식별이 종단 및 연결 지점에서만 이루어지는 나도체 등은 전선 종단부에 색상이 반영구적으로 유지될 수 있는 도색, 밴드, 색 테이프 등의 방법으로 표시해야 한다.

122. 전선의 종류

122.1. 절연전선

절연전선은「전기용품 및 생활용품 안전관리법」에 적용을 받는 것 이외에는 KS에 적합하거나 동등 이상의 성능을 만족하는 것을 사용해야 한다.

122.2. 코드(전선)

1. 전등이나 소형 전기기구 등에 전기를 유도하는 전선으로, 이동하며 사용할 수 있는 전선이다.
2. 코드전선은「전기용품 및 생활용품 안전관리법」에 의한 안전인증을 취득한 것을 사용해야 한다.

122.3. 캡타이어케이블

1. 고무 절연을 한 하나 내지는 몇 개의 심선을 합성 고무나 염화 비닐로 피복한 옥내배선용 이동전선이다. 코드전선보다 기계적으로 견고하여 위험한 공간에 사용할 수 있다.
2. 캡타이어케이블은「전기용품 및 생활용품 안전관리법」의 적용을 받는 것 또는 KS에 적합하거나 동등 이상의 성능을 만족하는 것을 사용한다.

122.4. 저압케이블

1. 사용전압이 저압인 전로(전기기계기구 안의 전로는 제외)의 전선으로 사용하는 케이블은「전기용품 및 생활용품 안전관리법」의 적용을 받는 것 이외에는 KS에 적합하거나 동등 이상의 성능을 만족하는 것으로 사용하여야 한다. 다만, 다음의 케이블을 사용하는 경우에는 예외로 한다.
   - 선박용 케이블
   - 엘리베이터용 케이블
   - 통신용 케이블
   - 용접용 케이블
   - 발열선 접속용 케이블
   - 물밑케이블
2. 유선텔레비전용 급전겸용 동축케이블은 CATV용(급전겸용) 알루미늄파이프형 동축케이블에 적합한 것을 사용한다.

122.5. 고압 및 특고압 케이블

1. 사용전압이 고압인 전로(전기기계기구 안의 전로를 제외)의 전선으로 사용하는 케이블은 KS에 적합한 것으로(또는 KS에서 정하는 성능 이상의 것으로)
   - 연피케이블
   - 알루미늄피케이블
   - 클로로프렌외장케이블
   - 비닐외장케이블

- 폴리에틸렌외장케이블
- 저독성 난연 폴리올레핀외장케이블
- 콤바인 덕트 케이블

이와 같은 케이블을 사용하여야 한다.

2. 사용전압이 특고압인 전로(전기기계기구 안의 전로를 제외)에 전선으로 사용하는 케이블은 다음과 같아야 한다.
   - 절연체가 에틸렌 프로필렌고무혼합물 또는 가교폴리에틸렌 혼합물인 케이블로서 선심 위에 금속제의 전기적 차폐층을 설치한 케이블
   - 파이프형 압력 케이블·연피케이블·알루미늄피케이블 그 밖의 금속피복을 한 케이블

3. 특고압 전로의 다중접지 지중 배전계통에 사용하는 동심중성선 전력케이블은 최대사용전압은 25.8[kV] 이하일 것

122.6. 나전선

나전선(버스덕트의 도체, 기타 구부리기 어려운 전선, 라이팅덕트의 도체 및 절연트롤리선의 도체, 가공송전선로의 도체를 제외한다) 및 지선·가공지선·보호도체·보호망·전력보안 통신용 약전류전선 기타의 금속선(절연전선·캡타이어케이블 및 30[V] 이하의 소세력 회로의 전선에 피복선을 제외한다)은 KS에 적합하거나 동등 이상의 성능을 만족하는 것을 사용하여야 한다.

123. 전선의 접속

전선을 접속하는 경우, 전선의 전기저항을 증가시키지 아니하도록 접속하여야 하며, 또한 다음에 따라야 한다.

1. 나전선 상호 간, 나전선−절연전선, 나전선−캡타이어케이블과 접속하는 경우에는
   가. 전선의 세기(=인장하중)를 20[%] 이상 감소시키지 아니할 것
   나. 접속부분은 접속관 기타의 기구를 사용할 것

2. 절연전선 상호 간, 절연전선−코드(전선), 절연전선−캡타이어케이블과 접속하는 경우에는 절연전선의 절연물과 동등 이상의 절연성능이 있는 접속기를 사용하거나 접속부분을 그 부분의 절연전선의 절연물과 동등 이상의 절연성능이 있는 것으로 피복할 것

3. 코드(전선) 상호 간, 캡타이어 케이블 상호 간 또는 코드−캡타이어 케이블 상호 간 접속하는 경우에는 코드 접속기·접속함 기타의 기구를 사용할 것

4. 도체에 알루미늄(알루미늄 합금 포함)을 사용하는 전선과 동(동합금을 포함)을 사용하는 전선을 접속하는 등 전기화학적 성질이 다른 도체를 접속하는 경우에는 접속부분에 전기적 부식(Corrosion)이 생기지 않도록 할 것

5. 도체에 알루미늄을 사용하는 절연전선 또는 케이블을 옥내배선·옥측배선 또는 옥외배선에 사용하는 경우에 그 전선을 접속할 때에는 가정용 혹은 저전압용 접속기구 "구조", "절연저항 및 내전압", "기계적 강도", "온도 상승", "내열성"에 적합한 기구를 사용할 것

6. 두 개 이상의 전선을 병렬로 사용하는 경우에는 다음에 의하여 시설할 것

   가. 병렬로 사용하는 각 전선의 굵기는 동선 50[mm^2] 이상(또는 알루미늄 70[mm^2] 이상)으로 하고, 전선은 같은 도체, 같은 재료, 같은 길이 및 같은 굵기의 것을 사용할 것

   나. 같은 극의 각 전선은 동일한 터미널러그에 완전히 접속할 것

   다. 같은 극인 각 전선의 터미널러그는 동일한 도체에 2개 이상의 리벳 또는 2개 이상의 나사로 접속할 것

   라. 병렬로 사용하는 전선에는 각각에 퓨즈를 설치하지 말 것

   마. 교류회로에서 병렬로 사용하는 전선은 금속관 안에 전자적 불평형이 생기지 않도록 시설할 것

7. 밀폐된 공간에서 전선의 접속부에 사용하는 테이프, 튜브 등 도체의 절연에 사용되는 절연 피복은 KEC 전기용 점착 테이프 규격에 적합한 것을 사용할 것

04 (130) 전로의 절연

131. 전로의 절연 원칙

전로는 (다음의 경우를 제외하고) 대지로부터 절연하여야 한다.

1. 수용장소의 인입구의 접지, 고압(또는 특고압)과 저압의 혼촉에 의한 위험방지 시설, 피뢰기의 접지, 특고압 가공전선로의 지지물에 시설하는 저압 기계기구, 옥내에 시설하는 저압 접촉전선 공사, 옥내에 저압전로에 접지공사를 하는 경우의 접지점

2. 고압(또는 특고압)과 저압의 혼촉에 의한 위험방지 시설, 전로의 중성점의 접지 또는 옥내의 네온 방전등 공사에 따라 전로의 중성점에 접지공사를 하는 경우의 접지점

3. 계기용변성기의 2차측 전로에 접지공사를 하는 경우의 접지점

4. 특고압 가공전선과 저고압 가공전선 동일 지지물에 시설되는 부분에 접지공사를 하는 경우의 접지점

5. 중성점이 접지된 특고압 가공선로에 다중 접지를 하는 경우의 접지점

6. 파이프라인 등의 전열장치의 시설에 따라 시설하는 소구경관(박스를 포함)에 접지공사를 하는 경우의 접지점

7. 저압전로와 사용전압이 300[V] 이하의 저압전로(자동제어회로, 원방조작회로, 원방감시장치의 신호회로 등의 제어회로에 전기를 공급하는 전로)를 결합하는 변압기의 2차측 전로에 접지공사를 하는 경우의 접지점

전로를 절연할 수 없는 경우는 다음과 같다.

1. 시험용 변압기, 전로의 전력선 반송용 결합 리액터, 전기울타리용 전원장치, 엑스선발생장치(엑스선관, 엑스선관용변압기, 음극 가열용 변압기 및 이의 부속장치와 엑스선관 회로의 배선), 전기부식방지 시설의 전기부식방지용 양극, 단선식 전기철도의 귀선 등 전로의 일부를 대지로부터 절연하지 아니하고 전기를 사용하는 것이 부득이한 것

2. 전기욕기, 전기로, 전기보일러, 전해조 등 대지로부터 절연하는 것이 기술상 곤란한 것

3. 저압 옥내직류 전기설비의 접지에 의하여 직류계통에 접지공사를 하는 경우의 접지점

132. 전로의 절연저항 및 절연내력

1. 사용전압이 저압인 전로(전선 상호 간 및 전로와 대지 사이)의 절연저항은 다음을 충족하여야 한다.

전로의 사용전압[V]	DC시험전압[V]	절연저항[MΩ]
SELV 및 PELV	250	0.5
FELV, 500[V] 이하	500	1.0
500[V] 초과	1,000	1.0

[주] 특별저압(Extra Low Voltage : 2차 전압이 AC 50[V], DC 120[V] 이하)으로 SELV(비접지회로 구성) 및 PELV(접지회로 구성)는 1차와 2차가 전기적으로 절연된 회로, FELV는 1차와 2차가 전기적으로 절연되지 않은 회로

다만, 저압 전로에서 정전이 어려운 경우 등 절연저항 측정이 곤란한 경우 저항성분의 누설전류가 1[mA] 이하이면 그 전로의 절연성능은 적합한 것으로 본다.

2. 고압 및 특고압의 전로는 [표 132 − 1]에서 정한 시험전압을 전로와 대지 사이(다심케이블은 심선 상호 간 및 심선과 대지 사이)에 연속하여 10분간 가하여 절연내력을 시험하였을 때에 이에 견디어야 한다.

다만, 케이블을 사용하는 교류 전로의 경우, [표 132 − 1]에서 정한 시험전압의 2배의 직류전압을 전로와 대지 사이(다심케이블은 심선 상호 간 및 심선과 대지 사이)에 연속하여 10분간 가하여 절연내력을 시험하였을 때에 이에 견디는 것에 대하여는 그러하지 아니하다(다시 말해, 케이블을 사용한 교류 전로는 시험전압의 2배를 시험전압으로 하여 10분간 견뎌야 한다. → [최대사용전압×배수×2배]을 10분 동안 견뎌야 함).

✣ 귀선
가공 단선식 또는 제3레일식 전기 철도의 레일 및 그 레일에 접속하는 전선을 말한다.

✣ 절연저항
절연저항 측정은 정전 상태에서 전선과 기계기구(개폐기, 차단기 등의 전기기계기구)가 분리된 상황을 기본으로 측정해야 한다.

🔖 핵심기출문제

전로의 절연 원칙에 따라 대지로부터 반드시 절연하여야 하는 것은?
① 전로의 중성점에 접지공사를 하는 경우의 접지점
② 계기용 변성기의 2차측 전로에 접지공사를 하는 경우의 접지점
③ 저압 가공전선로에 접속되는 변압기
④ 시험용 변압기
🔒 **정답** ③

✣ 전로
여기서 전로의 절연과 관련하여 회전기, 정류기, 연료전지 및 태양전지 모듈의 전로, 변압기의 전로, 기구 등의 전로 및 직류식 전기철도용 전차선의 전로는 제외된다.

▶ 표 132-1 전로의 종류 및 시험전압

전로의 종류	시험전압
1. 최대사용전압 7[kV] 이하인 전로	최대사용전압의 1.5배의 전압
2. 최대사용전압 7[kV] 초과 25[kV] 이하인 중성점 접지식 전로(중성선을 가지는 것으로서 그 중성선을 다중접지 하는 것에 한한다)	최대사용전압의 0.92배의 전압
3. 최대사용전압 7[kV] 초과 60[kV] 이하인 전로(2란의 것을 제외한다)	최대사용전압의 1.25배의 전압 (10.5[kV] 미만으로 되는 경우는 10.5[kV])
4. 최대사용전압 60[kV] 초과 중성점 비접지식전로(전위 변성기를 사용하여 접지하는 것을 포함한다)	최대사용전압의 1.25배의 전압
5. 최대사용전압 60[kV] 초과 중성점 접지식 전로(전위 변성기를 사용하여 접지하는 것 및 6란과 7란의 것을 제외한다)	최대사용전압의 1.1배의 전압 (75[kV] 미만으로 되는 경우에는 75[kV])
6. 최대사용전압이 60[kV] 초과 중성점 직접접지식 전로(7란의 것을 제외한다)	최대사용전압의 0.72배의 전압
7. 최대사용전압이 170[kV] 초과 중성점 직접 접지식 전로로서 그 중성점이 직접 접지되어 있는 발전소 또는 변전소 혹은 이에 준하는 장소에 시설하는 것	최대사용전압의 0.64배의 전압
8. 최대사용전압이 60[kV]를 초과하는 정류기에 접속되고 있는 전로	교류측 및 직류 고전압측에 접속되고 있는 전로는 교류측의 최대사용전압의 1.1배의 직류전압
	직류측 중성선 또는 귀선이 되는 전로(=직류 저압측 전로)는 KEC에서 규정하는 계산식에 의해 구한다. $$E = V \times \frac{1}{\sqrt{2}} \times 0.5 \times 1.2$$

E : 교류 시험 전압([V]를 단위로 한다)

V : 역변환기의 전류 실패 시 중성선 또는 귀선이 되는 전로에 나타나는 교류성 이상전압의 파고 값([V]를 단위로 한다). 다만, 전선에 케이블을 사용하는 경우 시험전압은 E의 2배의 직류전압으로 한다.

133. 회전기 및 정류기의 절연내력

회전기 및 정류기는 [표 133-1]에서 정한 시험방법으로 절연내력을 시험하였을 때에 이에 견디어야 한다. 다만, 회전변류기 이외의 교류의 회전기는 [표 133-1]에서 정한 시험전압의 1.6배의 직류전압으로 절연내력을 시험하였을 때 이에 견디는 것을 시설하는 경우에는 그러하지 아니하다.

종류			시험전압	시험방법
회전기	발전기 · 전동기 · 조상기 · 기타회전기 (회전변류기를 제외한다)	최대사용전압 7[kV] 이하	최대사용전압의 1.5배의 전압 (500[V] 미만의 경우는 최저시험전압을 500[V]로 한다.)	권선과 대지 사이에 연속하여 10분간 가한다.
		최대사용전압 7[kV] 초과	최대사용전압의 1.25배의 전압 (500[V] 미만의 경우는 최저시험전압을 500[V]로 한다.)	
	회전변류기		직류측의 최대사용전압의 1배의 교류전압(500[V] 미만의 경우는 최저시험전압을 500[V]로 한다.)	
정류기	최대사용전압 60[kV] 이하		직류측의 최대사용전압의 1배의 교류전압(500[V] 미만의 경우는 최저시험전압을 500[V]로 한다.)	충전부분과 외함 간에 연속하여 10분간 가한다.
	최대사용전압 60[kV] 초과		• 교류측의 최대사용전압의 1.1배의 교류전압 또는 • 직류측의 최대사용전압의 1.1배의 직류전압	교류측 및 직류고전압측 단자와 대지 사이에 연속하여 10분간 가한다.

핵심기출문제

직류 전기 철도에 전력을 공급하는 최대사용전압 1500[V]의 실리콘 정류기는 교류 몇 [V]의 절연내력 시험전압을 견디어야 하는가?

① 1500[V] ② 1650[V]
③ 1875[V] ④ 2250[V]

💬 **해설**
60[kV] 이하의 정류기는 직류측의 최대사용전압의 1배의 교류전압을 시험전압으로 한다.

🔒 **정답** ①

핵심기출문제

발전기, 전동기, 조상기, 기타 회전기(회전 변류기 제외)의 절연내력 시험 시 시험전압은 어느 곳에 가하면 되는가?

① 권선과 대지 간
② 외함과 전선 간
③ 외함과 대지 간
④ 회전자와 고정자 간

🔒 **정답** ①

핵심기출문제

최대사용전압이 69[kV]인 중성점 비접지식 선로의 절연내력 시험전압은 몇 [kV]인가?

① 68.48 ② 75.9
③ 86.25 ④ 103.5

💬 **해설**
7[kV]를 초과하는 비접지식 변압기이므로, 절연내력 시험전압은
$V = 69,000 \times 1.25$
$= 86.25[kV]$ 이다.
하지만 최저 시험전압은 10.5[kV] 이다.

🔒 **정답** ③

---

134. 연료전지 및 태양전지 모듈의 절연내력

연료전지 및 태양전지 모듈은 최대사용전압의 1.5배의 직류전압 또는 1배의 교류전압(500[V] 미만의 경우는 최저시험전압을 500[V]로 한다.)을 충전부분과 대지 사이에 연속하여 10분간 가하여 절연내력을 시험하였을 때에 이에 견디는 것이어야 한다.

135. 변압기 전로의 절연내력

변압기(강압, 승압용 변압기, 특수목적 변압기는 제외)의 전로는 [표 135 – 1]에서 정하는 시험전압 및 시험방법으로 절연내력을 시험하였을 때에 이에 견디어야 한다.

▶ 표 135 – 1 변압기 전로의 시험전압

권선의 종류	시험전압	시험방법
1. 최대사용전압 7[kV] 이하	최대사용전압의 1.5배의 전압 단, 중성점이 접지되고 다중접된 중성선을 가지는 전로에 접속하는 것은 0.92배의 전압 단, 500[V] 미만의 경우는 최저시험전압을 500[V]로 한다.	시험되는 권선과 다른 권선, 철심 및 외함 간에 시험전압을 연속하여 10분간 가한다.
2. 최대사용전압 7[kV] 초과 25[kV] 이하의 권선(중성점 접지식 전로)	최대사용전압의 0.92배의 전압	

권선의 종류	시험전압	시험방법
3. 최대사용전압 7[kV] 초과 60[kV] 이하의 권선(2번 내용은 제외한다)	최대사용전압의 1.25배의 전압 (10.5[kV] 미만으로 되는 경우에는 10.5[kV])	
4. 최대사용전압이 60[kV]를 초과하는 권선(중성점 비접지식 전로) (8번 내용은 제외한다)	최대사용전압의 1.25배의 전압	
5. 최대사용전압이 60[kV]를 초과하는 권선(성형결선, 접지식 전로) (6, 8번 내용은 제외한다)	최대사용전압의 1.1배의 전압(75[kV] 미만으로 되는 경우에는 75[kV])	
6. 최대사용전압이 60[kV]를 초과하는 권선(성형결선, 직접 접지식 전로) 다만, 170[kV]를 초과하는 권선에는 그 중성점에 피뢰기를 시설하는 것에 한한다.(8번 내용의 것을 제외한다)	최대사용전압의 0.72배의 전압	시험되는 권선의 중성점 단자, 다른 권선의 임의의 1단자, 철심 및 외함을 접지하고 시험되는 권선의 중성점 단자 이외의 임의의 1단자와 대지 사이에 시험전압을 연속하여 10분간 가한다.
7. 최대사용전압이 170[kV]를 초과하는 권선(성형결선, 중성점 직접 접지식 전로) (8번 내용의 것을 제외한다)	최대사용전압의 0.64배의 전압	(생략)
8. 최대사용전압이 60[kV]를 초과하는 정류기에 접속하는 권선	• 정류기의 교류측의 최대사용전압의 1.1배의 교류전압 또는 • 정류기의 직류측의 최대사용전압의 1.1배의 직류전압	1, 2번과 동일
9. 기타 권선	최대사용전압의 1.1배의 전압(75[kV] 미만으로 되는 경우는 75[kV])	1, 2번과 동일

136. 기구 등의 전로의 절연내력

1. 개폐기, 차단기, 전력용 커패시터, 유도전압조정기, 계기용변성기 기타의 기구의 전로 및 발전소, 변전소, 개폐소 또는 이에 준하는 곳에 시설하는 기계기구의 접속선 및 모선은 [표 136 – 1]에서 정하는 시험전압을 충전 부분과 대지 사이(다심케이블은 심선 상호 간 및 심선과 대지 사이)에 연속하여 10분간 가하여 절연내력을 시험하였을 때에 이에 견디어야 한다.

핵심기출문제

3상 220[V] 유도 전동기의 권선과 대지 간의 절연내력시험 전압과 견디어야 할 최소시간이 맞는 것은?

① 220[V], 5분
② 275[V], 10분
③ 330[V], 20분
④ 500[V], 10분

해설

전동기는 회전기에 속하며 7[kV] 이하이므로,
시험전압
$V = 220 \times 1.5 = 330[V]$ 이다.
하지만 최저시험전압이 500[V]이므로, 500[V]로 한다.

종류		시험전압	시험방법
회전기	발전기, 전동기, 조상기, 기타 회전기	7[kV] 이하	1.5배 (최저 500[V])	권선과 대지 간
		7[kV] 초과	1.25배 (최저 10,500[V])	
	회전변류기		직류측의 최대사용전압의 1배의 교류전압 (최저 500[V])	

🔒 **정답** ④

PART 06

▶ 표 136 – 1 기구의 전로 시험전압

종류	시험전압
1. 최대사용전압이 7[kV] 이하인 기구	최대 용전압이 1.5배의 전압 (500[V] 미만으로 되는 경우에는 500[V])
2. 최대사용전압이 7[kV]를 초과하고 25[kV] 이하인 기구(다중접지된 중성점 접지식 전로에 접속)	최대사용전압의 0.92배의 전압
3. 최대사용전압이 7[kV]를 초과하고 60[kV] 이하인 기구 　－2번 내용은 제외한다.	최대사용전압의 1.25배의 전압 (10.5[kV] 미만으로 되는 경우에는 10.5[kV])
4. 최대사용전압이 60[kV]를 초과하는 기구(중성점 비접지식 전로에 접속) 　－8번의 내용은 제외한다.	최대사용전압의 1.25배의 전압
5. 최대사용전압이 60[kV]를 초과하는 기구(중성점 접지식 전로에 접속) 　－7번, 8번의 내용은 제외한다.	최대사용전압의 1.1배의 전압 (75[kV] 미만으로 되는 경우에는 75[kV])
6. 최대사용전압이 170[kV]를 초과하는 기구(중성점 직접 접지식 전로에 접속) 　－7번, 8번의 것을 제외한다.	최대사용전압의 0.72배의 전압
7. 최대사용전압이 170[kV]를 초과하는 기구 　－중성점 직접접지식 전로에 접속 　－발전소 또는 변전소 또는 이에 준하는 장소에 시설하는 경우 　－8번의 내용은 제외한다.	최대사용전압의 0.64배의 전압
8. 최대사용전압이 60[kV]를 초과하는 정류기의 교류측 및 직류측 전로에 접속하는 기구의 전로	교류측 및 직류 고압측에 접속하는 기구의 전로는 교류측의 최대사용전압의 1.1배의 교류전압(또는 직류측의 최대사용전압의 1.1배의 직류전압)

🔵05 (140) 접지시스템

141. 접지시스템의 구분 및 종류

　1. 접지시스템은 계통접지, 보호접지, 피뢰시스템 접지 등으로 구분한다.
　2. 접지시스템의 시설 종류에는 단독접지, 공통접지, 통합접지가 있다.

142. 접지시스템의 시설

142.1. 접지시스템의 구성요소 및 요구사항
142.1.1. 접지시스템 구성요소

　1. 접지시스템은 접지극, 접지도체, 보호도체 및 기타 설비로 구성한다.
　2. 접지극은 접지도체를 사용하여 주 접지단자에 연결하여야 한다.

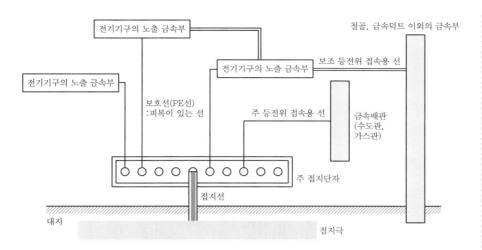

〖 건축물 내의 금속제 부분에 적합한 접지 구성 〗

142.1.2. 접지시스템 요구사항

1. 접지시스템은 다음에 적합하여야 한다.
    가. 전기설비의 보호 요구사항과 기능적 요구사항을 충족하여야 한다.
    나. 지락전류와 보호도체 전류를 대지에 전달할 것. 다만, 열적, 열·기계적, 전기·기계적 응력 및 이러한 전류로 인한 감전 위험이 없어야 한다.
2. 접지시스템의 접지저항값은 다음에 의한다.
    가. 부식, 건조 및 동결 등 대지환경 변화에 충족하여야 한다.
    나. 인체감전보호를 위한 값과 전기설비의 기계적 요구에 의한 값을 만족하여야 한다.

142.2. 접지극의 시설 및 접지저항

1. 접지극은 다음에 따라 시설하여야 한다.
    가. 토양 또는 콘크리트에 매입되는 접지극의 재료 및 최소굵기 등은 KEC에 규정된 "토양 또는 콘크리트에 매설되는 접지극으로 부식방지 및 기계적 강도를 대비하여 일반적으로 사용되는 재질의 최소굵기"에 따라야 한다.
    나. 피뢰시스템의 접지는 KEC 규정 [152.3항]을 우선 적용하여야 한다.

> **KEC 규정 [152.1.3항]**
> 지상으로부터 높이 60[m]를 초과하는 건축물, 구조물에 측뢰 보호가 필요한 경우에는 수뢰부 시스템을 시설하여야 하며, 다음에 따른다.
> 가. 전체 높이 60[m]를 초과하는 건축물·구조물의 최상부로부터 20[%] 부분에 한하며, 피뢰시스템 등급 IV의 요구사항에 따른다.
> 나. 자연적 구성부재가 제1의 "다"에 적합하면, 측뢰 보호용 수뢰부로 사용할 수 있다.

2. 접지극은 다음의 방법 중 하나 또는 복합하여 시설하여야 한다.

　　가. 콘크리트에 매입된 기초 접지극

　　나. 토양에 매설된 기초 접지극

　　다. 토양에 수직 또는 수평으로 직접 매설된 금속전극(봉, 전선, 테이프, 배관, 판 등)

　　라. 케이블의 금속외장 및 그 밖에 금속피복

　　마. 지중 금속구조물(배관 등)

　　바. 대지에 매설된 철근콘크리트의 용접된 금속 보강재(강화콘크리트는 제외)

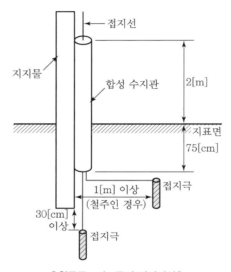

〖 **철근콘크리트주의 접지시설** 〗

3. 접지극의 매설은 다음에 의한다.

　　가. 접지극은 매설하는 토양을 오염시키지 않아야 하며, 가능한 한 다습한 부분에 설치한다.

　　나. 접지극은 동결 깊이를 감안하여 시설하되 시설하는 접지극의 매설깊이는 지표면으로부터 지하 0.75[m] 이상으로 한다.

　　다. 접지도체를 철주의 기타 금속체를 따라서 시설하는 경우에는(접지극을 철주의 밑면으로부터 30[cm] 이상의 깊이에 매설하는 경우를 제외하고) 접지극을 지중에서 그 금속체로부터 1[m] 이상 떼어 매설하여야 한다.

4. 접지시스템 부식에 대한 고려는 다음에 의한다.

　　가. 접지극에 부식을 일으킬 수 있는 폐기물 집하장 및 번화한 장소에 접지극 설치는 피해야 한다.

　　나. 서로 다른 재질의 접지극을 연결할 경우 전식(전기부식)을 고려하여야 한다.

　　다. 콘크리트 기초접지극에 접속하는 접지도체가 용융아연도금강제인 경우 접속부를 토양에 직접 매설해서는 안 된다.

5. 접지극을 접속하는 경우에는 발열성 용접, 압착접속, 클램프 또는 그 밖의 적절한 기계적 접속장치로 접속하여야 한다.

6. 가연성 액체나 가스를 운반하는 금속제 배관은 접지설비의 접지극으로 사용할 수 없다.(단, 보호등전위본딩은 예외)

7. 수도관 등을 접지극으로 사용하는 경우는 다음에 의한다.

　가. 지중에 매설되어 있고 대지와 수도관의 전기저항값이 3[Ω] 이하의 값을 유지하고 있는 금속제 수도관로가 다음에 따르는 경우 접지극으로 사용이 가능하다.

　　(1) 접지도체와 금속제 수도관로의 접속은 안지름 75[mm] 이상인 부분 또는 여기에서 분기한 안지름 75[mm] 미만인 분기점으로부터 5[m] 이내의 부분에서 하여야 한다. 다만, 금속제 수도관로와 대지 사이의 전기저항값이 2[Ω] 이하인 경우에는 분기점으로부터의 거리는 5[m]를 넘을 수 있다.

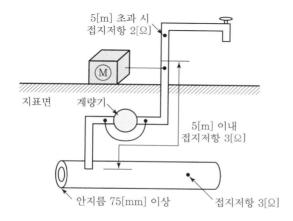

　　(2) 접지도체와 금속제 수도관로의 접속부를 수도계량기로부터 수도 수용가측에 설치하는 경우에는 수도계량기를 사이에 두고 양측 수도관로를 등전위본딩 하여야 한다.

　　(3) 접지도체와 금속제 수도관로의 접속부를 사람이 접촉할 우려가 있는 곳에 설치하는 경우에는 손상을 방지하도록 방호장치를 설치하여야 한다.

　　(4) 접지도체와 금속제 수도관로의 접속에 사용하는 금속제는 접속부에 전기적 부식이 생기지 않아야 한다.

　나. 대지와 수도관 사이에 전기저항값이 2[Ω] 이하인 경우는 해당 건축물 또는 구조물의 철골 기타 금속제를 다음과 같은 접지공사의 접지극으로 사용할 수 있다.

　　• 비접지식 고압전로에 시설하는 기계기구의 철대 접지

　　• 금속제 외함의 접지공사

　　• 비접지식 고압전로와 저압전로를 결합하는 변압기의 저압전로의 접지공사

142.3.1. 접지도체

1. 접지도체의 선정

　가. 접지도체의 단면적 : 큰 고장전류가 접지도체를 통하여 흐르지 않을 경우 접지도체의 최소단면적은 다음과 같다[142.3.2(보호도체)의 1번 참조].

　　(1) 구리는 6[mm²] 이상

　　(2) 철제는 50[mm²] 이상

　나. 접지도체에 피뢰시스템이 접속되는 경우, 접지도체의 단면적은 구리 16[mm²] 또는 철 50[mm²] 이상으로 하여야 한다.

2. 접지도체와 접지극의 접속은 다음에 의한다.

　가. 접속은 견고하고 전기적인 연속성이 보장되도록, 접속부는 발열성 용접, 압착접속, 클램프 또는 그 밖에 적절한 기계적 접속장치에 의해야 한다.

　나. 클램프를 사용하는 경우, 접지극 또는 접지도체를 손상시키지 않아야 한다. 납땜에만 의존하는 접속은 사용해서는 안 된다.

3. 접지도체를 접지극이나 접지의 다른 수단과 연결하는 경우는 견고하게 접속하고, 전기적, 기계적으로 적합하여야 하며, 부식에 대해 적절하게 보호되어야 한다. 또한, 다음과 같은 지점에는 "안전 전기 연결" 라벨이 영구적으로 고정되도록 시설하여야 한다.

　가. 접지극의 모든 접지도체 연결지점

　나. 외부도전성 부분의 모든 본딩도체 연결지점

　다. 주 개폐기에서 분리된 주 접지단자

4. 접지도체는 지하 0.75[m]부터 지표상 2[m]까지 부분은 합성수지관(두께 2[mm] 미만의 합성수지제 전선관 및 가연성 콤바인덕트관은 제외) 또는 이와 동등 이상의 절연효과와 강도를 가지는 몰드로 덮어야 한다.

5. 특고압 · 고압 전기설비 및 변압기 중성점 접지시스템의 경우, 접지도체가 사람이 접촉할 우려가 있는 곳에 시설되는 고정설비인 경우에는 다음에 따라야 한다.

　가. 접지도체는 절연전선(옥외용 비닐절연전선은 제외) 또는 케이블(통신용 케이블은 제외)을 사용하여야 한다. 다만, 접지도체를 철주 기타의 금속체를 따라서 시설하는 경우 이외의 경우에는 접지도체의 지표상 0.6[m]를 초과하는 부분에 대하여는 절연전선을 사용하지 않을 수 있다.

　나. 접지극 매설은 [142.2의 3번]에 따른다.

6. 접지도체의 굵기는 (위 1번의 "가"에서 정한 것을 제외하고) 고장 시 흐르는 전류를 안전하게 통할 수 있는 것으로서 다음에 의한다.

　가. 특고압 · 고압 전기설비용 접지도체는 단면적 6[mm²] 이상의 연동선 또는 동등 이상의 단면적 및 강도를 가져야 한다.

나. 중성점 접지용 접지도체는 공칭단면적 16[mm²] 이상의 연동선 또는 동등 이상의 단면적 및 세기를 가져야 한다. 다만, 다음의 경우에는 공칭단면적 6[mm²] 이상의 연동선 또는 동등 이상의 단면적 및 강도를 가져야 한다.

(1) 7[kV] 이하의 전로

(2) 사용전압이 25[kV] 이하인 특고압 가공전선로

다만, 중성선 다중접지 방식의 것으로서 전로에 지락이 생겼을 때 2초 이내에 자동적으로 이를 전로로부터 차단하는 장치가 되어 있는 것

다. 이동하여 사용하는 전기기계기구의 금속제 외함 등의 접지시스템의 경우는 다음의 것을 사용하여야 한다.

(1) 특고압 · 고압 전기설비용 접지도체 및 중성점 접지용 접지도체는 클로로 프렌캡타이어케이블(3종 및 4종) 또는 클로로설포네이트폴리에틸렌캡타이어케이블(3종 및 4종)의 1개 도체 또는 다심 캡타이어케이블의 차폐 또는 기타의 금속체로 단면적이 10[mm²] 이상인 것을 사용한다.

(2) 저압 전기설비용 접지도체는 다심 코드 또는 다심 캡타이어케이블의 1개 도체의 단면적이 0.75[mm²] 이상인 것을 사용한다. 다만, 기타 유연성이 있는 연동연선은 1개 도체의 단면적이 1.5[mm²] 이상인 것을 사용한다.

142.3.2. 보호도체

1. 보호도체의 최소단면적은 다음에 따라서 결정한다.

가. 보호도체의 최소단면적은 "나"에 따라 계산하거나 "다"의 요건을 고려하여 [표 142.3 - 1]에 따라 선정할 수 있다.

▶ 표 142.3 - 1 보호도체의 최소 단면적

선도체의 단면적 S (mm², 구리)	보호도체의 최소 단면적(mm², 구리)	
	보호도체의 재질이 선도체와 같은 경우	보호도체의 재질이 선도체와 다른 경우
$S \leq 16$	S	$(k_1/k_2) \times S$
$16 \langle S \leq 35$	$16a$	$(k_1/k_2) \times 16$
$S \rangle 35$	$Sa/2$	$(k_1/k_2) \times (S/2)$

여기서, k_1 : 도체 및 절연의 재질에 따라 다르므로 KEC의 "표 A54.1(여러 가지 재료의 변수값)" 또는 "표 43A (도체에 대한 k값)"에서 선정된 선도체에 대한 k값

k_2 : KEC의 "표 A.54.2(케이블에 병합되지 않고 다른 케이블과 묶여 있지 않은 절연 보호도체의 k값)~ 표 A.54.6(제시된 온도에서 모든 인접 물질에 손상 위험성이 없는 경우 나도체의 k값)"에서 선정된 보호도체에 대한 k값

a : PEN 도체의 최소단면적은 중성선과 동일하게 적용한다.

나. 차단시간이 5초 이하인 경우에만 다음 계산식을 적용한다.

$$S = \frac{\sqrt{I^2 t}}{k}$$

여기서, S : 단면적[mm²]

$\quad\quad\quad I$: 보호장치를 통해 흐를 수 있는 예상 고장전류 실효값[A]

$\quad\quad\quad t$: 자동차단을 위한 보호장치의 동작시간[s]

$\quad\quad\quad k$: 보호도체, 절연, 기타 부위의 재질 및 초기온도와 최종온도에 따라 정해지는 계수

다. 보호도체가 케이블의 일부가 아니거나 선도체와 동일 외함에 설치되지 않으면 단면적은 다음의 굵기 이상으로 하여야 한다.

    (1) 기계적 손상에 대해 보호가 되는 경우는 구리 2.5[mm²], 알루미늄 16[mm²] 이상

    (2) 기계적 손상에 대해 보호가 되지 않는 경우는 구리 4[mm²], 알루미늄 16[mm²] 이상

    (3) 케이블의 일부가 아니라도 전선관 및 트렁킹 내부에 설치되거나, 이와 유사한 방법으로 보호되는 경우 기계적으로 보호되는 것으로 간주한다.

2. 보호도체의 종류는 다음에 의한다.

가. 보호도체는 다음 중 하나 또는 복수로 구성하여야 한다.

    (1) 다심케이블의 도체

    (2) 충전도체와 같은 트렁킹에 수납된 절연도체 또는 나도체

    (3) 고정된 절연도체 또는 나도체

    (4) 구조 · 접속이 기계적, 화학적 또는 전기화학적 열화에 대해 보호할 수 있으며 전기적 연속성을 유지 하는 경우에 한하여 "금속케이블 외장, 케이블 차폐, 케이블 외장, 전선묶음(편조전선), 동심도체, 금속관"을 사용한다.

나. (생략)

다. 다음과 같은 금속부분은 보호도체 또는 보호본딩도체로 사용해서는 안 된다.

    (1) 금속 수도관

    (2) 가스 · 액체 · 분말과 같은 잠재적인 인화성 물질을 포함하는 금속관

    (3) 상시 기계적 응력을 받는 지지 구조물 일부

    (4) 가요성 금속배관. 다만, 보호도체의 목적으로 설계된 경우는 예외로 한다.

    (5) 가요성 금속전선관

    (6) 지지선, 케이블트레이 및 이와 비슷한 것

3. 보호도체의 전기적 연속성은 다음에 의한다.

가. 보호도체의 보호는 다음에 의한다.

    (1) 기계적인 손상, 화학적 · 전기화학적 열화, 전기역학적 · 열역학적 힘에 대해 보호되어야 한다.

(2) 나사접속 · 클램프접속 등 보호도체 사이 또는 보호도체와 타 기기 사이의 접속은 전기적 연속성 보장 및 충분한 기계적강도와 보호를 구비하여야 한다.

(3) 보호도체를 접속하는 나사는 다른 목적으로 겸용해서는 안 된다.

(4) 접속부는 납땜(Soldering)으로 접속해서는 안 된다.

나. 보호도체의 접속부는 검사와 시험이 가능하여야 한다.

4. 보호도체에는 어떠한 개폐장치를 연결해서는 안 된다.

5. 접지에 대한 전기적 감시를 위한 전용장치(동작센서, 코일, 변류기 등)를 설치하는 경우, 보호도체 경로에 직렬로 접속하면 안 된다.

142.3.3. 보호도체의 단면적 보강

1. 보호도체는 정상 운전상태에서 전류의 전도성 경로(전기자기간섭 보호용 필터의 접속 등으로 인한)로 사용되지 않아야 한다.

2. 전기설비의 정상 운전상태에서 보호도체에 10[mA]를 초과하는 전류가 흐르는 경우, 다음에 의해 보호도체를 증강하여 사용하여야 한다.

가. 보호도체가 하나인 경우 보호도체의 단면적은 전 구간에 구리 10[mm²] 이상 또는 알루미늄 16[mm²] 이상으로 하여야 한다.

나. 추가로 보호도체를 위한 별도의 단자가 구비된 경우, 최소한 고장보호에 요구되는 보호도체의 단면적은 구리 10[mm²], 알루미늄 16[mm²] 이상으로 한다.

142.3.4. 보호도체와 계통도체 겸용

1. 보호도체와 계통도체를 겸용하는 겸용도체(중성선과 겸용, 선도체와 겸용, 중간도체와 겸용 등)는 해당하는 계통의 기능에 대한 조건을 만족하여야 한다.

2. 겸용도체는 고정된 전기설비에서만 사용할 수 있으며 다음에 의한다.

가. 단면적은 구리 10[mm²] 또는 알루미늄 16[mm²] 이상이어야 한다.

나. 중성선과 보호도체의 겸용도체는 전기설비의 부하측으로 시설하여서는 안 된다.

다. 폭발성 분위기 장소는 보호도체를 전용으로 하여야 한다.

3. 겸용도체의 성능은 다음에 의한다.

가. 공칭전압과 같거나 높은 절연성능을 가져야 한다.

나. 배선설비의 금속 외함은 겸용도체로 사용해서는 안 된다.

4. 겸용도체는 다음 사항을 준수하여야 한다.

가. 전기설비의 일부에서 중성선 · 중간도체 · 선도체 및 보호도체가 별도로 배선되는 경우, 중성선 · 중간도체 · 선도체를 전기설비의 다른 접지된 부분에 접속해서는 안 된다. 다만, 겸용도체에서 각각의 중성선 · 중간도체 · 선도체와 보호도체를 구성하는 것은 허용한다.

나. 겸용도체는 보호도체용 단자 또는 바(Bar)에 접속되어야 한다.

다. 계통외도전부는 겸용도체로 사용해서는 안 된다.

142.3.5. 보호접지 및 기능접지의 겸용도체

(생략)

142.3.6. 감전보호에 따른 보호도체

과전류 보호장치를 감전에 대한 보호용으로 사용하는 경우, 보호도체는 충전도체와 같은 배선설비에 병합시키거나 근접한 경로로 설치하여야 한다.

142.3.7. 주 접지단자

1. 접지시스템은 주 접지단자를 설치하고, 다음의 도체들을 접속하여야 한다.
   가. 등전위본딩도체
   나. 접지도체
   다. 보호도체
   라. 관련이 있는 경우, 기능성 접지도체
2. 여러 개의 접지단자가 있는 장소는 접지단자를 상호 접속하여야 한다.
3. 주 접지단자에 접속하는 각 접지도체는 개별적으로 분리할 수 있어야 하며, 접지저항을 편리하게 측정할 수 있어야 한다. 다만, 접속은 견고해야 하며 공구에 의해서만 분리되는 방법으로 하여야 한다.

142.4. 전기수용가 접지

142.4.1. 저압 수용가 인입구 접지

1. 수용장소 인입구 부근에서 다음의 것을 접지극으로 사용하여 변압기 중성점 접지를 한 저압전선로의 중성선 또는 접지측 전선에 추가로 접지공사를 할 수 있다.
   가. 지중에 매설되어 있고 대지와의 전기저항값이 3[Ω] 이하의 값을 유지하고 있는 금속제 수도관로
   나. 대지 사이의 전기저항값이 3[Ω] 이하인 값을 유지하는 건물의 철골
2. 위 1번에 따른 접지도체는 공칭단면적 6[mm²] 이상의 연동선(또는 이와 동등 이상의 세기 및 굵기의 쉽게 부식하지 않는 금속선으로서 고장 시 흐르는 전류를 안전하게 통할 수 있는 것)

142.4.2. 주택 등의 저압 수용장소 접지

1. 저압 수용장소에서 계통접지가 TN-C-S 방식인 경우에 보호도체는 다음에 따라 시설하여야 한다.
   가. 보호도체의 최소단면적은 142.3.2의 1(보호도체 조항)에 의한 값 이상으로 한다.
   나. 중성선 겸용 보호도체(PEN)는 고정 전기설비에만 사용할 수 있고, 그 도체의 단면적이 구리는 10[mm²] 이상, 알루미늄은 16[mm²] 이상이어야 하며, 그 계통의 최고전압에 대하여 절연되어야 한다.
2. 위 1번에 따른 접지의 경우에는 감전보호용 등전위본딩을 하여야 한다.

142.5. 변압기 중성점 접지

1. 변압기의 중성점접지 저항값(R)은 다음에 의한다.

가. 일반적인 변압기의 고압·특고압측 전로의 접지저항값

$$R = \frac{150}{\text{변압기의 (특)고압측 전로 1선의 지락전류}} \, [\Omega] \text{ 이하}$$

나. 변압기의 고압·특고압측 전로 또는 사용전압이 35[kV] 이하의 특고압전로가 저압측 전로와 혼촉하고 저압전로의 대지전압이 150[V]를 초과하는 경우는 저항값은 다음에 의한다.

(1) 1초 초과 2초 이내에 고압·특고압 전로를 자동으로 차단하는 장치를 설치할 때의 접지저항값

$$R = \frac{300}{\text{변압기의 (특)고압측 전로 1선의 지락전류}} \, [\Omega] \text{ 이하}$$

(2) 1초 이내에 변압기의 고압·특고압 전로를 자동으로 차단하는 장치를 설치할 때의 접지저항값

$$R = \frac{600}{\text{변압기의 (특)고압측 전로 1선의 지락전류}} \, [\Omega] \text{ 이하}$$

2. 전로의 1선 지락전류는 실측값이다. 다만, 실측이 곤란한 경우에는 선로정수로 계산한 값으로 결정한다.

142.6. 공통접지 및 통합접지

1. 고압 및 특고압과 저압 전기설비의 접지극이 서로 근접하여 시설되어 있는 변전소 또는 이와 유사한 곳에서는 다음과 같이 공통접지시스템으로 할 수 있다.

가. 저압 전기설비의 접지극이 고압 및 특고압 접지극의 접지저항 형성영역에 완전히 포함되어 있다면 위험전압이 발생하지 않도록 이들 접지극을 상호 접속하여야 한다.

나. 접지시스템에서 고압 및 특고압 계통의 지락사고 시 저압계통에 가해지는 상용주파 과전압은 [표 142.6 − 1]에서 정한 값을 초과해서는 안 된다.

▶ 표 142.6 − 1 저압설비 허용 상용주파 과전압

고압계통에서 지락고장시간(초)	저압설비 허용 상용주파 과전압(V)	비고
>5	$U_0 + 250$	중성선 도체가 없는 계통에서 U_0는 선간전압을 말한다.
≤5	$U_0 + 1,200$	

1. 순시 상용주파 과전압에 대한 저압기기의 절연 설계기준과 관련된다.
2. 중성선이 변전소 변압기의 접지계통에 접속된 계통에서, 건축물외부에 설치한 외함이 접지되지 않은 기기의 절연에는 일시적 상용주파 과전압이 나타날 수 있다.

다. (생략)

라. (생략)

2. 전기설비의 접지설비, 건축물의 피뢰설비·전자통신설비 등의 접지극을 공용하는 통합접지시스템으로 하는 경우 다음과 같이 하여야 한다.
  가. 통합접지시스템은 위 1번 내용에 의한다.
  나. 낙뢰에 의한 과전압 등으로부터 전기전자기기(153.1조항) 등을 보호하기 위해 서지보호장치를 설치하여야 한다.

142.7. 기계기구의 철대 및 외함의 접지

1. 전로에 시설하는 기계기구의 철대 및 금속제 외함(외함이 없는 변압기 또는 계기용변성기는 철심)에는 140(접지시스템 조항)에 따른 접지공사를 하여야 한다.
2. 다음의 어느 하나에 해당하는 경우에는 접지공사를 안 해도 된다.
  가. 사용전압이 직류 300[V] 또는 교류 대지전압이 150[V] 이하인 기계기구를 건조한 곳에 시설하는 경우
  나. 저압용의 기계기구를 건조한 목재의 마루 기타 이와 유사한 절연성 물건 위에서 취급하도록 시설하는 경우
  다. 저압용이나 고압용의 기계기구 또는 (341.2 조항의) 특고압 전선로에 접속하는 배전용 변압기나 이에 접속하는 전선에 시설하는 기계기구 또는 특고압 가공전선로의 전로에 시설하는 기계기구를 사람이 쉽게 접촉할 우려가 없도록 목주 기타 이와 유사한 것의 위에 시설하는 경우
  라. 철대 또는 외함의 주위에 적당한 절연대를 설치하는 경우
  마. 외함이 없는 계기용변성기가 고무·합성수지 기타의 절연물로 피복한 것일 경우
  바. 「전기용품 및 생활용품 안전관리법」의 적용을 받는 이중절연구조로 되어 있는 기계기구를 시설하는 경우
  사. 저압용 기계기구에 전기를 공급하는 전로의 전원측에 절연변압기(2차 전압이 300[V] 이하이며, 정격용량이 3[kVA] 이하인 것에 한한다)를 시설하고 또한 그 절연변압기의 부하측 전로를 접지하지 않은 경우
  아. 물기 있는 장소 이외의 장소에 시설하는 저압용의 개별 기계기구에 전기를 공급하는 전로에 「전기용품 및 생활용품 안전관리법」의 적용을 받는 인체감전보호용 누전차단기(정격감도전류가 30[mA] 이하, 동작시간이 0.03초 이하의 전류동작형에 한한다)를 시설하는 경우
  자. 외함을 충전하여 사용하는 기계기구에 사람이 접촉할 우려가 없도록 시설하거나 절연대를 시설하는 경우

143. 감전보호용 등전위본딩

143.1. 보호등전위본딩의 적용

1. 건축물·구조물에서 접지도체, 주 접지단자와 도전성 부분은 등전위본딩을 해야 한다. 다만, 이들 부분이 아래와 같은 다른 보호도체로 주 접지단자에 연결된 경우는 등전위본딩을 안 해도 된다.
   - 가. 수도관·가스관 등 외부에서 내부로 인입되는 금속배관
   - 나. 건축물·구조물의 철근, 철골 등 금속보강재
   - 다. 일상생활에서 접촉이 가능한 금속제 난방배관 및 공조설비 등 계통외도전부
2. 주 접지단자에 보호 등전위본딩 도체, 접지도체, 보호도체, 기능성 접지도체를 접속하여야 한다.

143.2. 등전위본딩 시설

143.2.1. 보호등전위본딩

1. 건축물·구조물의 외부에서 내부로 들어오는 각종 금속제 배관은 다음과 같이 하여야 한다.
   - 가. 1개소에 집중하여 인입하고, 인입구 부근에서 서로 접속하여 등전위본딩 바에 접속하여야 한다.
   - 나. 대형건축물 등으로 1개소에 집중하여 인입하기 어려운 경우에는 본딩도체를 1개의 본딩 바에 연결한다.
2. 수도관·가스관의 경우 내부로 인입된 최초의 밸브 후단에서 등전위본딩을 하여야 한다.
3. 건축물·구조물의 철근, 철골 등 금속보강재는 등전위본딩을 하여야 한다.

143.2.2. 보조 보호등전위본딩

1. 보조 보호등전위본딩의 대상은 전원자동차단에 의한 감전보호방식에서 고장 시 자동차단시간(211.2.3의 3 조항)이 계통별 최대차단시간을 초과하는 경우이다.
2. 위 1번의 차단시간을 초과하고 2.5[m] 이내에 설치된 고정기기의 노출도전부와 계통외도전부는 보조 보호등전위본딩을 하여야 한다.

143.2.3. 비접지 국부등전위본딩

1. 절연성 바닥으로 된 비접지 장소에서 다음의 경우는 국부등전위본딩을 해야 한다.
   - 가. 전기설비 상호 간이 2.5[m] 이내인 경우
   - 나. 전기설비와 이를 지지하는 금속체 사이
2. 전기설비 또는 계통외도전부를 통해 대지에 접촉하지 않아야 한다.

143.3. 등전위본딩 도체

143.3.1. 보호등전위본딩 도체

1. 주 접지단자에 접속하기 위한 등전위본딩 도체는 설비 내에 있는 가장 큰 보호접지 도체 단면적의 1/2 이상의 단면적을 가져야 하고 다음의 단면적 이상이어야 한다.

   가. 구리도체 6[mm^2]

   나. 알루미늄 도체 16[mm^2]

   다. 강철 도체 50[mm^2]

2. 주 접지단자에 접속하기 위한 보호본딩도체의 단면적은 구리도체 25[mm^2]

3. 등전위본딩(자연적 구성부재로 인한 본딩) 도체의 상호접속은 전기적 연속성을 확보할 수 없는 장소는 본딩도체로 연결한다.

143.3.2. 보조 보호등전위본딩 도체

1. 두 개의 노출도전부를 접속하는 보호본딩도체의 도전성은 노출도전부에 접속된 더 작은 보호도체의 도전성보다 커야 한다.

2. 노출도전부를 계통외도전부에 접속하는 보호본딩도체의 도전성은 같은 단면적을 갖는 보호도체의 1/2 이상이어야 한다.

06 (150) 피뢰시스템

151. 피뢰시스템의 적용범위 및 구성

151.1. 피뢰시스템 적용범위

1. 전기전자설비가 설치된 건축물·구조물로서 낙뢰로부터 보호가 필요한 것 또는 지상으로부터 높이가 20[m] 이상인 것

2. 전기설비 및 전자설비 중 낙뢰로부터 보호가 필요한 설비

151.2. 피뢰시스템의 구성

1. 직격뢰로부터 대상물을 보호하기 위한 외부피뢰시스템

2. 간접뢰 및 유도뢰로부터 대상물을 보호하기 위한 내부피뢰시스템

151.3. 피뢰시스템 등급선정

(생략)

152. 외부피뢰시스템

152.1. 수뢰부시스템

1. 수뢰부시스템의 선정은,

   가. 돌침, 수평도체, 메시도체의 요소 중에 한 가지 또는 이를 조합한 형식으로 시설하여야 한다.

나. (생략)

다. (생략)

2. 수뢰부시스템의 배치는,

　　가. 보호각법, 회전구체법, 메시법 중 하나 또는 조합된 방법으로 배치하여야 한다.

　　나. 건축물·구조물의 뾰족한 부분, 모서리 등에 우선하여 배치한다.

3. 지상으로부터 높이 60[m]를 초과하는 건축물·구조물에 측뢰 보호가 필요한 경우에는 수뢰부시스템을 시설하여야 하며, 다음에 따른다.

　　가. 전체 높이 60[m]를 초과하는 건축물·구조물의 최상부로부터 20[%] 부분에 한하여 시설한다.

　　나. (생략)

4. 건축물·구조물과 분리되지 않은 수뢰부시스템의 시설은 다음에 따른다.

　　가. 지붕 마감재가 불연성 재료로 된 경우 지붕표면에 시설할 수 있다.

　　나. 지붕 마감재가 높은 가연성 재료로 된 경우 지붕재료와 다음과 같이 이격하여 시설한다.

　　　(1) 초가지붕 또는 이와 유사한 경우 0.15[m] 이상

　　　(2) 다른 재료의 가연성 재료인 경우 0.1[m] 이상

152.2. 인하도선시스템

1. 수뢰부시스템과 접지시스템을 전기적으로 연결하는 것으로 다음에 의한다.

　　가. 복수의 인하도선을 병렬로 구성해야 한다(다만, 건축물·구조물과 분리된 피뢰시스템인 경우 예외로 할 수 있다).

　　나. 도선경로의 길이가 최소가 되도록 한다.

2. 배치방법은 다음에 의한다.

　　가. 건축물·구조물과 분리된 피뢰시스템인 경우

　　　(1) 뇌전류의 경로가 보호대상물에 접촉하지 않도록 하여야 한다.

　　　(2) 별개의 지주에 설치되어 있는 경우 각 지주마다 1가닥 이상의 인하도선을 시설한다.

　　　(3) 수평도체 또는 메시도체인 경우 지지 구조물마다 1가닥 이상의 인하도선을 시설한다.

　　나. 건축물·구조물과 분리되지 않은 피뢰시스템인 경우

　　　(1) 벽이 불연성 재료로 된 경우에는 벽의 표면 또는 내부에 시설할 수 있다.

　　　(2) 인하도선의 수는 2가닥 이상으로 한다.

　　　(3) 보호대상 건축물·구조물의 투영에 따른 둘레에 가능한 한 균등한 간격으로 배치한다. 다만, 노출된 모서리 부분에 우선하여 설치한다.

3. 수뢰부시스템과 접지극시스템 사이에 전기적 연속성이 형성되도록 다음에 따라 시설하여야 한다.

PART 06

가. 경로는 가능한 한 루프 형성이 되지 않도록 하고, 최단거리로 곧게 수직으로 시설하여야 하며, 처마 또는 수직으로 설치된 홈통 내부에 시설하지 않아야 한다.

나. 철근콘크리트 구조물의 철근을 자연적구성부재의 인하도선으로 사용하기 위해서는 해당 철근 전체 길이의 전기저항값은 0.2[Ω] 이하가 되어야한다.

다. 시험용 접속점을 접지극시스템과 가까운 인하도선과 접지극시스템의 연결 부분에 시설하고, 이 접속점은 항상 폐로되어야 하며 측정 시에 공구 등으로만 개방할 수 있어야 한다.

152.3. 접지극시스템

1. 뇌전류를 대지로 방류시키기 위한 접지극시스템은 다음에 의한다.

　가. A형 접지극(수평 또는 수직접지극) 또는 B형 접지극(환상도체 또는 기초접지극) 중 하나 또는 조합하여 시설할 수 있다.

　나. (생략)

2. 접지극시스템 배치 : (생략)

3. 접지극은 다음에 따라 시설한다.

　가. 지표면에서 0.75[m] 이상 깊이로 매설하여야 한다.

　나. 대지가 암반지역으로 대지저항이 높거나 건축물·구조물이 전자통신시스템을 많이 사용하는 시설의 경우에는 환상도체접지극 또는 기초접지극으로 한다.

　다. 접지극 재료는 대지에 환경오염 및 부식의 문제가 없어야 한다.

　라. 철근콘크리트 기초 내부의 상호 접속된 철근 또는 금속제 지하구조물 등 자연적 구성부재는 접지극으로 사용할 수 있다.

152.4. 부품 및 접속

(생략)

152.5. 옥외에 시설된 전기설비의 피뢰시스템

(생략)

CHAPTER 02 저압 전기설비

01 (200) 통칙

201. 저압 전기설비의 적용범위

교류 1[kV] 또는 직류 1.5[kV] 이하인 저압의 전기를 공급하거나 사용하는 전기설비에 적용하며 다음의 경우를 포함한다.

1. 전기설비를 구성하거나, 연결하는 선로와 전기기계기구 등의 구성품
2. 저압 기기에서 유도된 1[kV] 초과 회로 및 기기

202. 배전방식

202.1. 교류 회로

1. 3상 4선식의 중성선 또는 PEN 도체는 충전도체는 아니지만 운전전류를 흘리는 도체이다.
2. 3상 4선식에서 파생되는 단상 2선식 배전방식의 경우 두 도체 모두가 선도체이거나 하나의 선도체와 중성선 또는 하나의 선도체와 PEN 도체이다.
3. 모든 부하가 선간에 접속된 전기설비에서는 중성선의 설치가 필요하지 않을 수 있다.

202.2. 직류 회로

PEL과 PEM 도체는 충전도체는 아니지만 운전전류를 흘리는 도체이다. 2선식 배전방식이나 3선식 배전방식을 적용한다.

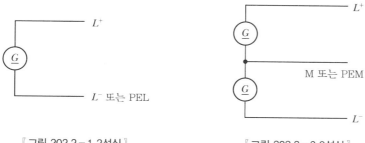

〖 그림 202.2 – 1 2선식 〗   〖 그림 202.2 – 2 3선식 〗

203. 계통접지의 방식

203.1. 계통접지 구성

1. 저압전로의 보호도체 및 중성선의 접속 방식에 따라 접지계통은 다음과 같이 분류한다.

　가. TN 계통

　나. TT 계통

　다. IT 계통

2. 계통접지에서 사용되는 문자의 정의는 다음과 같다.

　가. 제1문자 – 전원계통과 대지의 관계

　　T : 한 점을 대지에 직접 접속

　　I : 모든 충전부를 대지와 절연시키거나 높은 임피던스를 통하여 한 점을 대지에 직접 접속

　나. 제2문자 – 전기설비의 노출도전부와 대지의 관계

　　T : 노출도전부를 대지로 직접 접속. 전원계통의 접지와는 무관

　　N : 노출도전부를 전원계통의 접지점(교류 계통에서는 통상적으로 중성점, 중성점이 없을 경우는 선도체)에 직접 접속

　다. 그 다음 문자(문자가 있을 경우) – 중성선과 보호도체의 배치

　　S : 중성선 또는 접지된 선도체 외에 별도의 도체에 의해 제공되는 보호 기능

　　C : 중성선과 보호 기능을 한 개의 도체로 겸용(PEN 도체)

3. 각 계통에서 나타내는 그림의 기호는 다음과 같다.

▶ 표 203.1 – 1 기호 설명

기호 설명	
	중성선(N), 중간도체(M)
	보호도체(PE)
	중성선과 보호도체겸용(PEN)

203.2. TN 계통

전원측의 한 점을 직접접지하고 설비의 노출도전부를 보호도체로 접속시키는 방식으로 중성선 및 보호도체(PE 도체)의 배치 및 접속방식에 따라 다음과 같이 분류한다.

1. TN – S 계통은 계통 전체에 대해 별도의 중성선 또는 PE 도체를 사용한다. 배전계통에서 PE 도체를 추가로 접지할 수 있다.

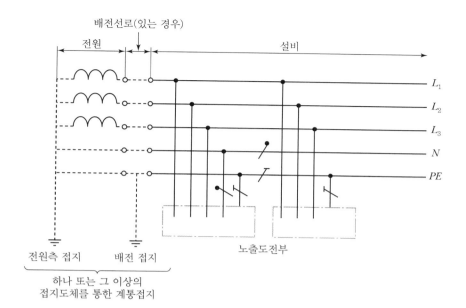

배전선로(있는 경우)

전원

설비

L_1

L_2

L_3

N

PE

노출도전부

전원측 접지

배전 접지

하나 또는 그 이상의
접지도체를 통한 계통접지

〚 그림 1. 계통 내에서 별도의 중성선과 보호도체가 있는 TN-S 계통 〛

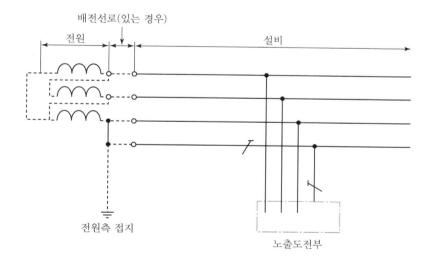

배전선로(있는 경우)

전원

설비

전원측 접지

노출도전부

〚 그림 2. 계통 내에서 별도의 접지된 선도체와 보호도체가 있는 TN-S 계통 〛

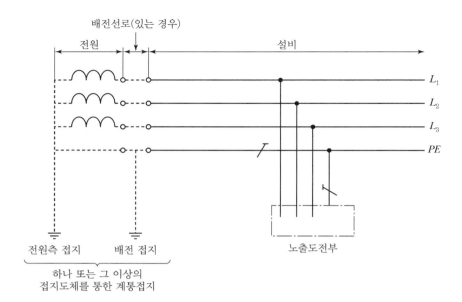

배전선로(있는 경우)

전원   설비

L_1
L_2
L_3
PE

노출도전부

전원측 접지   배전 접지

하나 또는 그 이상의
접지도체를 통한 계통접지

《 그림 3. 계통 내에서 접지된 보호도체는 있으나 중성선의 배선이 없는 TN－S 계통 》

2. TN－C 계통은 그 계통 전체에 대해 중성선과 보호도체의 기능을 동일도체로 겸
   용한 PEN 도체를 사용한다. 배전계통에서 PEN 도체를 추가로 접지할 수 있다.

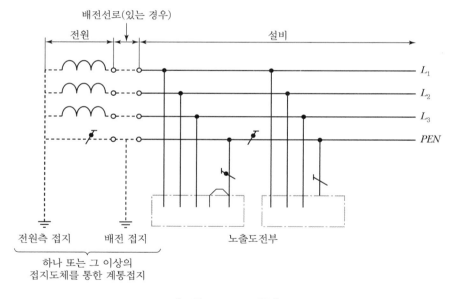

배전선로(있는 경우)

전원   설비

L_1
L_2
L_3
PEN

전원측 접지   배전 접지   노출도전부

하나 또는 그 이상의
접지도체를 통한 계통접지

《 그림 4. TN－C 계통 》

3. TN-C-S 계통은 계통의 일부분에서 PEN 도체를 사용하거나, 중성선과 별도의
   PE 도체를 사용하는 방식이 있다. 배전계통에서 PEN 도체와 PE 도체를 추가로
   접지할 수 있다.

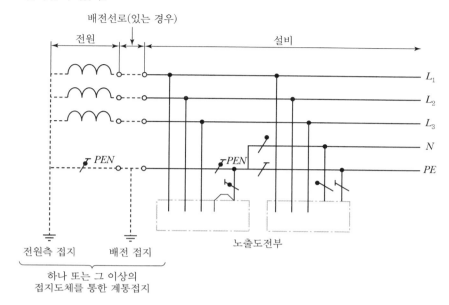

〖 그림 5. 설비의 어느 곳에서 PEN이 PE와 N으로 분리된 3상 4선식 TN-C-S 계통 〗

203.3. TT 계통

전원의 한 점을 직접 접지하고 설비의 노출도전부는 전원의 접지전극과 전기적으로
독립적인 접지극에 접속시킨다. 배전계통에서 PE 도체를 추가로 접지할 수 있다.

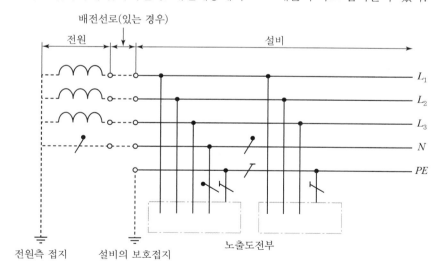

〖 그림 1. 설비 전체에서 별도의 중성선과 보호도체가 있는 TT 계통 〗

PART 06

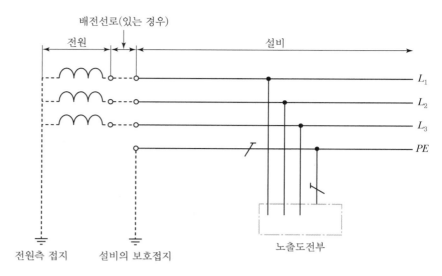

《 그림 2. 설비 전체에서 접지된 보호도체가 있으나 배전용 중성선이 없는 TT 계통 》

203.4. IT 계통

1. 충전부 전체를 대지로부터 절연시키거나, 한 점을 임피던스를 통해 대지에 접속시킨다. 전기설비의 노출도전부를 단독 또는 일괄적으로 계통의 PE 도체에 접속시킨다. 배전계통에서 추가접지가 가능하다.

2. 계통은 충분히 높은 임피던스를 통하여 접지할 수 있다. 이 접속은 중성점, 인위적 중성점, 선도체 등에서 할 수 있다. 중성선은 배선할 수도 있고, 배선하지 않을 수도 있다.

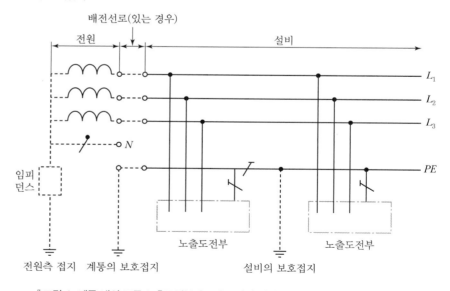

《 그림 1. 계통 내의 모든 노출도전부가 보호도체에 의해 접속되어 일괄 접지된 IT 계통 》

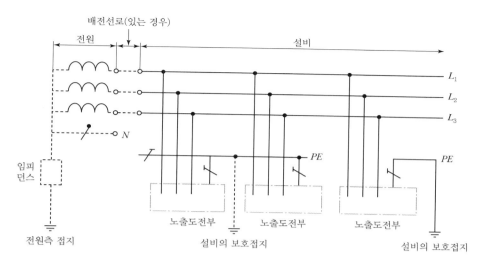

배전선로(있는 경우)

전원

설비

L_1

L_2

L_3

N

임피
던스

PE

PE

전원측 접지

노출도전부

노출도전부

노출도전부

설비의 보호접지

설비의 보호접지

〖 그림 2. 노출도전부가 조합으로 또는 개별로 접지된 IT 계통 〗

🄵 (210) 안전을 위한 보호

211. 감전에 대한 보호

211.1. 보호대책 일반 요구사항

211.1.1. 보호 적용범위

인축에 대한 기본보호와 고장보호가 필수 조건이다. 외부영향과 관련된 조건의 적용과 특수설비 및 특수장소의 시설에 대한 보호도 추가조건으로 규정한다.

211.1.2. 보호 요구사항

안전을 위한 보호에서 별도의 언급이 없는 한 다음의 전압 규정에 따른다.

　　가. 교류전압은 실효값으로 한다.

　　나. 직류전압은 리플프리로 한다.

211.2. 전원의 자동차단에 의한 보호대책

211.2.1. 보호대책의 요구사항

1. 전원의 자동차단에 의한 보호대책

　　가. 기본보호는 충전부의 기본절연 또는 격벽이나 외함에 의한다.

　　나. 고장보호는 보호등전위본딩 및 자동차단에 의한다.

　　다. 추가적인 보호로 누전차단기를 시설할 수 있다.

2. 누설전류감시장치는 보호장치는 아니지만 전기설비의 누설전류를 감시하는 데 사용된다. 다만, 누설전류감시장치는 누설전류의 설정값을 초과하는 경우 음향 또는 음향과 시각적인 신호를 발생시켜야 한다.

211.2.2. 기본보호의 요구사항

모든 전기설비는 규정에 따라서 숙련자 또는 기능자에 의해 통제 또는 감독되어야 한다.

211.2.3. 고장보호의 요구사항

1. 보호접지

   가. 노출도전부는 계통접지별로 규정된 특정조건에서 보호도체에 접속하여야 한다.

   나. 동시에 접근 가능한 노출도전부는 개별적 또는 집합적으로 같은 접지계통에 접속하여야 한다. 보호접지에 관한 도체 각 회로는 해당 접지단자에 접속된 보호도체를 이용하여야 한다.

2. 보호등전위본딩

   도전성부분은 보호등전위본딩으로 접속하여야 하며, 건축물 외부로부터 인입된 도전부는 건축물 안쪽의 가까운 지점에서 본딩하여야 한다. 다만, 통신케이블의 금속외피는 소유자 또는 운영자의 요구사항을 고려하여 보호등전위본딩에 접속해야 한다.

3. 고장 시의 자동차단

   가. 보호장치는 회로의 선도체와 노출도전부 또는 선도체와 기기의 보호도체 사이의 임피던스가 무시할 정도로 되는 고장의 경우, 규정된 차단시간 내에서 회로의 선도체 또는 설비의 전원을 자동으로 차단하여야 한다.

   나. [표 211.2 – 1]에 최대차단시간은 32[A] 이하 분기회로에 적용한다.

▶ 표 211.2 – 1 32[A] 이하 분기회로의 최대 차단시간   (단위 : 초)

계통	$50[V] < U_0 \leq 120[V]$		$120[V] < U_0 \leq 230[V]$		$230[V] < U_0 \leq 400[V]$		$U_0 > 400[V]$	
	교류	직류	교류	직류	교류	직류	교류	직류
TN	0.8	[비고1]	0.4	5	0.2	0.4	0.1	0.1
TT	0.3	[비고1]	0.2	0.4	0.07	0.2	0.04	0.1

TT 계통에서 차단은 과전류보호장치에 의해 이루어지고 보호등전위본딩은 설비 안의 모든 계통외도전부와 접속되는 경우 TN 계통에 적용 가능한 최대차단시간이 사용될 수 있다.

U_0는 대지에서 공칭교류전압 또는 직류 선간전압이다.

[비고1] 차단은 감전보호 외에 다른 원인에 의해 요구될 수도 있다.

   다. TN 계통은 (배전회로(간선)와 "나"번의 경우를 제외하고는) 5초 이하의 차단시간을 허용한다.

   라. TT 계통은 (배전회로(간선)와 "나"번의 경우를 제외하고는) 1초 이하의 차단시간을 허용한다.

4. 추가적인 보호

   교류계통은 누전차단기(211.2.4 조항)에 의한 추가적 보호를 하여야 한다.

   가. 일반적으로 사용되며 일반인이 사용하는 정격전류 20[A] 이하 콘센트

   나. 옥외에서 사용되는 정격전류 32[A] 이하 이동용 전기기기

211.2.4. 누전차단기의 시설

1. 전원의 자동차단에 의한 저압전로의 보호대책으로 누전차단기를 시설해야 할 대상은 다음과 같다.

　가. 금속제 외함을 가지는 사용전압이 50[V]를 초과하는 저압의 기계기구로서 사람이 쉽게 접촉할 우려가 있는 곳에 시설하는 것에 전기를 공급하는 전로. 다만, 다음 (1)~(9) 중 어느 하나에 해당하는 경우에는 적용하지 않는다.

　　(1) 기계기구를 발전소 · 변전소 · 개폐소 또는 이에 준하는 곳에 시설하는 경우

　　(2) 기계기구를 건조한 곳에 시설하는 경우

　　(3) 대지전압이 150[V] 이하인 기계기구를 물기가 있는 곳 이외의 곳에 시설하는 경우

　　(4) 「전기용품 및 생활용품 안전관리법」의 적용을 받는 이중절연구조의 기계기구를 시설하는 경우

　　(5) 그 전로의 전원측에 절연변압기(2차 전압이 300[V] 이하인 경우에 한한다)를 시설하고 또한 그 절연변압기의 부하측의 전로에 접지하지 아니하는 경우

　　(6) 기계기구가 고무 · 합성수지 기타 절연물로 피복된 경우

　　(7) 기계기구가 유도전동기의 2차측 전로에 접속되는 것일 경우

　　(8) 기계기구가 131의 8에 규정하는 것일 경우

　　(9) 기계기구 내에 「전기용품 및 생활용품 안전관리법」의 적용을 받는 누전차단기를 설치하고 또한 기계기구의 전원 연결선이 손상을 받을 우려가 없도록 시설하는 경우

　나. 주택의 인입구 등 이 규정에서 누전차단기 설치를 요구하는 전로

　다. 특고압전로, 고압전로 또는 저압전로와 변압기에 의하여 결합되는 사용전압 400[V] 초과의 저압전로 또는 발전기에서 공급하는 사용전압 400[V] 초과의 저압전로(발전소 및 변전소와 이에 준하는 곳에 있는 부분의 전로를 제외한다)

　라. 다음의 전로에는 "전기용품안전기준"이 적용되어 자동복구 기능을 갖는 누전차단기를 시설할 수 있다.

　　(1) 독립된 무인 통신중계소 · 기지국

　　(2) 관련법령에 의해 일반인의 출입을 금지 또는 제한하는 곳

　　(3) 옥외의 장소에 무인으로 운전하는 통신중계기 또는 단위기기 전용회로. 단, 일반인이 특정한 목적을 위해 지체하는(머물러 있는) 장소로서 버스정류장, 횡단보도 등에는 시설할 수 없다.

2. (생략)

3. 누전차단기를 저압전로에 사용하는 경우, 일반인이 접촉할 우려가 있는 장소(세대 내 분전반 및 이와 유사한 장소)에는 주택용 누전차단기를 시설하여야 한다.

211.2.5. TN 계통

1. TN 계통에서 설비의 접지 신뢰성은 PEN 도체 또는 PE 도체와 접지극과의 효과적인 접속에 의한다.

2. (생략)

3. 전원 공급계통의 중성점이나 중간점은 접지하여야 한다. 중성점이나 중간점을 접지할 수 없는 경우에는 선도체 중 하나를 접지하여야 한다. 설비의 노출도전부는 보호도체로 전원공급계통의 접지점에 접속하여야 한다.

4. 다른 유효한 접지점이 있다면, 보호도체(PE 및 PEN 도체)는 건물이나 구내의 인입구 또는 추가로 접지하여야 한다.

5. 고정설비에서 보호도체와 중성선을 겸하여(PEN 도체) 사용될 수 있다. 이러한 경우에는 PEN 도체에는 어떠한 개폐장치나 단로장치가 삽입되지 않아야 한다.

6. 보호장치의 특성과 회로의 임피던스는 다음 조건을 충족하여야 한다.

$$Z_s \times I_a \leq U_0$$

Z_s : 다음과 같이 구성된 고장루프임피던스[Ω]
- 전원의 임피던스
- 고장점까지의 선도체 임피던스
- 고장점과 전원 사이의 보호도체 임피던스

I_a : 차단장치 또는 누전차단기를 자동으로 동작하게 하는 전류[A]

(211.2.3의 3의 [표 211.2 - 1]에 제시된 시간)

U_0 : 공칭대지전압[V]

7. TN 계통에서 과전류보호장치 및 누전차단기는 고장보호에 사용할 수 있다. 누전차단기를 사용하는 경우 과전류보호 겸용의 것을 사용해야 한다.

8. TN - C 계통에는 누전차단기를 사용해서는 아니 된다. TN - C - S 계통에 누전차단기를 설치하는 경우에는 누전차단기의 부하측에는 PEN 도체를 사용할 수 없다. 이러한 경우 PE도체는 누전차단기의 전원측에서 PEN 도체에 접속하여야 한다.

211.2.6. TT 계통

1. 전원계통의 중성점이나 중간점은 접지하여야 한다. 중성점이나 중간점을 이용할 수 없는 경우, 선도체 중 하나를 접지하여야 한다.

2. TT 계통은 누전차단기를 사용하여 고장보호를 하여야 한다. 다만, 고장루프임피던스가 충분히 낮을 때는 과전류보호장치에 의하여 고장보호를 할 수 있다.

3. 누전차단기를 사용하여 TT 계통의 고장보호를 하는 경우에는 다음에 적합하여야 한다.

$$R_A \times I_{\Delta n} \leq 50\ V$$

R_A : 노출도전부에 접속된 보호도체와 접지극 저항의 합[Ω]

$I_{\Delta n}$: 누전차단기의 정격동작 전류[A]

4. 과전류보호장치를 사용하여 TT 계통의 고장보호를 할 때에는 다음의 조건을 충족하여야 한다.

$$Z_s \times I_a \leq U_0$$

    Z_s : 고장루프임피던스[Ω]

        (고장루프임피던스 위치 : 전원, 고장점까지의 선도체, 노출도전부의 보호도체, 접지도체, 설비의 접지극, 전원의 접지극)

    I_a : 차단장치가 자동 작동하는 전류[A]

    U_0 : 공칭대지전압[V]

211.2.7. IT 계통

1. 노출도전부 또는 대지로 단일고장이 발생한 경우에는 고장전류가 작기 때문에 자동차단이 필수조치 사항이 아니다. 그러나 두 곳에서 고장발생 시 동시에 접근이 가능한 노출도전부에 접촉되는 경우에는 인체에 위험을 피하기 위한 조치를 하여야 한다.

2. 노출도전부는 개별 또는 집합적으로 접지하여야 하며, 다음 조건을 충족하여야 한다.

    가. 교류계통 : $R_A \times I_d \leq 50\ V$

    나. 직류계통 : $R_A \times I_d \leq 120\ V$

        R_A : 접지극과 노출도전부에 접속된 보호도체 저항의 합

        I_d : 하나의 선도체와 노출도전부 사이에서 무시할 수 있는 임피던스로 1차 고장이 발생했을 때의 고장전류[A]로 전기설비의 누설전류와 총 접지임피던스를 고려한 값

3. IT 계통은 다음과 같은 감시장치와 보호장치를 사용할 수 있으며, 1차 고장이 지속되는 동안 작동되어야 한다. 절연감시장치는 다음의 음향 및 시각신호를 갖추어야 한다.

    가. 절연감시장치   나. 누설전류감시장치

    다. 절연고장점검출장치   라. 과전류보호장치

    마. 누전차단기

211.2.8. 기능적 특별저압(FELV)

기능상의 이유로 교류 50[V], 직류 120[V] 이하인 공칭전압을 사용하지만, SELV 또는 PELV에 대한 모든 요구조건이 충족되지 않고 SELV와 PELV가 필요치 않은 경우에는 기본보호 및 고장보호의 보장을 위해 다음에 따라야 한다. 이러한 조건의 조합을 FELV라 한다.

1. 기본보호는 다음 중 어느 하나에 따른다.

    가. 전원의 1차 회로의 공칭전압에 대응하는 기본절연

    나. 격벽 또는 외함

2. (생략)

3. FELV 계통의 전원은 최소한 단순 분리형 변압기에 의한다. 만약 FELV 계통이 단권변압기 등과 같이 최소한의 단순 분리가 되지 않은 기기에 의해 높은 전압계통으로부터 공급되는 경우 FELV 계통은 높은 전압계통의 연장으로 간주되고 높은 전압계통에 적용되는 보호방법에 의해 보호해야 한다.

4. FELV 계통용 플러그와 콘센트는 다음의 모든 요구사항에 부합하여야 한다.

　가. 플러그를 다른 전압 계통의 콘센트에 꽂을 수 없어야 한다.

　나. 콘센트는 다른 전압 계통의 플러그를 수용할 수 없어야 한다.

　다. 콘센트는 보호도체에 접속하여야 한다.

211.3. 이중절연 또는 강화절연에 의한 보호

(생략)

211.4. 전기적 분리에 의한 보호

(생략)

211.5. SELV와 PELV를 적용한 특별저압에 의한 보호

211.5.1. 보호대책 일반 요구사항

1. 특별저압에 의한 보호는 다음의 특별저압 계통에 의한 보호대책이다.

　가. SELV(Safety Extra − Low Voltage) : 안전 특별저압

　나. PELV(Protective Extra − Low Voltage) : 보호 특별저압

2. 보호대책의 요구사항

　가. 특별저압 계통의 전압한계는 교류 50[V] 이하, 직류 120[V] 이하이어야 한다.

　나. 특별저압 회로를 제외한 모든 회로로부터 특별저압 계통을 보호 분리하고, 특별저압 계통과 다른 특별저압 계통 간에는 기본절연을 하여야 한다.

　다. SELV 계통과 대지 간의 기본절연을 하여야 한다.

211.5.2. 기본보호와 고장보호에 관한 요구사항

(생략)

211.5.3. SELV와 PELV용 전원

특별저압 계통에는 다음의 전원을 사용해야 한다.

　가. 안전절연변압기 전원(전력용 변압기, 전원 공급 장치)

　나. 안전절연변압기 및 이와 동등한 절연의 전원

　다. 축전지 및 디젤발전기 등과 같은 독립전원

　라. 내부고장이 발생한 경우에도 출력단자의 전압이 규정된 값을 초과하지 않도록 적절한 표준에 따른 전자장치

　마. 안전절연변압기, 전동발전기 등 저압으로 공급되는 이중 또는 강화절연된 이동용 전원

211.5.4. SELV와 PELV 회로에 대한 요구사항

1. SELV 및 PELV 회로는 다음을 포함하여야 한다.

    가. 충전부와 다른 SELV와 PELV 회로 사이의 기본절연

    나. 이중절연 또는 강화절연 또는 최고전압에 대한 기본절연 및 보호차폐에 의한 SELV 또는 PELV 이외의 회로들의 충전부로부터 보호 분리

    다. SELV 회로는 충전부와 대지 사이에 기본절연

    라. PELV 회로 및 PELV 회로에 의해 공급되는 기기의 노출도전부는 접지

2. (생략)

3. SELV와 PELV 계통의 플러그와 콘센트는 다음에 따라야 한다.

    가. 플러그는 다른 전압 계통의 콘센트에 꽂을 수 없어야 한다.

    나. 콘센트는 다른 전압 계통의 플러그를 수용할 수 없어야 한다.

    다. SELV 계통에서 플러그 및 콘센트는 보호도체에 접속하지 않아야 한다.

4. SELV 회로의 노출도전부는 대지 또는 다른 회로의 노출도전부나 보호도체에 접속하지 않아야 한다.

5. (생략)

6. 건조한 상태에서 다음의 경우는 기본보호를 하지 않아도 된다.

    가. SELV 회로에서 공칭전압이 교류 25[V] 또는 직류 60[V]를 초과하지 않는 경우

    나. PELV 회로에서 공칭전압이 교류 25[V] 또는 직류 60[V]를 초과하지 않고 노출도전부 및 충전부가 보호도체에 의해서 주접지단자에 접속된 경우

7. SELV 또는 PELV 계통의 공칭전압이 교류 12[V] 또는 직류 30[V]를 초과하지 않는 경우에는 기본보호를 하지 않아도 된다.

211.6. 추가적 보호

1. 누전차단기 : 누전차단기의 사용은 단독적인 보호대책으로 인정하지 않는다. 누전차단기는 보호대책 중 하나로 추가적인 보호용도로만 사용할 수 있다.

2. 보조 보호등전위본딩 : 동시접근 가능한 고정기기의 노출도전부와 계통외도전부에 보조 보호등전위본딩을 한 경우에는 추가적인 보호로 본다.

212. 과전류에 대한 보호

212.1. 일반사항

212.1.1. 과전류로부터 보호의 적용범위

과전류의 영향으로부터 회로도체를 보호하기 위해 과부하 및 단락고장이 발생할 때 전원을 자동으로 차단하는 하나 이상의 장치에 의해서 회로도체를 보호하기 위한 방법으로 규정한다. 다만, 플러그 및 소켓으로 고정 설비에 기기를 연결하는 가요성 케이블(또는 가요성 전선)은 적용 범위가 아니므로 과전류에 대한 보호가 반드시 이루어지지는 않는다.

212.1.2. 과전류로부터 보호할 때 요구사항

과전류로 인하여 회로의 도체, 절연체, 접속부, 단자부 또는 도체를 감싸는 물체 등에 유해한 열적 및 기계적인 위험이 발생되지 않도록, 그 회로의 과전류를 차단하는 보호장치를 설치해야 한다.

212.2. 회로의 특성에 따른 요구사항

212.2.1. 선도체의 보호

1. 과전류검출기의 설치

　가. 과전류의 검출은 ("나"번의 경우를 제외하고) 모든 선도체에 대하여 과전류 검출기를 설치하여 과전류가 발생할 때 전원을 안전하게 차단해야 한다. 다만, 과전류가 검출된 도체 이외의 다른 선도체는 차단하지 않아도 된다.

　나. 3상 전동기 등과 같이 단상 차단이 위험을 일으킬 수 있는 경우 적절한 보호 조치를 해야 한다.

2. 과전류 검출기 설치 예외

　TT 계통 또는 TN 계통에서, 선도체만을 이용하여 전원을 공급하는 회로의 경우, 다음 조건들을 충족하면 선도체 중 어느 하나에는 과전류검출기를 설치하지 않아도 된다.

　가. 동일 회로 또는 전원측에서 부하 불평형을 감지하고 모든 선도체를 차단하기 위한 보호장치를 갖춘 경우

　나. 위 "가"번에서 규정한 보호장치의 부하측에 위치한 회로의 인위적 중성점으로부터 중성선을 배선하지 않는 경우

212.2.2. 중성선의 보호

1. TT 계통 또는 TN 계통

　가. 중성선의 단면적이 선도체의 단면적과 동등 이상의 크기이고, 그 중성선의 전류가 선도체의 전류보다 크지 않을 것으로 예상될 경우, 중성선에는 과전류 검출기 또는 차단장치를 설치하지 않아도 된다. 중성선의 단면적이 선도체의 단면적보다 작은 경우 과전류검출기를 설치할 필요가 있다. 검출된 과전류가 설계전류를 초과하면 선도체를 차단해야 하지만, 중성선을 차단할 필요까지는 없다.

　나. 단락전류로부터 중성선을 보호해야 한다.

　다. 중성선에 관한 요구사항은 차단에 관한 것을 제외하고 중성선과 보호도체 겸용(PEN) 도체에도 적용한다.

2. IT 계통

　중성선을 배선하는 경우 중성선에 과전류검출기를 설치해야 하며, 과전류가 검출되면 중성선을 포함한 해당 회로의 모든 충전도체를 차단해야 한다. 다음의 경우에는 과전류검출기를 설치하지 않아도 된다.

가. 설비의 전력 공급점과 같은 전원측에 설치된 보호장치에 의해 그 중성선이 과전류에 대해 효과적으로 보호되는 경우

나. 정격감도전류가 해당 중성선 허용전류의 0.2배 이하인 누전차단기로 그 회로를 보호하는 경우

212.2.3. 중성선의 차단 및 재폐로

중성선을 차단 및 재폐로하는 회로의 경우에 설치하는 개폐기 및 차단기는 차단 시에는 중성선이 선도체보다 늦게 차단되어야 하며, 재폐로 시에는 선도체와 동시 또는 그 이전에 재폐로되는 것을 설치하여야 한다.

212.3. 보호장치의 종류 및 특성

212.3.1. 과부하전류 및 단락전류 겸용 보호장치

과부하전류 및 단락전류 모두를 보호하는 장치는 그 보호장치 설치 점에서 예상되는 단락전류를 포함한 모든 과전류를 차단 및 투입할 수 있는 능력이 있어야 한다.

212.3.2. 과부하전류 전용 보호장치

과부하전류 전용 보호장치의 차단용량은 그 설치 점에서의 예상 단락전류값 미만으로 할 수 있다.

212.3.3. 단락전류 전용 보호장치

단락전류 전용 보호장치는 과부하 보호를 별도의 보호장치에 의해 차단이 이뤄진다. 이 보호장치는 예상 단락전류를 차단할 수 있어야 하며, 차단기인 경우에는 이 단락전류를 투입할 수 있는 능력이 있어야 한다.

212.3.4. 보호장치의 특성

1. 과전류 보호장치는 KS C 또는 KS C IEC 표준(배선차단기, 누전차단기, 퓨즈 등의 표준)의 동작특성에 적합하여야 한다.

2. 과전류차단기로 저압전로에 사용하는 범용의 퓨즈는 [표 212.3-1]에 적합한 것이어야 한다.

▶ 표 212.3-1 퓨즈(gG)의 용단특성

정격전류의 구분	시 간	정격전류의 배수	
		불용단전류	용단전류
4[A] 이하	60분	1.5배	2.1배
4[A] 초과 16[A] 미만	60분	1.5배	1.9배
16[A] 이상 63[A] 이하	60분	1.25배	1.6배
63[A] 초과 160[A] 이하	120분	1.25배	1.6배
160[A] 초과 400[A] 이하	180분	1.25배	1.6배
400[A] 초과	240분	1.25배	1.6배

3. 과전류차단기로 저압전로에 사용하는 산업용 배선차단기는 [표 212.3 – 2], 주택용 배선차단기는 [표 212.3 – 3] 및 [표 212.3 – 4]에 적합한 것이어야 한다. 다만, 일반인이 접촉할 우려가 있는 장소(세대 내 분전반 및 이와 유사한 장소)에는 주택용 배선차단기를 시설하여야 한다.

▶ 표 212.3 – 2 과전류트립 동작시간 및 특성(산업용 배선차단기)

정격전류의 구분	시간	정격전류의 배수(모든 극에 통전)	
		부동작 전류	동작 전류
63[A] 이하	60분	1.05배	1.3배
63[A] 초과	120분	1.05배	1.3배

▶ 표 212.3 – 3 순시트립에 따른 구분(주택용 배선차단기)

형	순시트립범위
B	$3I_n$ 초과~$5I_n$ 이하
C	$5I_n$ 초과~$10I_n$ 이하
D	$10I_n$ 초과~$20I_n$ 이하

비고) 1. B, C, D : 순시트립전류에 따른 차단기 분류
    2. I_n : 차단기 정격전류

▶ 표 212.3 – 4 과전류트립 동작시간 및 특성(주택용 배선차단기)

정격전류의 구분	시간	정격전류의 배수(모든 극에 통전)	
		부동작 전류	동작 전류
63[A] 이하	60분	1.13배	1.45배
63[A] 초과	120분	1.13배	1.45배

212.4. 과부하전류에 대한 보호
(생략)

212.4.3. 과부하보호장치의 생략
다음과 같은 경우에는 과부하보호장치를 생략할 수 있다(다만, 화재 또는 폭발 위험성이 있는 장소에 설치되는 설비 또는 특수설비 및 특수 장소의 요구사항들을 별도로 규정하는 경우에는 과부하보호장치를 생략할 수 없다).

가. 다음의 어느 하나에 해당되는 경우에는 과부하 보호장치 생략이 가능하다.
    (1) 분기회로의 전원측에 설치된 보호장치에 의하여 분기회로에서 발생하는 과부하에 대해 유효하게 보호되고 있는 분기회로
    (2) 단락보호가 되고 있으며, 분기점 이후의 분기회로에 다른 분기회로 및 콘센트가 접속되지 않는 분기회로 중, 부하에 설치된 과부하 보호장치가 유효하게 동작하여 과부하전류가 분기회로에 전달되지 않도록 조치를 하는 경우

(3) 통신회로용, 제어회로용, 신호회로용 및 이와 유사한 설비

나. IT 계통에서 과부하 보호장치 설치위치 변경 또는 생략이 가능한 경우

(가) 보호수단 적용

(나) 2차 고장이 발생할 때 즉시 작동하는 누전차단기로 각 회로를 보호

(다) 지속적으로 감시되는 시스템의 경우 다음 중 어느 하나의 기능을 구비한 절연 감시 장치의 사용

① 최초 고장이 발생한 경우 회로를 차단하는 기능

② 고장을 나타내는 신호를 제공하는 기능. 이 고장은 운전 요구사항 또는 2차 고장에 의한 위험을 인식하고 조치가 취해져야 한다.

(라) 중성선이 없는 IT 계통에서 각 회로에 누전차단기가 설치된 경우에는 선도체 중의 어느 1개에는 과부하 보호장치를 생략할 수 있다.

다. 안전을 위해 과부하 보호장치를 생략할 수 있는 경우 : 사용 중 예상치 못한 회로의 개방이 위험 또는 큰 손상을 초래할 수 있는 부하에 전원을 공급하는 회로에 대해서는 과부하 보호장치를 생략할 수 있다.

(1) 회전기의 여자회로

(2) 전자석 크레인의 전원회로

(3) 전류변성기의 2차회로

(4) 소방설비의 전원회로

(5) 안전설비(주거침입경보, 가스누출경보 등)의 전원회로

212.4.4. 병렬 도체의 과부하 보호

하나의 보호장치가 여러 개의 병렬도체를 보호할 경우, 병렬도체는 분기회로, 분리, 개폐장치를 사용할 수 없다.

212.5. 단락전류에 대한 보호

이 기준은 동일회로에 속하는 도체 사이의 단락인 경우에만 적용하여야 한다.

• 예상 단락전류를 결정해야 한다.

• 단락보호장치의 설치를 파악해야 한다.

212.5.5. 단락보호장치의 특성

1. 차단용량

정격차단용량은 단락전류보호장치 설치 점에서 예상되는 최대크기의 단락전류보다 커야 한다.

2. 케이블 등의 단락전류

회로의 임의의 지점에서 발생한 모든 단락전류는 케이블 및 절연도체의 허용온도를 초과하지 않는 시간 내에 차단되도록 해야 한다. 단락지속시간이 5초 이하인 경우, 통상 사용조건에서의 단락전류에 의해 절연체의 허용온도에 도달하기까지의 시간 t 는 다음과 같이 계산할 수 있다.

$$t = (\frac{kS}{I})^2$$

t : 단락전류 지속시간[초]

S : 도체의 단면적[mm²]

I : 유효 단락전류[A, rms]

k : 도체 재료의 저항률, 온도계수, 열용량, 해당 초기온도와 최종온도를 고려한 계수

212.6. 저압전로 중의 개폐기 및 과전류차단장치의 시설

212.6.1. 저압전로 중의 개폐기의 시설

1. 저압전로 중에 개폐기를 시설하는 경우에는 그곳의 각 극에 설치하여야 한다.

2. 사용전압이 다른 개폐기는 상호 식별이 용이하도록 시설하여야 한다.

212.6.2. 저압 옥내전로 인입구에서의 개폐기의 시설

1. 저압 옥내전로에는 인입구에 가까운 곳으로서 쉽게 개폐할 수 있는 곳에 개폐기를 각 극에 시설하여야 한다.

2. 사용전압이 400[V] 이하인 옥내 전로로서 다른 옥내전로(정격전류가 16[A] 이하인 과전류차단기 또는 정격전류가 16[A]를 초과하고 20[A] 이하인 배선차단기)에 접속하는 길이 15[m] 이하의 전로에서 전기의 공급을 받는 것은 위 1번 내용에 의하지 아니할 수 있다.

3. 저압 옥내전로에 접속하는 전원측의 전로의 그 저압 옥내전로의 인입구에 가까운 곳에 전용의 개폐기를 쉽게 개폐할 수 있는 곳의 각 극에 시설하는 경우에는 위 1번 내용에 의하지 아니할 수 있다.

212.6.3. 저압전로 중의 전동기 보호용 과전류보호장치의 시설

1. 과전류차단기로 저압전로에 시설하는 과부하보호장치(전동기가 손상될 우려가 있는 과전류가 발생했을 경우에 자동적으로 이것을 차단하는 것에 한한다)와 단락보호 전용차단기 또는 과부하보호장치와 단락보호전용퓨즈를 조합한 장치는 전동기에만 연결하는 저압전로에 사용하고 다음 각각에 적합한 것이어야 한다.

   가. 과부하 보호장치, 단락보호전용 차단기 및 단락보호전용 퓨즈는 다음에 따라 시설할 것

   (1) 과부하 보호장치로 전자접촉기를 사용할 경우에는 반드시 과부하계전기가 부착되어 있을 것

   (2) 단락보호전용 차단기의 단락동작설정 전류값은 전동기의 기동방식에 따른 기동돌입전류를 고려할 것

   (3) 단락보호전용 퓨즈는 용단 특성[표 212.6 – 5]에 적합한 것일 것

▶ 표 212.6 – 5 단락보호전용 퓨즈(aM)의 용단특성

정격전류의 배수	불용단시간	용단시간
4배	60초 이내	–
6.3배	–	60초 이내
8배	0.5초 이내	–
10배	0.2초 이내	–
12.5배	–	0.5초 이내
19배	–	0.1초 이내

　나. (생략)

　다. (생략)

　라. (생략)

2. 저압 옥내에 시설하는 보호장치의 정격전류 또는 전류 설정값은 전동기 등이 접속되는 경우에는 그 전동기의 기동방식에 따른 기동전류와 다른 전기사용기계기구의 정격전류를 고려하여 선정하여야 한다.

3. 옥내에 시설하는 전동기(정격 출력이 0.2[kW] 이하인 것을 제외한다. 이하 여기에서 같다)에는 전동기가 손상될 우려가 있는 과전류가 생겼을 때에 자동적으로 이를 저지하거나 이를 경보하는 장치를 하여야 한다(다만, 다음의 어느 하나에 해당하는 경우에는 그러하지 아니하다).

　가. 전동기를 운전 중 상시 취급자가 감시할 수 있는 위치에 시설하는 경우

　나. 전동기의 구조나 부하의 성질로 보아 전동기가 손상될 수 있는 과전류가 생길 우려가 없는 경우

　다. 단상전동기로서 그 전원측 전로에 시설하는 과전류차단기의 정격전류가 16[A](배선차단기는 20[A]) 이하인 경우

03 (220) 전선로

221. 구내 · 옥측 · 옥상 · 옥내 전선로의 시설

221.1. 구내인입선

221.1.1. 저압 인입선의 시설

1. 저압 가공인입선은 다음에 따라 시설하여야 한다.

　가. 전선은 절연전선 또는 케이블일 것

　나. 전선이 (케이블로 시설하면 제외) 인장강도 2.30[kN] 이상의 것 또는 지름 2.6[mm] 이상의 인입용 비닐절연전선일 것. 다만, 경간이 15[m] 이하인 경우는 인장강도 1.25[kN] 이상의 것 또는 지름 2[mm] 이상의 인입용 비닐절연전선일 것

　다. 전선이 옥외용 비닐절연전선인 경우에는 사람이 접촉할 우려가 없도록 시설하고, 옥외용 비닐절연전선 이외의 절연전선인 경우에는 사람이 쉽게 접촉할 우려가 없도록 시설할 것

라. 전선이 케이블인 경우, 케이블의 길이가 1[m] 이하인 경우에는 조가하지 않아도 된다.

마. 전선의 높이는 다음에 의할 것

(1) 도로(차도와 보도의 구별이 있는 도로인 경우에는 차도)를 횡단하는 경우에는 노면상 5[m](기술상 부득이한 경우에 교통에 지장이 없을 때에는 3[m]) 이상

(2) 철도 또는 궤도를 횡단하는 경우에는 레일면상 6.5[m] 이상

(3) 횡단보도교의 위에 시설하는 경우에는 노면상 3[m] 이상

(4) (1)에서 (3)까지 이외의 경우에는 지표상 4[m](기술상 부득이한 경우에 교통에 지장이 없을 때에는 2.5[m]) 이상

2. 저압 가공인입선을 직접 인입한 조영물에 대하여는 위험의 우려가 없을 경우에 한하여 위 1번의 규정은 적용하지 아니한다.

3. 기술상 부득이한 경우는 저압 가공인입선을 직접 이입한 조영물 이외의 시설물에 대하여는 위험의 우려가 없는 경우에 한하여 위 1번의 규정은 적용하지 아니한다. 이 경우에 저압 가공인입선과 다른 시설물 사이의 이격거리는 [표 221.1 – 1]에서 정한 값 이상이어야 한다.

▶ 표 221.1 – 1 저압 가공인입선 조영물의 구분에 따른 이격거리

시설물의 구분		이격거리
조영물의 상부 조영재	위쪽	2[m] (전선이 옥외용 비닐절연전선 이외의 저압 절연전선인 경우는 1.0[m], 고압 절연전선, 특고압 절연전선 또는 케이블인 경우는 0.5[m])
	옆쪽 또는 아래쪽	0.3[m] (전선이 고압 절연전선, 특고압 절연전선 또는 케이블인 경우는 0.15[m])
조영물의 상부 조영재 이외의 부분 또는 조영물 이외의 시설물		0.3[m] (전선이 고압 절연전선, 특고압 절연전선 또는 케이블인 경우는 0.15[m])

221.1.2. 연접 인입선의 시설

저압 연접(이웃 연결) 인입선은 다음에 따라 시설하여야 한다.

가. 인입선에서 분기하는 점으로부터 100[m]를 초과하는 지역에 미치지 아니할 것

나. 폭 5[m]를 초과하는 도로를 횡단하지 아니할 것

다. 옥내를 통과하지 아니할 것

221.2. 옥측전선로

1. (생략)

2. 저압 옥측전선로는 다음에 따라 시설하여야 한다.

가. 저압 옥측전선로는 다음의 공사방법에 의할 것

　(1) 애자공사(전개된 장소에 한한다)

　(2) 합성수지관공사

　(3) 금속관공사(목조 이외의 조영물에 시설한다)

　(4) 버스덕트공사(목조 이외의 조영물에 시설하며, 조영물은 점검할 수 없는 은폐된 장소는 제외한다)

　(5) 케이블공사(연피 케이블, 알루미늄피 케이블 또는 무기물절연(MI) 케이블을 사용하는 경우에는 목조 이외의 조영물에 시설하는 경우에 한한다)

나. 애자공사에 의한 저압 옥측전선로는 다음에 의하고 또한 사람이 쉽게 접촉될 우려가 없도록 시설할 것

　(1) 전선은 공칭단면적 4[mm²] 이상의 연동 절연전선(옥외용 비닐절연전선 및 인입용 절연전선은 제외한다)일 것

　(2) 전선 상호 간의 간격 및 전선과 그 저압 옥측전선로를 시설하는 조영재 사이의 이격거리는 [표 221.2-1]에서 정한 값 이상일 것

▶ 표 221.2-1 시설장소별 조영재 사이의 이격거리

시설 장소	전선 상호 간의 간격		전선과 조영재 사이의 이격거리	
	사용전압이 400[V] 이하인 경우	사용전압이 400[V] 초과인 경우	사용전압이 400[V] 이하인 경우	사용전압이 400[V] 초과인 경우
비나 이슬에 젖지 않는 장소	6[cm]	6[cm]	2.5[cm]	2.5[cm]
비나 이슬에 젖는 장소	6[cm]	12[cm]	2.5[cm]	4.5[cm]

　(3) 전선의 지지점 간의 거리는 2[m] 이하일 것

　(4) 전선에 인장강도 1.38[kN] 이상의 것 또는 지름 2[mm] 이상의 경동선을 사용하고 또한 전선 상호 간의 간격을 0.2[m] 이상, 전선과 저압 옥측전선로를 시설한 조영재 사이의 이격거리를 0.3[m] 이상으로 하여 시설하는 경우에 한하여 옥외용 비닐절연전선을 사용하거나 지지점 간의 거리를 2[m]를 초과하고 15[m] 이하로 할 수 있다.

　(5) 사용전압이 400[V] 이하인 경우에 다음에 의하고 또한 전선을 손상할 우려가 없도록 시설할 때에는 (1) 및 (2)(전선 상호 간의 간격에 관한 것에 한한다)에 의하지 아니할 수 있다.

　　(가) 전선은 공칭단면적 4[mm²] 이상의 연동 절연전선 또는 지름 2[mm] 이상의 인입용 비닐절연전선일 것

　　(나) 전선을 바인드선에 의하여 애자에 붙이는 경우에는 각각의 선심을 애자의 다른 흠에 넣고 또한 다른 바인드선으로 선심 상호 간 및 바인드선 상호 간이 접촉하지 않도록 견고하게 시설할 것

🔖 핵심기출문제

저압 옥측전선로에서 목조의 조영물에 시설할 수 있는 공사방법은?

① 금속관공사
② 버스덕트공사
③ 합성수지관공사
④ 케이블공사[무기물절연(MI) 케이블을 사용하는 경우]

💬 해설

221.2(옥측전선로) 조항
저압 옥측전선로는 다음의 공사방법에 의할 것

• 애자공사(전개된 장소에 한한다)
• 합성수지관공사
• 금속관공사(목조 이외의 조영물에 시설한다)
• 버스덕트공사(목조 이외의 조영물에 시설한다)
• 케이블공사(목조 이외의 조영물에 시설한다)

🔒 정답 ③

PART 06

(다) 전선을 접속하는 경우에는 각각의 선심의 접속점은 0.05[m] 이상 띄울 것

(라) 전선과 그 저압 옥측전선로를 시설하는 조영재 사이의 이격거리는 0.03[m] 이상일 것

(6) (5)에 의하는 경우로 전선과 그 저압 옥측전선로를 시설하는 조영재 사이의 이격거리를 0.3[m] 이상으로 시설하는 경우에는 지지점 간의 거리를 2[m]를 초과하고 15[m] 이하로 할 수 있다.

(7) 애자는 절연성 · 난연성 및 내수성이 있는 것일 것

3. (생략)

4. 애자공사에 의한 저압 옥측전선로의 전선이 다른 시설물(저압 옥측전선로를 시설하는 조영재 · 가공전선 · 고압 옥측전선 · 특고압 옥측전선 및 옥상전선은 제외)과 접근하는 경우 또는 애자공사에 의한 저압 옥측전선로의 전선이 다른 시설물의 위나 아래에 시설되는 경우에 저압 옥측전선로의 전선과 다른 시설물 사이의 이격거리는 [표 221.2 − 2]에서 정한 값 이상이어야 한다.

▶ 표 221.2 − 2 저압 옥측전선로 조영물의 구분에 따른 이격거리

다른 시설물의 구분	접근 형태	이격거리
조영물의 상부 조영재	위쪽	2[m](전선이 고압 절연전선, 특고압 절연전선 또는 케이블인 경우는 1[m])
	옆쪽 또는 아래쪽	0.6[m](전선이 고압 절연전선, 특고압 절연전선 또는 케이블인 경우는 0.3[m])
조영물의 상부 조영재 이외의 부분 또는 조영물 이외의 시설물		0.6[m](전선이 고압 절연전선, 특고압 절연전선 또는 케이블인 경우는 0.3[m])

5. 애자공사에 의한 저압 옥측전선로의 전선과 식물 사이의 이격거리는 0.2[m] 이상이어야 한다. 다만, 저압 옥측전선로의 전선이 고압 절연전선 또는는 특고압 절연전선인 경우에 그 전선을 식물에 접촉하지 않도록 시설하는 경우에는 적용하지 아니한다.

221.3. 옥상전선로

1. (생략)

2. 저압 옥상전선로는 전개된 장소에 다음에 따르고 또한 위험의 우려가 없도록 시설하여야 한다.

가. 전선은 인장강도 2.30[kN] 이상의 것 또는 지름 2.6[mm] 이상의 경동선을 사용할 것

나. 전선은 절연전선(OW전선을 포함한다) 또는 이와 동등 이상의 절연성능이 있는 것을 사용할 것

📚 핵심기출문제

저압 가공전선과 식물과의 이격거리는 저압 가공전선에 있어서는 몇 [cm] 이상이어야 하는가?

① 20
② 30
③ 60
④ 접촉하지 않도록 한다.

🔲 해설
222.19(저압 가공전선과 식물의 이격거리) 조항
저압 가공전선은 상시 부는 바람 등에 의하여 식물에 접촉하지 않도록 시설하여야 한다.

🔒 정답 ④

다. 전선은 조영재에 견고하게 붙인 지지주 또는 지지대에 절연성 · 난연성 및 내수성이 있는 애자를 사용하여 지지하고 또한 그 지지점 간의 거리는 15[m] 이하일 것

라. 전선과 그 저압 옥상 전선로를 시설하는 조영재와의 이격거리는 2[m](전선이 고압 절연전선, 특고압 절연전선 또는 케이블인 경우에는 1[m]) 이상일 것

3. 전선이 케이블인 저압 옥상전선로는 다음의 어느 하나에 해당할 경우에 한하여 시설할 수 있다.

　가. 전선을 전개된 장소의 조영재에 견고하게 붙인 지지주 또는 지지대에 의하여 지지하고 또한 조영재 사이의 이격거리를 1[m] 이상으로 하여 시설하는 경우

　나. 전선을 조영재에 견고하게 붙인 견고한 관 또는 트라프에 넣고 또한 트라프에는 취급자 이외의 자가 쉽게 열 수 없는 구조의 철제 또는 철근콘크리트제 기타 견고한 뚜껑을 시설하는 경우

4. (생략)

5. (생략)

6. 저압 옥상전선로의 전선은 상시 부는 바람 등에 의하여 식물에 접촉하지 아니하도록 시설하여야 한다.

221.4. 옥내전선로

(3장 335.9 조항과 동일)

221.5. 지상전선로

(3장 335.9 조항과 동일)

222. 저압 가공전선로

222.1. 목주의 강도 계산

(3장 331.10 조항과 동일)

222.2. 지선의 시설

(3장 331.11 조항과 동일)

222.3. 가공약전류전선로의 유도장해 방지

(3장 332.2 조항과 동일)

222.4. 가공케이블의 시설

(3장 332.2 조항과 동일)

핵심기출문제

저압 옥상전선로에 시설하는 전선은 인장강도 2.30[kN] 이상의 것 또는 지름이 몇 [mm] 이상의 경동선이어야 하는가?

① 1.6 　　② 2.0
③ 2.6 　　④ 3.2

해설

221.3(옥상전선로) 조항
저압 옥상전선로는 전개된 장소에서 위험의 우려가 없도록 다음에 따라 시설하여야 한다.

• 전선은 인장강도 2.30[kN] 이상의 것 또는 지름 2.6[mm] 이상의 경동선을 사용할 것

• 전선은 절연전선(OW전선을 포함) 또는 이와 동등 이상의 절연성능이 있는 것을 사용할 것

정답 ③

PART 06

222.5. 저압 가공전선의 굵기 및 종류

1. 저압 가공전선은 나전선(중성선 또는 다중접지된 접지측 전선으로 사용하는 전선에 한한다), 절연전선, 다심형 전선 또는 케이블을 사용하여야 한다.

2. 사용전압이 400[V] 이하인 저압 가공전선은(케이블로 시설하면 제외) 인장강도 3.43[kN] 이상의 것 또는 지름 3.2[mm](절연전선인 경우는 인장강도 2.3[kN] 이상의 것 또는 지름 2.6[mm] 이상의 경동선) 이상의 것이어야 한다.

3. 사용전압이 400[V] 초과인 저압 가공전선은(케이블로 시설하면 제외) 시가지에 시설하는 것은 인장강도 8.01[kN] 이상의 것 또는 지름 5[mm] 이상의 경동선, 시가지 외에 시설하는 것은 인장강도 5.26[kN] 이상의 것 또는 지름 4[mm] 이상의 경동선이어야 한다.

4. 사용전압이 400[V] 초과인 저압 가공전선에는 인입용 비닐절연전선을 사용하여서는 안 된다.

222.6. 저압 가공전선의 안전율

(3장 332.4 조항과 동일)

222.7. 저압 가공전선의 높이

1. 저압 가공전선의 높이는 다음에 따라야 한다.

   가. 도로(농로 기타 교통이 번잡하지 않은 도로 및 횡단보도교를 제외한다)를 횡단하는 경우에는 지표상 6[m] 이상
   여기서, 횡단보도란 도로·철도·궤도 등의 위를 횡단하여 시설하는 다리모양의 시설물로서 보행용으로만 사용되는 것을 말한다.

   나. 철도 또는 궤도를 횡단하는 경우에는 레일면상 6.5[m] 이상

   다. 횡단보도교의 위에 시설하는 경우에는 저압 가공전선은 그 노면상 3.5[m][전선이 저압 절연전선(인입용 비닐절연전선·450/750[V] 비닐절연전선·450/750[V] 고무 절연전선·옥외용 비닐절연전선을 말한다)·다심형 전선 또는 케이블인 경우에는 3[m]] 이상

   라. "가"부터 "다"까지 이외의 경우에는 지표상 5[m] 이상. 다만, 저압 가공전선을 도로 이외의 곳에 시설하는 경우 또는 절연전선이나 케이블을 사용한 저압 가공전선으로서 옥외 조명용에 공급하는 것으로 교통에 지장이 없도록 시설하는 경우에는 지표상 4[m]까지로 감할 수 있다.

2. 다리의 하부 기타 이와 유사한 장소에 시설하는 저압의 전기철도용 급전선은 위 1번의 "라"의 규정에도 불구하고 지표상 3.5[m]까지로 감할 수 있다.

3. 저압 가공전선을 수면 상에 시설하는 경우에는 전선의 수면상의 높이를 선박의 항해 등에 위험을 주지 않도록 유지하여야 한다.

222.8. 저압 가공전선로의 지지물의 강도

저압 가공전선로의 지지물은 목주인 경우에는 풍압하중의 1.2배의 하중, 기타의 경우에는 풍압하중에 견디는 강도를 가지는 것이어야 한다.

222.9. 저고압 가공전선 등의 병행설치

(3장 332.8 조항과 동일)

222.10. 저압 보안공사

저압 보안공사는 다음에 따라야 한다.

　가. 전선은(케이블인 경우를 제외) 인장강도 8.01[kN] 이상의 것 또는 지름 5[mm](사용전압이 400[V] 이하인 경우에는 인장강도 5.26[kN] 이상의 것 또는 지름 4[mm] 이상의 경동선) 이상의 경동선으로 시설할 것

　나. 목주는 다음에 의할 것

　　(1) 풍압하중에 대한 안전율은 1.5 이상일 것

　　(2) 목주의 굵기는 말구(목주의 상단)의 지름 12[cm] 이상일 것

　다. 경간은 [표 222.10 – 1]에서 정한 값 이하일 것

▶ 표 222.10 – 1 지지물 종류에 따른 경간

지지물의 종류	경간
목주 · A종 철주 또는A종 철근콘크리트주	100[m]
B종 철주 또는 B종 철근콘크리트주	150[m]
철탑	400[m]

222.11. 저압 가공전선과 건조물의 접근

(3장 332.11 조항과 동일)

222.12. 저압 가공전선과 도로 등의 접근 또는 교차

(3장 332.12 조항과 동일)

222.13. 저압 가공전선과 가공약전류전선 등의 접근 또는 교차

(3장 332.13 조항과 동일)

222.14. 저압 가공전선과 안테나의 접근 또는 교차

(3장 332.14 조항과 동일)

222.15. 저압 가공전선과 교류전차선 등의 접근 또는 교차

(3장 332.15 조항과 동일)

저압 가공전선 상호 간을 접근 또
는 교차하여 시설하는 경우 전선
상호 간 이격거리 및 하나의 저압
가공전선과 다른 저압 가공전선으
로의 지지물 사이의 이격거리는 각
각 몇 [cm] 이상이어야 하는가?
(단, 어느 한쪽의 전선이 고압 절연
전선, 특고압 절연전선 또는 케이
블이 아닌 경우이다.)

① 전선 상호 간 : 30, 전선과 지
　지물 간 : 30
② 전선 상호 간 : 30, 전선과 지
　지물 간 : 60
③ 전선 상호 간 : 60, 전선과 지
　지물 간 : 30
④ 전선 상호 간 : 60, 전선과 지
　지물 간 : 60

📖 해설
222.16(저압 가공전선 상호 간의
접근 또는 교차) 조항
저압 가공전선이 다른 저압 가공전
선과 접근상태로 시설되거나 교차하
여 시설되는 경우에는 저압 가공전
선 상호 간의 이격거리는 60[cm]
(어느 한쪽의 전선이 고압 절연전
선, 특고압 절연전선 또는 케이블인
경우에는 30[cm]) 이상, 하나의 저
압 가공전선과 다른 저압 가공전선
로의 지지물 사이의 이격거리는
30[cm] 이상이어야 한다.
🔒 정답 ③

222.16. 저압 가공전선 상호 간의 접근 또는 교차

저압 가공전선이 다른 저압 가공전선과 접근상태로 시설되거나 교차하여 시설되는
경우에는 저압 가공전선 상호 간의 이격거리는 60[cm](어느 한쪽의 전선이 고압 절
연전선, 특고압 절연전선 또는 케이블인 경우에는 30[cm]) 이상, 하나의 저압 가공전
선과 다른 저압 가공전선로의 지지물 사이의 이격거리는 30[cm] 이상이어야 한다.

222.17. 고압 가공전선 등과 저압 가공전선 등의 접근 또는 교차

(3장 332.16 조항과 동일)

222.18. 저압 가공전선과 다른 시설물의 접근 또는 교차

1. 저압 가공전선이 건조물·도로·횡단보도교·철도·궤도·삭도, 가공약전류전
　선로 등, 안테나, 교류 전차선, 저압/고압 전차선, 다른 저압 가공전선, 고압 가공
　전선 및 특고압 가공전선 이외의 시설물(=다른 시설물)과 접근상태로 시설되는
　경우에는 저압 가공전선과 다른 시설물 사이의 이격거리는 [표 222.18−1]에서
　정한 값 이상이어야 한다.

▶ 표 222.18−1 저압 가공전선과 조영물의 구분에 따른 이격거리

다른 시설물의 구분		이격거리
조영물의 상부 조영재	위쪽	2[m] (전선이 고압 절연전선, 특고압 절연전선 또는 케이블인 경우는 1.0[m])
	옆쪽 또는 아래쪽	0.6[m] (전선이 고압 절연전선, 특고압 절연전선 또는 케이블인 경우는 0.3[m])
조영물의 상부 조영재 이외의 부분 또는 조영물 이외의 시설물		0.6[m] (전선이 고압 절연전선, 특고압 절연전선 또는 케이블인 경우는 0.3[m])

2. (생략)

3. 저압 가공전선이 다른 시설물과 접근하는 경우에 저압 가공전선이 다른 시설물
　의 아래쪽에 시설되는 때에는 상호 간의 이격거리를 0.6[m](전선이 고압 절연전
　선, 특고압 절연전선 또는 케이블인 경우에 0.3[m]) 이상으로 하고 또한 위험의
　우려가 없도록 시설하여야 한다.

222.19. 저압 가공전선과 식물의 이격거리

저압 가공전선은 상시 부는 바람 등에 의하여 식물에 접촉하지 않도록 시설하여야
한다.

222.20. 저압 옥측전선로 등에 인접하는 가공전선의 시설

(2장 221.1.1 조항과 동일)

(3장 335.9의 2 조항과 동일)

222.21. 저압 가공전선과 가공약전류전선 등의 공용설치

(3장 332.21 조항과 동일)

222.22. 농사용 저압 가공전선로의 시설

농사용 전등·전동기 등에 공급하는 저압 가공전선로는 그 저압 가공전선이 건조물의 위에 시설되는 경우

　　가. 사용전압은 저압일 것

　　나. 저압 가공전선은 인장강도 1.38[kN] 이상의 것 또는 지름 2[mm] 이상의 경동선일 것

　　다. 저압 가공전선의 지표상의 높이는 3.5[m] 이상일 것. 다만, 저압 가공전선을 사람이 쉽게 출입하지 못하는 곳에 시설하는 경우에는 3[m]까지로 감할 수 있다.

　　라. 목주의 굵기는 말구 지름이 9[cm] 이상일 것

　　마. 전선로의 지지점 간 거리는 30[m] 이하일 것

　　바. 다른 전선로에 접속하는 곳 가까이에 그 저압 가공전선로 전용의 개폐기 및 과전류차단기를 각 극에 시설할 것

222.23. 구내에 시설하는 저압 가공전선로

1. 1구내에만 시설하는 사용전압이 400[V] 이하인 저압 가공전선로의 전선이 건조물의 위에 시설되는 경우, 도로(폭이 5[m]를 초과하는 것)·횡단보도교·철도·궤도·삭도, 가공약전류전선 등, 안테나, 다른 가공전선 또는 전차선과 교차하여 시설되는 경우 및 이들과 수평거리로 그 저압 가공전선로의 지지물의 지표상 높이에 상당하는 거리 이내에 접근하여 시설되는 경우

　　가. 전선은 지름 2[mm] 이상의 경동선의 절연전선 또는 이와 동등 이상의 세기 및 굵기의 절연전선일 것. 다만, 경간이 10[m] 이하인 경우에 한하여 공칭단면적 4[mm²] 이상의 연동 절연전선을 사용할 수 있다.

　　나. 전선로의 경간은 30[m] 이하일 것

　　다. 전선과 다른 시설물과의 이격거리는 [표 222.23-1]에서 정한 값 이상일 것

> 표 222.23 − 1 구내에 시설하는 저압 가공전선로 조영물의 구분에 따른 이격거리

다른 시설물의 구분		이격거리
조영물의 상부 조영재	위쪽	1[m]
	옆쪽 또는 아래쪽	0.6[m] (전선이 고압 절연전선, 특고압 절연전선 또는 케이블인 경우는 0.3[m])
조영물의 상부 조영재 이외의 부분 또는 조영물 이외의 시설물		0.6[m] (전선이 고압 절연전선, 특고압 절연전선 또는 케이블인 경우는 0.3[m])

2. 1구내에만 시설하는 사용전압이 400[V] 이하인 저압 가공전선로의 전선은 그 저압 가공전선이 도로(폭이 5[m]를 초과하는 것)·횡단보도교·철도 또는 궤도를 횡단하여 시설하는 경우

　가. 도로를 횡단하는 경우에는 4[m] 이상이고 교통에 지장이 없는 높이일 것

　나. 도로를 횡단하지 않는 경우에는 3[m] 이상의 높이일 것

222.24. 저압 직류 가공전선로

(생략)

223. 지중전선로

223.1. 지중전선로의 시설

1. 지중전선로는 전선에 케이블을 사용하고 또한 관로식·암거식 또는 직접 매설식에 의하여 시설하여야 한다.

2. 지중전선로를 관로식 또는 암거식에 의하여 시설하는 경우에는 다음에 따라야 한다.

　가. 관로식에 의하여 시설하는 경우에는 매설 깊이를 1.0[m] 이상으로 하되, 매설 깊이가 충분하지 못한 장소에는 견고하고 차량 기타 중량물의 압력에 견디는 것을 사용할 것. 다만 중량물의 압력을 받을 우려가 없는 곳은 0.6[m] 이상으로 한다.

　나. 암거식에 의하여 시설하는 경우에는 견고하고 차량 기타 중량물의 압력에 견디는 것을 사용할 것

3. 지중전선을 냉각하기 위하여 케이블을 넣은 관내에 물을 순환시키는 경우에는 지중전선로는 순환수 압력에 견디고 또한 물이 새지 아니하도록 시설하여야 한다.

4. 지중전선로를 직접 매설식에 의하여 시설하는 경우에는 매설 깊이를 차량 기타 중량물의 압력을 받을 우려가 있는 장소에는 1.0[m] 이상, 기타 장소에는 0.6[m] 이상으로 하고 또한 지중전선을 견고한 트라프 기타 방호물에 넣어 시설하여야 한다.

지중전선로는 3장에서 자세히 다루므로 생략한다.

🔷04 (230) 배선 및 조명설비 등

231.1. 배선 및 조명설비에 대한 공통사항

1. 전기설비의 안전을 위한 보호 방식
2. 전기설비의 적합한 기능을 위한 요구사항
3. 예상되는 외부 영향에 대한 요구사항

231.2. 운전조건 및 외부영향

(생략)

231.3. 저압 옥내배선의 사용전선 및 중성선의 굵기

231.3.1. 저압 옥내배선의 사용전선

1. 저압 옥내배선의 전선은 단면적 2.5[mm²] 이상의 연동선 또는 이와 동등 이상의 강도 및 굵기의 것

2. 옥내배선의 사용 전압이 400[V] 이하인 경우로 다음 중 어느 하나에 해당하는 경우에는 위 1번 내용을 적용하지 않는다.

   가. 전광표시장치 기타 이와 유사한 장치 또는 제어 회로 등에 사용하는 배선에 단면적 1.5[mm²] 이상의 연동선을 사용하고 이를 합성수지관공사·금속관공사·금속몰드공사·금속덕트공사·플로어덕트공사 또는 셀룰러덕트공사에 의하여 시설하는 경우

   나. 전광표시장치 기타 이와 유사한 장치 또는 제어회로 등의 배선에 단면적 0.75[mm²] 이상인 다심케이블 또는 다심 캡타이어케이블을 사용하고 또한 과전류가 생겼을 때에 자동적으로 전로에서 차단하는 장치를 시설하는 경우

   다. 단면적 0.75[mm²] 이상인 코드 또는 캡타이어케이블을 사용하는 경우

   라. 리프트 케이블을 사용하는 경우

231.3.2. 중성선의 단면적

1. 다음의 경우는 중성선의 단면적은 최소한 선도체의 단면적 이상이어야 한다.

   가. 2선식 단상회로

   나. 선도체의 단면적이 구리선 16[mm²], 알루미늄선 25[mm²] 이하인 다상 회로

   다. 제3고조파 및 제3고조파의 홀수배수의 고조파전류가 흐를 가능성이 높고 전류 종합고조파왜형률이 15~33[%]인 3상회로

2. 제3고조파 및 제3고조파 홀수배수의 전류 종합고조파왜형률이 33[%]를 초과하는 경우, 아래와 같이 중성선의 단면적을 증가시켜야 한다.

   가. 다심케이블의 경우 선도체의 단면적은 중성선의 단면적과 같아야 하며, 이 단면적은 선도체의 $1.45 \times I_B$(회로 설계전류)를 흘릴 수 있는 중성선을 선정한다.

   나. 단심케이블은 선도체의 단면적이 중성선 단면적보다 작을 수도 있다. 계산은 다음과 같다.

PART 06

(1) 선 : I_B(회로 설계전류)

(2) 중성선 : 선도체의 $1.45I_B$와 동등 이상의 전류

3. 다상 회로의 각 선도체 단면적이 구리선 16[mm²] 또는 알루미늄선 25[mm²]를 초과하는 경우 다음 조건을 모두 충족한다면 그 중성선의 단면적을 선도체 단면적보다 작게 해도 된다.

가. 통상적인 사용 시에 상(Phase)과 제3고조파 전류 간에 회로 부하가 균형을 이루고 있고, 제3고조파 홀수배수 전류가 선도체 전류의 15[%]를 넘지 않는다.

나. 중성선은 과전류로부터 보호된다.

다. 중성선의 단면적은 구리선 16[mm²], 알루미늄선 25[mm²] 이상이다.

231.4. 나전선의 사용 제한

1. 옥내에 시설하는 저압전선에는 나전선을 사용하여서는 아니 된다. 다만, 다음 중 어느 하나에 해당하는 경우에는 그러하지 아니하다.

가. 애자공사에 의하여 전개된 곳에 다음의 전선을 시설하는 경우

(1) 전기로용 전선

(2) 전선의 피복 절연물이 부식하는 장소에 시설하는 전선

(3) 취급자 이외의 자가 출입할 수 없도록 설비한 장소에 시설하는 전선

나. 버스덕트공사에 의하여 시설하는 경우

다. 라이팅덕트공사에 의하여 시설하는 경우

라. 접촉 전선을 시설하는 경우

231.5. 고주파 전류에 의한 장해의 방지

1. 전기기계기구가 무선설비의 기능에 계속적이고 또한 중대한 장해를 주는 고주파 전류를 발생시킬 우려가 있는 경우에는 이를 방지하기 위하여 다음 각 호에 따라 시설하여야 한다.

가. 형광 방전등에는 적당한 곳에 정전용량이 0.006[μF] 이상 0.5[μF] 이하인 커패시터를 시설할 것

나. (생략)

다. 사용전압이 저압이고 정격 출력이 1[kW] 이하인 전기드릴용의 소형교류직권전동기에는 단자 상호 간에 정전용량이 0.1[μF] 무유도형 커패시터를, 각 단자와 대지와의 사이에 정전용량이 0.003[μF]인 충분한 측로효과가 있는 관통형 커패시터를 시설할 것

라. 네온점멸기에는 전원단자 상호 간 및 각 접점에 근접하는 곳에서 이들에 접속하는 전로에 고주파전류의 발생을 방지하는 장치를 할 것

2. 무선설비의 기능에 계속적이고 또한 중대한 장해를 주는 고주파전류를 발생시킬 우려가 있는 경우에는 그 전기기계기구에 근접한 곳에, 이에 접속하는 전로에는 고주파전류의 발생을 방지하는 장치를 하여야 한다. 이 경우에 고주파전류의 발

생을 방지하는 장치의 접지측 단자는 접지공사를 하지 아니한 전기기계기구의 금속제 외함·철대 등 사람이 접촉할 우려가 있는 금속제 부분과 접속하여서는 아니 된다.

231.6. 옥내전로의 대지전압의 제한

1. 백열전등 또는 방전등(방전관·방전등용 안정기 및 방전관의 점등에 필요한 부속품과 관등회로의 배선을 말하며 전기스탠드 기타 이와 유사한 방전등 기구를 제외한다)에 전기를 공급하는 옥내(전기사용장소의 옥내의 장소를 말한다. 이하 이 규정은 2. 저압전기설비에 따른다)의 전로(주택의 옥내 전로는 제외)의 대지전압은 300[V] 이하여야 하며 다음에 따라 시설하여야 한다. 다만, 대지전압 150[V] 이하의 전로인 경우에는 다음에 따르지 않을 수 있다.

   가. 백열전등 또는 방전등 및 이에 부속하는 전선은 사람이 접촉할 우려가 없도록 시설하여야 한다.

   나. 백열전등(기계 장치에 부속하는 것을 제외한다) 또는 방전등용 안정기는 저압의 옥내배선과 직접 접속하여 시설하여야 한다.

   다. 백열전등의 전구소켓은 키나 그 밖의 점멸기구가 없는 것이어야 한다.

2. 주택의 옥내전로(전기기계기구 내의 전로를 제외한다)의 대지전압은 300[V] 이하이어야 하며 다음 각 호에 따라 시설하여야 한다. 다만, 대지전압 150[V] 이하의 전로인 경우에는 다음에 따르지 않을 수 있다.

   가. 사용전압은 400[V] 이하여야 한다.

   나. 주택의 전로 인입구에는 「전기용품 및 생활용품 안전관리법」에 적용을 받는 감전보호용 누전차단기를 시설하여야 한다.

   다. 누전차단기를 자연재해위험개선지구의 지정 등에서 지정되어진 지구 안의 지하주택에 시설하는 경우에는 침수 시 위험의 우려가 없도록 지상에 시설하여야 한다.

   라. 전기기계기구 및 옥내의 전선은 사람이 쉽게 접촉할 우려가 없도록 시설하여야 한다.

   마. 백열전등의 전구소켓은 키나 그 밖의 점멸기구가 없는 것이어야 한다.

   바. 정격소비전력 3[kW] 이상의 전기기계기구에 전기를 공급하기 위한 전로에는 전용의 개폐기 및 과전류차단기를 시설하고 그 전로의 옥내배선과 직접 접속하거나 적정 용량의 전용콘센트를 시설하여야 한다.

   사. 주택의 옥내를 통과하여 그 주택 이외의 장소에 전기를 공급하기 위한 옥내배선은 사람이 접촉할 우려가 없는 은폐된 장소에 합성수지관공사, 금속관공사 또는 케이블공사에 의하여 시설하여야 한다.

   아. 주택의 옥내를 통과하여 사람이 접촉할 우려가 없는 은폐된 장소에 합성수지관공사, 금속관공사, 케이블공사에 의하여 시설하여야 한다.

3. 주택 이외의 곳의 옥내(여관, 호텔, 다방, 사무소, 공장 등 또는 이와 유사한 곳의 옥내를 말한다)에 시설하는 가정용 전기기계기구에 전기를 공급하는 옥내전로의 대지전압은 300[V] 이하이어야 하며, 가정용 전기기계기구와 이에 전기를 공급하기 위한 옥내배선과 배선기구를 취급자 이외의 자가 쉽게 접촉할 우려가 없도록 시설하여야 한다.

232. 배선설비

사용하는 전선 또는 케이블의 종류에 따른 배선설비의 설치방법에 대한 내용이다.

232.3.3. 전기적 접속

1. 도체상호 간, 도체와 다른 기기와의 접속은 내구성이 있는 전기적 연속성이 있어야 하며, 적절한 기계적 강도와 보호를 갖추어야 한다.
2. 접속 방법은 다음 사항을 고려하여 선정한다.
    가. 도체와 절연재료
    나. 도체를 구성하는 소선의 가닥수와 형상
    다. 도체의 단면적
    라. 함께 접속되는 도체의 수
3. 접속부는 다음의 경우를 제외하고 검사, 시험과 보수를 위해 접근이 가능하여야 한다.
    가. 지중매설용으로 설계된 접속부
    나. 충전재 채움 또는 캡슐 속의 접속부
    다. 실링히팅시스템(천장난방설비), 플로어히팅시스템(바닥난방설비) 및 트레이스히팅시스템(열선난방설비) 등의 발열체와 리드선과의 접속부
    라. 용접(Welding), 연납땜(Soldering), 경납땜(Brazing) 또는 적절한 압착공구로 만든 접속부
    마. 적절한 제품표준에 적합한 기기의 일부를 구성하는 접속부
4. 통상적인 사용 시에 온도가 상승하는 접속부는 그 접속부에 연결하는 도체의 절연물 및 그 도체 지지물의 성능을 저해하지 않도록 주의해야 한다.
5. 도체접속(단말, 중간 접속 등)은 접속함, 인출함 또는 제조자가 이 용도를 위해 공간을 제공한 곳 등의 적절한 외함 안에서 수행되어야 한다. 이 경우, 기기는 고정접속장치가 있거나 접속장치의 설치를 위한 조치가 마련되어 있어야 한다. 분기회로 도체의 단말부는 외함 안에서 접속되어야 한다.
6. 전선의 접속점 및 연결점은 기계적 응력이 미치지 않아야 한다. 장력(스트레스) 완화장치는 전선의 도체와 절연체에 기계적인 손상이 가지 않도록 설계되어야 한다.
7. 외함 안에서 접속되는 경우 외함은 충분한 기계적 보호 및 관련 외부 영향에 대한 보호가 이루어져야 한다.

8. 다중선, 세선, 극세선의 접속

   가. 다중선, 세선, 극세선의 개별 전선이 분리되거나 분산되는 것을 막기 위해서 적합한 단말부를 사용하거나 도체 끝을 적절히 처리하여야 한다.

   나. 적절한 단말부를 사용한다면 다중선, 세선, 극세선의 전체 도체의 말단을 연납땜(Soldering)하는 것이 허용된다.

   다. 사용 중 도체의 연납땜(Soldering)한 부위와 연납땜(Soldering)하지 않은 부위의 상대적인 위치가 움직이게 되는 연결점에서는 세선 및 극세선 도체의 말단을 납땜하는 것이 허용되지 않는다.

232.3.4. 교류회로 – 전기자기적 영향(맴돌이 전류 방지)

1. 강자성체(강제금속관 또는 강제덕트 등) 안에 설치하는 교류회로의 도체는 보호도체를 포함하여 각 회로의 모든 도체를 동일한 외함에 수납하도록 시설하여야 한다. 이러한 도체를 철제 외함에 수납하는 도체는 집합적으로 금속물질로 둘러싸이도록 시설하여야 한다.

2. 강선외장 또는 강대외장 단심케이블은 교류회로에 사용해서는 안 된다. 이러한 경우 알루미늄외장케이블을 권장한다.

232.3.5. 하나의 다심케이블 속의 복수회로

(생략)

232.3.6. 화재의 확산을 최소화하기 위한 배선설비의 선정과 공사

1. 화재의 확산위험을 최소화하기 위해 적절한 재료를 선정하고 다음에 따라 공사하여야 한다.

   가. 배선설비는 건축구조물의 일반 성능과 화재에 대한 안정성을 저해하지 않도록 설치하여야 한다.

   나. 최소한 케이블 및 자소성(自燒性)으로 인정받은 제품은 특별한 예방조치 없이 설치할 수 있다.

   다. 화염 확산을 저지하는 요구사항에 적합하지 않은 케이블을 사용하는 경우는 기기와 영구적 배선설비의 접속을 위한 짧은 길이에만 사용할 수 있으며, 어떠한 경우에도 하나의 방화구획에서 다른 구획으로 관통시켜서는 안 된다.

2. 배선설비 관통부의 밀봉

   가. 배선설비가 바닥, 벽, 지붕, 천장, 칸막이, 중공벽 등 건축구조물을 관통하는 경우, 배선설비가 통과한 후에 남는 개구부는 관통 전의 건축구조 각 부재에 규정된 내화등급에 따라 밀폐하여야 한다.

   나. 내화성능이 규정된 건축구조부재를 관통하는 배선설비는 위 1번에서 요구한 외부의 밀폐와 마찬가지로 관통 전에 각 부의 내화등급이 되도록 내부도 밀폐하여야 한다.

   다. (생략)

라. 배선설비는 그 용도가 하중을 견디는 데 사용되는 건축구조부재를 관통해서는 안 된다.

232.3.7. 배선설비와 다른 공급설비와의 접근

1. 다른 전기 공급설비의 접근

다음의 경우를 제외하고는 동일한 배선설비 중에 수납하지 않아야 한다.

가. 모든 케이블 또는 도체가 존재하는 최대전압에 대해 절연되어 있는 경우

나. 다심케이블의 각 도체가 케이블에 존재하는 최대전압에 절연되어 있는 경우

다. 케이블이 그 계통의 전압에 대해 절연되어 있으며, 케이블이 케이블덕팅시스템 또는 케이블트렁킹시스템의 별도 구획에 설치되어 있는 경우

라. 케이블이 격벽을 써서 물리적으로 분리되는 케이블트레이시스템에 설치되어 있는 경우

마. 별도의 전선관, 케이블트렁킹시스템 또는 케이블덕팅시스템을 이용하는 경우

바. 저압 옥내배선이 다른 저압 옥내배선 또는 관등회로의 배선과 접근하거나 교차하는 경우에 애자공사에 의하여 시설하는 저압 옥내배선과 다른 저압 옥내배선 또는 관등회로의 배선 사이의 이격거리는 10[cm](애자공사에 의하여 시설하는 저압 옥내배선이 나전선인 경우에는 30[cm]) 이상이어야 한다.

(1) 애자공사에 의하여 시설하는 저압 옥내배선과 다른 애자공사에 의하여 시설하는 저압 옥내배선 사이에 절연성의 격벽을 견고하게 시설하거나 어느 한쪽의 저압 옥내배선을 충분한 길이의 난연성 및 내수성이 있는 견고한 절연관에 넣어 시설하는 경우

(2) 애자공사에 의하여 시설하는 저압 옥내배선과 애자공사에 의하여 시설하는 다른 저압 옥내배선 또는 관등회로의 배선이 병행하는 경우에 상호 간의 이격거리를 60[mm] 이상으로 하여 시설할 때

(3) 애자공사에 의하여 시설하는 저압 옥내배선과 다른 저압 옥내배선(애자공사에 의하여 시설하는 것을 제외한다) 또는 관등회로의 배선 사이에 절연성의 격벽을 견고하게 시설하거나 애자공사에 의하여 시설하는 저압 옥내배선이나 관등회로의 배선을 충분한 길이의 난연성 및 내수성이 있는 견고한 절연관에 넣어 시설하는 경우

2. 통신 케이블과의 접근

- 지중 통신케이블과 지중 전력케이블이 교차하거나 접근하는 경우 100[mm] 이상의 간격을 유지해야 한다.

- 지중전선이 지중 약전류전선 등과 접근하거나 교차하는 경우에 상호 간의 이격거리가 저압 지중전선은 30[cm] 이하인 때에는 (지중전선과 지중 약전류전선 등 사이에 견고한 내화성의 격벽을 설치하는 경우를 제외하고) 지중전선을 견고한 불연성 또는 난연성의 관에 넣어 그 관이 지중 약전류전선 등과 직접 접촉하지 아니하도록 하여야 한다.

- 저압 옥내배선이 약전류전선 등 또는 수관·가스관이나 이와 유사한 것과 접근하거나 교차하는 경우에 저압 옥내배선을 애자공사에 의하여 시설하는 때에는 저압 옥내배선과 약전류전선 등 또는 수관·가스관이나 이와 유사한 것과의 이격거리는 10[cm](전선이 나전선인 경우에 30[cm]) 이상이어야 한다.

3. 비전기 공급설비와의 접근

　가. 배선설비는 배선을 손상시킬 우려가 있는 열, 연기, 증기 등을 발생시키는 설비에 접근해서 설치하지 않아야 한다.

　나. 응결을 일으킬 우려가 있는 공급설비(예를 들면 가스, 물 또는 증기공급설비) 아래에 배선설비를 포설하는 경우는 배선설비가 유해한 영향을 받지 않도록 예방조치를 마련하여야 한다.

　다. 전기공급설비를 다른 공급설비와 접근하여 설치하는 경우는 다른 공급설비에서 예상할 수 있는 어떠한 운전을 하더라도 전기공급설비에 손상을 주거나 그 반대의 경우가 되지 않도록 각 공급설비 사이의 충분한 이격을 유지하거나 기계적 또는 열적 차폐물을 사용하는 등의 방법으로 전기공급설비를 배치한다.

　라. (생략)

　마. 배선설비는 승강기(또는 호이스트)설비의 일부를 구성하지 않는 한 승강기(또는 호이스트) 통로를 지나서는 안 된다.

　바. 가스계량기 및 가스관의 이음부(용접이음매를 제외한다)와 전기설비의 이격거리는 다음에 따라야 한다.

　　(1) 가스계량기 및 가스관의 이음부와 전력량계 및 개폐기의 이격거리는 0.6[m] 이상

　　(2) 가스계량기와 점멸기 및 접속기의 이격거리는 0.3[m] 이상

　　(3) 가스관의 이음부와 점멸기 및 접속기의 이격거리는 0.15[m] 이상

232.3.8. 금속외장 단심케이블

(생략)

232.3.9. 수용가 설비에서의 전압강하

1. 수용가 설비의 인입구로부터 기기까지의 전압강하는 [표 232.3 − 1]의 값 이하이어야 한다.

▶ 표 232.3 − 1 수용가설비의 전압강하

설비의 유형	조명[%]	기타[%]
A − 저압으로 수전하는 경우	3	5
B − 고압 이상으로 수전하는 경우[a]	6	8

　a) 가능한 한 최종회로 내의 전압강하가 A 유형의 값을 넘지 않도록 하는 것이 바람직하다. 사용자의 배선설비가 100[m]를 넘는 부분의 전압강하는 미터당 0.005[%] 증가할 수 있으나 이러한 증가분은 0.5[%]를 넘지 않아야 한다.

2. 다음의 경우에는 [표 232.3 – 1]보다 더 큰 전압강하를 허용할 수 있다.

    가. 기동 시간 중의 전동기

    나. 돌입전류가 큰 기타 기기

3. 다음과 같은 일시적인 조건은 고려하지 않는다.

    가. 과도과전압

    나. 비정상적인 사용으로 인한 전압 변동

232.4. 배선설비의 선정과 설치에 고려해야 할 외부영향

배선설비는 예상되는 모든 외부영향에 대한 보호가 이루어져야 한다.

232.4.1. 주위온도

1. 배선설비는 그 사용 장소의 최고와 최저온도 범위에서 통상 운전의 최고허용온도를 초과하지 않도록 선정하여 시공하여야 한다.

2. 케이블과 배선기구류 등의 배선설비의 구성품은 해당 제품표준 또는 제조자가 제시하는 한도 내의 온도에서만 시설하거나 취급하여야 한다.

232.4.2. 외부 열원

외부 열원으로부터의 악영향을 피하기 위해 다음 대책 중의 하나 또는 이와 동등한 유효한 방법을 사용하여 배선설비를 보호하여야 한다.

1. 차폐

2. 열원으로부터의 충분한 이격

3. 발생할 우려가 있는 온도상승을 고려한 구성품의 선정

4. 단열 절연슬리브접속(Sleeving) 등과 같은 절연재료의 국부적 강화

232.4.5. 부식 또는 오염 물질의 존재(AF)

1. 물을 포함한 부식 또는 오염 물질로 인해 부식이나 열화의 우려가 있는 경우 배선설비의 해당 부분은 이들 물질에 견딜 수 있는 재료로 적절히 보호하거나 제조하여야 한다.

2. 상호 접촉에 의한 영향을 피할 수 있는 특별 조치가 마련되지 않았다면 전해작용이 일어날 우려가 있는 서로 다른 금속은 상호 접촉하지 않도록 배치하여야 한다.

3. 상호 작용으로 인해 또는 개별적으로 열화 또는 위험한 상태가 될 우려가 있는 재료는 상호 접속시키지 않도록 배치하여야 한다.

232.10. 전선관시스템

232.11. 합성수지관공사

232.11.1. 합성수지관공사 시설조건

1. 전선은 절연전선(옥외용 비닐절연전선을 제외한다)일 것

2. 전선은 연선일 것. 다만, 다음의 것은 적용하지 않는다.

가. 짧고 가는 합성수지관에 넣은 것

나. 단면적 10[mm²](알루미늄선은 단면적 16[mm²]) 이하의 것

3. 전선은 합성수지관 안에서 접속점이 없도록 할 것

4. 중량물의 압력 또는 현저한 기계적 충격을 받을 우려가 없도록 시설할 것

5. 이중천장 내에는 시설할 수 없다.

232.11.3. 합성수지관 및 부속품의 시설

1. 관 상호 간 및 박스와는 관을 삽입하는 깊이를 관의 바깥지름의 1.2배(접착제를 사용하는 경우에는 0.8배) 이상으로 하고 또한 꽂음 접속에 의하여 견고하게 접속할 것

2. 관의 지지점 간의 거리는 1.5[m] 이하로 하고, 또한 그 지지점은 관의 끝·관과 박스의 접속점 및 관 상호 간의 접속점 등에 가까운 곳에 시설할 것

3. 습기가 많은 장소 또는 물기가 있는 장소에 시설하는 경우에는 방습 장치를 할 것

4. 합성수지관을 금속제의 박스에 접속하여 사용하는 경우에는 박스 또는 분진 방폭형 가요성 부속에 접지공사를 할 것. 다만, 사용전압이 400[V] 이하로서 다음 중 하나에 해당하는 경우에는 그러하지 아니하다.

가. 건조한 장소에 시설하는 경우

나. 옥내배선의 사용전압이 직류 300[V] 또는 교류 대지전압이 150[V] 이하로서 사람이 쉽게 접촉할 우려가 없도록 시설하는 경우

232.12. 금속관공사

232.12.1. 금속관공사 시설조건

1. 전선은 절연전선(옥외용 비닐절연전선을 제외한다)일 것

2. 전선은 연선일 것. 다만, 다음의 것은 적용하지 않는다.

가. 짧고 가는 금속관에 넣은 것

나. 단면적 10[mm²](알루미늄선은 단면적 16[mm²]) 이하의 것

3. 전선은 금속관 안에서 접속점이 없도록 할 것

232.12.3. 금속관 및 부속품의 시설

1. 관 상호 간 및 관과 박스 기타의 부속품과는 나사접속 기타 이와 동등 이상의 효력이 있는 방법에 의하여 견고하고 또한 전기적으로 완전하게 접속할 것

2. 관의 끝부분에는 전선의 피복을 손상하지 아니하도록 적당한 구조의 부싱을 사용할 것. 다만, 금속관공사로부터 애자사용공사로 옮기는 경우에는 그 부분의 관의 끝부분에는 절연부싱 또는 이와 유사한 것을 사용하여야 한다.

3. 습기가 많은 장소 또는 물기가 있는 장소에 시설하는 경우에는 방습 장치를 할 것

4. 관에는 접지공사를 할 것. 다만, 사용전압이 400[V] 이하로서 다음 중 하나에 해당하는 경우에는 그러하지 아니하다.

가. 관의 길이(2개 이상의 관을 접속하여 사용하는 경우에는 그 전체의 길이를 말한다)가 4[m] 이하인 것을 건조한 장소에 시설하는 경우

핵심기출문제

합성수지관공사로 저압 옥내배선을 할 때의 설명으로 옳은 것은?

① 합성수지관 안에 전선의 접속점이 있어도 된다.

② 전선은 반드시 옥외용 비닐절연전선을 사용한다.

③ 단면적 6[mm²]의 경동선은 사용할 수 있다.

④ 관의 지지점 간의 거리는 3[m] 이하로 한다.

해설

합성수지관공사

• 합성수지관 안에는 전선에 접속점이 없도록 할 것

• 옥외용 비닐절연전선을 제외

• 연선을 사용해야 하지만 단면적 10[mm²] 이하의 다른 전선을 사용할 수 있다.

• 관의 지지점 간의 거리는 1.5[m] 이하로 할 것

🔒 정답 ③

핵심기출문제

합성수지관공사 시 관 상호 간 및 박스와의 접속은 관에 삽입하는 깊이를 관 바깥지름의 몇 배 이상으로 하여야 하는가?(단, 접착제를 사용하지 않는 경우이다.)

① 0.5배   ② 0.8배

③ 1.2배   ④ 1.5배

해설

관 상호 간 및 박스와는 관을 삽입하는 깊이를 관의 바깥지름의 1.2배(접착제를 사용하는 경우에는 0.8배) 이상으로 하고 또한 꽂음 접속에 의하여 견고하게 접속할 것

🔒 정답 ③

나. 옥내배선의 사용전압이 직류 300[V] 또는 교류 대지전압 150[V] 이하로서 그 전선을 넣는 관의 길이가 8[m] 이하인 것을 사람이 쉽게 접촉할 우려가 없도록 시설하는 경우 또는 건조한 장소에 시설하는 경우

232.13. 금속제 가요전선관공사

232.13.1. 금속제 가요전선관공사 시설조건

1. 전선은 절연전선(옥외용 비닐절연전선을 제외한다)일 것
2. 전선은 연선일 것. 다만, 단면적 10[mm²](알루미늄선은 단면적 16[mm²]) 이하인 것은 그러하지 아니하다.
3. 가요전선관 안에는 전선에 접속점이 없도록 할 것
4. 가요전선관은 2종 금속제 가요전선관일 것. 다만, 전개된 장소이거나 점검할 수 있는 은폐된 장소(옥내배선의 사용전압이 400[V] 초과인 경우에는 전동기에 접속하는 부분으로 가요성을 필요로 하는 부분에 사용하는 것에 한한다) 또는 점검 불가능한 은폐장소에 기계적 충격을 받을 우려가 없는 조건일 경우에는 1종 가요전선관(습기가 많은 장소 또는 물기가 있는 장소에는 비닐 피복 1종 가요전선관에 한한다)을 사용할 수 있다.

232.13.3. 가요전선관 및 부속품의 시설

1. 관 상호 간 및 관과 박스 기타의 부속품과는 견고하고 또한 전기적으로 완전하게 접속할 것
2. 가요전선관의 끝부분은 피복을 손상하지 아니하는 구조로 되어 있을 것
3. 습기 많은 장소 또는 물기가 있는 장소에 시설하는 때에는 비닐 피복 가요전선관일 것
4. 1종 금속제 가요전선관에는 단면적 2.5[mm²] 이상의 나연동선을 전체 길이에 걸쳐 삽입 또는 첨가하여 그 나연동선과 1종 금속제가요전선관을 양쪽 끝에서 전기적으로 완전하게 접속할 것. 다만, 관의 길이가 4[m] 이하인 것을 시설하는 경우에는 그러하지 아니하다.
5. 가요전선관공사는 접지공사를 할 것

232.20. 케이블트렁킹시스템

232.21. 합성수지몰드공사

232.21.1. 합성수지몰드공사 시설조건

1. 전선은 절연전선(옥외용 비닐절연전선을 제외한다)일 것
2. 합성수지몰드 안에는 전선에 접속점이 없도록 할 것. 다만, 합성수지몰드 안의 전선을 "성능", "겉모양 및 모양", "치수", "재료"에 적합한 합성 수지제의 조인트 박스를 사용하여 접속할 경우에는 그러하지 아니하다.
3. 합성수지몰드 상호 간 및 합성수지 몰드와 박스 기타의 부속품과는 전선이 노출되지 아니하도록 접속할 것

232.22. 금속몰드공사

232.22.1. 금속몰드공사 시설조건

1. 전선은 절연전선(옥외용 비닐절연 전선을 제외한다)일 것

2. 금속몰드 안에는 전선에 접속점이 없도록 할 것. 다만, 「전기용품 및 생활용품 안전관리법」에 의한 금속제 조인트 박스를 사용할 경우에는 접속할 수 있다.

3. 금속몰드의 사용전압이 400[V] 이하로 옥내의 건조한 장소로 전개된 장소 또는 점검할 수 있는 은폐장소에 한하여 시설할 수 있다.

232.22.3. 금속몰드 및 박스 기타 부속품의 시설

1. 몰드 상호 간 및 몰드 박스 기타의 부속품과는 견고하고 또한 전기적으로 완전하게 접속할 것

2. 몰드에는 접지공사를 할 것. 다만, 다음 중 하나에 해당하는 경우에는 그러하지 아니하다.

   가. 몰드의 길이(2개 이상의 몰드를 접속하여 사용하는 경우에는 그 전체의 길이를 말한다)가 4[m] 이하인 것을 시설하는 경우

   나. 옥내배선의 사용전압이 직류 300[V] 또는 교류 대지 전압이 150[V] 이하로서 그 전선을 넣는 관의 길이가 8[m] 이하인 것을 사람이 쉽게 접촉할 우려가 없도록 시설하는 경우 또는 건조한 장소에 시설하는 경우

232.23. 금속트렁킹공사

금속트렁킹공사는 본체부와 덮개가 별도로 구성되어 덮개를 열고 전선을 교체하는 공사방법이다.

232.24. 케이블트렌치공사

케이블트렌치는 옥내배선공사를 위하여 바닥을 파서 만든 도랑 및 부속설비를 말하며 수용가의 옥내 수전설비 및 발전설비 설치장소에만 적용한다.

232.30. 케이블덕팅시스템

232.31. 금속덕트공사

232.31.1. 금속덕트공사 시설조건

1. 전선은 절연전선(옥외용 비닐절연전선을 제외)일 것

2. 금속덕트에 넣은 전선의 단면적(절연피복의 단면적을 포함)의 합계는 덕트의 내부 단면적의 20[%](전광표시장치 기타 이와 유사한 장치 또는 제어회로 등의 배선만을 넣는 경우에는 50[%]) 이하일 것

3. 금속덕트 안에는 전선에 접속점이 없도록 할 것. 다만, 전선을 분기하는 경우에는 그 접속점을 쉽게 점검할 수 있는 때에는 그러하지 아니하다.

4. 금속덕트 안의 전선을 외부로 인출하는 부분은 금속덕트의 관통부분에서 전선이 손상될 우려가 없도록 시설할 것

5. 금속덕트 안에는 전선의 피복을 손상할 우려가 있는 것을 넣지 아니할 것
6. 금속덕트에 의하여 저압 옥내배선이 건축물의 방화 구획을 관통하거나 인접 조영물로 연장되는 경우에는 그 방화벽 또는 조영물 벽면의 덕트 내부는 불연성의 물질로 차폐하여야 함

232.31.2. 금속덕트의 선정

1. 폭이 40[mm] 이상, 두께가 1.2[mm] 이상인 철판 또는 동등 이상의 기계적 강도를 가지는 금속제의 것으로 견고하게 제작한 것일 것
2. 안쪽 면은 전선의 피복을 손상시키는 돌기가 없는 것일 것
3. 안쪽 면 및 바깥 면에는 산화 방지를 위하여 아연도금 또는 이와 동등 이상의 효과를 가지는 도장을 한 것일 것

232.31.3. 금속덕트의 시설

1. 덕트 상호 간은 견고하고 또한 전기적으로 완전하게 접속할 것
2. 덕트를 조영재에 붙이는 경우에는 덕트의 지지점 간의 거리를 3[m](취급자 이외의 자가 출입할 수 없도록 설비한 곳에서 수직으로 붙이는 경우에는 6[m]) 이하로 하고 또한 견고하게 붙일 것
3. 덕트의 본체와 구분하여 뚜껑을 설치하는 경우에는 쉽게 열리지 아니하도록 시설할 것
4. 덕트의 끝부분은 막을 것
5. 덕트 안에 먼지가 침입하지 아니하도록 할 것
6. 덕트는 물이 고이는 낮은 부분을 만들지 않도록 시설할 것

232.32. 플로어덕트공사

232.32.1. 플로어덕트공사 시설조건

1. 전선은 절연전선(옥외용 비닐절연전선을 제외한다)일 것
2. 전선은 연선일 것. 다만, 단면적 10[mm²](알루미늄선은 단면적 16[mm²]) 이하인 것은 그러하지 아니하다.
3. 플로어덕트 안에는 전선에 접속점이 없도록 할 것. 다만, 전선을 분기하는 경우에 접속점을 쉽게 점검할 수 있을 때에는 그러하지 아니하다.

232.32.3. 플로어덕트 및 부속품의 시설

1. 덕트 상호 간 및 덕트와 박스 및 인출구와는 견고하고 또한 전기적으로 완전하게 접속할 것
2. 덕트 및 박스 기타의 부속품은 물이 고이는 부분이 없도록 시설하여야 한다.
3. 박스 및 인출구는 마루 위로 돌출하지 아니하도록 시설하고 또한 물이 스며들지 아니하도록 밀봉할 것
4. 덕트의 끝부분은 막을 것
5. 덕트는 접지공사를 할 것

232.33. 셀룰러덕트공사

232.33.1. 셀룰러덕트공사 시설조건

1. 전선은 절연전선(옥외용 비닐절연전선을 제외한다)일 것

2. 전선은 연선일 것. 다만, 단면적 10[mm²](알루미늄선은 단면적 16[mm²]) 이하의 것은 그러하지 아니하다.

3. 셀룰러덕트 안에는 전선에 접속점을 만들지 아니할 것. 다만, 전선을 분기하는 경우 그 접속점을 쉽게 점검할 수 있을 때에는 그러하지 아니하다.

4. 셀룰러덕트 안의 전선을 외부로 인출하는 경우에는 그 셀룰러덕트의 관통 부분에서 전선이 손상될 우려가 없도록 시설할 것

232.33.2. 셀룰러덕트 및 부속품의 선정

1. 강판으로 제작한 것일 것

2. 덕트 끝과 안쪽 면은 전선의 피복이 손상하지 아니하도록 매끈한 것일 것

3. 덕트의 안쪽 면 및 외면은 방청을 위하여 도금 또는 도장을 한 것일 것

4. 셀룰러덕트의 판 두께는 [표 232.33 – 1]에서 정한 값 이상일 것

▶ **표 232.33 – 1 셀룰러덕트의 선정**

덕트의 최대 폭	덕트의 판 두께
150[mm] 이하	1.2[mm]
150[mm] 초과 200[mm] 이하	1.4[mm][KS D 3602(강제 갑판) 중 SDP2, SDP3 또는 SDP2G에 적합한 것은 1.2[mm]]
200[mm] 초과하는 것	1.6[mm]

5. 부속품의 판 두께는 1.6[mm] 이상일 것

232.33.3. 셀룰러덕트 및 부속품의 시설

1. 덕트 상호 간, 덕트와 조영물의 금속 구조체, 부속품 및 덕트에 접속하는 금속체와는 견고하게 또한 전기적으로 완전하게 접속할 것

2. 덕트 및 부속품은 물이 고이는 부분이 없도록 시설할 것

3. 인출구는 바닥 위로 돌출하지 아니하도록 시설하고 또한 물이 스며들지 아니하도록 할 것

4. 덕트의 끝부분은 막을 것

5. 덕트는 접지공사를 할 것

232.40. 케이블트레이시스템

232.41. 케이블트레이공사

케이블트레이공사는 케이블을 지지하기 위하여 사용하는 금속재 또는 불연성 재료로 제작된 유닛 또는 유닛의 집합체 및 그에 부속하는 부속재 등으로 구성된 견고

한 구조물을 말하며 사다리형, 펀칭형, 메시형, 바닥밀폐형 기타 이와 유사한 구조물을 포함하여 적용한다.

232.41.1. 시설 조건

1. 전선은 연피케이블, 알루미늄피 케이블 등 난연성 케이블 또는 기타 케이블(적당한 간격으로 연소방지 조치를 하여야 한다) 또는 금속관 혹은 합성수지관 등에 넣은 절연전선을 사용하여야 한다.
2. (생략)
3. 케이블트레이 안에서 전선을 접속하는 경우에는 전선 접속부분에 사람이 접근할 수 있고 또한 그 부분이 측면 레일 위로 나오지 않도록 하고 그 부분을 절연처리 하여야 한다.
4. 수평으로 포설하는 케이블 이외의 케이블은 케이블 트레이의 가로대에 견고하게 고정시켜야 한다.
5. 저압 케이블과 고압 또는 특고압 케이블은 동일 케이블 트레이 안에 포설하여서는 아니 된다.
6. 수평 트레이에 다심케이블을 포설 시 다음에 적합하여야 한다.
   가. 사다리형, 바닥밀폐형, 펀칭형, 메시형 케이블트레이 내에 다심케이블을 포설하는 경우 이들 케이블의 지름(케이블의 완성품의 바깥지름을 말한다)의 합계는 트레이의 내측폭 이하로 하고 단층으로 포설하여야 한다.
   나. 벽면과의 간격은 20[mm] 이상, 트레이 간 수직간격은 300[mm] 이상 이격하여 설치하여야 한다. 단, 이보다 간격이 좁을 경우 저감계수를 적용하여야 한다.

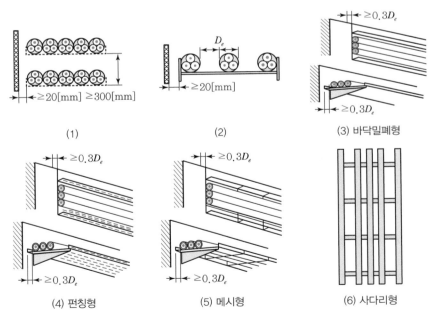

［ 그림 232.41 − 1 수평트레이의 다심케이블 공사방법 ］

232.41.2. 케이블트레이의 선정

1. 수용된 모든 전선을 지지할 수 있는 적합한 강도의 것이어야 한다. 이 경우 케이블 트레이의 안전율은 1.5 이상으로 하여야 한다.
2. 지지대는 트레이 자체 하중과 포설된 케이블 하중을 충분히 견딜 수 있는 강도를 가져야 한다.
3. 전선의 피복 등을 손상시킬 돌기 등이 없이 매끈하여야 한다.
4. 금속재의 것은 적절한 방식처리를 한 것이거나 내식성 재료의 것이어야 한다.
5. 측면 레일 또는 이와 유사한 구조재를 부착하여야 한다.
6. 배선의 방향 및 높이를 변경하는 데 필요한 부속재 기타 적당한 기구를 갖춘 것이어야 한다.
7. 비금속제케이블트레이는 난연성 재료의 것이어야 한다.
8. 금속제 케이블트레이시스템은 기계적 및 전기적으로 완전하게 접속하여야 하며 금속제 트레이는 접지공사를 하여야 한다.
9. 케이블이 케이블트레이시스템에서 금속관, 합성수지관 등 또는 함으로 옮겨가는 개소에는 케이블에 압력이 가하여지지 않도록 지지하여야 한다.
10. 별도로 방호를 필요로 하는 배선부분에는 필요한 방호력이 있는 불연성의 커버 등을 사용하여야 한다.
11. 케이블트레이가 방화구획의 벽, 마루, 천장 등을 관통하는 경우에 관통부는 불연성의 물질로 충전하여야 한다.

232.51. 케이블공사

232.51.1. 케이블공사 시설조건

케이블공사에 의한 저압 옥내배선은 다음에 따라 시설하여야 한다.
1. 전선은 케이블 및 캡타이어케이블일 것
2. 중량물의 압력 또는 현저한 기계적 충격을 받을 우려가 있는 곳에 포설하는 케이블에는 적당한 방호 장치를 할 것
3. 전선을 조영재의 아랫면 또는 옆면에 따라 붙이는 경우에는 전선의 지지점 간의 거리를 케이블은 2[m](사람이 접촉할 우려가 없는 곳에서 수직으로 붙이는 경우에는 6[m]) 이하 캡타이어케이블은 1[m] 이하로 하고 또한 그 피복을 손상하지 아니하도록 붙일 것
4. 관 기타의 전선을 넣는 방호 장치의 금속제 부분·금속제의 전선 접속함 및 전선의 피복에 사용하는 금속체에는 접지공사를 할 것

232.51.2. 콘크리트 직매용 포설

1. 전선은 콘크리트 직매용 케이블일 것
2. 공사에 사용하는 박스는 「전기용품 및 생활용품 안전관리법」의 적용을 받는 금속제이거나 합성 수지제의 것 또는 황동이나 동으로 견고하게 제작한 것일 것

핵심기출문제

케이블트레이공사에 사용되는 케이블트레이는 수용된 모든 전선을 지지할 수 있는 적합한 강도의 것으로서 이 경우 케이블트레이의 안전율은 얼마 이상으로 하여야 하는가?

① 1.1   ② 1.2
③ 1.3   ④ 1.5

해설
케이블트레이의 안전율은 1.5 이상으로 하여야 한다.

정답 ④

핵심기출문제

단면적 8[mm²] 이상의 캡타이어케이블을 조영재의 측면에 따라 붙이는 경우에 전선 지지점 간의 거리의 최대는 몇 [m]인가?

① 60   ② 1
③ 1.5   ④ 2

해설
232.51.1(케이블공사 시설조건) 조항
전선을 조영재의 아랫면 또는 옆면에 따라 붙이는 경우에는 전선의 지지점 간의 거리를 케이블은 2[m](사람이 접촉할 우려가 없는 곳에서 수직으로 붙이는 경우에는 6[m]) 이하 캡타이어케이블은 1[m] 이하로 하고 또한 그 피복을 손상하지 아니하도록 붙일 것

정답 ④

3. 전선을 박스 또는 풀박스 안에 인입하는 경우는 물이 박스 또는 풀박스 안으로 침입하지 아니하도록 적당한 구조의 부싱 또는 이와 유사한 것을 사용할 것

4. 콘크리트 안에는 전선에 접속점을 만들지 아니할 것

232.51.3. 수직 케이블의 포설

전선을 건조물의 전기 배선용의 파이프 샤프트 안에 수직으로 매어 달아 시설하는 저압 옥내배선은 다음에 따라 시설하여야 한다.

　가. 전선은 다음 중 하나에 적합한 케이블일 것

　　　(1) 비닐외장케이블 또는 클로로프렌외장케이블로서 도체에 동을 사용하는 경우는 공칭단면적 25[mm²] 이상, 도체에 알루미늄을 사용한 경우는 공칭단면적 35[mm²] 이상의 것

　　　(2) 강심알루미늄 도체 케이블은 「전기용품 및 생활용품 안전관리법」에 적합할 것

　　　(3) 수직조가용선 부(付) 케이블로서 다음에 적합할 것

　　　　(가) 케이블은 인장강도 5.93[kN] 이상의 금속선 또는 단면적이 22[mm²] 아연도 강연선으로서 단면적 5.3[mm²] 이상의 조가용선을 비닐외장케이블 또는 클로로프렌외장케이블의 외장에 견고하게 붙인 것일 것

　　　　(나) 조가용선은 케이블의 중량(조가용선의 중량을 제외한다)의 4배의 인장강도에 견디도록 붙인 것일 것

　　　(4) 비닐외장케이블 또는 클로로프렌외장케이블의 외장 위에 그 외장을 손상하지 아니하도록 좌상(座床)을 시설하고 또 그 위에 아연도금을 한 철선으로서 인장강도 294[N] 이상의 것 또는 지름 1[mm] 이상의 금속선을 조밀하게 연합한 철선 개장 케이블

　나. 전선 및 그 지지부분의 안전율은 4 이상일 것

　다. 전선 및 그 지지부분은 충전부분이 노출되지 아니하도록 시설할 것

　라. 전선과의 분기부분에 시설하는 분기선은 케이블일 것

　마. 분기선은 장력이 가하여지지 아니하도록 시설하고 또한 전선과의 분기부분에는 진동 방지장치를 시설할 것

232.56. 애자공사

232.56.1. 애자공사 시설조건

1. 전선은 (다음의 경우를 제외하고) 절연전선(옥외용 비닐절연전선 및 인입용 비닐절연전선을 제외한다)일 것

　가. 전기로용 전선

　나. 전선의 피복 절연물이 부식하는 장소에 시설하는 전선

　다. 취급자 이외의 자가 출입할 수 없도록 설비한 장소에 시설하는 전선

2. 전선 상호 간의 간격은 0.06[m] 이상일 것

3. 전선과 조영재 사이의 이격거리는 사용전압이 400[V] 이하인 경우에는 25[mm] 이상, 400[V] 초과인 경우에는 45[mm](건조한 장소에 시설하는 경우에는 25[mm]) 이상일 것

4. 전선의 지지점 간의 거리는 전선을 조영재의 윗면 또는 옆면에 따라 붙일 경우에는 2[m] 이하일 것

5. 사용전압이 400[V] 초과인 것은 (위 4번의 경우를 제외하고는) 전선의 지지점 간의 거리는 6[m] 이하일 것

232.56.2. 애자의 선정

사용하는 애자는 절연성 · 난연성 및 내수성의 것이어야 한다.

232.60. 버스바트렁킹시스템

232.61. 버스덕트공사

232.61.1. 버스덕트공사 시설조건

1. 덕트 상호 간 및 전선 상호 간은 견고하고 또한 전기적으로 완전하게 접속할 것

2. 덕트를 조영재에 붙이는 경우에는 덕트의 지지점 간의 거리를 3[m](취급자 이외의 자가 출입할 수 없도록 설비한 곳에서 수직으로 붙이는 경우에는 6[m]) 이하로 하고 또한 견고하게 붙일 것

3. 덕트(환기형의 것을 제외)의 끝부분은 막을 것

4. 덕트(환기형의 것을 제외)의 내부에 먼지가 침입하지 아니하도록 할 것

5. 덕트는 접지공사를 할 것

6. 습기가 많은 장소 또는 물기가 있는 장소에 시설하는 경우에는 옥외용 버스덕트를 사용하고 버스덕트 내부에 물이 침입하여 고이지 아니하도록 할 것

232.61.2. 버스덕트의 선정

1. 도체는 단면적 20[mm²] 이상의 띠모양, 지름 5[mm] 이상의 관모양이나 둥글고 긴 막대모양의 동 또는 단면적 30[mm²] 이상의 띠모양의 알루미늄을 사용한 것일 것

2. 도체 지지물은 절연성 · 난연성 및 내수성이 있는 견고한 것일 것

3. 덕트는 [표 232.61 – 1]의 두께 이상의 강판 또는 알루미늄판으로 견고히 제작한 것일 것

▶ 표 232.61 – 1 버스덕트의 선정

덕트의 최대 폭[mm]	덕트의 판 두께[mm]		
	강판	알루미늄판	합성수지판
150 이하	1.0	1.6	2.5
150 초과 300 이하	1.4	2.0	5.0
300 초과 500 이하	1.6	2.3	–
500 초과 700 이하	2.0	2.9	–
700 초과하는 것	2.3	3.2	–

232.70. 파워트랙시스템

232.71. 라이팅덕트공사
232.71.1. 라이팅덕트공사 시설조건

핵심기출문제

라이팅덕트공사에 의한 저압 옥내 배선에서 덕트의 지지점 간의 거리는 몇 [m] 이하로 하여야 하는가?

① 2   ② 3
③ 4   ④ 5

해설
라이팅덕트공사 시설조건
• 덕트 상호 간 및 전선 상호 간은 견고하게 또한 전기적으로 완전히 접속할 것
• 덕트는 조영재에 견고하게 붙일 것
• 덕트의 지지점 간의 거리는 2[m] 이하로 할 것
• 덕트의 끝부분은 막을 것
• 덕트의 개구부(Openning Part)는 아래로 향하여 시설할 것
• 덕트는 조영재를 관통하여 시설하지 아니할 것

정답 ①

1. 덕트 상호 간 및 전선 상호 간은 견고하게 또한 전기적으로 완전히 접속할 것
2. 덕트는 조영재에 견고하게 붙일 것
3. 덕트의 지지점 간의 거리는 2[m] 이하로 할 것
4. 덕트의 끝부분은 막을 것
5. 덕트의 개구부(Openning Part)는 아래로 향하여 시설할 것
6. 덕트는 조영재를 관통하여 시설하지 아니할 것
7. 덕트에는 (합성수지 기타의 절연물로 금속재 부분을 피복한 덕트를 사용한 경우를 제외하고) 접지공사를 할 것
8. 덕트를 사람이 용이하게 접촉할 우려가 있는 장소에 시설하는 경우에는 전로에 지락이 생겼을 때에 자동적으로 전로를 차단하는 장치를 시설할 것

232.81. 옥내에 시설하는 저압 접촉전선 배선

1. 이동기중기·자동청소기 그 밖에 이동하며 사용하는 저압의 전기기계기구에 전기를 공급하기 위하여 사용하는 접촉전선(= 저압 접촉전선)을 옥내에 시설하는 경우에는 (기계기구에 시설하는 경우를 제외하고는) 전개된 장소 또는 점검할 수 있는 은폐된 장소에 애자공사 또는 버스덕트공사 또는 절연트롤리공사에 의하여야 한다.

2. 저압 접촉전선을 애자공사에 의하여 옥내의 전개된 장소에 시설하는 경우에는 (기계기구에 시설하는 경우를 제외하고) 다음에 따라야 한다.

   가. 전선의 바닥에서의 높이는 3.5[m] 이상으로 하고 또한 사람이 접촉할 우려가 없도록 시설할 것. 다만, 전선의 최대사용전압이 60[V] 이하이고 또한 건조한 장소에 시설하는 경우로서 사람이 쉽게 접촉할 우려가 없도록 시설하는 경우에는 그러하지 아니하다.

   나. 전선과 건조물 또는 주행 크레인에 설치한 보도·계단·사다리·점검대(전선 전용 점검대로서 취급자 이외의 자가 쉽게 들어갈 수 없도록 자물쇠 장치를 한 것은 제외한다)이거나 이와 유사한 것 사이의 이격거리는 위쪽 2.3[m] 이상, 옆쪽 1.2[m] 이상으로 할 것

   다. 전선은 인장강도 11.2[kN] 이상의 것 또는 지름 6[mm]의 경동선으로 단면적이 28[mm²] 이상인 것일 것. 다만, 사용전압이 400[V] 이하인 경우에는 인장강도 3.44[kN] 이상의 것 또는 지름 3.2[mm] 이상의 경동선으로 단면적이 8[mm²] 이상인 것을 사용할 수 있다.

라. 전선은 (각 지지점에 견고하게 고정시켜 시설하는 경우를 제외하고) 양쪽 끝을 장력에 견디는 애자 장치에 의하여 견고하게 인류(일방향으로 작용하는 장력)할 것

마. 전선의 지지점 간의 거리는 6[m] 이하일 것(다만, 전선을 수평으로 배열하고 전선 상호 간의 간격이 0.4[m] 이상(가요성이 없는 도체를 사용하는 경우 0.28[m] 이상)인 경우 지지점 간의 거리는 12[m] 이하로 할 수 있다.)

바. (생략)

사. 전선과 조영재 사이의 이격거리 및 그 전선에 접촉하는 집전장치의 충전부분과 조영재 사이의 이격거리는 습기가 많은 곳 또는 물기가 있는 곳에 시설하는 것은 45[mm] 이상, 기타의 곳에 시설하는 것은 25[mm] 이상일 것

아. 애자는 절연성, 난연성 및 내수성이 있는 것일 것

234. 조명설비

234.1. 등기구(조명설비)의 시설

234.1.1. 적용범위

저압 조명설비 등을 일반장소에 시설 시 적용한다.

234.1.2. 조명설치의 요구사항

등기구는 제조사의 지침과 관련 아래 항목을 고려하여 설치하여야 한다.

가. 등기구는 다음을 고려하여 설치하여야 한다.
  (1) 시동전류
  (2) 고조파전류
  (3) 보상
  (4) 누설전류
  (5) 최초점화전류
  (6) 전압강하

나. 램프에서 발생되는 모든 주파수 및 과도전류에 관련된 자료를 고려하여 보호방법 및 제어장치를 선정하여야 한다.

234.2. 코드(전선)의 사용

1. 코드는 조명용 전원코드 및 이동전선으로만 사용할 수 있으며, 고정배선으로 사용하여서는 안 된다. 다만, 건조한 곳에 시설하고 내부를 건조한 상태로 사용하는 진열장 등의 내부에 배선할 경우는 고정배선으로 사용할 수 있다.

2. 코드는 사용전압 400[V] 이하의 전로에 사용한다.

234.3. 코드(전선) 및 이동전선

1. 조명용 전원코드 또는 이동전선은 단면적 0.75[mm²] 이상의 코드 또는 캡타이어케이블을 용도에 적합하게 선정하여야 한다.

2. 조명용 전원코드를 비나 이슬에 맞지 않도록 시설하고(옥측에 시설하는 경우에 한한다) 사람이 쉽게 접촉되지 않도록 시설할 경우에는 단면적이 0.75[mm²] 이상인 450/750[V] 내열성 에틸렌아세테이트 고무절연전선을 사용할 수 있다. 이 경우 전구수구의 리드 인출부의 전선간격이 10[mm] 이상인 전구소켓을 사용하는 것은 0.75[mm²] 이상인 450/750[V] 일반용 단심 비닐절연전선을 사용할 수 있다.

3. 옥내에서 조명용 전원코드 또는 이동전선을 습기가 많은 장소 또는 수분이 있는 장소에 시설할 경우에는 고무코드(사용전압이 400[V] 이하인 경우에 한함) 또는 0.6/1[kV] EP 고무 절연 클로로프렌캡타이어케이블로서 단면적이 0.75[mm²] 이상인 것이어야 한다.

234.4. 코드 또는 캡타이어케이블의 접속

234.4.1. 코드 또는 캡타이어케이블과 옥내배선과의 접속

코드 또는 캡타이어케이블과 옥내배선과의 접속은 다음에 의하여 시설하여야 한다.

가. 점검할 수 없는 은폐장소에는 시설하지 말 것

나. 옥내에 시설하는 저압의 이동전선과 저압 옥내배선과의 접속에는 꽂음 접속기 기타 이와 유사한 기구를 사용하여야 한다. 다만, 이동전선을 조가용선에 조가하여 시설하는 경우에는 그러하지 아니하다.

다. 접속점에는 조명기구 및 기타 전기기계기구의 중량이 걸리지 않도록 할 것

234.4.2. 코드 상호 또는 캡타이어케이블 상호의 접속

코드 상호, 캡타이어케이블 상호 또는 이들 상호 간의 접속은 코드접속기, 접속함 및 기타 기구를 사용하여야 한다. 다만, 단면적이 10[mm²] 이상의 캡타이어케이블 상호를 접속하는 경우로 접속부분을 전선의 접속 규정(123 조항)에 따라 시설하고 또한 다음에 의하여 시설할 경우는 적용하지 않는다.

가. 절연피복에는 자기융착성 테이프를 사용하거나 또는 동등 이상의 절연 효력을 갖도록 할 것

나. 접속부분의 외면에는 견고한 금속제의 방호장치를 할 것

234.4.3. 코드 또는 캡타이어케이블과 전기사용 기계기구와의 접속

(생략)

234.5. 콘센트의 시설

1. 콘센트의 정격전압은 사용전압과 다음에 의하여 시설하여야 한다.

가. 노출형 콘센트는 기둥과 같은 내구성이 있는 조영재에 견고하게 부착할 것

나. 콘센트를 조영재에 매입할 경우는 매입형의 것을 견고한 금속제 또는 난연성 절연물로 된 박스 속에 시설할 것

다. 콘센트를 바닥에 시설하는 경우는 방수구조의 플로어박스에 설치하거나 또는 이들 박스의 표면 플레이트에 틀어서 부착할 수 있도록 된 콘센트를 사용할 것

라. 욕조나 샤워시설이 있는 욕실 또는 화장실 등 인체가 물에 젖어 있는 상태에서 전기를 사용하는 장소에 콘센트를 시설하는 경우에는 다음에 따라 시설하여야한다.

 (1)「전기용품 및 생활용품 안전관리법」의 적용을 받는 인체감전보호용 누전차단기(정격감도전류 15[mA] 이하, 동작시간 0.03초 이하의 전류동작형의 것에 한한다) 또는 절연변압기(정격용량 3[kVA] 이하인 것에 한한다)로 보호된 전로에 접속하거나, 인체감전보호용 누전차단기가 부착된 콘센트를 시설하여야 한다.

 (2) 콘센트는 접지극이 있는 방적형 콘센트를 사용하여 접지하여야 한다.

마. 습기가 많은 장소 또는 수분이 있는 장소에 시설하는 콘센트 및 기계기구용 콘센트는 접지용 단자가 있는 것을 사용하여 접지하고 방습 장치를 하여야 한다.

2. 주택의 옥내전로에는 접지극이 있는 콘센트 접지하여야 한다.

234.6. 점멸기의 시설

점멸기는 다음에 의하여 설치하여야 한다.

1. 점멸기는 전로의 비접지측에 시설하고 분기개폐기에 배선차단기를 사용하는 경우는 이것을 점멸기로 대용할 수 있다

2. 노출형의 점멸기는 기둥 등의 내구성이 있는 조영재에 견고하게 설치할 것

3. 점멸기를 조영재에 매입할 경우는 다음 중 어느 하나에 의할 것

 가. 매입형 점멸기는 금속제 또는 난연성 절연물의 박스에 넣어 시설할 것

 나. 점멸기 자체가 그 단자부분 등의 충전부가 노출되지 않도록 견고한 난연성 절연물로 덮여 있는 것은 이것을 벽 등에 견고하게 설치하고 방호 커버를 설치한 경우에 한하여 "가"에 관계없이 박스 사용을 생략할 수 있다.

4. 욕실 내는 점멸기를 시설하지 말 것

5. 가정용전등은 매 등기구마다 점멸이 가능하도록 할 것. 다만, 장식용 등기구(상들리에, 스포트라이트, 간접조명등, 보조등기구 등) 및 발코니 등기구는 예외로 할 수 있다.

6. 공장·사무실·학교·상점 및 기타 이와 유사한 장소의 옥내에 시설하는 전체 조명용 전등은 부분조명이 가능하도록 전등군으로 구분하여 전등군마다 점멸이 가능하도록 하되, 태양광선이 들어오는 창과 가장 가까운 전등은 따로 점멸이 가능하도록 할 것. 다만, 다음의 경우는 적용하지 않는다.

 가. 자동조명제어장치가 설치된 장소

 나. 극장, 영화관, 강당, 대합실, 주차장 기타 이와 유사한 장소로 동시에 많은 인원을 수용하여야 하는 특수장소

 다. 등기구수가 1열로 되어 있고 그 열이 창의 면과 평행이 되는 경우에 창과 가장 가까운 전등

라. 광 천장 조명 또는 간접조명을 위하여 전등을 격등 회로로 시설하는 경우

마. 건물구조가 창문(태양광선이 들어오는 창문을 말한다)이 없거나 공장의 경우 제품의 생산 공정이 연속으로 되는 곳에 설치되어 있는 전등

7. 여인숙을 제외한 객실 수가 30실 이상(「관광진흥법」 또는 「공중위생법」에 의한 관광숙박업 또는 숙박업)인 호텔이나 여관의 각 객실의 조명용 전원에는 출입문 개폐용 기구 또는 집중제어방식을 이용한 자동 또는 반자동의 점멸이 가능한 장치를 할 것. 다만, 타임스위치를 설치한 입구등의 조명용전원은 적용받지 않는다.

8. 다음의 경우에는 센서등(타임스위치 포함)을 시설하여야 한다.

가. 「관광진흥법」과 「공중위생관리법」에 의한 관광숙박업 또는 숙박업(여인숙업을 제외한다)에 이용되는 객실의 입구등은 1분 이내에 소등되는 것

나. 일반주택 및 아파트 각 호실의 현관등은 3분 이내에 소등되는 것

9. 가로등, 보안등 또는 옥외에 시설하는 공중전화기를 위한 조명등용 분기회로에는 주광센서를 설치하여 주광에 의하여 자동점멸 하도록 시설할 것

10. 국부 조명설비는 그 조명대상에 따라 점멸할 수 있도록 시설할 것

234.8. 진열장 또는 이와 유사한 것의 내부 배선

1. 건조한 장소에 시설하고 또한 내부를 건조한 상태로 사용하는 진열장 또는 이와 유사한 것의 내부에 사용전압이 400[V] 이하의 배선을 외부에서 잘 보이는 장소에 한하여 코드 또는 캡타이어케이블로 직접 조영재에 밀착하여 배선할 수 있다.

2. 위 1번의 배선은 단면적 0.75[mm^2] 이상의 코드 또는 캡타이어케이블일 것

234.9. 옥외등

234.9.1. 사용전압

옥외등에 전기를 공급하는 전로의 사용전압은 대지전압을 300[V] 이하로 하여야 한다.

234.9.2 분기회로

옥외등에 전기를 공급하는 분기회로는 212.6.4에 따라 시설하여야 하며 옥내용의 것을 사용해서는 안 된다. 다만, 다음에 의하여 시설할 경우는 적용하지 않는다.

1. 옥외등과 옥내등을 병용하는 분기회로는 20[A] 과전류차단기 분기회로로 할 것

2. 옥내등 분기회로에서 옥외등 배선을 인출할 경우는 인출점 부근에 개폐기 및 과전류차단기를 시설할 것

234.9.4. 옥외등의 인하선

옥외등 또는 그의 점멸기에 이르는 인하선은 사람의 접촉과 전선피복의 손상을 방지하기 위하여 다음 공사방법으로 시설하여야 한다.

1. 애자공사(지표상 2[m] 이상의 높이에서 노출된 장소에 시설할 경우에 한한다)

2. 금속관공사

3. 합성수지관공사

4. 케이블공사(알루미늄피 등 금속제 외피가 있는 것은 목조 이외의 조영물에 시설하는 경우에 한한다)

234.9.5. 기구의 시설
옥외등 공사에 사용하는 기구는 다음에 의하여 시설하여야 한다.
> 가. 개폐기, 과전류차단기, 기타 이와 유사한 기구는 옥내에 시설할 것
> 나. 노출하여 사용하는 소켓 등은 선이 부착된 방수소켓 또는 방수형 리셉터클을 사용하고 하향으로 시설할 것
> 다. 부라켓 등을 부착하는 목대에 삽입하는 절연관은 하향으로 하고 전선을 따라 빗물이 새어 들어가지 않도록 할 것
> 라. 파이프펜던트 및 직부기구는 하향으로 부착하지 말 것. 다만, 처마 밑에 부착하는 것 또는 방수장치가 되어 플렌지 내에 빗물이 스며들 우려가 없는 것은 적용하지 않는다.
> 마. 파이프펜던트 및 직부기구를 상향으로 부착할 경우는 홀더의 최하부에 지름 3[mm] 이상의 물 빼는 구멍을 2개소 이상 만들거나 또는 방수형으로 할 것

234.9.6. 누전차단기
옥측 및 옥외에 시설하는 저압의 전기간판에 전기를 공급하는 전로에는 전로에 지락이 생겼을 때에 자동으로 차단하는 누전차단기를 시설하여야 한다.

234.10. 전주외등
234.10.1. 적용범위
이 규정은 대지전압 300[V] 이하의 형광등, 고압방전등, LED등 등을 배전선로의 지지물 등에 시설하는 경우에 적용한다.

234.10.2. 조명기구 및 부착금구
조명기구(이하 "기구") 및 부착금구는 다음에 적합하여야 한다.
1. 기구는 「전기용품 및 생활용품 안전관리법」 또는 「산업표준화법」에 적합한 것
2. 기구는 광원의 손상을 방지하기 위하여 원칙적으로 갓 또는 글로브가 붙은 것
3. 기구는 전구를 쉽게 갈아 끼울 수 있는 구조일 것
4. 기구의 인출선은 도체단면적이 0.75[mm²] 이상일 것
5. 기구의 부착밴드 및 부착용 부속금구류는 아연도금하여 방식 처리한 강판제 또는 스테인레스제이고, 또한 쉽게 부착할 수도 있고 뗄 수도 있는 것일 것

234.10.3. 배선
1. 배선은 단면적 2.5[mm²] 이상의 절연전선 또는 이와 동등 이상의 절연성능이 있는 것을 사용하고 다음 공사방법 중에서 시설하여야 한다.
> 가. 케이블공사
> 나. 합성수지관공사

다. 금속관공사

2. 배선이 전주에 연한 부분은 1.5[m] 이내마다 새들(Saddle) 또는 밴드로 지지할 것

3. 등주 안에서 전선의 접속은 절연 및 방수성능이 있는 방수형 접속재[레진충전식, 실리콘수밀식(젤타입) 또는 자기융착테이프의 이중절연 등]를 사용하거나 적절한 방수함 안에서 접속할 것

4. 사용전압 400[V] 이하인 관등회로의 배선에 사용하는 전선은 위 1번의 규정에 관계없이 케이블을 사용하거나 이와 동등 이상의 절연성능을 가진 전선을 사용할 것

234.10.4. 누전차단기

가로등, 보안등, 조경등 등으로 시설하는 방전등에 공급하는 전로의 사용전압이 150[V]를 초과하는 경우에는 다음에 따라 시설하여야 한다.

1. 전로에 지락이 생겼을 때에 자동적으로 전로를 차단하는 장치(「전기용품 및 생활용품 안전관리법」의 적용을 받는 것)를 각 분기회로에 시설하여야 한다.

2. 전로의 길이는 상시 충전전류에 의한 누설전류로 인하여 누전차단기가 불필요하게 동작하지 않도록 시설할 것

234.11. 1[kV] 이하 방전등

234.11.1. 적용범위

1. 관등회로의 사용전압이 1[kV] 이하인 방전등을 옥내에 시설할 경우에 적용한다.

2. (생략)

3. 위 1번의 방전등에 전기를 공급하는 전로의 대지전압은 300[V] 이하로 하여야 하며, 다음에 의하여 시설하여야 한다. 다만, 대지전압이 150[V] 이하의 것은 적용하지 않는다.

　가. 방전등은 사람이 접촉될 우려가 없도록 시설할 것

　나. 방전등용 안정기는 옥내배선과 직접 접속하여 시설할 것

234.11.2. 방전등용 안정기

1. 방전등용 안정기는 조명기구에 내장하여야 한다.

　가. 안정기를 견고한 내화성의 외함 속에 넣을 때

　나. 노출장소에 시설할 경우는 외함을 가연성의 조영재에서 0.01[m] 이상 이격하여 견고하게 부착할 것

　다. 간접조명을 위한 벽안 및 진열장 안의 은폐장소에는 외함을 가연성의 조영재에서 10[mm] 이상 이격하여 견고하게 부착하고 쉽게 점검할 수 있도록 시설할 것

2. 방전등용 안정기를 물기 등이 유입될 수 있는 곳에 시설할 경우는 방수형이나 이와 동등한 성능이 있는 것을 사용하여야 한다.

234.11.3. 방전등용 변압기

방전등용 변압기는 다음에 의하여 시설하여야 한다.

1. 관등회로의 사용전압이 400[V] 초과인 경우는 방전등용 변압기를 사용할 것

2. 방전등용 변압기는 **절연변압기**를 사용할 것

234.11.4. 관등회로의 배선

1. 관등회로의 사용전압이 400[V] 이하인 배선은 공칭단면적 2.5[mm²] 이상의 연동선과 이와 동등 이상의 세기 및 굵기의 절연전선(옥외용 비닐절연전선 및 인입용 비닐절연전선은 제외), 캡타이어케이블 또는 케이블을 사용하여 시설하여야 한다. 다만, 방전관에 네온방전관을 사용하는 것은 제외한다.

2. 관등회로의 사용전압이 400[V] 초과이고, 1[kV] 이하인 배선은 그 시설장소에 따라 합성수지관공사 · 금속관공사 · 가요전선관공사나 케이블공사 또는 아래 [표 234.11 - 1] 중 어느 한 방법에 의하여야 한다.

▶ 표 234.11 - 1 관등회로의 공사방법

시설장소의 구분		공사방법
전개된 장소	건조한 장소	애자공사 · 합성수지몰드공사 또는 금속몰드공사
	기타의 장소	애자공사
점검할 수 있는 은폐된 장소	건조한 장소	금속몰드공사

234.11.5 진열장 또는 이와 유사한 것의 내부 관등회로 배선

진열장 안의 관등회로의 배선을 외부로부터 보기 쉬운 곳의 조영재에 접촉하여 시설하는 경우에는 다음에 의하여야 한다.

1. 전선의 사용은 코드(전선) 및 이동전선(234.3 조항)을 따를 것

2. 전선에는 (방전등용 안정기의 리드선 또는 방전등용 소켓 리드선과의 접속점을 이외에는) 접속점을 만들지 말 것

3. 전선의 접속점은 조영재에서 이격하여 시설할 것

4. 전선은 건조한 목재 · 석재 등 기타 이와 유사한 절연성이 있는 조영재에 그 피복을 손상하지 아니하도록 적당한 기구로 붙일 것

5. 전선의 부착점 간의 거리는 1[m] 이하로 하고 배선에는 전구 또는 기구의 중량을 지지하지 않도록 할 것

234.11.9. 접지

1. 방전등용 안정기의 외함 및 등기구의 금속제부분에는 접지공사를 하여야 한다.

2. 상기의 접지공사는 다음에 해당될 경우는 생략할 수 있다.

　　가. 관등회로의 사용전압이 대지전압 150[V] 이하의 것을 건조한 장소에서 시공할 경우

✚ 절연변압기
변압기의 1차측 이상전압으로부터 2차측에 부하를 보호할 목적으로 사용하는 Isolation Type의 변압기이다. 이 변압기는 권선 상호 간 전기적으로 간섭이 전혀 없다. 보통 비접지 계통용으로 접지가 안 되는 변압기이다.

방전등용 변압기의 2차 단락전류나 관등회로의 동작전류가 몇 [mA] 이하인 방전등을 시설하는 경우 방전등용 안정기의 외함 및 방전등용 전등기구의 금속제 부분에 옥내 방전등 공사의 접지공사를 하지 않아도 되는가?(단, 방전등용 안정기를 외함에 넣고 또한 그 외함과 방전등용 안정기를 넣을 방전등용 전등기구를 전기적으로 접속하지 않도록 시설한다고 한다.)

① 25　　　② 50
③ 75　　　④ 100

해설
방전등용 변압기의 2차 단락전류나 관등회로의 동작전류가 50[mA] 이하인 방전등을 시설하는 경우에 방전등용 안정기를 외함에 넣고 그 외함과 방전등용 전등기구를 전기적으로 접속하지 아니하도록 시설할 때에는 접지공사를 하지 아니하여도 된다.

정답 ②

옥내에 네온방전등공사에서 전선의 지지점 간의 거리는 몇 [m] 이하로 시설하여야 하는가?

① 1　　　② 2
③ 3　　　④ 4

해설
관등회로의 배선은 애자공사로 다음에 따라서 시설하여야 한다.
㉠ 전선은 네온관용 전선을 사용할 것
㉡ 배선은 외상을 받을 우려가 없고 사람이 접촉될 우려가 없는 노출장소에 시설할 것
㉢ 전선은 자기 또는 유리제 등의 애자로 견고하게 지지하여 조영재의 아랫면 또는 옆면에 부착하고 또한 다음과 같이 시설할 것
　• 전선 상호 간의 이격거리는 60[mm] 이상일 것
　• 전선지지점 간의 거리는 1[m] 이하로 할 것
　• 애자는 절연성·난연성 및 내수성이 있는 것일 것

정답 ①

나. 관등회로의 사용전압이 400[V] 이하의 것을 사람이 쉽게 접촉될 우려가 없는 건조한 장소에서 시설할 경우로 그 안정기의 외함 및 등기구의 금속제부분이 금속제의 조영재와 전기적으로 접속되지 않도록 시설할 경우

다. 관등회로의 사용전압이 400[V] 이하 또는 변압기의 정격 2차 단락전류 혹은 회로의 동작전류가 50[mA] 이하의 것으로 안정기를 외함에 넣고, 이것을 등기구와 전기적으로 접속되지 않도록 시설할 경우

라. 건조한 장소에 시설하는 목제의 진열장 속에 안정기의 외함 및 이것과 전기적으로 접속하는 금속제부분을 사람이 쉽게 접촉되지 않도록 시설할 경우

234.12. 네온방전등

234.12.1. 네온방전등 적용범위

1. 네온방전등을 옥내, 옥측 또는 옥외에 시설할 경우에 적용한다.

2. 네온방전등에 공급하는 전로의 대지전압은 300[V] 이하로 하여야 하며, 다음에 의하여 시설하여야 한다. 다만, 네온방전등에 공급하는 전로의 대지전압이 150[V] 이하인 경우는 적용하지 않는다.

　가. 네온관은 사람이 접촉될 우려가 없도록 시설할 것

　나. 네온변압기는 옥내배선과 직접 접촉하여 시설할 것

234.12.2. 네온변압기

네온변압기는 다음에 의하는 외에 사람이 쉽게 접촉될 우려가 없는 장소에 위험하지 않도록 시설하여야 한다.

1. 네온변압기는 「전기용품 및 생활용품 안전관리법」의 적용을 받은 것

2. 네온변압기는 2차측을 직렬 또는 병렬로 접속하여 사용하지 말 것. 다만, 조광장치 부착과 같이 특수한 용도에 사용되는 것은 적용하지 않는다.

3. 네온변압기를 우선 외에 시설할 경우는 옥외형의 것을 사용할 것

234.12.3. 관등회로의 배선

관등회로의 배선은 애자공사로 다음에 따라서 시설하여야 한다.

　가. 전선은 네온관용 전선을 사용할 것

　나. 배선은 외상을 받을 우려가 없고 사람이 접촉될 우려가 없는 노출장소에 시설할 것

　다. 전선은 자기 또는 유리제 등의 애자로 견고하게 지지하여 조영재의 아랫면 또는 옆면에 부착하고 또한 다음과 같이 시설할 것. 다만, 전선을 노출장소에 시설할 경우로 공사 여건상 부득이한 경우는 조영재의 윗면에 부착할 수 있다.

　　(1) 전선 상호 간의 이격거리는 60[mm] 이상일 것

　　(2) 전선과 조영재 이격거리는 노출장소에서 아래 [표 234.12 – 1]에 따를 것

전압 구분	이격거리
6[kV] 이하	20[mm] 이상
6[kV] 초과 9[kV] 이하	30[mm] 이상
9[kV] 초과	40[mm] 이상

(3) 전선지지점 간의 거리는 1[m] 이하로 할 것

(4) 애자는 절연성 · 난연성 및 내수성이 있는 것일 것

234.12.5. 접지

네온변압기의 외함, 네온변압기를 넣는 금속함 및 관등을 지지(支持)하는 금속제프레임 등은 접지공사를 한다.

234.14. 수중조명등

234.14.1. 사용전압

수영장 기타 이와 유사한 장소에 사용하는 수중조명등(이하 "수중조명등")에 전기를 공급하기 위하서는 절연변압기를 사용하고, 그 사용전압은 다음에 의하여야 한다.

1. 절연변압기의 1차측 전로의 사용전압은 400[V] 이하일 것
2. 절연변압기의 2차측 전로의 사용전압은 150[V] 이하일 것

234.14.2. 전원장치

수중조명등에 전기를 공급하기 위한 절연변압기는 다음에 적합한 것이어야 한다.

1. 절연변압기의 2차측 전로는 접지하지 말 것
2. 절연변압기는 교류 5[kV]의 시험전압으로 하나의 권선과 다른 권선, 철심 및 외함 사이에 계속적으로 1분간 가하여 절연내력을 시험할 경우, 이에 견디는 것이어야 한다.

234.14.3. 2차측 배선 및 이동전선

수중조명등의 절연변압기의 2차측 배선 및 이동전선은 다음에 의하여 시설하여야 한다.

1. 절연변압기의 2차측 배선은 금속관공사에 의하여 시설할 것
2. 수중조명등에 전기를 공급하기 위하여 사용하는 이동전선은 다음에 의하여 시설하여야 한다.

　가. 접속점이 없는 단면적 2.5[mm^2] 이상의 0.6/1[kV] EP 고무절연 클로프렌 캡타이어케이블일 것

　나. 이동전선은 유영자가 접촉될 우려가 없도록 시설할 것. 또한 외상을 받을 우려가 있는 곳에 시설하는 경우는 금속관에 넣는 등 적당한 외상 보호장치를 할 것

다. 이동전선과 배선과의 접속은 꽂음 접속기를 사용하고 물이 스며들지 않고 또한 물이 고이지 않는 구조의 금속제 외함에 넣어 수중 또는 이에 준하는 장소 이외의 곳에 시설할 것

라. 수중조명등의 용기, 각종 방호장치와 금속제 부분, 금속제 외함 및 배선에 사용하는 금속관과 접지도체와의 접속에 사용하는 꽂음 접속기의 1극은 전기적으로 서로 완전하게 접속할 것

234.14.4. 수중조명등의 시설

1. 수중조명등은 용기에 넣고 또한 이것을 손상 받을 우려가 있는 곳에 시설하는 경우는 방호장치를 시설하여야 한다.

2. (생략)

3. 내수창의 후면에 설치하고 비추는 수중조명은 의도적이든 비의도적이든 상관없이 수중조명등의 노출도전부와 창의 도전부와의 사이에 도전성 접속이 발생하지 않도록 시설해야 한다.

234.14.5. 개폐기 및 과전류차단기

수중조명등의 절연변압기의 2차측 전로에는 개폐기 및 과전류차단기를 각 극에 시설하여야 한다.

234.14.6. 접지

수중조명등의 절연변압기는 그 2차측 전로의 사용전압이 30[V] 이하인 경우는 1차권선과 2차권선 사이에 금속제의 혼촉방지판을 설치하고, 접지공사를 하여야 한다.

234.14.7. 누전차단기

수중조명등의 절연변압기의 2차측 전로의 사용전압이 30[V]를 초과하는 경우에는 그 전로에 지락이 생겼을 때에 자동적으로 전로를 차단하는 정격감도전류 30[mA] 이하의 누전차단기를 시설하여야 한다.

풀장/수영장/수중변압기의 2차측 사용전압
- 사용전압이 30[V] 이하일 경우 : 혼촉방지판 설치, 접지공사
- 사용전압이 30[V] 이상일 경우 : 자동 차단장치 설치, 누전차단기 정격감도전류 30[mA]

234.14.8. 사람 출입의 우려가 없는 수중조명등의 시설

조명등에 전기를 공급하는 전로의 대지전압은 150[V] 이하일 것

234.15. 교통신호등

234.15.1. 사용전압

교통신호등 제어장치의 2차측 배선의 최대사용전압은 300[V] 이하이어야 한다.

234.15.2. 2차측 배선

교통신호등의 2차측 배선(인하선을 제외)은 다음에 의하여 시설하여야 한다.

1. 제어장치의 2차측 배선 중 케이블로 시설하는 경우에는 지중전선로 규정에 따라 시설할 것

2. 전선은 (케이블로 시설하면 예외) 공칭단면적 $2.5[mm^2]$ 연동선과 동등 이상의 세기 및 굵기의 450/750[V] 일반용 단심 비닐절연전선 또는 450/750[V] 내열성에틸렌아세테이트 고무절연전선일 것

3. 제어장치의 2차측 배선 중 전선(케이블로 시설하면 예외)을 조가용선으로 조가하여 시설하는 경우에는 다음에 의할 것

   가. 조가용선은 인장강도 3.7[kN] 이상의 금속선 또는 지름 4[mm] 이상의 아연도철선을 2가닥 이상 꼰 금속선을 사용할 것

   나. "가"에서 규정하는 전선을 매다는 금속선에는 지지점 또는 이에 근접하는 곳에 애자를 삽입할 것

234.15.3. 가공전선의 지표상 높이 등

(생략)

234.15.4. 교통신호등의 인하선

(생략)

234.15.5. 개폐기 및 과전류차단기

교통신호등의 제어장치 전원측에는 전용 개폐기 및 과전류차단기를 각 극에 시설하여야 한다.

234.15.6. 누전차단기

교통신호등 회로의 사용전압이 150[V]를 넘는 경우는 전로에 지락이 생겼을 경우 자동적으로 전로를 차단하는 누전차단기를 시설할 것

234.15.7. 접지

교통신호등의 제어장치의 금속제외함 및 신호등을 지지하는 철주에는 211과 140의 규정에 준하여 접지공사를 하여야 한다.

234.15.8. 조명기구

LED를 광원으로 사용하는 교통신호등의 설치는 LED 교통신호등에 적합할 것

05 (240) 특수설비

241.1. 전기울타리

241.1.1. 전기울타리의 시설제한

전기울타리는 목장·논밭 등 옥외에서 가축의 탈출 또는 야생짐승의 침입을 방지하기 위하여 시설하는 경우를 제외하고는 시설해서는 안 된다.

241.1.2. 전기울타리의 사용전압

전기울타리용 전원장치에 전원을 공급하는 전로의 사용전압은 250[V] 이하이어야 한다.

241.1.3. 전기울타리의 시설

전기울타리는 다음에 의하고 또한 견고하게 시설하여야 한다.

1. 전기울타리는 사람이 쉽게 출입하지 아니하는 곳에 시설할 것
2. 전선은 인장강도 1.38[kN] 이상의 것 또는 지름 2[mm] 이상의 경동선일 것
3. 전선과 이를 지지하는 기둥 사이의 이격거리는 25[mm] 이상일 것
4. 전선과 다른 시설물(가공전선을 제외한다) 또는 수목과의 이격거리는 0.3[m] 이상일 것

241.1.4. 현장조작개폐기

전기울타리에 전기를 공급하는 전로에는 쉽게 개폐할 수 있는 곳에 전용 개폐기를 시설하여야 한다.

241.1.5. 전파장해방지

(생략)

241.1.6. 위험표시

1. 사람이 전기울타리 전선에 접근 가능한 모든 곳에 사람이 보기 쉽도록 적당한 간격으로 경고표시 그림 또는 글자로 위험표시를 하여야 한다.
2. 위험표시판은 다음과 같이 시설하여야 한다.
   가. 크기는 100[mm] × 200[mm] 이상일 것
   나. 경고판 양쪽면의 배경색은 노란색일 것
   다. 경고판 위에 있는 글자색은 검은색이어야 하고, 글자는 "감전주의 : 전기울타리"일 것
   라. 글자는 지워지지 않아야 하고 경고판 양쪽에 새겨져야 하며, 크기는 25[mm] 이상일 것

241.1.7. 접지

1. 전기울타리 전원장치의 외함 및 변압기의 철심은 접지공사를 하여야 한다.

2. 전기울타리의 접지전극과 다른 접지 계통의 접지전극의 거리는 2[m] 이상이어야 한다. 다만, 충분한 접지망을 가진 경우에는 그러하지 아니 한다.

3. 가공전선로의 아래를 통과하는 전기울타리의 금속부분은 교차지점의 양쪽으로부터 5[m] 이상의 간격을 두고 접지하여야 한다.

241.2. 전기욕기

241.2.1. 전기욕기의 전원장치

1. 전기욕기에 전기를 공급하기 위한 전기욕기용 전원장치(내장되는 전원변압기의 2차측 전로의 사용전압이 10[V] 이하의 것에 한한다)는 「전기용품 및 생활용품 안전관리법」에 의한 안전기준에 적합하여야 한다.

2. 전기욕기용 전원장치는 욕실 이외의 건조한 곳으로서 취급자 이외의 자가 쉽게 접촉하지 아니하는 곳에 시설하여야 한다.

241.2.2. 2차측 배선

전기욕기용 전원장치로부터 욕기 안의 전극까지의 배선은 공칭단면적 2.5[mm²] 이상의 연동선과 이와 동등 이상의 세기 및 굵기의 절연전선(옥외용 비닐절연전선을 제외)이나 케이블 또는 공칭단면적이 1.5[mm²] 이상의 캡타이어케이블을 합성수지관공사, 금속관공사 또는 케이블공사에 의하여 시설하거나 또는 공칭단면적이 1.5[mm²] 이상의 캡타이어 코드를 합성수지관(두께가 2[mm] 미만의 합성수지제 전선관 및 난연성이 없는 콤바인 덕트관을 제외)이나 금속관에 넣고 관을 조영재에 견고하게 고정하여야 한다.

241.2.3. 욕기 내의 시설

전기욕기의 전극은 다음에 따라 시설하여야 한다.
  가. 욕기 내의 전극 간의 거리는 1[m] 이상일 것
  나. 욕기 내의 전극은 사람이 쉽게 접촉될 우려가 없도록 시설할 것

241.2.4. 접지

전기욕기용 전원장치의 금속제 외함 및 전선을 넣는 금속관에는 접지공사를 하여야 한다.

241.3. 은(Ag) 이온(ion) 살균장치

241.3.1. 전원장치

1. 은 이온 살균장치에 전기를 공급하기 위해서는 「전기용품 및 생활용품 안전관리법」에 적합한 전기욕기용 전원장치를 사용할 것

2. 은 이온 살균장치에 전기를 공급하기 위하여 사용하는 전기욕기용 전원장치는 욕실 이외의 건조한 장소로서 취급자 이외의 사람이 쉽게 접촉하지 아니하는 장소에 시설할 것

241.3.2. 2차측 배선

전기욕기용 전원장치로부터 욕조 내의 이온 발생기까지의 배선은 공칭단면적이 1.5[mm²] 이상의 캡타이어 코드 또는 이와 동등 이상의 절연성능 및 세기를 갖는 것을 사용하고 합성수지관(두께가 2[mm] 미만의 합성수지제 전선관 및 난연성이 없는 콤바인 덕트관을 제외) 또는 금속관 내에 넣고 관을 조영재에 견고하게 고정하여야 한다.

241.3.3. 이온 발생기

이온 발생기가 설치된 욕조 내의 전극은 사람이 쉽게 접촉할 우려가 없도록 시설하여야 한다.

241.3.4. 접지

전기욕기용 전원장치의 금속제 외함 및 전선을 넣는 금속관에는 접지공사를 하여야 한다.

241.4. 전극식 온천온수기

241.4.1. 사용전압

수관을 통하여 공급되는 온천수의 온도를 올려서 수관을 통하여 욕탕에 공급하는 전극식 온천온수기의 사용전압은 400[V] 이하이어야 한다.

241.4.2. 전원장치

전극식 온천온수기 또는 이에 부속하는 급수펌프에 직결되는 전동기에 전기를 공급하기 위해서는 사용전압이 400[V] 이하인 절연변압기를 다음에 따라 시설하여야 한다.

　가. 절연변압기 2차측 전로에는 전극식 온천온수기 및 이에 부속하는 급수펌프에 직결하는 전동기 이외의 전기사용 기계기구를 접속하지 아니할 것

　나. 절연변압기는 교류 2[kV]의 시험전압을 하나의 권선과 다른 권선, 철심 및 외함 사이에 연속하여 1분간 가하여 절연내력을 시험하였을 때에 이에 견디는 것일 것

241.4.3. 전극식 온천온수기의 시설

전극식 온천온수기의 시설은 다음에 따라 시설하여야 한다.

　가. 전극식 온천온수기의 온천수 유입구 및 유출구에는 차폐장치를 설치할 것. 이 경우 차폐장치와 전극식 온천온수기 및 차폐장치와 욕탕 사이의 거리는 각각 수관에 따라 0.5[m] 이상 및 1.5[m] 이상이어야 한다.

　나. 전극식 온천온수기에 접속하는 수관 중 전극식 온천온수기와 차폐장치 사이 및 차폐장치에서 수관에 따라 1.5[m]까지의 부분은 절연성 및 내수성이 있는 견고한 것일 것. 이 경우 그 부분에는 수도꼭지 등을 시설해서는 안 된다.

다. 전극식 온천온수기에 부속하는 급수펌프는 전극식 온천온수기와 차폐장치
    사이에 시설하고 또한 그 급수펌프 및 이에 직결하는 전동기는 사람이 쉽게
    접촉될 우려가 없도록 시설할 것

라. 전극식 온천온수기 및 차폐장치의 외함은 절연성 및 내수성이 있는 견고한
    것일 것

241.4.4. 개폐기 및 과전류차단기

전극식 온천온수기 전원장치의 절연변압기 1차측 전로에는 개폐기 및 과전류차단
기를 각 극(과전류차단기는 다선식의 중성극을 제외)에 시설하여야 한다.

241.4.5. 접지

전극식 온천온수기 전원장치의 절연변압기 철심 및 금속제 외함과 차폐장치의 전
극에는 접지공사를 하여야 한다. 이 경우에 차폐장치 접지공사의 접지극은 (수도관
로를 접지극으로 사용하는 경우를 제외하고) 다른 접지공사의 접지극과 공용해서
는 안 된다.

241.5. 전기온상 등(Light)

전기온상 등(식물의 재배 또는 양잠·부화·육추 등의 용도로 사용하는 전열장치
를 말하며 「전기용품 및 생활용품 안전관리법」의 적용을 받는 것을 제외한다)은 다
음에 따라 시설하여야 한다.

241.5.1. 전기온상의 사용전압

전기온상에 전기를 공급하는 전로의 대지전압은 300[V] 이하일 것

241.5.2. 전기온상의 발열선(Heating Line)의 시설

전기온상의 발열선의 시설은 다음에 의하여 시설하여야 한다.

가. 발열선 및 발열선에 직접 접속하는 전선은 전기온상선(Electric Hotbed Wire)
    일 것

나. 발열선은 그 온도가 80[℃]를 넘지 않도록 시설할 것

다. 발열선 및 발열선에 직접 접속하는 전선은 손상을 받을 우려가 있는 경우에
    는 적당한 방호장치를 할 것

라. 발열선은 다른 전기설비·약전류전선 등 또는 수관·가스관이나 이와 유사
    한 것에 전기적·자기적 또는 열적인 장해를 주지 않도록 시설할 것

마. 발열선 혹은 발열선에 직접 접속하는 전선의 피복에 사용하는 금속체 또는
    방호장치의 금속제 부분에는 접지공사를 하여야 한다.

바. 전기온상 등에 전기를 공급하는 전로에는 전용 개폐기 및 과전류차단기를
    각 극(과전류차단기에서 다선식전로의 중성극을 제외)에 시설하여야 한다.

PART 06

핵심기출문제

전기온상용 발열선은 그 온도가 몇 [℃]를 넘지 않도록 시설하여야 하는가?

① 50   ② 60
③ 80   ④ 100

해설

전기온상의 발열선의 시설은 다음
에 의하여 시설하여야 한다.

• 발열선 및 발열선에 직접 접속하
  는 전선은 전기온상선(Electric
  Hotbed Wire) 일 것

• 발열선은 그 온도가 80[℃]를 넘
  지 않도록 시설할 것

정답 ③

241.6. 엑스선 발생장치

(생략)

241.7. 전격살충기

241.7.1. 전격살충기의 시설

전격살충기는 다음에 의하여 시설하여야 한다.

핵심기출문제

전격살충기의 전격격자는 지표 또는 바닥에서 몇 [m] 이상의 높은 곳에 시설하여야 하는가?

① 1.5   ② 2
③ 2.8   ④ 3.5

해설
241.7.1(전격살충기의 시설) 조항
전격살충기의 전격격자(전기충격 격자)는 지표 또는 바닥에서 3.5[m] 이상의 높은 곳에 시설할 것

정답 ④

가. 전격살충기는 「전기용품 및 생활용품 안전관리법」의 적용을 받는 것일 것

나. 전격살충기의 전격격자(전기충격 격자)는 지표 또는 바닥에서 3.5[m] 이상의 높은 곳에 시설할 것. 다만, 2차측 개방전압이 7[kV] 이하의 절연변압기를 사용하고 또한 보호격자의 내부에 사람의 손이 들어갔을 경우 또는 보호격자에 사람이 접촉될 경우 절연변압기의 1차측 전로를 자동적으로 차단하는 보호장치를 시설한 것은 지표 또는 바닥에서 1.8[m]까지 감할 수 있다.

다. 전격살충기의 전격격자와 다른 시설물(가공전선은 제외) 또는 식물과의 이격거리는 0.3[m] 이상일 것

241.7.3. 개폐기(Switch)

전격살충기에 전기를 공급하는 전로는 전용의 개폐기를 전격살충기에 가까운 장소에서 쉽게 개폐할 수 있도록 시설하여야 한다.

241.7.4. 위험표시

전격살충기를 시설한 장소는 위험표시를 하여야 한다.

241.8. 유희용 전차

241.8.1. 사용전압

유희용 전차(유원지·유회장 등의 구내에서 유희용으로 시설하는 것을 말한다)에 전기를 공급하기 위하여 사용하는 변압기의 1차 전압은 400[V] 이하이어야 한다.

241.8.2. 전원장치

유희용 전차에 전기를 공급하는 전원장치는 다음에 의하여 시설하여야 한다.

가. 전원장치의 2차측 단자의 최대사용전압은 직류의 경우 60[V] 이하, 교류의 경우 40[V] 이하일 것

나. 전원장치의 변압기는 절연변압기일 것

241.8.3. 2차측 배선

유희용 전차의 전원장치에 있어서 2차측 회로의 배선은,

가. 접촉전선은 제3레일 방식에 의하여 시설할 것

나. 변압기·정류기 등과 레일 및 접촉전선을 접속하는 전선 및 접촉전선 상호간을 접속하는 전선은 (케이블공사에 의하여 시설하는 경우를 제외하고) 사람이 쉽게 접촉할 우려가 없도록 시설할 것

241.8.4. 전차 내 전로의 시설

1. 유희용 전차의 전차내의 전로는 취급자 이외의 사람이 쉽게 접촉될 우려가 없도록 시설하여야 한다.
2. 유희용 전차의 전차 내에서 승압하여 사용하는 경우는 다음에 의하여 시설하여야 한다.
   가. 변압기는 절연변압기를 사용하고 2차 전압은 150[V] 이하로 할 것
   나. 변압기는 견고한 함 내에 넣을 것
   다. 전차의 금속제 구조부는 레일과 전기적으로 완전하게 접촉되게 할 것

241.8.5. 개폐기

유희용 전차에 전기를 공급하는 전로에는 전용의 개폐기를 시설하여야 한다.

241.8.6. 전로의 절연

1. 유희용 전차에 전기를 공급하는 접촉전선과 대지 사이의 절연저항은 사용전압에 대한 누설전류가 레일의 연장 1[km]마다 100[mA]를 넘지 않도록 유지하여야 한다.
2. 유희용 전차 안의 전로와 대지 사이의 절연저항은 사용전압에 대한 누설전류가 규정 전류의 5,000분의 1을 넘지 않도록 유지하여야 한다.

241.10. 아크 용접기

이동형의 용접 전극을 사용하는 아크 용접장치는 다음에 따라 시설하여야 한다.
   가. 용접변압기는 절연변압기일 것
   나. 용접변압기의 1차측 전로의 대지전압은 300[V] 이하일 것
   다. 용접변압기의 1차측 전로에는 용접 변압기에 가까운 곳에 쉽게 개폐할 수 있는 개폐기를 시설할 것
   라. 용접변압기의 2차측 전로 중 용접변압기로부터 용접전극에 이르는 부분 및 용접변압기로부터 피용접재에 이르는 부분(전기기계기구 안의 전로를 제외)은 다음에 의하여 시설할 것
      (1) 전선은 용접용 케이블 또는 용접용 케이블에 적합한 것 또는 캡타이어케이블(용접변압기로부터 용접전극에 이르는 전로는 0.6/1[kV] EP 고무절연 클로로프렌 캡타이어케이블에 한한다)일 것
      (2) 전로는 용접 시 흐르는 전류를 안전하게 통할 수 있는 것일 것
      (3) 중량물이 압력 또는 현저한 기계적 충격을 받을 우려가 있는 곳에 시설하는 전선에는 적당한 방호장치를 할 것
   마. 용접기 외함 및 피용접재 또는 이와 전기적으로 접속되는 받침대 · 정반 등의 금속체는 접지공사를 하여야 한다.

241.11. 파이프라인 등의 전열장치

241.11.1. 사용전압

1. 파이프라인 등(도관 및 기타의 시설물에 의하여 액체를 수송하는 시설의 총체를 말한다)의 전열장치 중 전류를 직접 흘려서 파이프라인 등 자체를 발열체로 하는 장치(이하 "직접 가열장치")를 시설하는 경우 발열체에 전기를 공급하는 전로의 사용전압은 교류(주파수가 60[Hz])의 저압이어야 한다.

2. (생략)

3. 파이프라인 등의 전열장치 중 발열선(Heating Line)을 파이프라인 등 자체에 고정하여 시설하는 경우 발열선에 전기를 공급하는 전로의 사용전압은 400[V] 이하로 하여야 한다.

241.11.2. 전원장치의 시설

1. 직접 가열장치에 전기를 공급하기 위해 전용의 절연변압기를 사용하고 또한 그 변압기의 부하측 전로는 접지해서는 안 된다.

2. 표피전류 가열장치에 전기를 공급하기 위해 전용의 절연변압기를 사용하고 또한 그 변압기부터 발열선에 이르는 전로는 접지해서는 안 된다.

241.11.3. 발열선 등의 시설

1. 직접 가열장치에 있어서 발열체의 시설은 다음에 의하여야 한다.

　가. (생략)

　나. 발열체는 그 온도가 피 가열 액체의 발화 온도의 80[%]를 넘지 아니하도록 시설할 것

　다. 발열체 상호 간의 접속은 용접 또는 프렌지 접합에 의할 것

　라. 발열체에는 슈를 직접 붙이지 아니할 것

　마. 발열체 상호 간의 프렌지 접합부 및 발열체와 통기관·드레인관 등의 부속물과의 접속부분에는 발열체가 발생하는 열에 충분히 견디는 절연물을 삽입할 것

2. 표피전류 가열장치에 있어서 발열선은 그 온도가 피가열액체의 발화온도의 80[%]를 넘지 아니하도록 시설할 것

3. 파이프라인 등 자체에 발열선을 고정하여 시설하는 경우 발열선은 그 온도가 80[℃]를 넘지 아니하도록 시설할 것

241.11.5. 전열장치의 시설제한

파이프라인 등에 시설하는 전열장치는 다음에 의하여야 한다.

　가. 전열장치는 다른 전기설비·약전류전선·광섬유케이블·다른 파이프라인 또는 가스관이나 이와 유사한 것에 전기적·자기적 또는 열적인 장해를 주지 않도록 시설할 것

　나. 전열장치에는 사람이 접촉할 우려가 없도록 절연물로 충분히 피복할 것

다. 파이프라인 등에는 사람이 보기 쉬운 곳에 전열장치가 시설되어 있음을 표시할 것

241.11.6. 개폐기 및 과전류차단기
(생략)

241.11.7. 접지
파이프라인 등의 전열장치에 접지공사를 하여야 한다.

241.11.8. 누전차단기
파이프라인 등의 전열장치에 전기를 공급하는 전로는 누전차단기를 시설하여야 한다.

241.12. 도로 등의 전열장치

241.12.1. 도로, 주차장 또는 조영물의 조영재에 고정시켜 시설하는 경우
발열선을 도로(농로 기타 교통이 빈번하지 아니하는 도로 및 횡단보도교를 포함), 주차장 또는 조영물의 조영재에 고정시켜 시설하는 경우에는 다음에 따라야 한다.

 가. 발열선에 전기를 공급하는 전로의 대지전압은 300[V] 이하일 것

 나. 발열선은 미네럴인슈레이션(MI) 케이블이나 규정된 발열선으로서 노출 사용하지 아니하는 것은 B종 발열선을 사용한다.

 다. (생략)

 라. (생략)

 마. (생략)

 바. 발열선은 사람이 접촉할 우려가 없고 또한 손상을 받을 우려가 없도록 콘크리트 기타 견고한 내열성이 있는 것 안에 시설할 것

 사. 발열선은 그 온도가 80[℃]를 넘지 아니하도록 시설할 것. 다만, 도로 또는 옥외주차장에 금속피복을 한 발열선을 시설할 경우에는 발열선의 온도를 120[℃] 이하로 할 수 있다.

 아. 발열선은 다른 전기설비·약전류전선 등 또는 수관·가스관이나 이와 유사한 것에 전기적·자기적 또는 열적인 장해를 주지 아니하도록 시설할 것

 자. (생략)

 차. 발열선 또는 발열선에 직접 접속하는 전선의 피복에 사용하는 금속체에는 접지공사를 하여야 한다.

 카. 발열선에 전기를 공급하는 전로에는 전용 개폐기 및 과전류차단기를 각 극(과전류차단기는 다선식 전로의 중성극을 제외)에 시설하고 또한 전로에 지락이 생겼을 때에 자동적으로 전로를 차단하는 장치를 시설할 것

241.12.3. 전열 보드 또는 전열 시트의 시설
전열 보드 또는 전열 시트를 조영물의 조영재에 고정시켜 시설하는 경우에는 다음에 따라 시설하여야 한다.

핵심기출문제

발열선을 도로, 주차장 또는 조영물의 조영재에 고정시켜 시설하는 경우, 발열선에 전기를 공급하는 전로의 대지전압은 몇 [V] 이하이어야 하는가?

① 220[V] ② 300[V]
③ 380[V] ④ 600[V]

해설

발열선을 도로(농로 기타 교통이 빈번하지 아니하는 도로 및 횡단보도교를 포함한다). 주차장 또는 조영물의 조영재에 고정시켜 시설하는 경우에는 다음에 따라야 한다.

· 발열선에 전기를 공급하는 전로의 대지전압은 300[V] 이하일 것
· 발열선은 미네럴인슈레이션(MI) 케이블이나 규정된 발열선으로서 노출 사용하지 아니하는 것은 B종 발열선을 사용한다.
· 발열선은 사람이 접촉할 우려가 없고 또한 손상을 받을 우려가 없도록 콘크리트 기타 견고한 내열성이 있는 것 안에 시설할 것
· 발열선은 그 온도가 80[℃]를 넘지 아니하도록 시설할 것. 다만, 도로 또는 옥외주차장에 금속피복을 한 발열선을 시설할 경우에는 발열선의 온도를 120[℃] 이하로 할 수 있다.

정답 ②

가. 전열 보드 또는 전열 시트에 전기를 공급하는 전로의 사용전압은 300[V] 이하일 것

나. 전열 보드 또는 전열 시트는 「전기용품 및 생활용품 안전관리법」의 적용을 받는 것일 것

다. 전열 보드의 금속제 외함 또는 전열 시트의 금속 피복에는 접지공사를 할 것

241.14. 소세력회로(= 약전기회로)

전자개폐기의 조작회로 또는 초인벨·경보벨 등에 접속하는 전로로서 최대사용전압이 60[V] 이하인 것. 이하 "소세력회로"라 한다.

241.14.1. 사용전압

소세력회로에 전기를 공급하기 위한 절연변압기의 사용전압은 대지전압 300[V] 이하로 하여야 한다.

241.14.2. 전원장치

1. 소세력회로에 전기를 공급하기 위한 변압기는 절연변압기이어야 한다.

2. 위 1번의 절연변압기의 2차 단락전류는 소세력회로의 최대사용전압에 따라 [표 241.14−1]에서 정한 값 이하의 것일 것

▶ 표 241.14−1 절연변압기의 2차 단락전류 및 과전류차단기의 정격전류

소세력회로의 최대사용전압의 구분	2차 단락전류	과전류차단기의 정격전류
15[V] 이하	8[A]	5[A]
15[V] 초과 30[V] 이하	5[A]	3[A]
30[V] 초과 60[V] 이하	3[A]	1.5[A]

241.14.3. 소세력회로의 배선

1. 소세력회로의 전선을 조영재에 붙여 시설하는 경우에는 다음에 의하여 시설하여야 한다.

가. 전선은 (케이블, 통신용 케이블인 경우를 제외하고는) 공칭단면적 1[mm²] 이상의 연동선 또는 이와 동등 이상의 세기 및 굵기의 것일 것

나. 전선은 코드·캡타이어케이블 또는 케이블일 것

다. 전선이 손상을 받을 우려가 있는 곳에 시설하는 경우에는 적절한 방호장치를 할 것

라. (생략)

마. 전선을 금속망 또는 금속판을 사용한 목조 조영물에 시설하는 경우에는 전선을 금속제의 방호장치에 넣어 시설하는 경우 또는 전선이 금속피복으로 되어 있는 케이블인 경우에 해당할 때에는 다음과 같이 시설한다.

　(1) 목조 조영물의 금속망 또는 금속판과 다음의 것과는 전기적으로 접속하지 아니하도록 시설할 것

(가) 전선을 넣는 금속제의 방호장치 등에 사용하는 금속제 부분

(나) 케이블공사에 사용하는 관 기타의 방호장치의 금속제 부분 또는 금속제의 전선 접속함

(다) 케이블의 피복에 사용하는 금속제

(2) 전선을 금속망 또는 금속판을 사용한 목재 조영재를 관통하는 경우에는 그 부분의 금속망 또는 금속판을 충분히 절개하고 금속제 방호장치 및 금속피복케이블에 내구성이 있는 절연관을 끼우거나 내구성이 있는 절연테이프를 감아서 금속망 또는 금속관과 전기적으로 접속하지 아니하도록 시설할 것

바. 전선은 금속제의 수관·가스관 또는 이와 유사한 것과 접촉되지 않도록 시설할 것

2. 소세력회로의 전선을 지중에 시설하는 경우는 다음에 의하여 시설하여야 한다.

가. 전선은 450/750[V] 일반용 단심 비닐절연전선, 캡타이어케이블 또는 케이블을 사용할 것

나. 전선을 차량 기타 중량물의 압력에 견디는 견고한 관·트라프 기타의 방호장치에 넣어서 시설하는 경우를 제외하고는 매설깊이를 0.3[m](차량 기타 중량물의 압력을 받을 우려가 있는 장소에 시설하는 경우는 1.0[m]) 이상으로 하고 또한 케이블을 사용하여 시설하는 경우 이외에는 전선의 상부를 견고한 판 또는 홈통으로 덮어서 손상을 방지할 것

3. (생략)

4. 소세력회로의 전선을 가공으로 시설하는 경우에는 다음에 의하여 시설하여야 한다.

가. 전선은 인장강도 508[N/mm²] 이상의 것 또는 지름 1.2[mm]의 경동선일 것

나. (생략)

다. 전선이 케이블인 경우에는 지름 3.2[mm]의 아연도금 철선 또는 이와 동등 이상의 세기의 금속선으로 매달아 시설할 것

라. 전선의 높이는 다음에 의할 것

(1) 도로를 횡단하는 경우는 지표면상 6[m] 이상

(2) 철도 또는 궤도를 횡단하는 경우는 레일면상 6.5[m] 이상

(3) (1) 및 (2) 이외의 경우는 지표상 4[m] 이상. 다만, 전선을 도로 이외의 곳에 시설하는 경우로서 위험의 우려가 없는 경우는 지표상 2.5[m]까지 감할 수 있다.

마. (생략)

바. 전선의 지지점 간의 거리는 15[m] 이하일 것

241.16. 전기부식방지 시설

전기부식방지 시설은 지중 또는 수중에 시설하는 금속체(＝피방식체)의 부식을 방지하기 위해 지중 또는 수중에 시설하는 양극과 피방식체 간에 방식전류를 통하는 시설을 말한다.

241.16.1. 사용전압

전기부식방지용 전원장치에 전기를 공급하는 전로의 사용전압은 저압이어야 한다.

241.16.2. 전원장치

전기부식방지용 전원장치는 다음에 적합한 것이어야 한다.

가. 전원장치는 견고한 금속제의 외함에 넣을 것

나. 변압기는 절연변압기이고, 또한 교류 1[kV]의 시험전압을 하나의 권선과 다른 권선·철심 및 외함과의 사이에 연속적으로 1분간 가하여 절연내력을 시험하였을 때 이에 견디는 것일 것

241.16.3. 전기부식방지 회로의 전압 등

1. 전기부식방지 회로의 사용전압은 직류 60[V] 이하일 것
2. 양극(Anode)은 지중에 매설하거나 수중에서 쉽게 접촉할 우려가 없는 곳에 시설할 것
3. 지중에 매설하는 양극의 매설깊이는 0.75[m] 이상일 것
4. 수중에 시설하는 양극과 그 주위 1[m] 이내의 거리에 있는 임의점과의 사이의 전위차는 10[V]를 넘지 아니할 것
5. 지표 또는 수중에서 1[m] 간격의 임의의 2점 간의 전위차가 5[V]를 넘지 아니할 것

241.16.4. 2차측 배선

전기부식방지용 전원장치의 2차측 단자에서부터 양극·피방식체 및 대지를 포함한 전기부식방지 회로의 배선은 다음에 의하여 시설하여야 한다.

가. 전기부식방지 회로의 전선 중 가공으로 시설하는 부분은 (저압 가공전선로 규정에 준하는 것 이외에는) 다음에 의하여 시설할 것

(1) 전선은 (케이블인 경우를 제외하고) 지름 2[mm]의 경동선 또는 이와 동등 이상의 세기 및 굵기의 옥외용 비닐절연전선 이상의 절연성능이 있는 것일 것

(2) 전기부식방지 회로의 전선과 저압 가공전선을 동일 지지물에 시설하는 경우는 전기부식방지 회로의 전선을 하단에 별개의 완금류에 의하여 시설하고, 또한 저압 가공전선과의 이격거리는 0.3m 이상으로 할 것. 다만, 전기부식방지 회로의 전선 또는 저압 가공전선이 케이블인 경우는 해당되지 않는다.

나. 전기부식방지 회로의 전선 중 지중에 시설하는 부분은 다음에 의하여 시설할 것

(1) 전선은 공칭단면적 4.0[mm²]의 연동선 또는 이와 동등 이상의 세기 및 굵기의 것일 것. 다만, 양극에 부속하는 전선은 공칭단면적 2.5[mm²] 이상의 연동선 또는 이와 동등 이상의 세기 및 굵기의 것을 사용할 수 있다.

(2) 전선은 450/750[V] 일반용 단심 비닐절연전선·클로로프렌외장 케이블·비닐외장 케이블 또는 폴리에틸렌외장 케이블일 것

다. 전기부식방지 회로의 전선 중 지상의 입상부분에는("나"의 (1) 및 (2)의 규정에 준하는 것을 제외하고) 지표상 2.5[m] 미만의 부분에는 사람이 접촉할 우려가 없고 또한 손상을 받을 우려가 없도록 적당한 방호장치를 할 것

라. 전기부식방지 회로의 전선 중 수중에 시설하는 부분은 "나"의 (1) 및 (2)의 규정에 의할 것

241.16.5. 개폐기 및 과전류차단기

전기부식방지용 전원장치의 1차측 전로는 개폐기 및 과전류차단기를 각 극에 시설하여야 한다.

241.16.6. 접지

전기부식방지용 전원장치의 외함은 접지공사를 하여야 한다.

241.17. 전기자동차 전원설비

전기자동차의 전원공급설비에 사용하는 전로의 전압은 저압으로 한다.

241.17.1. 적용 범위

전력계통으로부터 교류의 전원을 입력받아 전기자동차에 전원을 공급하기 위한 분전반, 배선(전로), 충전장치(이동식 및 무선식 포함) 및 충전케이블 등의 전기자동차 충전설비에 적용한다.

241.17.2. 전기자동차 전원공급 설비의 저압전로 시설

전기자동차를 충전하기 위한 저압전로는 다음에 따라 시설하여야 한다.

가. 전용의 개폐기 및 과전류차단기를 각 극에 시설하고 또한 전로에 지락이 생겼을 때 자동적으로 그 전로를 차단하는 장치를 시설하여야 한다.

나. 옥내에 시설하는 저압용 배선기구의 시설은 다음에 따라 시설하여야 한다.
(1) 옥내에 시설하는 저압용의 배선기구는 그 충전 부분이 노출되지 아니하도록 시설하여야 한다. 다만, 취급자 이외의 자가 출입할 수 없도록 시설한 곳에서는 그러하지 아니하다.
(2) 옥내에 시설하는 저압용의 비포장 퓨즈는 불연성의 것으로 제작한 함 또는 안쪽면 전체에 불연성의 것을 사용하여 제작한 함의 내부에 시설하여야 한다.
(가) 극과 극 사이에는 개폐하였을 때 또는 퓨즈가 용단되었을 때 생기는 아크가 다른 극에 미치지 않도록 절연성의 격벽을 시설한 것일 것
(나) 커버는 내(耐)아크성의 합성수지로 제작한 것이어야 하며 또한 진동에 의하여 떨어지지 않는 것일 것
(3) 옥내의 습기가 많은 곳 또는 물기가 있는 곳에 시설하는 저압용의 배선기구에는 방습장치를 하여야 한다.

(4) 옥내에 시설하는 저압용의 배선기구에 전선을 접속하는 경우에는 나사로 고정시키거나 기타 이와 동등 이상의 효력이 있는 방법에 의하여 견고하게 또한 전기적으로 완전히 접속하고 접속점에 장력이 가하여 지지 아니하도록 하여야 한다.

(5) 저압 콘센트는 접지극이 있는 콘센트를 사용하여 접지하여야 한다.

241.17.3. 전기자동차의 충전장치 시설

1. 전기자동차의 충전장치는 다음에 따라 시설하여야 한다.

가. 충전부분이 노출되지 않도록 시설하고, 외함은 접지공사를 할 것

나. 외부 기계적 충격에 대한 충분한 기계적 강도(IK08 이상)를 갖는 구조일 것

다. 침수 등의 위험이 있는 곳에 시설하지 말아야 하며, 옥외에 설치 시 강우 · 강설에 대하여 충분한 방수 보호등급(IPX4 이상)을 갖는 것일 것

라. 분진이 많은 장소, 가연성 가스나 부식성 가스 또는 위험물 등이 있는 장소에 시설하는 경우에는 통상의 사용 상태에서 부식이나 감전 · 화재 · 폭발의 위험이 없도록 시설할 것

마. 충전장치에는 전기자동차 전용임을 나타내는 표지를 쉽게 보이는 곳에 설치할 것

바. 전기자동차의 충전장치는 쉽게 열 수 없는 구조일 것

사. 전기자동차의 충전장치 또는 충전장치를 시설한 장소에는 위험표시를 쉽게 보이는 곳에 표지할 것

아. 전기자동차의 충전장치는 부착된 충전 케이블을 거치할 수 있는 거치대 또는 충분한 수납공간(옥내 0.45[m] 이상, 옥외 0.6[m] 이상)을 갖는 구조이며, 충전 케이블은 반드시 거치할 것

자. 충전장치의 충전 케이블 인출부는 옥내용의 경우 지면으로부터 0.45[m] 이상 1.2[m] 이내에, 옥외용의 경우 지면으로부터 0.6[m] 이상에 위치할 것

241.17.4. 전기자동차의 충전 케이블 및 부속품 시설

충전 케이블 및 부속품(플러그와 커플러를 말한다)은 다음에 따라 시설하여야 한다.

가. 충전장치와 전기자동차의 접속에는 연장코드를 사용하지 말 것

나. 충전장치와 전기자동차의 접속에는 자동차 어댑터(자동차 커넥터와 자동차 인렛 사이에 연결되는 장치 또는 부속품을 말한다)를 사용할 수 있다.

다. 충전 케이블은 유연성이 있는 것으로서 통상의 충전전류를 흘릴 수 있는 충분한 굵기의 것일 것

라. 전기자동차 커플러[충전 케이블과 전기자동차를 접속 가능하게 하는 장치로서 충전 케이블에 부착된 커넥터(Connector)와 전기자동차의 인렛(Inlet) 두 부분으로 구성되어 있다는 다음에 적합할 것

(1) 다른 배선기구와 대체 불가능한 구조로서 극성이 구분이 되고 접지극이 있는 것일 것

(2) 접지극은 투입 시 제일 먼저 접속되고, 차단 시 제일 나중에 분리되는 구조일 것

(3) 의도하지 않은 부하의 차단을 방지하기 위해 잠금 또는 탈부착을 위한 기계적 장치가 있는 것일 것

(4) 전기자동차 커넥터(충전 케이블에 부착되어 있으며, 전기자동차 접속구에 접속하기 위한 장치를 말한다)가 전기자동차 접속구로부터 분리될 때 충전 케이블의 전원공급을 중단시키는 인터록 기능이 있는 것일 것

마. 전기자동차 커넥터 및 플러그(충전 케이블에 부착되어 있으며, 전원측에 접속하기 위한 장치를 말한다)는 낙하 충격 및 눌림에 대한 충분한 기계적 강도를 가진 것일 것

242. 특수 장소

242.1. 방전등 공사의 시설 제한

242.1.1. 옥내 방전등 공사의 시설 제한

1. 관등회로의 사용전압이 400[V] 초과인 방전등은 [242.2 조항의 장소]부터 [242.5 조항의 장소]에 해당하는 곳에 시설해서는 안 된다.

2. 관등회로의 사용전압이 1[kV]를 초과하는 방전등으로서 방전관에 네온방전관 이외의 것을 사용한 것은 기계기구의 구조상 그 내부에 안전하게 시설할 수 있는 경우에 시설하고 (방전관에 사람이 접촉할 우려가 없도록 시설하는 경우를 제외하고) 옥내에 시설해서는 안 된다.

242.2. 분진 위험장소

242.2.1. 폭연성 분진 위험장소

폭연성 분진(마그네슘·알루미늄·티탄·지르코늄 등의 먼지가 쌓여 있는 상태에서 불이 붙었을 때에 폭발할 우려가 있는 것을 말한다) 또는 화약류의 분말이 전기설비가 발화원이 되어 폭발할 우려가 있는 곳에 시설하는 저압 옥내 전기설비는 다음에 따르고 또한 위험의 우려가 없도록 시설하여야 한다.

가. 저압 옥내배선, 저압 관등회로 배선 및 소세력회로의 전선(= 저압 옥내배선 등)은 금속관공사 또는 케이블공사(캡타이어케이블을 사용하는 것을 제외)에 의할 것

나. 금속관공사에 의하는 때에는 다음에 의하여 시설할 것

(1) 금속관은 박강 전선관(= 관이 얇은 전선관) 또는 이와 동등 이상의 강도를 가지는 것일 것

(2) 박스 기타의 부속품 및 풀박스는 쉽게 마모·부식 기타의 손상을 일으킬 우려가 없는 패킹을 사용하여 먼지가 내부에 침입하지 아니하도록 시설할 것

(3) 관 상호 간 및 관과 박스 기타의 부속품·풀박스 또는 전기기계기구와는 5턱 이상 나사조임으로 접속하는 방법 기타 이와 동등 이상의 효력이 있는 방법에 의하여 견고하게 접속하고 또한 내부에 먼지가 침입하지 아니하도록 접속할 것

(4) 전동기에 접속하는 부분에서 가요성을 필요로 하는 부분의 배선에는 방폭형의 부속품 중 분진 방폭형 유연성 부속을 사용할 것

다. 케이블공사에 의하는 때에는 다음에 의하여 시설할 것

(1) 전선은 (개장된 케이블 또는 미네럴인슈레이션 케이블을 사용하는 경우를 제외하고) 관 기타의 방호장치에 넣어 사용할 것

(2) 전선을 전기기계기구에 인입할 경우에는 패킹 또는 충진제를 사용하여 인입구로부터 먼지가 내부에 침입하지 아니하도록 하고 또한 인입구에서 전선이 손상될 우려가 없도록 시설할 것

라. 이동 전선은접속점이 없는 0.6/1[kV] EP 고무절연 클로로프렌 캡타이어케이블을 사용하고 또한 손상을 받을 우려가 없도록 시설할 것

마. 전선과 전기기계기구는 진동에 의하여 헐거워지지 아니하도록 견고하고 또한 전기적으로 완전하게 접속할 것

바. 전기기계기구는 분진 방폭 특수 방진 구조로 되어 있을 것

사. 백열전등 및 방전등용 전등기구는 조영재에 직접 견고하게 붙일 것

아. 전동기는 과전류가 생겼을 때에 폭연성 분진에 착화할 우려가 없도록 시설할 것

242.2.2. 가연성 분진 위험장소

가연성 분진(소맥분·전분·유황 기타 가연성의 먼지로 공중에 떠다니는 상태에서 착화하였을 때에 폭발할 우려가 있는 것을 말하며 폭연성 분진을 제외한다)에 전기설비가 발화원이 되어 폭발할 우려가 있는 곳에 시설하는 저압 옥내 전기설비는 다음에 따르고 또한 위험의 우려가 없도록 시설하여야 한다.

가. 저압 옥내배선 등은 합성수지관공사·금속관공사 또는 케이블공사에 의할 것

나. 합성수지관공사에 의하는 때에는 다음에 의하여 시설할 것

(1) 합성수지관 및 박스 기타의 부속품은 손상을 받을 우려가 없도록 시설할 것

(2) 박스 기타의 부속품 및 풀 박스는 쉽게 마모·부식 기타의 손상이 생길 우려가 없는 패킹을 사용하는 방법, 틈새의 깊이를 길게 하는 방법, 기타 방법에 의하여 먼지가 내부에 침입하지 아니하도록 시설할 것

(3) 관과 전기기계기구는 관 상호 간 및 박스와는 관을 삽입하는 깊이를 관의 바깥지름의 1.2배(접착제를 사용하는 경우에는 0.8배) 이상으로 하고 또

한 꽂음 접속에 의하여 견고하게 접속할 것

    (4) 전동기에 접속하는 부분에서 가요성을 필요로 하는 부분의 배선에는 분진 방폭형 유연성 부속을 사용할 것

다. 금속관공사에 의하는 때에는 관 상호 간 및 관과 박스 기타 부속품 · 풀 박스 또는 전기기계기구와는 5턱 이상 나사 조임으로 접속하는 방법 기타 또는 이와 동등 이상의 효력이 있는 방법에 의하여 견고하게 접속할 것

라. 케이블공사에 의하는 때에는 전선을 전기기계기구에 인입할 경우에는 인입구에서 먼지가 내부로 침입하지 아니하도록 하고 또한 인입구에서 전선이 손상될 우려가 없도록 시설할 것

마. 이동 전선은 접속점이 없는 0.6/1[kV] EP 고무절연 클로로프렌 캡타이어케이블 또는 0.6/1[kV] 비닐절연 비닐 캡타이어케이블을 사용하고 또한 손상을 받을 우려가 없도록 시설할 것

바. 전기기계기구는 분진방폭형 보통 방진구조로 되어 있을 것

242.2.3. 먼지가 많은 그 밖의 위험장소

먼지가 많은 곳에 시설하는 저압 옥내전기설비는 다음에 따라 시설하여야 한다. 다만, 유효한 제진장치를 시설하는 경우에는 그러하지 아니하다.

가. 저압 옥내배선 등은 애자공사 · 합성수지관공사 · 금속관공사 · 유연성전선관공사 · 금속덕트공사 · 버스덕트공사(환기형의 덕트를 사용하는 것을 제외한다) 또는 케이블공사에 의하여 시설할 것

나. 전기기계기구로서 먼지가 부착함으로써 온도가 비정상적으로 상승하거나 절연성능 또는 개폐 기구의 성능이 나빠질 우려가 있는 것에는 방진장치를 할 것

다. 면 · 마 · 견 기타 타기 쉬운 섬유의 먼지가 있는 곳에 전기기계기구를 시설하는 경우에는 먼지가 착화할 우려가 없도록 시설할 것

라. 전선과 전기기계기구는 진동에 의하여 헐거워지지 아니하도록 견고하고 또한 전기적으로 완전하게 접속할 것

242.2.4. 분진 방폭 특수 방진구조

1. 용기(전기기계기구의 외함 · 외피 · 보호커버 등 그 전기기계기구의 방폭 성능을 유지하기 위한 포피부분을 말하며 단자함을 제외)는 전폐구조로서 전기가 통하는 부분이 외부로부터 손상을 받지 아니하도록 한 것일 것

2. 용기의 전부 또는 일부에 유리 · 합성수지 등 손상을 받기 쉬운 재료가 사용되고 있는 경우에는 이들의 재료가 사용되고 있는 곳을 보호하는 장치를 붙일 것

3. 볼트 · 너트 · 작은 나사 · 틀어 끼는 덮개 등의 부재로서 용기의 방폭 성능의 유지를 위하여 필요한 것은 일반 공구로는 쉽게 풀거나 조작할 수 없도록 한 구조여야 하며, 헐거워짐 방지를 한 구조(＝헐거워짐 방지구조)일 것

4. (생략)

5. (생략)

6. (생략)

7. 용기의 일부에 관통나사를 사용하거나 용기의 일부가 틀어 끼는 결합방식으로 결합되어 있는 것으로서 나사 결합부분을 통하여 외부로부터 먼지가 침입할 우려가 있는 경우에는 5턱 이상의 나사결합이나 패킹 또는 스톱너트를 사용하는 등의 방법으로 외부로부터 먼지가 침입하지 아니하도록 한 구조일 것

8. 용기 외면의 온도상승 한도의 값은 용기 외부의 폭연성 먼지에 착화할 우려가 없는 값일 것

9. 단자함은 부재상호 간의 접합면에 패킹을 붙이는 방법 또는 이와 동등 이상의 방폭 성능을 유지할 수 있는 방법으로 외부로부터 먼지가 침입하지 아니하도록 한 구조일 것

242.2.5. 분진 방폭형 보통 방진구조

1. 용기는 전폐구조로서 전기를 통하는 부분이 외부로부터 손상을 받지 아니하도록 한 구조일 것

2. 용기의 전부 또는 일부에 유리·합성수지 등 손상을 받기 쉬운 재료가 사용되고 있는 경우에는 이들의 재료가 사용되고 있는 곳을 보호하는 장치를 붙일 것

3. 볼트·너트·작은 나사·틀어 끼우는 덮개 등의 부재로 용기의 성능을 유지하기 위하여 필요한 것으로서 사용 중 헐거워질 우려가 있는 것은 헐거워짐 방지구조로 한 것일 것

4. (생략)

5. 조작축과 용기 사이의 접합면은 패킹누르기 또는 패킹 눌리개를 사용하여 그 접합면에 패킹을 붙이는 방법, 조작축의 바깥쪽에 고무 카버를 붙이는 방법 등에 의하여 외부로부터 먼지가 침입하지 아니하도록 한 구조일 것

6. (생략)

7. 용기를 관통하는 나사구멍과 볼트 또는 작은 나사와는 5턱 이상의 나사 결합으로 된 것일 것

242.3. 가연성 가스 등의 위험장소

242.3.1. 가스증기 위험장소

가연성 가스 또는 인화성 물질의 증기(＝가스 등)가 누출되거나 체류하여 전기설비가 발화원이 되어 폭발할 우려가 있는 곳에 있는 저압 옥내전기설비는 다음에 따르고 또한 위험의 우려가 없도록 시설하여야 한다.

　가. 금속관공사에 의하는 때에는 다음에 의할 것

　　(1) 관 상호 간 및 관과 박스 기타의 부속품·풀 박스 또는 전기기계기구와는 5턱 이상 나사 조임으로 접속하는 방법 또는 기타 이와 동등 이상의 효력

이 있는 방법에 의하여 견고하게 접속할 것

    (2) 전동기에 접속하는 부분으로 가요성을 필요로 하는 부분의 배선에는 방폭의 부속품 중 내압의 방폭형 또는 안전증가 방폭형의 유연성 부속을 사용할 것

나. 케이블공사에 의하는 때에는 전선을 전기기계기구에 인입할 경우에는 인입구에서 전선이 손상될 우려가 없도록 할 것

다. 저압 옥내배선 등을 넣는 관 또는 덕트는 이들을 통하여 가스 등이 여기에서 규정하는 장소 이외의 장소에 누출되지 아니하도록 시설할 것

라. 이동 전선은 접속점이 없는 0.6/1[kV] EP 고무 절연 클로로프렌 캡타이어케이블을 사용하며, 전선을 전기기계기구에 인입할 경우에는 인입구에서 먼지가 내부로 침입하지 아니하도록 하고 또한 인입구에서 전선이 손상될 우려가 없도록 시설할 것

242.4. 위험물 등이 존재하는 장소

셀룰로이드·성냥·석유류 기타 타기 쉬운 위험한 물질(＝위험물)을 제조하거나 저장하는 곳에 시설하는 저압 옥내 전기설비는 다음에 따르고 또한 위험의 우려가 없도록 시설하여야 한다.

가. 이동전선은 접속점이 없는 0.6/1[kV] EP 고무 절연 클로로프렌 캡타이어케이블 또는 0.6/1[kV] 비닐 절연 비닐캡타이어케이블을 사용하고 또한 (손상을 받을 우려가 없도록 시설하는 경우를 제외하고) 이동전선을 전기기계기구에 인입할 경우에는 인입구에서 손상을 받을 우려가 없도록 시설할 것

나. 통상의 사용 상태에서 불꽃 또는 아크를 일으키거나 온도가 현저히 상승할 우려가 있는 전기기계기구는 위험물에 착화할 우려가 없도록 시설할 것

242.5. 화약류 저장소 등의 위험장소

242.5.1. 화약류 저장소에서 전기설비의 시설

1. 화약류 저장소 안에는 전기설비를 시설해서는 안 된다. 다만, 조명기구에 전기를 공급하기 위한 전기설비를 제외하고, 다음에 따라 시설하는 경우에는 그러하지 아니하다.

가. 전로에 대지전압은 300[V] 이하일 것

나. 전기기계기구는 전폐형의 것일 것

다. 케이블을 전기기계기구에 인입할 때에는 인입구에서 케이블이 손상될 우려가 없도록 시설할 것

2. 화약류 저장소 안의 전기설비에 전기를 공급하는 전로에는 화약류 저장소 이외의 곳에 전용 개폐기 및 과전류차단기를 각 극에 취급자 이외의 자가 쉽게 조작할 수 없도록 시설하고 또한 전로에 지락이 생겼을 때에 자동적으로 전로를 차단하거나 경보하는 장치를 시설하여야 한다.

PART 06

242.5.2. 화약류 제조소에서 전기설비 시설

1. 가연성 가스 또는 증기가 존재하여 전기설비가 점화원이 되어 폭발될 우려가 있는 장소에 시설하는 화약류 제조소 내의 전기설비는 가스증기 위험장소(242.3.1 조항)와 같이 위험의 우려가 없도록 시설하여야 한다.

2. 화약류의 분말이 존재하여 전기설비가 점화원이 되어서 폭발될 우려가 있는 장소에 시설하는 화약류 제조소 내의 전기설비는 폭연성 분진 위험장소(242.2.1 조항)의 규정에 따라 시설하여야 한다.

3. 위 1번과 2번 이외의 곳에 시설하는 화약류를 제조하는 건물 내 또는 화약류를 제조하는 건물을 제외한 화약류가 있는 장소에 시설하는 저압 옥내 전기설비는 다음에 따라야 한다.

　　가. 전열 기구 이외의 전기기계기구는 전폐형의 것일 것

　　나. 전열 기구는 시스선 및 기타의 충전부가 노출되어 있지 아니한 발열체를 사용한 것이어야 하며 또한 온도의 현저한 상승 및 기타의 위험이 생길 우려가 있는 경우에 전로를 자동적으로 차단하는 장치가 되어 있는 것일 것

242.6. 전시회, 쇼 및 공연장의 전기설비

242.6.1. 적용범위

전시회, 쇼 및 공연장 기타 이들과 유사한 장소에 시설하는 저압전기설비에 적용한다.

242.6.2. 사용전압

무대 · 무대마루 밑 · 오케스트라 박스 · 영사실 기타 사람이나 무대 도구가 접촉할 우려가 있는 곳에 시설하는 저압 옥내배선, 전구선 또는 이동전선은 사용전압이 400[V] 이하이어야 한다.

242.6.3. 배선설비

1. 배선용 케이블은 구리 도체로 최소단면적이 1.5[mm²]이다.

2. 무대마루 밑에 시설하는 전구선은 300/300[V] 편조 고무코드 또는 0.6/1[kV] EP 고무 절연 클로로프렌 캡타이어케이블이어야 한다.

242.6.4. 이동전선

1. 이동전선은 0.6/1[kV] EP 고무 절연 클로로프렌 캡타이어케이블 또는 0.6/1[kV] 비닐 절연 비닐캡타이어케이블이어야 한다.

2. 보더라이트에 부속된 이동 전선은 0.6/1[kV] EP 고무 절연 클로로프렌 캡타이어케이블이어야 한다.

242.6.5. 플라이덕트

　　가. 플라이덕트는 다음에서 정하는 표준에 적합한 것일 것

　　　　(1) 내부배선에 사용하는 전선은 절연전선 또는 이와 동등 이상의 절연성능이 있는 것일 것

(2) 덕트는 두께 0.8[mm] 이상의 철판 또는 다음에 적합한 것으로 견고하게 제작한 것일 것

  (가) 덕트의 재료는 금속재일 것

  (나) 덕트에 사용하는 철판 이외의 금속 두께는 다음 계산식에 의하여 계산한 것일 것

$$t \geq \frac{270}{\sigma} \times 0.8$$

    t : 사용금속판 두께[mm]

    σ : 사용금속판의 인장강도[N/mm^2]

(3) 덕트의 안쪽 면은 전선의 피복을 손상하지 아니하도록 돌기 등이 없는 것일 것

(4) 덕트의 안쪽 면과 외면은 녹이 슬지 않게 하기 위하여 도금 또는 도장을 한 것일 것

(5) 덕트의 끝부분은 막을 것

나. 플라이덕트 안의 전선을 외부로 인출할 경우는 0.6/1[kV] 비닐절연 비닐캡타이어케이블을 사용하고 또한 플라이덕트의 관통 부분에서 전선이 손상될 우려가 없도록 시설할 것

다. 플라이덕트는 조영재 등에 견고하게 시설할 것

242.6.6. 기타 전기기기

(생략)

242.6.7. 개폐기 및 과전류차단기

1. 무대 · 무대마루 밑 · 오케스트라 박스 및 영사실의 전로에는 전용 개폐기 및 과전류차단기를 시설하여야 한다.

2. 무대용의 콘센트 박스 · 플라이덕트 및 보더라이트의 금속제 외함에는 접지공사를 하여야 한다.

3. 비상조명을 제외한 조명용 분기회로 및 정격 32[A] 이하의 콘센트용 분기회로는 정격감도전류 30[mA] 이하의 누전차단기로 보호하여야 한다.

242.7. 터널, 갱도 기타 이와 유사한 장소

242.7.1. 사람이 상시 통행하는 터널 안의 배선의 시설

사람이 상시 통행하는 터널 안의 배선은 그 사용전압이 저압의 것에 한하고 또한 다음에 따라 시설하여야 한다.

가. 전선은 공칭단면적 2.5[mm^2]의 연동선과 동등 이상의 세기 및 굵기의 절연전선(옥외용 비닐절연전선 및 인입용 비닐절연전선을 제외한다)을 사용하여 애자공사에 의하여 시설하고 또한 이를 노면상 2.5[m] 이상의 높이로 할 것

나. 전로에는 터널의 입구에 가까운 곳에 전용 개폐기를 시설할 것

242.7.2. 광산 기타 갱도 안의 시설

1. 광산 기타 갱도 안의 배선은 사용전압이 저압 또는 고압의 것에 한하고 또한 다음에 따라 시설하여야 한다.
   - 가. 저압 배선은 케이블공사에 의하여 시설할 것. 다만, 사용전압이 400[V] 이하인 저압 배선에 공칭단면적 2.5[mm²] 연동선과 동등 이상의 세기 및 굵기의 절연전선을 사용하고 전선 상호 간의 사이를 적당히 떨어지게 하고 또한 암석 또는 목재와 접촉하지 않도록 절연성·난연성 및 내수성의 애자로 이를 지지할 경우에는 그러하지 아니하다.
   - 나. 고압 배선은 케이블을 사용하고 또한 관 기타의 케이블을 넣는 방호장치의 금속제 부분·금속제의 전선 접속함 및 케이블의 피복에 사용하는 금속체에는 접지공사를 하여야 한다.
   - 다. 전로에는 갱 입구에 가까운 곳에 전용 개폐기를 시설할 것
2. 광산 기타의 갱도 내에 시설하는 저압 또는 고압이 전기설비에 준용한다.

242.7.4. 터널 등의 전구선 또는 이동전선 등의 시설

1. 터널 등에 시설하는 사용전압이 400[V] 이하인 저압의 전구선 또는 이동전선은 다음과 같이 시설하여야 한다.
   - 가. 전구선은 단면적 0.75[mm²] 이상의 300/300[V] 편조 고무코드 또는 0.6/1[kV] EP 고무 절연 클로로프렌 캡타이어케이블일 것
   - 나. 이동전선은 (용접용 케이블을 사용하는 경우를 제외하고) 300/300[V] 편조 고무코드, 비닐 코드 또는 캡타이어케이블일 것
   - 다. 전구선 또는 이동전선을 현저히 손상시킬 우려가 있는 곳에 설치하는 경우에는 가요성 전선관에 넣어 보호조치를 할 것
2. 터널 등에 시설하는 사용전압이 400[V] 초과인 저압의 이동전선은 0.6/1[kV] EP 고무 절연 클로로프렌 캡타이어케이블로서 단면적이 0.75[mm²] 이상인 것일 것
3. (생략)
4. (생략)
5. (생략)
6. 특고압의 이동전선은 터널 등에 시설해서는 안 된다.

242.8. 이동식 숙박차량 정박지, 야영지 및 이와 유사한 장소

242.8.1. 적용범위

레저용 숙박차량·텐트 또는 이동식 숙박차량 정박지의 이동식 주택, 야영장 및 이와 유사한 장소(이동식 숙박차량 정박지)에 전원을 공급하기 위한 회로에만 적용한다.

242.8.2. 일반특성의 평가

1. TN 계통에서는 레저용 숙박차량·텐트 또는 이동식 주택에 전원을 공급하는 최종 분기회로에는 PEN 도체가 포함되어서는 아니 된다.

2. 표준전압은 220/380[V]를 초과해서는 아니 된다.

242.8.3. 안전을 위한 보호

감전에 대한 보호는 211의 규정을 준용하되 다음에 대한 보호는 사용하여서는 아니 된다.

  가. 장애물에 의한 보호

  나. 접촉범위(Arm's Reach) 밖에 두는 것에 의한 보호

  다. 비도전성 장소에 의한 보호

  라. 비접지 국부 등전위 접속에 의한 보호

242.8.5. 배선방식

1. 이동식 숙박차량 정박지에 전원을 공급하기 위하여 시설하는 배선은 지중케이블 및 가공케이블 또는 가공절연전선을 사용하여야 한다.

2. 지중케이블은 추가적인 기계적 보호가 제공되지 않는 한 손상(텐트 고정말뚝, 지면 고정앵커 또는 차량의 이동에 의한 손상 등)을 방지하기 위하여 매설 깊이를 차량 기타 중량물의 압력을 받을 우려가 있는 장소에는 1.0[m] 이상, 기타 장소에는 0.6[m] 이상으로 하여야 한다.

3. 가공케이블 또는 가공절연전선은 다음에 적합하여야 한다.

  가. 모든 가공전선은 절연되어야 한다.

  나. 가공배선을 위한 전주 또는 다른 지지물은 차량의 이동에 의하여 손상을 받지 않는 장소에 설치하거나 손상을 받지 아니하도록 보호되어야 한다.

  다. 가공전선은 차량이 이동하는 모든 지역에서 지표상 6[m], 다른 모든 지역에서는 4[m] 이상의 높이로 시설하여야 한다.

242.8.6. 전원자동차단에 의한 고장보호장치

1. 누전차단기

  가. 모든 콘센트는 정격감도전류가 30[mA] 이하인 누전차단기(중성선을 포함한 모든 극이 차단되는 것)에 의하여 개별적으로 보호되어야 한다.

  나. 이동식 주택 또는 이동식 조립주택에 공급하기 위해 고정 접속되는 최종분기회로는 정격감도전류가 30[mA] 이하인 누전차단기(중성선을 포함한 모든 극이 차단되는 것)에 의하여 개별적으로 보호되어야 한다.

2. 과전류에 대한 보호장치

  가. 모든 콘센트는 과전류보호장치로 개별적으로 보호하여야 한다.

  나. 이동식 주택 또는 이동식 조립주택에 전원 공급을 위한 고정 접속용의 최종분기회로는 과전류보호장치로 개별적으로 보호하여야 한다.

242.8.7. 단로장치

각 배전반에는 적어도 하나의 단로장치를 설치하여야 한다. 이 장치는 중성선을 포함하여 모든 충전도체를 분리하여야 한다.

242.8.8. 콘센트 시설

콘센트는 다음에 따라 시설하여야 한다.

가. (생략)

나. 모든 콘센트는 이동식 숙박차량의 정박구획 또는 텐트 구획에 가깝게 시설
되어야 하며, 배전반 또는 별도의 외함 내에 설치되어야 한다.

다. 긴 연결코드로 인한 위험을 방지하기 위하여 하나의 외함 내에는 4개 이하의
콘센트를 조합 배치하여야 한다.

라. 모든 이동식 숙박차량의 정박구획 또는 텐트구획은 적어도 하나의 콘센트가
공급되어야 한다.

마. 정격전압 200[V]~250[V], 정격전류 16[A] 단상 콘센트가 제공되어야 한다.

바. 콘센트는 지면으로부터 0.5[m]~1.5[m] 높이에 설치하여야 한다. 가혹한 환
경조건의 특수한 경우에는 정해진 최대높이 1.5[m]를 초과하는 것이 허용된
다. 이러한 경우 플러그의 안전한 삽입 및 분리가 보장되어야 한다.

242.10. 의료장소

242.10.1. 적용범위

의료장소[병원이나 진료소 등에서 환자의 진단·치료(미용치료 포함)·감시·간호
등의 의료행위를 하는 장소를 말한다]는 의료용 전기기기의 장착부의 사용방법에
따라 다음과 같이 구분한다.

가. 그룹 0 : 일반병실, 진찰실, 검사실, 처치실, 재활치료실 등 장착부를 사용하
지 않는 의료장소

나. 그룹 1 : 분만실, MRI실, X선 검사실, 회복실, 구급처치실, 인공투석실, 내시
경실 등 장착부를 환자의 신체 외부 또는 심장 부위를 제외한 환자의 신체
내부에 삽입시켜 사용하는 의료장소

다. 그룹 2 : 관상동맥질환 처치실(심장카테터실), 심혈관조영실, 중환자실(집중
치료실), 마취실, 수술실, 회복실 등 장착부를 환자의 심장 부위에 삽입 또는
접촉시켜 사용하는 의료장소

242.10.2. 의료장소별 계통접지

의료장소별로 다음과 같이 계통접지를 적용한다.

가. 그룹 0 : TT 계통 또는 TN 계통

나. 그룹 1 : TT 계통 또는 TN 계통

다. 그룹 2 : 의료 IT 계통

라. 의료장소에 TN 계통을 적용할 때에는 주배전반 이후의 부하 계통에서는 TN
−C 계통으로 시설하지 말 것

242.10.3. 의료장소의 안전을 위한 보호설비

의료장소의 안전을 위한 보호설비는 다음과 같이 시설한다.

가. 그룹 1 및 그룹 2의 의료 IT 계통은 다음과 같이 시설할 것

　　(1) 전원측에 절연변압기를 설치하고 그 2차측 전로는 접지하지 말 것

　　(2) 비단락보증 절연변압기는 함 속에 설치하여 충전부가 노출되지 않도록 하고 의료장소의 내부 또는 가까운 외부에 설치할 것

　　(3) 비단락보증 절연변압기의 2차측 정격전압은 교류 250[V] 이하로 하며 공급방식은 단상 2선식, 정격출력은 10[kVA] 이하로 할 것

　　(4) 3상 부하에 대한 전력공급이 요구되는 경우 비단락보증 3상 절연변압기를 사용할 것

　　(5) 비단락보증 절연변압기의 과부하 전류 및 초과 온도를 지속적으로 감시하는 장치를 적절한 장소에 설치할 것

　　(6) 의료 IT 계통의 절연상태를 지속적으로 계측, 감시하는 절연감시장치를 설치하고 절연저항이 50[kΩ]까지 감소하면 표시설비 및 음향설비로 경보를 발하도록 할 것

　　(7) 의료 IT 계통의 분전반은 의료장소의 내부 혹은 가까운 외부에 설치할 것

　　(8) 의료 IT 계통에 접속되는 콘센트는 TT 계통 또는 TN 계통에 접속되는 콘센트와 혼용됨을 방지하기 위하여 적절하게 구분 표시할 것

나. 배선용 콘센트를 사용하되, 플러그가 빠지지 않는 구조의 콘센트가 필요한 경우에는 걸림형을 사용한다.

다. 그룹 1과 그룹 2의 의료장소에 무영등 등을 위한 특별저압(SELV 또는 PELV) 회로를 시설하는 경우에는 사용전압은 교류 실효값 25[V] 또는 리플프리(Ripple-free)직류 60[V] 이하로 할 것

라. 의료장소의 전로에는 정격감도전류 30[mA] 이하, 동작시간 0.03초 이내의 누전차단기를 설치할 것. 다만, 다음의 경우는 그러하지 아니하다.

　　(1) 의료 IT 계통의 전로

　　(2) TT 계통 또는 TN 계통에서 전원자동차단에 의한 보호가 의료행위에 중대한 지장을 초래할 우려가 있는 회로에 누전경보기를 시설하는 경우

　　(3) 의료장소의 바닥으로부터 2.5[m]를 초과하는 높이에 설치된 조명기구의 전원회로

　　(4) 건조한 장소에 설치하는 의료용 전기기기의 전원회로

242.10.4. 의료장소 내의 접지설비

의료장소와 의료장소 내의 전기설비 및 의료용 전기기기의 노출도전부, 그리고 계통외도전부에 대하여 다음과 같이 접지설비를 시설하여야 한다.

가. 의료장소마다 그 내부 또는 근처에 등전위본딩 바를 설치할 것. 다만, 인접하는 의료장소와의 바닥 면적 합계가 50[m²] 이하인 경우에는 등전위본딩 바를 공용할 수 있다.

나. 의료장소 내에서 사용하는 모든 전기설비 및 의료용 전기기기의 노출도전부
는 보호도체에 의하여 등전위본딩 바에 각각 접속되도록 할 것

다. (생략)

라. 접지도체는 다음과 같이 시설할 것

(1) 접지도체의 공칭단면적은 등전위본딩 바에 접속된 보호도체 중 가장 큰
것 이상으로 할 것

(2) 철골, 철근콘크리트 건물에서는 철골 또는 2조 이상의 주철근을 접지도체
의 일부분으로 활용할 수 있다.

마. 보호도체, 등전위 본딩도체 및 접지도체의 종류는 450/750[V] 일반용 단심
비닐절연전선으로서 절연체의 색이 녹/황의 줄무늬이거나 녹색인 것을 사
용할 것

242.10.5. 의료장소 내의 비상전원

상용전원 공급이 중단될 경우 의료행위에 중대한 지장을 초래할 우려가 있는 전기
설비 및 의료용 전기기기에 비상전원을 공급하여야 한다.

가. 절환시간 0.5초 이내에 비상전원을 공급하는 장치 또는 기기

(1) 0.5초 이내에 전력공급이 필요한 생명유지장치

(2) 그룹 1 또는 그룹 2의 의료장소의 수술등, 내시경, 수술실 테이블, 기타 필
수 조명

나. 절환시간 15초 이내에 비상전원을 공급하는 장치 또는 기기

(1) 15초 이내에 전력공급이 필요한 생명유지장치

(2) 그룹 2의 의료장소에 최소 50[%]의 조명, 그룹 1의 의료장소에 최소 1개의
조명

다. 절환시간 15초를 초과하여 비상전원을 공급하는 장치 또는 기기

(1) 병원기능을 유지하기 위한 기본 작업에 필요한 조명

(2) 그 밖의 병원 기능을 유지하기 위하여 중요한 기기 또는 설비

243. 저압 옥내 직류전기설비

243.1.1. 저압 옥내 직류전기설비의 전기품질

1. 저압 옥내 직류전로에 교류를 직류로 변환하여 공급하는 경우에 직류는 리플프
리 직류이어야 한다.

2. 위 1번에 따라 직류를 공급하는 경우의 고조파 전류는 한계값(16[A] < 상당입력
전류 < 75[A])에서 정한 값 이하이어야 한다.

243.1.3. 저압 직류과전류차단장치

1. 저압 직류전로에 과전류차단장치를 시설하는 경우 직류단락전류를 차단하는 능
력을 가지는 것이어야 하고 "직류용" 표시를 하여야 한다.

2. 다중전원전로의 과전류차단기는 모든 전원을 차단할 수 있도록 시설하여야 한다.

243.1.4. 저압 직류지락차단장치

저압 직류전로에 지락이 생겼을 때 자동으로 전로를 차단하는 장치를 시설하여야 하며 "직류용" 표시를 하여야 한다.

243.1.5. 저압 직류개폐장치

1. 직류전로에 사용하는 개폐기는 직류전로 개폐 시 발생하는 아크에 견디는 구조 이어야 한다.

2. 다중전원전로의 개폐기는 개폐할 때 모든 전원이 개폐될 수 있도록 시설하여야 한다.

243.1.6. 저압 직류전기설비의 전기부식 방지

저압 직류전기설비를 접지하는 경우에는 직류누설전류에 의한 전기부식작용으로 인한 접지극이나 다른 금속체에 손상의 위험이 없도록 시설하여야 한다.

243.1.7. 축전지실 등의 시설

1. 30[V]를 초과하는 축전지는 비접지측 도체에 쉽게 차단할 수 있는 곳에 개폐기를 시설하여야 한다.

2. 옥내전로에 연계되는 축전지는 비접지측 도체에 과전류보호장치를 시설하여야 한다.

3. 축전지실 등은 폭발성의 가스가 축적되지 않도록 환기장치 등을 시설하여야 한다.

243.1.8. 저압 옥내 직류전기설비의 접지

1. 저압 옥내 직류전기설비는 전로 보호장치의 확실한 동작의 확보, 이상전압 및 대지전압의 억제를 위하여 직류 2선식의 임의의 한 점 또는 변환장치의 직류측 중간점, 태양전지의 중간점 등을 접지하여야 한다. 다만, 직류 2선식을 다음에 따라 시설하는 경우는 그러하지 아니하다.

　가. 사용전압이 60[V] 이하인 경우

　나. 접지검출기를 설치하고 특정구역내의 산업용 기계기구에만 공급하는 경우

　다. 교류전로로부터 공급을 받는 정류기에서 인출되는 직류계통

　라. 최대전류 30[mA] 이하의 직류화재경보회로

　마. 절연감시장치 또는 절연고장점검출장치를 설치하여 관리자가 확인할 수 있도록 경보장치를 시설하는 경우

2. (생략)

3. 직류전기설비를 시설하는 경우는 감전에 대한 보호를 하여야 한다.

4. 직류전기설비의 접지시설은 전기부식방지를 하여야 한다.

244. 비상용 예비전원설비

244.1.1. 비상용 예비전원설비의 적용범위

1. 상용전원이 정전되었을 때 사용하는 비상용 예비전원설비를 수용장소에 시설하는 것에 적용하여야 한다.
2. 비상용 예비전원으로 발전기 또는 이차전지 등을 이용한 전기저장장치 및 이와 유사한 설비를 시설하는 경우에는 해당 설비에 관련된 규정을 적용하여야 한다.

244.1.2. 비상용 예비전원설비의 조건 및 분류

1. 비상용 예비전원설비는 상용전원의 고장 또는 화재 등으로 정전되었을 때 수용장소에 전력을 공급하도록 시설하여야 한다.
2. 화재조건에서 운전이 요구되는 비상용 예비전원설비는 다음의 2가지 조건이 추가적으로 충족되어야 한다.
   가. 비상용 예비전원은 충분한 시간 동안 전력 공급이 지속되도록 선정하여야 한다.
   나. 모든 비상용 예비전원의 기기는 충분한 시간의 내화 보호 성능을 갖도록 선정하여 설치하여야 한다.
3. 비상용 예비전원설비의 전원 공급방법은 다음과 같이 분류한다.
   가. 수동 전원공급
   나. 자동 전원공급
4. 자동 전원공급은 절환 시간에 따라 다음과 같이 분류된다.
   가. 무순단 : 과도시간 내에 전압 또는 주파수 변동 등 정해진 조건에서 연속적인 전원공급이 가능한 것
   나. 순단 : 0.15초 이내 자동 전원공급이 가능한 것
   다. 단시간 차단 : 0.5초 이내 자동 전원공급이 가능한 것
   라. 보통 차단 : 5초 이내 자동 전원공급이 가능한 것
   마. 중간 차단 : 15초 이내 자동 전원공급이 가능한 것
   바. 장시간 차단 : 자동 전원공급이 15초 이후에 가능한 것
5. 비상용 예비전원설비에 필수적인 기기는 지정된 동작을 유지하기 위해 절환 시간과 호환되어야 한다.

244.2. 시설기준

244.2.1. 비상용 예비전원의 시설

1. 비상용 예비전원은 고정설비로 하고, 상용전원의 고장에 의해 해로운 영향을 받지 않는 방법으로 설치하여야 한다.
2. 비상용 예비전원은 운전에 적절한 장소에 설치해야 하며, 기능자 및 숙련자만 접근 가능하도록 설치하여야 한다.

3. 비상용 예비전원에서 발생하는 가스, 연기 또는 증기가 사람이 있는 장소로 침투하지 않도록 확실하고 충분히 환기하여야 한다.

4. (생략)

5. (생략)

6. 상용전원의 정전으로 비상용전원이 대체되는 경우에는 상용전원과 병렬운전이 되지 않도록 다음 중 하나 또는 그 이상의 조합으로 격리조치를 하여야 한다.

　　가. 조작기구 또는 절환 개폐장치의 제어회로 사이의 전기적, 기계적 또는 전기 기계적 연동

　　나. 단일 이동식 열쇠를 갖춘 잠금 계통

　　다. 차단 − 중립 − 투입의 3단계 절환 개폐장치

　　라. 적절한 연동기능을 갖춘 자동 절환 개폐장치

　　마. 동등한 동작을 보장하는 기타 수단

244.2.2. 비상용 예비전원설비의 배선

1. 비상용 예비전원설비의 전로는 다른 전로로부터 독립되어야 한다.

2. 비상용 예비전원설비의 전로는 그들이 내화성이 아니라면, 어떠한 경우라도 화재의 위험과 폭발의 위험에 노출되어 있는 지역을 통과해서는 안 된다.

3. 과전류 보호장치는 하나의 전로에서의 과전류가 다른 비상용 예비전원설비 전로의 정확한 작동에 손상을 주지 않도록 선정 및 설치하여야 한다.

4. 독립된 전원이 있는 2개의 서로 다른 전로에 의해 공급되는 기기에서는 하나의 전로 중에 발생하는 고장이 감전에 대한 보호는 물론 다른 전로의 운전도 손상해서는 안 된다. 그런 기기는 필요하다면, 두 전로의 보호도체에 접속하여야 한다.

5. 소방전용 엘리베이터 전원 케이블 및 특수 요구사항이 있는 엘리베이터용 배선을 제외한 비상용 예비전원설비 전로는 엘리베이터 샤프트 또는 굴뚝 같은 개구부에 설치해서는 안 된다.

6. (생략)

7. (생략)

8. (생략)

9. 직류로 공급될 수 있는 비상용 예비전원설비 전로는 2극 과전류 보호장치를 구비하여야 한다.

10. 교류전원과 직류전원 모두에서 사용하는 개폐장치 및 제어장치는 교류조작 및 직류조작 모두에 적합하여야 한다.

핵 / 심 / 기 / 출 / 문 / 제

01 사용전압이 380[V]인 옥내배선을 애자사용공사로 시설할 때 전선과 조영재 사이의 이격거리는 몇 [cm] 이상이어야 하는가?

① 2 　　　　　　　　② 2.5

③ 4.5 　　　　　　　④ 6

해설 시설장소별 조영재 사이의 이격거리

시설 장소	전선 상호 간의 간격		전선과 조영재 사이의 이격거리	
	사용전압이 400[V] 이하인 경우	사용전압이 400[V] 초과인 경우	사용전압이 400[V] 이하인 경우	사용전압이 400[V] 초과인 경우
비나 이슬에 젖지 않는 장소	6[cm]	6[cm]	2.5[cm]	2.5[cm]
비나 이슬에 젖는 장소	6[cm]	12[cm]	2.5[cm]	4.5[cm]

02 금속제 가요전선관 공사에 의한 저압 옥내배선의 시설기준으로 틀린 것은?

① 가요전선관 안에는 전선에 접속점이 없도록 한다.
② 옥외용 비닐절연전선을 제외한 절연전선을 사용한다.
③ 점검할 수 없는 은폐된 장소에는 1종 가요전선관을 사용할 수 있다.
④ 2종 금속제 가요전선관을 사용할 때, 만약 습기 많은 장소에 시설하는 경우라면 비닐피복 2종 가요전선관으로 한다.

해설 232.13.1(금속제 가요전선관공사 시설조건) 조항
가요전선관은 2종 금속제 가요전선관일 것. 다만, 점검할 수 있는 은폐된 장소에는 1종 가요전선관을 사용할 수 있다.

03 다음 중 사용전압이 440[V]인 이동 기중기용 접촉전선을 애자사용공사에 의하여 옥내의 전개된 장소에 시설하는 경우 사용하는 전선으로 옳은 것은?

① 인장강도가 3.44[kN] 이상인 것 또는 지름 2.6[mm]의 경동선으로 단면적이 8[mm²] 이상인 것
② 인장강도가 3.44[kN] 이상인 것 또는 지름 3.2[mm]의 경동선으로 단면적이 18[mm²] 이상인 것
③ 인장강도가 11.2[kN] 이상인 것 또는 지름 6[mm]의 경동선으로 단면적이 28[mm²] 이상인 것
④ 인장강도가 11.2[kN] 이상인 것 또는 지름 8[mm]의 경동선으로 단면적이 18[mm²] 이상인 것

해설 옥내에 시설하는 저압 접촉전선 배선
• 이동기중기 · 자동청소기 그 밖에 이동하며 사용하는 저압의 전기기계기구에 전기를 공급하기 위하여 사용하는 접촉전선(= 저압 접촉전선)을 옥내에 시설하는 경우에는 기계기구에 시설하는 경우 이외에는 전개된 장소 또는 점검할 수 있는 은폐된 장소에 애자공사 또는 버스덕트공사 또는 절연트롤리공사에 의하여야 한다.
• 전선은 인장강도 11.2[kN] 이상의 것 또는 지름 6[mm]의 경동선으로 단면적이 28[mm²] 이상인 것일 것. 다만, 사용전압이 400[V] 이하인 경우에는 인장강도 3.44[kN] 이상의 것 또는 지름 3.2[mm] 이상의 경동선으로 단면적이 8[mm²] 이상인 것을 사용할 수 있다.

🔒정답　**01** ②　**02** ③　**03** ③

CHAPTER 03 고압 · 특고압 전기설비

01 (300) 통칙

301. 고압 및 특고압 전기설비의 적용범위

교류 1[kV] 초과 또는 직류 1.5[kV]를 초과하는 고압 및 특고압 전기를 공급하거나 사용하는 전기설비에 적용한다.

302.1. 기본원칙

설비 및 기기는 그 설치장소에서 예상되는 전기적, 기계적, 환경적인 영향에 견디는 능력이 있어야 한다.

302.2. 전기적 요구사항

1. 중성점 접지방법 : 중성점 접지방식의 선정 시 다음을 고려하여야 한다.
   가. 전원공급의 연속성 요구사항
   나. 지락고장에 의한 기기의 손상제한
   다. 고장부위의 선택적 차단
   라. 고장위치의 감지
   마. 접촉 및 보폭전압
   바. 유도성 간섭
   사. 운전 및 유지보수 측면
2. 전압 등급 : 사용자는 계통 공칭전압 및 최대운전전압을 결정하여야 한다.
3. 정상 운전 전류 : 설비의 모든 부분은 정의된 운전조건에서의 전류를 견딜 수 있어야 한다.
4. 단락전류
   가. 설비는 단락전류로부터 발생하는 열적 및 기계적 영향에 견딜 수 있도록 설치되어야 한다.
   나. 설비는 단락을 자동으로 차단하는 장치에 의하여 보호되어야 한다.
   다. 설비는 지락을 자동으로 차단하는 장치 또는 지락상태 자동표시장치에 의하여 보호되어야 한다.
5. 정격주파수 : 설비는 운전될 계통의 정격주파수에 적합하여야 한다.

6. 코로나 : 코로나에 의하여 발생하는 전자기장으로 인한 전파장해는 기준범위를 초과하지 않도록 하여야 한다.
7. 전계 및 자계 : 가압된 기기에 의해 발생하는 전계 및 자계의 한도가 인체에 허용 수준 이내로 제한되어야 한다.
8. 과전압 : 기기는 낙뢰 또는 개폐동작에 의한 과전압으로부터 보호되어야 한다.
9. 고조파 : 고조파 전류 및 고조파 전압에 의한 영향이 고려되어야 한다.

302.3. 기계적 요구사항

1. 기기 및 지지구조물 : 기기 및 지지구조물은 그 기초를 포함하며, 예상되는 기계적 충격에 견뎌야 한다.
2. 인장하중 : 인장하중은 현장의 가혹한 조건에서 계산된 최대도체인장력을 견뎌야 한다.
3. 빙설하중 : 전선로는 빙설로 인한 하중을 고려해야 한다.
4. 풍압하중 : 풍압하중은 그 지역의 지형적인 영향과 주변 구조물의 높이를 고려해야 한다.
5. 개폐전자기력 : 지지물을 설계할 때에는 개폐전자기력을 고려해야 한다.
6. 단락전자기력 : 단락 시 전자기력에 의한 기계적 영향을 고려해야 한다.
7. 도체 인장력의 상실 : 인장애자련이 설치된 구조물은 최악의 하중이 가해지는 애자나 도체(케이블)의 손상으로 인한 도체인장력의 상실에 견딜 수 있어야 한다.
8. 지진하중 : 지진의 우려성이 있는 지역에 설치하는 설비는 지진하중을 고려하여 설치한다.

302.4. 기후 및 환경조건

설비는 주어진 기후 및 환경조건에 적합한 기기를 선정하여야 하며, 정상적인 운전이 가능하도록 설치하여야 한다.

02 (310) 안전을 위한 보호

311. 안전보호

311.1. 절연수준의 선정
절연수준은 기기최고전압 또는 충격내전압을 고려하여 결정하여야 한다.

311.2. 직접 접촉에 대한 보호
1. 전기설비는 충전부에 무심코 접촉하거나 충전부 근처의 위험구역에 무심코 도달하는 것을 방지하도록 설치되어져야 한다.
2. 계통의 도전성 부분(충전부, 기능상의 절연부, 위험전위가 발생할 수 있는 노출 도전성 부분 등)에 대한 접촉을 방지하기 위한 보호가 이루어져야 한다.

3. 보호는 그 설비의 위치가 출입제한 전기운전구역 여부에 의하여 다른 방법으로 이루어질 수 있다.

311.3. 간접 접촉에 대한 보호

전기설비의 노출도전성 부분은 고장 시 충전으로 인한 인축의 감전을 방지해야 한다.

311.4. 아크고장에 대한 보호

전기설비는 운전 중에 발생되는 아크고장으로부터 운전자가 보호될 수 있도록 시설해야 한다.

311.5. 직격뢰에 대한 보호

낙뢰 등에 의한 과전압으로부터 전기설비 등을 보호하기 위해 피뢰시스템을 시설하고, 그 밖의 적절한 조치를 하여야 한다.

311.6. 화재에 대한 보호

전기기기의 설치 시에는 공간분리, 내화벽, 불연재료의 시설 등 화재예방을 위한 대책을 고려하여야 한다.

03 (320) 접지설비

321. 고압·특고압 접지계통

321.2. 접지시스템

1. 고압 또는 특고압 전기설비의 접지는 공통접지 및 통합접지 규정(142.6 조항)에 적합하여야 한다.

2. 고압 또는 특고압과 저압 접지시스템이 서로 근접한 경우에는 다음과 같이 시공하여야한다.

   가. 고압 또는 특고압 변전소 내에서만 사용하는 저압전원이 있을 때 저압 접지시스템이 고압 또는 특고압 접지시스템의 구역 안에 포함되어 있다면 각각의 접지시스템은 서로 접속하여야 한다.

   나. 고압 또는 특고압 변전소에서 인입 또는 인출되는 저압전원이 있을 때, 접지시스템은 다음과 같이 시공하여야 한다.

   (1) 고압 또는 특고압 변전소의 접지시스템은 공통 및 통합접지의 일부분이거나 또는 다중접지된 계통의 중성선에 접속되어야 한다.

   (2) 고압 또는 특고압과 저압 접지시스템을 분리하는 경우의 접지극은 고압 또는 특고압 계통의 고장으로 인한 위험을 방지하기 위해 접촉전압과 보폭전압을 허용값 이내로 하여야 한다.

(3) 고압 및 특고압 변전소에 인접하여 시설된 저압전원의 경우, 기기가 너무 가까이 위치하여 접지계통을 분리하는 것이 불가능한 경우에는 공통 또는 통합접지로 시공하여야 한다.

322. 혼촉에 의한 위험방지시설

322.1. 고압 또는 특고압과 저압의 혼촉에 의한 위험방지시설

1. 고압전로 또는 특고압전로와 저압전로를 결합하는 변압기의 저압측의 중성점에는 접지공사(사용전압이 35[kV] 이하의 특고압전로로서 전로에 지락이 생겼을 때에 1초 이내에 자동적으로 이를 차단하는 장치가 되어 있는 것 및 특고압전로와 저압전로를 결합하는 경우에 계산된 접지저항값이 10[Ω]을 넘을 때에는 접지저항값이 10[Ω] 이하인 것에 한한다)를 하여야 한다. 다만, 저압전로의 사용전압이 300[V] 이하인 경우에 그 접지공사를 변압기의 중성점에 하기 어려울 때에는 저압측의 1단자에 시행할 수 있다.

2. 위 1번의 접지공사는 변압기의 시설장소마다 시행하여야 한다. 다만, 토지의 상황에 의하여 변압기의 시설장소에서 접지저항값을 얻기 어려운 경우, 저압가공전선에 관한 규정에 준하여 시설한다면 변압기의 시설장소로부터 200[m]까지 떼어놓을 수 있다.

3. 위 1번의 접지공사를 하는 경우에 토지의 상황에 의하여 2번의 규정도 적용하기 어려울 때에는, 다음에 따라 가공공동지선을 설치하여 2곳 이상의 장소에 접지공사를 할 수 있다.

    가. 가공공동지선은 인장강도 5.26[kN] 이상 또는 지름 4[mm] 이상의 경동선을 사용하여 저압가공전선에 관한 규정에 준하여 시설할 것

    나. 접지공사는 각 변압기를 중심으로 하는 지름 400[m] 이내의 지역으로서 그 변압기에 접속되는 전선로 바로 아래의 부분에서 각 변압기의 양쪽에 있도록 할 것. 다만, 그 시설장소에서 접지공사를 한 변압기에 대하여는 그러하지 아니하다.

    다. 가공공동지선과 대지 사이의 합성 전기저항값은 1[km]를 지름으로 하는 지역 안마다 공통접지 및 통합접지 규정(142.6 조항)에 의해 접지저항값을 가지는 것으로 하고 또한 각 접지도체를 가공공동지선으로부터 분리하였을 경우의 각 접지도체와 대지 사이의 전기저항값은 300[Ω] 이하로 할 것

322.2. 혼촉방지판이 있는 변압기에 접속하는 저압 옥외전선의 시설 등

고압전로 또는 특고압전로와 비접지식의 저압전로를 결합하는 변압기(철도 또는 궤도의 신호용변압기를 제외)로서 그 고압권선 또는 특고압권선과 저압권선 간에 금속제의 혼촉방지판이 있고 또한 그 혼촉방지판에 변압기 중성점 접지 규정(142.5 조항)에 의해 접지공사(사용전압이 35[kV] 이하의 특고압전로로서 전로에 지락이

생겼을 때 1초 이내에 자동적으로 이것을 차단하는 장치를 한 것과 특고압전로와 저압전로를 결합하는 경우에 계산된 접지저항값이 $10[\Omega]$을 넘을 때에는 접지저항값이 $10[\Omega]$ 이하인 것에 한한다)를 한 것에 접속하는 저압전선을 옥외에 시설할 때에는 다음에 따라 시설하여야 한다.

　가. 저압전선은 1구내에만 시설할 것

　나. 저압 가공전선로 또는 저압 옥상전선로의 전선은 케이블일 것

　다. 저압 가공전선과 고압 또는 특고압의 가공전선을 동일 지지물에 시설하지 아니할 것. 다만, 고압 가공전선로 또는 특고압 가공전선로의 전선이 케이블인 경우에는 동일 지지물에 시설해도 무방하다.

322.3. 특고압과 고압의 혼촉 등에 의한 위험방지시설

변압기에 의하여 특고압전로에 결합되는 고압전로에는 사용전압의 3배 이하인 전압이 가하여진 경우에 방전하는 장치를 그 변압기의 단자에 가까운 1극에 설치하여야 한다. 다만, 사용전압의 3배 이하인 전압이 가하여진 경우에 방전하는 피뢰기를 고압전로의 모선의 각 상에 시설하거나 특고압권선과 고압권선 간에 혼촉방지판을 시설하여 접지저항값이 $10[\Omega]$ 이하 또는 변압기 중성점 접지공사를 한 경우에는 그러하지 아니하다.

322.5. 전로의 중성점의 접지

1. 전로의 보호장치의 확실한 동작의 확보, 이상 전압의 억제 및 대지전압의 저하를 위하여 특히 필요한 경우에 전로의 중성점에 접지공사를 할 경우에는 다음에 따라야 한다.

　가. 접지극은 고장 시 그 근처의 대지 사이에 생기는 전위차에 의하여 사람이나 가축 또는 다른 시설물에 위험을 줄 우려가 없도록 시설할 것

　나. 접지도체는 공칭단면적 $16[mm^2]$ 이상의 연동선 또는 이와 동등 이상의 세기 및 굵기의 쉽게 부식하지 아니하는 금속선(저압 전로의 중성점에 시설하는 것은 공칭단면적 $6[mm^2]$ 이상의 연동선으로 쉽게 부식하지 않는 금속선)으로서 고장 시 흐르는 전류가 안전하게 통할 수 있는 것을 사용하고 또한 손상을 받을 우려가 없도록 시설할 것

2. (생략)

3. 변압기의 안정권선이나 유휴권선 또는 전압조정기의 내장권선을 이상전압으로부터 보호하기 위하여 특히 필요할 경우에 접지시스템 규정(140 조항)에 따라 접지공사를 해야 한다.

4. (생략)

5. (생략)

6. 계속적인 전력공급이 요구되는 화학공장 · 시멘트공장 · 철강공장 등의 연속공정설비 또는 이에 준하는 곳의 전기설비로서 지락전류를 제한하기 위하여 저항기

핵심기출문제

변압기에 의하여 특고압전로에 결합되는 고압전로에는 사용전압의 3배 이하인 전압이 가하여진 경우에 어떤 장치를 그 변압기 단자에 가까운 1극에 설치하여야 하는가?

① 스위치 장치
② 계전보호장치
③ 누설전류 검지장치
④ 방전하는 장치

해설

[322.3 조항] 변압기에 의하여 특고압전로에 결합되는 고압전로에는 사용전압의 3배 이하인 전압이 가하여진 경우에 방전하는 장치를 그 변압기의 단자에 가까운 1극에 설치하여야 한다.

정답 ④

핵심기출문제

변압기에 의해 특고압전로에 결합되는 고압전로에 설치하는 방전장치를 생략할 수 있는 것은 피뢰기를 어느 곳에 시설할 경우인가?

① 변압기의 단자
② 변압기 단자에 가까운 곳
③ 고압전로의 모선
④ 고압전로의 모선에 가까운 곳

해설

[322.3 조항] 변압기에 의하여 특고압 전로에 결합되는 고압전로에는 사용전압의 3배 이하인 전압이 가하여진 경우에 방전하는 장치를 그 변압기의 단자에 가까운 1극에 설치하여야 한다. 다만, 사용전압의 3배 이하인 전압이 가하여진 경우에 방전하는 피뢰기를 "고압전로의 모선"의 각 상에 시설하거나 특고압권선과 고압권선 간에 혼촉방지판을 시설하여 접지저항값이 $10[\Omega]$ 이하인 경우에는 그러하지 아니하다.

정답 ③

PART 06

를 사용하는 중성점 고저항 접지설비는 다음에 따를 경우 300[V] 이상 1[kV] 이하의 3상 교류계통에 적용할 수 있다.

가. 자격을 가진 기술원("계통 운전에 필요한 지식 및 기능을 가진 자")이 설비를 유지관리 할 것

나. 계통에 지락검출장치가 시설될 것

다. 전압선과 중성선 사이에 부하가 없을 것

04 (330) 전선로

331. 전선로 일반 및 구내 · 옥측 · 옥상전선로

331.1. 전파장해의 방지

1. 가공전선로는 무선설비의 기능에 계속적이고 또한 중대한 장해를 주는 전파를 발생할 우려가 있는 경우에는 이를 방지하도록 시설하여야 한다.

2. 1[kV] 초과의 가공전선로에서 발생하는 전파장해는 주파수 0.5[MHz] ± 0.1[MHz] 범위에서 방송주파수를 피하여 정한다.

3. 1[kV] 초과의 가공전선로에서 발생하는 전파의 허용한도는 531[kHz]에서 1602 [kHz]까지의 주파수대에서 신호대잡음비(SNR)가 24[dB] 이상 되도록 가공전선로를 설치해야 한다. 또한 지역별 여건을 고려하지 않은 단일 기준으로 전파장해를 평가할 수 있도록 신호강도(S)는 저잡음지역의 방송전계강도인 71[dBμV/m](전계강도)로 한다.

331.2. 가공전선 및 지지물의 시설

(생략)

331.3. 가공전선의 분기

(생략)

331.4. 가공전선로 지지물의 철탑오름 및 전주오름 방지

가공전선로의 지지물에 취급자가 오르고 내리는 데 사용하는 발판 볼트 등을 지표상 1.8[m] 미만에 시설하여서는 안 된다. 다만, 다음의 어느 하나에 해당되는 경우에는 1.8[m] 미만으로 시설해도 된다.

가. 발판 볼트 등을 내부에 넣을 수 있는 구조로 되어 있는 지지물에 시설하는 경우

나. 지지물에 철탑오름 및 전주오름 방지장치를 시설하는 경우

다. 지지물 주위에 취급자 이외의 사람이 출입할 수 없도록 울타리 · 담 등의 시설을 하는 경우

라. 지지물이 산간 등에 있으며 사람이 쉽게 접근할 우려가 없는 곳에 시설하는
경우

331.5. 옥외 H형 지지물의 주상설비 시설
(생략)

331.6. 풍압하중의 종별과 적용
1. 가공전선로에 사용하는 지지물의 강도 계산에 적용하는 풍압하중은 다음의 3종
으로 한다.
가. 갑종 풍압하중

▶ 표 331.6-1 구성재의 수직 투영면적 1[m²]에 대한 풍압

풍압을 받는 구분			구성재의 수직 투영면적 1[m²]에 대한 풍압
목주			588[Pa]
지지물	철주	원형의 것	588[Pa]
		삼각형 또는 마름모형의 것	1412[Pa]
		강관에 의하여 구성되는 4각형의 것	1117[Pa]
		기타의 것	복재가 전·후면에 겹치는 경우에는 1627[Pa], 기타의 경우에는 1784[Pa]
	철근콘크리트주	원형의 것	588[Pa]
		기타의 것	882[Pa]
	철탑	단주 (완철류는 제외함) 원형의 것	588[Pa]
		단주 (완철류는 제외함) 기타의 것	1117[Pa]
		강관으로 구성되는 것 (단주는 제외함)	1255[Pa]
		기타의 것	2157[Pa]
전선 기타 가섭선	다도체(구성하는 전선이 2가닥마다 수평으로 배열되고 또한 그 전선 상호 간의 거리가 전선의 바깥지름의 20배 이하인 것에 한한다)를 구성하는 전선		666[Pa]
	기타의 것		745[Pa]
애자장치(특고압 전선용의 것에 한한다)			1039[Pa]
목주·철주(원형의 것에 한한다) 및 철근콘크리트주의 완금류(특고압 전선로용의 것에 한한다)			단일재로서 사용하는 경우에는 1196[Pa], 기타의 경우에는 1627[Pa]

나. 을종 풍압하중
전선 기타의 가섭선 주위에 두께 6[mm], 비중 0.9의 빙설이 부착된 상태에서
수직 투영면적 372[Pa](다도체를 구성하는 전선은 333[Pa]), 그 이외의 것은
"가" 풍압의 2분의 1을 기초로 하여 계산한 것

전선 기타의 가섭선(架涉線) 주위에 두께 6[mm], 비중 0.9의 빙설이 부착된 상태에서 을종 풍압하중은 구성재의 수직 투영면적 1[m²] 당 몇 [Pa]을 기초로 하여 계산하는가?

① 333[Pa] ② 372[Pa]
③ 588[Pa] ④ 666[Pa]

해설

[331.6 (나) 조항] 을종 풍압하중 전선 기타의 가섭선 주위에 두께 6[mm], 비중 0.9의 빙설이 부착된 상태에서 수직 투영면적 372[Pa](다도체를 구성하는 전선은 333[Pa]), 그 이외의 것은 갑종 풍압의 2분의 1을 기초로 하여 계산한 것

정답 ②

가공전선로에 사용되는 지지물의 강도계산에 적용되는 병종 풍압하중은 갑종 풍압하중의 얼마를 기초로 하여 계산한 것인가?

① $\frac{1}{4}$ ② $\frac{1}{3}$
③ $\frac{1}{2}$ ④ $\frac{2}{3}$

해설

[331.6 (다) 조항] 병종 풍압하중 갑종 풍압의 $\frac{1}{2}$ 을 기초로 하여 계산한다.

정답 ③

다. 병종 풍압하중
"가" 풍압의 2분의 1을 기초로 하여 계산한 것

2. (생략)

3. 위 1번의 풍압하중의 적용은 다음에 따른다.

가. 빙설이 적은 지방에서는 고온계절에는 갑종 풍압하중, 저온계절에는 병종 풍압하중

나. 빙설이 많은 지방에서는 고온계절에는 갑종 풍압하중, 저온계절에는 을종 풍압하중

다. 빙설이 많은 지방 중 해안지방 기타 저온계절에 최대풍압이 생기는 지방에서는 고온계절에는 갑종 풍압하중, 저온계절에는 갑종 풍압하중과 을종 풍압하중 중 큰 것

331.7. 가공전선로 지지물의 기초의 안전율

가공전선로의 지지물에 하중이 가하여지는 경우에 그 하중을 받는 지지물의 기초의 안전율은 2 이상이어야 한다. 다만, 다음에 따라 시설하는 경우에는 적용하지 않는다.

가. 강관을 주체로 하는 철주(=강관주) 또는 철근콘크리트주로서 그 전체 길이가 16[m] 이하, 설계하중이 6.8[kN] 이하인 것 또는 목주를 다음에 의하여 시설하는 경우

(1) 전체의 길이가 15[m] 이하인 경우는 땅에 묻히는 깊이를 전체 길이의 6분의 1 이상으로 할 것

(2) 전체의 길이가 15[m]를 초과하는 경우는 땅에 묻히는 깊이를 2.5[m] 이상으로 할 것

(3) 논이나 그 밖의 지반이 연약한 곳에서는 견고한 근가를 시설할 것

나. 철근콘크리트주로서 그 전체의 길이가 16[m] 초과 20[m] 이하이고, 설계하중이 6.8[kN] 이하의 것을 논이나 그 밖의 지반이 연약한 곳 이외에는 그 묻히는 깊이를 2.8[m] 이상으로 시설하는 경우

다. 철근콘크리트주로서 전체의 길이가 14[m] 이상 20[m] 이하이고, 설계하중이 6.8[kN] 초과 9.8[kN] 이하의 것을 논이나 그 밖의 지반이 연약한 곳 이외에 시설하는 경우 그 묻히는 깊이는 "가" (1) 및 (2)에 의한 기준보다 30[cm]를 가산하여 시설하는 경우

라. 철근콘크리트주로서 그 전체의 길이가 14[m] 이상 20[m] 이하이고, 설계하중이 9.81[kN] 초과 14.72[kN] 이하의 것을 논이나 그 밖의 지반이 연약한 곳 이외에 다음과 같이 시설하는 경우

(1) 전체의 길이가 15[m] 이하인 경우에는 그 묻히는 깊이를 "가" (1)에 규정한 기준보다 50[cm]를 더한 값 이상으로 할 것

(2) 전체의 길이가 15[m] 초과 18[m] 이하인 경우에는 그 묻히는 깊이를 3[m] 이상으로 할 것

(3) 전체의 길이가 18[m]를 초과하는 경우에는 그 묻히는 깊이를 3.2[m] 이상으로 할 것

가공전선로 지지물의 기초의 안전율 정리

① 철주(= 강관주) 또는 철근콘크리트주의 전체 길이가 16[m] 이하, 6.8[kN] 이하인 경우

- 전체 길이 15[m] 이하 : 전체길이의 $\frac{1}{6}$ 이상

- 전체 길이 15[m] 초과 : 땅에 묻히는 깊이 2.5[m] 이상

② 16[m] 초과 20[m] 이하, 6.8[kN] 이하인 경우 : 땅에 묻히는 깊이 2.5[m] 이상

③ 14[m] 이상 20[m] 이하, 6.8[kN] 초과 9.8[kN] 이하인 경우 : ①의 기준보다 30[cm] 가산한 깊이

④ 14[m] 이상 20[m] 이하, 9.81[kN] 초과 14.72[kN] 이하인 경우

- 전체 길이 15[m] 이하 : ①의 기준보다 50[cm] 가산한 깊이

- 전체 길이 15[m] 초과 18[m] 이하 : 땅에 묻히는 깊이 3[m] 이상

- 전체 길이 18[m] 초과 : 땅에 묻히는 깊이 3.2[m] 이상

331.8. 철주 또는 철탑의 구성 등

(생략)

331.9. 철근콘크리트주의 구성 등

(생략)

331.10. 목주의 강도 계산

저압 또는 고압의 가공전선로에 사용하는 목주의 지름은 다음과 같다.

$$D_0 = D + 0.9H \,[\text{cm}]$$

D_0 : 지표면에서 목주가 부식되어 있는 경우에 지표면의 단면적에서 그 부식된 부분을 뺀 면적의 목주 원지름(cm를 단위로 한다)

D : 목주의 말구(cm를 단위로 한다)

H : 목주의 지표상 높이(m를 단위로 한다)

331.11. 지선의 시설

1. 가공전선로의 지지물로 사용하는 철탑은 지선을 사용하여 그 강도를 분담시켜서는 안 된다.

2. 가공전선로의 지지물로 사용하는 철주 또는 철근콘크리트주는 지선을 사용하지 않는 상태에서 2분의 1 이상의 풍압하중에 견디는 강도를 가지는 경우를 제외하고는 지선을 사용하여 그 강도를 분담시켜서는 안 된다.

가공전선로의 지지물에 시설하는 지선의 시설기준으로 맞는 것은?
① 지선의 안전율은 1.2 이상일 것
② 소선 5가닥 이상의 연선일 것
③ 지중 부분 및 지표상 60[cm] 까지의 부분은 아연도금 철봉 등 부식하기 어려운 재료를 사용할 것
④ 도로를 횡단하여 시설하는 지선의 높이는 지표상 5[m] 이 상으로 할 것

해설
331.11(지선의 시설) 조항
조항가공전선로의 지지물에 시설하는 지선은 다음에 따라야 한다.
가. 지선의 안전율은 2.5 이상일 것 허용 인장하중의 최저는 4.31[kN]
나. 지선에 연선을 사용할 경우
• 소선 3가닥 이상의 연선일 것
• 소선의 지름이 2.6[mm] 이상의 금속선을 사용한 것일 것
다. 지중부분 및 지표상 30[cm]까지의 부분에는 내식성이 있는 것 또는 아연도금을 한 철봉을 사용하고 쉽게 부식되지 않는 근가에 견고하게 붙일 것
라. 지선근가는 지선의 인장하중에 충분히 견디도록 시설할 것
마. 도로를 횡단하여 시설하는 지선의 높이는 지표상 5[m] 이상일 것
정답 ④

핵심기출문제

고압 가공인입선은 그 아래에 위험 표시를 하였을 경우에는 전선의 지표상 높이[m]를 얼마까지 낮출 수 있는가?
① 5.5   ② 4.5
③ 3.5   ④ 2.5

해설
331.12.1(고압 가공인입선의 시설) 조항
정답 ③

3. 가공전선로의 지지물에 시설하는 지선은 다음에 따라야 한다.

가. 지선의 안전율은 2.5 이상일 것. 이때, 허용 인장하중의 최저는 4.31[kN]으로 한다.

나. 지선에 연선을 사용할 경우에는 다음에 의할 것

(1) 소선 3가닥 이상의 연선일 것

(2) 소선의 지름이 2.6[mm] 이상의 금속선을 사용한 것일 것. 다만, 소선의 지름이 2[mm] 이상인 아연도강연선으로서 소선의 인장강도가 0.68[kN/mm^2] 이상인 것을 사용하는 경우에는 적용하지 않는다.

다. 지중부분 및 지표상 30[cm]까지의 부분에는 내식성이 있는 것 또는 아연도금을 한 철봉을 사용하고 쉽게 부식되지 않는 근가에 견고하게 붙일 것(목주에 시설하는 지선에는 적용하지 않음)

라. 지선근가는 지선의 인장하중에 충분히 견디도록 시설할 것

4. 도로를 횡단하여 시설하는 지선의 높이는 지표상 5[m] 이상으로 하여야 한다. 다만, 기술상 부득이한 경우로서 교통에 지장을 초래할 우려가 없는 경우에는 지표상 4.5[m] 이상, 보도의 경우에는 2.5[m] 이상으로 할 수 있다.

5. 저압 및 고압 또는 25[kV] 미만인 특고압 가공전선로의 지지물에 시설하는 지선으로서 사람이 전선과 접촉할 우려가 있는 것에는 그 상부에 애자를 삽입하여야 한다(논이나 습지 이외의 장소에 시설하는 경우에는 적용하지 않는다).

6. 고압 가공전선로 또는 특고압 전선로의 지지물로 사용하는 목주·A종 철주 또는 A종 철근콘크리트주에는 지선의 안전율은 1.5이다.

7. 가공전선로의 지지물에 시설하는 지선은 이와 동등 이상의 효력이 있는 지주로 대체할 수 있다.

331.12. 구내인입선

331.12.1. 고압 가공인입선의 시설

1. 고압 가공인입선의 전선에는 인장강도 8.01[kN] 이상의 고압 절연전선, 특고압 절연전선 또는 지름 5[mm] 이상의 경동선의 고압 절연전선, 특고압 절연전선 또는 인하용 절연전선을 애자사용공사에 의하여 시설하거나 케이블 시설하여야 한다.

2. 고압 가공인입선을 직접 인입한 조영물에 관하여는 위험의 우려가 없는 경우에 한하여 위 1번 내용은 적용하지 않을 수 있다.

3. 고압 가공인입선의 높이는 지표상 3.5[m]까지로 감할 수 있다. 이 경우에 그 고압 가공인입선이 (케이블로 시설하면 예외) 반드시 전선의 아래쪽에 "위험 표시"를 해야 한다.

4. 고압 전로에서 연접인입선은 시설해서는 안 된다.

331.12.2. 특고압 가공인입선의 시설

1. 특고압 가공인입선은 변전소 또는 개폐소에 준하는 곳에 인입하는 가공인입선을 말한다.

2. 변전소 또는 개폐소에 준하는 곳 이외의 곳에 인입하는 특고압 가공인입선은 사용전압이 100[kV] 이하이다.

3. 사용전압이 35[kV] 이하이고 또한 전선에 케이블을 사용하는 경우에 특고압 가공인입선의 높이는 그 특고압 가공인입선이 도로·횡단보도교·철도 및 궤도를 횡단하는 이외의 경우에 한하여 지표상 4[m]까지 감할 수 있다.

4. 특고압 연접인입선은 시설하여서는 아니 된다.

331.13. 옥측전선로

331.13.1. 고압 옥측전선로의 시설

1. 고압 옥측전선로가 전개된 장소일 경우, 다음에 따라 시설하여야 한다.

   가. 전선은 케이블일 것

   나. 케이블은 견고한 관 또는 트라프에 넣거나 사람이 접촉할 우려가 없도록 시설할 것

   다. 케이블을 조영재의 옆면 또는 아랫면에 따라 붙일 경우에는 케이블의 지지점 간의 거리를 2[m](수직으로 붙일 경우에는 6[m]) 이하로 하고 또한 피복을 손상하지 아니하도록 붙일 것

   라. 케이블을 조가용선에 조가하여 시설하는 경우에 가공케이블 규정(332.2 조항)에 따라 시설하고 또한 전선이 고압 옥측전선로를 시설하는 조영재에 접촉하지 아니하도록 시설할 것

   마. 관 기타의 케이블을 넣는 방호장치의 금속제 부분·금속제의 전선 접속함 및 케이블의 피복에 사용하는 금속제에는 이들의 방식조치를 한 부분 및 대지와의 사이의 전기저항값이 10[Ω] 이하인 부분을 제외하고 접지공사를 할 것

2. 고압 옥측전선로의 전선이 그 고압 옥측전선로를 시설하는 조영물에 시설하는 특고압 옥측전선·저압 옥측전선·관등회로의 배선·약전류 전선 등이나 수관·가스관 또는 이와 유사한 것과 접근하거나 교차하는 경우에는 고압 옥측전선로의 전선과 이들 사이의 이격거리는 15[cm] 이상이어야 한다.

3. 고압 옥측전선로의 전선이 다른 시설물과 접근하는 경우에는 고압 옥측전선로의 전선과 이들 사이의 이격거리는 30[cm] 이상이어야 한다.

331.13.2. 특고압 옥측전선로의 시설

특고압 옥측전선로(특고압 인입선의 옥측부분을 제외)는 시설하여서는 아니 된다. 다만, 사용전압이 100[kV] 이하이고 옥측전선로 규정(331.13.1 조항)에 준하여 시설하는 경우에는 그러하지 아니하다.

핵심기출문제

터널 내에 3300[V] 전선로를 케이블공사로 시행하려고 한다. 케이블을 조영재의 옆면 또는 아랫면에 따라 붙일 경우에는 케이블의 지지점 간의 거리를 몇 [m] 이하로 하여야 하는가?

① 1　　　　② 1.5
③ 2　　　　④ 5

■ 해설

331.13.1(고압 옥측전선로의 시설) 조항
고압 옥측전선로가 전개된 장소일 경우.
다. 케이블을 조영재의 옆면 또는 아랫면에 따라 붙일 경우에는 케이블의 지지점 간의 거리를 2[m] (수직으로 붙일 경우에는 6[m]) 이하로 하고 또한 피복을 손상하지 아니하도록 붙일 것

🔒 정답 ③

331.14. 옥상전선로

331.14.1. 고압 옥상전선로의 시설

1. 고압 옥상전선로(고압 인입선의 옥상부분은 제외한다)는 케이블을 사용한다. 또한 전선을 전개된 장소에서 조영재에 견고하게 붙인 지지주 또는 지지대에 의하여 지지하고 또한 조영재 사이의 이격거리를 1.2[m] 이상으로 하여 시설하는 경우에 한하여 시설할 수 있다.

2. 고압 옥상전선로의 전선이 다른 시설물(가공전선을 제외)과 접근하거나 교차하는 경우에는 고압 옥상전선로의 전선과 이들 사이의 이격거리는 60[cm] 이상이어야 한다.

3. 고압 옥상전선로의 전선은 상시 부는 바람 등에 의하여 식물에 접촉하지 아니하도록 시설하여야 한다.

331.14.2. 특고압 옥상전선로의 시설

특고압 옥상전선로(특고압의 인입선의 옥상부분을 제외)는 시설하여서는 아니 된다.

332. 가공전선로

332.1. 가공약전류전선로의 유도장해 방지

1. 저압 가공전선로 또는 고압 가공전선로와 기설 가공약전류전선로가 병행하는 경우에는 "유도작용"에 의하여 통신상의 장해가 생기지 않도록 전선과 기설 약전류전선 간의 이격거리는 2[m] 이상이어야 한다. 다만, 저압 또는 고압의 가공전선이 케이블인 경우 또는 가공약전류전선로 관리자의 승낙을 받은 경우에는 적용하지 않는다.

2. 위 1번에 따라 시설하더라도 기설 가공약전류전선로에 장해를 줄 우려가 있는 경우에는 다음 중 한 가지 또는 두 가지 이상을 기준으로 하여 시설하여야 한다.
   가. 가공전선과 가공약전류전선 간의 이격거리를 증가시킬 것
   나. 교류식 가공전선로의 경우에는 가공전선을 적당한 거리에서 연가할 것
   다. 가공전선과 가공약전류전선 사이에 인장강도 5.26[kN] 이상의 것 또는 지름 4[mm] 이상인 경동선의 금속선 2가닥 이상을 시설하고 접지공사를 할 것

332.2. 가공케이블의 시설

1. 저압 가공전선에 케이블을 사용하는 경우에는 다음에 따라 시설하여야 한다.
   가. 케이블은 조가용선에 행거로 시설할 것. 이 경우에는 사용전압이 고압인 때에는 행거의 간격은 0.5[m] 이하로 하는 것이 좋다.
   나. 조가용선은 인장강도 5.93[kN] 이상의 것 또는 단면적 22[mm²] 이상인 아연도강연선일 것
   다. 조가용선 및 케이블의 피복에 사용하는 금속체에는 접지규정(140 조항)에 준하여 접지공사를 할 것. 다만, 저압 가공전선에 케이블을 사용하고 조가용

선에 절연전선 또는 이와 동등 이상의 절연내력이 있는 것을 사용할 때에 조가용선에 접지공사를 하지 아니할 수 있다.

2. 조가용선의 케이블에 접촉시켜 그 위에 쉽게 부식하지 아니하는 다음의 경우에는 위 1번의 "가" 및 "나" 규정을 따르지 않아도 된다.
   - 금속 테이프 등을 20[cm] 이하의 간격을 유지하며 나선상으로 감는 경우
   - 조가용선을 케이블의 외장에 견고하게 붙이는 경우 또는 조가용선과 케이블을 꼬아 합쳐 조가하는 경우에 그 조가용선이 인장강도 5.93[kN] 이상의 금속선의 것 또는 단면적 22[mm²] 이상인 아연도강연선의 경우

332.3. 고압 가공전선의 굵기 및 종류
고압 가공전선은 고압 절연전선, 특고압 절연전선 또는 케이블(332.2의 3 조항)을 사용하여야 한다.

332.4. 고압 가공전선의 안전율
고압 가공전선은 그 안전율이 경동선 또는 내열 동합금선은 2.2 이상, 그 밖의 전선은 2.5 이상이 되는 이도로 시설하여야 한다(케이블인 경우는 제외된다).

332.5. 고압 가공전선의 높이
1. 고압 가공전선의 높이는 다음에 따라야 한다.
   가. 도로를 횡단하는 경우에는 지표상 6[m] 이상
   여기서 도로란 농로나 기타 교통이 번잡하지 않은 도로 및 횡단보도교(도로·철도·궤도 등의 위를 횡단하여 시설하는 다리모양의 시설물로서 보행용으로만 사용되는 것)를 제외한다.
   나. 철도 또는 궤도를 횡단하는 경우에는 레일면상 6.5[m] 이상
   다. 횡단보도교의 위에 시설하는 경우에는 그 노면상 3.5[m] 이상
   라. "가"부터 "다"까지 이외의 경우에는 지표상 5[m] 이상
2. 고압 가공전선을 수면 위에 시설하는 경우에는 전선의 수면 상의 높이를 선박의 항해 등에 위험을 주지 않도록 유지하여야 한다.
3. 고압 가공전선로를 빙설이 많은 지방에 시설하는 경우에는 전선의 적설상의 높이를 사람 또는 차량의 통행 등에 위험을 주지 않도록 유지하여야 한다.

332.6. 고압 가공전선로의 가공지선
고압 가공전선로에 사용하는 가공지선은 인장강도 5.26[kN] 이상의 것 또는 지름 4[mm] 이상의 나경동선을 사용한다.

332.7. 고압 가공전선로의 지지물의 강도
1. 고압 가공전선로의 지지물로서 사용하는 목주는 다음에 따라 시설하여야 한다.
   가. 풍압하중에 대한 안전율은 1.3 이상일 것

핵심기출문제

고압 가공전선이 경동선 또는 내열 동합금선인 경우 안전율의 최소값은?

① 2.2　　② 2.5
③ 3.0　　④ 4.0

해설
332.4(고압 가공전선의 안전율) 조항
고압 가공전선은 그 안전율이 경동선 또는 내열 동합금선은 2.2 이상, 그 밖의 전선은 2.5 이상이 되는 이도로 시설하여야 한다(케이블인 경우는 제외된다).

정답 ①

핵심기출문제

3300[V] 고압 가공전선로를 교통이 번잡한 도로를 횡단하여 시설하는 경우에는 지표상 높이를 몇 [m] 이상으로 하여야 하는가?

① 5.0[m]　　② 5.5[m]
③ 6.0[m]　　④ 6.5[m]

해설
332.5(고압 가공전선의 높이) 조항
도로를 횡단하는 경우에는 지표상 6[m] 이상. 여기서 도로란 농로나 기타 교통이 번잡하지 않은 도로 및 횡단보도교(도로·철도·궤도 등의 위를 횡단하여 시설하는 다리모양의 시설물로서 보행용으로만 사용되는 것)를 제외한다.

정답 ③

핵심기출문제

고압 가공전선로의 지지물로서 사용하는 목주의 풍압하중에 대한 안전율은?

① 1.1 이상　　② 1.2 이상
③ 1.3 이상　　④ 1.5 이상

해설
332.7(고압 가공전선로의 지지물의 강도) 조항
고압 가공전선로의 지지물로서 사용하는 목주는 다음에 따라 시설하여야 한다.
가. 풍압하중에 대한 안전율은 1.3 이상일 것
나. 굵기는 말구(목주 말단) 지름 12[cm] 이상일 것

정답 ③

나. 굵기는 말구(목주 말단) 지름 12[cm] 이상일 것

2. 철주("A종 철주") 또는 철근콘크리트주("A종 철근콘크리트주") 중 복합 철근콘크리트주로서 고압 가공전선로의 지지물로 사용하는 것은 풍압하중 및 수직하중에 견디는 강도를 가지는 것이어야 한다.

3. A종 철근콘크리트주 중 복합 철근콘크리트주 이외의 것으로서 고압 가공전선로의 지지물로 사용하는 것은 풍압하중에 견디는 강도를 가지는 것이어야 한다.

4. A종 철주 이외의 철주("B종 철주")·A종 철근콘크리트주 이외의 철근콘크리트주("B종 철근콘크리트주") 또는 철탑으로서 고압 가공전선로의 지지물로 사용하는 것은 상시 상정하중에 견디는 강도를 가지는 것이어야 한다.

332.8. 고압 가공전선 등의 병행설치

1. 저압 가공전선(다중접지된 중성선은 제외)과 고압 가공전선을 동일 지지물에 시설하는 경우에는 다음에 따라야 한다.

가. 저압 가공전선을 고압 가공전선의 아래로 하고 별개의 완금류에 시설할 것

나. 저압 가공전선과 고압 가공전선 사이의 이격거리는 50[cm] 이상일 것. 다만, 각도주·분기주 등에서 혼촉의 우려가 없도록 시설하는 경우에는 적용 안 해도 된다.

2. 다음의 어느 하나에 해당하는 경우에는 위 1번 내용을 안 따라도 된다.

가. 고압 가공전선에 케이블을 사용하고, 또한 그 케이블과 저압 가공전선 사이의 이격거리를 30[cm] 이상으로 하여 시설하는 경우

나. 저압 가공인입선을 분기하기 위하여 저압 가공전선을 고압용의 완금류에 견고하게 시설하는 경우

3. 저압 또는 고압의 가공전선과 교류전차선 또는 이와 전기적으로 접속되는 조가용선, 브래킷이나 장선(=교류전차선)을 동일 지지물에 시설하는 경우에는 저압 또는 고압의 가공전선을 지지물이 교류전차선 등을 지지하는 쪽의 반대쪽에서 수평거리를 1[m] 이상으로 하여 시설하여야 한다. 이 경우에 저압 또는 고압의 가공전선을 교류전차선 등의 위로 할 때에는 수직거리를 수평거리의 1.5배 이하로 하여 시설하여야 한다.

332.9. 고압 가공전선로 경간의 제한

1. 고압 가공전선로의 경간은 [표 332.9−1]에서 정한 값 이하이어야 한다.

▶ 표 332.9−1 고압 가공전선로 경간 제한

지지물의 종류	경간
목주·A종 철주 또는 A종 철근콘크리트주	150[m]
B종 철주 또는 B종 철근콘크리트주	250[m]
철탑	600[m]

2. 고압 가공전선로의 경간이 100[m]를 초과하는 경우에는 그 부분의 전선로는 다음에 따라 시설하여야 한다.

　　　가. 고압 가공전선은 인장강도 8.01[kN] 이상의 것 또는 지름 5[mm] 이상의 경동선의 것

　　　나. 목주의 풍압하중에 대한 안전율은 1.5 이상일 것

332.10. 고압 보안공사

고압 보안공사는 다음에 따라야 한다.

　　　가. 전선은 인장강도 8.01[kN] 이상의 것 또는 지름 5[mm] 이상의 경동선일 것 (케이블인 경우 제외)

　　　나. 목주의 풍압하중에 대한 안전율은 1.5 이상일 것

　　　다. 경간은 [표 332.10 – 1]에서 정한 값 이하일 것

▶ 표 332.10 – 1 고압 보안공사 경간 제한

지지물의 종류	경간
목주 · A종 철주 또는 A종 철근콘크리트주	100[m]
B종 철주 또는 B종 철근콘크리트주	150[m]
철탑	400[m]

332.11. 고압 가공전선과 건조물의 접근

1. 저압 가공전선 또는 고압 가공전선이 건조물(사람이 거주 또는 근무하거나 빈번히 출입하거나 모이는 조영물을 말한다)과 접근 상태로 시설되는 경우에는 다음에 따라야 한다.

　　　가. 고압 가공전선로는 고압 보안공사에 의할 것

　　　나. 저압 가공전선과 건조물의 조영재 사이의 이격거리는 [표 332.11 – 1]에서 정한 값 이상일 것

▶ 표 332.11 – 1 저압 가공전선과 건조물의 조영재 사이의 이격거리

건조물 조영재의 구분	접근형태	이격거리
상부 조영재 [지붕 · 옷 말리는 곳 기타 사람이 올라갈 우려가 있는 조영재를 말한다]	위쪽	2[m](전선이 고압 절연전선, 특고압 절연전선 또는 케이블인 경우는 1[m])
	옆쪽 또는 아래쪽	1.2[m](전선에 사람이 쉽게 접촉할 우려가 없도록 시설한 경우에는 0.8[m], 고압 절연전선, 특고압 절연전선 또는 케이블인 경우에는 0.4[m])
기타의 조영재		1.2[m](전선에 사람이 쉽게 접촉할 우려가 없도록 시설한 경우에는 0.8[m], 고압 절연전선, 특고압 절연전선 또는 케이블인 경우에는 0.4[m])

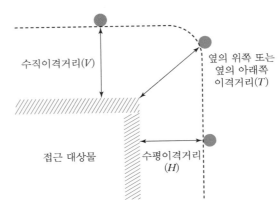

《 그림 332.11 - 1 이격거리의 관계 》

다. 고압 가공전선과 건조물의 조영재 사이의 이격거리는 [표 332.11 - 2]에서 정한 값 이상일 것

▶ 표 332.11 - 2 고압 가공전선과 건조물의 조영재 사이의 이격거리

건조물 조영재의 구분	접근형태	이격거리
상부 조영재	위쪽	2[m](전선이 케이블인 경우에는 1[m])
	옆쪽 또는 아래쪽	1.2[m](전선에 사람이 쉽게 접촉할 우려가 없도록 시설한 경우에는 0.8[m], 케이블인 경우에는 0.4[m])
기타의 조영재		1.2[m](전선에 사람이 쉽게 접촉할 우려가 없도록 시설한 경우에는 0.8[m], 케이블인 경우에는 0.4[m])

2. 저고압 가공전선이 건조물과 접근하는 경우에 저고압 가공전선이 건조물의 아래쪽에 시설될 때에는 저고압 가공전선과 건조물 사이의 이격거리는 [표 332.11 - 3]에서 정한 값 이상으로 시설하여야 한다.

▶ 표 332.11 - 3 저고압 가공전선과 건조물 사이의 이격거리

가공전선의 종류	이격거리
저압 가공전선	0.6[m](전선이 고압 절연전선, 특고압 절연전선 또는 케이블인 경우에는 0.3[m])
고압 가공전선	0.8[m](전선이 케이블인 경우에는 0.4[m])

332.12. 고압 가공전선과 도로 등의 접근 또는 교차

1. 저압 가공전선 또는 고압 가공전선이 도로 · 횡단보도교 · 철도 · 궤도 · 삭도(Rope Way) 또는 저압 전차선("도로 등")과 접근상태로 시설되는 경우에는 다음에 따라야 한다.

　가. 고압 가공전선로는 고압 보안공사에 의할 것

　나. 저압 가공전선과 도로 등의 이격거리는 [표 332.12 - 1]에서 정한 값 이상일 것(다만, 저압 가공전선과 도로 · 횡단보도교 · 철도 또는 궤도와의 수평 이격거리가 1[m] 이상인 경우에는 그러하지 아니하다)

도로 등의 구분	이격거리
도로 · 횡단보도교 · 철도 또는 궤도	3[m]
삭도나 그 지주 또는 저압 전차선	0.6[m](전선이 고압 절연전선, 특고압 절연전선 또는 케이블인 경우에는 0.3[m])
저압 전차선로의 지지물	0.3[m]

다. 고압 가공전선과 도로 등의 이격거리는 [표 332.12-2]에서 정한 값 이상일 것(다만, 고압 가공전선과 도로 · 횡단보도교 · 철도 또는 궤도와의 수평이격 거리가 1.2[m] 이상인 경우에는 그러하지 아니하다)

▶ 표 332.12-2 고압 가공전선과 도로 등의 이격거리

도로 등의 구분	이격거리
도로 · 횡단보도교 · 철도 또는 궤도	3[m]
삭도나 그 지주 또는 저압 전차선	0.8[m] (전선이 케이블인 경우에는 0.4[m])
저압 전차선로의 지지물	0.6[m] (고압 가공전선이 케이블인 경우에는 0.3[m])

2. 저압 가공전선 또는 고압 가공전선이 도로 등과 교차하는 경우(동일 지지물에 시설되는 병가의 경우를 제외)에 저압 가공전선 또는 고압 가공전선이 도로 등의 위에 시설되는 때에는 위 1번의 "가"부터 "다" 규정에 준하여 시설하여야 한다.

332.13. 고압 가공전선과 가공약전류전선 등의 접근 또는 교차

1. 저압 가공전선 또는 고압 가공전선이 가공약전류전선 또는 가공 광섬유 케이블 ("가공약전류전선 등")과 접근상태로 시설되는 경우에는 다음에 따라야 한다.
    가. 고압 가공전선은 고압 보안공사에 의할 것
    나. 저압 가공전선이 가공약전류전선 등과 접근하는 경우에는 저압 가공전선과 가공약전류전선 등 사이의 이격거리는 60[cm][가공약전류전선로 또는 가공 광섬유 케이블 선로("가공약전류전선로 등")로서 가공약전류전선 등이 절연전선과 동등 이상의 절연성능이 있는 것 또는 통신용 케이블인 경우는 30[cm] 이상일 것. 다만, 저압 가공전선이 고압 절연전선, 특고압 절연전선 또는 케이블인 경우로서 저압 가공전선과 가공약전류전선 등 사이의 이격거리가 30[cm](가공약전류전선 등이 절연전선과 동등 이상의 절연성능이 있는 것 또는 통신용 케이블인 경우에는 15[cm]) 이상인 경우에는 그러하지 아니하다.
    다. 고압 가공전선이 가공약전류전선 등과 접근하는 경우는 고압 가공전선과 가공약전류전선 등 사이의 이격거리는 80[cm](전선이 케이블인 경우에는 40[cm]) 이상일 것

📖 **핵심기출문제**

저압 가공전선이 가공약전류전선과 접근하여 시설될 때 가공전선과 가공약전류전선 사이의 이격거리는 몇 [cm] 이상이어야 하는가?
① 30 ② 40
③ 60 ④ 80

📃 **해설**

332.13(고압 가공전선과 가공약전류전선 등의 접근 또는 교차) 조항
1. 저압 가공전선 또는 고압 가공전선이 가공약전류전선 또는 가공 광섬유 케이블과 접근상태로 시설되는 경우에는 다음에 따라야 한다.
    가. 고압 가공전선은 고압 보안공사에 의할 것
    나. 저압 가공전선이 가공약전류전선 등과 접근하는 경우에는 저압 가공전선과 가공약전류전선 등 사이의 이격거리는 60 [cm] 이상일 것
    다. 고압 가공전선이 가공약전류전선 등과 접근하는 경우는 고압 가공전선과 가공약전류전선 등 사이의 이격거리는 80[cm](전선이 케이블인 경우에는 40[cm]) 이상일 것
    라. 가공전선과 약전류전선로 등의 지지물 사이의 이격거리는 저압은 30[cm] 이상, 고압은 60 [cm](전선이 케이블인 경우에는 30[cm]) 이상일 것

🔒 **정답** ③

PART 06

라. 가공전선과 약전류전선로 등의 지지물 사이의 이격거리는 저압은 30[cm] 이상, 고압은 60[cm](전선이 케이블인 경우에는 30[cm]) 이상일 것

2. 저압 가공전선 또는 고압 가공전선이 가공약전류전선 등과 교차하는 경우, 저압 가공전선 또는 고압 가공전선이 가공약전류전선 등의 위에 시설될 때는 위 1번의 규정에 준하여 시설하여야 한다. 이 경우 저압 가공전선로의 중성선에는 절연전선을 사용하여야 한다.

332.14. 고압 가공전선과 안테나의 접근 또는 교차

1. 저압 가공전선 또는 고압 가공전선이 안테나와 접근상태로 시설되는 경우에는 다음에 따라야 한다.

   가. 고압 가공전선로는 고압 보안공사에 의할 것

   나. 가공전선과 안테나 사이의 이격거리(가섭선에 의하여 시설하는 안테나에 있어서는 수평 이격거리)는 저압은 60[cm](전선이 고압 절연전선, 특고압 절연전선 또는 케이블인 경우에는 30[cm]) 이상, 고압은 80[cm](전선이 케이블인 경우에는 40[cm]) 이상일 것

2. 저압 가공전선 또는 고압 가공전선이 가섭선에 의하여 시설하는 안테나와 교차하는 경우에 저압 가공전선 또는 고압 가공전선이 안테나의 위에 시설되는 때에는 위 1번 규정에 준하여 시설하여야 한다.

332.15. 고압 가공전선과 교류전차선 등의 접근 또는 교차

1. 저압 가공전선 또는 고압 가공전선이 교류 전차선 등과 접근하는 경우에 저압 가공전선 또는 고압 가공전선은 교류 전차선의 위쪽에 시설하여서는 아니 된다. 다만, 가공전선과 교류 전차선 등의 수평거리가 3[m] 이상인 경우에는 가공전선로의 전선의 절단, 지지물의 도괴 등의 경우에 가공전선이 교류 전차선 등과 접촉할 우려가 없을 때 또는 다음에 따라 시설하는 때에는 그러하지 아니하다.

   가. 저압 가공전선로는 저압 보안공사(전선에 관한 부분을 제외), 고압 가공전선로는 고압 보안공사에 의할 것

   나. 저압 가공전선은 인장강도 8.01[kN] 이상의 것 또는 지름 5[mm] 이상의 경동선의 것(케이블로 시설하면 예외)

2. 저압 가공전선 또는 고압 가공전선이 교류 전차선 등과 교차하는 경우에 저압 가공전선 또는 고압 가공전선이 교류 전차선 등의 위에 시설되는 때에는 다음에 따라야 한다.

   가. 저압 가공전선에는 케이블을 사용하고 또한 이를 단면적 35[mm²] 이상인 아연도강연선으로서 인장강도 19.61[kN] 이상인 것으로 조가하여 시설할 것

   나. 고압 가공전선은 인장강도 14.51[kN] 이상의 것 또는 단면적 38[mm²] 이상의 경동연선일 것(케이블로 시설하면 예외)

다. 고압 가공전선이 케이블인 경우에는 이를 단면적 38[mm²] 이상인 아연도강연선으로서 인장강도 19.61[kN] 이상인 것으로 조가하여 시설할 것

라. (생략)

마. 케이블 이외의 것을 사용하는 고압 가공전선 상호 간의 간격은 65[cm] 이상일 것

바. 고압 가공전선로의 지지물은 전선이 장력에 견디는 애자장치가 되어 있는 것일 것(케이블로 시설하면 예외)

사. 가공전선로 지지물에 사용하는 목주의 풍압하중에 대한 안전율은 2 이상일 것

아. 가공전선로의 경간은 지지물로 목주·A종 철주 또는 A종 철근콘크리트주를 사용하는 경우에는 60[m] 이하, B종 철주 또는 B종 철근콘크리트주를 사용하는 경우에는 120[m] 이하일 것

자. 고압 가공전선로의 완금류에는 견고한 금속제의 것을 사용하고 접지공사를 할 것

차. (생략)

카. 가공전선로의 전선·완금류·지지물·지선 또는 지주와 교류 전차선 등 사이의 이격거리는 2[m] 이상일 것

332.16. 고압 가공전선 등과 저압 가공전선 등의 접근 또는 교차

1. 고압 가공전선이 저압 가공전선 또는 고압 전차선("저압 가공전선 등")과 접근상태로 시설되거나 고압 가공전선이 저압 가공전선 등과 교차하는 경우에 고압 가공전선 등의 위에 시설되는 때에는 다음에 따라야 한다.

가. 고압 가공전선로는 고압 보안공사에 의할 것

나. 고압 가공전선과 저압 가공전선 등 또는 그 지지물 사이의 이격거리는 [표 332.16-1]에서 정한 값 이상일 것

▶표 332.16-1 고압 가공전선과 저압 가공전선 등 또는 그 지지물 사이의 이격거리

저압 가공전선 등 또는 그 지지물의 구분	이격거리
저압 가공전선 등	0.8[m] (고압 가공전선이 케이블인 경우에는 0.4[m])
저압 가공전선 등의 지지물	0.6[m] (고압 가공전선이 케이블인 경우에는 0.3[m])

2. 고압 가공전선 또는 고압 전차선("고압 가공전선 등")이 저압 가공전선과 접근하는 경우에는 고압 가공전선 등은 저압 가공전선의 아래쪽에 수평거리로 그 저압 가공전선로의 지지물의 지표상의 높이에 상당하는 거리 안에 시설하여서는 아니 된다. 다만, 기술상의 부득이한 경우에 저압 가공전선이 다음에 따라 시설되는 경우에는 그러하지 아니하다.

가. 저압 가공전선로는 저압 보안공사에 의할 것

나. 저압 가공전선과 고압 가공전선 등 또는 그 지지물 사이의 이격거리는 [표 332.16 − 2]에서 정한 값 이상일 것

▶ 표 332.16 − 2 저압 가공전선과 고압 가공전선 등 또는 그 지지물 사이의 이격거리

고압 가공전선 등 또는 그 지지물의 구분	이격거리
고압 가공전선	80[cm] (고압 가공전선이 케이블인 경우에는 40[cm])
고압 전차선	1.2[m]
고압 가공전선 등의 지지물	30[cm]

다. 저압 가공전선로의 지지물과 고압 가공전선 등 사이의 이격거리는 60[cm] (고압 가공전선로가 케이블인 경우에는 30[cm]) 이상일 것

332.17. 고압 가공전선 상호 간의 접근 또는 교차

고압 가공전선이 다른 고압 가공전선과 접근상태로 시설되거나 교차하여 시설되는 경우에는 다음에 따라 시설하여야 한다.

가. 위쪽 또는 옆쪽에 시설되는 고압 가공전선로는 고압 보안공사에 의할 것

나. 고압 가공전선 상호 간의 이격거리는 80[cm](어느 한쪽의 전선이 케이블인 경우에는 40[cm]) 이상, 하나의 고압 가공전선과 다른 고압 가공전선로의 지지물 사이의 이격거리는 60[cm](전선이 케이블인 경우에는 30[cm]) 이상일 것

332.18. 고압 가공전선과 다른 시설물의 접근 또는 교차

1. 고압 가공전선이 건조물·도로·횡단보도교·철도·궤도·삭도·가공약전류전선 등·안테나·교류 전차선 등·저압 또는 전차선·저압 가공전선·다른 고압 가공전선 및 특고압 가공전선 이외의 시설물("다른 시설물")과 접근상태로 시설되는 경우에는 고압 가공전선과 다른 시설물의 이격거리는 [표 332.18 − 1]에서 정한 값 이상으로 하여야 한다. 이 경우에 고압 가공전선로의 전선의 절단, 지지물이 도괴 등에 의하여 고압 가공전선이 다른 시설물과 접촉함으로써 사람에게 위험을 줄 우려가 있을 때에는 고압 가공전선로는 고압 보안공사에 의하여야 한다.

▶ 표 332.18 − 1 고압 가공전선과 다른 시설물의 이격거리

다른 시설물의 구분	접근형태	이격거리
조영물의 상부 조영재	위쪽	2[m] (전선이 케이블인 경우에는 1[m])
	옆쪽 또는 아래쪽	0.8[m] (전선이 케이블인 경우에는 0.4[m])
조영물의 상부조영재 이외의 부분 또는 조영물 이외의 시설물		0.8[m] (전선이 케이블인 경우에는 0.4[m])

핵심기출문제

고압 가공전선 상호 간이 접근 또는 교차하여 시설되는 경우, 고압 가공전선 상호 간의 이격거리는 몇 [cm] 이상이어야 하는가?(단, 고압 가공전선은 모두 케이블이 아니라고 한다.)

① 50 ② 60
③ 70 ④ 80

📖 해설

332.17(고압 가공전선 상호 간의 접근 또는 교차) 조항
고압 가공전선이 다른 고압 가공전선과 접근상태로 시설되거나 교차하여 시설되는 경우에는 다음에 따라 시설하여야 한다.
가. 위쪽 또는 옆쪽에 시설되는 고압 가공전선로는 고압 보안공사에 의할 것
나. 고압 가공전선 상호 간의 이격거리는 80[cm](어느 한쪽의 전선이 케이블인 경우에는 40[cm]) 이상, 하나의 고압 가공전선과 다른 고압 가공전선로의 지지물 사이의 이격거리는 60[cm](전선이 케이블인 경우에는 30[cm]) 이상일 것

🔒 정답 ④

2. (생략)

3. 고압 가공전선이 다른 시설물과 접근하는 경우에 고압 가공전선이 다른 시설물의 아래쪽에 시설되는 때에는 상호 간의 이격거리를 80[cm](전선이 케이블인 경우에는 40[cm]) 이상으로 하고 위험의 우려가 없도록 시설하여야 한다.

332.19. 고압 가공전선과 식물의 이격거리

고압 가공전선은 상시 부는 바람 등에 의하여 식물에 접촉하지 않도록 시설하여야 한다.

332.20. 고압 옥측전선로 등에 인접하는 가공전선의 시설

(생략)

332.21. 고압 가공전선과 가공약전류전선 등의 공용설치

저압 가공전선 또는 고압 가공전선과 가공약전류전선 등(전력보안 통신용의 가공약전류전선은 제외)을 동일 지지물에 시설하는 경우에는 다음에 따라 시설하여야 한다.

가. 전선로의 지지물로서 사용하는 목주의 풍압하중에 대한 안전율은 1.5 이상일 것

나. 가공전선을 가공약전류전선 등의 위로 하고 별개의 완금류에 시설할 것

다. 가공전선과 가공약전류전선 등 사이의 이격거리는 가공전선에 유선 텔레비전용 급전겸용 동축케이블을 사용한 전선으로서 저압(다중접지된 중성선을 제외)은 75[cm] 이상, 고압은 1.5[m] 이상일 것(다만, 가공약전류전선 등이 절연전선과 동등 이상의 절연성능이 있는 것 또는 통신용 케이블인 경우에 이격거리를 저압 가공전선이 고압 절연전선, 특고압 절연전선 또는 케이블인 경우에는 30[cm], 고압 가공전선이 케이블인 때에는 50[cm]까지, 가공약전류전선로 등의 관리자의 승낙을 얻은 경우에는 이격거리를 저압은 60[cm], 고압은 1[m]까지로 각각 감할 수 있다)

333. 특고압 가공전선로

333.1. 시가지 등에서 특고압 가공전선로의 시설

특고압 가공전선로는 전선이 케이블인 경우 또는 전선로를 다음과 같이 시설하는 경우에는 시가지 그 밖에 인가가 밀집한 지역에 시설할 수 있다.

가. 사용전압이 170[kV] 이하인 전선로를 다음에 의하여 시설하는 경우

(1) 특고압 가공전선을 지지하는 애자장치는 다음 중 어느 하나에 의할 것

(가) 50[%] 충격섬락전압 값이 그 전선의 근접한 다른 부분을 지지하는 애자장치값의 110[%] 이상인 것

(나) 아크 혼을 붙인 현수애자·장간애자 또는 라인포스트애자를 사용하는 것

(다) 2련 이상의 현수애자 또는 장간애자를 사용하는 것

(라) 2개 이상의 핀애자 또는 라인포스트애자를 사용하는 것

핵심기출문제

고압 가공전선과 가공약전류전선이 공가할 경우 최소이격거리[m]는?

① 50 ② 75
③ 1.5 ④ 2.0

해설

332.21(고압 가공전선과 가공약전류전선 등의 공용설치) 조항 (공가 = 병가)

저압 가공전선 또는 고압 가공전선과 가공약전류전선 등을 동일 지지물에 시설하는 경우, 가공전선과 가공약전류전선 등 사이의 이격거리는 가공전선에 유선 텔레비전용 급전겸용 동축케이블을 사용한 전선으로서 저압은 75[cm] 이상, 고압은 1.5[m] 이상일 것

정답 ③

(2) 특고압 가공전선로의 경간은 [표 333.1 – 1]에서 정한 값 이하일 것

▶ 표 333.1 – 1 시가지 등에서 170[kV] 이하 특고압 가공전선로의 경간 제한

지지물의 종류	경간
A종 철주 또는 A종 철근콘크리트주	75[m](목주 사용불가)
B종 철주 또는 B종 철근콘크리트주	150[m]
철탑	400[m](단주인 경우에는 300[m]) 다만, 전선이 수평으로 2 이상 있는 경우에 전선 상호 간의 간격이 4[m] 미만인 때에는 250[m]

(3) 지지물에는 철주 · 철근콘크리트주 또는 철탑을 사용할 것
(4) 전선은 단면적이 [표 333.1 – 2]에서 정한 값 이상일 것

▶ 표 333.1 – 2 시가지 등에서 170[kV] 이하 특고압 가공전선로 전선의 단면적

사용전압의 구분	전선의 단면적
100[kV] 미만	인장강도 21.67[kN] 이상의 연선 또는 단면적 55[mm^2] 이상의 경동연선 또는 동등 이상의 인장강도를 갖는 알루미늄 전선이나 절연전선
100[kV] 이상	인장강도 58.84[kN] 이상의 연선 또는 단면적 150[mm^2] 이상의 경동연선 또는 동등 이상의 인장강도를 갖는 알루미늄 전선이나 절연전선

(5) 전선의 지표상의 높이는 [표 333.1 – 3]에서 정한 값 이상일 것

▶ 표 333.1 – 3 시가지 등에서 170[kV] 이하 특고압 가공전선로 높이

사용전압의 구분	지표상의 높이
35[kV] 이하	10[m] (전선이 특고압 절연전선인 경우에는 8[m])
35[kV] 초과	10[m]에 35[kV]를 초과하는 10[kV] 또는 그 단수마다 0.12[m]를 더한 값 • 단수 $= \dfrac{\text{사용전압}[kV] - 35[kV]}{10[kV]}$ [단] (절상한다) • 이격거리 $d = 10 + (\text{단수} \times 0.12)$ [m]

(6) 지지물에 "위험 표시"를 보기 쉬운 곳에 시설할 것
(7) 사용전압이 100[kV]를 초과하는 특고압 가공전선에 지락 또는 단락이 생겼을 때에는 1초 이내에 자동적으로 이를 전로로부터 차단하는 장치를 시설할 것

나. 사용전압이 170[kV]를 초과하는 전선로를 다음에 의하여 시설하는 경우
(1) 전선로는 회선수 2 이상일 것
(2) 전선을 지지하는 애자장치에는 아크 혼을 부착한 현수애자 또는 장간애자를 사용할 것
(3) 전선을 인류하는 경우에는 압축형 클램프, 쐐기형 클램프 또는 이와 동등 이상의 성능을 가지는 클램프를 사용할 것

핵심기출문제

사용전압이 22.9[kV]인 가공전선로를 시가지에 시설하는 경우 전선의 지표상 높이는 몇 [m] 이상인가?(단, 전선은 특고압 절연전선을 사용한다)

① 6 ② 7
③ 8 ④ 10

■ 해설
표 333.1 – 3 시가지 등에서 170[kV] 이하 특고압 가공전선로 높이

사용전압의 구분	지표상의 높이
35[kV] 이하	10[m](전선이 특고압 절연전선인 경우에는 8[m])
35[kV] 초과	10[m]에 35[kV]를 초과하는 10[kV] 또는 그 단수마다 0.12[m]를 더한 값

🔒 정답 ③

(4) 현수애자 장치에 의하여 전선을 지지하는 부분에는 아머로드를 사용할 것

(5) 경간 거리는 600[m] 이하일 것

(6) 지지물은 철탑을 사용할 것

(7) 전선은 단면적 240[mm²] 이상의 강심알루미늄선 또는 이와 동등 이상의 인장강도 및 내아크 성능을 가지는 연선을 사용할 것

(8) 전선로에는 가공지선을 시설할 것

(9) 전선은 경간 도중에 접속점을 시설하지 아니할 것

(10) 전선의 지표상의 높이는 10[m]에 35[kV]를 초과하는 10[kV]마다 0.12[m]를 더한 값 이상일 것

(11) 지지물에는 위험표시를 보기 쉬운 곳에 시설할 것

(12) 전선로에 지락 또는 단락이 생겼을 때에는 1초 이내에 그리고 전선이 아크전류에 의하여 용단될 우려가 없도록 자동적으로 전로에서 차단하는 장치를 시설할 것

333.2. 유도장해의 방지

1. 특고압 가공전선로는 다음과 같이 기설 가공 전화선로에 대하여 상시 정전유도작용에 의한 통신상의 장해가 없도록 시설하여야 한다.

    가. 사용전압이 60[kV] 이하인 경우에는 전화선로의 길이 12[km]마다 유도전류가 2[μA]를 넘지 아니하도록 할 것

    나. 사용전압이 60[kV]를 초과하는 경우에는 전화선로의 길이 40[km]마다 유도전류가 3[μA]를 넘지 아니하도록 할 것

2. 특고압 가공전선로는 기설 통신선로에 대하여 상시 정전유도작용에 의하여 통신상의 장해를 주지 아니하도록 시설하여야 한다.

3. 특고압 가공전선로는 기설 약전류 전선로에 대하여 통신상의 장해를 줄 우려가 없도록 시설하여야 한다.

333.3. 특고압 가공케이블의 시설

특고압 가공전선로는 그 전선에 케이블을 사용하는 경우에는 다음에 따라 시설하여야 한다.

    가. 케이블은 다음의 어느 하나에 의하여 시설할 것

        (1) 조가용선에 행거에 의하여 시설할 것. 이 경우에 행거의 간격은 50[cm] 이하로 하여 시설하여야 한다.

        (2) 조가용선에 접촉시키고 그 위에 쉽게 부식되지 아니하는 금속 테이프 등을 20[cm] 이하의 간격을 유지시켜 나선형으로 감아 붙일 것

    나. 조가용선은 인장강도 13.93[kN] 이상의 연선 또는 단면적 22[mm²] 이상의 아연도강연선일 것

    다. (생략)

    라. 조가용선 및 케이블의 피복에 사용하는 금속체에는 접지공사를 할 것

특고압 가공전선로의 전선으로 케이블을 사용하는 경우의 시설로서 옳지 않은 것은?

① 케이블은 조가용선에 행거에 의하여 시설한다.
② 케이블은 조가용선에 접촉시키고 비닐테이프 등을 30[cm] 이상의 간격으로 감아 붙인다.
③ 조가용선은 단면적 $22[mm^2]$의 아연도강연선 또는 인장강도 13.93[kN] 이상의 연선을 사용한다.
④ 조가용선 및 케이블의 피복에 사용하는 금속체에는 제3종 접지공사를 한다.

해설

333.3(특고압 가공케이블의 시설) 조항
특고압 가공전선로는 그 전선에 케이블을 사용하는 경우,
가. 케이블은 다음의 어느 하나에 의하여 시설할 것
　(1) 조가용선에 행거에 의하여 시설할 것. 이 경우에 행거의 간격은 50[cm] 이하로 하여 시설하여야 한다.
　(2) 조가용선에 접촉시키고 그 위에 쉽게 부식되지 아니하는 금속 테이프 등을 20[cm] 이하의 간격을 유지시켜 나선형으로 감아 붙일 것
나. 조가용선은 인장강도 13.93[kN] 이상의 연선 또는 단면적 22 $[mm^2]$ 이상의 아연도강연선일 것
🔒 **정답** ②

최대사용전압 22.9[kV]인 가공전선과 지지물과의 이격거리는 일반적으로 몇 [cm] 이상이어야 하는가?

① 5[cm]　　② 10[cm]
③ 15[cm]　　④ 20[cm]

해설

333.5(특고압 가공전선과 지지물 등의 이격거리) 조항의 표 333.5-1(특고압 가공전선과 지지물 등의 이격거리) 참고
🔒 **정답** ④

333.4. 특고압 가공전선의 굵기 및 종류

특고압 가공전선은 인장강도 8.71[kN] 이상의 연선 또는 단면적이 $22[mm^2]$ 이상의 경동연선 또는 동등 이상의 인장강도를 갖는 알루미늄 전선이나 절연전선이어야 한다(케이블인 경우 제외).

333.5. 특고압 가공전선과 지지물 등의 이격거리

특고압 가공전선과 그 지지물·완금류·지주 또는 지선 사이의 이격거리는 [표 333.5-1]에서 정한 값 이상이어야 한다. 다만, 기술상 부득이한 경우에 위험의 우려가 없도록 시설한 때에는 이격거리에서 정한 값의 0.8배까지 감할 수 있다.

▶ 표 333.5-1 특고압 가공전선과 지지물 등의 이격거리

사용전압	이격거리[m]
15[kV] 미만	0.15
15[kV] 이상　25[kV] 미만	0.2
25[kV] 이상　35[kV] 미만	0.25
35[kV] 이상　50[kV] 미만	0.3
50[kV] 이상　60[kV] 미만	0.35
60[kV] 이상　70[kV] 미만	0.4
70[kV] 이상　80[kV] 미만	0.45
80[kV] 이상　130[kV] 미만	0.65
130[kV] 이상　160[kV] 미만	0.9
160[kV] 이상　200[kV] 미만	1.1
200[kV] 이상　230[kV] 미만	1.3
230[kV] 이상	1.6

333.7. 특고압 가공전선의 높이

1. 특고압 가공전선의 높이는 [표 333.7-1]에서 정한 값 이상이어야 한다.

▶ 표 333.7-1 특고압 가공전선의 높이

사용전압의 구분	지표상의 높이
35[kV] 이하	5[m](철도 또는 궤도를 횡단하는 경우에는 6.5[m], 도로를 횡단하는 경우에는 6[m], 횡단보도교의 위에 시설하는 경우로서 전선이 특고압 절연전선 또는 케이블인 경우에는 4[m])
35[kV] 초과 160[kV] 이하	6[m](철도 또는 궤도를 횡단하는 경우에는 6.5[m], 산지(山地) 등에서 사람이 쉽게 들어갈 수 없는 장소에 시설하는 경우에는 5[m], 횡단보도교의 위에 시설하는 경우 전선이 케이블인 때는 5[m])
160[kV] 초과	6[m](철도 또는 궤도를 횡단하는 경우에는 6.5[m] 산지 등에서 사람이 쉽게 들어갈 수 없는 장소를 시설하는 경우에는 5[m])에 160[kV]를 초과하는 10[kV] 또는 그 단수마다 0.12[m]를 더한 값 • 단수 $= \dfrac{\text{사용전압}[kV] - 160[kV]}{10[kV]}$ [단] (절상한다) • 이격거리 $d = 5 + (\text{단수} \times 0.12)$ [m]

2. 특고압 가공전선을 수면상에서 시설하는 경우에는 전선의 수면상의 높이를 선박의 항해 등에 위험을 주지 아니하도록 유지하여야 한다.

3. 특고압 가공전선로를 빙설이 많은 지방에 시설하는 경우에는 전선의 적설상의 높이를 사람 또는 차량의 통행 등에 위험을 주지 아니하도록 유지하여야 한다.

333.8. 특고압 가공전선로의 가공지선

특고압 가공전선로에 사용하는 가공지선은 다음에 따라 시설하여야 한다.

　가. 가공지선에는 인장강도 8.01[kN] 이상의 나선 또는 지름 5[mm] 이상의 나경동선, 22[mm²] 이상의 나경동연선, 아연도강연선 22[mm²], 또는 OPGW 전선을 사용한다.

　나. 지지점 이외의 곳에서 특고압 가공전선과 가공지선 사이의 간격은 지지점에서의 간격보다 적게 하지 아니할 것

333.9. 특고압 가공전선로의 애자장치 등

1. 특고압 가공전선을 지지하는 애자장치는 아래와 같이 하중이 전선의 붙임점에 가하여지는 것으로 계산한 경우에 안전율이 2.5 이상으로 되는 강도를 유지하도록 시설하여야 한다.

　가. 전선을 인류하는 경우에는 전선의 상정 최대장력에 의한 하중

　나. 전선을 조하하는 경우에는 전선 및 애자장치에 가하여지는 풍압하중과 같은 수평 횡하중과 전선의 중량[풍압하중으로서 을종 풍압하중을 채택하는 경우에는 전선의 피빙(두께 6[mm], 비중 0.9의 것으로 한다)의 중량을 가산한다] 및 애자장치 중량과의 합과 같은 수직하중과의 합성하중

2. 특고압 가공전선을 지지하는 애자장치를 붙이는 완금류에는 접지공사를 하여야 한다.

333.10. 특고압 가공전선로의 목주 시설

특고압 가공전선로의 지지물로 사용하는 목주는 다음에 따르고 또한 견고하게 시설하여야 한다.

　가. 풍압하중에 대한 안전율은 1.5 이상일 것

　나. 굵기는 말구 지름 12[cm] 이상일 것

333.11. 특고압 가공전선로의 철주·철근콘크리트주 또는 철탑의 종류

특고압 가공전선로의 지지물로 사용하는 B종 철근·B종 콘크리트주 또는 철탑의 종류는 다음과 같다.

　가. 직선형 : 전선로의 직선부분(3° 이하인 수평각도를 이루는 곳을 포함)에 사용하는 것. 다만, 내장형 및 보강형에 속하는 것을 제외한다.

　나. 각도형 : 전선로 중 3°를 초과하는 수평각도를 이루는 곳에 사용하는 것

　다. 인류형 : 전가섭선을 인류하는 곳에 사용하는 것

라. 내장형 : 전선로의 지지물 양쪽의 경간의 차가 큰 곳에 사용하는 것

마. 보강형 : 전선로의 직선부분에 그 보강을 위하여 사용하는 것

333.12. 특고압 가공전선로의 철주·철근콘크리트주 또는 철탑의 강도

(생략)

333.13. 상시 상정하중

(생략)

333.14. 이상 시 상정하중

(생략)

333.15. 특고압 가공전선로의 철탑의 착설 시 강도 등

(생략)

333.16. 특고압 가공전선로의 내장형 등의 지지물 시설

1. 특고압 가공전선로 중 지지물로 목주·A종 철주·A종 철근콘크리트주를 연속하여 5기 이상 사용하는 직선부분(5° 이하의 수평각도를 이루는 곳을 포함)에는 다음에 따라 목주·A종 철주 또는 A종 철근콘크리트주를 시설하여야 한다.

가. 5기 이하마다 지선을 전선로와 직각 방향으로 그 양쪽에 시설한 목주·A종 철주 또는 A종 철근콘크리트주 1기

나. 연속하여 15기 이상으로 사용하는 경우에는 15기 이하마다 지선을 전선로의 방향으로 그 양쪽에 시설한 목주·A종 철주 또는 A종 철근콘크리트주 1기

2. (생략)

3. 특고압 가공전선로 중 지지물로서 B종 철주 또는 B종 철근콘크리트주를 연속하여 10기 이상 사용하는 부분에는 10기 이하마다 장력에 견디는 형태의 철주 또는 철근콘크리트주 1기를 시설하거나 5기 이하마다 보강형의 철주 또는 철근콘크리트주 1기를 시설하여야 한다.

4. 특고압 가공전선로 중 지지물로서 직선형의 철탑을 연속하여 10기 이상 사용하는 부분에는 10기 이하마다 장력에 견디는 애자장치가 되어 있는 철탑 또는 이와 동등 이상의 강도를 가지는 철탑 1기를 시설하여야 한다.

333.17. 특고압 가공전선과 저고압 가공전선 등의 병행설치

1. 사용전압이 35[kV] 이하인 특고압 가공전선과 저압 또는 고압의 가공전선을 동일 지지물에 시설하는 경우에는 다음에 따라야 한다.

가. 특고압 가공전선은 저압 또는 고압 가공전선의 위에 시설하고 별개의 완금류에 시설할 것. 다만, 특고압 가공전선이 케이블인 경우로서 저압 또는 고압 가공전선이 절연전선 또는 케이블인 경우에는 그러하지 아니하다.

나. 특고압 가공전선은 연선일 것

다. 저압 또는 고압 가공전선은 인장강도 8.31[kN] 이상(케이블로 시설하면 예외)으로 다음에 해당하는 것

   (1) 가공전선로의 경간이 50[m] 이하인 경우에는 인장강도 5.26[kN] 이상의 것 또는 지름 4[mm] 이상의 경동선

   (2) 가공전선로의 경간이 50[m]를 초과하는 경우에는 인장강도 8.01[kN] 이상의 것 또는 지름 5[mm] 이상의 경동선

라. 특고압 가공전선과 저압 또는 고압 가공전선 사이의 이격거리는 1.2[m] 이상일 것. 다만, 특고압 가공전선이 케이블로서 저압 가공전선이 절연전선이거나 케이블인 때 또는 고압 가공전선이 고압 절연전선, 특고압 절연전선 또는 케이블인 때는 50[cm]까지로 감할 수 있다.

2. 사용전압이 35[kV]를 초과하고 100[kV] 미만인 특고압 가공전선과 저압 또는 고압 가공전선을 동일 지지물에 시설하는 경우에는 다음에 따라 시설하여야 한다.

가. 특고압 가공전선로는 제2종 특고압 보안공사에 의할 것

나. 특고압 가공전선과 저압 또는 고압 가공전선 사이의 이격거리는 2[m] 이상일 것. 다만, 특고압 가공전선이 케이블인 경우에 저압 가공전선이 절연전선 혹은 케이블인 때 또는 고압 가공전선이 절연전선 혹은 케이블인 때에는 1[m] 까지 감할 수 있다.

다. 특고압 가공전선은 인장강도 21.67[kN] 이상의 연선 또는 단면적이 50[mm²] 이상인 경동연선일 것(케이블로 시설하면 예외)

라. 특고압 가공전선로의 지지물은 철주·철근콘크리트주 또는 철탑일 것

3. 사용전압이 100[kV] 이상인 특고압 가공전선과 저압 또는 고압 가공전선은 동일 지지물에 시설하여서는 아니 된다.

4. 특고압 가공전선과 특고압 가공전선로의 지지물에 시설하는 저압의 전기기계기구에 접속하는 저압 가공전선을 동일 지지물에 시설하는 경우에는 특고압 가공전선과 저압 가공전선 사이의 이격거리는 [표 333.17 − 1]에서 정한 값 이상이어야 한다.

▶ 표 333.17 − 1 특고압 가공전선과 저고압 가공전선의 병가 시 이격거리

사용전압의 구분	이격거리
35[kV] 이하	1.2[m](특고압 가공전선이 케이블인 경우에는 0.5[m])
35[kV] 초과 60[kV] 이하	2[m](특고압 가공전선이 케이블인 경우에는 1[m])
60[kV] 초과	2[m](특고압 가공전선이 케이블인 경우에는 1[m])에 60[kV]를 초과하는 10[kV] 또는 그 단수마다 0.12[m]를 더한 값

333.18. 특고압 가공전선과 저고압 전차선의 병가

(생략)

333.19. 특고압 가공전선과 가공약전류전선 등의 공용설치

1. 사용전압이 35[kV] 이하인 특고압 가공전선과 가공약전류전선 등(전력보안 통신선 및 전기철도의 전용부지 안에 시설하는 전기철도용 통신선을 제외)을 동일 지지물에 시설하는 경우에는 다음에 따라야 한다.

  가. 특고압 가공전선로는 제2종 특고압 보안공사에 의할 것

  나. 특고압 가공전선은 가공약전류전선 등의 위로하고 별개의 완금류에 시설할 것

  다. 특고압 가공전선은 인장강도 21.67[kN] 이상의 연선 또는 단면적이 50[mm²] 이상인 경동연선일 것(케이블로 시설하면 예외)

  라. 특고압 가공전선과 가공약전류전선 등 사이의 이격거리는 2[m] 이상으로 할 것. 다만, 특고압 가공전선이 케이블인 경우에는 0.5[m]까지로 감할 수 있다.

  마. 가공약전류전선을 특고압 가공전선이 금속제의 전기적 차폐층이 있는 통신용 케이블일 것(케이블로 시설하면 예외)

  바. 특고압 가공전선로의 수직배선은 가공약전류전선 등의 시설자가 지지물에 시설한 것의 2[m] 위에서부터 전선로의 수직배선의 맨 아래까지의 사이는 케이블을 사용할 것

  사. 특고압 가공전선로의 접지도체에는 절연전선 또는 케이블을 사용하고 또한 특고압 가공전선로의 접지도체 및 접지극과 가공약전류전선로 등의 접지도체 및 접지극은 각각 별개로 시설할 것

2. 사용전압이 35[kV]를 초과하는 특고압 가공전선과 가공약전류전선 등은 동일 지지물에 시설하여서는 아니 된다.

333.20. 특고압 가공전선로의 지지물에 시설하는 저압 기계기구 등의 시설

특고압 가공전선로의 전선의 위쪽에서 지지물에 저압의 기계기구를 시설하는 경우에는 특고압 가공전선은 다음에 따라야 한다(케이블로 시설하면 예외).

  가. 저압의 기계기구에 접속하는 전로에는 다른 부하를 접속하지 아니할 것

  나. "가"의 전로와 다른 전로를 변압기에 의하여 결합하는 경우에는 절연변압기를 사용할 것

  다. "나"의 절연변압기의 부하측의 1단자 또는 중성점 및 "가"의 기계기구의 금속제 외함에는 접지공사를 하여야 한다.

333.21. 특고압 가공전선로의 경간 제한

1. 특고압 가공전선로의 경간은 [표 333.21 − 1]에서 정한 값 이하이어야 한다.

▶ **표 333.21 − 1 특고압 가공전선로의 경간 제한**

지지물의 종류	경간
목주 · A종 철주 또는 A종 철근콘크리트주	150[m]
B종 철주 또는 B종 철근콘크리트주	250[m]
철탑	600[m](단주인 경우에는 400[m])

2. 특고압 가공전선로의 전선에 인장강도 21.67[kN] 이상의 것 또는 단면적이 50[mm²] 이상인 경동연선을 사용하는 경우로서 그 지지물을 시설할 때에는 위 1번의 규정에 의하지 아니할 수 있다. 이 경우에 그 전선로의 경간은 그 지지물에 목주·A종 철주 또는 A종 철근콘크리트주를 사용하는 경우에는 300[m] 이하, B종 철주 또는 B종 철근콘크리트주를 사용하는 경우에는 500[m] 이하이어야 한다.

333.22. 특고압 보안공사

1. 제1종 특고압 보안공사는 다음에 따라야 한다.

   가. 전선은 단면적이 [표 333.22 – 1]에서 정한 값 이상일 것(케이블로 시설하면 예외)

▶ 표 333.22 – 1 제1종 특고압 보안공사 시 전선의 단면적

사용전압	전선
100[kV] 미만	인장강도 21.67[kN] 이상의 연선 또는 단면적 55[mm²] 이상의 경동연선 또는 동등 이상의 인장강도를 갖는 알루미늄 전선이나 절연전선
100[kV] 이상 300[kV] 미만	인장강도 58.84[kN] 이상의 연선 또는 단면적 150[mm²] 이상의 경동연선 또는 동등 이상의 인장강도를 갖는 알루미늄 전선이나 절연전선
300[kV] 이상	인장강도 77.47[kN] 이상의 연선 또는 단면적 200[mm²] 이상의 경동연선 또는 동등 이상의 인장강도를 갖는 알루미늄 전선이나 절연전선

   나. 전선에는 경간의 도중에 접속점을 시설하지 아니할 것
   다. 전선로의 지지물에는 B종 철주·B종 철근콘크리트주 또는 철탑을 사용할 것
   라. (생략)

▶ 표 333.22 – 2 제1종 특고압 보안공사 시 경간 제한

지지물의 종류	경간
목주, A종 철주 또는 A종 철근콘크리트주	사용불가
B종 철주 또는 B종 철근콘크리트주	150[m]
철탑	400[m] (단주인 경우에는 300[m])

   마. 전선이 다른 시설물과 접근하거나 교차하는 경우에는 그 전선을 지지하는 애자장치는 다음의 어느 하나에 의할 것
     (1) 현수애자 또는 장간애자를 사용하는 경우, 50[%] 충격섬락전압값이 그 전선의 근접하는 다른 부분을 지지하는 애자장치의 값의 110[%](사용전압이 130[kV]를 초과하는 경우는 105[%]) 이상인 것
     (2) 아크혼을 붙인 현수애자·장간애자 또는 라인포스트애자를 사용한 것
     (3) 2련 이상의 현수애자 또는 장간애자를 사용한 것
   바. (생략)

제1종 특고압 보안공사에 의하여
시설한 154[kV] 가공송전선로는
전선에 지기가 생긴 경우에 몇 초
안에 자동적으로 이를 전로로부터
차단하는 장치를 시설하는가?

① 0.5   ② 1.0
③ 2.0   ④ 3.0

해설

[333.22 1번 (아) 조항] 특고압 보
안공사
제1종 특고압 보안공사는 "특고압
가공전선에 지락 또는 단락이 생겼
을 경우에 3초(사용전압이 100[kV]
이상인 경우에는 2초) 이내에 자동
적으로 이것을 전로로부터 차단하는
장치를 시설할 것"

🔒 **정답 ③**

고압 보안공사에 의하여 시설하는
A종 철근콘크리트주를 지지물로
사용하고 고압 가공전선로의 경간
의 최대한도는?

① 100[m]   ② 150[m]
③ 250[m]   ④ 400[m]

해설

▶ 표 333.22 − 4 제3종 특고압 보
안공사 시 경간 제한

지지물 종류	경간
목주 · A종 철주 또는 A종 철근콘크리트주	100[m]
B종 철주 또는 B종 철근콘크리트주	200[m]
철탑	400[m]

🔒 **정답 ①**

사. 전선로에는 가공지선을 시설할 것

아. 특고압 가공전선에 지락 또는 단락이 생겼을 경우에 3초(사용·전압이 100[kV] 이상인 경우에는 2초) 이내에 자동적으로 이것을 전로로부터 차단하는 장치를 시설할 것

자. 전선은 바람 또는 눈에 의한 요동으로 단락될 우려가 없도록 시설할 것

2. 제2종 특고압 보안공사는 다음에 따라야 한다.

   가. 특고압 가공전선은 연선일 것

   나. 지지물로 사용하는 목주의 풍압하중에 대한 안전율은 2 이상일 것

   다. 경간은 [표 333.22 − 3]에서 정한 값 이하일 것

▶ 표 333.22 − 3 제2종 특고압 보안공사 시 경간 제한

지지물의 종류	경간
목주 · A종 철주 또는 A종 철근콘크리트주	100[m]
B종 철주 또는 B종 철근콘크리트주	200[m]
철탑	400[m] (단주인 경우에는 300[m])

라. 전선이 다른 시설물과 접근하거나 교차하는 경우에는 그 특고압 가공전선을 지지하는 애자장치는 다음의 어느 하나에 의할 것

   (1) 50[%] 충격섬락전압값이 그 전선의 근접하는 다른 부분을 지지하는 애자장치의 값의 110[%](사용·전압이 130[kV]를 초과하는 경우에는 105[%]) 이상인 것

   (2) 아크혼을 붙인 현수애자 · 장간애자 또는 라인포스트애자를 사용한 것

   (3) 2련 이상의 현수애자 또는 장간애자를 사용한 것

   (4) 2개 이상의 핀애자 또는 라인포스트애자를 사용한 것

3. 제3종 특고압 보안공사는 다음에 따라야 한다.

   가. 특고압 가공전선은 연선일 것

   나. 경간은 [표 333.22 − 4]에서 정한 값 이하일 것

▶ 표 333.22 − 4 제3종 특고압 보안공사 시 경간 제한

지지물 종류	경간
목주 · A종 철주 또는 A종 철근콘크리트주	100[m](전선의 인장강도 14.51[kN] 이상의 연선 또는 단면적이 38[mm²] 이상인 경동연선을 사용하는 경우에는 150[m])
B종 철주 또는 B종 철근콘크리트주	200[m](전선의 인장강도 21.67[kN] 이상의 연선 또는 단면적이 55[mm²] 이상인 경동연선을 사용하는 경우에는 250[m])
철탑	400[m](전선의 인장강도 21.67[kN] 이상의 연선 또는 단면적이 55[mm²] 이상인 경동연선을 사용하는 경우에는 600[m]). 다만, 단주의 경우에는 300[m](전선의 인장강도 21.67[kN] 이상의 연선 또는 단면적이 55[mm²] 이상인 경동연선을 사용하는 경우에는 400[m])

333.23. 특고압 가공전선과 건조물의 접근

1. 특고압 가공전선이 건조물과 제1차 접근상태로 시설되는 경우에는 다음에 따라야 한다.

　가. 특고압 가공전선로는 제3종 특고압 보안공사에 의할 것

　나. 사용전압이 35[kV] 이하인 특고압 가공전선과 건조물의 조영재 이격거리는 [표 333.23 − 1]에서 정한 값 이상일 것

▶ **표 333.23 − 1 특고압 가공전선과 건조물의 이격거리(제1차 접근상태)**

건조물과 조영재의 구분	전선종류	접근형태	이격거리
상부 조영재	특고압 절연전선	위쪽	2.5[m]
		옆쪽 또는 아래쪽	1.5[m](전선에 사람이 쉽게 접촉할 우려가 없도록 시설한 경우는 1[m])
	케이블	위쪽	1.2[m]
		옆쪽 또는 아래쪽	0.5[m]
	기타 전선		3[m]
기타 조영재	특고압 절연전선		1.5[m](전선에 사람이 쉽게 접촉할 우려가 없도록 시설한 경우는 1[m])
	케이블		0.5[m]
	기타 전선		3[m]

　다. 사용전압이 35[kV]를 초과하는 특고압 가공전선과 건조물과의 이격거리는 건조물의 조영재 구분 및 전선종류에 따라 각각 "나"의 규정값에 35[kV]를 초과하는 10[kV] 또는 그 단수마다 15[cm]를 더한 값 이상일 것

- 단수 $= \dfrac{\text{사용전압}[kV] - 35[kV]}{10[kV]}$ [단] (절상한다)
- 이격거리 $d = \text{기본 이격거리} + (\text{단수} \times 0.15)$ [m]

---

2. 사용전압이 35[kV] 이하인 특고압 가공전선이 건조물과 제2차 접근상태로 시설되는 경우, 특고압 가공전선로는 제2종 특고압 보안공사에 의할 것

3. 사용전압이 35[kV] 초과 400[kV] 미만인 특고압 가공전선이 건조물과 제2차 접근상태에 있는 경우에는
   - 제1종 특고압 보안공사에 의할 것
   - 건조물의 금속제 상부조영재 중 제2차 접근상태에 있는 것에는 접지공사를 할 것

핵심기출문제

제3종 특고압 보안공사는 다음의 어느 경우에 해당하는 것인가?

① 특고압 가공전선이 건조물과 제1차 접근상태로 시설되는 경우
② 35[kV] 이하인 특고압 가공전선이 건조물과 제2차 접근상태로 시설되는 경우
③ 35[kV]를 넘고 170[kV] 미만의 특고압 가공전선이 건조물과 제2차 접근상태로 시설되는 경우
④ 170[kV] 이상의 특고압 가공전선이 건조물과 제2차 접근상태로 시설되는 경우

해설
333.23(특고압 가공전선과 건조물의 접근) 조항
1. 특고압 가공전선이 건조물과 제1차 접근상태로 시설되는 경우에는 "특고압 가공전선로는 제3종 특고압 보안공사에 의할 것"

🔒 **정답** ①

PART 06

핵심기출문제

특고압 가공전선로에서 발생하는 (극저주파) 전계는 법령에 따라 지표상 1[m]당 몇 [kV/m]를 초과해서는 안 되는가?

① 2.0 ② 2.5
③ 3.0 ④ 3.5

해설

333.23(특고압 가공전선로과 건조물 접근) 조항 참고

4항의 (바) : 건조물 최상부에서 전계(3.5[kV/m]) 및 자계(83.3[μT])를 초과하지 아니할 것

정답 ④

4. 사용전압이 400[kV] 이상의 교류 특고압 가공전선은 건조물과 제2차 접근상태로 시설하여서는 아니 된다.

　가. (생략)

　나. (생략)

　다. 독립된 주거생활을 할 수 있는 단독주택, 공동주택 및 학교, 병원 등 불특정 다수가 이용하는 다중 이용 시설의 건조물이 아닐 것

　라. (생략)

　마. 폭연성 분진, 가연성 가스, 인화성물질, 석유류, 화학류 등 위험물질을 다루는 건조물에 해당되지 아니할 것

　바. 건조물 최상부에서 전계(3.5[kV/m]) 및 자계(83.3[μT])를 초과하지 아니할 것

5. 특고압 가공전선이 건조물과 접근하는 경우에 특고압 가공전선이 건조물의 아래쪽에 시설될 때에는 상호 간의 수평 이격거리는 3[m] 이상으로 하고 또한 상호 간의 이격거리는 위 1번의 "나" 및 "다"의 규정에 준하여 시설하여야 한다.

333.24. 특고압 가공전선과 도로 등의 접근 또는 교차

1. 특고압 가공전선이 도로·횡단보도교·철도 또는 궤도("도로 등")와 제1차 접근상태로 시설되는 경우에는 다음에 따라야 한다.

　가. 특고압 가공전선로는 제3종 특고압 보안공사에 의할 것

　나. 특고압 가공전선과 도로 등 사이의 이격거리(노면상 또는 레일면상의 이격거리를 제외)는 [표 333.24 − 1]에서 정한 값 이상일 것. 다만, 특고압 절연전선을 사용하는 사용전압이 35[kV] 이하의 특고압 가공전선과 도로 등 사이의 수평 이격거리가 1.2[m] 이상인 경우에는 그러하지 아니하다.

▶ 표 333.24 − 1 특고압 가공전선과 도로 등과 접근 또는 교차 시 이격거리

사용전압의 구분	이격거리
35[kV] 이하	3[m]
35[kV] 초과	3[m]에 사용전압이 35[kV]를 초과하는 10[kV] 또는 그 단수마다 0.15[m]를 더한 값 • 단수 $= \dfrac{사용전압[kV]-35[kV]}{10[kV]}$ [단] (절상한다) • 이격거리 $d = 3+(단수×0.15)$ [m]

2. 특고압 가공전선이 도로 등과 제2차 접근상태로 시설되는 경우에는 다음에 따라야 한다.

　가. 특고압 가공전선로는 제2종 특고압 보안공사에 의할 것

　나. 특고압 가공전선과 도로 등 사이의 이격거리는 위 1번의 "나" 규정에 준할 것

　다. 특고압 가공전선 중 도로 등에서 수평거리 3[m] 미만으로 시설되는 부분의 길이가 연속하여 100[m] 이하이고 또한 1경간 안에서의 그 부분의 길이의 합

계가 100[m] 이하일 것. 다만, 사용전압이 35[kV] 이하인 특고압 가공전선로를 제2종 특고압 보안공사에 의하여 시설하는 경우 또는 사용전압이 35[kV]를 초과하고 400[kV] 미만인 특고압 가공전선로를 제1종 특고압 보안공사에 의하여 시설하는 경우에는 그러하지 아니하다.

3. 특고압 가공전선이 도로 등과 교차하는 경우에 특고압 가공전선이 도로 등의 위에 시설되는 때에는 다음에 따라야 한다.

    가. 특고압 가공전선로는 제2종 특고압 보안공사에 의할 것. 다만, 특고압 가공전선과 도로 등 사이에 다음에 의하여 보호망을 시설하는 경우에는 제2종 특고압 보안공사(애자장치에 관계되는 부분에 한한다)에 의하지 아니할 수 있다.

        (1) 보호망은 접지공사를 한 금속제의 망상장치로 하고 견고하게 지지할 것

        (2) 보호망을 구성하는 금속선은 그 외주 및 특고압 가공전선의 직하에 시설하는 금속선에는 인장강도 8.01[kN] 이상의 것 또는 지름 5[mm] 이상의 경동선을 사용하고 그 밖의 부분에 시설하는 금속선에는 인장강도 5.26[kN] 이상의 것 또는 지름 4[mm] 이상의 경동선을 사용할 것

        (3) 보호망을 구성하는 금속선 상호의 간격은 가로, 세로 각 1.5[m] 이하일 것

        (4) (생략)

        (5) 보호망을 운전이 빈번한 철도선로의 위에 시설하는 경우에는 경동선 그 밖에 쉽게 부식되지 아니하는 금속선을 사용할 것

    나. 특고압 가공전선이 도로 등과 수평거리로 3[m] 미만에 시설되는 부분의 길이는 100[m]를 넘지 아니할 것. 사용전압이 35[kV] 이하인 특고압 가공전선로를 시설하는 경우 또는 사용전압이 35[kV]를 초과하고 400[kV] 미만인 특고압 가공전선로를 제1종 특고압 보안공사에 의하여 시설하는 경우에는 그러하지 아니하다.

333.25. 특고압 가공전선과 삭도의 접근 또는 교차

1. 특고압 가공전선이 삭도와 제1차 접근상태로 시설되는 경우에는 다음에 따라야 한다.

    가. 특고압 가공전선로는 제3종 특고압 보안공사에 의할 것

    나. 특고압 가공전선과 삭도 또는 삭도용 지주 사이의 이격거리는 [표 333.25 – 1]에서 정한 값 이상일 것

▶ 표 333.25 – 1 특고압 가공전선과 삭도의 접근 또는 교차 시 이격거리(제1차 접근상태)

사용전압의 구분	이격거리
35[kV] 이하	2[m](전선이 특고압 절연전선인 경우는 1[m], 케이블인 경우는 0.5[m])
35[kV] 초과 60[kV] 이하	2[m]
60[kV] 초과	2[m]에 사용전압이 60[kV]를 초과하는 10[kV] 또는 그 단수마다 0.12[m]를 더한 값

📚 핵심기출문제

특고압 가공전선이 저고압 가공전선 등과 제2차 접근상태로 시설되는 경우 사용전압이 35[kV] 이하인 특고압 가공전선과 저고압 가공전선 등 사이에 무엇을 시설하는 경우에 특고압 가공전선로를 제2종 특고압 보안공사에 의하지 아니하여도 외는가?(단, 애자장치에 관한 부분에 한한다.)

① 접지설비
② 보호망
③ 차폐장치
④ 전류제한장치

💬 해설
[333.24. 3번 조항] 특고압 가공전선과 도로 등의 접근 또는 교차
가. 특고압 가공전선로는 제2종 특고압 보안공사에 의할 것. 다만, 특고압 가공전선과 도로 등 사이에 다음에 의하여 보호망을 시설하는 경우에는 제2종 특고압 보안공사(애자장치에 관계되는 부분에 한한다)에 의하지 아니할 수 있다.

🔒 정답 ②

2. 특고압 가공전선이 삭도와 제2차 접근상태로 시설되는 경우에는 다음에 따라야 한다.

  가. 특고압 가공전선로는 제2종 특고압 보안공사에 의할 것

  나. 특고압 가공전선과 삭도 또는 그 지주 사이의 이격거리는 위 1번의 "나"의 규정에 준할 것

  다. 특고압 가공전선 중 삭도에서 수평거리로 3[m] 미만으로 시설되는 부분의 길이가 연속하여 50[m] 이하이고 또한 1경간 안에서의 그 부분의 길이의 합계가 50[m] 이하일 것. 다만, 사용전압이 35[kV] 이하인 특고압 가공전선로를 시설하는 경우 또는 사용전압이 35[kV]를 초과하는 특고압 가공전선로를 제1종 특고압 보안공사에 의하여 시설하는 경우에는 그러하지 아니하다.

3. 특고압 가공전선이 삭도와 교차하는 경우에 특고압 가공전선이 삭도의 위에 시설되는 때에는 다음에 따라야 한다.

  가. (생략)

  나. 특고압 가공전선과 삭도 또는 삭도용 지주 사이의 이격거리는 위 1번 "나"의 규정에 준할 것

  다. 삭도의 특고압 가공전선으로부터 수평거리로 3[m] 미만에 시설되는 부분의 길이는 50[m]를 넘지 아니할 것. 다만, 사용전압이 35[kV] 이하인 특고압 가공전선로를 시설하는 경우 또는 사용전압이 35[kV]를 초과하는 특고압 가공전선로를 제1종 특고압 보안공사에 의하여 시설하는 경우에는 그러하지 아니하다.

333.26. 특고압 가공전선과 저고압 가공전선 등의 접근 또는 교차

1. 특고압 가공전선이 가공약전류전선 등 저압 또는 고압의 가공전선이나 저압 또는 고압의 전차선("저고압 가공전선 등")과 제1차 접근상태로 시설되는 경우에는 다음에 따라야 한다.

  가. 특고압 가공전선로는 제3종 특고압 보안공사에 의할 것

  나. 특고압 가공전선과 저고압 가공전선 등 또는 이들의 지지물이나 지주 사이의 이격거리는 [표 333.26 – 1]에서 정한 값 이상일 것

▶ 표 333.26 – 1 특고압 가공전선과 저고압 가공전선 등의 접근 또는 교차 시 이격거리(제1차 접근상태)

사용전압의 구분	이격거리
60[kV] 이하	2[m]
60[kV] 초과	2[m]에 사용전압이 60[kV]를 초과하는 10[kV] 또는 그 단수마다 0.12[m]를 더한 값 • 단수 $= \dfrac{\text{사용·전압}[kV] - 60[kV]}{10[kV]}$ [단] (절상한다) • 이격거리 $d = 2 + (\text{단수} \times 0.12)$ [m]

다. 특고압 절연전선 또는 케이블을 사용하는 사용전압이 35[kV] 이하인 특고압
가공전선과 저고압 가공전선 등 또는 이들의 지지물이나 지주 사이의 이격
거리는 [표 333.26 − 2]에서 정한 값까지로 감할 수 있다.

▶ 표 333.26 − 2 [표 333.26 − 1]의 예외조건

저고압 가공전선 등 또는 이들의 지지물이나 지주의 구분	전선의 종류	이격거리
저압 가공전선 또는 저압이나 고압의 전차선	특고압 절연전선	1.5[m](저압 가공전선이 절연전선 또는 케이블인 경우는 1[m])
	케이블	1.2[m](저압 가공전선이 절연전선 또는 케이블인 경우는 0.5[m])
고압 가공전선	특고압 절연전선	1[m]
	케이블	0.5[m]
가공 약전류 전선 등 또는 저고압 가공전선 등의 지지물이나 지주	특고압 절연전선	1[m]
	케이블	0.5[m]

2. 특고압 가공전선이 저고압 가공전선 등과 제2차 접근상태로 시설되는 경우에는
다음에 따라야 한다.

가. 특고압 가공전선로는 제2종 특고압 보안공사에 의할 것

나. 특고압 가공전선과 저고압 가공전선 등 또는 이들의 지지물이나 지주 사이
의 이격거리는 위 1번의 "나" 및 "다"의 규정에 준할 것

다. 특고압 가공전선과 저고압 가공전선등과의 수평 이격거리는 2[m] 이상일
것. 다만, 다음의 어느 하나에 해당하는 경우에는 그러하지 아니하다.

(1) 저고압 가공전선 등이 인장강도 8.01[kN] 이상의 것 또는 지름 5[mm] 이
상의 경동선이나 케이블인 경우

(2) 가공약전류전선 등을 인장강도 3.64[kN] 이상의 것 또는 지름 4[mm] 이상
의 아연도철선으로 조가하여 시설하는 경우 또는 가공약전류전선 등이
경간 15[m] 이하의 인입선인 경우

(3) 특고압 가공전선과 저고압 가공전선 등의 수직거리가 6[m] 이상인 경우

(4) 저고압 가공전선 등의 위쪽에 보호망을 시설하는 경우

(5) 특고압 가공전선이 특고압 절연전선 또는 케이블을 사용하는 사용전압
35[kV] 이하의 것인 경우

라. 특고압 가공전선중 저고압 가공전선 등에서 수평거리로 3[m] 미만으로 시설
되는 부분의 길이가 연속하여 50[m] 이하이고 또한 1경간 안에서의 그 부분
의 길이의 합계가 50[m] 이하일 것

333.27. 특고압 가공전선 상호 간의 접근 또는 교차

특고압 가공전선이 다른 특고압 가공전선과 접근상태로 시설되거나 교차하여 시설
되는 경우에는 다음에 따라야 한다.

가. 위쪽 또는 옆쪽에 시설되는 특고압 가공전선로는 제3종 특고압 보안공사에 의할 것

나. 위쪽 또는 옆쪽에 시설되는 특고압 가공전선로의 지지물로 사용하는 목주·철주 또는 철근콘크리트주에는 다음에 의하여 지선을 시설할 것

　(1) 특고압 가공전선이 다른 특고압 가공전선과 접근하는 경우에는 위쪽 또는 옆쪽에 시설되는 특고압 가공전선로의 접근하는 쪽의 반대쪽에 시설할 것

　(2) 특고압 가공전선이 다른 특고압 가공전선과 교차하는 경우에는 위에 시설되는 특고압 가공전선로의 방향에 교차하는 쪽의 반대쪽 및 위에 시설되는 특고압 가공전선로와 직각 방향으로 그 양쪽에 시설할 것

다. 특고압 가공전선과 다른 특고압 가공전선 사이의 이격거리는 [333.26의 1]의 "나"의 규정에 준할 것

라. 특고압 가공전선과 다른 특고압 가공전선로의 지지물 사이의 이격거리는 [333.25의 1]의 "나"의 규정에 준할 것

333.28. 특고압 가공전선과 다른 시설물의 접근 또는 교차

1. 특고압 가공전선이 건조물·도로·횡단보도교·철도·궤도·삭도·가공약전류전선로 등·저압 또는 고압의 가공전선로·저압 또는 고압의 전차선로 및 다른 특고압 가공전선로 이외의 시설물("다른 시설물")과 제1차 접근상태로 시설되는 경우에는 특고압 가공전선과 다른 시설물 사이의 이격거리는 [333.26의 1]의 "나"의 규정에 준하여 시설하여야 한다. 이 경우에 특고압 가공전선로의 전선의 절단, 지지물의 도괴 등에 의하여 특고압 가공전선이 다른 시설물에 접촉함으로써 사람에게 위험을 줄 우려가 있는 때에는 특고압 가공전선로는 제3종 특고압 보안공사에 의하여야 한다.

2. 특고압 절연전선 또는 케이블을 사용하는 사용전압이 35[kV] 이하의 특고압 가공전선과 다른 시설물 사이의 이격거리는 [표 333.28−1]에서 정한 값까지 감할 수 있다.

▶표 333.28−1 35[kV] 이하 특고압 가공전선(절연전선 및 케이블 사용한 경우)과 다른 시설물 사이의 이격거리

다른 시설물의 구분	접근형태	이격거리
조영물의 상부조영재	위쪽	2[m] (전선이 케이블인 경우는 1.2[m])
	옆쪽 또는 아래쪽	1[m] (전선이 케이블인 경우는 0.5[m])
조영물의 상부조영재 이외의 부분 또는 조영물 이외의 시설물		1[m] (전선이 케이블인 경우는 0.5[m])

333.29. 특고압 가공전선로의 지선의 시설

(생략)

333.30. 특고압 가공전선과 식물의 이격거리

특고압 가공전선과 식물 사이의 이격거리에 대하여는 [333.26의 1]의 "나"의 규정을 준용한다. 다만, 사용전압이 35[kV] 이하인 특고압 가공전선을 다음의 어느 하나에 따라 시설하는 경우에는 그러하지 아니하다.

　　가. 고압 절연전선을 사용하는 특고압 가공전선과 식물 사이의 이격거리가 50[cm] 이상인 경우

　　나. 특고압 절연전선 또는 케이블을 사용하는 특고압 가공전선과 식물이 접촉하지 않도록 시설하는 경우 또는 특고압 수밀형 케이블을 사용하는 특고압 가공전선과 식물의 접촉에 관계없이 시설하는 경우

333.31. 특고압 옥측전선로 등에 인접하는 가공전선의 시설

(생략)

333.32. 25[kV] 이하인 특고압 가공전선로의 시설

1. 사용전압이 15[kV] 이하인 특고압 가공전선로(중성선 다중접지 방식의 것으로서 전로에 지락이 생겼을 때 2초 이내에 자동적으로 이를 전로로부터 차단하는 장치가 되어 있는 것에 한한다)는 그 전선에 고압 절연전선(중성선은 제외한다), 특고압 절연전선(중성선은 제외한다) 또는 케이블을 사용한다.

2. 사용전압이 15[kV] 이하인 특고압 가공전선로의 중성선의 다중접지 및 중성선의 시설은 다음에 의할 것

　　가. 접지도체는 공칭단면적 6[mm²] 이상의 연동선 또는 이와 동등 이상의 세기 및 굵기의 쉽게 부식하지 않는 금속선으로서 고장 시에 흐르는 전류를 안전하게 통할 수 있는 것일 것

　　나. 접지공사 후, 접지한 곳 상호 간의 거리는 전선로에 따라 300[m] 이하일 것

　　다. 각 접지도체를 중성선으로부터 분리하였을 경우의 각 접지점의 대지 전기저항값과 1[km]마다의 중성선과 대지사이의 합성 전기저항값은 [표 333.32 − 1] 에서 정한 값 이하일 것

▶ 표 333.32 − 1 15[kV] 이하인 특고압 가공전선로의 전기저항값

각 접지점의 대지 전기저항값	1[km]마다의 합성 전기저항값
300[Ω]	30[Ω]

3. 사용전압이 15[kV] 이하의 특고압 가공전선로의 전선과 저압 또는 고압의 가공전선과를 동일 지지물에 시설하는 경우에 다음에 따라 시설할 때는 333.17의 1의 규정에 의하지 아니할 수 있다.

가. 특고압 가공전선과 저압 또는 고압의 가공전선 사이의 이격거리는 0.75[m] 이상일 것. 다만, 각도주, 분기주 등에서 혼촉할 우려가 없도록 시설할 때는 그러하지 아니하다.

나. 특고압 가공전선은 저압 또는 고압의 가공전선의 위로하고 별개의 완금류에 시설할 것

4. 사용전압이 15[kV]를 초과하고 25[kV] 이하인 특고압 가공전선로(중성선 다중접지 방식의 것으로서 전로에 지락이 생겼을 때에 2초 이내에 자동적으로 이를 전로로부터 차단하는 장치가 되어 있는 것에 한한다)의 경우

가. 특고압 가공전선이 건조물·도로·횡단보도교·철도·궤도·삭도·가공약전류전선 등·안테나·저압이나 고압의 가공전선 또는 저압이나 고압의 전차선과 접근 또는 교차상태로 시설되는 경우의 경간은 [표 333.32 − 2]에서 정한 값 이하일 것

▶ 표 333.32 − 2. 15[kV] 초과 25[kV] 이하인 특고압 가공전선로 경간 제한

지지물의 종류	경간
목주 · A종 철주 또는 A종 철근콘크리트주	100[m]
B종 철주 또는 B종 철근콘크리트주	150[m]
철탑	400[m]

나. 특고압 가공전선(다중접지를 한 중성선을 제외한다) 이 건조물과 접근하는 경우에 특고압 가공전선과 건조물의 조영재 사이의 이격거리는 [표 333.32 − 3]에서 정한 값 이상일 것

▶ 표 333.32 − 3 15[kV] 초과 25[kV] 이하 특고압 가공전선로 이격거리(1)

건조물의 조영재	접근형태	전선의 종류	이격거리
상부 조영재	위쪽	나전선	3.0[m]
		특고압 절연전선	2.5[m]
		케이블	1.2[m]
	옆쪽 또는 아래쪽	나전선	1.5[m]
		특고압 절연전선	1.0[m]
		케이블	0.5[m]
기타의 조영재		나전선	1.5[m]
		특고압 절연전선	1.0[m]
		케이블	0.5[m]

다. 특고압 가공전선이 도로, 횡단보도교, 철도, 궤도("도로 등")와 접근하는 경우에는 다음에 의할 것

(1) 특고압 가공전선이 도로 등과 접근상태로 시설되는 경우 도로 등 사이의 이격거리(노면상 또는 레일면상의 이격거리를 제외)는 3[m] 이상일 것. 다만, 특고압 가공전선이 특고압 절연전선인 경우 수평 이격거리를 1.5[m] 이상, 케이블인 경우 수평이격거리를 1.2[m] 이상으로 시설하는 경우에는 그러하지 아니하다.

(2) 특고압 가공전선이 도로 등의 아래쪽에서 접근하여 시설될 때에는 상호 간의 이격거리는 [표 333.32 − 4]에서 정한 값 이상으로 시설할 것

▶ 표 333.32 − 4 15[kV] 초과 25[kV] 이하 특고압 가공전선로 이격거리(2)

전선의 종류	이격거리
나전선	1.5[m]
특고압 절연전선	1.0[m]
케이블	0.5[m]

라. 특고압 가공전선이 삭도와 접근 또는 교차하는 경우에는 다음에 의할 것

(1) 특고압 가공전선이 삭도와 접근상태로 시설되는 경우에 삭도 또는 그 지주 사이의 이격거리는 [표 333.32 − 5]에서 정한 값 이상일 것

▶ 표 333.32 − 5 15[kV] 초과 25[kV] 이하 특고압 가공전선로 이격거리(3)

전선의 종류	이격거리
나전선	2.0[m]
특고압 절연전선	1.0[m]
케이블	0.5[m]

(2) 특고압 가공전선이 삭도의 아래쪽에서 접근하여 시설될 때에는 가공전선은 수평거리로 삭도의 지지물 또는 지주의 지표상의 높이에 상당하는 거리 안에 시설하지 아니할 것. 다만, 다음의 경우에는 그러하지 아니하다.

(가) 특고압 가공전선과 삭도의 수평거리가 2.5[m] 이상이고 삭도의 지지물이나 지주가 도괴되었을 경우에 삭도가 특고압 가공전선에 접촉할 우려가 없는 경우

(나) 특고압 가공전선이 삭도와 수평거리로 3[m] 미만에 접근하는 경우에 특고압 가공전선과 삭도 또는 그 지주 사이의 이격거리를 1.5[m] 이상으로 하고 특고압 가공전선의 위쪽에 [표 333.32 − 6]에서 정한 값 이상의 거리에 견고한 방호장치를 설치하고, 그 금속제 부분은 접지공사를 한다.

▶ 표 333.32 − 6 15[kV] 초과 25[kV] 이하 특고압 가공전선로 이격거리(4)

전선의 종류	이격거리
나전선, 특고압 절연전선	0.75[m]
케이블	0.5[m]

마. 특고압 가공전선이 가공약전류전선 등·저압 또는 고압의 가공전선·안테나(가섭선에 의하여 시설하는 것을 포함한다) 저압 또는 고압의 전차선("저고압 가공전선 등")과 접근 또는 교차하는 경우에는 다음에 의할 것

  (1) 특고압 가공전선이 저고압 가공전선 등과 접근상태로 시설되는 경우에 이의 이격거리는 [표 333.32 − 7]에서 정한 값 이상일 것

▶ 표 333.32 − 7 15[kV] 초과 25[kV] 이하 특고압 가공전선로 이격거리(5)

구분	가공전선의 종류	이격(수평이격)거리
가공약전류전선 등·저압 또는 고압의 가공전선·저압 또는 고압의 전차선·안테나	나전선	2.0[m]
	특고압 절연전선	1.5[m]
	케이블	0.5[m]
가공약전류전선로 등·저압 또는 고압의 가공전선로·저압 또는 고압의 전차선로의 지지물	나전선	1.0[m]
	특고압 절연전선	0.75[m]
	케이블	0.5[m]

  (2) 특고압 가공전선이 저고압 가공전선 등의 아래쪽에 시설될 때에는 특고압 가공전선은 수평거리로 저고압 가공전선 등의 지지물 또는 지주의 지표상의 높이에 상당하는 거리 안에 시설하지 아니할 것

  (3) (생략)

  (4) (생략)

바. 특고압 가공전선이 교류 전차선 등과 접근 또는 교차하는 경우에는 다음에 의할 것

  (1) 특고압 가공전선이 교류 전차선 등과 접근하는 경우에 특고압 가공전선을 교류 전차선의 위쪽에 시설하여서는 아니 된다.

    (가) 특고압 가공전선로의 전선의 절단 지지물의 도괴 등의 경우에 특고압 가공전선이 교류 전차선 등과 접촉할 우려가 없는 경우

    (나) 특고압 가공전선로의 지지물(철탑은 제외)에는 교류 전차선 등과 접근하는 반대쪽에 지선을 시설하는 경우

  (2) 특고압 가공전선이 교류 전차선 등과 접근하는 경우에 특고압 가공전선은 교류 전차선 등의 옆쪽 또는 아래쪽에 수평거리로 교류 전차선 등의 지지물의 지표상의 높이에 상당하는 거리 이내에 시설하여서는 아니 된다.

(가) 특고압 가공전선과 교류 전차선 등의 수평거리가 3[m] 이상으로서 교류 전차선등의 지지물에 철근콘크리트주 또는 철주를 사용하고 또한 지지물의 경간이 60[m] 이하이거나 교류 전차선 등의 지지물의 도괴 등의 경우 교류 전차선등이 특고압 가공전선에 접촉할 우려가 없는 경우

(나) 특고압 가공전선과 교류 전차선 사이의 수평거리는 3[m] 미만일 때에 다음에 의하여 시설하는 경우

① 교류 전차선로의 지지물에는 철주 또는 철근콘크리트주를 사용하고 또한 그 경간이 60[m] 이하일 것

② 교류 전차선로의 지지물(문형구조의 것은 제외)에는 특고압 가공전선과 접근하는 쪽의 반대쪽에 지선을 시설할 것

③ 특고압 가공전선과 교류 전차선 등 사이의 수평 이격거리는 2[m] 이상일 것

(3) 특고압 가공전선이 교류 전차선과 교차하는 경우에 특고압 가공전선이 교류 전차선의 위에 시설되는 경우에는 다음에 의하여야 한다.

(가) 특고압 가공전선은 인장강도 14.5[kN] 이상의 특고압 절연전선 또는 단면적 38[mm^2] 이상의 경동선일 것(케이블로 시설하면 예외)

(나) 특고압 가공전선이 케이블인 경우에는 이를 인장강도가 19.61[kN] 이상의 것 또는 단면적 38[mm^2] 이상의 강연선인 것으로 조가하여 시설할 것

(다) 조가용선은 교류 전차선 등과 교차하는 부분의 양쪽의 지지물에 견고하게 인류하여 시설할 것

(라) 케이블 이외의 것을 사용하는 특고압 가공전선 상호 간의 간격은 65[cm] 이상일 것

(마) 특고압 가공전선로의 지지물은 장력에 견디는 애자장치가 되어 있는 것일 것(전선이 케이블인 경우는 예외)

(바) 특고압 가공전선로의 지지물에 사용하는 목주의 풍압하중에 대한 안전율은 2.0 이상일 것

(사) 특고압 가공전선로의 경간은 [표 333.32 − 8]에서 정한 값 이하일 것

▶ 표 333.32 − 8 교류 전차선 교차 시 **특고압 가공전선로의 경간 제한**

지지물의 종류	경간
목주 · A종 철주 · A종 철근콘크리트주	60[m]
B종 철주 · B종 철근콘크리트주	120[m]

(아) 특고압 가공전선로의 완금류에는 견고한 금속제의 것을 사용하고 접지공사를 할 것

(자) (생략)

(차) 특고압 가공전선로의 전선, 완금류, 지지물, 지선 또는 지주와 교류
전차선 사이의 이격거리는 2.5[m] 이상일 것

사. 특고압 가공전선로가 상호 간 접근 또는 교차하는 경우에는 다음에 의할 것

(1) 특고압 가공전선이 다른 특고압 가공전선과 접근 또는 교차하는 경우의
이격거리는 [표 333.32 – 9]에서 정한 값 이상일 것

▶ 표 333.32 – 9 15[kV] 초과 25[kV] 이하 특고압 가공전선로 이격거리(6)

사용전선의 종류	이격거리
어느 한쪽 또는 양쪽이 나전선인 경우	1.5[m]
양쪽이 특고압 절연전선인 경우	1.0[m]
한쪽이 케이블이고 다른 한쪽이 케이블이거나 특고압 절연전선인 경우	0.5[m]

(2) 특고압 가공전선과 다른 특고압 가공전선로의 지지물 사이의 이격거리는
1[m](사용전선이 케이블인 경우에는 0.6[m]) 이상일 것

아. 특고압 가공전선이 건조물·도로·횡단보도교·철도·궤도·삭도·가공약
전류전선로 등·안테나·저압 또는 고압의 전차선로·저압 또는 고압의 가
공전선로 및 다른 특고압 가공전선로 이외의 시설물("다른 시설물")과 접근
또는 교차하는 경우에는 다음에 의할 것

(1) 특고압 가공전선이 다른 시설물과 접근상태로 시설되는 경우 또는 다른
시설물의 위쪽으로 교차하여 시설되는 경우의 이격거리는 "나"의 규정에
준하여 시설할 것. 이 경우에 지지물의 경간은 특고압 가공전선로의 전선
의 절단, 지지물의 도괴 등에 의하여 특고압 가공전선이 다른 시설물과
접촉하는 것에 의하여 사람에게 위험을 줄 우려가 있을 경우에는 "가"의
규정에 준하여 시설할 것

(2) 특고압 가공전선을 다음 중 어느 하나에 의하여 시설하는 경우에는 "가"
의 이격거리 규정에 의하지 아니할 수 있다.

(가) 고압 방호구에 넣은 나전선 등을 사용하는 특고압 가공전선을 건축
현장의 비계틀 또는 이와 유사한 시설물에 접촉할 우려가 없도록 시
설하는 경우

(나) 고압 방호구에 넣은 나전선 등을 사용하는 특고압 가공전선을 조영
물에 시설되는 간이한 돌출 간판, 기타 사람이 올라갈 우려가 없는
조영재와 75[cm] 이상 떼어서 시설하는 경우

(3) 특고압 가공전선이 다른 시설물과 접근하는 경우에 특고압 가공전선로가
다른 시설물의 아래쪽에 시설되는 경우 상호 간의 이격거리는 [표 333.32
– 10]에서 정한 값 이상으로 하고 또한 위험의 우려가 없도록 시설할 것

▶ 표 333.32 – 10 15[kV] 초과 25[kV] 이하 특고압 가공전선로 이격거리(7)

사용전의 종류	이격거리
나전선	2.0[m]
특고압 절연전선	1.0[m]
케이블	0.5[m]

자. 특고압 가공전선과 식물 사이의 이격거리는 1.5[m] 이상일 것

차. 특고압 가공전선로의 중성선의 다중 접지는 다음에 의할 것

    (1) 접지도체는 공칭단면적 6[mm²] 이상의 연동선 또는 이와 동등 이상의 세기 및 굵기의 쉽게 부식하지 않는 금속선으로서 고장 시에 흐르는 전류가 안전하게 통할 수 있는 것일 것

    (2) 접지공사 후, 접지한 곳 상호 간의 거리는 전선로에 따라 150[m] 이하일 것

    (3) 각 접지도체를 중성선으로부터 분리하였을 경우의 각 접지점의 대지 전기 저항값과 1[km]마다 중성선과 대지 사이의 합성전기저항값은 [표 333.32 – 11]에서 정한 값 이하일 것

▶ 표 333.32 – 11 15[kV] 초과 25[kV] 이하 특고압 가공전선로의 전기저항값

각 접지점의 대지 전기저항값	1[km] 마다의 합성 전기저항값
300[Ω]	15[Ω]

▶ [표 333.32 – 1]과 [표 333.32 – 11] 정리

사용전압	각 접지점의 대지 전기저항값	1[km]마다의 합성 전기저항값
15[kV]	300[Ω]	30[Ω]
15[kV] 초과 25[kV] 이하	300[Ω]	15[Ω]

334. 지중전선로

334.1. 지중전선로의 시설

1. 지중전선로는 전선에 케이블을 사용하고 또한 관로식·암거식 또는 직접 매설식에 의하여 시설하여야 한다.

2. 지중전선로를 관로식 또는 암거식에 의하여 시설하는 경우에는 다음에 따라야 한다.

    가. 관로식에 의하여 시설하는 경우에는 매설 깊이를 1.0[m] 이상으로 하되, 매설 깊이가 충분하지 못한 장소에는 견고하고 차량 기타 중량물의 압력에 견디는 것을 사용할 것. 다만, 중량물의 압력을 받을 우려가 없는 곳은 0.6[m] 이상으로 한다.

핵심기출문제

지중전선로를 직접 매설식에 의하여 차량 및 기타 중량물의 압력을 받을 우려가 있는 장소에 시설하는 경우 매설 깊이는 몇 [m] 이상으로 하여야 하는가?

① 0.6   ② 1
③ 1.5   ④ 2

해설
[334.1 조항] 지중전선로를 직접 매설식에 의하여 시설하는 경우에는 매설 깊이를 차량 기타 중량물의 압력을 받을 우려가 있는 장소에는 1.0[m] 이상, 기타 장소에는 0.6[m] 이상으로 하고 또한 지중전선을 견고한 트라프 기타 방호물에 넣어 시설하여야 한다.

정답 ②

핵심기출문제

다음 중 특고압 전선로용으로 사용할 수 있는 케이블은?

① 비닐 외장 케이블
② mI케이블
③ CD케이블
④ 파이프형 압력 케이블

해설
보기 중, 특고압 전선용으로 쓸 수 있는 것은 파이프형 압력 케이블뿐이다. 나머지는 특고압용으로 사용할 수 없다.
[334.1 4번 (라) 조항] 지중전선로의 시설
지중 전선에 파이프형 압력케이블을 사용하거나 최대사용전압이 60[kV]를 초과하는 연피케이블, 알루미늄피케이블 그 밖의 금속피복을 한 특고압 케이블을 사용하고 또한 지중 전선의 위를 견고한 판 또는 몰드 등으로 덮어 시설하는 경우

정답 ④

나. 암거식에 의하여 시설하는 경우에는 견고하고 차량 기타 중량물의 압력에 견디는 것을 사용할 것

3. 지중전선을 냉각하기 위하여 케이블을 넣은 관내에 물을 순환시키는 경우에는 지중전선로는 순환수 압력에 견디고 또한 물이 새지 아니하도록 시설하여야 한다.

4. 지중전선로를 직접 매설식에 의하여 시설하는 경우에는 매설 깊이를 차량 기타 중량물의 압력을 받을 우려가 있는 장소에는 1.0[m] 이상, 기타 장소에는 0.6[m] 이상으로 하고 또한 지중전선을 견고한 트라프 기타 방호물에 넣어 시설하여야 한다. 다만, 다음의 어느 하나에 해당하는 경우에는 지중전선을 견고한 트라프 기타 방호물에 넣지 아니하여도 된다.

   가. 저압 또는 고압의 지중전선을 차량 기타 중량물의 압력을 받을 우려가 없는 경우에 그 위를 견고한 판 또는 몰드로 덮어 시설하는 경우

   나. 저압 또는 고압의 지중전선에 콤바인덕트 케이블 또는 "마"부터 "사"까지에서 정하는 구조로 개장한 케이블을 사용하여 시설하는 경우

   다. 특고압 지중전선은 "나"에서 규정하는 개장한 케이블을 사용하고 또한 견고한 판 또는 몰드로 지중전선의 위와 옆을 덮어 시설하는 경우

   라. 지중전선에 파이프형 압력케이블을 사용하거나 최대사용전압이 60[kV]를 초과하는 연피케이블, 알루미늄피케이블 그 밖의 금속피복을 한 특고압 케이블을 사용하고 또한 지중전선의 위를 견고한 판 또는 몰드 등으로 덮어 시설하는 경우

   마. (생략)

   바. (생략)

   사. (생략)

5. 암거에 시설하는 지중전선은 다음의 어느 하나에 해당하는 난연조치를 하거나 암거 내에 자동소화설비를 시설하여야 한다.

   가. 불연성 또는 자소성이 있는 난연성 피복이 된 지중전선을 사용할 것

   나. 불연성 또는 자소성이 있는 난연성의 연소방지 테이프, 연소방지 시트, 연소방지 도료 기타 이와 유사한 것으로 지중전선을 피복할 것

   다. 불연성 또는 자소성이 있는 난연성의 관 또는 트라프에 넣어 지중전선을 시설할 것

334.2. 지중함의 시설

지중전선로에 사용하는 지중함은 다음에 따라 시설하여야 한다.

   가. 지중함은 견고하고 차량 기타 중량물의 압력에 견디는 구조일 것

   나. 지중함은 그 안의 고인 물을 제거할 수 있는 구조로 되어 있을 것

   다. 폭발성 또는 연소성의 가스가 침입할 우려가 있는 것에 시설하는 지중함으로서 그 크기가 1[m³] 이상인 것에는 통풍장치 기타 가스를 방산시키기 위한

적당한 장치를 시설할 것

    라. 지중함의 뚜껑은 시설자 이외의 자가 쉽게 열 수 없도록 시설할 것

    마. 저압지중함의 경우에는 절연성능이 있는 고무판을 주철(강)재의 뚜껑 아래에 설치할 것

    바. 차도 이외의 장소에 설치하는 저압 지중함은 절연성능이 있는 재질의 뚜껑을 사용할 수 있다.

334.3. 케이블 가압장치의 시설

압축가스를 사용하여 케이블에 압력을 가하는 장치("가압장치")는 다음에 따라 시설하여야 한다.

    가. 압축 가스 또는 압유를 통하는 관("압력관"), 압축 가스탱크 또는 압유탱크("압력탱크") 및 압축기는 각각의 최고 사용압력의 1.5배의 유압 또는 수압(유압 또는 수압으로 시험하기 곤란한 경우에는 최고 사용압력의 1.25배의 기압)을 연속하여 10분간 가하여 시험을 하였을 때 이에 견디고 또한 누설되지 아니하는 것일 것

    나. 압력탱크 및 압력관은 용접에 의하여 잔류응력이 생기거나 나사조임에 의하여 무리한 하중이 걸리지 아니하도록 할 것

    다. 가압장치에는 압축가스 또는 유압의 압력을 계측하는 장치를 설치할 것

    라. 압축가스는 가연성 및 부식성의 것이 아닐 것

334.4. 지중전선의 피복금속체의 접지

관·암거 기타 지중전선을 넣은 방호장치의 금속제부분(케이블을 지지하는 금구류는 제외한다)·금속제의 전선 접속함 및 지중전선의 피복으로 사용하는 금속체에는 접지공사를 하여야 한다.

334.5. 지중약전류전선의 유도장해 방지

지중전선로는 기설 지중약전류전선로에 대하여 누설전류 또는 유도작용에 의하여 통신상의 장해를 주지 않도록 기설 약전류전선로로부터 충분히 이격시키거나 기타 적당한 방법으로 시설하여야 한다.

334.6. 지중전선과 지중약전류전선 등 또는 관과의 접근 또는 교차

1. 지중전선이 지중약전류 전선 등과 접근하거나 교차하는 경우에 상호 간의 이격 거리가 저압 또는 고압의 지중전선은 30[cm] 이하, 특고압 지중전선은 60[cm] 이하인 때에는 (지중전선과 지중약전류 전선 등 사이에 견고한 내화성의 격벽을 설치하는 경우 제외) 지중전선을 견고한 불연성 또는 난연성의 관에 넣어 그 관이 지중약전류전선 등과 직접 접촉하지 아니하도록 하여야 한다.

📖 **핵심기출문제**

다음 ( ) 안의 ⓐ와 ⓑ에 들어갈 내용으로 옳은 것은?

> 지중전선로는 기설 지중약전류전선로에 대하여 (ⓐ) 또는 (ⓑ)에 의하여 통신상의 장해를 주지 않도록 기설 약전류전선로로부터 충분히 이격시키거나 기타 적당한 방법으로 시설하여야 한다.

① ⓐ 누설전류, ⓑ 유도작용
② ⓐ 단락전류, ⓑ 유도작용
③ ⓐ 단락전류, ⓑ 정전작용
④ ⓐ 누설전류, ⓑ 정전작용

📖 해설
334.5(지중약전류전선의 유도장해 방지) 조항

🔒 정답 ①

2. 특고압 지중전선이 가연성이나 유독성의 유체를 내포하는 관과 접근하거나 교차
하는 경우에 상호 간의 이격거리가 1[m] 이하(단, 사용전압이 25[kV] 이하인 다중
접지방식 지중전선로인 경우에는 50[cm] 이하)인 때에는 지중전선을 견고한 불
연성 또는 난연성의 관에 넣어 그 관이 가연성이나 유독성의 유체를 내포하는 관
과 직접 접촉하지 아니하도록 시설하여야 한다.

지중전선과 접근 또는 교차하는	전압	이격거리[cm]
지중약전류 전선	저압 또는 고압	30
	특고압	60
유독성의 유체를 내포하는 관	특고압	100
	25[kV] 이하인 다중접지방식	50

3. 특고압 지중전선이 위 2번에서 규정하는 관 이외의 관과 접근하거나 교차하는
경우에 상호 간의 이격거리가 30[cm] 이하인 경우에는 (지중전선과 관 사이에 견
고한 내화성 격벽을 시설하는 경우를 제외하고) 견고한 불연성 또는 난연성의
관에 넣어 시설하여야 한다. 다만, 규정된 관 이외의 관이 불연성인 경우 또는 불
연성의 재료로 피복된 경우에는 그러하지 아니하다.

334.7. 지중전선 상호 간의 접근 또는 교차

1. 지중전선이 다른 지중전선과 접근하거나 교차하는 경우에 지중함 내 이외의 곳
에서 상호 간의 이격거리가 저압 지중전선과 고압 지중전선에 있어서는 15[cm]
이상, 저압이나 고압의 지중전선과 특고압 지중전선에 있어서는 30[cm] 이상이
되도록 시설하여야 한다. 다만, 다음 중 어느 하나에 해당하는 경우에는 예외로
할 수 있다.
   가. 각각의 지중전선이 다음 중 어느 하나에 해당하는 경우
      (1) 난연성의 피복이 있는 지중전선을 사용하는 경우
      (2) 견고한 난연성의 관에 넣어 시설하는 경우
   나. 어느 한쪽의 지중전선에 불연성의 피복으로 되어 있는 것을 사용하는 경우
   다. 어느 한쪽의 지중전선을 견고한 불연성의 관에 넣어 시설하는 경우
   라. 지중전선 상호 간에 견고한 내화성의 격벽을 설치할 경우
2. 사용전압이 25[kV] 이하인 다중접지방식 지중전선로를 관로식 또는 직접매설식
으로 시설하는 경우, 그 이격거리가 10[cm] 이상이 되도록 시설하여야 한다.

335. 특수장소의 전선로

335.1. 터널 안 전선로의 시설

1. 철도·궤도 또는 자동차도 전용터널 안의 전선로는 다음에 따라 시설하여야 한다.
   가. 저압 전선은 다음 중 하나에 의하여 시설할 것

(1) 인장강도 2.30[kN] 이상의 절연전선 또는 지름 2.6[mm] 이상의 경동선의 절연전선을 사용하고 애자사용공사에 의하여 시설하여야 하며 또한 이를 레일면상 또는 노면상 2.5[m] 이상의 높이로 유지할 것

(2) 케이블공사에 의하여 시설할 것

나. 고압 전선은 인장강도 5.26[kN] 이상의 것 또는 지름 4[mm] 이상의 경동선의 고압 절연전선 또는 특고압 절연전선을 사용하여 애자사용공사에 의하여 시설한다. 만약 레일면상 또는 노면상 3[m] 이상의 높이로 유지하여 시설하는 경우에는 그러하지 아니하다.

2. 사람이 상시 통행하는 터널 안의 전선로 사용전압은 저압 또는 고압에 한하며, 저압 전선은 다음 중 하나에 의하여 시설하여야 한다.

(1) 인장강도 2.30[kN] 이상의 절연전선 또는 지름 2.6[mm] 이상의 경동선의 절연전선을 사용하여 애자사용공사에 의하여 시설하고 또한 노면상 2.5[m] 이상의 높이로 유지할 것

(2) 케이블공사에 의하여 시설할 것

335.2. 터널 안 전선로의 전선과 약전류전선 등 또는 관 사이의 이격거리

(생략)

335.3. 수상전선로의 시설

1. 수상전선로를 시설하는 경우에는 그 사용전압은 저압 또는 고압인 것에 한하며 다음에 따르고 또한 위험의 우려가 없도록 시설하여야 한다.

가. 전선은 전선로의 사용전압이 저압인 경우에는 클로로프렌 캡타이어 케이블이어야 하며, 고압인 경우에는 캡타이어 케이블일 것

나. 수상전선로의 전선을 가공전선로의 전선과 접속하는 경우에는 그 부분의 전선은 접속점으로부터 전선의 절연 피복 안에 물이 스며들지 아니하도록 시설하고 또한 전선의 접속점은 다음의 높이로 지지물에 견고하게 붙일 것

(1) 접속점이 육상에 있는 경우에는 지표상 5[m] 이상. 다만, 수상전선로의 사용전압이 저압인 경우에 도로상 이외의 곳에 있을 때에는 지표상 4[m]까지로 감할 수 있다.

(2) 접속점이 수면상에 있는 경우에는 수상전선로의 사용전압이 저압인 경우에는 수면상 4[m] 이상, 고압인 경우에는 수면상 5[m] 이상

다. 수상전선로에 사용하는 부대는 쇠사슬 등으로 견고하게 연결한 것일 것

라. 수상전선로의 전선은 부대의 위에 지지하여 시설하고 또한 그 절연피복을 손상하지 아니하도록 시설할 것

2. 위 1번의 수상전선로에는 이와 접속하는 가공전선로에 전용개폐기 및 과전류차단기를 각 극에 시설하고 또한 수상전선로의 사용전압이 고압인 경우에는 전로에 지락이 생겼을 때에 자동적으로 전로를 차단하기 위한 장치를 시설하여야 한다.

335.4. 물밑전선로의 시설

1. 물밑전선로는 손상을 받을 우려가 없는 곳에 위험의 우려가 없도록 시설하여야 한다.
2. 저압 또는 고압의 물밑전선로의 전선은 물밑케이블 또는 개장한 케이블이어야 한다. 다만, 다음 어느 하나에 의하여 시설하는 경우에는 그러하지 아니하다.
   가. 전선에 케이블을 사용하고 또한 이를 견고한 관에 넣어서 시설하는 경우
   나. 전선에 지름 4.5[mm] 아연도철선 이상의 기계적 강도가 있는 금속선으로 개장한 케이블을 사용하고 또한 이를 물밑에 매설하는 경우
   다. 전선에 지름 4.5[mm] 아연도철선 이상의 기계적 강도가 있는 금속선으로 개장하고 또한 개장 부위에 방식피복을 한 케이블을 사용하는 경우
3. 특고압 물밑전선로는 다음에 따라 시설하여야 한다.
   가. 전선은 케이블일 것
   나. 케이블은 견고한 관에 넣어 시설할 것. 다만, 전선에 지름 6[mm]의 아연도철선 이상의 기계적강도가 있는 금속선으로 개장한 케이블을 사용하는 경우에는 그러하지 아니하다.

335.5. 지상에 시설하는 전선로

1. 지상에 시설하는 저압 또는 고압의 전선로는 (다음의 어느 하나에 해당하는 경우를 제외하고는) 시설하여서는 아니 된다.
   가. 1구내에만 시설하는 전선로의 전부 또는 일부로 시설하는 경우
   나. 1구내 전용의 전선로 중 그 구내에 시설하는 부분의 전부 또는 일부로 시설하는 경우
   다. 지중전선로와 교량에 시설하는 전선로 또는 전선로 전용교 등에 시설하는 전선로와의 사이에서 취급자 이외의 자가 출입하지 않도록 조치한 장소에 시설하는 경우
2. 위 1번의 전선로는 교통에 지장을 줄 우려가 없는 곳에서는 다음에 따라 시설하여야 한다.
   가. 전선은 케이블 또는 클로로프렌 캡타이어 케이블일 것
   나. 전선이 케이블인 경우에는 철근콘크리트제의 견고한 개거 또는 트라프에 넣어야 하며 개거 또는 트라프에는 취급자 이외의 자가 쉽게 열 수 없는 구조로 된 철제 또는 철근콘크리트제 기타 견고한 뚜껑을 설치할 것
   다. 전선이 캡타이어 케이블인 경우에는 다음에 의할 것
      (1) 전선의 도중에는 접속점을 만들지 아니할 것
      (2) 전선은 손상을 받을 우려가 없도록 개거 등에 넣을 것
      (3) 전선로의 전원측 전로에는 전용의 개폐기 및 과전류차단기를 각 극에 시설할 것

(4) 사용전압이 0.4[kV] 초과하는 저압 또는 고압의 전로 중에는 전로에 지락이 생겼을 때에 자동적으로 전로를 차단하는 장치를 시설할 것. 다만, 전선로의 전원측의 접속점으로부터 1[km] 안의 전원측 전로에 전용 절연변압기를 시설하는 경우로서 전로에 지락이 생겼을 때에 기술원 주재소에 경보하는 장치를 설치한 때에는 그러하지 아니하다.

3. 지상에 시설하는 특고압 전선로는 (위 1번의 어느 하나에 해당하거나 사용전압이 100[kV] 이하인 경우를 제외하고) 시설해서는 안 된다.

335.6. 교량에 시설하는 전선로

1. 교량에 시설하는 저압전선로는 다음에 따라 시설하여야 한다.

　　가. 교량의 윗면에 시설하는 것은 (다음의 것을 제외하고) 전선의 높이를 교량의 노면상 5[m] 이상으로 하여 시설할 것

　　　　(1) 전선은 인장강도 2.30[kN] 이상의 것 또는 지름 2.6[mm] 이상의 경동선의 절연전선일 것(케이블로 시설하면 예외)

　　　　(2) 전선과 조영재 사이의 이격거리는 전선이 30[cm] 이상일 것(케이블로 시설하면 예외)

　　　　(3) 전선은 조영재에 견고하게 붙인 완금류에 절연성·난연성 및 내수성의 애자로 지지할 것(케이블로 시설하면 예외)

　　　　(4) 전선이 케이블인 경우에는 전선과 조영재 사이의 이격거리를 15[cm] 이상으로 하여 시설할 것

　　나. 교량의 옆면에 시설하는 것은 "가" 규정에 준하여 시설할 것

　　다. 교량의 아랫면에 시설하는 것은 합성수지관공사, 금속관공사, 가요전선관공사 또는 케이블공사에 의하여 시설할 것

2. 교량에 시설하는 고압전선로는 다음에 따라 시설하여야 한다.

　　가. 교량의 윗면에 시설하는 것은 (다음의 것을 제외하고) 전선의 높이를 교량의 노면상 5[m] 이상으로 할 것

　　　　(1) 전선은 케이블일 것. 다만, 철도 또는 궤도 전용의 교량에는 인장강도 5.26[kN] 이상의 것 또는 지름 4[mm] 이상의 경동선을 사용하는 경우에는 그러하지 아니하다.

　　　　(2) 전선이 케이블인 경우에는 전선과 조영재 사이의 이격거리는 0.3[m] 이상일 것

　　　　(3) 전선이 케이블 이외의 경우에는 이를 조영재에 견고하게 붙인 완금류에 절연성·난연성 및 내수성의 애자로 지지하고 또한 전선과 조영재 사이의 이격거리는 0.6[m] 이상일 것

　　나. 교량의 옆면에 시설하는 것은 "가" 또는 [331.13.1 조항]의 2부터 5까지의 규정에 준하여 시설할 것

　　다. 교량의 아랫면에 시설하는 것은 케이블(331.13.1 조항에 따라)로 시설할 것

335.7. 전선로 전용교량 등에 시설하는 전선로

1. 전선로 전용의 교량·파이프스탠드·기타 이와 유사한 것에 시설하는 저압 전선로는 다음에 따르고 또한 위험의 우려가 없도록 시설하여야 한다.

　　가. 버스덕트배선에 의하는 경우는 다음에 의할 것

　　　　(1) 1구내에만 시설하는 전선로의 전부 또는 일부로 시설할 것

　　　　(2) 덕트에 물이 스며들어 고이지 아니할 것

　　나. 버스덕트배선 이외의 경우, 전선은 케이블 또는 클로로프렌 캡타이어 케이블일 것

2. 전선로 전용의 교량·파이프스탠드 기타 이와 유사한 것에 시설하는 고압 전선로는 고압용 케이블 또는 고압용의 클로로프렌 캡타이어 케이블일 것

3. 전선로 전용의 교량이나 이와 유사한 것에 시설하는 특고압 전선로, 파이프스탠드 또는 이와 유사한 것에 시설하는 사용전압이 100[kV] 이하인 특고압 전선로는 위험의 우려가 없도록 시설하여야 한다.

335.8. 급경사지에 시설하는 전선로의 시설

1. 급경사지에 시설하는 저압 또는 고압의 전선로는 그 전선이 건조물의 위에 시설되는 경우, 도로·철도·궤도·삭도·가공약전류전선 등·가공전선 또는 전차선과 교차하여 시설되는 경우 및 수평거리로 이들(도로를 제외)과 3[m] 미만에 접근하여 시설되는 경우 (기술상 부득이한 경우를 제외하고) 시설하여서는 안 된다.

2. 위 1번의 전선로는 다음에 따르고 시설하여야 한다.

　　가. 전선의 지지점 간의 거리는 15[m] 이하일 것

　　나. 전선은 벼랑에 견고하게 붙인 금속제 완금류에 절연성·난연성 및 내수성의 애자로 지지할 것(케이블로 시설하면 예외)

　　다. 전선에 사람이 접촉할 우려가 있는 곳 또는 손상을 받을 우려가 있는 곳에 시설하는 경우에는 적당한 방호장치를 시설할 것

　　라. 저압 전선로와 고압 전선로를 같은 벼랑에 시설하는 경우에는 고압 전선로를 저압 전선로의 위로 하고 또한 고압전선과 저압전선 사이의 이격거리는 50[cm] 이상일 것

335.9. 옥내에 시설하는 전선로

1. 옥내에 시설하는 전선로는 (다음의 것을 제외하고는) 시설하여서는 아니 된다.

　　가. 1구내 또는 동일 기초 구조물 및 여기에 구축된 복수의 건물과 구조적으로 일체화된 하나의 건물("1구내 등")에 시설하는 전선로의 전부 또는 일부로 시설하는 경우

　　나. 1구내 등 전용의 전선로 중 그 1구내에 시설하는 부분의 전부 또는 일부로 시설하는 경우

　　다. 옥외에 시설된 복수의 전선로로부터 수전하도록 시설하는 경우

2. (생략)

05 (340) 기계 · 기구 시설 및 옥내배선

341. 기계 및 기구

341.1. 특고압용 변압기의 시설 장소

특고압용 변압기는 발전소 · 변전소 · 개폐소 또는 이에 준하는 곳에 시설하여야 한다. 다만, 다음의 변압기는 각각의 규정에 따라 필요한 장소에 시설할 수 있다.

    가. 배전용 변압기

    나. 다중접지 방식 특고압 가공전선로에 접속하는 변압기

    다. 교류식 전기철도용 신호회로 등에 전기를 공급하기 위한 변압기

341.2. 특고압 배전용 변압기의 시설

특고압 전선로에 접속하는 배전용 변압기(발전소 · 변전소 · 개폐소 또는 이에 준하는 곳에 시설하는 것을 제외)를 시설하는 경우에는 특고압 전선에 특고압 절연전선 또는 케이블을 사용하고 또한 다음에 따라야 한다.

    가. 변압기의 1차 전압은 35[kV] 이하, 2차 전압은 저압 또는 고압일 것

    나. 변압기의 특고압측에 개폐기 및 과전류차단기를 시설할 것. 다만, 변압기를 다음에 따라 시설하는 경우는 특고압측의 과전류차단기를 시설하지 아니할 수 있다.

        (1) 2 이상의 변압기를 각각 다른 회선의 특고압 전선에 접속할 것

        (2) 변압기의 2차측 전로에는 과전류차단기 및 2차측 전로로부터 1차측 전로에 전류가 흐를 때에 자동적으로 2차측 전로를 차단하는 장치를 시설하고 그 과전류차단기 및 장치를 통하여 2차측 전로를 접속할 것

    다. 변압기의 2차 전압이 고압인 경우에는 고압측에 개폐기를 시설하고 또한 쉽게 개폐할 수 있도록 할 것

341.3. 특고압을 직접 저압으로 변성하는 변압기의 시설

특고압을 직접 저압으로 변성하는 변압기는 (다음의 것을 제외하고는) 시설하여서는 아니 된다.

    가. 전기로 등 전류가 큰 전기를 소비하기 위한 변압기

    나. 발전소 · 변전소 · 개폐소 또는 이에 준하는 곳의 소내용 변압기

    다. 특고압 전선로에 접속하는 변압기

    라. 사용전압이 35[kV] 이하인 변압기로서 그 특고압측 권선과 저압측 권선이 혼촉한 경우에 자동적으로 변압기를 전로로부터 차단하기 위한 장치를 설치한 것

    마. 사용전압이 100[kV] 이하인 변압기로서 그 특고압측 권선과 저압측 권선사이에 접지공사(접지저항값이 10[Ω] 이하인 것에 한한다)를 한 금속제의 혼촉방지판이 있는 것

    바. 교류식 전기철도용 신호회로에 전기를 공급하기 위한 변압기

341.4. 특고압용 기계기구의 시설

1. 특고압용 기계기구는 (다음의 어느 하나에 해당하는 경우로 발전소·변전소·개폐소 또는 이에 준하는 곳에 시설하는 경우를 제외하고는) 시설하여서는 아니 된다.
   가. 기계기구의 주위에 울타리·담 등을 시설하는 경우
   나. 기계기구를 지표상 5[m] 이상의 높이에 시설하고 충전부분의 지표상의 높이를 [표 341.4 – 1]에서 정한 값 이상으로 하고 또한 사람이 접촉할 우려가 없도록 시설하는 경우

➤ 표 341.4 – 1 특고압용 기계기구 충전부분의 지표상 높이

사용전압의 구분	울타리의 높이와 울타리로부터 충전부분까지의 거리의 합계 또는 지표상의 높이
35[kV] 이하	5[m]
35[kV] 초과 160[kV] 이하	6[m]
160[kV] 초과	6[m]에 160[kV]를 초과하는 10]kV] 또는 그 단수마다 0.12[m]를 더한 값 • 단수 = $\dfrac{사용전압[kV] - 160[kV]}{10[kV]}$ [단] (여기서, 단수값은 절상한다) • 높이 $h = 6 + (절상된\,단수 \times 0.12)$ [m]

   다. 공장 등의 구내에서 기계기구를 콘크리트제의 함 또는 접지공사를 한 금속제의 함에 넣고 또한 충전부분이 노출하지 아니하도록 시설하는 경우
   라. 옥내에 설치한 기계기구를 취급자 이외의 사람이 출입할 수 없도록 설치한 곳에 시설하는 경우
2. 특고압용 기계기구는 노출된 충전부분에 취급자가 쉽게 접촉할 우려가 없도록 시설하여야 한다.

341.5. 고주파 이용 전기설비의 장해방지

고주파 이용 전기설비에서 다른 고주파 이용 전기설비에 누설되는 고주파 전류의 허용한도는 [그림 341.5 – 1]의 측정 장치 또는 이에 준하는 측정 장치로 2회 이상 연속하여 10분간 측정하였을 때에 각각 측정값의 최대값에 대한 평균값이 −30[dB](1[mW]를 0[dB]로 한다)일 것

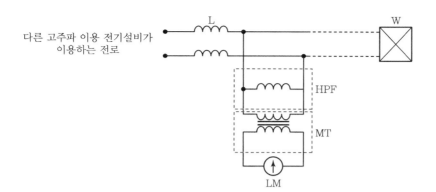

〔 그림 341.5 - 1 고주파 이용 전기설비의 장해 판정을 위한 측정장치 〕

LM : 선택 레벨계

MT : 정합변성기

L : 고주파대역의 하이임피던스장치(고주파 이용 전기설비가 이용하는 전로와
　　다른 고주파 이용 전기설비가 이용하는 전로와의 경계점에 시설할 것)

HPF : 고역여파기

W : 고주파 이용 전기설비

341.6. 전기기계기구의 열적 강도

(생략)

341.7. 아크를 발생하는 기구의 시설

고압용 또는 특고압용의 개폐기 · 차단기 · 피뢰기 기타 이와 유사한 기구("기구
등")로서 동작 시에 아크가 생기는 것은 목재의 벽 또는 천장 기타의 가연성 물체로
부터 [표 341.7 - 1]에서 정한 값 이상 이격하여 시설하여야 한다.

▶ 표 341.7 - 1 아크를 발생하는 기구 시설 시 이격거리

기구 등의 구분	이격거리
고압용의 것	1[m] 이상
특고압용의 것	2[m] 이상(사용전압이 35[kV] 이하의 특고압용의 기구에서 아크로 인한 화재를 제한하는 경우에는 1[m] 이상)

341.8. 고압용 기계기구의 시설

1. 고압용 기계기구는 (다음의 어느 하나에 해당하는 경우와 발전소 · 변전소 · 개폐
소 또는 이에 준하는 곳에 시설하는 경우를 제외하고는) 시설하여서는 아니 된다.

　가. 기계기구의 주위에 울타리 · 담 등을 시설하는 경우

　나. 기계기구를 지표상 4.5[m](시가지 외에는 4[m]) 이상의 높이에 시설하고 또
　　한 사람이 쉽게 접촉할 우려가 없도록 시설하는 경우

핵심기출문제

농촌지역에서 고압 가공전선로에 접속되는 배전용 변압기를 시설하는 경우, 지표상의 높이는 몇 [m] 이상이어야 하는가?

① 3.5   ② 4
③ 4.5   ④ 5

💬 **해설**

[341.8 조항] 고압용 기계기구는 지표상 4.5[m](시가지 외에는 4[m]) 이상의 높이에 시설하고 또는 사람이 쉽게 접촉할 우려가 없도록 시설한다.

🔒 **정답** ②

다. 공장 등의 구내에서 기계기구의 주위에 사람이 쉽게 접촉할 우려가 없도록 적당한 울타리를 설치하는 경우

라. 옥내에 설치한 기계기구를 취급자 이외의 사람이 출입할 수 없도록 설치한 곳에 시설하는 경우

마. 기계기구를 콘크리트제의 함 또는 접지공사를 한 금속제 함에 넣고 또한 충전부분이 노출하지 아니하도록 시설하는 경우

바. 충전부분이 노출하지 아니하는 기계기구를 사람이 쉽게 접촉할 우려가 없도록 시설하는 경우

사. 충전부분이 노출하지 아니하는 기계기구를 온도상승에 의하여 또는 고장 시 그 근처의 대지와의 사이에 생기는 전위차에 의하여 사람이나 가축 또는 다른 시설물에 위험의 우려가 없도록 시설하는 경우

2. (생략)

3. 고압용의 기계기구는 노출된 충전부분에 취급자가 쉽게 접촉할 우려가 없도록 시설하여야 한다.

341.9. 개폐기의 시설

1. 전로 중에 개폐기를 시설하는 경우에는 그곳의 각 극에 설치하여야 한다.

2. 고압용 또는 특고압용의 개폐기는 그 작동에 따라 그 개폐상태를 표시하는 장치가 되어 있는 것이어야 한다. 다만, 그 개폐상태를 쉽게 확인할 수 있는 것은 그러하지 아니하다.

3. 고압용 또는 특고압용의 개폐기로서 중력 등에 의하여 자연히 작동할 우려가 있는 것은 자물쇠장치 기타 이를 방지하는 장치를 시설하여야 한다.

4. 고압용 또는 특고압용의 개폐기로서 부하전류를 차단하기 위한 것이 아닌 개폐기는 부하전류가 통하고 있을 경우에는 "개로할 수 없도록 시설"하여야 한다. 다만, 개폐기를 조작하는 곳의 보기 쉬운 위치에

① 부하전류의 유무를 표시한 장치 또는

② 전화기 기타의 지령 장치를 시설하거나

③ 터블렛 등을 사용함으로서 부하전류가 통하고 있을 때에 개로조작을 방지하기 위한 조치를 하는 경우는 그러하지 아니하다.

5. 전로에 이상이 생겼을 때 자동적으로 전로를 개폐하는 장치를 시설하는 경우에는 그 개폐기의 자동 개폐 기능에 장해가 생기지 않도록 시설하여야 한다.

341.10. 고압 및 특고압 전로 중의 과전류차단기의 시설

1. 과전류차단기로 시설하는 퓨즈 중 고압전로에 사용하는 포장 퓨즈는 정격전류의 1.3배의 전류에 견디고 또한 2배의 전류로 120분 안에 용단되는 것 또는 적합한 고압전류제한퓨즈이어야 한다.

핵심기출문제

고압용 또는 특고압용의 개폐기로서 중력 등에 의하여 자연히 작동할 우려가 있는 것은 다음 중 어떤 장치를 시설하여야 하는가?

① 차단장치   ② 제어장치
③ 단락장치   ④ 자물쇠장치

💬 **해설**

341.9(개폐기 시설) 조항

3. 고압용 또는 특고압용의 개폐기로서 중력 등에 의하여 자연히 작동할 우려가 있는 것은 자물쇠장치 기타 이를 방지하는 장치를 시설하여야 한다.

🔒 **정답** ④

2. 과전류차단기로 시설하는 퓨즈 중 고압전로에 사용하는 비포장 퓨즈는 정격전류의 1.25배의 전류에 견디고 또한 2배의 전류로 2분 안에 용단되는 것이어야 한다.

3. 고압 또는 특고압의 전로에 단락이 생긴 경우에 동작하는 과전류차단기는 이것을 시설하는 곳을 통과하는 단락전류를 차단하는 능력을 가지는 것이어야 한다.

4. 고압 또는 특고압의 과전류차단기는 그 동작에 따라 그 개폐상태를 표시하는 장치가 되어 있는 것이어야 한다. 다만, 그 개폐상태가 쉽게 확인될 수 있는 것은 적용하지 않는다.

341.11. 과전류차단기의 시설 제한

접지공사의 접지도체, 다선식 전로의 중성선 및 전로의 일부에 접지공사를 한 저압 가공전선로의 접지측 전선에는 과전류차단기를 시설하여서는 안 된다. 다만, 다선식 전로의 중성선에 시설한 과전류차단기가 동작한 경우에 각 극이 동시에 차단될 때 또는 저항기·리액터 등을 사용하여 접지공사를 한 때에 과전류차단기의 동작에 의하여 그 접지도체가 비접지 상태로 되지 아니할 때는 적용하지 않는다.

341.12. 지락차단장치 등의 시설

1. 특고압전로 또는 고압전로에 변압기에 의하여 결합되는 사용전압 400[V] 초과의 저압전로 또는 발전기에서 공급하는 사용전압 400[V] 초과의 저압전로에는 전로에 지락이 생겼을 때에 자동적으로 전로를 차단하는 장치를 시설하여야 한다.

2. 고압 및 특고압 전로 중 다음에 열거하는 곳 또는 이에 근접한 곳에는 전로에 지락(전기철도용 급전선에 있어서는 과전류)이 생겼을 때에 자동적으로 전로를 차단하는 장치를 시설하여야 한다.
   - 가. 발전소·변전소 또는 이에 준하는 곳의 인출구
   - 나. 다른 전기사업자로부터 공급받는 수전점
   - 다. 배전용 변압기(단권변압기를 제외한다)의 시설 장소

341.13. 피뢰기의 시설

고압 및 특고압의 전로 중 다음에 열거하는 곳 또는 이에 근접한 곳에는 피뢰기를 시설하여야 한다.
   - 가. 발전소·변전소 또는 이에 준하는 장소의 가공전선 인입구 및 인출구
   - 나. 특고압 가공전선로에 접속하는 배전용 변압기의 고압측 및 특고압측
   - 다. 고압 및 특고압 가공전선로로부터 공급을 받는 수용장소의 인입구
   - 라. 가공전선로와 지중전선로가 접속되는 곳

341.14. 피뢰기의 접지

고압 및 특고압의 전로에 시설하는 피뢰기 접지저항값은 10[Ω] 이하로 하여야 한다. 다만, 고압가공전선로에 시설하는 피뢰기를 접지공사를 한 변압기에 근접하여

핵심기출문제

과전류차단기로 시설하는 퓨즈 중 고압전로에 사용하는 비포장 퓨즈의 특성에 해당되는 것은?

① 정격전류의 1.25배의 전류에 견디고, 2배의 전류로 120분 안에 용단되는 것이어야 한다.
② 정격전류의 1.1배의 전류에 견디고, 2배의 전류로 120분 안에 용단되는 것이어야 한다.
③ 정격전류의 1.25배의 전류에 견디고, 2배의 전류로 2분 안에 용단되는 것이어야 한다.
④ 정격전류의 1.1배의 전류에 견디고, 2배의 전류로 2분 안에 용단되는 것이어야 한다.

해설

341.10(고압 및 특고압 전로 중의 과전류차단기의 시설) 조항

2. 과전류차단기로 시설하는 퓨즈 중 고압전로에 사용하는 비포장 퓨즈는 정격전류의 1.25배의 전류에 견디고 또한 2배의 전류로 2분 안에 용단되는 것이어야 한다.

정답 ③

핵심기출문제

다음 중 피뢰기를 반드시 시설하여야 하는 곳은?

① 전기 수용장소 내의 차단기 2차측
② 가공전선로와 지중전선로가 접속되는 곳
③ 수전용 변압기의 2차측
④ 경간이 긴 가공전선로

해설

[341.13 조항] 다음의 장소에 피뢰기를 설치하여야 한다.
- 발전소, 변전소 또는 이에 준하는 장소의 가공전선 인입구 및 인출구
- 가공전선로에 접속하는 배전용 변압기의 고압측 및 특고압측
- 고압 및 특고압 가공전선로로부터 공급을 받는 수용장소의 인입구
- 가공전선로와 지중전선로가 접속되는 곳

정답 ②

시설하는 경우로서, 다음의 어느 하나에 해당할 때 또는 고압가공전선로에 시설하는 피뢰기의 접지도체가 그 접지공사 전용의 것인 경우에 그 접지공사의 접지저항 값이 30[Ω] 이하인 때에는 그 피뢰기의 접지저항값이 10[Ω] 이하가 아니어도 된다.

> 가. 피뢰기의 접지공사의 접지극을 변압기 중성점 접지용 접지극으로부터 1[m] 이상 이격하여 시설하는 경우에 그 접지공사의 접지저항값이 30[Ω] 이하인 때

> 나. 피뢰기 접지공사의 접지도체와 변압기의 중성점 접지용 접지도체를 변압기에 근접한 곳에서 접속하여 피뢰기 접지공사의 접지저항값이 75[Ω] 이하인 때 또는 중성점 접지공사의 접지저항값이 65[Ω] 이하인 때

> 다. 피뢰기 접지공사의 접지도체와 중성점 접지공사가 시설된 변압기의 저압가공전선 또는 가공공동지선과를 그 변압기가 시설된 지지물 이외의 지지물에서 접속한다. 시설한 접지공사 및 가공공동지선의 합성저항값은 16[Ω] 이하일 것

341.15. 압축공기계통

발전소 · 변전소 · 개폐소 또는 이에 준하는 곳에서 개폐기 또는 차단기에 사용하는 압축공기장치는 최고사용압력의 1.5배의 수압(수압을 연속하여 10분간 가하여 시험을 하기 어려울 때에는 최고사용압력의 1.25배의 기압)을 연속하여 10분간 가하여 시험을 하였을 때에 이에 견디고 또한 새지 아니할 것

341.16. 절연가스 취급설비

발전소 · 변전소 · 개폐소 또는 이에 준하는 곳에 시설하는 가스절연기기는 다음에 따라 시설하여야 한다.

> 가. 100[kPa]을 초과하는 절연가스의 압력을 받는 부분으로서 외기에 접하는 부분은 다음 어느 하나에 적합하여야 한다.

> (1) 최고사용압력의 1.5배의 수압(수압을 연속하여 10분간 가하여 시험을 하기 어려울 때에는 최고사용압력의 1.25배의 기압)을 연속하여 10분간 가하여 시험하였을 때에 이에 견디고 또한 새지 아니하는 것일 것. 다만, 가스 압축기에 접속하여 사용하지 아니하는 가스절연기기는 최고사용압력의 1.25배의 수압을 연속하여 10분간 가하였을 때 이에 견디고 또한 누설이 없는 경우에는 그러하지 아니하다.

> (2) 정격전압이 52[kV]를 초과하는 가스절연기기로서 용접된 알루미늄 및 용접된 강판 구조일 경우는 설계압력의 1.3배, 주물형 알루미늄 및 복합알루미늄(Composite Aluminium) 구조일 경우는 설계압력의 2배를 1분 이상 가하였을 때 파열이나 변형이 나타나지 않을 것

> 나. 절연가스는 가연성 · 부식성 또는 유독성의 것이 아닐 것

> 다. 절연가스 압력의 저하로 절연파괴가 생길 우려가 있는 것은 절연가스의 압력 저하를 경보하는 장치 또는 절연가스의 압력을 계측하는 장치를 설치할 것

라. 가스 압축기를 가지는 것은 가스 압축기의 최종단 또는 압축절연 가스를 통하는 관의 가스 압축기에 근접하는 곳 및 가스절연기기 또는 압축 절연가스를 통하는 관의 가스 절연기기에 근접하는 곳에는 최고사용압력 이하의 압력으로 동작하고 또한 규정에 적합한 안전밸브를 설치할 것

342. 고압 · 특고압 옥내 설비의 시설

342.1. 고압 옥내배선 등의 시설

1. 고압 옥내배선은 다음에 따라 시설하여야 한다.
   가. 고압 옥내배선은 다음 중 하나에 의하여 시설할 것
      (1) 애자사용공사(건조한 장소로서 전개된 장소에 한한다)
      (2) 케이블공사
      (3) 케이블트레이공사
   나. 애자사용공사에 의한 고압 옥내배선은 다음에 의하고, 또한 사람이 접촉할 우려가 없도록 시설할 것
      (1) 전선은 공칭단면적 6[mm²] 이상의 연동선 또는 이와 동등 이상의 세기 및 굵기의 고압 절연전선이나 특고압 절연전선 또는 인하용 고압 절연전선일 것
      (2) 전선의 지지점 간의 거리는 6[m] 이하일 것(다만, 전선을 조영재의 면을 따라 붙이는 경우에는 2[m] 이하이어야 한다)
      (3) 전선 상호 간의 간격은 8[cm] 이상, 전선과 조영재 사이의 이격거리는 5[cm] 이상일 것
      (4) 애자사용공사에 사용하는 애자는 절연성 · 난연성 및 내수성의 것일 것
      (5) 고압 옥내배선은 저압 옥내배선과 쉽게 식별되도록 시설할 것
      (6) 전선이 조영재를 관통하는 경우에는 그 관통하는 부분의 전선을 전선마다 각각 별개의 난연성 및 내수성이 있는 견고한 절연관에 넣을 것
   다. 케이블공사에 의한 고압 옥내배선은 전선에 케이블을 사용하고 또한 관 기타의 케이블을 넣는 방호장치의 금속제 부분, 금속제의 전선 접속함 및 케이블의 피복에 사용하는 금속체에는 KEC규정에 따라 접지공사를 하여야 한다.
   라. 케이블트레이공사에 의한 고압 옥내배선은 다음에 의하여 시설하여야 한다.
      (1) 전선은 연피 케이블, 알루미늄피 케이블 등 난연성 케이블, 기타 케이블을 사용하여야 한다.
      (2) 금속제 케이블 트레이 계통은 기계적 및 전기적으로 완전하게 접속하여야 하며 금속제 트레이에는 접지시스템에 접속하여야 한다.
2. 고압 옥내배선이 다른 고압 옥내배선 · 저압 옥내전선 · 관등회로의 배선 · 약전류 전선 등 또는 수관 · 가스관이나 이와 유사한 것과 접근하거나 교차하는 경우에는 고압 옥내배선과 다른 고압 옥내배선 · 저압 옥내전선 · 관등회로의 배선 ·

약전류 전선 등 또는 수관·가스관이나 이와 유사한 것 사이의 이격거리는 15[cm] (애자사용공사에 의하여 시설하는 저압 옥내전선이 나전선인 경우에는 30[cm], 가스계량기 및 가스관의 이음부와 전력량계 및 개폐기와는 60[cm]) 이상 이어야 한다.

342.2. 옥내 고압용 이동전선의 시설

1. 옥내에 시설하는 고압의 이동전선은 다음에 따라 시설하여야 한다.
   가. 전선은 고압용의 캡타이어케이블일 것
   나. 이동전선과 전기사용기계기구와는 볼트 조임 기타의 방법에 의하여 견고하게 접속할 것
   다. 이동전선에 전기를 공급하는 전로에는 전용 개폐기 및 과전류차단기를 각극에 시설하고, 또한 전로에 지락이 생겼을 때에 자동적으로 전로를 차단하는 장치를 시설할 것
2. 옥내에 시설하는 고압의 이동전선에 준용한다.

342.3. 옥내에 시설하는 고압접촉전선 공사

1. 이동 기중기 기타 이동하여 사용하는 고압의 전기기계기구에 전기를 공급하기 위하여 사용하는 접촉전선("고압접촉전선")을 옥내에 시설하는 경우에는 전개된 장소 또는 점검할 수 있는 은폐된 장소에 애자사용공사에 의하고 또한 다음에 따라 시설하여야 한다.
   가. 전선은 사람이 접촉할 우려가 없도록 시설할 것
   나. 전선은 인장강도 2.78[kN] 이상의 것 또는 지름 10[mm]의 경동선으로 단면적이 70[mm^2] 이상인 구부리기 어려운 것일 것
   다. 전선은 각 지지점에서 견고하게 고정시키고 또한 집전장치의 이동에 의하여 동요하지 아니하도록 시설할 것
   라. 전선 지지점 간의 거리는 6[m] 이하일 것
   마. 전선 상호 간의 간격 및 집전장치의 충전 부분 상호 간 및 집전장치의 충전 부분과 극성이 다른 전선 사이의 이격거리는 30[cm] 이상일 것
   바. 전선과 조영재의 이격거리 및 그 전선에 접촉하는 집전장치의 충전부분과 조영재 사이의 이격거리는 20[cm] 이상일 것
   사. 애자는 절연성·난연성 및 내수성이 있는 것일 것
2. 옥내에 시설하는 고압접촉전선 및 그 고압접촉전선에 접촉하는 집전장치의 충전 부분이 다른 옥내 전선·약전류 전선 등 또는 수관·가스관이나 이와 유사한 것과 접근 또는 교차하는 경우에는 상호 간의 이격거리는 60[cm] 이상이어야 한다.
3. 옥내에 시설하는 고압접촉전선에 전기를 공급하기 의한 전로에는 전용 개폐기 및 과전류차단기를 시설하여야 한다. 이 경우에 개폐기는 고압접촉전선에 가까운 곳에 쉽게 개폐할 수 있도록 시설하고 과전류차단기는 각 극에 시설하여야 한다.

342.4. 특고압 옥내 전기설비의 시설

1. 특고압 옥내배선은 다음에 따르고 또한 위험의 우려가 없도록 시설하여야 한다.
    가. 사용전압은 100[kV] 이하일 것. 다만, 케이블트레이공사에 의하여 시설하는 경우에는 35[kV] 이하일 것
    나. 전선은 케이블일 것
    다. 케이블은 철재 또는 철근콘크리트제의 관·덕트 기타의 견고한 방호장치에 넣어 시설할 것
    라. 관 그 밖에 케이블을 넣는 방호장치의 금속제 부분·금속제의 전선 접속함 및 케이블의 피복에 사용하는 금속체에는 접지공사를 하여야 한다.

2. 특고압 옥내배선이 저압 옥내전선·관등회로의 배선·고압 옥내전선·약전류 전선 등 또는 수관·가스관이나 이와 유사한 것과 접근하거나 교차하는 경우에는 다음에 따라야 한다.
    가. 특고압 옥내배선과 저압 옥내전선·관등회로의 배선 또는 고압 옥내전선 사이의 이격거리는 60[cm] 이상일 것. 다만, 상호 간에 견고한 내화성의 격벽을 시설할 경우에는 그러하지 아니하다.
    나. 특고압 옥내배선과 약전류 전선 등 또는 수관·가스관이나 이와 유사한 것과 접촉하지 아니하도록 시설할 것

3. 특고압의 이동전선 및 접촉전선(전차선을 제외)은 옥내에 시설하여서는 아니 된다.

4. (생략)

5. 옥내 또는 옥외에 시설하는 예비 케이블은 사람이 접촉할 우려가 없도록 시설하고 접지공사를 하여야 한다.

📖 핵심기출문제

특고압 옥내전기설비를 시설할 때 사용전압은 일반적인 경우 최대 몇 [kV] 이하인가?

① 100[kV]   ② 170[kV]
③ 250[kV]   ④ 345[kV]

💬 해설
342.4(특고압 옥내전기설비 시설) 조항
• 케이블 사용 시, 사용전압은 100[kV] 이하일 것
• 케이블트레이 배선에 의하여 시설할 시, 사용전압은 35[kV] 이하일 것

🔒 **정답** ①

---

06 (350) 발전소, 변전소, 개폐소 등의 전기설비

351. 발전소, 변전소, 개폐소 등의 전기설비

351.1. 발전소 등의 울타리·담 등의 시설

1. 고압 또는 특고압의 기계기구·모선 등을 옥외에 시설하는 발전소·변전소·개폐소 또는 이에 준하는 곳에는 다음에 따라 구내에 취급자 이외의 사람이 들어가지 아니하도록 시설하여야 한다.
    가. 울타리·담 등을 시설할 것
    나. 출입구에는 출입금지의 표시를 할 것
    다. 출입구에는 자물쇠장치 기타 적당한 장치를 할 것

2. 위 1번의 울타리·담 등은 다음에 따라 시설하여야 한다.
    가. 울타리·담 등의 높이는 2[m] 이상으로 하고 지표면과 울타리·담 등의 하단 사이의 간격은 15[cm] 이하로 할 것

📖 핵심기출문제

구내에 시설한 개폐기 기타의 장치에 의하여 전로를 개폐하는 곳으로서 발전소, 변전소 및 수용장소 이외의 곳을 무엇이라 하는가?

① 급전소   ② 송전소
③ 개폐소   ④ 배전소

💬 해설
개폐소
개폐소 안에 시설한 개폐기 및 기타 장치에 의하여 전로를 개폐하는 곳으로서 발전소, 변전소 및 수용장소 이외의 곳

🔒 **정답** ③

전력계통의 운용에 관한 지시를 하는 곳은?

① 변전소　　② 개폐소
③ 발전소　　④ 급전소

해설
급전소
전력계통의 운용에 관한 지시 및 급전조작을 하는 곳

🔒 **정답 ④**

구외로부터 전송된 전압이 몇 [V] 이상의 전기를 변성하기 위한 변압기, 기타 전기설비의 통합체를 변전소라 하는가?

① 30000　　② 38000
③ 50000　　④ 55000

해설
변전소
50[kV] 이상 특고압의 전기를 변성하기 위한 곳

🔒 **정답 ③**

345[kV]의 가공송전선로를 평지에 건설하는 경우 전선의 지표상 높이는 최소 몇 [m] 이상이어야 하는가?

① 7.58　　② 7.95
③ 8.28　　④ 8.85

해설
[표 351.1-1], [표 341.4-1] 특고압용 기계기구 충전부분의 지표상 높이
평지의 지표상 높이는 울타리 · 담과 같다.
단수 계산
$$= \frac{\text{사용 전압}[kV] - 160[kV]}{10[kV]}$$
$$= \frac{345 - 160}{10} = 18.5$$
인데, 절상하여 19단이다.
∴ 가공전선의 지표상 높이는
$h = 6 + (19 \times 0.12) = 8.28\,[m]$

🔒 **정답 ③**

나. 울타리 · 담 등과 고압 및 특고압의 충전 부분이 접근하는 경우에는 울타리 · 담 등의 높이와 울타리 · 담 등으로부터 충전부분까지 거리의 합계는 [표 351.1-1]에서 정한 값 이상으로 할 것

▶ 표 351.1-1 발전소 등의 울타리 · 담 등의 시설 시 이격거리

사용전압의 구분	울타리 · 담 등의 높이와 울타리 · 담 등으로부터 충전부분까지의 거리의 합계
35[kV] 이하	5[m]
35[kV] 초과 160[kV] 이하	6[m]
160[kV] 초과	6[m]에 160[kV]를 초과하는 10[kV] 또는 그 단수마다 0.12[m]를 더한 값 • 단수 $= \dfrac{\text{사용전압}[kV] - 160[kV]}{10[kV]}$ [단] (여기서, 단수값은 절상한다) • 높이 $h = 6 + ($절상된 단수 $\times 0.12)$ [m]

3. 고압 또는 특고압의 기계기구, 모선 등을 옥내에 시설하는 발전소 · 변전소 · 개폐소 또는 이에 준하는 곳에는 다음의 어느 하나에 의하여 구내에 취급자 이외의 자가 들어가지 아니하도록 시설하여야 한다.

　가. 울타리 · 담 등을 제2의 규정에 준하여 시설하고 또한 그 출입구에 출입금지의 표시와 자물쇠장치 기타 적당한 장치를 할 것

　나. 견고한 벽을 시설하고 그 출입구에 출입금지의 표시와 자물쇠장치 기타 적당한 장치를 할 것

4. 고압 또는 특고압 가공전선(케이블을 사용하는 경우는 제외)과 금속제의 울타리 · 담 등이 교차하는 경우에 금속제의 울타리 · 담 등에는 교차점과 좌, 우로 45[m] 이내의 개소에 접지공사를 하여야 한다. 또한 울타리 · 담 등에 문 등이 있는 경우에는 접지공사를 하거나 울타리 · 담 등과 전기적으로 접속하여야 한다. 다만, 토지의 상황에 의하여 접지저항값을 얻기 어려울 경우에는 100[Ω] 이하로 하고 또한 고압 가공전선로는 고압보안공사, 특고압 가공전선로는 제2종 특고압 보안공사에 의하여 시설할 수 있다.

5. 공장 등의 구내에 있어서 옥외 또는 옥내에 고압 또는 특고압의 기계기구 및 모선 등을 시설하는 발전소 · 변전소 · 개폐소 또는 이에 준하는 곳에는 "위험" 경고 표지를 한다.

351.2. 특고압전로의 상 및 접속 상태의 표시

1. 발전소 · 변전소 또는 이에 준하는 곳의 특고압전로에는 그의 보기 쉬운 곳에 상별 표시를 하여야 한다.

2. 발전소 · 변전소 또는 이에 준하는 곳의 특고압전로에 대하여는 그 접속 상태를 모의모선의 사용 기타의 방법에 의하여 표시하여야 한다. 다만, 이러한 전로에

접속하는 특고압 전선로의 회선수가 2 이하이고 또한 특고압의 모선이 단일모선인 경우에는 그러하지 아니하다.

351.3. 발전기 등의 보호장치

1. 발전기에는 다음의 경우에 자동적으로 이를 전로로부터 차단하는 장치를 시설하여야 한다.
   가. 발전기에 과전류나 과전압이 생긴 경우
   나. 용량이 500[kVA] 이상의 발전기를 구동하는 수차의 압유 장치의 유압 또는 전동식 가이드밴 제어장치, 전동식 니이들(Niddle) 제어장치 또는 전동식 디플렉터 제어장치의 전원전압이 현저히 저하한 경우
   다. 용량이 100[kVA] 이상의 발전기를 구동하는 풍차의 압유장치의 유압, 압축공기장치의 공기압 또는 전동식 브레이드 제어장치의 전원전압이 현저히 저하한 경우
   라. 용량이 2,000[kVA] 이상인 수차 발전기의 스러스트 베어링의 온도가 현저히 상승한 경우
   마. 용량이 10,000[kVA] 이상인 발전기의 내부에 고장이 생긴 경우
   바. 정격출력이 10,000[kW]를 초과하는 증기터빈은 그 스러스트 베어링이 현저하게 마모되거나 그의 온도가 현저히 상승한 경우
2. 연료전지는 다음의 경우에 자동적으로 이를 전로에서 차단하고 연료전지에 연료가스 공급을 자동적으로 차단하며 연료전지내의 연료가스를 자동적으로 배제하는 장치를 시설하여야 한다.
   가. 연료전지에 과전류가 생긴 경우
   나. 발전요소의 발전전압에 이상이 생겼을 경우 또는 연료가스 출구에서의 산소 농도 또는 공기 출구에서의 연료가스 농도가 현저히 상승한 경우
   다. 연료전지의 온도가 현저하게 상승한 경우
3. 상용 전원으로 쓰이는 축전지에는 이에 과전류가 생겼을 경우에 자동적으로 이를 전로로부터 차단하는 장치를 시설하여야 한다.

351.4. 특고압용 변압기의 보호장치

특고압용의 변압기에는 그 내부에 고장이 생겼을 경우에 보호하는 장치를 [표 351.4 − 1]과 같이 시설하여야 한다.

▶ 표 351.4 − 1 특고압용 변압기의 보호장치

뱅크용량의 구분	동작조건	장치의 종류
5,000[kVA] 이상 10,000[kVA] 미만	변압기내부고장	자동차단장치 또는 경보장치
10,000[kVA] 이상	변압기내부고장	자동차단장치

뱅크용량의 구분	동작조건	장치의 종류
타냉식변압기(변압기의 권선 및 철심을 직접 냉각시키기 위하여 봉입한 냉매를 강제 순환시키는 냉각 방식을 말한다)	냉각장치에 고장이 생긴 경우 또는 변압기의 온도가 현저히 상승한 경우	경보장치

351.5. 조상설비의 보호장치

조상설비에는 그 내부에 고장이 생긴 경우에 보호하는 장치를 [표 351.5 – 1]과 같이 시설하여야 한다.

▶ 표 351.5 – 1 조상설비의 보호장치

설비종별	뱅크용량의 구분	자동적으로 전로로부터 차단하는 장치
전력용 커패시터 및 분로리액터	500[kVA] 초과 15,000[kVA] 미만	내부에 고장이 생긴 경우에 동작하는 장치 또는 과전류가 생긴 경우에 동작하는 장치
	15,000[kVA] 이상	내부에 고장이 생긴 경우에 동작하는 장치 및 과전류가 생긴 경우에 동작하는 장치 또는 과전압이 생긴 경우에 동작하는 장치
조상기	15,000[kVA] 이상	내부에 고장이 생긴 경우에 동작하는 장치

351.6. 계측장치

1. 발전소에서는 다음의 사항을 계측하는 장치를 시설하여야 한다. 다만, 태양전지 발전소는 연계하는 전력계통에 그 발전소 이외의 전원이 없는 것에 대하여는 그러하지 아니하다.

   가. 발전기 · 연료전지 또는 태양전지 모듈의 "전압" 및 "전류" 또는 "전력"

   나. 발전기의 베어링(수중 메탈을 제외) 및 고정자의 "온도"

   다. 정격출력이 10,000[kW]를 초과하는 증기터빈에 접속하는 발전기의 진동의 진폭(정격출력이 400,000[kW] 이상의 증기터빈에 접속하는 발전기는 이를 자동적으로 기록하는 것에 한한다)

   라. 주요 변압기의 전압 및 전류 또는 전력

   마. 특고압용 변압기의 온도

2. 정격출력이 10[kW] 미만의 내연력 발전소는 연계하는 전력계통에 그 발전소 이외의 전원이 없는 것에 대해서는 위 1번 "가" 및 "라"의 사항 중 전류 및 전력을 측정하는 장치를 시설하지 아니할 수 있다.

3. 동기발전기를 시설하는 경우에는 동기검정장치를 시설하여야 한다. 다만, 동기발전기를 연계하는 전력계통에는 그 동기발전기 이외의 전원이 없는 경우 또는 동기발전기의 용량이 그 발전기를 연계하는 전력계통의 용량과 비교하여 현저히 적은 경우에는 그러하지 아니하다.

핵심기출문제

내부고장이 발생하는 경우를 대비하여 자동차단장치 또는 경보장치를 시설하여야 하는 특고압용 변압기의 뱅크용량의 구분으로 알맞은 것은?

① 5,000[kVA] 미만
② 5,000[kVA] 이상 10,000[kVA] 미만
③ 10,000[kVA] 이상
④ 타냉식 변압기

해설
표 351.4 – 1(특고압용 변압기 보호장치)

뱅크용량의 구분	동작 조건	장치의 종류
5,000 [kVA] 이상 10,000 [kVA] 미만	변압기 내부고장	자동차 단장치 또는 경보 장치
10,000 [kVA] 이상	변압기 내부고장	자동차 단장치

정답 ②

핵심기출문제

발전소에 시설하지 않아도 되는 계측장치는 무엇인가?

① 발전기의 고정자 온도
② 주요 변압기의 역률
③ 주요 변압기의 전압 및 전류 또는 전력
④ 특고압용 변압기의 온도

해설
[351.6. 1번 조항] 발전소, 변전소에는 역률을 계측하는 장치가 필요하지 않다.

정답 ②

4. 변전소 또는 이에 준하는 곳에는 다음의 사항을 계측하는 장치를 시설하여야 한다. 다만, 전기철도용 변전소는 주요 변압기의 전압을 계측하는 장치를 시설하지 아니할 수 있다.

가. 주요 변압기의 전압 및 전류 또는 전력

나. 특고압용 변압기의 온도

5. 동기조상기를 시설하는 경우에는 다음의 사항을 계측하는 장치 및 동기검정장치를 시설하여야 한다. 다만, 동기조상기의 용량이 전력계통의 용량과 비교하여 현저히 적은 경우에는 동기검정장치를 시설하지 아니할 수 있다.

가. 동기조상기의 전압 및 전류 또는 전력

나. 동기조상기의 베어링 및 고정자의 온도

351.7. 배전반의 시설

1. 발전소 · 변전소 · 개폐소 또는 이에 준하는 곳에 시설하는 배전반에 붙이는 기구 및 전선은 점검할 수 있도록 시설하여야 한다.

2. 위 1번의 배전반에 고압용 또는 특고압용의 기구 또는 전선을 시설하는 경우에는 취급자에게 위험이 미치지 아니하도록 적당한 방호장치 또는 통로를 시설하여야 하며, 기기조작에 필요한 공간을 확보하여야 한다.

351.8. 상주 감시를 하지 아니하는 발전소의 시설

1. 발전소의 운전에 필요한 지식 및 기능을 가진 자(이하 "기술원")가 그 발전소에서 상주 감시를 하지 아니하는 발전소는 다음의 어느 하나에 의하여 시설하여야 한다.

가. 원동기 및 발전기 또는 연료전지에 자동부하조정장치 또는 부하제한장치를 시설하는 수력발전소, 풍력발전소, 내연력발전소, 연료전지발전소(출력 500 [kW] 미만으로서 연료개질계통설비의 압력이 100[kPa] 미만의 인산형의 것에 한한다) 및 태양전지발전소로서 전기공급에 지장을 주지 아니하고 또한 기술원이 그 발전소를 수시 순회하는 경우

나. 수력발전소, 풍력발전소, 내연력발전소, 연료전지발전소 및 태양전지발전소로서 그 발전소를 원격감시 제어하는 제어소(이하 "발전제어소")에 기술원이 상주하여 감시하는 경우

2. 위 1번에서 규정하는 발전소는 (비상용 예비 전원을 얻을 목적으로 시설하는 것을 제외하고는) 다음에 따라 시설하여야 한다.

가. 다음과 같은 경우에는 발전기를 전로에서 자동적으로 차단하고 또한 수차 또는 풍차를 자동적으로 정지하는 장치 또는 내연기관에 연료 유입을 자동적으로 차단하는 장치를 시설할 것

(1) 원동기 제어용의 압유장치의 유압, 압축 공기장치의 공기압 또는 전동 제어 장치의 전원 전압이 현저히 저하한 경우

(2) 원동기의 회전속도가 현저히 상승한 경우

(3) 발전기에 과전류가 생긴 경우

(4) 정격 출력이 500[kW] 이상의 원동기(풍차를 시가지 그 밖에 인가가 밀집된 지역에 시설하는 경우에는 100[kW] 이상) 또는 그 발전기의 베어링의 온도가 현저히 상승한 경우

(5) 용량이 2,000[kVA] 이상의 발전기의 내부에 고장이 생긴 경우

(6) 내연기관의 냉각수 온도가 현저히 상승한 경우 또는 냉각수의 공급이 정지된 경우

(7) 내연기관의 윤활유 압력이 현저히 저하한 경우

(8) 내연력 발전소의 제어회로 전압이 현저히 저하한 경우

(9) 시가지 그 밖에 인가 밀집지역에 시설하는 것으로서 정격 출력이 10[kW] 이상의 풍차의 중요한 베어링 또는 그 부근의 축에서 회전중에 발생하는 진동의 진폭이 현저히 증대된 경우

나. 다음의 경우에 연료전지를 자동적으로 전로로부터 차단하여 연료전지, 연료 개질계통 설비 및 연료기화기에의 연료의 공급을 자동적으로 차단하고 또한 연료전지 및 연료 개질계통 설비의 내부의 연료가스를 자동적으로 배제하는 장치를 시설할 것

(1) 발전소의 운전 제어 장치에 이상이 생긴 경우

(2) 발전소의 제어용 압유장치의 유압, 압축 공기 장치의 공기압 또는 전동식 제어장치의 전원전압이 현저히 저하한 경우

(3) 설비 내의 연료가스를 배제하기 위한 불활성 가스 등의 공급 압력이 현저히 저하한 경우

다. 다음의 경우에 위 1번의 "나"의 발전소에서는 발전 제어소에 경보하는 장치를 시설할 것

(1) 원동기가 자동정지한 경우

(2) 운전조작에 필요한 차단기가 자동적으로 차단된 경우(차단기가 자동적으로 재폐로 된 경우를 제외한다)

(3) 수력발전소 또는 풍력발전소의 제어회로 전압이 현저히 저하한 경우

(4) 특고압용의 타냉식 변압기의 온도가 현저히 상승한 경우 또는 냉각장치가 고장인 경우

(5) 발전소 안에 화재가 발생한 경우

(6) 내연기관의 연료유면이 이상 저하된 경우

(7) 가스절연기기의 절연가스의 압력이 현저히 저하한 경우

351.9. 상주 감시를 하지 아니하는 변전소의 시설

1. 변전소(이에 준하는 곳으로서 50[kV]를 초과하는 특고압의 전기를 변성하기 위한 것을 포함한다)의 운전에 필요한 지식 및 기능을 가진 자(이하 "기술원")가 그 변전소에 상주하여 감시를 하지 아니하는 변전소는 다음에 따라 시설하는 경우에 한한다.

가. 사용전압이 170[kV] 이하의 변압기를 시설하는 변전소로서 기술원이 수시로 순회하거나 그 변전소를 원격감시 제어하는 제어소(이하 "변전제어소")에서 상시 감시하는 경우

나. 사용전압이 170[kV]를 초과하는 변압기를 시설하는 변전소로서 변전제어소에서 상시 감시하는 경우

2. 위 1번의 "가"에 규정하는 변전소는 다음에 따라 시설하여야 한다.

가. 다음의 경우에는 변전제어소 또는 기술원이 상주하는 장소에 경보장치를 시설할 것

(1) 운전조작에 필요한 차단기가 자동적으로 차단한 경우(차단기가 재폐로한 경우를 제외)

(2) 주요 변압기의 전원측 전로가 무전압으로 된 경우

(3) 제어 회로의 전압이 현저히 저하한 경우

(4) 옥내변전소에 화재가 발생한 경우

(5) 출력 3,000[kVA]를 초과하는 특고압용변압기는 그 온도가 현저히 상승한 경우

(6) 특고압용 타냉식변압기는 그 냉각장치가 고장난 경우

(7) 조상기는 내부에 고장이 생긴 경우

(8) 수소냉각식조상기는 그 조상기 안의 수소의 순도가 90[%] 이하로 저하한 경우, 수소의 압력이 현저히 변동한 경우 또는 수소의 온도가 현저히 상승한 경우

(9) 가스절연기기(압력의 저하에 의하여 절연파괴 등이 생길 우려가 없는 경우를 제외)의 절연가스의 압력이 현저히 저하한 경우

나. 수소냉각식 조상기를 시설하는 변전소는 그 조상기 안의 수소의 순도가 85[%] 이하로 저하한 경우에 그 조상기를 전로로부터 자동적으로 차단하는 장치를 시설할 것

다. 전기철도용 변전소는 주요 변성기기에 고장이 생긴 경우 또는 전원측 전로의 전압이 현저히 저하한 경우에 그 변성기기를 자동적으로 전로로부터 차단하는 장치를 할 것. 다만, 경미한 고장이 생긴 경우에 기술원주재소에 경보하는 장치를 하는 때에는 그 고장이 생긴 경우에 자동적으로 전로로부터 차단하는 장치의 시설을 하지 아니하여도 된다.

3. 위 1번의 "나"에 규정하는 변전소는 2 이상의 신호전송경로에 의하여 원격감시제어 하도록 시설하여야 한다.

351.10. 수소냉각식 발전기 등의 시설

수소냉각식의 발전기 · 조상기 또는 이에 부속하는 수소 냉각 장치는 다음 각 호에 따라 시설하여야 한다.

가. 발전기 또는 조상기는 기밀구조의 것이고 또한 수소가 대기압에서 폭발하는 경우에 생기는 압력에 견디는 강도를 가지는 것일 것

나. 발전기축의 밀봉부에는 질소 가스를 봉입할 수 있는 장치 또는 발전기 축의 밀봉부로부터 누설된 수소 가스를 안전하게 외부에 방출할 수 있는 장치를 시설할 것

다. 발전기 내부 또는 조상기 내부의 수소의 순도가 85[%] 이하로 저하한 경우에 이를 경보하는 장치를 시설할 것

라. 발전기 내부 또는 조상기 내부의 수소의 압력을 계측하는 장치 및 그 압력이 현저히 변동한 경우에 이를 경보하는 장치를 시설할 것

마. 발전기 내부 또는 조상기 내부의 수소의 온도를 계측하는 장치를 시설할 것

바. 발전기 내부 또는 조상기 내부로 수소를 안전하게 도입할 수 있는 장치 및 발전기 안 또는 조상기 안의 수소를 안전하게 외부로 방출할 수 있는 장치를 시설할 것

사. 수소를 통하는 관은 동관 또는 이음매 없는 강판이어야 하며 또한 수소가 대기압에서 폭발하는 경우에 생기는 압력에 견디는 강도의 것일 것

아. 수소를 통하는 관·밸브 등은 수소가 새지 아니하는 구조로 되어 있을 것

07 (360) 전력보안통신설비

361.1. 전력보안통신설비의 목적

전력보안통신설비는「전기사업법」,「지능형전력망의 구축 및 이용촉진에 관한 법률」에 따른 보안통신선로와 통신설비의 시설 및 운영에 필요한 기술적 사항을 규정하는 것을 목적으로 한다.

361.2. 전력보안통신설비의 적용범위

전기사업자가 전기를 공급하는 구간인 송전선로, 배전선로 등에서 유선 및 무선통신방식을 이용하여 통신할 수 있는 선로 및 전기설비의 설계, 시공, 감리 및 유지관리 등에 적용한다.

362. 전력보안통신설비의 시설

362.1. 전력보안통신설비의 시설 요구사항

1. 전력보안통신설비의 시설 장소는 다음에 따른다.

　가. 송전선로

　　(1) 66[kV], 154[kV], 345[kV], 765[kV] 계통 송전선로 구간(가공, 지중, 해저) 및 안전상 특히 필요한 경우에 전선로의 적당한 곳

(2) 고압 및 특고압 지중전선로가 시설되어 있는 전력구내에서 안전상 특히 필요한 경우의 적당한 곳

(3) 직류 계통 송전선로 구간 및 안전상 특히 필요한 경우의 적당한 곳

(4) 송변전자동화 등 지능형전력망 구현을 위해 필요한 구간

나. 배전선로

(1) 22.9[kV]계통 배전선로 구간(가공, 지중, 해저)

(2) 22.9[kV]계통에 연결되는 분산전원형 발전소

(3) 폐회로 배전 등 신 배전방식 도입 개소

(4) 배전자동화, 원격검침, 부하감시 등 지능형전력망 구현을 위해 필요한 구간

다. 발전소, 변전소 및 변환소

(1) 원격감시제어가 되지 아니하는 발전소·원격 감시제어가 되지 아니하는 변전소(이에 준하는 특고압의 전기를 변성하기 위한 곳을 포함)·개폐소, 전선로 및 이를 운용하는 급전소 및 급전분소 간

(2) 2개 이상의 급전소(분소) 상호 간과 이들을 통합 운용하는 급전소(분소) 간

(3) 수력설비 중 필요한 곳, 수력설비의 안전상 필요한 양수소 및 강수량 관측소와 수력발전소 간

(4) 동일 수계에 속하고 안전상 긴급 연락의 필요가 있는 수력발전소 상호 간

(5) 동일 전력계통에 속하고 또한 안전상 긴급연락의 필요가 있는 발전소·변전소(이에 준하는 특고압의 전기를 변성하기 위한 곳을 포함) 및 개폐소 상호 간

(6) 발전소·변전소 및 개폐소와 기술원 주재소 간. 다만, 다음 어느 항목에 적합하고 또한 휴대용이거나 이동형 전력보안통신설비에 의하여 연락이 확보된 경우에는 그러하지 아니하다.

(가) 발전소로서 전기의 공급에 지장을 미치지 않는 곳

(나) 상주감시를 하지 않는 변전소(사용전압이 35[kV] 이하의 것에 한한다)로서 그 변전소에 접속되는 전선로가 동일 기술원 주재소에 의하여 운용되는 곳

(7) 발전소·변전소(이에 준하는 특고압의 전기를 변성하기 위한 곳을 포함)·개폐소·급전소 및 기술원 주재소와 전기설비의 안전상 긴급 연락의 필요가 있는 기상대·측후소·소방서 및 방사선 감시계측 시설물 등의 사이

라. 배전자동화 주장치가 시설되어 있는 배전센터, 전력수급조절을 총괄하는 중앙급전사령실

마. 전력보안통신 데이터를 중계하거나, 교환장치가 설치된 정보통신실

2. 전력보안통신설비는 정전 시에도 그 기능을 잃지 않도록 비상용 예비전원을 구비하여야 한다.

3. 전력보안통신선 시설기준은 다음에 따른다.

　가. 통신선의 종류는 광섬유케이블, 동축케이블 및 차폐용 실드케이블(STP) 또는 이와 동등 이상이어야 한다.

　나. 통신선은 다음과 같이 시공한다.

　　(1) 중량물의 압력 또는 심한 기계적 충격을 받을 우려가 있는 장소에 시설하는 전력 보안 통신선(이하 "통신선")에는 적당한 방호 장치를 하거나 이들에 견디는 보호 피복을 한 것을 사용하여야 한다.

　　(2) 전력보안 가공통신선(이하 "가공통신선")은 반드시 조가선을 시설하여야 한다. 다만, 가공지선 또는 중성선을 이용하여 광섬유 케이블을 시설하는 경우에는 그러하지 아니하다.

　　(3) 가공전선로의 지지물에 시설하는 가공 통신선에 직접 접속하는 통신선(옥내에 시설하는 것을 제외)은 절연전선, 일반통신용 케이블 이외의 케이블 또는 광섬유 케이블이어야 한다.

　　(4) 전력구에 시설하는 경우는 통신선에 다음의 어느 하나에 해당하는 난연 조치를 하여야 한다.

　　　(가) 불연성 또는 자소성이 있는 난연성의 피복을 가지는 통신선을 사용하여야 한다.

　　　(나) 불연성 또는 자소성이 있는 난연성의 연소방지 테이프, 연소방지 시트, 연소방지 도료 그 외에 이들과 비슷한 것으로 통신선을 피복하여야 한다.

　　　(다) 불연성 또는 자소성이 있는 난연성의 관 또는 트라프에 통신선을 수용하여 설치하여야 한다.

362.2. 전력보안통신선의 시설 높이와 이격거리

1. 전력 보안 가공통신선(이하 "가공통신선")의 높이는 다음을 따른다.

　가. 도로(차도와 인도의 구별이 있는 도로는 차도) 위에 시설하는 경우에는 지표상 5[m] 이상. 다만, 교통에 지장을 줄 우려가 없는 경우에는 지표상 4.5[m]까지로 감할 수 있다.

　나. 철도 또는 궤도를 횡단하는 경우에는 레일면상 6.5[m] 이상

　다. 횡단보도교 위에 시설하는 경우에는 그 노면상 3[m] 이상

　라. "가"부터 "다"까지 이외의 경우에는 지표상 3.5[m] 이상

2. 가공전선로의 지지물에 시설하는 통신선 또는 이에 직접 접속하는 가공 통신선의 높이는 다음에 따라야 한다.

　가. 도로를 횡단하는 경우에는 지표상 6[m] 이상. 다만, 저압이나 고압의 가공전선로의 지지물에 시설하는 통신선 또는 이에 직접 접속하는 가공통신선을 시설하는 경우에 교통에 지장을 줄 우려가 없을 때에는 지표상 5[m]까지로 감할 수 있다.

나. 철도 또는 궤도를 횡단하는 경우에는 레일면상 6.5[m] 이상

다. 횡단보도교의 위에 시설하는 경우에는 그 노면상 5[m] 이상. 다만, 다음 중 어느 하나에 해당하는 경우에는 그러하지 아니하다.

  (1) 저압 또는 고압의 가공전선로의 지지물에 시설하는 통신선 또는 이에 직접 접속하는 가공통신선을 노면상 3.5[m] 이상으로 하는 경우

  (2) 특고압 전선로의 지지물에 시설하는 통신선 또는 이에 직접 접속하는 가공통신선으로서 광섬유 케이블을 사용하는 것을 그 노면상 4[m] 이상으로 하는 경우

라. "가"부터 "다"까지 이외의 경우에는 지표상 5[m] 이상. 다만, 저압이나 고압의 가공전선로의 지지물에 시설하는 통신선 또는 이에 직접 접속하는 가공통신선이 다음 중 어느 하나에 해당하는 경우에는 그러하지 아니하다.

  (1) 횡단보도교의 하부 기타 이와 유사한 곳(차도를 제외)에 시설하는 경우에 통신선에 절연전선과 동등 이상의 절연성능이 있는 것을 사용하고 또한 지표상 4[m] 이상으로 할 때

  (2) 도로 이외의 곳에 시설하는 경우에 지표상 4[m](통신선이 광섬유 케이블인 경우에는 3.5[m]) 이상으로 할 때나 광섬유 케이블인 경우에는 3.5[m] 이상으로 할 때

3. 가공통신선을 수면상에 시설하는 경우에는 그 수면상의 높이를 선박의 항해 등에 지장을 줄 우려가 없도록 유지하여야 한다.

4. 가공전선과 첨가 통신선과의 이격거리

가. 가공전선로의 지지물에 시설하는 통신선은 다음에 따른다.

  (1) 통신선은 가공전선의 아래에 시설할 것. 다만, 가공전선에 케이블을 사용하는 경우 또는 광섬유 케이블이 내장된 가공지선을 사용하는 경우 또는 수직 배선으로 가공전선과 접촉할 우려가 없도록 지지물 또는 완금류에 견고하게 시설하는 경우에는 그러하지 아니하다.

  (2) 통신선과 저압 가공전선 또는 특고압 가공전선로의 다중 접지를 한 중성선 사이의 이격거리는 60[cm] 이상일 것. 다만, 저압 가공전선이 절연전선 또는 케이블인 경우에 통신선이 절연전선과 동등 이상의 절연성능이 있는 것인 경우에는 30[cm](저압 가공전선이 인입선이고 또한 통신선이 첨가 통신용 제2종 케이블 또는 광섬유 케이블일 경우에는 15[cm]) 이상으로 할 수 있다.

  (3) 통신선과 고압 가공전선 사이의 이격거리는 60[cm] 이상일 것. 다만, 고압 가공전선이 케이블인 경우에 통신선이 절연전선과 동등 이상의 절연성능이 있는 것인 경우에는 30[cm] 이상으로 할 수 있다.

(4) 통신선은 고압 가공전선로 또는 특고압 가공전선로의 지지물에 시설하는 기계기구에 부속되는 전선과 접촉할 우려가 없도록 지지물 또는 완금류에 견고하게 시설하여야 한다.

(5) 통신선과 특고압 가공전선 사이의 이격거리는 1.2[m] 이상일 것. 다만, 특고압 가공전선이 케이블인 경우에 통신선이 절연전선과 동등 이상의 절연성능이 있는 것인 경우에는 30[cm] 이상으로 할 수 있다.

나. 가공전선로의 지지물에 시설하는 통신선의 수직배선에 준용한다.

5. 특고압 가공전선로의 지지물에 시설하는 통신선 또는 이에 직접 접속하는 통신선이 도로·횡단보도교·철도의 레일·삭도·가공전선·다른 가공약전류 전선 등 또는 교류 전차선 등과 교차하는 경우에는 다음에 따라 시설하여야 한다.

가. 통신선이 도로·횡단보도교·철도의 레일 또는 삭도와 교차하는 경우에는 통신선은 연선의 경우 단면적 16[mm²](단선의 경우 지름 4[mm])의 절연전선과 동등 이상의 절연 효력이 있는 것, 인장강도 8.01[kN] 이상의 것 또는 연선의 경우 단면적 25[mm²](단선의 경우 지름 5[mm])의 경동선일 것

나. 통신선과 삭도 또는 다른 가공약전류 전선 등 사이의 이격거리는 80[cm](통신선이 케이블 또는 광섬유 케이블일 때는 40[cm]) 이상으로 할 것

다. 통신선이 저압 가공전선 또는 다른 가공약전류 전선 등과 교차하는 경우에는 그 위에 시설하고 또한 통신선은 "가"에 규정하는 것을 사용할 것. 다만, 저압 가공전선 또는 다른 가공약전류 전선 등이 절연전선과 동등 이상의 절연 효력이 있는 것, 인장강도 8.01[kN] 이상의 것 또는 연선의 경우 단면적 25[mm²](단선의 경우 지름 5[mm])의 경동선인 경우에는 통신선을 그 아래에 시설할 수 있다.

라. 통신선이 다른 특고압 가공전선과 교차하는 경우에는 그 아래에 시설하고 또한 통신선과 그 특고압 가공전선 사이에 다른 금속선이 개재하지 아니하는 경우에는 통신선(수직으로 2 이상 있는 경우에는 맨 위의 것)은 인장강도 8.01[kN] 이상의 것 또는 연선의 경우 단면적 25[mm²](단선의 경우 지름 5[mm])의 경동선일 것. 다만, 특고압 가공전선과 통신선 사이의 수직거리가 6[m] 이상인 경우에는 그러하지 아니하다.

마. 통신선이 교류 전차선 등과 교차하는 경우에는 고압가공전선의 규정에 준하여 시설할 것

6. 특고압 가공전선로의 지지물에 시설하는 통신선에 직접 접속하는 통신선이 건조물·도로·횡단보도교·철도의 레일·삭도·저압이나 고압의 전차선·다른 가공약전류선·교류 전차선 등 또는 저압가공전선과 접근하는 경우에는 고압 가공전선로의 규정에 준하여 시설하여야 한다. 이 경우에 "케이블"이라고 한 것은 "케이블 또는 광섬유 케이블"로 본다.

362.3. 조가선 시설기준

1. 조가선 시설기준은 다음에 따른다.

　가. 조가선은 단면적 38[mm²] 이상의 아연도강연선을 사용할 것

　나. (생략)

　다. 조가선 간의 이격거리는 조가선 2개가 시설될 경우에 이격거리는 0.3[m]를 유지하여야 한다.

　라. 조가선은 다음에 따라 접지할 것

　　(1) 조가선은 매 500[m]마다 또는 증폭기, 옥외형 광송수신기 및 전력공급기 등이 시설된 위치에서 연선의 경우 단면적 16[mm²](단선의 경우 지름 4[mm]) 이상의 연동선과 접지선 서비스 커넥터 등을 이용하여 접지할 것

　　(2) 접지는 전력용 접지와 별도의 독립접지 시공을 원칙으로 할 것

　　(3) 접지선 몰딩은 육안식별이 가능하도록 몰딩표면에 쉽게 지워지지 않는 방법으로 "통신용 접지선"임을 표시하고, 전력선용 접지선 몰드와는 반대 방향으로 전주의 외관을 따라 수직방향으로 미려하게 시설하며 2[m] 간격으로 밴딩 처리할 것

　　(4) 접지극은 지표면에서 0.75[m] 이상의 깊이에 타 접지극과 1[m] 이상 이격하여 시설하여야 하며, 접지극 시설, 접지저항값 유지 등 조가선 및 공가 설비의 접지에 관한 사항은 접지규정(140 조항)에 따를 것

362.4. 전력유도의 방지

전력보안통신설비는 가공전선로로부터의 "정전유도작용" 또는 "전자유도작용"에 의하여 사람에게 위험을 줄 우려가 없도록 시설하여야 한다. 다음의 제한값을 초과하거나 초과할 우려가 있는 경우에는 이에 대한 방지조치를 하여야 한다.

　가. 이상 시 유도위험전압 : 650[V](다만, 고장 시 전류제거시간이 0.1초 이상인 경우에는 430[V]로 한다)

　나. 상시 유도위험종전압 : 60[V]

　다. 기기 오동작 유도종전압 : 15[V]

　라. 잡음전압 : 0.5[mV]

362.5. 특고압 가공전선로 첨가설치 통신선의 시가지 인입 제한

1. 특고압 가공전선로의 지지물에 첨가설치하는 통신선 또는 이에 직접 접속하는 통신선은 시가지에 시설하는 통신선(이하 "시가지의 통신선")에 접속하여서는 아니 된다.

2. 시가지에 시설하는 통신선은 특고압 가공전선로의 지지물에 시설하여서는 아니 된다. 다만, 통신선이 절연전선과 동등 이상의 절연성능이 있고 인장강도 5.26[kN] 이상의 것 또는 연선의 경우 단면적 16[mm²](단선의 경우 지름 4[mm]) 이상의 절연전선 또는 광섬유 케이블인 경우에는 그러하지 아니하다.

362.6. 25[kV] 이하인 특고압 가공전선로 첨가 통신선의 시설에 관한 특례

특고압 가공전선로의 지지물에 시설하는 통신선 또는 이에 직접 접속하는 통신선은 광섬유 케이블일 것

362.7. 특고압 가공전선로 첨가설치 통신선에 직접 접속하는 옥내 통신선의 시설

특고압 가공전선로의 지지물에 시설하는 통신선(광섬유 케이블을 제외) 또는 이에 직접 접속하는 통신선 중 옥내에 시설하는 부분은 400[V] 초과의 저압옥내배선시설에 준하여 시설하여야 한다. 다만, 취급자 이외의 사람이 출입할 수 없도록 시설한 곳에서 위험의 우려가 없도록 시설하는 경우에는 그러하지 아니하다. 옥내에 시설하는 통신선(광섬유 케이블을 포함한다)에는 식별인식표를 부착하여 오인으로 절단 또는 충격을 받지 않도록 하여야 한다.

362.8. 통신기기류 시설

(생략)

362.9. 전원공급기의 시설

1. 전원공급기는 다음에 따라 시설하여야 한다.
   가. 지상에서 4[m] 이상 유지할 것
   나. 누전차단기를 내장할 것
   다. 시설방향은 인도측으로 시설하며 외함은 접지를 시행할 것
2. 기기주, 변대주 및 분기주 등 설비 복잡개소에는 전원공급기를 시설할 수 없다. 다만, 현장 여건상 부득이한 경우에는 예외적으로 전원공급기를 시설할 수 있다.
3. 전원공급기 시설 시 통신사업자는 기기 전면에 명판을 부착하여야 한다.

362.10. 전력보안통신설비의 보안장치

1. 통신선(광섬유 케이블을 제외)에 직접 접속하는 옥내통신 설비를 시설하는 곳에는 통신선의 구별에 따라 KEC 표준에 적합한 보안장치 또는 이에 준하는 보안장치를 시설하여야 한다. 다만, 통신선이 통신용 케이블인 경우에 뇌(Lightning) 또는 전선과의 혼촉에 의하여 사람에게 위험을 줄 우려가 없도록 시설하는 경우에는 그러하지 아니하다.
2. 특고압 가공전선로의 지지물에 시설하는 통신선 또는 이에 직접 접속하는 통신선에 접속하는 휴대전화기를 접속하는 곳 및 옥외전화기를 시설하는 곳에는 KEC 표준에 적합한 특고압용 제1종 보안장치, 특고압용 제2종 보안장치 또는 이에 준하는 보안장치를 시설하여야 한다.

362.11. 전력선 반송 통신용 결합장치의 보안장치

전력선 반송통신용 결합 커패시터에 접속하는 회로에는 [그림 362.10 - 1]의 보안장치 또는 이에 준하는 보안장치를 시설하여야 한다.

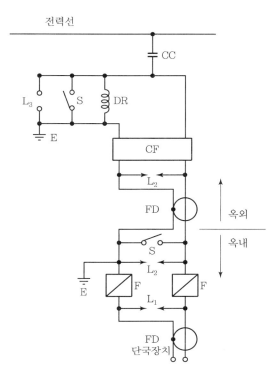

전력선

- FD : 동축케이블
- F : 정격전류 10[A] 이하의 포장 퓨즈
- DR : 전류 용량 2[A] 이상의 배류 선륜
- L_1 : 교류 300[V] 이하에서 동작하는 피뢰기
- L_2 : 동작전압이 교류 1.3[kV]를 초과하고 1.6[kV] 이하로 조정된 방전갭
- L_3 : 동작전압이 교류 2[kV]를 초과하고 3[kV] 이하로 조정된 구상 방전갭
- S : 접지용 개폐기
- CF : 결합 필타
- CC : 결합 커패시터(결합 안테나를 포함한다)
- E : 접지

〔 그림 362.10 – 1 전력선 반송 통신용 결합장치의 보안장치 〕

362.12. 가공통신 인입선 시설

1. 가공통신선의 지지물에서의 지지점 및 분기점 이외의 가공통신 인입선 부분의 높이는 차량이 통행하는 노면상의 높이는 4.5[m] 이상, 조영물의 붙임점에서의 지표상의 높이는 2.5[m] 이상으로 하여야 한다.
2. 특고압 가공전선로의 지지물에 시설하는 통신선 또는 이에 직접 접속하는 가공 통신선의 지지물에서의 지지점 및 분기점 이외의 가공 통신 인입선 부분의 높이 및 다른 가공약전류 전선 등 사이의 이격거리는 다음과 같다.
   - 노면상의 높이는 5[m] 이상
   - 조영물의 붙임점에서의 지표상의 높이는 3.5[m] 이상
   - 다른 가공약전류 전선 등 사이의 이격거리는 60[cm] 이상으로 하여야 한다.

363. 지중통신선로 설비

363.1. 지중통신선로설비 시설

1. 통신선 : 지중 공가설비로 사용하는 광섬유 케이블 및 동축케이블은 지름 22[mm] 이하일 것

2. 통신선용 내관의 수량
  가. 관로 내의 통신케이블용 내관의 수량은 관로의 여유 공간 범위 내에서 시설할 것
  나. 전력구의 행거에 시설하는 내관의 최대수량은 일단으로 시설 가능한 수량까지로 제한할 것
3. 전력구내 통신선의 시설
  가. 전력구내에서 통신용 행거는 최상단에 시설할 것
  나. 전력구의 통신선은 반드시 내관 속에 시설하고 그 내관을 행거 위에 시설할 것
  다. 전력구에 시설하는 비난연재질인 통신선 및 내관은 난연 조치할 것
  라. 전력구에서는 통신선을 고정시키기 위해 매 행거마다 내관과 행거를 견고하게 고정할 것
  마. 통신용으로 시설하는 행거의 표준은 그 전력구 전력용 행거의 표준을 초과하지 않을 것
  바. 통신용 행거 끝에는 행거 안전캡(야광)을 씌울 것
  사. 전력케이블이 시설된 행거에는 통신선을 시설하지 말 것
  아. 전력구에 시설하는 통신용 관로구와 내관은 누수가 되지 않도록 철저히 방수처리할 것
4. 맨홀 또는 관로에서 통신선의 시설
  가. 맨홀 내 통신선은 보호장치를 활용하여 맨홀 측벽으로 정리할 것
  나. 맨홀 내에서는 통신선이 시설된 매 행거마다 통신케이블을 고정할 것
  다. 맨홀 내에서는 통신선을 전력선위에 얹어 놓는 경우가 없도록 처리할 것
  라. 배전케이블이 시설되어 있는 관로에 통신선을 시설하지 말 것
  마. 맨홀 내 통신선을 시설하는 관로구와 내관은 누수가 되지 않도록 철저히 방수처리할 것

363.2. 맨홀 및 전력구내 통신기기의 시설

1. 지중 전력설비 운영 및 유지보수, 화재 등 : 비상시를 대비하여 전력구내에는 유무선 비상 통신설비를 시설하여야 하며, 무선통신은 급전소, 변전소 등과 지령통신 및 그룹통신이 가능한 방식을 적용하여야 한다.
2. 통신기기 중 전원공급기는 맨홀, 전력구내에 시설하여서는 아니 된다. 다만, 그 외의 기기는 다음의 기준에 의해 시설할 수 있다.
  가. 맨홀과 전력구내 통신용기기는 전력케이블 유지보수에 지장이 없도록 최상단 행거의 위쪽 벽면에 시설하여야 한다.
  나. 통신용기기는 맨홀 상부 벽면 또는 전력구 최상부 벽면에 ㄱ자형 또는 T자형 고정 금구류를 시설하고 이탈되지 않도록 견고하게 시설하여야 한다.
  다. 통신용 기기에서 발생하는 열 등으로 전력케이블에 손상이 가지 않도록 하여야 한다.

364. 무선용 안테나

364.1. 무선용 안테나 등을 지지하는 철탑 등의 시설

전력보안통신설비인 무선통신용 안테나 또는 반사판(이하 "무선용 안테나 등")을 지지하는 목주·철주·철근콘크리트주 또는 철탑은 다음에 따라 시설하여야 한다.

    가. 목주는 풍압하중에 대한 안전율은 1.5 이상이어야 한다.

    나. 철주·철근콘크리트주 또는 철탑의 기초 안전율은 1.5 이상이어야 한다.

364.2. 무선용 안테나 등의 시설 제한

무선용 안테나 등은 (전선로의 주위 상태를 감시하거나 배전자동화, 원격검침 등 지능형전력망을 목적으로 시설하는 것을 제외하고는) 가공전선로의 지지물에 시설하여서는 아니 된다.

365. 통신설비의 식별

365.1. 통신설비의 식별표시

통신설비의 식별은 다음에 따라 표시하여야 한다.

    가. 모든 통신기기에는 식별이 용이하도록 인식용 표찰을 부착하여야 한다.

    나. 통신사업자의 설비표시명판은 플라스틱 및 금속판 등 견고하고 가벼운 재질로 하고 글씨는 각인하거나 지워지지 않도록 제작된 것을 사용하여야 한다.

    다. 설비표시명판 시설기준

        (1) 배전주에 시설하는 통신설비의 설비표시명판은 다음에 따른다.

            (가) 직선주는 전주 5경간마다 시설할 것

            (나) 분기주, 인류주는 매 전주에 시설할 것

        (2) 지중설비에 시설하는 통신설비의 설비표시명판은 다음에 따른다.

            (가) 관로는 맨홀마다 시설할 것

            (나) 전력구내 행거는 50[m] 간격으로 시설할 것

핵 / 심 / 기 / 출 / 문 / 제

01 빙설이 많지 않은 지방의 저온계절에는 어떤 종류의 풍압하중을 적용하는가?

① 갑종 풍압하중
② 을종 풍압하중
③ 병종 풍압하중
④ 갑종 풍압하중과 을종 풍압하중 중 큰 것

해설 331.6(풍압하중의 종별과 적용) 조항
풍압하중의 적용은 다음에 따른다.
• 빙설이 적은 지방에서는 고온계절에는 갑종 풍압하중, 저온계절에는 병종 풍압하중
• 빙설이 많은 지방에서는 고온계절에는 갑종 풍압하중, 저온계절에는 을종 풍압하중
• 빙설이 많은 지방 중 해안지방 기타 저온계절에 최대풍압이 생기는 지방에서는 고온계절에는 갑종 풍압하중, 저온계절에는 갑종 풍압하중과 을종 풍압하중 중 큰 것

02 고압전선로의 지지물로서 길이 9[m]의 A종 철근콘크리트주를 시설할 때 땅에 묻히는 깊이는 몇 [m] 이상으로 하여야 하는가?

① 1.2 ② 1.5
③ 2 ④ 2.5

해설 331.7(가공전선로 지지물의 기초의 안전율) 조항
가공전선로 지지물의 기초의 안전율 정리
㉠ 철주(=강관주) 또는 철근콘크리트주의 전체 길이가 16[m] 이하, 6.8[kN] 이하인 경우

• 전체 길이 15[m] 이하 : 전체 길이의 $\frac{1}{6}$ 이상

• 전체 길이 15[m] 초과 : 땅에 묻히는 깊이 2.5[m] 이상
㉡ 16[m] 초과 20[m] 이하, 6.8[kN] 이하인 경우 : 땅에 묻히는 깊이 2.5[m] 이상
㉢ 14[m] 이상 20[m] 이하, 6.8[kN] 초과 9.8[kN] 이하인 경우 : ㉠의 기준보다 30[cm] 가산한 깊이
㉣ 14[m] 이상 20[m] 이하, 9.81[kN] 초과 14.72[kN] 이하인 경우
• 전체 길이 15[m] 이하 : ㉠의 기준보다 50[cm] 가산한 깊이
• 전체 길이 15[m] 초과 18[m] 이하 : 땅에 묻히는 깊이 3[m] 이상
• 전체 길이 18[m] 초과 : 땅에 묻히는 깊이 3.2[m] 이상

제시된 문제는 15[m] 이하이므로,
철근콘크리트주 매설깊이는 $9 \times \frac{1}{6} = 1.5$[m] 이다.

03 고압 가공전선과 건조물의 상부 조영재와의 옆쪽 이격거리는 일반적인 경우 최소 몇 [m] 이상이어야 하는가?

① 1.5 ② 1.2
③ 0.9 ④ 0.6

해설 332.11(고압 가공전선과 건조물의 접근) 조항
▶ 표 332.11−1 저압 가공전선(또는 고압 가공전선)과 건조물의 조영재 사이의 이격거리

건조물 조영재의 구분	접근형태	이격거리
상부 조영재 [지붕·옷 말리는 곳 기타 사람이 올라갈 우려가 있는 조영재를 말한다]	위쪽	2[m](전선이 고압 절연전선, 특고압 절연전선 또는 케이블인 경우는 1[m])
	옆쪽 또는 아래쪽	1.2[m](전선에 사람이 쉽게 접촉할 우려가 없도록 시설한 경우에는 0.8[m], 고압 절연전선, 특고압 절연전선 또는 케이블인 경우에는 0.4[m])

04 B종 철주를 사용하는 특고압 가공전선로의 표준경간의 최대값은 몇 [m] 이하이어야 하는가?(단, 시가지 외에 시설되는 일반 공사의 경우임)

① 150 ② 250
③ 300 ④ 350

해설
특고압 가공전선로의 경간은 [표 333.1−1]에서 정한 값 이하일 것
▶ 표 333.1−1 시가지 등에서 170[kV] 이하 특고압 가공전선로의 경간 제한

지지물의 종류	경간
A종 철주 또는 A종 철근콘크리트주	75[m]
B종 철주 또는 B종 철근콘크리트주	150[m]
철탑	400[m](단주인 경우에는 300[m]) 다만, 전선이 수평으로 2 이상 있는 경우에 전선 상호 간의 간격이 4[m] 미만인 때에는 250[m]

정답 01 ③ 02 ② 03 ② 04 ①

05 가공전화선로에 유도장해를 방지하기 위한 특고압 가공전선로의 유도전류 제한사항으로 옳은 것은?

① 사용전압이 60[kV] 이하인 경우에는 전화선로의 길이 12[km]마다 유도전류가 1[μA]를 넘지 않도록 할 것

② 사용전압이 60[kV] 이하인 경우에는 전화선로의 길이 12[km]마다 유도전류가 1.5[μA]를 넘지 않도록 할 것

③ 사용전압이 60[kV] 이하인 경우에는 전화선로의 길이 40[km]마다 유도전류가 1[μA]를 넘지 않도록 할 것

④ 사용전압이 60[kV] 이하인 경우에는 전화선로의 길이 40[km]마다 유도전류가 3[μA]를 넘지 않도록 할 것

해설 333.2(유도장해의 방지) 조항

1. 특고압 가공전선로는 다음과 같이 기설 가공 전화선로에 대하여 상시 정전유도작용에 의한 통신상의 장해가 없도록 시설하여야 한다.

　가. 사용전압이 60[kV] 이하인 경우에는 전화선로의 길이 12[km]마다 유도전류가 2[μA]를 넘지 아니하도록 할 것

　나. 사용전압이 60[kV]를 초과하는 경우에는 전화선로의 길이 40[km]마다 유도전류가 3[μA]를 넘지 아니하도록 할 것

06 사용전압 22900[V]의 가공전선이 철도를 횡단하는 경우 전선의 궤조면상 높이는 몇 [m] 이상이어야 하는가?

① 5　　　　　　　　② 5.5
③ 6　　　　　　　　④ 6.5

해설 333.7(특고압 가공전선의 높이) 조항

특고압 가공전선의 높이는 [표 333.7 – 1]에서 정한 값 이상이어야 한다.

▶ 표 333.7 – 1 특고압 가공전선의 높이

사용전압의 구분	지표상의 높이
35[kV] 이하	5[m](철도를 횡단하는 경우에는 6.5[m], 도로를 횡단하는 경우에는 6[m], 횡단보도교의 위에 시설하는 경우로서 전선이 특고압 절연전선 또는 케이블인 경우에는 4[m])
35[kV] 초과 160[kV] 이하	6[m](철도를 횡단하는 경우에는 6.5[m], 산지 등에서 사람이 쉽게 들어갈 수 없는 장소에 시설하는 경우에는 5[m], 횡단보도교의 위에 시설하는 경우 전선이 케이블인 때는 5[m])
160[kV] 초과	6[m](철도를 횡단하는 경우에는 6.5[m] 산지 등에서 사람이 쉽게 들어갈 수 없는 장소를 시설하는 경우에는 5[m]에 160[kV]를 초과하는 10[kV] 또는 그 단수마다 0.12[m]를 더한 값

07 345[kV] 가공전선로를 제1종 특고압 보안공사에 의하여 시설하는 경우에 사용하는 전선은 단면적 몇 [mm²]의 경동연선 또는 동등 이상의 세기 및 굵기의 것이어야 하는가?

① 100　　　　　　② 125
③ 150　　　　　　④ 200

해설 333.22(특고압 보안공사) 조항

제1종 특고압 보안공사는 전선은 단면적이 [표 333.22 – 1]에서 정한 값 이상일 것(케이블로 시설하면 예외)

▶ 표 333.22 – 1 제1종 특고압 보안공사 시 전선의 단면적

사용전압	전선
100[kV] 미만	인장강도 21.67[kN] 이상의 연선 또는 단면적 55[mm²] 이상의 경동연선 또는 동등 이상의 인장강도를 갖는 알루미늄 전선이나 절연전선
100[kV] 이상 300[kV] 미만	인장강도 58.84[kN] 이상의 연선 또는 단면적 150[mm²] 이상의 경동연선 또는 동등 이상의 인장강도를 갖는 알루미늄 전선이나 절연전선
300[kV] 이상	인장강도 77.47[kN] 이상의 연선 또는 단면적 200[mm²] 이상의 경동연선 또는 동등 이상의 인장강도를 갖는 알루미늄 전선이나 절연전선

08 66[kV] 가공송전선과 건조물이 제1차 접근상태로 시설하는 경우 전선과 건조물 간의 최소이격거리는 최소 몇 [m] 이상이어야 하는가?

① 3.0　　　　　　② 3.2
③ 3.4　　　　　　④ 3.6

해설 333.23(특고압 가공전선과 건조물의 접근) 조항

▶ 표 333.23 – 1 특고압 가공전선과 건조물의 이격거리(제1차 접근상태)

건조물과 조영재의 구분	전선종류	접근형태	이격거리
기타 조영재	특고압 절연전선		1.5[m](전선에 사람이 쉽게 접촉할 우려가 없도록 시설한 경우는 1[m])
	케이블		0.5[m]
	기타 전선		3[m]

사용전압이 35[kV]를 초과하는 특고압 가공전선과 건조물과의 이격거리는 건조물의 조영재 구분 및 전선종류에 따라 각각 "나"의 규정값에 35[kV]를 초과하는 10[kV] 또는 그 단수마다 15[cm]를 더한 값 이상일 것
특고압 가공전선과 건조물 간의 이격거리는 3[m]이고, 사용전압 35[kV] 초과 시는,

• 단수 $= \dfrac{66-35}{10} = 3.1$ 절상하면 4[단]이다.
• 이격거리 $d = 3 + (4 \times 0.15) = 3.6[m]$

09 시가지에 시설하는 154[kV] 가공전선로를 도로와 제1차 접근상태로 시설하는 경우, 전선과 도로와의 이격거리는 몇 [m] 이상이어야 하는가?

① 4.4[m]　　　　　② 4.8[m]

③ 5.2[m]　　　　　④ 5.6[m]

해설 333.24(특고압 가공전선과 도로 등의 접근 또는 교차) 조항

특고압 가공전선이 도로·횡단보도교·철도 또는 궤도("도로 등")와 제1차 접근 상태로 시설되는 경우에는 다음에 따라야 한다.

가. 특고압 가공전선로는 제3종 특고압 보안공사에 의할 것

나. 특고압 가공전선과 도로 등 사이의 이격거리 [표 333.24-1]에서 정한 값 이상일 것

▶ 표 333.24-1 특고압 가공전선과 도로 등과 접근 또는 교차 시 이격거리

사용전압의 구분	이격거리
35[kV] 이하	3[m]
35[kV] 초과	3[m]에 사용전압이 35[kV]를 초과하는 10[kV] 또는 그 단수마다 0.15[m]를 더한 값 • 단수 = $\dfrac{\text{사용전압}[kV] - 35[kV]}{10[kV]}$ [단] (절상한다) • 이격거리 $d = 3 + (\text{단수} \times 0.15)[m]$

• 단수 = $\dfrac{154 - 35}{10} = 11.9$ [단] 절상하면 12[단]

• 이격거리 $d = 3 + (12 \times 0.15) = 4.8[m]$

10 사용전압이 22.9[kV]인 가공전선이 삭도와 제1차 접근상태로 시설되는 경우, 가공전선과 삭도 또는 삭도용 지주 사이의 이격거리는 몇 [m] 이상으로 하여야 하는가?(단, 전선으로는 특고압 절연전선을 사용한다.)

① 0.5　　　　　② 1

③ 2　　　　　④ 2.12

해설

▶ 표 333.25-1 특고압 가공전선과 삭도의 접근 또는 교차 시 이격거리(제1차 접근상태)

사용전압의 구분	이격거리
35[kV] 이하	2[m](전선이 특고압 절연전선인 경우는 1[m], 케이블인 경우는 0.5[m])
35[kV] 초과 60[kV] 이하	2[m]
60[kV] 초과	2[m]에 사용전압이 60[kV]를 초과하는 10[kV] 또는 그 단수마다 0.12[m]를 더한 값

11 345[kV] 가공전선이 154[kV] 가공전선과 교차하는 경우 이들 양 전선 상호 간의 이격거리는 몇 [m] 이상인가?

① 4.48　　　　　② 4.96

③ 5.48　　　　　④ 5.82

해설 333.26(특고압 가공전선과 저고압 가공전선의 접근 또는 교차) 조항

사용전압의 구분	이격거리
60[kV] 이하	2[m]
60[kV] 초과	2[m]에 사용전압이 60[kV]를 초과하는 10[kV] 또는 그 단수마다 0.12[m]를 더한 값 • 단수 = $\dfrac{\text{사용전압}[kV] - 60[kV]}{10[kV]}$ [단] (절상한다) • 이격거리 $d = 2 + (\text{단수} \times 0.12)[m]$

특고압 가공전선 상호 간의 이격거리는 2[m]이고, 사용전압 60[kV] 초과 시는,

• 단수 = $\dfrac{345 - 60}{10} = 28.5$ 절상하면 29[단]이다.

• 이격거리 $d = 2 + (29 \times 0.12) = 5.48[m]$

12 22.9[kV]의 지중전선과 지중 약전선과의 최소 이격거리[cm]는?

① 10　　　　　② 15

③ 30　　　　　④ 60

해설 334.6(지중전선과 지중약전류전선 등 또는 관과의 접근 또는 교차) 조항

지중전선과 접근 또는 교차하는	전압	이격거리[cm]
지중약전류 전선	저압 또는 고압	30
	특고압	60
유독성의 유체를 내포하는 관	특고압	100
	25[kV] 이하인 다중접지방식	50

13 사용전압이 154[kV]인 모선에 접속되는 전력용 커패시터에 울타리를 시설하는 경우 울타리의 높이와 울타리로부터 충전부분까지 거리의 합계는 몇 [m] 이상 되어야 하는가?

① 2　　　　　② 3

③ 5　　　　　④ 6

🔒**정답** **09** ②　**10** ②　**11** ③　**12** ④　**13** ④

▶ 표 341.4−1 특고압용 기계기구 충전부분의 지표상 높이

사용전압의 구분	울타리의 높이와 울타리로부터 충전부분까지의 거리의 합계 또는 지표상의 높이
35[kV] 이하	5[m]
35[kV] 초과 160[kV] 이하	6[m]
160[kV] 초과	6[m]에 160[kV]를 초과하는 10[kV] 또는 그 단수마다 0.12[m]를 더한 값

14 "고압 또는 특고압의 전로에 단락이 생긴 경우에 동작하는 ( )는 이것을 시설하는 곳을 통과하는 단락전류를 차단하는 능력을 가지는 것이어야 한다."에서 ( ) 안에 적당한 것은?

① 영상변류기   ② 과전류차단기
③ 콘덴서형 변성기   ④ 지락차단기

341.10(고압 및 특고압 전로 중의 과전류차단기의 시설) 조항
고압 또는 특고압의 전로에 단락이 생긴 경우에 동작하는 "과전류차단기"는 이것을 시설하는 곳을 통과하는 단락전류를 차단하는 능력을 가지는 것이어야 한다.

15 일반적으로 고압 및 특고압 전로 중 전로에 접지가 생긴 경우에 자동차단장치가 필요하지만 법규상으로 꼭 자동차단장치를 하지 않아도 되는 곳은 다음 중 어느 곳인가?

① 발전소·변전소 또는 이에 준하는 곳의 인출구
② 개폐소에 있어서 송전선로의 인출구
③ 다른 전기사업자로부터 공급을 받는 수전점
④ 전원측의 사용전압이 고압이고, 부하측의 사용전압이 고압으로 되는 배전용 변압기의 시설 장소

341.12(지락차단장치 등의 시설) 조항
고압 및 특고압 전로 중 다음에 열거하는 곳 또는 이에 근접한 곳에는 전로에 지락(전기철도용 급전선에 있어서는 과전류)이 생겼을 때에 자동적으로 전로를 차단하는 장치를 시설하여야 한다.
• 발전소·변전소 또는 이에 준하는 곳의 인출구
• 다른 전기사업자로부터 공급받는 수전점
• 배전용변압기(단권변압기를 제외한다)의 시설 장소

16 애자사용공사의 고압 옥내배선과 수도관의 최소이격거리[cm]는?

① 10   ② 15
③ 30   ④ 60

342.1(고압 옥내배선 등의 시설) 조항
고압 옥내배선이 다른 고압 옥내배선·저압 옥내전선·관등회로의 배선·약전류 전선 등 또는 수관·가스관이나 이와 유사한 것과 접근하거나 교차하는 경우에는 고압 옥내배선과 다른 고압 옥내배선·저압 옥내전선·관등회로의 배선·약전류 전선 등 또는 수관·가스관이나 이와 유사한 것 사이의 이격거리는 15[cm] 이상이어야 한다.

17 "고압 또는 특고압의 기계기구, 모선 등을 옥외에 시설하는 발전소, 변전소, 개폐소 또는 이에 준하는 곳에 시설하는 울타리, 담 등의 높이는 (㉠)[m] 이상으로 하고, 지표면과 울타리, 담 등의 하단 사이의 간격은 (㉡)[cm] 이하로 하여야 한다."에서 ㉠, ㉡에 알맞은 것은?

① ㉠ 3, ㉡ 15   ② ㉠ 2, ㉡ 15
③ ㉠ 3, ㉡ 25   ④ ㉠ 2, ㉡ 25

기계기구·모선 등을 옥외에 시설하는 발전소·변전소·개폐소 울타리·담 등의 높이는 2[m] 이상으로 하고 지표면과 울타리·담 등의 하단 사이의 간격은 15[cm] 이하로 할 것

18 66[kV]의 기계기구, 모선 등을 옥외에 시설하는 변전소의 구내에 취급자 이외의 자가 들어가지 않도록 울타리를 시설하는 경우에 울타리의 높이와 울타리로부터 충전부분까지의 거리의 합계는 몇 [m] 이상이어야 하는가?

① 5   ② 6
③ 7   ④ 8

35[kV] 초과 160[kV] 이하는 6[m]이다.

▶[표 351.1−1], [표 341.4−1] 특고압용 기계기구 충전부분의 지표상 높이

사용전압의 구분	울타리의 높이와 울타리로부터 충전부분까지의 거리의 합계 또는 지표상의 높이
35[kV] 이하	5[m]
35[kV] 초과 160[kV] 이하	6[m]
160[kV] 초과	6[m]에 160[kV]를 초과하는 10[kV] 또는 그 단수마다 0.12[m]를 더한 값

PART 06

19 발전기의 보호장치에 있어서 그 발전기를 구동하는 수차의 압유장치의 유압이 현저히 저하한 경우 자동차단 시켜야 하는 발전기 용량은 얼마 이상으로 되어 있는가?

① 500[kVA] ② 1000[kVA]
③ 5000[kVA] ④ 10000[kVA]

해설 351.3(발전기 등의 보호장치) 조항
발전기에는 다음의 경우에 자동적으로 이를 전로로부터 차단하는 장치를 시설하여야 한다.
가. 발전기에 과전류나 과전압이 생긴 경우
나. 용량이 500[kVA] 이상의 발전기를 구동하는 수차의 압유 장치의 유압 또는 전동식 가이드밴 제어장치, 전동식 니이들(Niddle) 제어장치 또는 전동식 디플렉터 제어장치의 전원전압이 현저히 저하한 경우
다. 용량이 100[kVA] 이상의 발전기를 구동하는 풍차의 압유장치의 유압, 압축 공기장치의 공기압 또는 전동식 브레이드 제어장치의 전원전압이 현저히 저하한 경우
라. 용량이 2000[kVA] 이상인 수차 발전기의 스러스트 베어링의 온도가 현저히 상승한 경우
마. 용량이 10000[kVA] 이상인 발전기의 내부에 고장이 생긴 경우
바. 정격출력이 10000[kW]를 초과하는 증기터빈은 그 스러스트 베어링이 현저하게 마모되거나 그의 온도가 현저히 상승한 경우

20 내부에 고장이 생긴 경우에 자동적으로 이를 전로로부터 차단하는 장치를 설치하여야 하는 조상기(調相機) 뱅크용량은 몇 [kVA] 이상인가?

① 3000[kVA] ② 5000[kVA]
③ 10000[kVA] ④ 15000[kVA]

해설
▶ 표 351.5 - 1 조상설비의 보호장치

설비종별	뱅크용량의 구분	자동적으로 전로부터 차단하는 장치
조상기	15000[kVA] 이상	내부에 고장이 생긴 경우에 동작하는 장치

21 통신선과 특고압 가공전선 사이의 이격거리는 몇 [m] 이상이어야 하는가?(단, 특고압 가공전선로의 다중 접지를 한 중성선을 제외한다.)

① 0.8 ② 1
③ 1.2 ④ 1.4

해설 [362.2. 4번 (가) 조항] 전력보안통신선의 시설 높이와 이격거리 참고
(5) 통신선과 특고압 가공전선 사이의 이격거리는 1.2[m] 이상일 것. 다만, 특고압 가공전선이 케이블인 경우에 통신선이 절연전선과 동등 이상의 절연성능이 있는 것인 경우에는 30[cm] 이상으로 할 수 있다.

전선의 전압	전력선의 종류	통신선의 종류	이격거리
특고압	나선 또는 절연전선	절연전선 또는 케이블	1.2[m]
	케이블		30[cm]

22 전력보안 가공 통신선을 도로 위, 철도, 또는 궤도, 횡단보도교 위 등이 아닌 일반적인 장소에 시설하는 경우에는 지표상 몇 [m] 이상으로 시설하여야 하는가?

① 3.5 ② 4
③ 4.5 ④ 5

해설 362.2(전력보안통신선의 시설 높이와 이격거리) 5번 조항

시설장소	전력보안 가공통신선 [m]	가공전선로의 지지물에 시설하는 가공통신선[m] (또는 직접 접속할 경우)	기타의 장소 [m]
도로횡단	5	6	5
도로횡단 (교통에 지장 없는 경우)	4.5	5	
철도횡단	6.5	6.5	
횡단보도교 위(노면상)	3	5	4
횡단보도교 위 (통신케이블 사용)		3.5	3.5
일반장소	3.5	5	4

CHAPTER 04 전기철도설비

01 (400) 통칙

401. 전기철도의 일반사항

401.1. 목적

4장(전기철도설비)은 전기철도 차량운전에 필요한 직류 및 교류 전기철도 설비의 기술사항을 규정하는 것을 목적으로 한다.

401.2. 적용범위

1. 4장은 직류 및 교류 전기철도 설비의 설계, 시공, 감리, 운영, 유지보수, 안전관리에 대하여 적용하여야 한다.
2. 4장은 다음의 기기 또는 설비에 대해서는 적용하지 아니한다.
   가. 철도신호 전기설비
   나. 철도통신 전기설비

402. 전기철도의 용어 정의

4장(전기철도설비)에서 사용하는 용어의 정의는 다음과 같다.

1. 전기철도 : 전기를 공급받아 열차를 운행하여 여객(승객)이나 화물을 운송하는 철도를 말한다.
2. 전기철도설비 : 전기철도설비는 전철 변전설비, 급전설비, 부하설비(전기철도차량 설비 등)로 구성된다.
3. 전기철도차량 : 전기적 에너지를 기계적 에너지로 바꾸어 열차를 견인하는 차량으로 전기방식에 따라 직류, 교류, 직·교류 겸용, 성능에 따라 전동차, 전기기관차로 분류한다.
4. 궤도 : 레일·침목 및 도상과 이들의 부속품으로 구성된 시설을 말한다.
5. 차량 : 전동기가 있거나 또는 없는 모든 철도의 차량(객차, 화차 등)을 말한다.
6. 열차 : 동력차에 객차, 화차 등을 연결하고 본선을 운전할 목적으로 조성된 차량을 말한다.
7. 레일 : 철도에 있어서 차륜을 직접 지지하고 안내해서 차량을 안전하게 주행시키는 설비를 말한다.

8. 전차선 : 전기철도차량의 집전장치와 접촉하여 전력을 공급하기 위한 전선을 말한다.

9. 전차선로 : 전기철도차량에 전력를 공급하기 위하여 선로를 따라 설치한 시설물로서 전차선, 급전선, 귀선과 그 지지물 및 설비를 총괄한 것을 말한다.

10. 급전선 : 전기철도차량에 사용할 전기를 변전소로부터 전차선에 공급하는 전선을 말한다.

11. 급전선로 : 급전선 및 이를 지지하거나 수용하는 설비를 총괄한 것을 말한다.

12. 급전방식 : 변전소에서 전기철도차량에 전력을 공급하는 방식을 말하며, 급전방식에 따라 직류식, 교류식으로 분류한다.

13. 합성전차선 : 전기철도차량에 전력을 공급하기 위하여 설치하는 전차선, 조가선(강체 포함), 행어이어, 드로퍼 등으로 구성된 가공전선을 말한다.

14. 조가선 : 전차선이 레일면상 일정한 높이를 유지하도록 행어이어, 드로퍼 등을 이용하여 전차선 상부에서 조가하여 주는 전선을 말한다.

15. 가선방식 : 전기철도차량에 전력을 공급하는 전차선의 가선방식으로 가공방식, 강체방식, 제3레일방식으로 분류한다.

16. 전차선 기울기 : 연접하는 2개의 지지점에서, 레일면에서 측정한 전차선 높이의 차와 경간 길이와의 비율을 말한다.

17. 전차선 높이 : 지지점에서 레일면과 전차선 간의 수직거리를 말한다.

18. 전차선 편위 : 팬터그래프 집전판의 편마모를 방지하기 위하여 전차선을 레일면 중심수직선으로부터 한쪽으로 치우친 정도의 치수를 말한다.

19. 귀선회로 : 전기철도차량에 공급된 전력을 변전소로 되돌리기 위한 귀로를 말한다.

20. 누설전류 : 전기철도에 있어서 레일 등에서 대지로 흐르는 전류를 말한다.

21. 수전선로 : 전기사업자에서 전철변전소 또는 수전설비 간의 전선로와 이에 부속되는 설비를 말한다.

22. 전철변전소 : 외부로부터 공급된 전력을 구내에 시설한 변압기, 정류기 등 기타의 기계 기구를 통해 변성하여 전기철도차량 및 전기철도설비에 공급하는 장소를 말한다.

23. 지속성 최저전압 : 무한정 지속될 것으로 예상되는 전압의 최저값을 말한다.

24. 지속성 최고전압 : 무한정 지속될 것으로 예상되는 전압의 최고값을 말한다.

25. 장기 과전압 : 지속시간이 20[ms] 이상인 과전압을 말한다.

📚 핵심기출문제

전기철도차량에 전력을 공급하는 전차선의 가선방식에 포함되지 않는 것은?
① 가공방식
② 강체방식
③ 제3레일방식
④ 지중조가선방식

💬 해설
(전기철도 용어 정의) 15번 조항
가선방식 : 전기철도차량에 전력을 공급하는 전차선의 가선방식으로 가공방식, 강체방식, 제3레일방식으로 분류한다.
🔒 정답 ④

02 (410) 전기철도의 전기방식

411.1. 전력수급조건

1. 수전선로의 전력수급조건은 부하의 크기 및 특성, 지리적 조건, 환경적 조건, 전력조류, 전압강하, 수전 안정도, 회로의 공진 및 운용의 합리성, 장래의 수송수요, 전기사업자 협의 등을 고려하여 아래 [표 411.1-1]과 같이 공칭전압(수전전압)으로 선정하여야 한다.

▶ 표 411.1-1 공칭전압(수전전압)

공칭전압(수전전압)[kV]	교류 3상 22.9, 154, 345

2. 수전선로의 계통구성에는 3상 단락전류, 3상 단락용량, 전압강하, 전압불평형 및 전압왜형률, 플리커 등을 고려하여 시설하여야 한다.
3. (생략)

411.2. 전차선로의 전압

전차선로의 전압은 전원측 도체와 전류귀환도체 사이에서 측정된 집전장치의 전위로서 전원공급시스템이 정상 동작상태에서의 값이며, 직류방식과 교류방식으로 구분된다.

1. 직류방식 : 사용전압과 각 전압별 최고, 최저전압은 [표 411.2-1]에 따라 선정하여야 한다.

▶ 표 411.2-1 직류방식의 급전전압

구분	공칭전압[V]
DC(평균값)	750
	1,500

2. 교류방식 : 사용전압과 각 전압별 최고, 최저전압은 [표 411.2-2]에 따라 선정하여야 한다.

▶ 표 411.2-2 교류방식의 급전전압

주파수(실효값)	공칭전압[V]
60[Hz]	25,000
	50,000

03 (420) 전기철도의 변전방식

국가기술자격시험에 출제 빈도가 없으므로 생략한다.

04 (430) 전기철도의 전차선로

431.1. 전차선 가선방식

전차선의 가선방식은 열차의 속도 및 노반의 형태, 부하전류 특성에 따라 적합한 방식을 채택하여야 하며, 가공방식, 강체방식, 제3레일방식을 표준으로 한다.

431.2. 전차선로의 충전부와 건조물 간의 절연이격

1. 건조물과 전차선, 급전선 및 전기철도차량 집전장치의 공기절연 이격거리는 [표 431.2 − 1]과 같다.
2. 해안 인접지역, 공해지역, 열기관을 포함한 교통량이 과중한 곳, 오염이 심한 곳, 안개가 자주 끼는 지역, 강풍 또는 강설 지역 등 특정한 위험도가 있는 구역에서는 최소 절연이격거리보다 증가시켜야 한다.

▶ 표 431.2 − 1 전차선과 건조물 간의 최소 절연이격거리

시스템 종류	공칭전압 [V]	동적[mm]		정적[mm]	
		비오염	오염	비오염	오염
직류	750	25	25	25	25
	1,500	100	110	150	160
단상교류	25,000	170	220	270	320

431.3. 전차선로의 충전부와 차량 간의 절연이격

1. 차량과 전차선로나 충전부 간의 절연이격은 [표 431.3 − 1]과 같다.
2. 해안 인접지역, 공해지역, 안개가 자주 끼는 지역, 강풍 또는 강설 지역 등 특정한 위험도가 있는 구역에서는 최소 절연이격거리보다 증가시켜야 한다.

▶ 표 431.3 − 1 전차선과 차량 간의 최소 절연이격거리

시스템 종류	공칭전압[V]	동적[mm]	정적[mm]
직류	750	25	25
	1,500	100	150
단상교류	25,000	170	270

431.4. 급전선로

1. 급전선은 나전선을 적용하여 가공식으로 가설을 원칙으로 한다. 다만, 전기적 이격거리가 충분하지 않거나 지락, 섬락 등의 우려가 있을 경우에는 급전선을 케이블로 하여 안전하게 시공하여야 한다.
2. 가공식은 전차선의 높이 이상으로 전차선로 지지물에 병가하며, 나전선의 접속은 직선접속을 원칙으로 한다.

3. 신설 터널 내 급전선을 가공으로 설계할 경우 지지물의 취부는 C찬넬 또는 매입 전을 이용하여 고정하여야 한다.

431.5 귀선로

1. 귀선로는 비절연보호도체, 매설접지도체, 레일 등으로 구성하여 단권변압기 중성점과 공통접지에 접속한다.
2. 비절연보호도체의 위치는 통신유도장해 및 레일전위의 상승의 경감을 고려하여 결정하여야 한다.
3. 귀선로는 사고 및 지락 시에도 충분한 허용전류용량을 갖도록 하여야 한다.

431.6. 전차선 및 급전선의 높이

전차선과 급전선의 최소높이는 [표 431.6－1]이다.

▶ 표 431.6－1 전차선 및 급전선의 최소높이

시스템 종류	공칭전압[V]	동적[mm]	정적[mm]
직류	750	4,800	4,400
	1,500	4,800	4,400
단상교류	25,000	4,800	4,570

431.7. 전차선의 기울기

(생략)

431.8. 전차선의 편위

(생략)

431.9. 전차선로 지지물 설계 시 고려하여야 하는 하중

(생략)

431.10. 전차선로 설비의 안전율

하중을 지탱하는 전차선로 설비의 강도는 작용이 예상되는 하중의 최악 조건 조합에 대하여 다음의 최소 안전율이 곱해진 값을 견디어야 한다.

1. 합금전차선의 경우 2.0 이상
2. 경동선의 경우 2.2 이상
3. 조가선 및 조가선 장력을 지탱하는 부품에 대하여 2.5 이상
4. 복합체 자재(고분자 애자 포함)에 대하여 2.5 이상
5. 지지물 기초에 대하여 2.0 이상
6. 장력조정장치 2.0 이상
7. 빔 및 브래킷은 소재 허용응력에 대하여 1.0 이상

✠ 귀선
단선식에서 레일을 중성선으로 쓰는 경우 그 레일이 귀선이다.

핵심기출문제

귀선로에 대한 설명으로 틀린 것은?

① 나전선을 적용하여 가공식으로 가설을 원칙으로 한다.
② 사고 및 지락 시에도 충분한 허용전류용량을 갖도록 하여야 한다.
③ 비절연보호도체, 매설접지도체, 레일 등으로 구성하여 단권변압기 중성점과 공통접지에 접속한다.
④ 비절연보호도체의 위치는 통신유도장해 및 레일전위의 상승의 경감을 고려하여 결정하여야 한다.

해설

431.5(귀선로) 조항

1. 귀선로는 비절연보호도체, 매설접지도체, 레일 등으로 구성하여 단권변압기 중성점과 공통접지에 접속한다.
2. 비절연보호도체의 위치는 통신유도장해 및 레일전위의 상승의 경감을 고려하여 결정하여야 한다.
3. 귀선로는 사고 및 지락 시에도 충분한 허용전류용량을 갖도록 하여야 한다.

정답 ①

8. 철주는 소재 허용응력에 대하여 1.0 이상

9. 브래킷의 애자는 최대 만곡하중에 대하여 2.5 이상

10. 지선은 선형일 경우 2.5 이상, 강봉형은 소재 허용응력에 대하여 1.0 이상

431.11. 전차선 등과 식물 사이의 이격거리

교류 전차선 등 충전부와 식물 사이의 이격거리는 5[m] 이상이어야 한다. 다만, 5[m] 이상 확보하기 곤란한 경우에는 현장여건을 고려하여 방호벽 등 안전조치를 하여야 한다.

435. 전기철도의 원격감시제어설비

435.1. 원격감시제어시스템(SCADA)

1. 원격감시제어시스템은 열차의 안전운행과 현장 전철전력설비의 유지보수를 위하여 제어, 감시대상, 수준, 범위 및 확인, 운용방법 등을 고려하여 구성하여야 한다.

2. 중앙감시제어반의 구성, 방식, 운용방식 등을 계획하여야 한다.

3. 전철변전소, 배전소 등의 운용을 위한 소규모 제어설비에 대한 위치, 방식 등을 고려하여 구성하여야 한다.

435.2. 중앙감시제어장치 및 소규모감시제어장치

(생략)

05 (440) 전기철도의 전기철도차량 설비

441. 전기철도차량 설비의 일반사항

441.1. 절연구간

1. 교류 구간에서는 변전소 및 급전구분소 앞에서 서로 다른 위상 또는 공급점이 다른 전원이 인접하게 될 경우 전원이 혼촉되는 것을 방지하기 위한 절연구간을 설치하여야 한다.

2. 전기철도차량의 교류 – 교류 절연구간을 통과하는 방식은 역행 운전방식, 타행 운전방식, 변압기 무부하 전류방식, 전력소비 없이 통과하는 방식이 있으며, 각 통과방식을 고려하여 가장 적합한 방식을 선택하여 시설한다.

3. 교류 – 직류(직류 – 교류) 절연구간은 교류구간과 직류 구간의 경계지점에 시설한다. 이 구간에서 전기철도차량은 노치 오프(Notch Off) 상태로 주행한다.

4. 절연구간의 소요길이는 구간 진입 시의 아크 시간, 잔류전압의 감쇄시간, 팬터그래프 배치간격, 열차속도 등에 따라 결정한다.

441.2. 팬터그래프 형상

팬터그래프(Pantograph 또는 Transport)는 전차 상부에 부착되어 전차가 융통성 있게 전로의 전력을 수급받을 수 있는 장치이다.

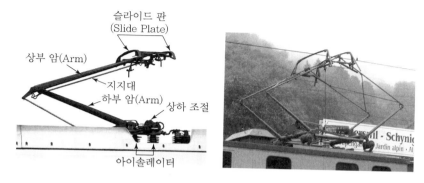

《 팬터그래프 》

전차선과 접촉되는 팬터그래프는 헤드, 기하학적 형상, 집전범위, 집전판의 길이, 최대넓이, 헤드의 왜곡 등을 고려하여 제작하여야 한다.

441.3. 전차선과 팬터그래프 간 상호작용

1. 전차선의 전류는 열차속도, 열차중량, 차량운행간격, 선로기울기, 전차선 가선방식 등에 따라 다르고, 팬터그래프와 전차선 간에는 과열이 일어나지 않도록 하여야 한다.

2. 정지 시 팬터그래프당 최대전류값은 전차선 재질 및 수량, 집전판 수량 및 재질, 접촉력, 열차속도, 환경조건에 따라 다르게 고려되어야 한다.

441.4. 전기철도차량의 역률

1. 유도성 역률 및 전력소비에 대해서만 적용되며, 회생제동 중에는 전압을 제한 범위 내로 유지시키기 위하여 유도성 역률을 낮출 수 있다. 다만, 전기철도차량이 전차선로와 접촉한 상태에서 견인력을 끄고 보조전력을 가동한 상태로 정지해 있는 경우, 가공 전차선로의 유효전력이 200[kW] 이상일 경우 총 역률은 0.8보다는 작아서는 안 된다.

▶ 표 441.4−1 팬터그래프에서의 전기철도차량 순간전력 및 유도성 역률

팬터그래프에서의 전기철도차량 순간전력 P[MW]	전기철도차량의 유도성 역률 λ
$P>6$	$\lambda \geq 0.95$
$2 \leq P \leq 6$	$\lambda \geq 0.93$

2. 역행 모드에서 전압을 제한 범위 내로 유지하기 위하여 용량성 역률이 허용된다.

441.5. 회생제동

1. 전기철도차량은 다음과 같은 경우에 회생제동의 사용을 중단해야 한다.

    가. 전차선로 지락이 발생한 경우

    나. 전차선로에서 전력을 받을 수 없는 경우

    다. 선로전압이 장기 과전압보다 높은 경우

2. 회생전력을 다른 전기장치에서 흡수할 수 없는 경우에는 전기철도차량은 다른 제동시스템으로 전환되어야 한다.

3. 전기철도 전력공급시스템은 회생제동이 상용제동으로 사용이 가능하고 다른 전기철도차량과 전력을 지속적으로 주고받을 수 있도록 설계되어야 한다.

441.6. 전기철도차량 전기설비의 전기위험방지를 위한 보호대책

1. 감전을 일으킬 수 있는 충전부는 직접 접촉에 대한 보호가 있어야 한다.

2. 간접 접촉에 대한 보호대책은 노출된 도전부는 고장 조건하에서 부근 충전부와의 유도 및 접촉에 의한 감전이 일어나지 않아야 한다. 그 목적은 위험도가 노출된 도전부가 같은 전위가 되도록 보장하는 데 있다. 이는 보호용 본딩으로만 달성될 수 있으며 또는 자동급전 차단 등 적절한 방법을 통하여 달성할 수 있다.

3. 주행레일과 분리되어 있거나 또는 공동으로 되어있는 보호용 도체를 채택한 시스템에서 운행되는 모든 전기철도차량은 차체와 고정 설비의 보호용 도체 사이에는 최소 2개 이상의 보호용 본딩 연결로가 있어야 하며, 한쪽 경로에 고장이 발생하더라도 감전 위험이 없어야 한다.

4. 차체와 주행 레일과 같은 고정설비의 보호용 도체 간의 임피던스는 이들 사이에 위험 전압이 발생하지 않을 만큼 낮은 수준인 [표 441.6 – 1]에 따른다. 이 값은 적용전압이 50[V]를 초과하지 않는 곳에서 50[A]의 일정 전류로 측정하여야 한다.

▶ **표 441.6 – 1 전기철도차량별 최대임피던스**

차량 종류	최대 임피던스[Ω]
기관차	0.05
객차	0.15

06 (450) 전기철도의 설비를 위한 보호

451.1. 보호협조

1. 사고 또는 고장의 파급을 방지하기 위하여 계통 내에서 발생한 사고전류를 검출하고 차단장치에 의해서 신속하고 순차적으로 차단할 수 있는 보호시스템을 구성하며 설비계통 전반의 보호협조가 되도록 하여야 한다.

2. 보호계전방식은 신뢰성, 선택성, 협조성, 적절한 동작, 양호한 감도, 취급 및 보수 점검이 용이하도록 구성하여야 한다.

3. 급전선로는 안정도 향상, 자동복구, 정전시간 감소를 위하여 보호계전방식에 자동재폐로 기능을 구비하여야 한다.

4. 전차선로용 애자를 섬락사고로부터 보호하고 대지전위상승을 억제하기 위하여 적정한 보호설비를 구비하여야 한다.

5. 가공 선로측에서 발생한 지락 및 사고전류의 파급을 방지하기 위하여 피뢰기를 설치하여야 한다.

451.2. 절연협조

변전소 등의 입, 출력측에서 유입되는 뇌해, 이상전압과 변전소 등의 계통 내에서 발생하는 개폐서지의 크기 및 지속성, 이상전압 등을 고려하여 각각의 변전설비에 대한 절연협조를 해야 한다.

451.3. 피뢰기 설치장소

1. 다음의 장소에 피뢰기를 설치하여야 한다.
   가. 변전소 인입측 및 급전선 인출측
   나. 가공전선과 직접 접속하는 지중케이블에서 낙뢰에 의해 절연파괴의 우려가 있는 케이블 단말

2. 피뢰기는 가능한 한 보호하는 기기와 가깝게 시설하되 누설전류 측정이 용이하도록 지지대와 절연하여 설치한다.

451.4. 피뢰기의 선정

1. 피뢰기는 밀봉형을 사용하고 유효 보호거리를 증가시키기 위하여 방전개시전압 및 제한전압이 낮은 것을 사용한다.

2. 유도뢰서지에 대하여 2선 또는 3선의 피뢰기 동시동작이 우려되는 변전소 근처의 단락 전류가 큰 장소에는 속류차단능력이 크고 또한 차단성능이 회로조건의 영향을 받을 우려가 적은 것을 사용한다.

07 (460) 전기철도의 안전을 위한 보호

461.1. 감전에 대한 보호조치

1. 공칭전압이 교류 1[kV] 또는 직류 1.5[kV] 이하인 경우 사람이 접근할 수 있는 보행표면의 경우 가공 전차선의 충전부뿐만 아니라 전기철도차량 외부의 충전부(집전장치, 지붕도체 등)와의 직접접촉을 방지하기 위한 공간거리가 있어야 한다.

2. 위 1번에서 제시된 공간거리를 유지할 수 없는 경우 충전부와의 직접 접촉에 대한 보호를 위해 장애물을 설치하여야 한다.

3. 공칭전압이 교류 1[kV] 초과 25[kV] 이하인 경우 또는 직류 1.5[kV] 초과 25[kV] 이하인 경우 사람이 접근할 수 있는 보행표면의 경우 가공 전차선의 충전부뿐만 아니라 차량외부의 충전부(집전장치, 지붕도체 등)와의 직접접촉을 방지하기 위한 공간거리가 있어야 한다.

4. 위 3번에서 제시된 공간거리를 유지할 수 없는 경우 충전부와의 직접 접촉에 대한 보호를 위해 장애물을 설치하여야 한다.

461.2. 레일 전위의 위험에 대한 보호

1. 레일 전위는 고장 조건에서의 접촉전압 또는 정상 운전조건에서의 접촉전압으로 구분하여야 한다.

2. 교류 전기철도 급전시스템에서의 레일 전위의 최대 허용 접촉전압은 [표 461.2－1]의 값 이하여야 한다. 단, 작업장 및 이와 유사한 장소에서는 최대 허용 접촉전압을 25[V](실효값)를 초과하지 않아야 한다.

▶ 표 461.2－1 교류 전기철도 급전시스템의 최대 허용 접촉전압

시간 조건	최대 허용 접촉전압(실효값)
순시조건($t \leq 0.5$초)	670[V]
일시적 조건(0.5초$< t \leq 300$초)	65[V]
영구적 조건($t > 300$초)	60[V]

3. 직류 전기철도 급전시스템에서의 레일 전위의 최대 허용 접촉전압은 [표 461.2－2]의 값 이하여야 한다. 단, 작업장 및 이와 유사한 장소에서 최대 허용 접촉전압은 60[V]를 초과하지 않아야 한다.

▶ 표 461.2－2 직류 전기철도 급전시스템의 최대 허용 접촉전압

시간 조건	최대 허용 접촉전압
순시조건($t \leq 0.5$초)	535[V]
일시적 조건(0.5초$< t \leq 300$초)	150[V]
영구적 조건($t > 300$초)	120[V]

461.3. 레일 전위의 접촉전압 감소방법

1. 교류 전기철도 급전시스템은 다음 방법을 고려하여 접촉전압을 감소시켜야 한다.
  가. 접지극 추가 사용
  나. 등전위 본딩
  다. 전자기적 커플링을 고려한 귀선로의 강화
  라. 전압제한소자 적용

마. 보행 표면의 절연

바. 단락전류를 중단시키는 데 필요한 트래핑 시간의 감소

2. 직류 전기철도 급전시스템은 다음 방법을 고려하여 접촉전압을 감소시켜야 한다.

가. 고장조건에서 레일 전위를 감소시키기 위해 전도성 구조물 접지의 보강

나. 전압제한소자 적용

다. 귀선 도체의 보강

라. 보행 표면의 절연

마. 단락전류를 중단시키는 데 필요한 트래핑 시간의 감소

461.4. 전식방지대책

1. 주행레일을 귀선으로 이용하는 경우에는 누설전류에 의하여 케이블, 금속제 지중관로 및 선로 구조물 등에 영향을 미치는 것을 방지하기 위한 적절한 시설을 하여야 한다.

2. 전기철도측의 전식방식 또는 전식예방을 위해서는 다음 방법을 고려하여야 한다.

가. 변전소 간 간격 축소

나. 레일본드의 양호한 시공

다. 장대레일 채택

라. 절연도상 및 레일과 침목 사이에 절연층의 설치

마. 기타

3. 매설금속체측의 누설전류에 의한 전식의 피해가 예상되는 곳은 다음 방법을 고려하여야 한다.

가. 배류장치 설치

나. 절연코팅

다. 매설금속체 접속부 절연

라. 저준위 금속체를 접속

마. 궤도와의 이격거리 증대

바. 금속판 등의 도체로 차폐

461.5. 누설전류 간섭에 대한 방지

1. 직류 전기철도 시스템의 누설전류를 최소화하기 위해 귀선전류를 금속귀선로 내부로만 흐르도록 하여야 한다.

2. 심각한 누설전류의 영향이 예상되는 지역에서는 정상 운전 시 단위길이당 컨덕턴스값은 [표 461.5 – 1]의 값 이하로 유지될 수 있도록 하여야 한다.

▶ 표 461.5 – 1 단위길이당 컨덕턴스

견인시스템	옥외[S/km]	터널[S/km]
철도선로(레일)	0.5	0.5
개방 구성에서의 대량수송 시스템	0.5	0.1
폐쇄 구성에서의 대량수송 시스템	2.5	–

3. 귀선시스템의 종방향 전기저항을 낮추기 위해서는 레일 사이에 저저항 레일본드를 접합 또는 접속하여 전체 종방향 저항이 5[%] 이상 증가하지 않도록 하여야 한다.

4. 귀선시스템의 어떠한 부분도 대지와 절연되지 않은 설비, 부속물 또는 구조물과 접속되어서는 안 된다.

5. 직류 전기철도 시스템이 매설배관 또는 케이블과 인접할 경우 누설전류를 피하기 위해 최대한 이격시켜야 하며, 주행레일과 최소 1[m] 이상의 거리를 유지하여야 한다.

461.6. 전자파 장해의 방지

1. 전차선로는 무선설비의 기능에 계속적이고 또한 중대한 장해를 주는 전자파가 생길 우려가 있는 경우에는 이를 방지하도록 시설하여야 한다.

2. 위 1번의 경우에 전차선로에서 발생하는 전자파 방사성 방해 허용기준은 궤도중심선으로부터 측정안테나까지의 거리 10[m] 떨어진 지점에서 6회 이상 측정하고, 각 회 측정한 첨두값의 평균값이 「전자파적합성 기준」에 따르도록 하며, 사용 전원별 기준은 [그림 461.6 − 1]에 적합하여야 한다.

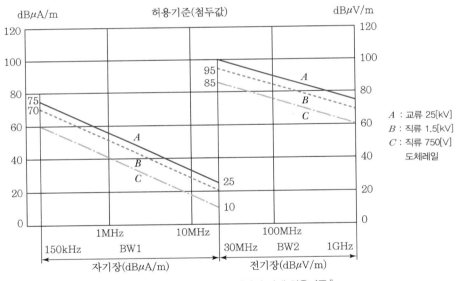

〚 그림 461.6 − 1 전자파 방사성 방해 허용기준 〛

461.7. 통신상의 유도 장해방지 시설

교류식 전기철도용 전차선로는 기설 가공약전류 전선로에 대하여 유도작용에 의한 통신상의 장해가 생기지 않도록 시설하여야 한다.

CHAPTER 05 분산형전원설비

01 (500) 분산형전원장치 일반사항

501. 일반사항

501.1. 분산형전원설비의 목적

5장은 전기설비기술기준(이하 "기술기준")에서 정하는 분산형전원설비의 안전성능에 대한 구체적인 기술적 사항을 정하는 것을 목적으로 한다.

501.2. 분산형전원설비의 적용범위

1. 5장(분산형전원설비)은 기술기준에서 정한 안전성능에 대하여 구체적인 실현 수단을 규정한 것으로 분산형전원설비의 설계, 제작, 시설 및 검사하는 데 적용한다.
2. 5장에서 정하지 않은 사항은 관련 한국전기설비규정을 준용하여 시설하여야 한다.

501.3. 안전원칙

1. 분산형전원설비 주위에는 위험하다는 표시를 하여야 하며 또한 취급자가 아닌 사람이 쉽게 접근할 수 없도록 "발전소 등의 울타리·담 등의 시설(351.1 규정)"에 따라 시설하여야 한다.
2. 분산형전원 발전장치의 보호기준은 보호장치(212.6.3 규정)를 적용한다.
3. 급경사지 붕괴위험구역 내에 시설하는 분산형전원설비는 해당구역 내의 급경사지의 붕괴를 조장하거나 또는 유발할 우려가 없도록 시설하여야 한다.
4. 분산형전원설비의 인체 감전보호 등 안전에 관한 사항은 "안전의 위한 보호(113 규정)"에 따른다.
5. 분산형전원의 피뢰설비는 "피뢰시스템(150 규정)"에 따른다.
6. 분산형전원설비 전로의 절연저항 및 절연내력은 "전로의 절연저항 및 절연내력(132 규정)"에 따른다.
7. 연료전지 및 태양전지 모듈의 절연내력은 "연료전지 및 태양전지 모듈의 절연내력(134 규정)"에 따른다.

502. 용어의 정의

1. 풍력터빈 : 바람의 운동에너지를 기계적 에너지로 변환하는 장치(가동부 베어링, 나셀, 블레이드 등의 부속물을 포함)를 말한다.
2. 풍력터빈을 지지하는 구조물 : 타워와 기초로 구성된 풍력터빈의 일부분을 말한다.
3. 풍력발전소 : 단일 또는 복수의 풍력터빈(풍력터빈을 지지하는 구조물을 포함)을 원동기로 하는 발전기와 그 밖의 기계기구를 시설하여 전기를 발생시키는 곳을 말한다.
4. 자동정지 : 풍력터빈의 설비보호를 위한 보호장치의 작동으로 인하여 자동적으로 풍력터빈을 정지시키는 것을 말한다.
5. MPPT : 태양광발전이나 풍력발전 등이 현재 조건에서 가능한 한 최대의 전력을 생산할 수 있도록 인버터 제어를 이용하여 해당 발전원의 전압이나 회전속도를 조정하는 최대출력추종(MPPT, Maximum Power Point Tracking) 기능을 말한다.
   - 전지관리시스템(BMS, Battery Management System) : 이차전지의 전압, 전류, 온도 등의 값을 측정하여 이차전지를 효율적으로 사용할 수 있도록 상위 시스템과의 통신을 통해 현재의 상태를 전송하며, 이상 징후 발생 시 내부 안전장치를 작동시키는 등 이차전지를 관리하는 시스템을 말한다.
   - 재사용 이차전지 : 이차전지를 해체 및 재조립하여 안전 및 성능 평가를 통해 다시 사용하는 이차전지를 말한다.

기타 용어는 "1장의 총칙에 용어 정의(112 규정)"에 따른다.

503. 분산형전원 계통 연계설비의 시설

503.1. 계통 연계의 범위
(생략)

503.2. 시설기준
503.2.1. 전기 공급방식 등
분산형전원설비의 전기 공급방식, 측정 장치 등은 다음에 따른다.
   - 가. 분산형전원설비의 전기 공급방식은 전력계통과 연계되는 전기 공급방식과 동일할 것
   - 나. 분산형전원설비 사업자의 한 사업장의 설비 용량 합계가 250[kVA] 이상일 경우에는 송·배전계통과 연계지점의 연결 상태를 감시 또는 유효전력, 무효전력 및 전압을 측정할 수 있는 장치를 시설할 것

503.2.2. 저압계통 연계 시 직류유출방지 변압기의 시설
분산형전원설비를 인버터를 이용하여 전기판매사업자의 저압 전력계통에 연계하는 경우 인버터로부터 직류가 계통으로 유출되는 것을 방지하기 위하여 접속점(접속설비와 분산형전원설비 설치자측 전기설비의 접속점을 말한다)과 인버터 사이에 상용주파수 변압기(단권변압기를 제외한다)를 시설하여야 한다. 다만, 다음을 모두

충족하는 경우에는 예외로 한다.

　　가. 인버터의 직류측 회로가 비접지인 경우 또는 고주파 변압기를 사용하는 경우

　　나. 인버터의 교류출력측에 직류 검출기를 구비하고, 직류 검출 시에 교류출력을 정지하는 기능을 갖춘 경우

503.2.3. 단락전류 제한장치의 시설
(생략)

503.2.4. 계통 연계용 보호장치의 시설
1. 계통 연계하는 분산형전원설비를 설치하는 경우 다음에 해당하는 이상 또는 고장 발생 시 자동적으로 분산형전원설비를 전력계통으로부터 분리하기 위한 장치 시설 및 해당 계통과의 보호협조를 실시하여야 한다.

　　가. 분산형전원설비의 이상 또는 고장

　　나. 연계한 전력계통의 이상 또는 고장

　　다. 단독운전 상태

2. 위 1번의 "나"에 따라 연계한 전력계통의 이상 또는 고장 발생 시 분산형전원의 분리시점은 해당 계통의 재폐로 시점 이전이어야 하며, 이상 발생 후 해당 계통의 전압 및 주파수가 정상 범위 내에 들어올 때까지 계통과의 분리상태를 유지하는 등 연계한 계통의 재폐로방식과 협조를 이루어야 한다.

3. 단순 병렬운전 분산형전원설비의 경우에는 역전력 계전기를 설치한다. 단, 「신에너지 및 재생에너지 개발·이용·보급촉진법」 규정에 의한 신·재생에너지를 이용하여 동일 전기사용장소에서 전기를 생산하는 합계 용량이 50[kW] 이하의 소규모 분산형전원(단, 해당 구내계통 내의 전기사용 부하의 수전계약전력이 분산형전원 용량을 초과하는 경우에 한한다)으로서 위 1번의 "다"에 의한 단독운전 방지기능을 가진 것을 단순 병렬로 연계하는 경우에는 역전력계전기 설치를 생략할 수 있다.

503.2.5. 특고압 송전계통 연계 시 분산형전원 운전제어장치의 시설
(생략)

503.2.6. 연계용 변압기 중성점의 접지
분산형전원설비를 특고압 전력계통에 연계하는 경우 연계용 변압기 중성점의 접지는 전력계통에 연결되어 있는 다른 전기설비의 정격을 초과하는 과전압을 유발하거나 전력계통의 지락고장 보호협조를 방해하지 않도록 시설하여야 한다.

02 (510) 전기저장장치

511.1. 일반사항
이차전지를 이용한 전기저장장치는 이차전지, 전력변환장치, 제어, 통신 및 보호설비 등으로 구성되며, 다음에 따라 시설하여야 한다.

511.1.1. 시설장소의 요구사항

1. 전기저장장치의 이차전지, 제어반, 배전반의 시설은 기기 등을 조작 또는 보수·점검할 수 있는 충분한 공간을 확보하고 조명설비를 설치하여야 한다.
2. 전기저장장치를 시설하는 장소는 폭발성 가스의 축적을 방지하기 위한 환기시설을 갖추고 제조사가 권장하는 온도·습도·수분·분진 등 적정 운영환경을 상시 유지하여야 한다.
3. 이차전지, 전력변환장치, 제어, 통신 및 보호설비 등은 침수 및 누수의 우려가 없도록 시설하여야 한다.
4. 전기저장장치 시설장소에는 외벽 등 확인하기 쉬운 위치에 "전기저장장치 시설장소" 표지를 하고, 일반인의 출입을 통제하기 위한 잠금장치 등을 설치하여야 한다.

511.1.2. 설비의 안전 요구사항

1. 충전부 등 노출부분은 설비의 안전확보 및 인체 감전보호를 위해 절연하거나 접촉방지를 위한 방호 시설물을 설치하여야 한다.
2. 전기저장장치의 고장이나 외부 환경요인으로 인하여 비상상황 발생 또는 출력에 문제가 있을 경우 안전하게 작동하기 위한 비상정지 스위치 등을 시설하여야 한다.
3. 전기저장장치는 충분한 내열성을 확보하여야 한다. 모든 부품은 충분한 내열성을 확보하여야 한다.
4. 구획 내에 직병렬로 연결된 전기저장장치는 식별이 용이하도록 그룹별로 명판을 부착하고, 이차전지, 전력변환장치 및 감시·보호장치 간의 오결선이 되지 않도록 시설하여야 한다.
5. 부식환경에 노출되는 경우, 전기저장장치에 사용되는 금속제 및 부속품은 부식되지 아니하도록 녹방지 처리를 하여야 하며, 절단가공 및 용접부위는 방식처리를 하여야 한다.

511.1.3. 옥내전로의 대지전압 제한

주택에 시설하는 전기저장장치는 이차전지에서 전력변환장치에 이르는 옥내 직류 전로를 다음에 따라 시설하는 경우 옥내전로의 대지전압은 직류 600[V]까지 적용할 수 있다.

　　가. 전로에 지락이 생겼을 때 자동적으로 전로를 차단하는 장치를 시설할 것
　　나. 사람이 접촉할 우려가 없는 은폐된 장소에 합성수지관공사, 금속관공사 및 케이블공사에 의하여 시설한다. 다만, 사람이 접촉할 우려가 있는 장소에 케이블공사에 의하여 시설하고 전선에 적당한 방호장치를 시설할 것

511.2. 전기저장장치의 시설

511.2.1. 전기배선

전기배선은 다음에 의하여 시설하여야 한다.

　　가. 전선은 공칭단면적 2.5[mm²] 이상의 연동선 또는 이와 동등 이상의 세기 및 굵기의 것일 것

나. 옥내에 시설할 경우 배선설비공사는 "합성수지관공사, 금속관공사, 금속제 가요전선관공사, 케이블공사 또는 배선설비와 다른 공급설비와의 접근" 규정에 준하여 시설할 것

다. 옥측 또는 옥외에 시설할 경우에는 배선설비공사는 "합성수지관공사, 금속관공사, 금속제 가요전선관공사, 케이블공사 또는 배선설비와 다른 공급설비와의 접근" 규정에 준하여 시설할 것

라. 전력변환장치에 시설하는 배선의 과부하 및 단락고장에 대한 보호는 "과전류에 대한 보호" 규정에 따를 것

마. 전기배선은 절연 파괴를 일으키는 모서리, 나사선, 돌출부분, 가동부품 등 모든 부품들과 이격하여 설치할 것

511.2.2. 단자와 접속

1. 단자의 접속은 기계적, 전기적 안전성을 확보하도록 하여야 한다.
2. 단자를 체결 또는 잠글 때 너트나 나사는 풀림방지 기능이 있는 것을 사용하여야 한다.
3. 외부터미널과 접속하기 위해 필요한 접점의 압력이 사용기간 동안 유지되어야 한다.
4. 단자는 도체에 손상을 주지 않고 금속표면과 안전하게 체결되어야 한다.

511.2.3. 지지물의 시설

이차전지의 지지물은 부식성 가스 또는 용액에 의하여 부식되지 아니하도록 하고 적재하중 또는 지진 기타 진동과 충격에 대하여 안전한 구조이어야 한다.

511.2.4. 이차전지의 시설

1. 다음과 같이 이차전지에 대한 정보를 기록하고 관리하여야 한다.

가. 교체이력(사유, 교체일 등)

나. 제조이력(생산지, 생산시기, 용량, 제조번호 등)

2. 이차전지의 출력 배선은 극성별로 확인할 수 있도록 표시하여야 한다.

511.2.5. 재사용 이차전지의 시설

가. '재사용 이차전지' 표기

나. 이차전지 용량(초기용량, 잔존용량) 표기

다. 제조사가 정하는 적합성 요구사항

511.2.6. 전력변환장치의 시설

1. 전력변환장치는 전기 공급에 지장을 주지 않도록 시설해야 하고, 「전기용품 및 생활용품 안전관리법」에 적용을 받는 것 이외에는 한국산업표준(KS)에 적합하거나 동등 이상의 성능의 것을 사용하여야 한다.
2. 이차전지의 절연파괴가 일어나지 않도록 CMV(Common Mode Voltage) 등을 감안한 절연 대책을 강구하여 시설하여야 한다.

전기저장장치의 이차전지에 자동으로 전로로부터 차단하는 장치를 시설하여야 하는 경우로 틀린 것은?

① 과저항이 발생한 경우
② 과전압이 발생한 경우
③ 제어장치에 이상이 발생한 경우
④ 이차전지 모듈의 내부 온도가 급격히 상승할 경우

해설
512.2.2(제어 및 보호장치) 조항
4. 전기저장장치의 이차전지는 다음에 따라 자동으로 전로로부터 차단하는 장치를 시설한다.
　가. 과전압 또는 과전류가 발생한 경우
　나. 제어장치에 이상이 발생한 경우
　다. 이차전지 모듈의 내부 온도가 급격히 상승할 경우

점답 ①

511.2.7. 제어 및 보호장치의 시설

(생략) # VI – 05장. 분산형 전원설비 – 02번

511.2.8. 충전 및 방전 기능

1. 충전기능

　가. 전기저장장치는 이차전지의 충전특성에 따라 제조사가 제시한 정격으로 충전할 수 있어야 한다.

　나. 충전할 때에는 전기저장장치의 충전상태 또는 이차전지 상태를 시각화하여 정보를 제공해야 한다.

2. 방전기능

　가. 전기저장장치는 이차전지의 방전특성에 따라 제조사가 제시한 정격으로 방전할 수 있어야 한다.

　나. 방전할 때에는 전기저장장치의 방전상태 또는 이차전지 상태를 시각화하여 정보를 제공해야 한다.

511.2.9. 접지 등의 시설

금속제 외함 및 지지대 등은 "접지시스템" 규정에 따라 접지공사를 하여야 한다.

511.2.10. 계측장치

전기저장장치를 시설하는 곳에는 다음의 사항을 계측하는 장치를 시설하여야 한다.

　가. 이차전지 출력 단자의 전압, 전류, 전력 및 충방전 상태

　나. 주요변압기의 전압, 전류 및 전력

512. 이차전지 용량 및 종류에 따른 시설

512.1. 리튬계 · 나트륨계 이차전지의 시설

512.1.1 적용범위

20[kWh]를 초과하는 리튬계 · 나트륨계의 이차전지를 사용한 전기저장장치에 적용한다.

512.1.2. 이차전지 용량 및 운영

1. 전기저장장치 이차전지 용량은 수명보증기간 동안 정격방전용량(전기저장장치 설치 시 소유자가 요구하는 이차전지의 용량)이 확보되도록 하여야 한다.

2. 전기저장장치 이차전지는 안전이 확보되도록 정격방전용량 이하로 운영하여야 한다.

512.1.3. 열폭주 및 폭발 방지

(생략)

512.1.4. 제어, 감시 및 보호장치 등

1. 낙뢰 및 서지 등 과도과전압으로부터 주요 설비를 보호하기 위해 직류 전로에 직류 서지보호장치(SPD)를 설치하여야 한다.

2. 제조사가 정하는 정격 이상의 과충전, 과방전, 과전압, 과전류, 지락전류 및 온도 상승, 냉각장치 고장, 통신불량, 가연성 · 인화성가스 발생 등 긴급상황이 발생한 경우에는 관리자에게 경보할 수 있는 시설을 하여야 하며 다음의 요건을 만족하여야 한다.

　　가. 긴급상황이 발생하였을 때 전기저장장치를 자동 및 수동으로 정지시킬 수 있는 비상정지장치를 설치하여야 하며, 자동 비상정지는 5초 이내로 동작하여야 한다.

　　나. 수동 조작을 위한 비상정지장치는 신속한 접근 및 조작이 가능한 장소에 설치하여야 한다.

3. 이차전지를 시설하는 장소의 내부 및 외부에는 가능한 한 사각지대가 없도록 감시하기 위한 CCTV를 시설하여야 한다.

512.1.5. 전용건물에 시설하는 경우
(생략)

512.1.6. 전용건물 이외의 장소에 시설하는 경우
(생략)

512.2. 납계 · 니켈계 · 바나듐계 이차전지의 시설
70[kWh]를 초과하는 납계 · 니켈계 · 바나듐계 이차전지를 적용한 전기저장장치의 경우 CCTV를 시설하고 영상정보를 안전한 장소에 최소 7일간 보관하여야 한다.

512.3. 흐름전지의 시설
512.3.1 적용범위
20[kWh]를 초과하는 흐름전지를 사용한 전기저장장치에 적용한다.

512.3.2. 설비의 안전 요구사항
1. 흐름전지 시스템의 회로는 다른 부위의 도전부와 절연되어야 하며, 최소 절연저항은 공칭전압의 100[Ω/V] 이상이어야 한다.
2. 전해질과 접촉하는 부품은 내부식성 및 내구성을 갖추어야 한다.

512.3.3. 전해질 유출방지 및 중화장치
(생략)

512.3.4. 흐름전지를 전용건물에 시설하는 경우
(생략)

512.3.5. 흐름전지를 전용건물 이외의 장소에 시설하는 경우
(생략)

513. 이차전지를 이용한 특수용도의 시설
(생략)

🄳 (520) 태양광발전설비

521. 일반사항

521.1. 설치장소의 요구사항

1. 인버터, 제어반, 배전반 등의 시설은 기기 등을 조작 또는 보수점검할 수 있는 충분한 공간을 확보하고 필요한 조명설비를 시설하여야 한다.

2. 인버터 등을 수납하는 공간에는 실내온도의 과열 상승을 방지하기 위한 환기시설을 갖추어야 하며 적정한 온도와 습도를 유지하도록 시설하여야 한다.

3. 배전반, 인버터, 접속장치 등을 옥외에 시설하는 경우 침수의 우려가 없도록 시설하여야 한다.

4. 태양전지 모듈을 지붕에 시설하는 경우 취급자에게 추락의 위험이 없도록 점검통로를 안전하게 시설하여야 한다.

5. 태양전지 모듈의 직렬군 최대개방전압이 직류 750[V] 초과 1500[V] 이하인 시설장소는 다음에 따라 울타리 등의 안전조치를 하여야 한다.

   가. 태양전지 모듈을 지상에 설치하는 경우는 울타리 · 담 등을 시설하여야 한다.

   나. 태양전지 모듈을 일반인이 쉽게 출입할 수 있는 옥상 등에 시설하는 경우는 "가"에 의하여 시설하여야 하고 식별이 가능하도록 위험 표시를 하여야 한다.

   다. 태양전지 모듈을 일반인이 쉽게 출입할 수 없는 옥상 · 지붕에 설치하는 경우는 모듈 프레임 등 쉽게 식별할 수 있는 위치에 위험 표시를 하여야 한다.

   라. 태양전지 모듈을 주차장 상부에 시설하는 경우는 "나"와 같이 시설하고 차량의 출입 등에 의한 구조물, 모듈 등의 손상이 없도록 하여야 한다.

   마. 태양전지 모듈을 수상에 설치하는 경우는 "다"와 같이 시설하여야 한다.

521.2. 설비의 안전 요구사항

1. 태양전지 모듈, 전선, 개폐기 및 기타 기구는 충전부분이 노출되지 않도록 시설하여야 한다.

2. 모든 접속함에는 내부의 충전부가 인버터로부터 분리된 후에도 여전히 충전상태일 수 있음을 나타내는 경고가 붙어 있어야 한다.

3. 태양광설비의 고장이나 외부 환경요인으로 인하여 계통연계에 문제가 있을 경우 회로분리를 위한 안전시스템이 있어야 한다.

521.3. 옥내전로의 대지전압 제한

(생략)

522. 태양광설비의 시설

522.1. 간선의 시설기준

522.1.1. 전기배선

전선은 다음에 의하여 시설하여야 한다.

가. 모듈 및 기타 기구에 전선을 접속하는 경우는 나사로 조이거나, 기타 이와 동등 이상의 효력이 있는 방법으로 기계적ㆍ전기적으로 안전하게 접속하고, 접속점에 장력이 가해지지 않도록 할 것

나. 배선시스템은 바람, 결빙, 온도, 태양방사와 같이 예상되는 외부 영향을 견디도록 시설할 것

다. 모듈의 출력배선은 극성별로 확인할 수 있도록 표시할 것

522.2. 태양광설비의 시설기준

522.2.1. 태양전지 모듈의 시설

태양광설비에 시설하는 태양전지 모듈(이하 "모듈")은 다음에 따라 시설하여야 한다.

가. 모듈은 자중, 적설, 풍압, 지진 및 기타의 진동과 충격에 대하여 탈락하지 아니하도록 지지물에 의하여 견고하게 설치할 것

나. 모듈의 각 직렬군은 동일한 단락전류를 가진 모듈로 구성하여야 하며 1대의 인버터(멀티스트링 인버터의 경우 1대의 MPPT 제어기)에 연결된 모듈 직렬군이 2병렬 이상일 경우에는 각 직렬군의 출력전압 및 출력전류가 동일하게 형성되도록 배열할 것

522.2.2. 전력변환장치의 시설

인버터, 절연변압기 및 계통 연계 보호장치 등 전력변환장치의 시설은 다음에 따라 시설하여야 한다.

가. 인버터는 실내ㆍ실외용을 구분할 것

나. 각 직렬군의 태양전지 개방전압은 인버터 입력전압 범위 이내일 것

다. 옥외에 시설하는 경우 방수등급은 IPX4 이상일 것

522.2.3. 모듈을 지지하는 구조물

모듈의 지지물은 다음에 의하여 시설하여야 한다.

가. 자중, 적재하중, 적설 또는 풍압, 지진 및 기타의 진동과 충격에 대하여 안전한 구조일 것

나. 부식환경에 의하여 부식되지 아니하도록 다음의 재질로 제작할 것

(1) 용융아연 또는 용융아연 – 알루미늄 – 마그네슘합금 도금된 형강

(2) 스테인리스 스틸(STS)

(3) 알루미늄합금

(4) 상기와 동등 이상의 성능(인장강도, 항복강도, 압축강도, 내구성 등)을 가지는 재질로서 KS제품 또는 동등 이상의 성능의 제품일 것

다. 모듈 지지대와 그 연결부재의 경우 용융아연도금처리 또는 녹방지 처리를 하여야 하며, 절단가공 및 용접부위는 방식처리를 할 것

라. 설치 시에는 건축물의 방수 등에 문제가 없도록 설치하여야 하며 볼트조립은 헐거움이 없이 단단히 조립하여야 하며, 모듈 – 지지대의 고정 볼트에는 스프링 와셔 또는 풀림방지너트 등으로 체결할 것

522.3. 제어 및 보호장치 등

522.3.1. 어레이 출력 개폐기

1. 어레이 출력 개폐기는 다음과 같이 시설하여야 한다.

　가. 태양전지 모듈에 접속하는 부하측의 태양전지 어레이에서 전력변환장치에 이르는 전로에는 그 접속점에 근접하여 개폐기 기타 이와 유사한 기구(부하 전류를 개폐할 수 있는 것)를 시설할 것

　나. 어레이 출력개폐기는 점검이나 조작이 가능한 곳에 시설할 것

522.3.2. 과전류 및 지락 보호장치

1. 모듈을 병렬로 접속하는 전로에는 그 전로에 단락전류가 발생할 경우에 전로를 보호하는 과전류차단기 또는 기타 기구를 시설하여야 한다. 단, 그 전로가 단락 전류에 견딜 수 있는 경우에는 그러하지 아니하다.
2. 태양전지 발전설비의 직류 전로에 지락이 발생했을 때 자동적으로 전로를 차단 하는 장치를 시설한다.

522.3.3. 상주 감시를 하지 아니하는 태양광발전소의 시설

상주감시를 하지 아니하는 태양광발전소의 시설은 "상주 감시를 하지 아니하는 발전소의 시설(351.8 규정)"에 따른다.

522.3.4. 접지설비

1. 태양전지 모듈의 프레임은 지지물과 전기적으로 완전하게 접속하여야 한다.
2. 수상에 시설하는 태양전지 모듈 등의 금속제는 접지를 해야 하고, 접지 시 접지 극을 수중에 띄우거나, 수중 바닥에 노출된 상태로 시설하여서는 아니 된다.
3. 기타 접지시설은 "접지시스템(140 규정)"에 따른다.

522.3.5. 피뢰설비

태양광설비의 외부피뢰시스템은 "피뢰시스템(150 규정)"에 따라 시설한다.

522.3.6. 태양광설비의 계측장치

태양광설비에는 전압과 전류 또는 전압과 전력을 계측하는 장치를 시설하여야 한다.

04 (530) 풍력발전설비

531. 일반사항

531.1. 나셀 등의 접근 시설

(생략)

531.2. 항공장애 표시등 시설

발전용 풍력설비의 항공장애등 및 주간장애표지는 "항공법의 항공장애 표시등의 설치 등"에 관한 규정에 따라 시설하여야 한다.

531.3. 화재방호설비 시설

500[kW] 이상의 풍력터빈은 나셀 내부의 화재 발생 시, 이를 자동으로 소화할 수 있는 화재방호설비를 시설하여야 한다.

532. 풍력설비의 시설

532.1. 간선의 시설기준

풍력설비의 간선(풍력발전기에서 출력배선에 쓰이는 전선)은 CV선 또는 TFR－CV선을 사용하거나 동등 이상의 성능을 가진 제품을 사용하여야 하며, 전선이 지면을 통과하는 경우에는 피복이 손상되지 않도록 별도의 조치를 취할 것

532.2. 풍력설비의 시설기준

532.2.1. 풍력터빈의 구조

풍력터빈의 구조는 다음의 요구사항을 충족하는 것을 말한다.

1. 풍력터빈의 선정에 있어서는 시설장소의 풍황(바람이 부는 형태)과 환경, 적용규모 및 적용형태 등을 고려하여 선정하여야 한다.

2. 풍력터빈의 유지, 보수 및 점검 시 작업자의 안전을 위한 다음의 잠금장치를 시설하여야 한다.

   가. 풍력터빈의 로터, 요 시스템 및 피치 시스템에는 각각 1개 이상의 잠금장치를 시설하여야 한다.

   나. 잠금장치는 풍력터빈의 정지장치가 작동하지 않더라도 로터, 나셀, 블레이드의 회전을 막을 수 있어야 한다.

3. 풍력터빈의 강도계산은 다음 사항을 따라야 한다.(생략)

532.2.2. 풍력터빈을 지지하는 구조물의 구조 등

풍력터빈을 지지하는 구조물의 구조, 성능 및 시설조건은 다음을 따른다.

   가. 풍력터빈을 지지하는 구조물은 자중, 적재하중, 적설, 풍압, 지진, 진동 및 충격을 고려하여야 한다. 다만, 해상 및 해안가 설치시는 염해 및 파랑하중에 대해서도 고려하여야 한다.

   나. 동결, 착설 및 분진의 부착 등에 의한 비정상적인 부식 등이 발생하지 않도록 고려하여야 한다.

   다. 풍속변동, 회전수변동 등에 의해 비정상적인 진동이 발생하지 않도록 고려하여야 한다.

532.3. 제어 및 보호장치 등

532.3.1. 제어 및 보호장치 시설의 일반 요구사항

제어 및 보호장치는 다음과 같이 시설하여야 한다.

　가. 제어장치는 다음과 같은 기능 등을 보유하여야 한다.

　　(1) 풍속에 따른 출력 조절

　　(2) 출력제한

　　(3) 회전속도제어

　　(4) 계통과의 연계

　　(5) 기동 및 정지

　　(6) 계통 정전 또는 부하의 손실에 의한 정지

　　(7) 요잉에 의한 케이블 꼬임 제한

　나. 보호장치는 다음의 조건에서 풍력발전기를 보호하여야 한다.

　　(1) 과풍속

　　(2) 발전기의 과출력 또는 고장

　　(3) 이상진동

　　(4) 계통 정전 또는 사고

　　(5) 케이블의 꼬임 한계

532.3.2. 주전원 개폐장치

풍력터빈은 작업자의 안전을 위하여 유지, 보수 및 점검 시 전원 차단을 위해 풍력 터빈 타워의 기저부에 개폐장치를 시설하여야 한다.

532.3.3. 상주감시를 하지 아니하는 풍력발전소의 시설

상주감시를 하지 아니하는 풍력발전소의 시설은 "상주 감시를 하지 아니하는 발전 소의 시설(351.8 규정)"에 따른다.

532.3.4. 접지설비

1. 접지설비는 풍력발전설비 타워기초를 이용한 통합접지공사를 하여야 하며, 설비 사이의 전위차가 없도록 등전위본딩을 하여야 한다.

2. 기타 접지시설은 접지시스템(140 규정)에 따른다.

532.3.5. 피뢰설비

다음에 따라 피뢰설비를 시설하여야 한다.

　가. 피뢰설비는 피뢰구역(Lightning Protection Zones)에 적합하여야 하며, 다만 별도의 언급이 없다면 피뢰레벨(Lightning Protection Level : LPL)은 I 등급 을 적용하여야 한다.

　나. 풍력터빈의 피뢰설비는 다음에 따라 시설하여야 한다.

　　(1) 수뢰부를 풍력터빈 선단부분 및 가장자리 부분에 배치하되 뇌격전류에 의한 발열에 용손(녹아내려 소손됨)되지 않도록 재질, 크기, 두께 및 형상

등을 고려할 것

    (2) 풍력터빈에 설치하는 인하도선은 쉽게 부식되지 않는 금속선으로서 뇌격전류를 안전하게 흘릴 수 있는 충분한 굵기여야 하며, 가능한 한 직선으로 시설할 것

    (3) 풍력터빈 내부의 계측 센서용 케이블은 금속관 또는 차폐케이블 등을 사용하여 뇌유도과전압으로부터 보호할 것

    (4) 풍력터빈에 설치한 피뢰설비(리셉터, 인하도선 등)의 기능저하로 인해 다른 기능에 영향을 미치지 않을 것

다. 풍향·풍속계가 보호범위에 들도록 나셀 상부에 피뢰침을 시설하고 피뢰도선은 나셀프레임에 접속하여야 한다.

라. 전력기기·제어기기 등의 피뢰설비는 다음에 따라 시설하여야 한다.

    (1) 전력기기는 금속시스케이블, 내뢰변압기 및 서지보호장치(SPD)를 적용할 것

    (2) 제어기기는 광케이블 및 포토커플러를 적용할 것

마. 기타 피뢰설비시설은 "피뢰시스템(150 규정)"에 따른다.

532.3.6. 풍력터빈 정지장치의 시설

풍력터빈 정지장치는 [표 532.3 – 1]과 같이 자동으로 정지하는 장치를 시설하는 것을 말한다.

▶ 표 532.3 – 1 풍력터빈 정지장치

이상상태	자동정지장치	비고
풍력터빈의 회전속도가 비정상적으로 상승	○	
풍력터빈의 컷 아웃 풍속	○	
풍력터빈의 베어링 온도가 과도하게 상승	○	정격 출력이 500[kW] 이상인 원동기 (풍력터빈은 시가지 등 인가가 밀집해 있는 지역에 시설된 경우 100[kW] 이상)
풍력터빈 운전 중 나셀진동이 과도하게 증가	○	시가지 등 인가가 밀집해 있는 지역에 시설된 것으로 정격출력 10[kW] 이상의 풍력 터빈
제어용 압유장치의 유압이 과도하게 저하된 경우	○	용량 100[kVA] 이상의 풍력발전소를 대상으로 함
압축공기장치의 공기압이 과도하게 저하된 경우	○	
전동식 제어장치의 전원전압이 과도하게 저하된 경우	○	

핵심기출문제

풍력터빈에 설비의 손상을 방지하기 위하여 시설하는 운전상태를 계측하는 계측장치로 틀린 것은?
① 조도계　② 압력계
③ 온도계　④ 풍속계

해설
532.3.7(계측장치의 시설) 조항
풍력터빈에는 설비의 손상을 방지하기 위하여 운전 상태를 계측하는 다음의 계측장치를 시설한다.
• 회전속도계
• 진동을 감시하기 위한 진동계
• 풍속계
• 압력계
• 온도계

정답 ①

532.3.7. 계측장치의 시설

풍력터빈에는 설비의 손상을 방지하기 위하여 운전 상태를 계측하는 다음의 계측장치를 시설하여야 한다.

　가. 회전속도계

　나. 나셀(Nacelle) 내의 진동을 감시하기 위한 진동계

　다. 풍속계

　라. 압력계

　마. 온도계

05 (540) 연료전지설비

541. 일반사항

541.1. 설치장소의 안전 요구사항

1. 연료전지를 설치할 주위의 벽 등은 화재에 안전하게 시설하여야 한다.

2. 가연성물질과 안전거리를 충분히 확보하여야 한다.

3. 침수 등의 우려가 없는 곳에 시설하여야 한다.

4. 연료전지설비는 쉽게 움직이거나 쓰러지지 않도록 견고하게 고정하여야 한다.

5. 연료전지설비는 건물 출입에 방해되지 않고 유지보수 및 비상시 접근이 용이한 장소에 시설하여야 한다.

541.2. 연료전지 발전실의 가스 누설 대책

"연료가스 누설 시 위험을 방지하기 위한 적절한 조치"란 다음에 열거하는 것을 말한다.

　가. 연료가스를 통하는 부분은 최고사용 압력에 대하여 기밀성을 가지는 것이어야 한다.

　나. 연료전지 설비를 설치하는 장소는 연료가스가 누설되었을 때 체류하지 않는 구조의 것이어야 한다.

　다. 연료전지 설비로부터 누설되는 가스가 체류할 우려가 있는 장소에 해당 가스의 누설을 감지하고 경보하기 위한 설비를 설치하여야 한다.

542. 연료전지설비의 시설

542.1. 연료전지설비의 시설기준

542.1.1. 전기배선

전기배선은 열적 영향이 적은 방법으로 시설하여야 한다.

542.1.2. 연료전지설비의 재료

(생략)

542.1.3. 연료전지설비의 구조

1. (생략)

2. (생략)

3. (생략)

4. 내압시험은 연료전지 설비의 내압 부분 중 최고 사용압력이 0.1[MPa] 이상의 부분은 최고 사용압력의 1.5배의 수압(수압으로 시험을 실시하는 것이 곤란한 경우는 최고 사용압력의 1.25배의 기압)까지 가압하여 압력이 안정된 후 최소 10분간 유지하는 시험을 실시하였을 때 이것에 견디고 누설이 없어야 한다.

5. 기밀시험은 연료전지 설비의 내압 부분중 최고 사용압력이 0.1[MPa] 이상의 부분(액체 연료 또는 연료가스 혹은 이것을 포함한 가스를 통하는 부분에 한정한다)의 기밀시험은 최고 사용압력의 1.1배의 기압으로 시험을 실시하였을 때 누설이 없어야 한다.

542.1.4. 안전밸브

1. "과압"이란 통상의 상태에서 최고사용압력을 초과하는 압력을 말한다.

2. (생략)

3. 안전밸브의 분출압력은 아래와 같이 설정하여야 한다.

    가. 안전밸브가 1개인 경우는 그 배관의 최고사용압력 이하의 압력으로 한다. 다만, 배관의 최고사용압력 이하의 압력에서 자동적으로 가스의 유입을 정지하는 장치가 있는 경우에는 최고사용압력의 1.03배 이하의 압력으로 할 수 있다.

    나. 안전밸브가 2개 이상인 경우에는 1개는 위의 1에 준하는 압력으로 하고 그 이외의 것은 그 배관의 최고사용압력의 1.03배 이하의 압력이어야 한다.

542.2. 제어 및 보호장치 등

542.2.1. 연료전지설비의 보호장치

연료전지는 다음의 경우에 자동적으로 이를 전로에서 차단하고 연료전지에 연료가스 공급을 자동적으로 차단하며 연료전지 내의 연료가스를 자동적으로 배기하는 장치를 시설하여야 한다.

    가. 연료전지에 과전류가 생긴 경우

    나. 발전전압에 이상이 생겼을 경우 또는 연료가스 출구에서의 산소농도 또는 공기 출구에서의 연료가스 농도가 현저히 상승한 경우

    다. 연료전지의 온도가 현저하게 상승한 경우

542.2.2. 연료전지설비의 계측장치

연료전지설비에는 다음과 같은 계측장치를 시설하여야 한다.

    가. 전압과 전류 또는 전압과 전력을 계측하는 장치
    나. 온도계 및 연료가스 유량 또는 압력을 계측하는 장치

542.2.3. 연료전지설비의 비상정지장치

"운전 중에 일어나는 이상"이란 다음에 열거하는 경우를 말한다.

    가. 연료 계통 설비 내의 연료가스의 압력 또는 온도가 현저하게 상승하는 경우
    나. 증기계통 설비 내의 증기의 압력 또는 온도가 현저하게 상승하는 경우
    다. 실내에 설치되는 것에서는 연료가스가 누설 하는 경우

542.2.4. 상주 감시를 하지 아니하는 연료전지발전소의 시설

상주감시를 하지 아니하는 연료전지발전소의 시설은 "상주 감시를 하지 아니하는 발전소의 시설(351.8 규정)"에 따른다.

542.2.5. 접지설비

1. 연료전지에 대하여 전로의 보호장치의 확실한 동작의 확보 또는 대지전압의 저하를 위하여 특히 필요할 경우에 연료전지의 전로 또는 이것에 접속하는 직류전로에 접지공사를 할 때에는 다음에 따라 시설하여야 한다.

    가. 접지극은 고장 시 그 근처의 대지 사이에 생기는 전위차에 의하여 사람이나 가축 또는 다른 시설물에 위험을 줄 우려가 없도록 시설할 것
    나. 접지도체는 공칭단면적 16[mm²] 이상의 연동선 또는 이와 동등 이상의 세기 및 굵기의 쉽게 부식하지 아니하는 금속선(저압 전로의 중성점에 시설하는 것은 공칭단면적 6[mm²] 이상의 연동선 또는 이와 동등 이상의 세기 및 굵기의 쉽게 부식하지 않는 금속선)으로서 고장 시 흐르는 전류가 안전하게 통할 수 있는 것을 사용하고 또한 손상을 받을 우려가 없도록 시설할 것
    다. 접지도체에 접속하는 저항기·리액터 등은 고장 시 흐르는 전류를 안전하게 통할 수 있는 것을 사용할 것
    라. 접지도체·저항기·리액터 등은 취급자 이외의 자가 출입하지 아니하도록 설비한 곳에 시설하는 경우 이외에는 사람이 접촉할 우려가 없도록 시설할 것

2. 접지는 "접지시스템(140 규정)"을 적용한다.

542.2.6. 피뢰설비

연료전지설비의 피뢰설비는 "피뢰시스템(150 규정)"을 적용한다.

기출 및 예상문제

PART 05 전력공학
PART 06 한국전기설비규정(KEC)

ENGINEER & INDUSTRIAL ENGINEER ELECTRICITY

기출 및 예상문제

01 전력선에 전류가 흐를 때, 전류밀도가 도선의 중심으로 들어갈수록 작아지는 현상은?

① 페란티효과　　　　② 접지효과
③ 표피효과　　　　　④ 근접효과

해설 표피효과
전선에 전류가 흐를 때, 전류밀도가 전선의 표면으로만 집중되려고 하는 현상으로 전선이 굵고, 주파수가 높을수록 심해진다.

02 가공전선로에서 이도를 D라고 하면, 전선의 길이는 경간보다 얼마나 더 길어지는가?

① $\dfrac{5D}{8S}$　　　　② $\dfrac{3D^2}{8S}$

③ $\dfrac{9D}{8S}$　　　　④ $\dfrac{8D^2}{3S}$

해설
전선의 실제 길이는 경간 S보다 $\dfrac{8D^2}{3S}$[m]만큼 더 길다.

∴ 전선의 실제 길이 $L-S=\dfrac{8D^2}{3S}$[m]

03 가공전선로에서 이도 및 전선 중량을 일정하게 하고 경간을 2배로 했을 때, 전선의 수평장력은 몇 배가 되는가?

① 2배　　　　② 4배
③ 6배　　　　④ 8배

해설
이도 $D=\dfrac{WS^2}{8T}$[m]에서 중량 W와 이도 D가 일정하므로, 수평장력 $T\propto S^2$ 관계이다.

04 가공 송전선로를 가선할 때에는 하중 조건과 온도 조건을 고려하여 적당한 이도(dip)를 주도록 하여야 한다. 다음 중 이도에 대한 설명으로 옳은 것은?

① 이도가 작으면 전선이 좌우로 크게 흔들려서 다른 상의 전선에 접촉하여 위험하게 된다.
② 전선을 가선할 때 전선을 팽팽하게 가선하는 것을 이도를 크게 준다고 한다.
③ 이도를 작게 하면 이에 비례하여 전선의 장력이 증가되며 심할 때는 전선 상호 간이 꼬이게 된다.
④ 이도의 대소는 지지물이 높이를 좌우한다.

해설
이도가 크면 지지물의 높이가 높아지고, 이에 따라 전선에 가해지는 장력이 작아지며, 전선이 흔들리게 된다. 이도가 작으면 지지물의 높이가 낮아지고 장력이 커져서 단선이 될 위험성이 생긴다.

05 가공전선로에서 전선의 단위길이당 중량과 경간이 일정할 때 이도는 어떤 상태인가?

① 전선의 장력에 비례한다.
② 전선의 장력에 반비례한다.
③ 전선의 장력의 제곱에 비례한다.
④ 전선의 장력의 제곱에 반비례한다.

해설
이도 $D=\dfrac{WS^2}{8T}$[m]에서 중량 W와 경간 S가 일정하면 $D\propto\dfrac{1}{T}$ 관계가 된다.

🔒정답 **01** ③　**02** ④　**03** ②　**04** ④　**05** ②

06 현수애자에 대한 설명으로 옳지 않은 것은?

① 애자를 연결하는 방법에 따라 클래비스형과 볼 소켓형
이 있다.

② 2~4층의 갓 모양의 자기편을 시멘트로 접착하고 그 자
기를 주철제 베이스로 지지한다.

③ 애자의 연결개수를 가감함으로써 임의의 송전전압에
사용할 수 있다.

④ 큰 하중에 대하여는 2련 또는 3련으로 하여 사용할 수
있다.

해설
②는 핀(Pin) 애자에 대한 설명이다.

07 현수애자의 연효율 η는?(단, V_1은 현수애자 1개의
섬락전압, n은 사용 애자 수이고 V_n은 애자련의 섬락전
압이다.)

① $\eta = \dfrac{V_n}{n V_1} \times 100 \, [\%]$ ② $\eta = \dfrac{n V_1}{n V} \times 100 \, [\%]$

③ $\eta = \dfrac{n V_n}{n V_1} \times 100 \, [\%]$ ④ $\eta = \dfrac{V_1}{n V_n} \times 100 \, [\%]$

해설
연효율은 애자련의 효율을 말한다.

애자련의 능률 $\eta = \dfrac{\text{애자련의 섬락전압}(V_0)}{\text{애자 수}(n) \times \text{애자 1개의 섬락전압}(V)} \times 100$

$= \dfrac{V_n}{n V_1} \times 100 \, [\%]$

08 송전선에 낙뢰가 가해져서 애자에 섬락이 생기면 아
크가 생겨 애자가 손상되는 경우가 있다. 이것을 방지하기
위하여 사용되는 것은?

① 댐퍼   ② 아머로드(Armour Rod)
③ 가공지선   ④ 아킹 혼(Arcing Horn)

해설 초호각(아킹혼)의 기능
• 자연현상에 의한 섬락 시 애자련을 보호한다.
• 전선로의 문제로 인한 역섬락으로부터 애자련을 보호한다.
• 애자련에 걸리는 전압분포를 균등하게 하여, 애자 절연파괴를 방지한다.

09 기력발전소의 열사이클 중 가장 기본적인 것으로 두
등압변화와 두 단열변화로 표현되는 열사이클은 어떤 사
이클인가?

① 랭킨 사이클
② 재생 사이클
③ 재열 사이클
④ 재생 – 재열 사이클

10 다음 증기 사이클에 대한 설명으로 옳지 않은 것은?

① 랭킨 사이클의 열효율은 초온, 초압이 높을수록 효율이
크다.

② 재생 사이클은 재열 사이클에 비하여 열역학적으로 우
수하다.

③ 재생 사이클은 터빈의 도중에서 증기를 추출하여 급수
를 예열한다.

④ 팽창과정의 습증기량을 줄이고 저압부에서 증기의 용
적을 감소시키도록 하는 과정이다.

해설
증기 사이클은 증기를 재가열하는 방식의 순환 사이클이므로, 증기 사이클
= 재열 사이클 관계이다. 재열 사이클과 재생 사이클은 열손실(열량손실)
을 줄이고 열효율(열량 유지)을 높이기 위한 방식의 차이이지 열역학적 우
열관계는 아니다.

11 대용량 기력발전소에서 터빈 중도에서 추기(Extraction
Steam)하여 급수 가열에 사용함으로써 얻는 이익 중 옳지
않은 것은?

① 열효율 개선
② 터빈 저압부 및 복수기의 소형화
③ 보일러 보급수량의 감소
④ 복수기 냉각수 감소

해설
터빈에서 배출된 과열증기의 일부를 추출하는 추기는 열손실을 줄이고, 열
효율을 높이며, 주택 난방, 동력공급 등이 목적이다. 보일러 보급수량과는
무관하다.

12 터빈이 배기하는 증기를 용기 내로 도입하여 물로 냉각하면 증기는 응결하고 용기 내는 진공이 되며, 증기를 저압까지 팽창시킬 수 있다. 이렇게 하면 전체의 열 낙차를 증가시키고, 증기터빈의 열효율을 높일 수 있는데 이러한 목적으로 사용되는 설비는?

① 조속기
② 복수기
③ 과열기
④ 재열기

13 원자로의 냉각재가 갖추어야 할 조건으로 옳지 않은 것은?

① 열용량이 작을 것
② 중성자의 흡수 단면적이 작을 것
③ 냉각재와 접촉하는 재료를 부식하지 않을 것
④ 중성자의 흡수 단면적이 큰 불순물을 포함하지 않을 것

> **해설** 냉각재
> 원자로에서 발생한 열에너지를 외부로 빼내는 역할을 한다. 아울러 냉각재의 조건으로는
> • 중성자 흡수가 적을 것
> • 비열, 열전도율이 클 것
> • 유도(증식) 방사능이 적을 것

14 PWR(Pressurized Water Reactor)형 원자로의 감속재 및 냉각재는?

① 경수(H_2O)
② 중수(D_2O)
③ 흑연
④ 액체 금속(Na)

> **해설**
> 가압수형(PWR) 원자력발전소에서 사용하는 감속재는 경수 감속, 냉각재는 경수 냉각이다.

15 유효낙차 H[m]인 펠턴 수차의 노즐로부터 분출하는 물의 속도[m/sec]는?(단, g는 중력 가속도이다.)

① $\sqrt{gH}$
② $\sqrt{2gH}$
③ $\dfrac{H}{2g}$
④ $\sqrt{\dfrac{H}{2g}}$

> **해설**
> 속도수두로 나타낸 위치수두 $h = \dfrac{v^2}{2g}$ [m]
> ∴ 물의 이론적 분출속도 $v = \sqrt{2gH}$ [m/sec]

16 수조에 대한 설명으로 옳은 것은?

① 무압수로의 종단에 있으면 조압수조, 압력수로의 종단에 있으면 헤드탱크라 한다.
② 헤드탱크의 용량은 최대 사용 수량의 1~2시간에 상당하는 크기로 설계된다.
③ 조압수조는 부하변동에 의하여 생긴 압력터널 내의 수격압이 압력터널에 침입하는 것을 방지한다.
④ 헤드탱크는 수차의 부하가 급증할 때에는 물을 배제하는 기능을 가지고 있다.

> **해설**
> • 헤드탱크의 용량은 최대 사용 수량의 1~2분에 상당하는 크기로 설계된다.
> • 조압수조는 부하변동에 대비하여 유량조절과 부하변동 시 발생하는 수격작용을 완화한다.

17 수차의 조속기가 너무 예민하면 어떻게 되는가?

① 탈조를 일으키게 된다.
② 수압상승률이 크게 된다.
③ 속도변동률이 작게 된다.
④ 전압변동이 작게 된다.

> **해설**
> 수차의 조속기가 예민하면 난조를 일으키기 쉽고, 난조에서 더 심하게 되면 탈조가 일어난다. 발전기의 플라이휠(Fly Wheel)을 이용하여 관성 모멘트를 크게 하거나, 혹은 발전기 계자의 자극면에 제동권선을 설치하면 난조를 방지할 수 있다.
>
> ※ • 난조: 동기발전기가 동기속도에서 살짝 변동이 생기는 상태
> • 탈조: 동기발전기가 동기속도를 너무 벗어나 발전소 비상정지를 해야 되는 상태

🔒정답 12 ② 13 ① 14 ① 15 ② 16 ③ 17 ①

18 3상 3선식 가공 송전선로의 선간거리가 각각 D_1, D_2, D_3일 때 등가선간거리는 어떻게 계산되는가?

① $\sqrt{D_1 D_2 + D_2 D_3 + D_3 D_1}$

② $\sqrt[3]{D_1 \cdot D_2 \cdot D_3}$

③ $\sqrt{D_1{}^2 + D_2{}^2 + D_3{}^2}$

④ $\sqrt[3]{D_1{}^3 + D_2{}^3 + D_3{}^3}$

해설

등가선간거리는 곧 송전선로에서 전선의 기하학적 평균거리이다.
등가선간거리(일반식) : $D_0 = \sqrt[n]{D_1 D_2 D_3 \cdots D_n}$ [m]

19 반지름 r[m]인 전선 A, B, C가 그림과 같이 수평으로 D[m] 간격으로 배치되고 3선이 완전 연가된 경우 각 선의 인덕턴스는?

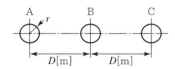

① $L = 0.05 + 0.4605 \log \dfrac{D}{r}$

② $L = 0.05 + 0.4605 \log \dfrac{\sqrt{2}\,D}{r}$

③ $L = 0.05 + 0.4605 \log \dfrac{\sqrt{3}\,D}{r}$

④ $L = 0.05 + 0.4605 \log \dfrac{\sqrt[3]{2}\,D}{r}$

해설

등가선간거리가 수평배치(일직선 배치)이므로,

각 선당 작용하는 인덕턴스 $L = 0.05 + 0.4605 \log \dfrac{D}{r_e}$ [mH/km]

여기서, 등가선간거리 $D_0 = \sqrt[3]{D \times D \times 2D} = \sqrt[3]{2}\,D$[m]

∴ 1선당 작용 인덕턴스 $L = 0.05 + 0.4605 \log \dfrac{\sqrt[3]{2}\,D}{r_e}$ [mH/km]

20 전선 4개의 도체가 4각형으로 배치되어 있을 때 기하학적 평균거리는 얼마인가?(단, 각 도체 간의 거리는 d 이다.)

① d 　　② $4d$

③ $\sqrt[3]{2}\,d$ 　　④ $\sqrt[6]{2}\,d$

해설

정사각형 배열 $D_0 = \sqrt[6]{D \times D \times D \times D \times \sqrt{2}\,D \times \sqrt{2}\,D} = \sqrt[6]{2}\,D$[m]

21 송전선로에서 전선배치가 그림과 같을 때, 인덕턴스는 등가선간거리 D가 증가함에 따라 어떻게 변하는가?

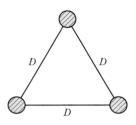

① 증가한다. 　　② 감소한다.

③ 변하지 않는다. 　　④ D에 비례하여 증가한다.

해설 전선 1가닥에 대한 작용 인덕턴스

$L = L_i + L_m = 0.05 + 0.4605 \log \dfrac{D}{r_e}$ [mH/km] 이므로, $L \propto D$ 관계이다.

22 복도체에 있어서 소도체의 반지름을 r[m], 소도체 사이의 간격을 s[m]라고 할 때 2개의 소도체를 사용한 복도체의 등가반지름은?

① $\sqrt{rs}$ 　　② $\sqrt{r^2 s}$

③ $\sqrt{rs^2}$ 　　④ rs

해설 2복도체의 등가반지름 공식

$r_e = r^{\frac{1}{n}} \cdot s^{\frac{n-1}{n}} = \sqrt[n]{r \cdot s^{n-1}}$ [m]

∴ $r_e = r^{\frac{1}{2}} \cdot s^{\frac{2-1}{2}} = \sqrt[2]{r \cdot s} = \sqrt{r \cdot s}$ [m]

23 선간거리가 $2D[\text{m}]$이고 선로 모선의 지름이 $d[\text{m}]$인 선로의 단위길이당 정전용량$[\mu\text{F/km}]$은?

① $\dfrac{0.02413}{\log_{10}\dfrac{4D}{d}}$ ② $\dfrac{0.02413}{\log_{10}\dfrac{2D}{d}}$

③ $\dfrac{0.02413}{\log_{10}\dfrac{D}{d}}$ ④ $0.2413\left(\log_{10}\dfrac{D}{d}\right)$

해설

단도체(1선)의 작용 정전용량 $C=\dfrac{0.02413}{\log\dfrac{D}{r_e}}[\mu\text{F/km}]$

$\therefore\ C=\dfrac{0.02413}{\log\dfrac{2D}{\left(\dfrac{d}{2}\right)}}=\dfrac{0.02413}{\log\dfrac{4D}{d}}[\mu\text{F/km}]$

24 송전선에 복도체를 사용할 때의 장점으로 옳지 않은 것은?

① 코로나손(Corona Loss) 경감
② 인덕턴스가 감소하고 커패시턴스가 증가
③ 안정도가 상승하고 충전 용량이 증가
④ 정전 반발력에 의한 전선 진동이 감소

해설 복도체
• 초고압선로에 사용하며, 등가반경이 크다.
• 코로나를 방지한다.(코로나 임계전압 증가, 전위경도 경감)
• 송전용량이 증가한다.(L 감소, C 증가)
• 복도체는 전자 흡인력이 발생하므로 충돌방지용 스페이서를 설치한다.

25 연가를 하는 주된 목적은?

① 미관상 필요 ② 선로정수의 평형
③ 유도뢰의 방지 ④ 직격뢰의 방지

해설 연가
• 선로정수(L, C)를 평형시키기 위해 전선의 위치를 상하좌우로 바꾼다.
• 선로정수평형 = 전압 · 전류평형 = 통신유도장해 방지
• 통신유도장해 방지
• 직렬공진의 방지

26 다음 중 송전선로의 코로나 임계전압이 높아지는 경우가 아닌 것은?

① 상대공기밀도가 작다.
② 전선의 반경과 선간거리가 크다.
③ 날씨가 맑다.
④ 낡은 전선을 새 전선으로 교체한다.

해설

코로나 임계전압 $E_0=24.3\,m_0\,m_1\,\delta\,d\log\dfrac{D}{r}[\text{kV}]$

여기서, m_a : 전선표면계수, m_1 : 기후계수, δ : 상대공기밀도
D : 전선의 직경

27 배전선로의 전압강하율을 나타내는 식이 아닌 것은?

① $\dfrac{I}{E_r}(R\cos\theta+X\sin\theta)\times100[\%]$

② $\dfrac{\sqrt{3}\,I}{V_r}(R\cos\theta+X\sin\theta)\times100[\%]$

③ $\dfrac{E_s-E_r}{E_r}\times100[\%]$

④ $\dfrac{E_s-E_r}{E_s}\times100[\%]$

해설

전압강하율 $\varepsilon=\dfrac{\text{전압강하}}{\text{수전단 전압}}\times100=\dfrac{V_s-V_r}{V_r}\times100[\%]$

또는 $\varepsilon=\dfrac{E_s-E_r}{E_r}\times100[\%]$

28 3상의 수전설비에서 수전단전압 $60000[\text{V}]$, 전류 $200[\text{A}]$, 선로의 저항 $R=7.61[\Omega]$, 리액턴스 $X=11.85[\Omega]$, 수전설비의 역률이 0.8일 때, 전압강하율은 몇 $[\%]$인가?

① 약 7.00 ② 약 7.41
③ 약 7.61 ④ 약 8.00

전압강하율 $\varepsilon = \dfrac{V_s - V_r}{V_r} \times 100\,[\%]$

여기서, 전압강하(e) 혹은 송전단전압(V_s)을 알아야 전압강하율을 계산할 수 있다.

전압강하 $e_{3\phi} = V_s - V_r = \sqrt{3}\,I(R\cos\theta + X\sin\theta)$
$\qquad\quad = \sqrt{3}\times 200\,(7.61\times 0.8 + 11.85\times 0.6) = 4571.9\,[\text{V}]$

$\therefore\ \varepsilon = \dfrac{V_s - V_r}{V_r} \times 100 = \dfrac{4571.9}{60000} \times 100 = 7.62\,[\%]$

---

29 부하전력 및 역률이 같을 때 전압을 n배 승압하면 전압강하율과 전력손실은 어떻게 되는가?

	전압강하	전력손실		전압강하	전력손실
①	$\dfrac{1}{n}$	$\dfrac{1}{n^2}$	②	$\dfrac{1}{n^2}$	$\dfrac{1}{n}$
③	$\dfrac{1}{n}$	$\dfrac{1}{n}$	④	$\dfrac{1}{n^2}$	$\dfrac{1}{n^2}$

- 전압강하 : $e = \dfrac{P}{V}(R + X\tan\theta)$
- 전압강하율 : $\varepsilon = \dfrac{e}{V} = \dfrac{P}{V^2}(R + X\tan\theta)$

$\qquad\qquad \varepsilon \propto \dfrac{1}{V^2}$ 관계이므로 $\varepsilon \propto \dfrac{1}{(nV)^2}$

- 전력손실 : $P_l = 3\cdot I^2 R = \dfrac{P^2 R}{V^2\cos^2\theta}$

$\qquad\qquad P_l \propto \dfrac{1}{V^2}$ 관계이므로 $P_l \propto \dfrac{1}{n^2}$

---

30 송전거리, 전력의 크기, 손실률 그리고 역률이 일정하다면 이 선로의 굵기는 어떻게 되는가?

① 전류에 비례한다.
② 전압의 제곱에 비례한다.
③ 전류에 역비례한다.
④ 전압의 제곱에 역비례한다.

전력손실률 $K = \dfrac{PR}{V^2\cos^2\theta} \times 100\,[\%]$

여기서 저항(R)의 구조적 공식은 $R = \rho\dfrac{l}{A}\,[\Omega]$이므로,

$K = \dfrac{PR}{V^2\cos^2\theta} \times \rho\dfrac{l}{A}$

전력손실률을 단면적 A에 대해 전개하면 $A = \rho\dfrac{l}{k}\dfrac{PR}{V^2\cos^2\theta}$ 이다.

$A \propto \dfrac{1}{V^2}$ 관계이므로 단면적은 전압의 제곱에 반비례함을 알 수 있다.

---

31 아래 그림과 같은 회로의 4단자 정수로 옳지 않은 것은?

① $A = 1$
② $B = Z + 1$
③ $C = 0$
④ $D = 1$

단일소자의 직렬성분 임피던스 Z회로에 대한 4단자 정수는

$\begin{bmatrix} A & B \\ C & D \end{bmatrix} = \begin{bmatrix} 1 & Z \\ 0 & 1 \end{bmatrix}$

---

32 선로의 단위길이의 분포 인덕턴스, 저항, 정전용량 및 누설 컨덕턴스를 각각 L, r, C 및 g로 표시할 때의 전파정수는?

① $\sqrt{(r + j\omega L)(g + j\omega C)}$
② $(r + j\omega L)(g + j\omega C)$
③ $\sqrt{\dfrac{r + j\omega L}{g + j\omega C}}$
④ $\sqrt{\dfrac{g + j\omega L}{r + j\omega L}}$

전파정수(γ) = 전달정수(θ)
전파정수 $\gamma = \sqrt{ZY} = \sqrt{(R + j\omega L)(G + j\omega C)} = \alpha + j\beta$
여기서, 감쇠정수 $\alpha = \sqrt{RG}$, 위상정수 $\beta = \omega\sqrt{LC}$

33 조상설비가 있는 1차 변전소에서 주 변압기로 주로 사용되는 변압기는?

① 승압용 변압기
② 중권변압기
③ 3권선 변압기
④ 단상변압기

해설

3권선 변압기는 변압기 결선이 Y−Y이면 제3고조파 전압이 생겨서 파형이 변형하기 때문에 소용량 제3의 권선을 별도로 설치하여 이것을 △결선으로 하여 변형을 방지하는 것이 목적이다.

34 직렬 콘덴서에 대한 설명으로 틀린 것은?

① 선로의 유도리액턴스를 보상한다.
② 수전단의 전압변동을 경감한다.
③ 전동기, 용접기 등의 기동・정지에 따른 프리커 현상 방지에 적합하다.
④ 역률을 개선한다.

해설

직렬 콘덴서는 전압강하를 보상하는 것이 목적이고, 진상 콘덴서는 역률을 개선하는 것이 목적이다.
※ 프리커 현상 : 부하의 전압변동 또는 부하의 급격한 증가로 인해 전력상 태가 불안정하여 같은 전력망 내에 연결된 전등부하가 깜박이는 현상

35 배전선로의 주상변압기에서 발생하는 제5고조파를 줄이기 위한 방법은?

① 콘덴서에 직렬 리액터 삽입
② 변압기 2차측에 분로 리액터 연결
③ 모선에 방전 코일 연결
④ 모선에 공진 리액터 연결

36 진상전류만이 아니라 지상전류도 잡아서 광범위하게 연속적인 전압조정을 할 수 있는 것은?

① 전력용 콘덴서
② 동기조상기
③ 분로 리액터
④ 직렬 리액터

37 다음 중 송전선로의 건설비와 송전전압의 관계를 옳게 나타낸 것은?

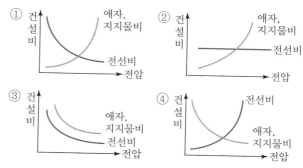

해설

송전전압이 증가하면 전선비는 감소하고 절연비용(애자, 지지물 건설비)은 증가한다.

38 단락전류는 어떤 종류의 전류인가?

① 앞선전류
② 뒤진전류
③ 충전전류
④ 누설전류

해설

선로는 대부분 리액턴스 성분으로 구성되므로 단락사고가 발생하면 선로에 흐르는 단락전류는 위상이 뒤진 지상전류가 된다.

39 %임피던스에 대한 설명 중 옳은 것은?

① 터빈 발전기의 %임피던스는 수차의 %임피던스보다 작다.
② 전기기계의 %임피던스가 크면 차단용량이 작아진다.
③ %임피던스는 %리액턴스보다 작다.
④ 직렬 리액터는 %임피던스를 작게 하는 작용이 있다.

해설

단락용량 $P_s = \dfrac{100}{\%Z} P_n \, [VA] \rightarrow P_s \propto \dfrac{1}{\%Z}$

40 %임피던스와 Ω 임피던스 사이의 관계식은?(단, V : 정격전압[kV], P : 3상 전력의 용량[kVA])

① $\dfrac{PZ}{10\,V^2}$

② $\dfrac{10PZ}{V}$

③ $\dfrac{10\,VZ}{ZP}$

④ $\dfrac{VZ}{P}$

해설

$\%Z_{(3\phi)} = \dfrac{I_n Z}{\text{전체 전압 } V_p\,[\text{kV}]} \times 100 = \dfrac{I_n Z \times 100}{1000\,V_p\,[\text{V}]} \times \left(\dfrac{V_p}{V_p}\right)$

$= \dfrac{\left(\dfrac{1}{3}P\right)Z}{10\left(\dfrac{V_l}{\sqrt{3}}\right)^2} = \dfrac{PZ}{10\,V_l^2}$ (여기서, $\dfrac{1}{3}P$: 3상 중 1상의 전력)

$\therefore \%Z_{(3\phi)} = \dfrac{PZ}{10\,V_l^2} = \dfrac{PZ}{10\,V^2}$[%] (여기서, $V_l,\ V$: 선간전압)

41 정격전압 66[kV], 1선의 유도 리액턴스 10[Ω]인 3상 3선식 송전선의 10000[kVA]를 기준으로 한 %리액턴스는?

① 3.1

② 2.8

③ 2.3

④ 1.8

해설

$\%X = \dfrac{PX}{10\,V^2}\,[\%] = \dfrac{10000 \times 10}{10 \times 66^2} = 2.3\,[\%]$

42 그림과 같은 3상 송전계통에서 송전전압은 22[kV]이다. 그림의 P점에서 3상 단락이 났을 때, 발전기에 흐르는 단락전류는 약 몇 [A]인가?

발전기

선로

$6[\Omega]$ $1[\Omega]$ $4[\Omega]$ P

① 733

② 1270

③ 2200

④ 3810

해설

단락전류는 옴(Ohm) 해석법으로 계산할 수 있다. 발전기에서 고장점까지의 계통 임피던스 $Z = R + jX = 1 + j(6+4) = 1 + j10\,[\text{kV}]$ 이므로

단락전류 $I_s = \dfrac{E}{Z} = \dfrac{V_p}{Z} = \dfrac{V_p}{R + jX} = \dfrac{\left(\dfrac{22000}{\sqrt{3}}\right)}{\sqrt{(1^2 + 10^2)}} \fallingdotseq 1270\,[\text{A}]$

43 그림에서 무부하 송전선의 S지점에서 3상 단락이 일어났을 때의 단락전류[A]는?(단, G_1 : 15[MVA], 11[kV], $\%Z = 30[\%]$, G_2 : 15[MVA], 11[kV], $\%Z = 30[\%]$, T : 30[MVA], 11[kV]/154[kV], $\%Z = 8[\%]$, 송전선 $T-S$ 사이의 거리 50[km], $Z = 0.5[\Omega/\text{km}]$)

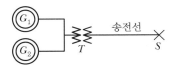

① 12.7

② 151.3

③ 273

④ 383.3

해설

발전기와 변압기의 공급용량이 다르므로, 먼저 기준용량을 정하여 통일한다. 기준용량을 변압기 용량으로 할 경우,

- 퍼센트 임피던스 변환 공식 : $\%Z_{(\text{기준})} = \%Z_{(\text{해당})} \dfrac{\text{기준용량}}{\text{해당용량}}$

  G_1 의 $\%Z = 30 \times \dfrac{30}{15} = 60\,[\%]$, G_2 의 $\%Z = 30 \times \dfrac{30}{15} = 60\,[\%]$,

  Tr 의 $\%Z = 8\,[\%]$

  송전선의 $\%Z = \dfrac{PZ}{10\,V^2} = \dfrac{30000 \times (50[\text{km}] \times 0.5[\Omega/\text{km}])}{10 \times 154^2}$

  $= 3.162\,[\%]$

- 합성 퍼센트 임피던스

  $\%Z = \dfrac{\%Z_g}{n} + \%Z_{tr} + \%Z_l = \dfrac{60}{2} + 8 + 3.16 = 41.16\,[\%]$

- 3상 선로의 단락전류

  $I_s = \dfrac{100}{\%Z} I_n = \dfrac{100}{\%Z}\left(\dfrac{P_n}{\sqrt{3}\,V_l}\right) = \dfrac{100 \times 30000}{\sqrt{3} \times 154 \times 41.16} = 273.2\,[\text{A}]$

다시 말해, 단락사고가 발생한 3상 전력선 중 1선에 흐르는 단락전류가 273.2[A] 이다.

44 3상 단락고장을 대칭좌표법으로 해석할 경우, 다음 중 필요한 것은?

① 정상 임피던스
② 역상 임피던스
③ 영상 임피던스
④ 정상, 역상, 영상 임피던스

해설 전기사고에 따른 불평형 성분표

구분	1선 지락	선간 단락	3선 단락
영상분	○	×	×
정상분	○	○	○
역상분	○	○	×

45 송전선로의 중성점을 접지하는 목적이 아닌 것은?

① 보호계전기의 신속 확실한 동작
② 전선로 및 기기의 절연비용 경감
③ 고장전류 크기의 억제
④ 이상전압의 경감 및 발생 방지

해설 계통의 중성점 접지(직접접지, 저항접지, 코일접지)를 하는 목적
• 계통의 이상전압(높은 전압)을 억제한다. (직접 접지)
• 전선로 전력기기의 절연레벨을 낮출 수 있다. (직접 접지)
• 전력보호계전기의 동작을 확실하게 한다. (직접 접지)
• 1선 지락사고 발생 때에 발생하는 아크(Arc)를 소멸시킨다. (소호 리액터 코일 접지)

46 △ 결선의 3상 3선식 배전선로가 있다. 1선이 지락된 경우, 건전상의 전위상승은 지락 전의 몇 배가 되는가?

① $\dfrac{\sqrt{3}}{2}$
② 1
③ $\sqrt{2}$
④ $\sqrt{3}$

해설

1선 지락사고 발생 시, 건전상 전압 상승이 상전압의 (이론상으로) $\sqrt{3}$ 배 상승한다.

※ 건전상 전압 : 정상상태에서 전선과 대지(땅) 사이의 전압이다. 건전상 전압은 상전압과 유사하지만 상전압과 구분하여 사용한다.

47 1선 지락사고 시 발생하는 지락전류가 가장 적은 중성점 접지 방식은?

① 비접지식
② 직접접지식
③ 저항접지식
④ 소호 리액터 접지식

해설 접지방식에 따른 특성 비교

구분	비접지 방식	직접접지 방식	코일접지 방식
1선 지락사고 시 전압 상승 정도	$\sqrt{3}$ 배(가장 큼)	(상승 없음)	$\sqrt{3}$ 배
1선 지락사고 시 지락전류 크기	지락전류가 없다.	가장 높다.	지락전류가 없다.
유도장해 피해	피해가 없다.	크다.	피해가 없다.
계통의 절연수준	가장 높다.	가장 낮다.	낮다.
과도 안정도	나쁘다.	가장 나쁘다.	가장 좋다.

48 송전선로의 안정도를 향상시키기 위한 대책이 아닌 것은?

① 병행 다회선이나 복도체 방식을 채용
② 속응여자방식을 채용
③ 계통의 직렬 리액턴스를 증가
④ 고속도 차단기를 이용

해설 계통의 직렬 리액턴스를 적게 하기 위한 대책
• 리액턴스가 적은 기기(발전기, 변압기)의 채용
• 복도체 및 병행 다회선 방식의 채용
• 직렬 콘덴서의 설치
• 단락비가 큰 기기의 설치

49 송전계통의 안정도를 향상시키는 대책으로 적당하지 않은 것은?

① 직렬 콘덴서로 선로의 리액턴스를 보상한다.
② 기기의 리액턴스를 감소한다.
③ 발전기의 단락비를 작게 한다.
④ 계통을 연계한다.

해설 계통의 직렬 리액턴스를 적게 하기 위한 대책
• 리액턴스가 적은 기기(발전기, 변압기)의 채용
• 복도체 및 병행 다회선 방식의 채용
• 직렬 콘덴서의 설치
• 단락비가 큰 기기의 설치

50 3상 송전선로와 통신선이 병행되어(병가되어) 있는 경우, 통신선에 유도장해를 일으키는 요소로서 통신선에 유도되는 정전유도전압은?

① 통신선의 길이에 비례한다.
② 통신선의 길이의 자승에 비례한다.
③ 통신선의 길이에 반비례한다.
④ 통신선의 길이에 관계없다.

해설
정전유도전압은 주파수나 통신선의 병행 길이와 관계없다.

51 전력선과 통신선 사이의 상호 인덕턴스에 의해서 발생하는 유도장해는?

① 단락유도장해　　② 전자유도장해
③ 심한유도장해　　④ 정전유도장해

해설
• 정전유도장해 : 상호 정전용량(C_m)에 의해 발생
• 전자유도장해 : 상호 인덕턴스(M)에 의해 발생

52 유도장해를 방지하기 위한 전력선측의 대책으로 옳지 않은 것은?

① 소호 리액터를 채용한다.
② 차폐선을 설치한다.
③ 중성점 전압을 가능한 한 높게 한다.
④ 중성점 접지에 고저항을 넣어서 지락전류를 줄인다.

해설
완전연가를 하여 선로정수를 평형시킴으로써 중성점 전압을 0으로 해야 유도장해를 방지할 수 있다.

53 전력선측의 유도장해 방지대책이 아닌 것은?

① 전력선과 통신선의 이격거리를 증대시킨다.
② 전력선의 연가를 충분히 한다.
③ 배류코일을 사용한다.
④ 차폐선을 설치한다.

해설
배류코일은 통신선측 유도장해 방지대책이다.
※ 배류코일 : 중성점 전류를 방전하기 위한 코일

54 송배전선로의 이상전압의 내부적 원인이 아닌 것은?

① 선로의 개폐서지
② 아크 접지
③ 선로의 이상 상태
④ 유도뢰

해설
㉠ 전선로 내부의 이상전압
• 3상 선로에서 1선 지락사고가 발생하면 전위가 상승한다.
• 무부하 선로의 충전전류를 개폐할 때, 충격파에 의한 전위상승은 대지전압의 최대 6배이지만, 보통 4배 이하의 이상전압이다.
• 페란티 현상에 의해서 발전기측 전위가 상승한다.(발전기의 자기여자현상)
• 중성점 잔류전압에 의해 전위가 상승한다.
㉡ 전선로 외부의 이상전압 : 직격뢰, 유도뢰

55 다음의 충격파형은 직격뢰에 의한 파형이다. 여기에서 T_f와 T_e는 각각 무엇을 나타낸 것인가?

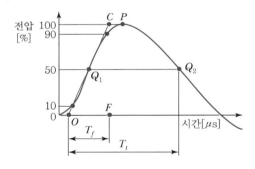

① T_f＝파고값, T_e＝파미 길이
② T_f＝파두 길이, T_e＝충격파 길이
③ T_f＝파미 길이, T_e＝충격반파 길이
④ T_f＝파두 길이, T_e＝파미 길이

56 송전선로에 가공지선을 설치하는 목적은?

① 코로나 방지
② 뇌에 대한 차폐
③ 선로정수의 평형
④ 미관상 필요

해설 **가공지선 설치목적**
• 직격뇌에 대한 차폐효과가 있다.
• 유도뇌에 대한 정전차폐효과가 있다.
• 인근 통신선에 대한 전자유도장해를 낮추는 효과가 있다.

57 가공지선에 대한 설명으로 옳은 것은?

① 차폐각은 보통 15∼30° 정도로 한다.
② 차폐각이 클수록 벼락에 대한 차폐효과가 크다.
③ 가공지선을 2선으로 하면 차폐각이 작아진다.
④ 가공지선으로는 연동선을 주로 사용한다.

해설
가공지선을 2선으로 하면 차폐각은 작아지므로, 결국 전선로 보호율이 커진다.

58 뇌해(낙뢰로 인한 전선로 피해) 방지와 관계가 없는 것은?

① 매설지선
② 가공지선
③ 소호각
④ 댐퍼

해설
댐퍼는 전선의 진동방지 목적으로 사용한다.

59 송전선로의 철탑에서 차폐각에 대한 설명 중 옳은 것은?

① 클수록 보호효율이 크다.
② 클수록 건설비가 적다.
③ 기존의 대부분인 45°에서 보호효율은 80[%] 정도이다.
④ 보통 90° 이상이다.

해설
차폐각이 작을수록 보호효율은 좋아지지만, 건설비가 많이 든다. 기존에 건설된 송전선로 철탑은 차폐각이 대개 45°이므로, 보호효율은 97[%]이고, 나머지 3[%]의 경우가 전선에 직격된다.

60 송전선로에서 역섬락이 생기기 쉬운 경우는?

① 선로손실이 클 때
② 코로나현상이 발생할 때
③ 선로정수가 균일하지 않을 때
④ 철탑의 접지저항이 클 때

해설
탑각 접지저항이 크면, 직격뇌의 전류가 대지로 흐를 수 없게 되어, 뇌전류가 애자를 타고 전선로로 방전되어 역섬락 현상을 일으킨다.
※ 탑각 : 철탑의 기초와 몸체 사이의 다리 부분

61 송전선로에서 매설지선을 설치하는 목적은?

① 코로나 전압의 감소
② 뇌해의 방지
③ 기계적 강도의 증가
④ 절연강도의 증가

62 피뢰기의 구조를 옳게 설명한 것은?

① 특성요소와 소호 리액터
② 특성요소와 콘덴서
③ 소호 리액터와 콘덴서
④ 특성요소와 직렬갭

해설
• 직렬갭 : 방습 애관 내에 밀봉된 평면 또는 구면 전극을 계통전압에 따라 직렬로 접속한 다극 구조이다. 직렬갭은 속류를 차단하고, 소호 역할을 하며, 충격파에 대해서 되도록 낮은 전압에서 방전하는 기능을 한다.
• 특성요소 : 낙뢰의 전류를 방전할 때, 피뢰기(LA) 자신의 전위상승을 억제하여 절연파괴를 방지하는 역할을 한다.

63 피뢰기의 직렬갭의 역할은?

① 속류 차단
② 특성요소 보호
③ 저압분배 개선
④ 손실 감소

🔒정답 **56** ② **57** ③ **58** ④ **59** ② **60** ④ **61** ② **62** ④ **63** ①

방습 애관 내에 밀봉된 평면 또는 구면 전극을 계통전압에 따라 직렬로 접속한 다극 구조이다. 직렬갭은 속류를 차단하고, 소호 역할을 하며, 충격파에 대해서 되도록 낮은 전압에서 방전하는 기능을 한다.

64 피뢰기의 제한전압이 의미하는 것은?

① 상용주파수의 방전개시전압
② 충격파의 방전개시전압
③ 충격방전 종료 후 전력계통으로부터 피뢰기에 상용주파수의 전류가 흐르고 있는 동안의 피뢰기 단자전압
④ 충격방전전류가 흐르고 있는 동안의 피뢰기 단자전압의 파고값

해설 피뢰기의 제한전압

변압기 보호전압 = LA에 걸리는 전압
이상전압의 충격파 전류가 선로에 흐르고 있을 때, 피뢰기의 양쪽 단자에 걸리는 전압이다. 제한전압은 피뢰기가 이상전압을 처리하고 피뢰기 양단에 남은 전압으로 대지로 마저 방전해야 하는 전압이므로, 낮을수록 좋다.

65 피뢰기의 구비조건으로 적합하지 않은 것은?

① 충격방전개시전압이 높을 것
② 상용주파 방전개시전압이 높을 것
③ 속류의 차단능력이 충분할 것
④ 방전내량이 크고, 제한전압이 낮을 것

해설 피뢰기의 구비조건

• 속류를 차단할 동작 책무가 있을 것
• 제한전압이 변압기 내압보다 낮을 것
• 충격방전개시전압이 낮을 것
• 상용주파 방전개시전압이 높을 것(상용주파전압의 1.5배까지는 무동작, 1.5배 초과 시 동작)
• 이상전압 방전이 잦더라도 장시간, 여러 횟수에 견딜 것
• 방전내량이 클 것 → 방전 시 피뢰기 내부에 걸리는 큰 내압($V=IR$)에 견뎌야 함
• 내구성 및 경제성이 좋을 것

66 전력계통의 절연협조계획에서 채택되어야 하는 모선피뢰기와 변압기의 관계에 대한 그래프로 옳은 것은?

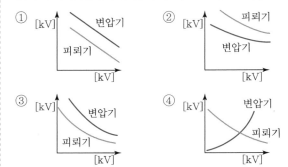

해설

피뢰기의 제한전압은 전력기기들의 BIL(기준충격 절연강도)보다 낮아야 한다.

67 송전계통의 절연협조에 있어서 절연레벨(절연수준, 절연강도)을 가장 낮게 잡고 있는 기기는 어떤 기기인가?

① 피뢰기　　　　　② 단로기
③ 변압기　　　　　④ 차단기

68 변전소 운영 목적이 아닌 것은?

① 경제적인 이유에서 전압을 승압 또는 강압한다.
② 발전전력을 집중 연계한다.
③ 수용가에 배분하고 정전을 최소화한다.
④ 전력의 발생과 계통의 주파수를 변환시킨다.

69 배전용 변전소의 주 변압기로 사용되는 변압기 종류는?

① 단권변압기　　　② 3권선 변압기
③ 체강변압기　　　④ 체승변압기

해설

배전용 변전소는 수용가 방향의 배전선로와 관련되므로, 송전계통의 높은 전압을 배전방식에 맞는 낮은 전압으로 강압해야 한다. 고압을 저압으로 강압하는 체강변압기(Step Down Tr)를 주 변압기로 사용한다.

🔒정답 64 ④　65 ①　66 ③　67 ①　68 ④　69 ③

70 공기차단기와 SF$_6$ 가스차단기를 비교한 특징으로 틀린 것은?

① 절연내력이 공기의 2~3배이다.
② 밀폐구조이므로 소음이 없다.
③ 소전류 차단 시 이상전압이 높다.
④ 아크에 SF$_6$ 가스는 분해되지 않고 무독성이다.

해설 육불화황 가스 SF$_6$의 특징
- 불연성, 비폭발성이며 무색, 무취, 무독성이다. 인체에는 무해하지만, 환경에 매우 유해하다.
- 열전도율이 뛰어나다.(공기의 열전도율보다 1.6배 좋다.)
- 절연내력이 뛰어나다.(공기의 절연내력보다 약 3배의 절연내력(106[kV/cm])을 갖는다.)
- 아크 소호능력이 공기의 소호능력의 100배이다.

71 SF$_6$ 가스차단기에 대한 설명으로 옳지 않은 것은?

① 공기에 비하여 소호능력이 약 100배 정도이다.
② 절연거리를 작게 할 수 있어 차단기 전체를 소형, 경량화할 수 있다.
③ SF$_6$ 가스를 이용한 것으로서 독성이 있으므로 취급에 유의하여야 한다.
④ SF$_6$ 가스 자체는 불활성 기체이다.

72 유입차단기의 특징이 아닌 것은?

① 방음설비가 필요하다.
② 부싱 변류기를 사용할 수 있다.
③ 소호능력이 크다.
④ 높은 재기전압 상승에서도 차단 성능에 영향이 없다.

73 차단기의 소호재료가 아닌 것은?

① 기름   ② 공기
③ 수소   ④ SF$_6$

74 3상 전력용 차단기의 정격차단용량은 어떻게 계산되는가?

① 정격전압 × 정격차단전류
② 3 × 정격전압 × 정격전류
③ 3 × 정격전압 × 정격차단전류
④ $\sqrt{3}$ × 정격전압 × 정격차단전류

해설 (3상) 차단기의 정격차단용량

$$P_s = \sqrt{3}\, V_n I_n = \frac{100}{\%Z} P_n \,[\text{MVA}]$$ (V_n : 정격전압, I_n : 정격전류)

75 정정(Setting Value)된 최소동작전류 이상의 전류가 흐르면 즉시 차단동작신호를 차단기에 보내는 계전기는?

① 반한시계전기
② 정한시계전기
③ 순한시계전기
④ Notching 한시계전기

해설 동작시한(시간)에 따른 계전기 분류
- 순한시계전기 : 고장을 검출 후, 즉시(바로) 차단기에 차단동작신호를 보내는 고속도 계전방식
- 정한시계전기 : 고장을 검출 후, 일정시간이 지나 차단기에 차단동작신호를 보내는 계전방식(고장의 종류가 무엇이든 계전기가 이상을 감지하고 바로 차단기로 차단동작신호를 보내는 것이 아닌 일정 시간이 지난 후에 동작신호를 보낸다.)
- 반한시계전기 : 고장전류가 클수록 차단동작신호 전송시간이 짧고, 고장전류가 작을수록 차단동작신호 전송시간이 긴 특성을 지닌 계전방식
- 반한시 정한시성 계전기 : 고장전류의 크기가 일정 범위 이내에서는 '반한시 계전방식'으로 차단기에 차단동작신호를 보내지만, 고장전류의 크기가 설정한 일정값 이상에서는 '정한시 계전방식'으로 동작하는 계전방식

76 계전기의 반한시 특성으로 옳은 것은?

① 동작전류가 클수록 동작시간이 길어진다.
② 동작전류가 흐르는 순간에 동작한다.
③ 동작전류에 관계없이 동작시간은 일정하다.
④ 동작전류가 크면 동작시간은 짧아진다.

77 다음 계전기의 특성곡선에서 D가 의미하는 것은?

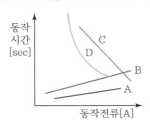

① 반한시성 정한시 특성   ② 반한시특성
③ 정한시특성   ④ 순한시특성

78 전압이 정정치 이하로 되었을 때 동작하는 것으로서 단락고장 검출 등에 사용되는 계전기는?

① 부족전압계전기
② 비율차동계전기
③ 재폐로계전기
④ 선택계전기

해설 기능(용도)에 따른 계전기 분류
• 과전류계전기(OCR) : 설정한 전류값 이상의 전류를 검출하는 계전기
• 과전압계전기(OVR) : 설정한 전압값 이상의 전압을 검출하는 계전기
• 부족전압계전기(UCR) : 설정한 전압값 이하의 전압을 검출하는 계전기

79 재폐로차단기에 대한 설명으로 옳은 것은?

① 배전선로용은 고장구간을 고속차단하여 제거한 후 다시 수동조작에 의해 배전이 되도록 설계된 것이다.
② 재폐로계전기와 함께 설치하여 계전기가 고장을 검출하여 이를 차단기에 통보, 차단하도록 된 것이다.
③ 3상 재폐로 차단기는 1상의 차단이 가능하고 무전압시간을 약 20~30초로 정하여 재폐로하도록 되어 있다.
④ 송전선로의 고장구간을 고속차단하고 재송전하는 조작을 자동적으로 시행하는 재폐로차단장치를 장비한 자동차단기이다.

해설
계통의 안정도를 향상시킬 목적으로, 차단기가 계통을 차단하고, 이어서 일정시간 후 자동적으로 폐로(Close)하여 전력을 투입하는 일련의 동작을 재폐로라고 한다.

80 변압기를 보호하기 위한 계전기로 사용되지 않는 것은?

① 비율차동계전기   ② 온도계전기
③ 부흐홀츠계전기   ④ 선택접지계전기

해설 선택접지계전기
2회선(다회선) 송전선로에서 한 회선에 지락전류(I_g)가 흐를 경우, 이를 검출하여 해당 회선만을 선택적으로 차단하도록 하는 계전기

81 발전기, 변압기, 선로 등의 단락보호용으로 사용되는 것으로 보호할 회로의 전류가 정정치보다 커질 때 동작하는 계전기는?

① OCR   ② OVR
③ SGR   ④ UCR

82 $3\phi\,4w$ 선식으로 공급되는 배전선로의 전력손실 경감을 위한 대책이 아닌 것은?

① 피더 수를 늘린다.
② 역률을 개선한다.
③ 배전전압을 높인다.
④ 네트워크 방식을 채택한다.

해설 배전선로의 $3\phi\,4w$ 전기공급 방식의 손실감소 대책
• 승압한다.
• 역률을 개선한다.
• 배전거리를 짧게 한다.
• 부하 불평형을 방지한다.(전기법규에 따르면, $1\phi\,3w$ 배전선로는 불평형률 40[%] 이하, $3\phi\,4w$ 배전선로는 불평형률 30[%] 이하로 제한한다.)
• 노화된 설비를 교체한다.
• 급전선(Feeder)을 가능한 한 줄인다.

83 환상식 배전방식(루프 시스템)의 이점은?

① 전선비가 적게 든다.
② 증설이 용이하다.
③ 농촌에 적당하다.
④ 전압변동이 적다.

정답 77 ①   78 ①   79 ④   80 ④   81 ①   82 ①   83 ④

- 가지식 방식보다 선로고장에 대한 융통성이 좋다.
- 가지식 방식보다 전압강하(전압변동) 및 전력손실이 적다.
- 가지식 방식보다 전력공급 신뢰도가 좋다.
- 부하밀집지역이 적합하므로, 소도시나 시가지(Town)에 적용하기 적합하다.

84 저압뱅킹 배전방식(Banking System)이 어울리는 지역은?

① 농촌
② 어촌
③ 부하밀집지역
④ 화학공장

해설

뱅킹 배전방식은 대도시(City)와 같은 부하밀집지역에 적합하다.

85 저압 뱅킹 배전방식에서 캐스케이딩(Cascading) 현상이란?

① 저압선이나 변압기에 고장이 생기면 자동적으로 고장이 제거되는 현상
② 변압기의 부하 배분이 균일하지 못한 현상
③ 저압선의 고장에 의하여 건전한 변압기의 일부 또는 전부가 차단되는 현상
④ 전압 동요가 적은 현상

해설 캐스케이딩 현상

변압기 2차측의 저압선 일부가 고장 나면, 해당 퓨즈만 용단되어야 하는데, 연결된 퓨즈를 통해 선로를 타고 사고가 다른 지역으로 확대되는 현상이다. 이러한 캐스케이딩 현상으로 연결된 모든 변압기가 차단될 수도 있다.

86 단상 3선식 110/220[V]에 대한 설명으로 옳은 것은?

① 전압불평형이 우려되므로 콘덴서를 설치한다.
② 중성선과 외선 사이에만 부하를 사용하여야 한다.
③ 중성선에는 반드시 퓨즈를 끼워야 한다.
④ 두 개의 전압을 얻을 수 있고, 전선량을 절약하는 이점이 있다.

87 부하의 역률이 $\cos\theta$일 때 배전선로의 저항손실과 같은 크기의 부하전력에서 역률이 1일 때의 저항손실을 비교하면?(단, 수전단전압은 일정하다.)

① 1
② $\dfrac{\sqrt{2}}{\cos\theta}$
③ $\dfrac{1}{\cos\theta}$
④ $\dfrac{1}{\cos^2\theta}$

해설

(단상/3상) 교류 배전선로에서 저항에 의한 손실은

전력손실 $P_l = \dfrac{P^2}{V^2\cos^2\theta}R\,[\text{W}]$ 이다.

그러므로 $P_l \propto \dfrac{1}{V^2} \propto \dfrac{1}{\cos^2\theta}$ 관계가 성립한다.

88 분산부하의 배전선로에서 선로의 전력손실은?

① 전압강하에 비례한다.
② 전압강하에 반비례한다.
③ 전압강하의 제곱에 비례한다.
④ 전압강하의 제곱에 반비례한다.

해설

분산부하에서 전력손실($3\phi\,3\text{w}$, $3\phi\,4\text{w}$)은

$P_l = 3I^2R = \dfrac{P^2}{V^2\cos^2\theta_n}R_n\,[\text{W}]$ 이므로 $P_l \propto \dfrac{1}{V^2}$ 관계가 성립한다.

89 $3\phi\,4\text{w}$ 선식으로 공급되는 배전선로의 전력손실 경감과 관계가 없는 것은?

① 승압
② 다중접지방식 채용
③ 역률 개선
④ 부하의 불평형 방지

해설 배전선로($3\phi\,4\text{w}$) 손실 감소대책

- 승압한다.
- 역률을 개선한다.
- 배전거리를 짧게 한다.
- 부하 불평형을 방지한다.(전기법규에 따르면, $1\phi\,3\text{w}$ 배전선로는 불평형률 40[%] 이하, $3\phi\,4\text{w}$ 배전선로는 불평형률 30[%] 이하로 제한한다.)
- 노화된 설비를 교체한다.
- 급전선(Feeder)을 가능한 한 줄인다.

🔒정답 84 ③ 85 ③ 86 ④ 87 ④ 88 ③ 89 ②

90 정격전압 1차 6600[V], 2차 220[V]의 단상 변압기 두 대를 승압기로 V결선하여 6300[V]의 3상 전원에 접속한다면 승압된 전압[V]은?

① 6410
② 6460
③ 6510
④ 6560

해설

승압 후 전압 $E_2 = E_1 + \left(\dfrac{e_1}{e_2}E_1\right) = 6300 + \left(\dfrac{220}{6600} \times 6300\right) = 6510\,[\mathrm{V}]$

91 배전선로로부터 전원을 공급받는 수변전실(혹은 송전선로로부터 전원을 공급받는 변전소)에서 비접지선로의 지락사고 보호용으로 수전전력의 영상전류를 검출하는 전력기기는?

① CT
② GPT
③ ZCT
④ PT

해설

영상변류기(ZCT)는 영상전류(지락전류)를 검출하여 지락계전기 또는 접지계전기(GR)로 공급한다.

92 발전기나 변압기의 내부고장 검출에 주로 사용되는 계전기는?

① 비율차동계전기
② 역상계전기
③ 과전류계전기
④ 과전압계전기

해설 비율차동계전기

변압기의 내부에 전기적인 고장이 발생할 경우, 고·저압측에 설치한 CT기기 2차측의 억제코일에 흐르는 전류차가 설정(Setting)한 일정비율[%] 이상이 됐을 때 이를 검출하는 계전방식이다.
※ 전류차의 일정비율 이상의 정도는 전류차가 없는 0[A]를 기준으로 30[%], 40[%] 이상의 차가 발생했을 때이다.

93 변성기(MOF)의 정격부담을 표시하는 기호는?

① W
② S
③ dyne
④ VA

94 변전설비의 합성최대수용전력에서 수용률의 의미는?

① 수용률 $= \dfrac{\text{평균전력[kW]}}{\text{설비용량[kW]}} \times 100\,[\%]$

② 수용률 $= \dfrac{\text{설비용량[kW]}}{\text{평균전력[kW]}} \times 100\,[\%]$

③ 수용률 $= \dfrac{\text{최대수용전력[kW]}}{\text{부하설비합계[kW]}} \times 100\,[\%]$

④ 수용률 $= \dfrac{\text{부하설비합계[kW]}}{\text{최대수용전력[kW]}} \times 100\,[\%]$

95 연간 전력량 $E\,[\mathrm{kWh}]$, 연간 최대전력 $W\,[\mathrm{kW}]$일 때 연부하율은 몇 [%]인가?

① $\dfrac{E}{W} \times 100$

② $\dfrac{W}{E} \times 100$

③ $\dfrac{8{,}760\,W}{E} \times 100$

④ $\dfrac{E}{8{,}760\,W} \times 100$

해설

$$
\begin{aligned}
\text{연부하율} &= \frac{\text{한 수용가의 1년 평균전력량}}{\text{한 수용가의 1년 최대전력량}} \times 100\,[\%] \\
&= \frac{\text{연평균전력량[kWh]}}{24 \times 365 \times \text{최대전력량[kWh]}} \times 100\,[\%] \\
&= \frac{E\,[\mathrm{kWh}]}{24 \times 365 \times W\,[\mathrm{kW}]} \times 100\,[\%] \\
&= \frac{E}{8760\,W} \times 100\,[\%]
\end{aligned}
$$

96 수전용량에 비해 첨두부하가 커지면 부하율은 그에 따라 어떻게 되는가?

① 낮아진다.
② 높아진다.
③ 변하지 않고 일정하다.
④ 부하의 종류에 따라 달라진다.

해설

첨두부하(최대전력)가 증가하면 부하율은 낮아진다.

$$부하율 = \frac{평균전력량[kWh]}{최대전력량[kWh]}$$

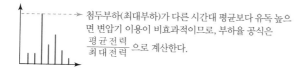 첨두부하(최대부하)가 다른 시간대 평균보다 유독 높으면 변압기 이용이 비효과적이므로, 부하율 공식은 $\frac{평균\ 전력}{최대\ 전력}$ 으로 계산한다.

97 배전계통에서 부등률의 의미는?

① $\dfrac{최 대 수 용 전 력}{설 비 용 량}$

② $\dfrac{부 하 의\ 평 균 전 력 의\ 합}{부 하 설 비 의\ 최 대 전 력}$

③ $\dfrac{각\ 부 하 의\ 최 대 수 용 전 력 의\ 합}{각\ 부 하 를\ 종 합 했 을\ 때 의\ 최 대 수 용 전 력}$

④ $\dfrac{최 대 부 하\ 시 의\ 설 비 용 량}{정 격 용 량}$

98 각 개의 최대수요전력의 합계는 그 군의 종합최대수요전력보다도 큰 것이 보통이다. 이 최대전력의 발생 시각 또는 발생 시기의 분산을 나타내는 지표는?

① 전일효율　　　② 부등률
③ 부하율　　　　④ 수용률

해설

$$부등률 = \frac{\sum 각\ 수용가의\ 최대수용전력[kW]}{합성최대전력[kW]} \geq 1$$

99 "수용률이 크다. 부등률이 크다. 부하율이 크다."라는 말의 의미는?

① 항상 같은 정도의 전력을 소비하고 있다는 것이다.
② 전력을 가장 많이 소비할 때는 사용하지 않는 전기 기구가 별로 없다는 것이다.
③ 전력을 가장 많이 소비하는 시간이 지역에 따라 다르다는 것이다.
④ 전력을 가장 많이 소비하는 시간이 모든 지역에서 같다는 것이다.

기출 및 예상문제

01 전압의 종별에서 교류 600[V]는 무엇으로 분류하는가?

① 저압　　　　　　　② 고압
③ 특고압　　　　　　④ 초고압

해설 KEC 적용범위

전기 종류 / 전압 범위	교류(AC)	직류(DC)
저압	1[kV] 이하	1.5[kV] 이하
고압	1[kV] 초과~7[kV] 이하	1.5[kV] 초과~7[kV] 이하
특고압	7[kV] 초과	

02 옥내배선의 전선 굵기를 결정할 때, 고려되는 사항이 아닌 것은?

① 절연저항　　　　　② 전압강하
③ 허용전류　　　　　④ 기계적 강도

해설 전선 굵기를 선정할 때 고려사항
허용전류, 전압강하, 기계적 강도

03 "지지물"의 정의에 대한 설명으로 가장 적당한 것은?

① 지중전선로를 보호하는 설비를 말한다.
② 전주 및 철탑과 이와 유사한 시설물로서 전선류를 지지하는 것을 주목적으로 하는 것을 말한다.
③ 목주나 철근으로 전주를 지지 보호하는 것을 주목적으로 하는 설비를 말한다.
④ 지중에 시설하는 수관 및 가스관 그리고 매설지선을 보호하는 것을 주목적으로 하는 것을 말한다.

해설
전선로는 지지물, 전선, 지선, 애자로 구성된다.

04 최대사용전압이 440[V]인 전동기의 절연내력 시험전압은 몇 [V]인가?

① 330　　　　　　　② 440
③ 500　　　　　　　④ 660

해설
전동기는 회전기에 속하며, 7[kV] 이하이므로, 시험전압 $V = 440 \times 1.5 = 660$[V]이다. 하지만 최저시험전압이 500[V]를 넘으므로 660[V]로 한다.

05 3300[V] 고압 유도전동기의 절연내력 시험전압은 최대사용전압의 몇 배를 10분간 가하는가?

① 1배　　　　　　　② 1.25배
③ 1.5배　　　　　　④ 2배

해설
7[kV] 이하이므로 시험전압은 최대사용전압의 1.5배이다.

06 고압용 SCR의 절연내력 시험전압은 직류측 최대사용전압의 몇 배의 교류전압인가?

① 1배　　　　　　　② 1.25배
③ 1.5배　　　　　　④ 2배

해설

종류		시험전압	시험방법
정류기	60[kV] 이하	직류측의 최대사용전압의 1배의 교류전압(최저 500[V])	충전부분과 외함 간
	60[kV] 초과	직류측의 최대사용전압의 1.1배의 교류전압 또는 직류측의 최대사용전압의 1.1배의 직류전압	교류측 및 직류고전압측 단자와 대지 간

🔒정답　**01** ①　**02** ①　**03** ②　**04** ④　**05** ③　**06** ①

07 최대사용전압이 7.2[kV]인 비접지식 변압기의 절연내력 시험전압은 몇 [kV]인가?

① 9[kV]　　　　　　② 10.5[kV]
③ 12.5[kV]　　　　　④ 20.5[kV]

해설
7[kV]를 초과하는 비접지식 변압기이므로, 절연내력 시험전압은 $V = 7200 \times 1.25 = 9$[kV]이다. 하지만 최저시험전압은 10.5[kV]이다.

08 중성점 접지선로에 접속한 66[kV] 변압기의 절연내력 시험전압은 몇 [kV]인가?

① 72.6　　　　　　② 75.0
③ 82.5　　　　　　④ 99.0

해설
60[kV]를 초과하는 중성점 접지식 전로이므로, 사용전압의 1.1배를 한다. $V = 66000 \times 1.1 = 72.6$[kV]이지만, KEC 규정에 따르면 최저시험전압은 75[kV]이다.

09 전압이 22900[V]인 중성점 접지식 전로로서 중성선이 있고 그 중성선을 다중접지하는 경우 절연내력 시험전압은 최대사용전압의 몇 배로 하는가?

① 0.72배　　　　　② 0.92배
③ 1.1배　　　　　　④ 1.25배

해설
7[kV] 초과 25[kV] 이하인 중성점 다중접지식 전로의 시험전압는 0.92배이다.

10 최대사용전압이 1차 22[kV], 2차 6.6[kV] 권선으로서 중성점 비접지식 전로에 접속하는 변압기의 특고압측 절연내력 시험전압은 몇 [V]인가?

① 24[kV]　　　　　② 27.5[kV]
③ 33[kV]　　　　　④ 44[kV]

해설
7[kV]를 초과하는 비접지식 전로의 시험전압은 사용전압의 1.25배이다. 시험전압 $V = 22$[kV]$\times 1.25 = 27.5$[kV]

11 전로의 중성점을 접지하는 목적이 아닌 것은?

① 고전압 침입 예방
② 이상 시 전위상승 억제
③ 보호계전장치 등의 확실한 동작의 확보
④ 부하전류의 경감으로 전선을 절약

해설
전로 보호장치의 확실한 동작의 확보, 이상전압의 억제 및 대지전압의 저하를 위하여 전로의 중성점에 접지공사를 한다.

12 다음 중 특히 필요한 경우에 전로의 중성점에 접지공사를 하는 목적으로 적절하지 않은 것은?

① 보호장치의 확실한 동작 확보
② 이상전압의 억제
③ 대지전압의 저하
④ 부하전류의 일부를 대지로 흐르게 함으로써 위험에 대처

해설
전로 보호장치의 확실한 동작의 확보, 이상전압의 억제 및 대지전압의 저하를 위하여 전로의 중성점에 접지공사를 한다.

13 저압 옥내배선에 사용하는 연동선의 최소 굵기는 몇 [mm²]인가?

① 1.5　　　　　　② 2.5
③ 4.0　　　　　　④ 6.0

14 진열장 내부의 저압 옥내배선에 대해 옳지 않은 것은?

① 건조한 상태에서 시설할 것
② 전선은 단면적이 0.75[mm²] 이상인 코드 또는 캡타이어 케이블일 것
③ 코드선의 지지점 간의 간격은 2[m]로 할 것
④ 전선은 건조한 목재, 콘크리트, 석재 등의 조영재에 그 피복을 손상하지 아니하도록 적당한 기구로 붙일 것

해설
진열장 내부 관등회로 배선 시, 전선의 부착점 간의 거리는 1[m] 이하로 하고 배선에는 전구 또는 기구의 중량을 지지하지 않도록 할 것

🔒정답　07 ②　08 ②　09 ②　10 ②　11 ④　12 ④　13 ②　14 ③

15 옥내에 시설하는 저압전선으로 나전선을 절대로 사용할 수 없는 경우는?

① 애자사용공사에 의하여 전개된 곳에 시설하는 전기로용 전선

② 이동기중기에 전기를 공급하기 위하여 사용하는 접촉 전선

③ 합성수지몰드공사에 의하여 시설하는 경우

④ 버스덕트공사에 의하여 시설하는 경우

해설 나전선을 사용할 수 있는 경우
- 전기로용 전선
- 전선의 피복 절연물이 부식하는 장소에 시설하는 전선
- 취급자 이외의 자가 출입할 수 없도록 설비한 장소에 시설하는 전선
- 버스덕트공사에 의하여 시설하는 경우
- 라이팅덕트공사에 의하여 시설하는 경우
- 접촉전선을 시설하는 경우

16 철근콘크리트주(전주) 외등을 시설하는 공사방법으로 틀린 것은?

① 애자공사
② 케이블공사
③ 금속관공사
④ 합성수지관공사

해설 232.56(애자공사) 조항
전주 외등은 외부의 충격이나 부식으로부터 보호하기 위해 애자공사를 제외한 케이블공사, 금속관공사, 합성수지관공사 등으로 시설해야 한다.

17 애자사용공사를 습기가 많은 장소에 시설하는 경우 전선과 조영재 사이의 이격거리는 몇 [cm] 이상이어야 하는가?(단, 사용전압은 440[V]인 경우이다.)

① 2.0[cm]
② 2.5[cm]
③ 4.5[cm]
④ 6.0[cm]

해설

▶표 221.2-1 시설장소별 조영재 사이의 이격거리

시설 장소	전선 상호 간의 간격		전선과 조영재 사이의 이격거리	
	사용전압이 400[V] 이하인 경우	사용전압이 400[V] 초과인 경우	사용전압이 400[V] 이하인 경우	사용전압이 400[V] 초과인 경우
비나 이슬에 젖지 않는 장소	6[cm]	6[cm]	2.5[cm]	2.5[cm]
비나 이슬에 젖는 장소	6[cm]	12[cm]	2.5[cm]	4.5[cm]

18 사용전압이 480[V]인 옥내 전압 절연전선을 애자사용공사에 의해서 점검할 수 없는 은폐장소에 시설하는 경우 전선 상호 간의 간격은 몇 [cm] 이상이어야 하는가?

① 6
② 10
③ 12
④ 15

해설

▶표 221.2-1 시설장소별 조영재 사이의 이격거리

시설 장소	전선 상호 간의 간격		전선과 조영재 사이의 이격거리	
	사용전압이 400[V] 이하인 경우	사용전압이 400[V] 초과인 경우	사용전압이 400[V] 이하인 경우	사용전압이 400[V] 초과인 경우
비나 이슬에 젖지 않는 장소	6[cm]	6[cm]	2.5[cm]	2.5[cm]
비나 이슬에 젖는 장소	6[cm]	12[cm]	2.5[cm]	4.5[cm]

19 욕탕의 양단에 판상 전극을 설치하고, 그 전극 상호 간에 미약한 교류전압을 가하여 입욕자에게 전기적 자극을 주는 전기욕기의 전원변압기 2차측 전로의 사용전압은 몇 [V] 이하인 것을 사용하여야 하는가?

① 5
② 10
③ 30
④ 60

해설
전기욕기용 전원장치(내장되는 전원변압기)의 2차측 전로의 사용전압이 10[V] 이하일 것

20 합성수지관공사 시에 관의 지지점 간의 거리는 몇 [m] 이하로 하여야 하는가?

① 1.0
② 1.5
③ 2.0
④ 2.5

해설
관 상호 간 및 박스와는 관을 삽입하는 깊이를 관의 바깥지름의 1.2배(접착제를 사용하는 경우에는 0.8배) 이상으로 하고 또한 꽂음 접속에 의하여 견고하게 접속할 것

🔒**정답** 15 ③ 16 ① 17 ③ 18 ① 19 ② 20 ②

21 다음 중 아크 용접장치의 시설 기준으로 옳지 않은 것은?

① 용접변압기는 절연변압기일 것
② 용접변압기의 1차측 전로의 대지전압은 400[V] 이하일 것
③ 용접변압기 1차측 전로에서 용접변압기에 가까운 곳에 쉽게 개폐할 수 있는 개폐기를 시설할 것
④ 피용접재 또는 이와 전기적으로 접속되는 받침대, 정반 등의 금속체에는 접지공사를 할 것

해설
이동형의 용접 전극을 사용하는 아크 용접장치는 다음에 따라 시설하여야 한다.
• 용접변압기는 절연변압기일 것
• 용접변압기의 1차측 전로의 대지전압은 300[V] 이하일 것
• 용접변압기의 1차측 전로에는 용접변압기에 가까운 곳에 쉽게 개폐할 수 있는 개폐기를 시설할 것
• 용접기 외함 및 피용접재 또는 이와 전기적으로 접속되는 받침대 · 정반 등의 금속체는 접지공사를 하여야 한다.

22 다음 중 농사용 저압 가공전선로의 시설 기준으로 옳지 않은 것은?

① 사용전압이 저압일 것
② 저압 가공전선의 인장강도는 1.38[kN] 이상일 것
③ 저압 가공전선의 지표상 높이는 3.5[m] 이상일 것
④ 전선로의 경간은 40[m] 이하일 것

해설
농사용 전등 · 전동기 등에 공급하는 저압 가공전선로는 그 저압 가공전선이 건조물의 위에 시설되는 경우
• 사용전압은 저압일 것
• 저압 가공전선은 인장강도 1.38[kN] 이상의 것 또는 지름 2[mm] 이상의 경동선일 것
• 저압 가공전선의 지표상의 높이는 3.5[m] 이상일 것. 다만, 저압 가공전선을 사람이 쉽게 출입하지 못하는 곳에 시설하는 경우에는 3[m]까지로 감할 수 있다.
• 목주의 굵기는 말구 지름이 9[cm] 이상일 것
• 전선로의 지지점 간 거리는 30[m] 이하일 것

23 다음 중 전기울타리의 시설에 관한 사항으로 옳지 않은 것은?

① 전원장치에 전기를 공급하는 전로의 사용전압은 600[V] 이하일 것
② 사람이 쉽게 출입하지 아니하는 곳에 시설할 것
③ 전선은 인장강도 1.38[kN] 이상의 것 또는 지름 2[mm] 이상의 경동선일 것
④ 전선과 수목 사이의 이격거리는 30[cm] 이상일 것

해설
전기울타리용 전원장치에 전원을 공급하는 전로의 사용전압은 250[V] 이하이어야 한다.

24 물기가 많고 전개된 장소에서 440[V] 옥내배선을 할 때 채용할 수 없는 공사 종류는 어느 것인가?

① 금속관공사
② 금속덕트공사
③ 케이블공사
④ 합성수지관공사

해설
케이블공사, 금속관공사, 합성수지관공사, (가요전선관공사)는 거의 모든 저압 옥내배선공사에 적용 가능하다. 하지만 금속관공사는 감전 위험이 있으므로 옥내배선공사에 쓰이지 않는다.

25 다음 중 폭연성 분진이 많은 장소의 저압 옥내배선에 적합한 배선공사 방법은?

① 금속관공사
② 캡타이어케이블공사
③ 합성수지관공사
④ 가요전선관공사

해설
폭연성 분진(마그네슘 · 알루미늄 · 티탄 · 지르코늄 등의 먼지가 쌓여있는 상태에서 불이 붙었을 때에 폭발할 우려가 있는 것을 말한다.) 또는 화약류의 분말이 전기설비가 발화원이 되어 폭발할 우려가 있는 곳에 시설하는 저압 옥내 전기설비는 금속관공사 또는 케이블공사(캡타이어케이블을 사용하는 것을 제외)에 의해 위험의 우려가 없도록 시설하여야 한다.

🔒정답   21 ②   22 ④   23 ①   24 ①   25 ①

26 화약류 저장 장소에 있어서의 전기설비의 시설이 적당하지 않은 것은?

① 전로의 대지전압은 300[V] 이하일 것
② 전기기계기구는 개방형일 것
③ 지락차단장치 또는 경보장치를 시설할 것
④ 전용개폐기 또는 과전류차단장치를 시설할 것

해설
화약류 저장소 안에는 전기설비를 시설해서는 안 된다. 다만, 조명기구에 전기를 공급하기 위한 전기설비(개폐기 및 과전류차단기를 제외)는 이외에 다음에 따라 시설하는 경우에는 그러하지 아니하다.
• 전로에 대지전압은 300[V] 이하일 것
• 전기기계기구는 전폐형의 것일 것
• 케이블을 전기기계기구에 인입할 때에는 인입구에서 케이블이 손상될 우려가 없도록 시설할 것

27 사용전압이 400[V]인 이동기중기용 접촉전선을 옥내에 시설하는 경우 그 전선의 단면적은 몇 [mm²] 이상이어야 하는가?

① 22
② 28
③ 32
④ 38

해설 옥내에 시설하는 저압 접촉전선 배선
• 이동기중기 · 자동청소기 그 밖에 이동하며 사용하는 저압의 전기기계기구에 전기를 공급하기 위하여 사용하는 접촉전선(저압 접촉전선)을 옥내에 시설하는 경우에는 기계기구에 시설하는 경우 이외에는 전개된 장소 또는 점검할 수 있는 은폐된 장소에 애자공사 또는 버스덕트공사 또는 절연트롤리공사에 의하여야 한다.
• 전선은 인장강도 11.2[kN] 이상의 것 또는 지름 6[mm]의 경동선으로 단면적이 28[mm²] 이상인 것일 것. 다만, 사용전압이 400[V] 이하인 경우에는 인장강도 3.44[kN] 이상의 것 또는 지름 3.2[mm] 이상의 경동선으로 단면적이 8[mm²] 이상인 것을 사용할 수 있다.

28 옥내에 시설하는 관등회로의 사용전압이 1[kV]를 넘는 방전관에 네온방전관을 사용하고, 관등회로의 배선은 애자사용공사에 의하여 시설할 경우 다음 설명 중 틀린 것은?

① 전선은 네온전선일 것
② 전선 상호 간의 간격은 6[cm] 이상일 것
③ 전선의 지지점 간의 거리는 1[m] 이하일 것
④ 전선은 조영재의 앞면 또는 위쪽 면에 붙일 것

해설
관등회로의 배선은 애자공사로 다음에 따라서 시설하여야 한다.
• 전선은 네온관용 전선을 사용할 것
• 배선은 외상을 받을 우려가 없고 사람이 접촉될 우려가 없는 노출장소에 시설할 것
• 전선은 자기 또는 유리제 등의 애자로 견고하게 지지하여 조영재의 아랫면 또는 옆면에 부착한다.

29 다음 중 파이프라인 등에 발열선을 시설하는 기준에 대한 설명으로 옳지 않은 것은?

① 발열선에 전기를 공급하는 전로의 사용전압은 저압일 것
② 발열선은 사람이 접촉할 우려가 없고 또한 손상을 받을 우려가 없도록 시설할 것
③ 발열선은 그 온도가 피가열액체에 발화온도의 90[%]를 넘지 않도록 시설할 것
④ 파이프라인 등의 전열장치에 접지공사를 할 것

해설
발열체는 그 온도가 피가열액체의 발화온도의 80[%]를 넘지 아니하도록 시설할 것

30 건조한 장소에 시설하는 저압용의 개별 기계기구에 전기를 공급하는 전로 또는 개별 기계기구의 전기용품 안전관리법의 적용을 받는 인체 감전보호용 누전차단기를 시설하면 외함의 접지를 생략할 수 있다. 이 경우의 누전차단기의 정격으로 알맞은 것은?

① 정격감도전류 30[mA] 이하, 동작시간 0.03초 이하의 전류 동작형
② 정격감도전류 45[mA] 이하, 동작시간 0.01초 이하의 전류 동작형
③ 정격감도전류 300[mA] 이하, 동작시간 0.3초 이하의 전류 동작형
④ 정격감도전류 450[mA] 이하, 동작시간 0.1초 이하의 전류 동작형

해설
물기 있는 장소 이외의 장소에 시설하는 저압용의 개별 기계기구에 전기를 공급하는 전로에 전기용품안전관리법의 적용을 받는 인체 감전보호용 누전차단기(정격감도전류가 30[mA] 이하, 동작시간이 0.03초 이하의 전류 동작형의 것에 한한다)를 시설하는 경우 접지를 생략할 수 있다.

🔒정답 **26** ② **27** ② **28** ④ **29** ③ **30** ①

31 케이블트레이공사에 사용할 수 없는 케이블은?

① 연피 케이블

② 난연성 케이블

③ 캡타이어 케이블

④ 알루미늄피 케이블

해설 232.41.1(케이블트레이공사 시설 조건) 조항

전선은 연피 케이블, 알루미늄피 케이블 등 난연성 케이블 또는 기타 케이블 또는 금속관 혹은 합성수지관 등에 넣은 절연전선을 사용하여야 한다.

32 저압 가공전선이 다른 저압 가공전선과 접근상태로 시설되거나 교차하여 시설되는 경우에 저압 가공전선 상호 간의 이격거리는 몇 [cm] 이상이어야 하는가?(단, 한 쪽의 전선이 고압 절연전선이라고 한다.)

① 30

② 60

③ 80

④ 100

해설 222.16(저압 가공전선 상호 간의 접근 또는 교차) 조항

저압 가공전선이 다른 저압 가공전선과 접근상태로 시설되거나 교차하여 시설되는 경우에는 저압 가공전선 상호 간의 이격거리는 60[cm](어느 한쪽의 전선이 고압 절연전선, 특고압 절연전선 또는 케이블인 경우에는 30[cm]) 이상, 하나의 저압 가공전선과 다른 저압 가공전선로의 지지물 사이의 이격거리는 30[cm] 이상이어야 한다.

33 저압 가공인입선의 시설에 대한 설명 중 틀린 것은?

① 전선은 절연전선, 다심형 전선 또는 케이블일 것

② 전선은 지름 1.6[mm]의 경동선 또는 이와 동등 이상의 세기 및 굵기일 것

③ 전선의 높이는 철도 및 궤도를 횡단하는 경우에는 궤조 면상 6.5[m] 이상일 것

④ 전선의 높이는 횡단보도교의 위에 시설하는 경우에는 노면상 3[m] 이상일 것

해설 221.1.1(저압 인입선의 시설) 조항

저압 가공인입선은 다음에 따라 시설하여야 한다.

• 전선은 절연전선 또는 케이블일 것

• 전선이 (케이블로 시설하면 제외) 인장강도 2.30[kN] 이상의 것 또는 지름 2.6[mm] 이상의 인입용 비닐절연전선일 것. 다만, 경간이 15[m] 이하인 경우는 인장강도 1.25[kN] 이상의 것 또는 지름 2[mm] 이상의 인입용 비닐절연전선일 것

• 전선이 옥외용 비닐절연전선인 경우에는 사람이 접촉할 우려가 없도록 시설하고, 옥외용 비닐절연전선 이외의 절연전선인 경우에는 사람이 쉽게 접촉할 우려가 없도록 시설할 것

• 전선이 케이블인 경우, 케이블의 길이가 1[m] 이하인 경우에는 조가하지 않아도 된다.

34 저압 가공인입선의 전선으로 사용해서는 안 되는 것은?

① 나전선

② 절연전선

③ 다심형 전선

④ 케이블

해설

221.1.1(저압 인입선의 시설) 조항 참고

35 다음 중 고압 가공전선과 식물과의 이격거리에 대한 기준으로 가장 적절한 것은?

① 고압 가공전선의 주위에 보호망으로 이격시킨다.

② 식물과의 접촉에 대비하여 차폐선을 시설하도록 한다.

③ 고압 가공전선을 절연전선으로 사용하고 주변의 식물을 제거시키도록 한다.

④ 식물에 접촉하지 아니하도록 시설하여야 한다.

해설 222.19(저압 가공전선과 식물의 이격거리) 조항

저압 가공전선은 상시 부는 바람 등에 의하여 식물에 접촉하지 않도록 시설하여야 한다.

36 저압 옥상전선로의 시설기준으로 틀린 것은?

① 전개된 장소에 위험의 우려가 없도록 시설할 것

② 전선은 지름 2.6mm 이상의 경동선을 사용할 것

③ 전선은 절연전선(옥외용 비닐절연전선은 제외)을 사용할 것

④ 전선은 상시 부는 바람 등에 의하여 식물에 접촉하지 아니하도록 시설하여야 할 것

해설

저압 옥상전선로는 옥외용 비닐절연전선을 포함한 절연전선을 사용할 수 있다.

🔒정답 31 ③ 32 ① 33 ② 34 ① 35 ④ 36 ③

37 사용전압이 400[V] 미만인 저압 가공전선은 케이블이나 절연전선인 경우를 제외하고 인장강도가 3.43[kN] 이상인 것 또는 지름이 몇 [mm] 이상의 경동선이어야 하는가?

① 1.2　　　　　② 2.6
③ 3.2　　　　　④ 4.0

해설 222.5(저압 가공전선의 굵기 및 종류) 조항
사용전압이 400[V] 이하인 저압 가공전선은 (케이블로 시설하면 제외) 인장강도 3.43[kN] 이상의 것 또는 지름 3.2[mm](절연전선인 경우는 인장강도 2.3[kN] 이상의 것 또는 지름 2.6[mm] 이상의 경동선) 이상의 것이어야 한다.

38 고압 옥내배선을 할 수 있는 공사방법은?

① 합성수지관공사
② 금속관공사
③ 금속몰드공사
④ 케이블공사

해설 342.1(고압 옥내배선공사 종류) 조항
• 애자사용배선(건조한 장소로서 전개된 장소에 한한다)
• 케이블배선
• 케이블트레이배선

39 변압기에 의하여 특고압전로에 결합되는 고압전로에는 혼촉 등에 의한 위험방지시설로 어떤 것을 그 변압기의 단자에 가까운 1극에 설치하여야 하는가?

① 댐퍼
② 절연애자
③ 퓨즈
④ 방전장치

해설 322.3 조항
변압기에 의하여 특고압전로에 결합되는 고압전로에는 사용전압의 3배 이하인 전압이 가하여진 경우에 방전하는 장치를 그 변압기의 단자에 가까운 1극에 설치하여야 한다.

40 고압용의 개폐기, 차단기, 피뢰기 기타 이와 유사한 기구로서 동작 시에 아크가 생기는 것은 목재의 벽 또는 천장 기타의 가연성 물체로부터 몇 [m] 이상 떼어 놓아야 하는가?

① 1　　　　　② 1.2
③ 1.5　　　　　④ 2

해설 341.7 조항
고압용 또는 특고압용의 개폐기, 차단기, 피뢰기 기타 이와 유사한 기구로서 동작 시에 아크가 생기는 것은 목재의 벽 또는 천장 기타의 가연성 물체로부터 고압용은 1[m] 이상, 특고압용은 2[m] 이상 떼어 놓아야 한다.

▶ 표 341.7 − 1 아크를 발생하는 기구 시설 시 이격거리

기구 등의 구분	이격거리
고압용의 것	1[m] 이상
특고압용의 것	2[m] 이상

41 고압용 기계기구를 시가지에 시설할 때, 지표상 최소 높이는 몇 [m]인가?

① 4　　　　　② 4.5
③ 5　　　　　④ 5.5

해설 341.8 조항
고압용 기계기구는 지표상 4.5[m](시가지 외에는 4[m]) 이상의 높이에 시설하고 또는 사람이 쉽게 접촉할 우려가 없도록 시설한다.

42 다음에서 고압용 기계 · 기구를 시설하여서는 안 되는 경우는?

① 발전소, 변전소, 개폐소 또는 이에 준하는 곳에 시설하는 경우
② 시가지 외로서 지표상 3[m]인 경우
③ 공장 등의 구내에서 기계기구의 주위에 사람이 쉽게 접촉할 우려가 없도록 적당한 울타리를 설치하는 경우
④ 옥내에 설치한 기계기구를 취급자 이외의 사람이 출입할 수 없도록 설치한 곳에 시설하는 경우

해설 341.8 조항
고압용 기계기구는 지표상 4.5[m](시가지 외에는 4[m]) 이상의 높이에 시설하고 또는 사람이 쉽게 접촉할 우려가 없도록 시설한다.

43 고압용 또는 특고압용 단로기로서 부하전류의 차단을 방지하기 위한 조치가 아닌 것은?

① 단로기의 조작위치에 부하전류 유무 표시
② 단로기 설치위치의 1차측에 방전장치 시설
③ 단로기의 조작위치에 전화기 기타의 지령장치 시설
④ 터블렛 등을 사용함으로써 부하전류가 통하고 있을 때에 개로조작을 방지하기 위한 조치

해설
부하전류를 차단하기 위한 것이 아닌 개폐기는 부하전류가 통하고 있을 경우에는 개로할 수 없도록 시설하여야 하고 다음과 같은 장치가 있는 경우에는 예외로 한다.
• 개폐기를 조작하는 곳에 부하전류의 유무를 표시하는 장치
• 전화기 기타의 지령 장치
• 터블렛

44 고압용 또는 특고압용 개폐기의 시설기준사항이 아닌 것은?

① 개폐상태를 쉽게 확인할 수 없는 것은 개폐상태의 자동표시장치를 한다.
② 중력에 의하여 작동할 수 없도록 쇄정장치를 한다.
③ 고압이라는 위험표시와 부하전류의 양을 표시한다.
④ 단로기 등은 부하전류가 통하고 있을 경우 개로될 수 없도록 시설한다.

해설
고압이라는 위험표시와 부하전류의 양을 표시하지 않는다.

45 과전류차단기로 시설하는 퓨즈 중 고압전로에 사용하는 포장 퓨즈는 정격전류의 몇 배의 전류에 견디어야 하는가?

① 1.1
② 1.3
③ 1.5
④ 2.0

해설 341.10(고압 및 특고압 전로 중의 과전류차단기의 시설) 조항
과전류차단기로 시설하는 퓨즈 중 고압전로에 사용하는 포장 퓨즈는 정격전류의 1.3배의 전류에 견디고 또한 2배의 전류로 120분 안에 용단되는 것 또는 적합한 고압전류제한퓨즈이어야 한다.

46 과전류차단기로 시설하는 퓨즈 중 고압전로에 사용하는 포장 퓨즈는 정격전류의 2배의 전류를 계속 흘렸을 때에 몇 분 안에 용단되어야 하는가?

① 2
② 20
③ 60
④ 120

해설 341.10(고압 및 특고압 전로 중의 과전류차단기의 시설) 조항
과전류차단기로 시설하는 퓨즈 중 고압전로에 사용하는 비포장 퓨즈는 정격전류의 1.25배의 전류에 견디고 또한 2배의 전류로 2분 안에 용단되는 것이어야 한다.

47 과전류차단기로 시설하는 퓨즈 중 고압전로에 사용하는 비포장 퓨즈는 정격전류의 1.25배의 전류에 견디고 또한 2배의 전류로 몇 분 안에 용단되어야 하는가?

① 2
② 60
③ 120
④ 180

해설 341.10(고압 및 특고압 전로 중의 과전류차단기의 시설) 조항
• 과전류차단기로 시설하는 퓨즈 중 고압전로에 사용하는 포장 퓨즈는 정격전류의 1.3배의 전류에 견디고 또한 2배의 전류로 120분 안에 용단되는 것 또는 적합한 고압전류제한퓨즈이어야 한다.
• 과전류차단기로 시설하는 퓨즈 중 고압전로에 사용하는 비포장 퓨즈는 정격전류의 1.25배의 전류에 견디고 또한 2배의 전류로 2분 안에 용단되는 것이어야 한다.

48 갑종 풍압하중을 계산할 때 강관에 의하여 구성된 철탑에서 구성재의 수직투영면적 $1[m^2]$에 대한 풍압하중은 몇 [Pa]을 기초로 하여 계산한 것인가?(단, 단주는 제외한다.)

① 588[Pa]
② 1117[Pa]
③ 1255[Pa]
④ 2157[Pa]

해설
▶ 표 331.6 – 1 구성재의 수직 투영면적 $1[m^2]$에 대한 풍압

철탑	단주	원형의 것	588[Pa]
		기타의 것	1117[Pa]
	강관으로 구성되는 것		1255[Pa]
	기타의 것		2157[Pa]

49 지선의 시설목적으로 합당하지 않은 것은?

① 유도장해를 방지하기 위하여
② 지지물의 강도를 보장하기 위하여
③ 전선로의 안전성을 증가시키기 위하여
④ 불평형 장력을 줄이기 위하여

해설 지선 시설의 목적
• 지지물의 강도를 보장하기 위하여
• 전선로의 안전성을 증가시키기 위하여
• 불평형 장력을 줄이기 위하여

50 가공전선로의 지지물에 시설하는 지선은 소선이 최소 몇 가닥 이상의 연선이어야 하는가?

① 3   ② 5
③ 7   ④ 9

해설
소선 3가닥 이상의 연선일 것

51 가공전선로의 지지물에 지선을 시설하려고 한다. 이 지선의 최저기준으로 옳은 것은?

① 소선 굵기 : 2.0[mm], 안전율 : 3.0, 허용인장하중 : 2.08[kN]
② 소선 굵기 : 2.6[mm], 안전율 : 2.5, 허용인장하중 : 4.31[kN]
③ 소선 굵기 : 1.6[mm], 안전율 : 2.0, 허용인장하중 : 4.31[kN]
④ 소선 굵기 : 2.6[mm], 안전율 : 1.5, 허용인장하중 : 2.08[kN]

해설
331.11(지선의 시설) 조항 참고

52 사용전압이 35[kV] 이하인 특고압 가공전선과 저압 가공전선을 동일 지지물에 시설하는 경우 전선 상호 간 이격거리는 몇 [m] 이상이어야 하는가?(단, 특고압 가공전선으로는 케이블을 사용하지 않는 것으로 한다.)

① 1.0   ② 1.2
③ 1.5   ④ 2.0

해설 333.17(특고압 가공전선과 저고압 가공전선 등의 병행설치) 조항
사용전압이 35[kV]를 초과하고 100[kV] 미만인 특고압 가공전선과 저압 또는 고압 가공전선을 동일 지지물에 시설하는 경우에는 다음에 따라 시설하여야 한다.
가. 특고압 가공전선로는 제2종 특고압 보안공사에 의할 것
나. 특고압 가공전선과 저압 또는 고압 가공전선 사이의 이격거리는 2[m] 이상일 것
다. 특고압 가공전선은 (케이블인 경우를 제외) 인장강도 21.67[kN] 이상의 연선 또는 단면적이 50[mm²] 이상인 경동연선일 것
라. 특고압 가공전선로의 지지물은 철주·철근콘크리트주 또는 철탑일 것

53 사용전압이 35[kV]를 넘고 100[kV] 미만인 특고압 가공전선로의 지지물에 고압 또는 저압 가공전선을 병가할 수 있는 조건으로 틀린 것은?

① 특고압 가공전선로는 제2종 특고압 보안공사에 의한다.
② 특고압 가공전선과 고압 또는 저압 가공전선과의 이격거리는 0.8[m] 이상으로 한다.
③ 특고압 가공전선은 케이블인 경우를 제외하고 단면적이 55[mm²]인 경동연선 또는 이와 동등 이상의 세기 및 굵기의 연선을 사용한다.
④ 특고압 가공전선로의 지지물은 강판조립주를 제외한 철주, 철근콘크리트주 또는 철탑이어야 한다.

해설 333.17(특고압 가공전선과 저고압 가공전선 등의 병행설치) 조항
사용전압이 35[kV]를 초과하고 100[kV] 미만인 특고압 가공전선과 저압 또는 고압 가공전선을 동일 지지물에 시설하는 경우에는 다음에 따라 시설하여야 한다.
가. 특고압 가공전선로는 제2종 특고압 보안공사에 의할 것
나. 특고압 가공전선과 저압 또는 고압 가공전선 사이의 이격거리는 2[m] 이상일 것
다. 특고압 가공전선은 (케이블인 경우를 제외) 인장강도 21.67[kN] 이상의 연선 또는 단면적이 50[mm²] 이상인 경동연선일 것
라. 특고압 가공전선로의 지지물은 철주·철근콘크리트주 또는 철탑일 것

54 사용전압이 66[kV]인 특고압 가공전선과 고압 전차선이 병가하는 경우 상호 이격거리는 최소 몇 [m]인가?

① 0.5   ② 1.0
③ 2.0   ④ 2.5

🔒정답   **49** ①   **50** ①   **51** ②   **52** ②   **53** ②   **54** ③

해설 333.17(특고압 가공전선과 저고압 가공전선 등의 병행설치) 조항
사용전압이 35[kV]를 초과하고 100[kV] 미만인 특고압 가공전선과 저압 또는 고압 가공전선을 동일 지지물에 시설하는 경우에는, 특고압 가공전선과 저압 또는 고압 가공전선 사이의 이격거리는 2[m] 이상일 것

55 고압 가공전선이 가공약전류전선 등과 접근하는 경우에 고압 가공전선과 가공약전류전선 사이의 이격거리는 전선이 케이블인 경우 몇 [cm] 이상이어야 하는가?

① 20
② 30
③ 40
④ 50

해설 332.13(고압 가공전선과 가공약전류전선 등의 접근 또는 교차) 조항

저압 가공전선 또는 고압 가공전선이 가공약전류전선 또는 가공 광섬유 케이블과 접근상태로 시설되는 경우에는 다음에 따라야 한다.

가. 고압 가공전선은 고압 보안공사에 의할 것
나. 저압 가공전선이 가공약전류전선 등과 접근하는 경우에는 저압 가공전선과 가공약전류전선 등 사이의 이격거리는 60[cm] 이상일 것
다. 고압 가공전선이 가공약전류전선 등과 접근하는 경우는 고압 가공전선과 가공약전류전선 등 사이의 이격거리는 80[cm](전선이 케이블인 경우에는 40[cm]) 이상일 것
라. 가공전선과 약전류전선로 등의 지지물 사이의 이격거리는 저압은 30[cm] 이상, 고압은 60[cm](전선이 케이블인 경우에는 30[cm]) 이상일 것

56 고압 가공전선로의 경간을 지지물이 B종 철주로서 일반적인 경우에는 몇 [m] 이하인가?

① 250
② 300
③ 350
④ 400

해설 332.9(고압 가공전선로 경간의 제한) 조항

▶ 표 332.9 − 1 고압 가공전선로 경간 제한

지지물의 종류	경간
목주 · A종 철주 또는 A종 철근콘크리트주	150[m]
B종 철주 또는 B종 철근콘크리트주	250[m]
철탑	600[m]

57 지지물로서 B종 철주를 사용하는 특고압 가공전선로의 경간을 250[m]보다 더 넓게 하고자 하는 경우에 사용되는 경동연선의 굵기는 최소 얼마 이상의 것이어야 하는가?

① 38[mm²]
② 50[mm²]
③ 100[mm²]
④ 150[mm²]

해설 333.21(특고압 가공전선로의 경간 제한) 조항

1. 특고압 가공전선로의 경간은 [표 333.21 − 1]에서 정한 값 이하이어야 한다.

▶ 표 333.21 − 1 특고압 가공전선로의 경간 제한

지지물의 종류	경간
목주 · A종 철주 또는 A종 철근콘크리트주	150[m]
B종 철주 또는 B종 철근콘크리트주	250[m]
철탑	600[m] (단주인 경우에는 400[m])

2. 특고압 가공전선로의 전선에 인장강도 21.67[kN] 이상의 것 또는 단면적이 50[mm²] 이상인 경동연선을 사용하는 경우로서 그 지지물을 다음에 따라 시설할 때에는 위 1번의 규정에 의하지 아니할 수 있다. 이 경우에 그 전선로의 경간은 그 지지물에 목주 · A종 철주 또는 A종 철근콘크리트주를 사용하는 경우에는 300[m] 이하, B종 철주 또는 B종 철근콘크리트주를 사용하는 경우에는 500[m] 이하이어야 한다.

58 고압 가공전선에 경동선을 사용하는 경우 안전율은 얼마 이상이 되는 이도로 시설하여야 하는가?

① 2.0
② 2.2
③ 2.5
④ 2.6

해설
332.4(고압 가공전선의 안전율) 조항 참고

59 특고압 가공전선로의 지지물로 사용하는 B종 철주, B종 철근콘크리트주 또는 철탑의 종류가 아닌 것은?

① 직선형
② 각도형
③ 지지형
④ 보강형

해설 333.11(특고압 가공전선로의 철주 · 철근콘크리트주 또는 철탑의 종류) 조항

가. 직선형 : 전선로의 직선부분(3° 이하인 수평각도를 이루는 곳을 포함)에 사용하는 것. 다만, 내장형 및 보강형에 속하는 것을 제외한다.

🔒정답 55 ③ 56 ① 57 ② 58 ② 59 ③

나. 각도형 : 전선로 중 3°를 초과하는 수평각도를 이루는 곳에 사용하는 것
다. 인류형 : 전가섭선을 인류하는 곳에 사용하는 것
라. 내장형 : 전선로의 지지물 양쪽의 경간의 차가 큰 곳에 사용하는 것
마. 보강형 : 전선로의 직선부분에 그 보강을 위하여 사용하는 것

60 특고압 가공전선로에 사용되는 B종 철주 중 각도형은 전선로 중 최소 몇 도를 넘는 수평각도를 이루는 곳에 사용되는가?

① 3
② 5
③ 8
④ 10

해설 333.11(특고압 가공전선로의 철주·철근콘크리트주 또는 철탑의 종류) 조항
각도형 : 전선로 중 3°를 초과하는 수평각도를 이루는 곳에 사용하는 것

61 중성선 다중접지식의 것으로 전로에 지기가 생긴 경우에 2초 안에 자동적으로 이를 차단하는 장치를 가지는 22.9[kV] 가공전선로에서 1[km]마다의 중성선과 대지 간의 합성 전기저항값은 몇 [Ω] 이하이어야 하는가?

① 10
② 15
③ 20
④ 30

해설
▶ [표 333.32 − 1]과 [표 333.32 − 11] 정리

사용전압	각 접지점의 대지 전기저항값	1[km]마다의 합성 전기저항값
15[kV]	300[Ω]	30[Ω]
15[kV] 초과 25[kV] 이하	300[Ω]	15[Ω]

62 시가지에 시설하는 사용전압 170[kV] 이하인 특고압 가공전선로의 지지물이 철탑이고 전선이 수평으로 2 이상 있는 경우에 전선 상호 간의 간격이 4m 미만인 때에는 특고압 가공전선로의 경간은 몇 [m] 이하이어야 하는가?

① 100
② 150
③ 200
④ 250

해설
▶ 표 333.1 − 1 시가지 등에서 170[kV] 이하 특고압 가공전선로의 경간 제한

지지물의 종류	경간
A종 철주 또는 A종 철근콘크리트주	75[m]
B종 철주 또는 B종 철근콘크리트주	150[m]
철탑	400[m](단주인 경우에는 300[m]) 다만, 전선이 수평으로 2 이상 있는 경우에 전선 상호 간의 간격이 4[m] 미만인 때에는 250[m]

63 고주파 이용 설비에서 다른 고주파 이용 설비에 누설되는 고주파 전류의 허용 한도는 몇 [dB]인가?(단, 1[mW]를 0[dB]로 한다.)

① 20
② − 20
③ − 30
④ 30

해설 341. 5 조항
고주파 이용 전기설비에서 다른 고주파 이용 전기설비에 누설되는 고주파 전류의 허용한도는 KEC 규정에서 정한 측정장치로 2회 이상 연속하여 10분간 측정하였을 때에 각각 측정값의 최대값에 대한 평균값이 − 30[dB](1[mW]를 0[dB]로 한다)일 것

64 고압 옥측전선로의 전선으로 사용할 수 있는 것은?

① 케이블
② 절연전선
③ 다심형 전선
④ 나경동선

해설 331.13.1(고압 옥측전선로의 시설) 조항
고압 옥측전선로가 전개된 장소일 경우, 다음에 따라 시설하여야 한다.
가. 전선은 케이블일 것
나. 케이블은 견고한 관 또는 트라프에 넣거나 사람이 접촉할 우려가 없도록 시설할 것
다. 케이블을 조영재의 옆면 또는 아랫면에 따라 붙일 경우에는 케이블의 지지점 간의 거리를 2[m] 이하로 하고 또한 피복을 손상하지 아니하도록 붙일 것

65 사용전압 154[kV]의 가공송전선과 식물과의 최소 이격거리는 몇 [m]인가?

① 3.0[m]
② 3.12[m]
③ 3.2[m]
④ 3.4[m]

해설 333.30(특고압 가공전선과 식물의 이격거리) 조항
특고압 가공전선과 저고압 가공전선 등의 접근 또는 교차 시 이격거리(제1차 접근상태)

사용전압의 구분	이격거리
60[kV] 이하	2[m]
60[kV] 초과	2[m]에 사용전압이 60[kV]를 초과하는 10[kV] 또는 그 단수마다 0.12[m]을 더한 값 • 단수 $= \dfrac{사용전압[kV]-60[kV]}{10[kV]}$ [단] (절상한다.) • 이격거리 $d = 2 + (단수 \times 0.12)$[m]

- 단수 $= \dfrac{154-60}{10} = 9.4 \rightarrow$ 절상하면 10[단]
- 이격거리 $d = 2 + (10 \times 0.12) = 3.2$[m]

66 고압 가공전선이 안테나와 접근상태로 시설되는 경우에 가공전선과 안테나 사이의 수평 이격거리는 최소 몇 [cm] 이상인가?

① 60 이상
② 80 이상
③ 100 이상
④ 120 이상

해설
332.14(고압 가공전선과 안테나의 접근 또는 교차) 조항 참고

67 다음 (㉠), (㉡)에 들어갈 내용으로 알맞은 것은?

> 가공전선과 안테나 사이의 이격거리는 저압은 (㉠) 이상, 고압은 (㉡) 이상일 것

① ㉠ 30[cm], ㉡ 60[cm]
② ㉠ 60[cm], ㉡ 90[cm]
③ ㉠ 60[cm], ㉡ 80[cm]
④ ㉠ 80[cm], ㉡ 120[cm]

해설
332.14(고압 가공전선과 안테나의 접근 또는 교차) 조항 참고

68 사용전압이 35[kV] 이하인 특고압 가공전선이 건조물과 제1차 접근상태로 시설되는 경우 특고압 가공전선과 건조물 사이의 이격거리는 몇 [m] 이상이어야 하는가?

① 1.5
② 2.0
③ 2.5
④ 3

해설 333.23(특고압 가공전선과 건조물의 접근) 조항
사용전압이 35[kV] 이하인, 표 333.23 − 1 특고압 가공전선과 건조물의 이격거리(제1차 접근상태)

건조물과 조영재의 구분	전선종류	접근형태	이격거리
기타 조영재	특고압 절연전선	옆쪽, 아래쪽	1.5[m](전선에 사람이 쉽게 접촉할 우려가 없도록 시설한 경우는 1[m])
	케이블	옆쪽, 아래쪽	0.5[m]
	기타 전선		3[m]

69 사용전압이 15[kV] 초과 25[kV] 이하인 특고압 가공전선로가 상호 간 접근 또는 교차하는 경우 사용전선이 양쪽 모두 나전선이라면 이격거리는 몇 [m] 이상이어야 하는가?(단, 중성선 다중접지 방식의 것으로서 전로에 지락이 생겼을 때에 2초 이내에 자동적으로 이를 전로로부터 차단하는 장치가 되어 있다.)

① 1.0
② 1.2
③ 1.5
④ 1.75

해설
▶ 표 333.32 − 3 15[kV] 초과 25[kV] 이하 특고압 가공전선로 이격거리(1)

건조물의 조영재	접근형태	전선의 종류	이격거리
상부 조영재	위쪽	나전선	3.0[m]
		특고압 절연전선	2.5[m]
		케이블	1.2[m]
	옆쪽 또는 아래쪽	나전선	1.5[m]
		특고압 절연전선	1.0[m]
		케이블	0.5[m]
기타의 조영재		나전선	1.5[m]
		특고압 절연전선	1.0[m]
		케이블	0.5[m]

특고압 가공전선로 상호 간 접근 또는 교차하는 경우는 접근형태가 '옆쪽'에 속한다. 그러므로 1.5[m]이다.

70 어떤 공장에서 케이블을 사용하는 사용전압이 22[kV]인 가공전선을 건물 옆쪽에 접근상태로 시설하는 경우, 케이블과 건물과의 이격거리는 몇 [cm] 이상이어야 하는가?

① 50
② 80
③ 100
④ 120

해설 333.23(특고압 가공전선과 건조물의 접근) 조항

사용전압이 35[kV] 이하인, 표 333.23 - 1 특고압 가공전선과 건조물의 이격거리(제1차 접근상태)

건조물과 조영재의 구분	전선종류	접근형태	이격거리
상부 조영재	특고압 절연전선	위쪽	2.5[m]
		옆쪽 또는 아래쪽	1.5[m](전선에 사람이 쉽게 접촉할 우려가 없도록 시설한 경우는 1[m])
	케이블	위쪽	1.2[m]
		옆쪽 또는 아래쪽	0.5[m]
	기타 전선		3[m]

71 특고압 가공전선이 삭도와 제2차 접근상태로 시설할 경우에 특고압 가공전선로는 어느 보안공사를 하여야 하는가?

① 고압 보안공사
② 제1종 특고압 보안공사
③ 제2종 특고압 보안공사
④ 제3종 특고압 보안공사

해설 333.25(특고압 가공전선과 삭도의 접근 또는 교차) 조항

• 특고압 가공전선이 삭도와 제1차 접근상태로 시설되는 경우, 특고압 가공전선로는 제3종 특고압 보안공사에 의할 것
• 특고압 가공전선이 삭도와 제2차 접근상태로 시설되는 경우, 특고압 가공전선로는 제2종 특고압 보안공사에 의할 것

72 다음 중 고압 보안공사에 사용되는 전선의 기준으로 옳은 것은?

① 케이블인 경우 이외에는 인장강도 8.01[kN] 이상의 것 또는 지름 5[mm] 이상의 경동선일 것
② 케이블인 경우 이외에는 인장강도 8.01[kN] 이상의 것 또는 지름 4[mm] 이상의 경동선일 것

③ 케이블인 경우 이외에는 인장강도 8.71[kN] 이상의 것 또는 지름 5[mm] 이상의 경동선일 것
④ 케이블인 경우 이외에는 인장강도 8.71[kN] 이상의 것 또는 지름 4[mm] 이상의 경동선일 것

해설 332.10(고압 보안공사) 조항

가. 전선은 인장강도 8.01[kN] 이상의 것 또는 지름 5[mm] 이상의 경동선일 것(케이블인 경우 제외)
나. 목주의 풍압하중에 대한 안전율은 1.5 이상일 것

73 다음 중 제2종 특고압 보안공사의 기준으로 옳지 않은 것은?

① 특고압 가공전선은 연선일 것
② 지지물로 사용하는 목주의 풍압하중에 대한 안전율은 2 이상일 것
③ 지지물이 목주일 경우 그 경간은 100[m] 이하일 것
④ 지지물이 A종 철주일 경우 그 경간은 150[m] 이하일 것

해설 333.22(특고압 보안공사) 조항

▶ 표 333.22 - 3 제2종 특고압 보안공사 시 경간 제한

지지물의 종류	경간
목주 · A종 철주 또는 A종 철근콘크리트주	100[m]
B종 철주 또는 B종 철근콘크리트주	200[m]
철탑	400[m] (단주인 경우에는 300[m])

74 345[kV] 가공전선로를 제1종 특고압 보안공사에 의하여 시설하는 경우에 사용하는 전선은 인장강도 77.47[kN] 이상의 연선 또는 단면적 몇 [mm²] 이상의 경동연선이어야 하는가?

① 100
② 125
③ 150
④ 200

해설 333.22(특고압 보안공사) 조항

▶ 표 333.22 - 1 제1종 특고압 보안공사 시 전선의 단면적

사용전압	전선
100[kV] 미만	인장강도 21.67[kN] 이상의 연선 또는 단면적 55[mm²] 이상의 경동연선 또는 동등 이상의 인장강도를 갖는 알루미늄 전선이나 절연전선

🔒정답 **70** ① **71** ③ **72** ① **73** ④ **74** ④

사용전압	전선
100[kV] 이상 300[kV] 미만	인장강도 58.84[kN] 이상의 연선 또는 단면적 150[mm²] 이상의 경동연선 또는 동등 이상의 인장강도를 갖는 알루미늄 전선이나 절연전선
300[kV] 이상	인장강도 77.47[kN] 이상의 연선 또는 단면적 200[mm²] 이상의 경동연선 또는 동등 이상의 인장강도를 갖는 알루미늄 전선이나 절연전선

75 154[kV] 전선로를 경동연선을 사용하여 가공으로 시가지에 시설할 경우, 최소 단면적은 몇 [mm²] 이상이어야 하는가?

① 55

② 100

③ 150

④ 200

해설 333.1(시가지 등에서 특고압 가공전선로의 시설) 조항
▶ 표 333.1 – 1 시가지 등에서 170[kV] 이하 특고압 가공전선로의 경간 제한

지지물의 종류	경간
A종 철주 또는 A종 철근콘크리트주	75[m]
B종 철주 또는 B종 철근콘크리트주	150[m]
철탑	400[m](단주인 경우에는 300[m]) 다만, 전선이 수평으로 2 이상 있는 경우에 전선 상호 간의 간격이 4[m] 미만인 때에는 250[m]

76 제1종 특고압 보안공사를 필요로 하는 가공전선로의 지지물로 사용할 수 있는 것은?

① A종 철근콘크리트주

② B종 철근콘크리트주

③ A종 철주

④ 목주

해설 333.22(특고압 보안공사) 조항
제1종 특고압 보안공사는 B종 지지물과 철탑 지지물만 있고, A종 지지물이 없다.

▶ 표 333.22 – 2 제1종 특고압 보안공사 시 경간 제한

지지물의 종류	경간
목주, A종 철주 또는 A종 철근콘크리트주	사용불가
B종 철주 또는 B종 철근콘크리트주	150[m]
철탑	400[m] (단주인 경우에는 300[m])

77 특고압 가공전선로를 시가지에서 B종 철주를 사용하여 시설하는 경우, 경간은 몇 [m] 이하이어야 하는가?

① 50

② 75

③ 150

④ 200

해설 표 333.1 – 1(시가지 등에서 170[kV] 이하 특고압 가공전선로의 경간 제한) 참고

78 154[kV]의 특고압 가공전선을 사람이 쉽게 들어갈 수 없는 산지(山地) 등에 시설하는 경우 지표상의 높이는 몇 [m] 이상으로 하여야 하는가?

① 4[m]

② 5[m]

③ 6.5[m]

④ 8[m]

해설 333.7(특고압 가공전선의 높이) 조항
▶ 표 333.7 – 1 특고압 가공전선의 높이

사용전압의 구분	지표상의 높이
35[kV] 이하	5[m](철도 또는 궤도를 횡단하는 경우에는 6.5[m], 도로를 횡단하는 경우에는 6[m], 횡단보도교의 위에 시설하는 경우로서 전선이 특고압 절연전선 또는 케이블인 경우에는 4[m])
35[kV] 초과 160[kV] 이하	6[m](철도 또는 궤도를 횡단하는 경우에는 6.5[m], 산지(山地) 등에서 사람이 쉽게 들어갈 수 없는 장소에 시설하는 경우에는 5[m], 횡단보도교의 위에 시설하는 경우 전선이 케이블인 때는 5[m])
160[kV] 초과	6[m](철도 또는 궤도를 횡단하는 경우에는 6.5[m] 산지 등에서 사람이 쉽게 들어갈 수 없는 장소를 시설하는 경우에는 5[m]에 160[kV]를 초과하는 10[kV] 또는 그 단수마다 0.12[m]를 더한 값

79 35[kV] 특고압 가공전선로가 도로를 횡단할 때의 지표상 최저 높이[m]는?

① 5

② 5.5

③ 6

④ 6.5

해설
[333.7 조항] 도로를 횡단하는 경우, 저압, 고압, 특고압 모두 지표상 6[m] 이상이다.
[222.7 조항] 저압 가공전선의 높이
도로를 횡단하는 경우에는 지표상 6[m] 이상
[332.5 조항] 고압 가공전선의 높이
도로를 횡단하는 경우에는 지표상 6[m] 이상

🔒 **정답** 75 ③ 76 ② 77 ③ 78 ② 79 ③

[333.7 조항] 특고압 가공전선의 높이

35[kV] 이하	5[m](철도 또는 궤도를 횡단하는 경우에는 6.5[m], 도로를 횡단하는 경우에는 6[m], 횡단보도교의 위에 시설하는 경우로서 전선이 특고압 절연전선 또는 케이블인 경우에는 4[m])

80 사용전압이 60[kV]를 넘는 특고압 가공전선로에서 상시 정전유도는 전화선로의 길이 40[km]마다 유도전류 [μA]가 얼마를 넘지 아니하여야 하는가?

① 1   ② 2

③ 3   ④ 4

해설▶
333.2(유도장해의 방지) 조항 참고

81 유도장해를 방지하기 위하여 사용전압 60[kV] 이하인 가공전선로의 유도전류는 전화선로의 길이 12[km]마다 몇 [μA]를 넘지 않도록 하여야 하는가?

① 2   ② 3

③ 5   ④ 6

해설▶
333.2(유도장해의 방지) 조항 참고

82 다음 중 피뢰기를 설치하지 않아도 되는 곳은?

① 발전소, 변전소의 가공전선 인입구

② 가공전선로의 말구 부분

③ 가공전선로에 접촉한 1차측 전압이 35[kV] 이하인 배전용 변압기의 고압측 및 특고압측

④ 고압 및 특고압 가공전선로로부터 공급을 받는 수용장소의 인입구

해설▶ 341.13 조항
다음의 장소에 피뢰기를 설치하여야 한다.
• 발전소, 변전소 또는 이에 준하는 장소의 가공전선 인입구 및 인출구
• 가공전선로에 접속하는 배전용 변압기의 고압측 및 특고압측
• 고압 및 특고압 가공전선로로부터 공급을 받는 수용장소의 인입구
• 가공전선로와 지중전선로가 접속되는 곳

83 가공전선로와 지중전선로가 접속되는 곳에 반드시 시설하여야 하는 것은?

① 단로기   ② 차단기

③ 피뢰기   ④ 조상기

해설▶
341.13(피뢰기 시설) 조항 참고

84 아래 도면에서 피뢰기 시설을 해야 되는 시설장소의 수는?

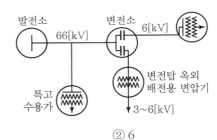

① 7   ② 6

③ 5   ④ 4

해설▶

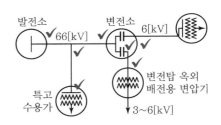

85 가공전선로의 지지물에 시설하는 통신선과 고압 가공전선 사이의 이격거리는 몇 [cm] 이상이어야 하는가?

① 120[cm]   ② 100[cm]

③ 75[cm]   ④ 60[cm]

해설▶ 362.2(전력보안통신선의 시설 높이와 이격거리) 조항
통신선과 저압 가공전선 또는 특고압 가공전선로의 다중접지를 한 중성선 사이의 이격거리는 60[cm] 이상일 것. 다만, 저압 가공전선이 절연전선 또는 케이블인 경우에 통신선이 절연전선과 동등 이상의 절연성능이 있는 것인 경우에는 30[cm] 이상으로 할 수 있다.

🔒정답 80 ③ 81 ① 82 ② 83 ③ 84 ① 85 ④

전선의 전압	전력선의 종류	통신선의 종류	이격거리
저압 및 고압 또는 중성선	나선	절연전선 또는 케이블	60[m]
	절연전선 또는 케이블		30[cm]

여기서, 전선에 관한 조건이 없으므로 60[cm]이다.

86 전력보안 가공통신선을 횡단보도교 위에 시설하는 경우 그 노면상 높이는 몇 [m] 이상인가?(단, 가공전선로의 지지물에 시설하는 통신선 또는 이에 직접 접속하는 가공통신선은 제외한다.)

① 3

② 4

③ 5

④ 6

해설 362.2(전력보안통신선의 시설 높이와 이격거리) 조항

전력 보안 가공통신선(이하 "가공통신선")의 높이는 다음을 따른다.
가. 도로(차도와 인도의 구별이 있는 도로는 차도) 위에 시설하는 경우에는 지표상 5[m] 이상. 다만, 교통에 지장을 줄 우려가 없는 경우에는 지표상 4.5[m]까지로 감할 수 있다.
나. 철도 또는 궤도를 횡단하는 경우에는 레일면상 6.5[m] 이상
다. 횡단보도교 위에 시설하는 경우에는 그 노면상 3[m] 이상

87 가공전선로의 지지물에 시설하는 통신선 또는 이에 직접 접속하는 가공통신선의 높이에 대한 설명 중 틀린 것은?

① 도로를 횡단하는 경우에는 지표상 6[m] 이상으로 한다.

② 철도 또는 궤도를 횡단하는 경우에는 궤조면상 6[m] 이상으로 한다.

③ 횡단보도교의 위에 시설하는 경우에는 그 노면상 5[m] 이상으로 한다.

④ 도로는 횡단하는 경우, 저압이나 고압의 가공전선로의 지지물에 시설하는 통신선이 교통에 지장을 줄 우려가 없는 경우에는 지표상 5[m]까지로 감할 수 있다.

해설 362.2(전력보안통신선의 시설 높이와 이격거리) 조항

시설장소	전력보안 가공통신선 [m]	가공전선로의 지지물에 시설하는 가공통신선[m] (또는 직접 접속할 경우)	기타의 장소[m]
도로횡단	5	6	5
도로횡단 (교통에 지장 없는 경우)	4.5	5	

시설장소	전력보안 가공통신선 [m]	가공전선로의 지지물에 시설하는 가공통신선[m] (또는 직접 접속할 경우)	기타의 장소[m]
철도횡단	6.5	6.5	
횡단보도교 위 (노면상)	3	5	4
횡단보도교 위 (통신케이블 사용)		3.5	3.5
일반장소	3.5	5	4

88 그림은 전력선 반송 통신용 결합장치의 보안장치이다. 여기에서 CC는 어떤 콘덴서인가?

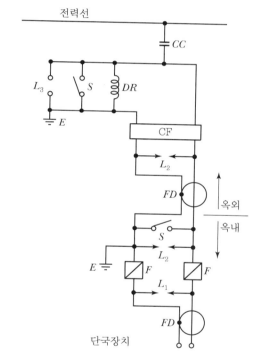

단국장치

① 전력용 콘덴서

② 정류용 콘덴서

③ 결합용 콘덴서

④ 축전용 콘덴서

해설

CC : 결합 커패시터(결합 안테나를 포함한다.)

89 다음 중 무선용 안테나 등을 지지하는 철탑의 기초 안전율로 옳은 것은?

① 0.92 이상　　　　② 1.0 이상

③ 1.2 이상　　　　④ 1.5 이상

해설 364.1(무선용 안테나 등을 지지하는 철탑 등의 시설) 조항

전력보안통신설비인 무선통신용 안테나 또는 반사판(이하 "무선용 안테나 등")을 지지하는 목주·철주·철근콘크리트주 또는 철탑은 다음에 따라 시설하여야 한다.
가. 목주는 풍압하중에 대한 안전율은 1.5 이상이어야 한다.
나. 철주·철근콘크리트주 또는 철탑의 기초 안전율은 1.5 이상이어야 한다.

90 지중관로에 대한 정의로 옳은 것은?

① 지중전선로, 지중약전류전선로와 지중 매설지선 등을 말한다.
② 지중전선로, 지중약전류전선로와 복합 케이블 선로, 기타 이와 유사한 것 및 이들에 부속하는 지중함을 말한다.
③ 지중전선로, 지중약전류전선로, 지중에 시설하는 수관 및 가스관과 지중 매설지선을 말한다.
④ 지중전선로, 지중약전류전선로, 지중 광섬유 케이블 선로, 지중에 시설하는 수관 및 가스관과 기타 이와 유사한 것 및 이들에 부속하는 지중함을 말한다.

해설 총칙–KEC 용어 정의

지중관로는 지중전선, 가스관, 통신선, 수도관을 포함한다.

91 지중전선로의 시설에 관한 사항으로 옳은 것은?

① 전선은 케이블을 사용하고 관로식, 암거식 또는 직접 매설식에 의하여 시설한다.
② 전선은 절연전선을 사용하고 관로식, 암거식 또는 직접 매설식에 의하여 시설한다.
③ 전선은 케이블을 사용하고 내화성능이 있는 비닐관에 인입하여 시설한다.
④ 전선은 절연전선을 사용하고 내화성능이 있는 비닐관에 인입하여 시설한다.

해설 334.1(지중전선로의 시설) 조항

지중전선로는 전선에 케이블을 사용하고 또한 관로식·암거식 또는 직접 매설식에 의하여 시설하여야 한다.

92 지중전선로의 전선으로 사용되는 것은?

① 600[V] 불소수지 절연전선

② 다심형 전선

③ 인하용 절연전선

④ 케이블

해설 334.1(지중전선로의 시설) 조항

지중전선로는 전선에 케이블을 사용하고 또한 관로식·암거식 또는 직접 매설식에 의하여 시설하여야 한다.

93 폭발성 또는 연소성의 가스가 침입할 우려가 있는 곳에 시설하는 지중함으로서 그 크기가 몇 [m³] 이상인 것에는 통풍장치 기타 가스를 방산시키기 위한 적당한 장치를 시설하여야 하는가?

① 1　　　　　　② 3

③ 5　　　　　　④ 10

해설 334.2(지중함의 시설) 조항

가. 지중함은 견고하고 차량 기타 중량물의 압력에 견디는 구조일 것
나. 지중함은 그 안의 고인 물을 제거할 수 있는 구조로 되어 있을 것
다. 폭발성 또는 연소성의 가스가 침입할 우려가 있는 것에 시설하는 지중함으로서 그 크기가 1[m³] 이상인 것에는 통풍장치 기타 가스를 방산시키기 위한 적당한 장치를 시설할 것
라. 지중함의 뚜껑은 시설자 이외의 자가 쉽게 열 수 없도록 시설할 것

94 고압 지중전선이 지중약전류전선 등과 접근하여 이격거리가 몇 [cm] 이하인 때에는 양 전선 사이에 견고한 내화성의 격벽을 설치하는 경우 이외에는 지중전선을 견고한 불연성 또는 난연성의 관에 넣어 그 관이 지중약전류전선 등과 직접 접촉되지 않도록 하여야 하는가?

① 15　　　　　　② 20

③ 25　　　　　　④ 30

해설 334.6(지중전선과 지중약전류전선 등 또는 관과의 접근 또는 교차) 조항

지중전선과 접근 또는 교차하는	전압	이격거리[cm]
지중약전류 전선	저압 또는 고압	30
	특고압	60
유독성의 유체를 내포하는 관	특고압	100
	25[kV] 이하인 다중접지방식	50

95 154[kV]의 옥외변전소에서 있어서 울타리의 높이와 울타리에서 충전부분까지 거리의 합계는 몇 [m] 이상이어야 하는가?

① 5[m]
② 6[m]
③ 7[m]
④ 8[m]

해설

35[kV] 초과 160[kV] 이하는 6[m]이다.

▶ [표 351.1 – 1], [표 341.4 – 1] 특고압용 기계기구 충전부분의 지표상 높이

사용전압의 구분	울타리의 높이와 울타리로부터 충전부분까지의 거리의 합계 또는 지표상의 높이
35[kV] 이하	5[m]
35[kV] 초과 160[kV] 이하	6[m]
160[kV] 초과	6[m]에 160[kV]를 초과하는 10[kV] 또는 그 단수마다 0.12[m]를 더한 값 • 단수 $= \dfrac{\text{사용전압}[kV] - 160[kV]}{10[kV]}$ [단] 　(여기서, 단수값은 절상한다.) • 높이 $h = 6 + (절상된 단수 \times 0.12)$ [m]

96 1차 22900[V], 2차 3300[V]의 변압기를 옥외에 시설할 때 구내에 취급자 이외의 사람이 들어가지 아니하도록 울타리를 시설하려고 한다. 이때 울타리의 높이는 몇 [m] 이상으로 하여야 하는가?

① 2
② 3
③ 4
④ 5

해설 351.1 조항

고압 또는 특고압의 기계기구 · 모선 등을 옥외에 시설하는 발전소 · 변전소 · 개폐소 울타리 · 담 등의 높이는 2[m] 이상으로 하고 지표면과 울타리 · 담 등의 하단 사이의 간격은 15[cm] 이하로 할 것

97 다음 중 발전기를 전로로부터 자동적으로 차단하는 장치를 시설하여야 하는 경우에 해당되지 않는 것은?

① 발전기에 과전류가 생긴 경우
② 용량이 500[kVA] 이상의 발전기를 구동하는 수차의 압유장치의 유압이 현저히 저하한 경우
③ 용량이 100[kVA] 이상의 발전기를 구동하는 풍차의 압유장치의 유압, 압축공기장치의 공기압이 현저히 저하한 경우
④ 용량이 5000[kVA] 이상의 발전기의 내부에 고장이 생긴 경우

해설 351.3 조항

용량이 10000[kVA] 이상인 발전기의 내부에 고장이 생긴 경우

98 수차발전기는 스러스트 베어링의 온도가 현저히 상승하는 경우 자동적으로 이를 전로로부터 차단하는 장치를 시설하는데, 이때 수차발전기의 최소 용량은?

① 500[kVA] 이상
② 1000[kVA] 이상
③ 1500[kVA] 이상
④ 2000[kVA] 이상

해설 351.3 조항

용량이 2000[kVA] 이상인 수차발전기의 스러스트 베어링의 온도가 현저히 상승한 경우

99 특고압용 변압기로서 내부고장이 발생할 경우 경보만 하여도 좋은 것은 어느 범위의 용량인가?

① 500[kVA] 이상 1000[kVA] 미만
② 1000[kVA] 이상 5000[kVA] 미만
③ 5000[kVA] 이상 10000[kVA] 미만
④ 10000[kVA] 이상 15000[kVA] 미만

해설

▶ 표 351.4 – 1 특고압용 변압기 보호장치

뱅크용량의 구분	동작조건	장치의 종류
5000[kVA] 이상 10000[kVA] 미만	변압기 내부고장	자동차단장치 또는 경보장치
10000[kVA] 이상	변압기 내부고장	자동차단장치

🔒정답 95 ② 96 ① 97 ④ 98 ④ 99 ③

100 특고압용 변압기로서 변압기 내부고장이 생겼을 경우 반드시 자동차단되어야 하는 변압기의 뱅크용량은 몇 [kVA] 이상인가?

① 5000[kVA]   ② 7500[kVA]
③ 10000[kVA]   ④ 15000[kVA]

해설
▶ 표 351.4 − 1 특고압용 변압기 보호장치

뱅크용량의 구분	동작조건	장치의 종류
10000[kVA] 이상	변압기 내부고장	자동차단장치

101 타냉식 특고압용 변압기의 냉각장치에 고장이 생긴 경우 보호하는 장치로 가장 알맞은 것은?

① 경보장치   ② 자동차단장치
③ 압축공기장치   ④ 속도조정장치

해설
표 351.4 − 1(특고압용 변압기 보호장치) 참고

102 송유 풍냉식 특고압용 변압기의 송풍기에 고장이 생긴 경우에 대비하여 시설하여야 하는 보호장치는?

① 경보장치   ② 과전류측정장치
③ 온도측정장치   ④ 속도조정장치

해설
표 351.4 − 1(특고압용 변압기 보호장치) 참고
송유 풍냉식도 타냉식 변압기의 냉각방식에 속한다.

103 뱅크용량이 20000[kVA]인 전력용 콘덴서에 자동적으로 전로로부터 차단하는 보호장치를 하려고 한다. 반드시 시설하여야 할 보호장치가 아닌 것은?

① 내부에 고장이 생긴 경우에 동작하는 장치
② 절연유의 압력이 변화할 때 동작하는 장치
③ 과전류가 생긴 경우에 동작하는 장치
④ 과전압이 생긴 경우에 동작하는 장치

해설
▶ 표 351.5 − 1 조상설비의 보호장치

설비종별	뱅크용량의 구분	자동적으로 전로로부터 차단하는 장치
전력용 커패시터 및 분로 리액터	500[kVA] 초과 15000[kVA] 미만	내부에 고장이 생긴 경우에 동작하는 장치 또는 과전류가 생긴 경우에 동작하는 장치
	15000[kVA] 이상	내부에 고장이 생긴 경우에 동작하는 장치 및 과전류가 생긴 경우에 동작하는 장치 또는 과전압이 생긴 경우에 동작하는 장치

104 수소냉각식 발전기 및 이에 부속하는 수소냉각장치에 대한 시설기준으로 틀린 것은?

① 발전기 내부의 수소의 온도를 계측하는 장치를 시설할 것
② 발전기 내부의 수소의 순도가 70[%] 이하로 저하한 경우에 경보를 하는 장치를 시설할 것
③ 발전기는 기밀구조의 것이고 또한 수소가 대기압에서 폭발하는 경우에 생기는 압력에 견디는 강도를 가지는 것일 것
④ 발전기 내부의 수소의 압력을 계측하는 장치 및 그 압력이 현저히 변동한 경우에 이를 경보하는 장치를 시설할 것

해설 351.9 조항
발전기 내부 또는 조상기 내부의 수소의 순도가 85[%] 이하로 저하한 경우에 이를 경보하는 장치를 시설할 것

105 발 · 변전소에서 차단기에 사용하는 압축공기장치의 공기압축기는 최고사용압력의 몇 배의 수압을 계속하여 10분간 가하여 시험한 경우 이상이 없어야 하는가?

① 1.25   ② 1.5
③ 1.75   ④ 2

해설 341.15(압축공기계통) 조항
발전소 · 변전소 · 개폐소 또는 이에 준하는 곳에서 개폐기 또는 차단기에 사용하는 압축공기장치는 최고사용압력의 1.5배의 수압(수압을 연속하여 10분간 가하여 시험을 하기 어려울 때에는 최고사용압력의 1.25배의 기압)을 연속하여 10분간 가하여 시험을 하였을 때에 이에 견디고 또한 새지 아니할 것

🔒정답 100 ③   101 ①   102 ①   103 ②   104 ②   105 ②

106 발전소에서 계측장치를 설치하여 계측하는 사항에 포함되지 않는 것은?

① 발전기의 고정자 온도
② 발전기의 전압 및 전류 또는 전력
③ 특고압 모선의 전류 및 전압 또는 전력
④ 주요 변압기의 전압 및 전류 또는 전력

해설 351.6 조항

발전소, 변전소에는 다음 사항을 계측하는 장치를 시설하여야 한다.
• 발전기, 주요 변압기, 동기조상기의 전압 및 전류 또는 전력
• 특고압용 변압기의 온도
• 동기발전기, 동기조상기를 시설하는 경우에는 베어링 및 고정자의 온도를 계측하는 장치 및 동기검정장치를 시설하여야 한다.

107 변전소의 주요 변압기에 계측장치를 시설하여 측정하여야 하는 것이 아닌 것은?

① 역률
② 전압
③ 전력
④ 전류

해설 351.6 조항

발전소, 변전소에는 역률을 계측하는 장치가 필요하지 않다.

108 변전소의 주요 변압기에 반드시 시설하여야 하는 계측장치로만 구성된 것은?(단, 전기철도용 변전소는 제외한다.)

① 전압계, 전류계, 전력계
② 전압계, 주파수계, 전력계
③ 전압계, 전류계, 역률계
④ 전압계, 주파수계, 역률계

해설 351.6 조항

발전기, 주요 변압기, 동기조상기의 전압 및 전류 또는 전력계가 필요하며, 역률을 계측하는 장치는 필요하지 않다.

MEMO

MEMO

MEMO

홀로공부

전기기사 · 산업기사 필기

발행일 | 2022. 4. 30 초판발행
2023. 7. 30 개정1판1쇄
2024. 1. 30 개정2판1쇄

저 자 | 박운서
발행인 | 정용수
발행처 | 예문사

주 소 | 경기도 파주시 직지길 460(출판도시) 도서출판 예문사
T E L | 031) 955 – 0550
F A X | 031) 955 – 0660
등록번호 | 11 – 76호

• 예문사 홈페이지 http : //www.yeamoonsa.com

정가 : 44,000원

ISBN 978–89–274–5227–0 14560